THIS IS TOKYO

THIS IS TOKYO

초판 1쇄 발행 2018년 5월 21일
개정 1판 1쇄 발행 2023년 3월 8일
개정 2판 1쇄 발행 2024년 2월 1일
개정 3판 1쇄 발행 2025년 1월 15일

지은이 박설희, 김민정

발행인 박성아
편집 김현신
디자인 & 지도 일러스트 the Cube
경영 기획·제작 총괄 홍사여리
마케팅·영업 총괄 유양현

펴낸 곳 테라(TERRA)
주소 03925 서울시 마포구 월드컵북로 400, 서울경제진흥원 2층(상암동)
전화 02 332 6976
팩스 02 332 6978
이메일 travel@terrabooks.co.kr
인스타그램 terrabooks
등록 제2009-000244호
ISBN 979-11-92767-23-9 13980
값 19,800원

THIS IS TOKYO
디스이즈도쿄

도쿄 요코하마 가마쿠라 하코네 가와구치코

글·사진 박설희 김민정

TERRA

About <THIS IS TOKYO>

<디스 이즈 도쿄>를 소개합니다

지금 당장 떠나도 문제없다! 완벽한 추천 일정

이 책에 소개된 도쿄 추천 여행 코스는 장소별 평균 소요 시간부터 이동 시간까지 꼼꼼히 계산된 것입니다. 어디부터 어떻게 가야 할지 감이 오지 않는 초보 여행자들에게 자신 있게 권합니다.

여행자에 최적화된 동선으로 나열한 관광지 순서

지역별 추천 관광지가 여행자의 이동 동선에서 가장 가까운 순서대로 나열돼 있으므로 누구나 최적의 동선으로 나만의 여행 코스를 쉽게 짤 수 있습니다.

한눈에 쏙쏙 들어오는 재미난 테마별 지역 소개

명소-식당-쇼핑으로 이어지는 전형적인 가이드북의 나열 방식에서 벗어나, 각 지역의 특성을 가장 뚜렷하고 재미있게 보여주는 테마와 그에 어울리는 장소를 선별해, 여행자가 자신의 취향에 꼭 맞는 여행지를 쉽고 빠르게 파악할 수 있도록 했습니다.

도쿄의 감성을 듬뿍 담은 베스트 오브 베스트 샷

독자의 마음속, 머릿속, 사진첩 속에 유쾌하게 저장될 도쿄, 요코하마, 가마쿠라, 하코네의 장면들을 위해, 감성 인스타그래머를 저격할 '베스트 샷'을 엄선해 실었습니다.

혼자만 알기 아까운 현지인 '찐' 맛집 대방출!

일본 전국의 맛집이 모인 도쿄의 식문화를 A부터 Z까지 확실하게 즐길 수 있도록, 현지 맛집과 이용법을 꼼꼼하고 다채롭게 소개했습니다.

그 어느 책보다 친절하고 자세한 현지 교통 정보

<디스 이즈> 시리즈의 최대 강점 중 하나는 압도적으로 친절한 교통 정보입니다. 갖가지 교통수단이 잘 발달한 도쿄를 헤매지 않고 여행할 수 있도록 핵심 교통수단을 짚어주고, 알기 쉬운 노선도 및 인포그래픽과 함께 이동 방법을 소개했습니다.

용도에 따라 활용해요! 두 가지 버전의 지도

현지에서 가볍게 들고 다닐 수 있는 맵북과 더불어 관광지와 맛집, 상점의 위치를 한눈에 파악할 수 있는 본책 내 구역별 개념도까지 제공해 여행자가 쉽게 동선을 짜고 방향 감각을 익힐 수 있도록 돕습니다.

HOW TO USE

<디스 이즈 도쿄>를 효율적으로 읽는 방법

- 이 책에 수록된 요금, 스케줄 등의 정보는 현지 사정에 따라 수시로 변동될 수 있습니다. 여행에 불편함이 없도록 방문 전 공식 홈페이지 또는 현장에서 다시 확인하길 권합니다.

- 최근 도쿄에선 온라인 예약제를 운영하는 명소와 식당이 꾸준히 늘고 있습니다. 예약 없이 갈 경우 입장할 수 없거나 오래 기다릴 수 있으므로 방문할 곳의 홈페이지를 확인하길 바랍니다.

- 일본어의 한글 표기는 주로 국립국어원의 외래어 표기법을 따랐으나, 우리에게 익숙하거나 이미 굳어진 지명, 인명, 관광지명, 상호 및 상품명 등은 관용적 표현을 따랐습니다.

- 일본에서는 '만 나이'를 사용하고 있습니다. 이 책에 수록된 나이 기준은 모두 만 나이입니다. 초등학생, 중학생, 고등학생 요금이 책정된 경우는 각 학생 신분에 해당하는 나이로 계산하며, 학생증이나 여권 등의 증명을 요구할 수 있습니다.

- 교통 요금 중 '성인의 반값'이라고 표기된 초등학생 요금은 끝자리가 1엔 단위일 경우 10엔 단위로 올려 계산합니다. 예를 들어, 일반 요금이 170엔일 때 170엔의 반값은 85엔이지만, 90엔을 내야 합니다.

- 명소와 맛집, 상점에는 구글맵(Google maps) 검색어를 넣어 독자들이 지도를 쉽게 이용할 수 있도록 도왔습니다. 한국어 또는 영어로 검색할 수 없는 곳은 구글맵에서 제공하는 '플러스 코드(Plus Codes)'로 표기했습니다. 장소를 검색할 때 '신주쿠', '시부야' 등 지역명을 함께 입력하면 정확도를 더 높일 수 있습니다.

- 도쿄는 도, 구(또는 시), 지역(정촌), 번지수(초메丁目-번지-호를 하이픈으로 연결)로 이루어진 지번 주소 체계를 갖고 있습니다. 이 책에서는 영어식 주소 체계로 표기했습니다.

  일본의 주소 표기 예)
  일본식: 東京都墨田区押上1-1-2 또는 東京都墨田区押上1丁目1番2号
  영어식: 1(Chome)-1-2 Oshiage, Sumida City(또는 Sumida-ku), Tokyo

- **MAP ❶~㉘**은 맵북(별책부록)의 지도 번호를 의미합니다.

- 교통 및 도보 소요 시간은 대략적인 것으로, 현지 사정에 따라 다를 수 있습니다.

Contents

#빛의도시

#FashionPassion

#크로싱x크로싱

신주쿠

시부야

JR 新宿駅

#가와이라이프

#거리예술

#HarajukuSweets

하라주쿠

오모테산도

아오야마

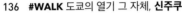

#롯폰기클라쓰
#OdaibaOasis
#도쿄타워파워아워

롯폰기
도쿄 타워
하마마쓰초
오다이바
도요스

#템플타임
#부에노우에노
#SensationalSkytree

아사쿠사
도쿄 스카이트리
우에노

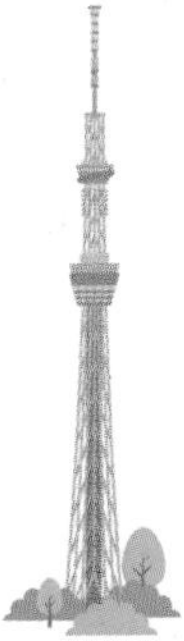

街華中

#SlamDunk
#뜻밖의미식여행
#뒷골목의추억

가마쿠라
에노시마

#HakoneMagic
#힐링료칸
#후지산

하코네

#후지산과함께
#후지큐하이랜드
#일본호수여행

가와구치코

YOKOSO! TOKYO

도쿄 여행하기

Tokyo Overview

도쿄는 넓다. 총면적이 서울의 3.6배에 달하고, 핵심 지역인 도쿄 23구만 짚어도 서울의 인구와 면적에 필적한다.
일본은 물론이고 세계시장을 겨냥한 음식, 패션, 잡화가 모두 모여 거대도시의 오라를 뿜어내는 곳.
그러니 우리는 도쿄를 더욱 세심히 봐야 한다.
나와 결이 맞는 스폿을 발견할수록 여행의 만족도가 더욱 높아지기 때문이다.

이케부쿠로
야네센
아사쿠사
나리타공항
우에노
도쿄 스카이트리
와세다
도쿄 돔 시티
니시오기쿠보
나카노
아키하바라
기치조지
가구라자카
간다 진보초
신주쿠
니혼바시
도쿄역 & 마루노우치 & 유라쿠초
기요스미시라카와
롯폰기 &
아자부다이
긴자
하라주쿠 & 오모테산도 & 아오야마
신바시 & 시오도메
시부야
쓰키시마
시모키타자와
도쿄 타워 &
하마마쓰초
쓰키지 장외시장
다이칸야마 & 나카메구로
도요스 시장
에비스
도쿄디즈니리조트
오다이바
후타코타마가와
지유가오카
JR 야마노테선
하네다공항

삿포로
서울
가와구치코
도쿄
부산
오사카
요코하마
후쿠오카
하코네
제주도
가마쿠라

우리나라에서 도쿄까지 비행시간

인천·김포 → 나리타·하네다공항: 2시간 15분~
부산 → 나리타공항: 2시간~

신주쿠·시부야

메가시티로서의 도쿄를 가장 실감 나게 체험할 수 있는 지구. 빽빽하게 세워진 고층 빌딩과 백화점들, 복잡한 도로와 골목들, 대형 전광판 광고들, 그 속을 쉴 새 없이 오가는 인파까지. '이것이 도쿄구나' 하고 느끼게 될 것이다. 135p

하라주쿠·오모테산도·아오야마

일본에서 가장 먼저 유행이 시작되는 곳. 이곳에서 한 번 주목받으면 전국으로 퍼져나가는 건 시간문제다. 패션과 트렌드에 관심 있는 이들에게 특히나 흥미로울 곳. 197p

다이칸야마·나카메구로·에비스·지유가오카·시모키타자와·기치조지

현지인의 일상처럼 여행하고 싶다면 시부야·신주쿠의 서쪽 동네들을 주목해보자. 거리마다 감각적인 숍과 카페가 기다리는 이곳들은 도쿄 사람들도 살고 싶어 하는 지역이다. 224p

도쿄역·마루노우치·유라쿠초·긴자

클래식함과 모던함이 어우러진 일본 정치·경제·문화의 중심지. 100년 된 건물과 고층 빌딩이 함께, 국회의사당과 왕궁이 지척에 있다. 267p

롯폰기·아자부다이·도쿄 타워·하마마쓰초·오다이바·도요스

철저한 도시 계획하에 탄생한 이 일대는 도쿄 여행의 빼놓을 수 없는 백미다. 롯폰기와 아자부다이는 미술관과 건축물, 전망대, 오다이바는 각종 엔터테인먼트 명소가 주 무기. 여기에 낭만을 얹어주는 도쿄 타워. 315p

아사쿠사·도쿄 스카이트리·우에노

여행이란 유적지와 박물관을 보고, 도시의 전통을 즐기는 것 아니던가. 그렇다. 이 지역들이 당신의 여행을 만족시켜 줄 것이다. 357p

야네센·기요스미시라카와·간다 진보초·가구라자카·와세다

책이면 책, 커피면 커피, 분위기면 분위기. 바깥의 기류에 흔들리지 않고 고유의 색을 지키고 있는 동네들. 나만의 취향을 고집하는 이들에게 추천. 396p

아키하바라·이케부쿠로

만화·게임·애니메이션으로 명성이 자자한 오타쿠의 본고장. 일본 서브컬처의 현주소를 확인하고 싶다면 이곳으로 가자. 435p

도쿄디즈니리조트

미국 밖에 처음 만들어진 디즈니랜드, 전 세계 디즈니리조트에서 유일하게 바다를 테마로 한 디즈니씨. 누군가에게는 이곳이 도쿄 여행의 시작과 끝이다. 448p

도쿄도 vs 도쿄 23구

도쿄도都는 서울보다 3.6배나 넓지만, 우리가 흔히 말하는 도쿄는 주오구, 미나토구, 신주쿠구 등으로 이뤄진 도쿄 중앙의 23개 구区를 가리킨다. 도쿄 23구의 총면적은 $622km^2$로 도쿄 총면적의 1/3 정도이며, 인구는 서울과 비슷한 970만 명. '특별구'라고도 불리는 도쿄 23구는 일반적인 개념의 구보다 훨씬 큰 역할을 담당하고 있으며, 구글맵의 영어 주소 또한 일본의 다른 지역과 달리 23구를 'Ku'나 'Ward'가 아닌 'City'로 표기한다. 이밖에 도쿄도에는 26개 시市, 3개 정町, 1개 촌村, 그리고 2개 정과 7개 촌으로 이루어진 섬島이 있다. 이 책에서 소개하는 지역은 도쿄도 무사시노시武蔵野市에 속한 기치조지, 지바현千葉県에 속한 도쿄디즈니리조트, 가나가와현神奈川県에 속한 요코하마와 가마쿠라, 하코네 외에는 모두 도쿄 23구에 속한다.

여행에 영감을 주는 장면들

도쿄 인생샷 명소

도쿄 여행에서 당신이 꿈꾸는 장면을 떠올려보자. 드높은 마천루, 미식, 쇼핑, 예술이 만드는 도시의 감각. 아니면 그저 고민가를 개조한 아담한 카페에서 마시는 차 한 잔의 감성에 끌려 여행을 계획했을지도 모를 일이다. 당신이 무엇을 꿈꾸었든 자신 있게 말할 수 있는 건, 그 모든 장면이 도쿄 안에 녹아 있다는 것이다.

하늘에서 내려다본 도쿄

전망대

오늘 밤 나는 도쿄의 가장 높은 곳에서 별처럼 빛나는 도시를 내려다볼 거야.

도쿄 시티뷰

푸른 하늘과 어우러지거나, 저무는 해와 함께 붉게 물드는 도쿄 타워. 병설된 미술관 전시가 낭만을 더한다. 320p

시부야 스카이

2019년 문을 연 도쿄의 새로운 랜드마크. 도쿄에서 가장 활기찬 지역에서 살아 움직이는 도시 풍경을 내려다볼 수 있다는 것이 무엇보다 매력적이다. 172p

+MORE+

내게 맞는 전망대는?

- **시부야 스카이** '핫플'은 빼놓지 않고 가는 사람은 여기
- **도쿄 시티뷰** 도쿄 타워를 가장 예쁘게 담을 수 있는 곳
- **도쿄 스카이트리** 이왕 오른다면 가장 높은 곳에 오르겠어!
- **도쿄 도청** 실속파를 위한 무료 전망대. 무려 신주쿠 한복판
- **도쿄 타워** 보고만 있어도 좋지만, 한 번쯤은 올라가 볼까?
- **아자부다이 힐스 스카이 로비** 도쿄 타워를 가장 가까이에서 가장 크게 볼 수 있는 전망대

롯폰기 케야키자카 거리

겨울이면 도쿄에서 가장 화려한 일루미네이션을 선보이는 롯폰기 힐스의 명소. 가로수길과 더불어 인근의 크고 작은 갤러리, 숍이 도시 산책의 묘미를 더한다. 322p

마루노우치 나카 거리

짙푸른 가로수길이 '도시의 테라스'를 꿈꾸며 낮의 보행자 전용도로로 변신한다. 277p

빌딩 숲속에서 힐링하기

도시 산책

빌딩 숲과 함께 바다와 공원, 녹음이 공존하는 도쿄.
도시를 거닐다 보면 어느새 눈부신 힐링 스폿과 마주치게 된다.

오다이바 해변공원

새파란 바다, 무지갯빛 다리, 저 멀리 반짝이는 도쿄 타워, 자유의 여신상이 만들어낸 환상적인 조합이 오래오래 마음에 남는다. 347p

밤의 뒷골목에서
취중 감성

주점 골목

어스름한 저녁, 좁다란 주점 골목 요코초에 들러 퇴근길 직장인들 사이에서 술잔을 기울여볼까.

思い出横丁
柳通り
OMOIDE YOKOCHO
西口
晩杯屋

오모이데 요코초

현지인과 여행객이 어깨를 나란히 하고 술잔을 기울이는 신주쿠의 밤. 150p

홋피 거리

어둠이 내려앉고 상점가가 문을 닫는 시간에도, 야타이(포장마차)가 늘어선 이 거리의 흥은 계속된다. 363p

ハモニカ
キッチン
Café

하모니카 요코초

기치조지의 여유로움을 닮은 아담한 주점가. 가벼운 마음으로 방문하기 좋다. 260p

시모키타자와

과거 구제 골목을 대표하던 동네. 최근 철도 주변을 새롭게 단장하며 몰라볼 정도로 트렌디해졌다. 250p

캣 스트리트

명품숍과 보세숍, 디자이너숍과 구제숍이 어우러진 도쿄 패피들의 쇼핑 거리. 204p

도쿄 2030들의 거리

힙 스트리트

명동보다 연남동, 강남역보다 성수동을 좋아한다면
도쿄 젊은 층이 밤낮으로 즐겨 찾는 이 거리들을 찾아가 보자.

FUGLEN
DAYLIFE
SUMMER DRINKS
LIFESTYLE
NIGHTLIFE
SEASONAL COCKTAIL MENU

오쿠시부야

활기찬 시부야에서 골목 하나 들어가면 여기가 바로 도쿄 힙스터들의 놀이터. 190p

오래된 동네의
재발견

골목 산책

닮은 곳이 하나도 없는 도쿄의 개성 만점 골목.
이번 여행에서는 어디를 걸어볼까?

기치조지

도쿄 사람들이 살고 싶어 하는 동네 1위이자, 도쿄 골목 산책의 대명사로 불리는 곳. 지브리 미술관과 이노카시라 공원은 방문 필수. 256p

야네센

오래된 공간이 풍기는 분위기를 좋아한다면 놓치지 말자. 마냥 걷다 문득 들어간 곳이 인생 카페. 398p

가구라자카

게이샤와 마주칠 듯 조용하고 예스러운 골목이 신주쿠 바로 지척에 있다니! 420p

아이처럼 꿈꾸고,
위로받고 싶다면

캐릭터 탐닉

어린 시절, 만화 캐릭터와 함께 울고 웃던 기억. 도쿄에서 촉촉하게 소환해 보자.

도쿄디즈니리조트

미키 마우스와 신데렐라, 스타워즈까지 디즈니의 주인공들을 만나러 가자. 화려한 퍼레이드를 즐기다 보면 어린 날의 추억이 주마등처럼 스쳐 지나갈지도. 448p

오다이바 유니콘 건담

높이 20m가 넘는 유니콘 건담이 오다이바까지 찾아온 팬들을 기쁘게 해주려 변신까지 감행한다. 350p

三鷹の森
ジブリ美術館
←700m

미카타의 숲 지브리 미술관

미야자키 하야오가 펼치는 지브리 애니메이션의 세계관 속으로 풍덩 빠져보는 시간. 259p

도쿄의 사계절

도쿄는 사시사철 볼거리가 넘친다. 내 여행 스타일에 맞는 시기를 고르기만 하면 그뿐!
길게는 수백 년 전부터 이어져 온 가장 일본다운 모습을 담고 싶다면 일본의 축제인 마츠리祭り 시기를 체크해두자.
일 년 내내 크고 작은 행사가 있지만, 마츠리의 꽃은 단연 여름이다. 마츠리에 관한 자세한 내용은 088p 참고.

봄

어렵게 구한 항공권을 쥐고 벚꽃 개화 시기를 수시로 검색해보는 봄 사냥꾼들의 특급 시즌. 현지인처럼 벚나무 아래 돗자리를 펴고 앉아 꽃놀이를 즐기는 하나미花見도 좋고, 라이트업이 켜진 밤거리를 산책하는 것도 낭만적이다. 벚꽃이 절정에 달하는 시기는 3월 말에서 4월 초다.

여름

우리나라보다 높은 기온과 습도를 견뎌야 하는 도쿄의 여름. 그런데도 두근두근 설레는 이유는 마츠리가 기다리고 있기 때문이다. 봉오도리盆踊り와 같은 흥겨운 전통춤을 추거나, 유카타 차림으로 길거리 간식을 맛보고 등불을 띄우는 등 여름을 만끽하는 방법은 무궁무진하다. 특히 여름밤의 불꽃놀이 일정은 꼭 체크하자.

WEB 스미다강 불꽃놀이대회 www.sumidagawa-hanabi.com

가을 도시 곳곳에 우거진 짙푸른 녹음이 알록달록한 단풍과 은행으로 옷을 갈아입는 시기다. 도쿄의 시목인 은행나무가 늘어선 가로수길이 특히 예쁘다. 하늘은 높고, 바람은 시원하고, 비도 적게 오는 가을에는 어디로 간들 피크닉이 된다. 은행잎이 가장 샛노랗게 물드는 시기는 11월 말에서 12월 초까지다.

青の洞窟

겨울 일본은 유난히 크리스마스에 열광적이다. 11월이면 이미 전초전에 들어가 12월에는 도시 전체가 크리스마스트리와 일루미네이션으로 화사해진다. 연말연시에 신사나 절을 찾는 사람들은 한 해의 건강과 안녕은 기본, 학업, 취업, 연애, 결혼, 새해의 운을 싹싹 긁어간다.

벚꽃놀이
어디로 갈까

봄

메구로강

작은 강을 따라 4km가량 이어지는 벚꽃길을 걸으며 산책할 수 있다. 강 주변의 감각적인 카페와 상점들이 꽃구경을 더욱 즐겁게 한다. 232p

치도리가후치 료쿠도

고쿄皇居의 해자를 감싸는 산책로가 우아한 고궁을 배경 삼아 전통미를 한껏 자랑한다. 인근의 직장인들에게 특히 인기가 좋다. 281p

신주쿠 교엔

입장료를 받는 국립정원인 만큼 다른 곳보다 잘 가꿔진 것이 첫 번째 매력. 60종이 넘는 벚나무가 개화 시기를 조금씩 달리하며 2달 가까이 피어 있다. 153p

우에노 공원

벚꽃 시즌을 알리는 뉴스에 등장하는 단골 배경지. 일본식 벚꽃놀이의 정석을 경험할 수 있다. 388p

이노카시라 공원

연못을 중심으로 400여 그루의 벚꽃이 만발한다. 이때만큼은 오리 배의 페달을 밟는 이들이 그렇게 부러울 수가. 258p

+MORE+

도쿄의 벚꽃·단풍 시기

아래 홈페이지를 통해 벚꽃과 단풍이 절정일 때를 점쳐볼 수 있다. 보통 벚꽃은 2월, 단풍은 9월쯤에 절정 예정일이 발표된다. 2024년 도쿄의 벚꽃 개화 시기는 3월 18일이었고, 은행 절정일은 11월 6일, 단풍 절정일은 12월 초였다.

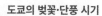

WEB **벚꽃 개화 정보** weathernews.jp/s/sakura
단풍 정보 weathernews.jp/s/koyo

단풍 구경
어디로 갈까
가을

마루노우치·교코 거리 일대

마루노우치는 곳곳에 은행나무가 있지만, 특히 고쿄皇居와 도쿄역을 잇는 폭 74m의 교코 거리는 고풍스러운 도쿄역 마루노우치 역사와 어우러져 더 운치 있다. 275p

요요기 공원

260여 그루의 은행나무를 비롯해 단풍나무와 느티나무가 가을의 색을 뽐낸다. 하라주쿠, 시부야 등에서 가기 쉽고, 주말이면 다양한 축제와 이벤트가 열려 볼거리가 더 풍성해진다. 190p

메이지 신궁 가이엔 은행나무길

오모테산도역에서 아오야마잇초메역 방향, 메이지 신궁 외원 정문부터 야구장으로 이어지는 길에 늘어서 있는 300m 길이의 은행나무길도 아름답다. 217p

+MORE+

우리가 겨울을 기다려온 이유, 일루미네이션

겨울이 되면 도쿄의 거리는 온통 일루미네이션으로 반짝거린다. 대표적인 일루미네이션 명소는 롯폰기 힐스 & 롯폰기 케야키자카 거리(322p), 롯폰기 도쿄 미드타운(322p), 마루노우치 나카 거리(277p), 도쿄 미드타운 히비야(282p), 에비스 가든 플레이스(235p), 신주쿠 서던테라스(147p), 시부야 요요기 공원의 청의 동굴(190p), 오다이바 덱스 도쿄 비치(3층 시사이드 데크, 348p) 등이다.

오다이바의 일루미네이션

도쿄 음식 & 쇼핑 탐구일기

한 끼도 포기할 수 없는 당신을 위한

도쿄 먹방 지도

스시, 라멘, 우동, 소바는 기본으로 체크. 덴푸라, 돈카츠, 오므라이스에 슬쩍 저장해둔 SNS 맛집까지. 도쿄에서 먹고 싶은 게 너무 많아 고민이라는 친구에게 슬며시 건네줄 비밀 지도를 가져왔다.

우에노

돈카츠

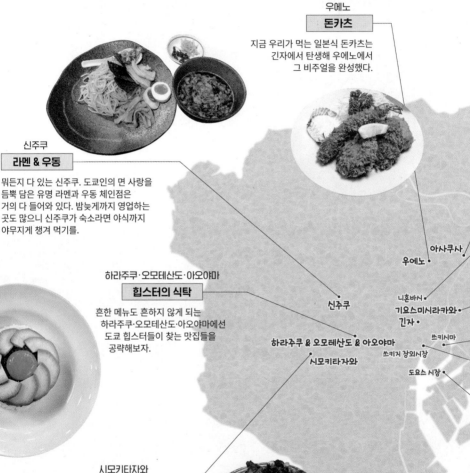

지금 우리가 먹는 일본식 돈카츠는 긴자에서 탄생해 우에노에서 그 비주얼을 완성했다.

신주쿠

라멘 & 우동

뭐든지 다 있는 신주쿠. 도쿄인의 면 사랑을 듬뿍 담은 유명 라멘과 우동 체인점은 거의 다 들어와 있다. 밤늦게까지 영업하는 곳도 많으니 신주쿠가 숙소라면 야식까지 야무지게 챙겨 먹기를.

아사쿠사
우에노
니혼바시
신주쿠
기요스미시라카와
긴자
쓰키시마
하라주쿠 & 오모테산도 & 아오야마
쓰키지 장외시장
시모키타자와
도요스 시장

하라주쿠·오모테산도·아오야마

힙스터의 식탁

흔한 메뉴도 흔하지 않게 되는 하라주쿠·오모테산도·아오야마에선 도쿄 힙스터들이 찾는 맛집들을 공략해보자.

시모키타자와

카레

매년 카페 페스티벌이 열릴 정도로 많은 카레 전문점이 모여 있는 지역. 집집마다 개성 있게 카레를 만들며, 종류도 다양하다.

아사쿠사
텐동

디스 이즈 도쿄 스타일의
튀김덮밥은 에도마에 텐동!
아사쿠사에서 그 명맥을 잇고 있다.

긴자·니혼바시
장어덮밥 & 오므라이스

할머니의 할머니 세대부터 전해 내려온
명물 장어덮밥, 사진보다 영상으로 남기고
싶은 보들보들한 오므라이스에 시선 집중.

기요스미시라카와
커피

도쿄에서 커피에 가장 진심인 거리.
직접 원두를 볶아 정성껏 내리는
본업 천재 바리스타들을 만나볼 수 있다.

쓰키시마
몬자야키

오코노미야키는 들어봤는데
몬자야키는 처음이라고?
그럼, 이참에 먹어보자.
도쿄도민의 소울푸드, 몬자야키.

쓰키지 장외시장
스시 & 해산물 덮밥

장내시장은 도요스로 떠났지만,
여전히 스시를 비롯한 싱싱하고 맛 좋은
해산물 요리가 여행자를 기다리고 있다.

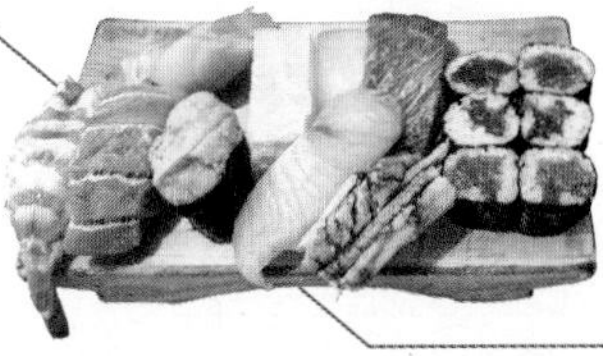

도요스 시장
스시

일본 어시장의 새 얼굴.
쓰키지 시장에서 줄 서 먹던 새벽 스시
맛집들이 2018년 이곳으로 옮겨왔다.

+MORE+

빵순이들의 여행 지도는 따로 있다!

■ **오쿠시부야·요요기 공원**
시부야 북쪽, 고급 주택가와 번화가가 이어지는 오쿠시부야와 요요기 공원에는 작지만 저력 있는 베이커리가 골목골목 자리한다.

■ **긴자**
일본 최초의 단팥빵부터 최신 트렌드를 장착한 해외 베이커리까지 모두 한자리에 모였다.

■ **지유가오카**
케이크와 양과자를 통칭하는 일본 스위츠スイーツ의 천국. 햇살 좋은 카페에서 셰프의 영혼이 담긴 스위츠를 맛보며 달콤한 하루를!

■ **요코하마 모토마치 상점가**
빵이요? 한 140년쯤 구웠습니다! 1880년대 등장한 일본 최초의 빵집을 선두로 한 빵의 거리.

작고 소중한
여행의 기록

SNS 인증각 예쁜 간식

눈으로 한 번, 사진으로 한 번, 맛으로 한 번,
작고 귀여운 간식이 안겨주는 3단 감동.

토토로 슈크림

이렇게 귀여운 걸 어떻게 먹느냐 생각하다가
결국 다 먹게 되는 커스터드 크림빵

시모키타자와 시라히게노 슈크림 공방 255p

산리오 카페

한도 초과 귀여움에 맛까지 출중한
'심쿵 유발자들'

산리오 카페 이케부쿠로 445p

나마(생)푸딩

닭이 갓 낳은 달걀 노른자가
푸딩 안으로 쏙!

요코하마 엘리제 히카루 476p

캐러멜 시럽을 올린 크림 푸딩

스푼으로 탁 치면 통통 흔들리는 푸딩에
미소가 절로 나온다.

아사쿠사 페브스 커피 & 스콘 381p

딸기 당고 & 딸기 찹쌀떡

아사쿠사는 쫄깃하고 달콤한
딸기 디저트가 대세!

아사쿠사 소라츠키 364p

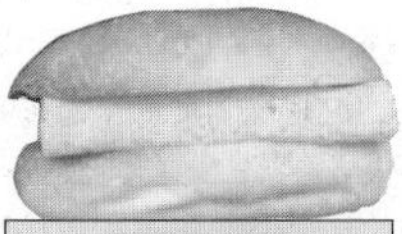

타마고샌드

SNS를 뜨겁게 달군 전직 스시 셰프의
달걀 샌드위치

시부야 카멜백 193p

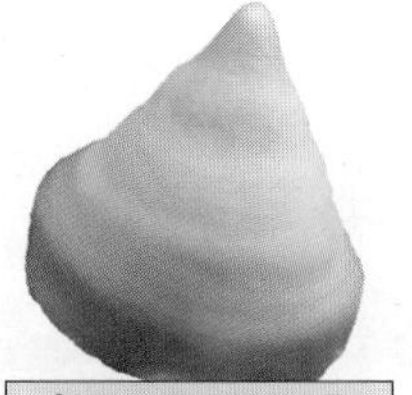

하라주쿠 레인보우

소녀처럼 마음이 들뜨는 하라주쿠에선
솜사탕도 어색하지 않다.

하라주쿠 토티 캔디 팩토리 201p

빵순이들의
빵지순례

도쿄의 빵 & 스위츠

빵순이, 빵돌이들에겐 빵과 스위츠가 도쿄 여행의 목적이 되기도 한다.
서양에서 빵이 들어와 일본인의 마음을 사로잡은 지 100년 만에
도쿄는 파리와 뉴욕 못지않은 빵의 도시가 됐다.

365 데이즈

맛있는 건강 빵으로 승부하는
동네 빵집 성장기 197p

몽상클레르

본점이기에 놓칠 수 없는
거장의 케이크 한 조각 245p

파티스리 파리 세베이유

매년 스위츠 랭킹 상위권을
놓치지 않는 프랑스 빵집 241p

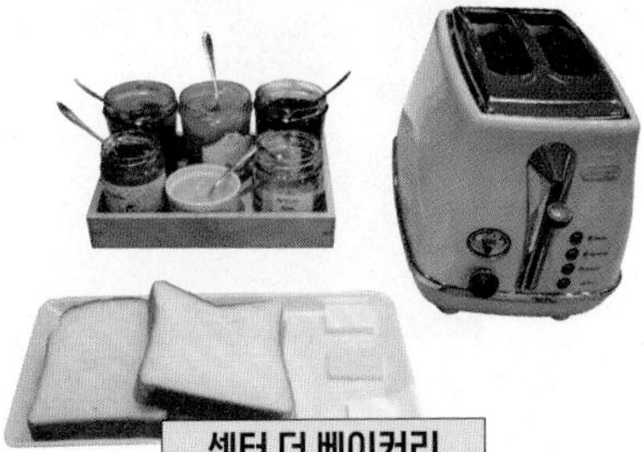

센터 더 베이커리

한 장의 식빵이 만들어내는
고유의 풍미 즐기기 302p

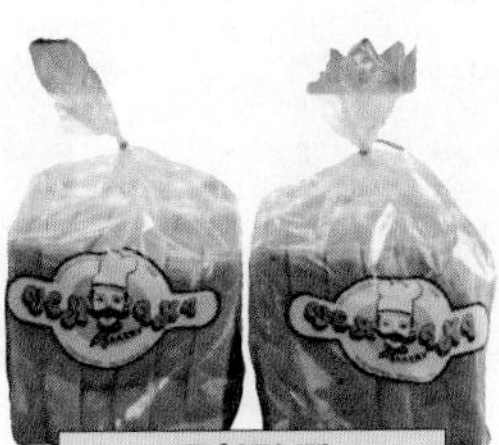

우치키 빵

요코하마에서 탄생한
일본 최초의 서양식 베이커리 475p

기무라야 소혼텐

일본인의 마음을 사로잡은
원조 단팥빵 300p

팡토 에스프레소토

입에 넣으면 사르르 녹아내리는
프렌치토스트 218

내 입에 딱 맞는
커피를 찾아서

도쿄의 카페

도쿄는 명불허전 커피의 도시다. 한 잔 한 잔 공들여 내리는 핸드드립 방식은 일본에서 본격 도입해 꽃피운 커피 문화다.
세월을 덧입은 옛 다방 킷사텐喫茶店과 자존심을 걸고 커피를 내리는 바리스타들, 열 나라 제쳐두고 제일 먼저 도쿄에 상륙한 해외 로스터리들까지 가세한 도쿄에선 커피 한 잔도 소홀히 마실 일이 아니다.

일본 커피의 자존심

차테이 하토우

일본 커피 문화의 자존심,
킷사텐을 체험하자. 185p

카페 드 람브르

3대째 긴자를 지키는 노포 카페.
융드립으로 내리는 커피 향이 그윽하다. 303p

커피 마메야

커피 한 잔에 담긴 2개의 철학
오모테산도 220p & 기요스미시라카와 412p

커피 마시러 일부러 왔습니다

오니버스 커피

입소문이 만든
나카메구로 핫플레이스 233p

라이트업 커피

기치조지 산책에 찰떡궁합인
향긋한 커피 262p

글리치 커피 & 로스터즈

산지의 개성을 한껏 살린
싱글 오리진의 명가 419p

어라이즈 커피 로스터즈

규모는 동네 커피, 맛은 월클!
커피의 마을 기요스미시라카와에서 411p

도쿄에 오면 꼭 한 잔씩 마신다던데

푸글렌 도쿄

뉴욕타임스가 극찬한 노르웨이의 커피 명가.
시부야와 아사쿠사에서 만나자. 192p

스트리머 커피 컴퍼니

맛은 기본, 라테아트로 눈까지 즐겁게!
본점은 시부야에 있다. 185p

늘 가까이에서
기다리고 있는

인기 프랜차이즈 카페

가성비 뿜뿜에 접근성 만만한 체인점부터,
한 곳에선 그 수요를 감당치 못해 부득이(?)
지점을 늘려야 했던 맛 보장 카페까지!

하브스
Harbs

단 한 조각의 케이크로 고객을 만족시키겠다는 것이 목표. 그래서 크기부터 남다르다. 시그니처 메뉴인 밀크레페는 얇게 구운 크레페 반죽에 크림을 두르고 딸기, 키위, 바나나 등 과일을 얹어 6층으로 올렸다.

WHERE 도쿄 내 13개 지점
WEB www.harbs.co.jp

코메다 커피점
コメダ珈琲店

커피 한 잔과 빵 한 조각으로 여는 아침, 일본에서 '모닝' 메뉴를 처음 고안한 곳이다. 더욱이 오전 11시까지 음료를 주문하면 추가 금액 없이 빵이 세트로 나온다. 모닝롤(로브빵)과 토스트 중 하나, 빵에 바를 버터나 잼, 페이스트 중 하나, 달걀 등 곁들일 메뉴를 선택할 수 있다(시즌마다 조금씩 다름).

WHERE 도쿄 내 약 90개 지점
WEB www.komeda.co.jp

EXCELSIOR
CAFFÉ

엑셀시어 카페
Excelsior Caffé

도토루가 만든 에스프레소 중심의 체인 카페. 지점 수는 도토루의 절반 정도지만, 주요 관광지의 핵심 상권에 있어 눈에 잘 띈다. 프리미엄 버전인 엑셀시어 카페 바리스타는 드립 커피도 제공한다.

WHERE 도쿄 내 엑셀시어 카페 약 80개 지점, 엑셀시어 카페 바리스타 약 20개 지점
WEB doutor.co.jp/exc

탈리스 커피
Tully's Coffee

스타벅스의 본고장인 시애틀에서 태어나 스타벅스가 일본에 상륙한 다음 해에 도쿄에 진출한 뒤 일본 4대 커피 프랜차이즈가 됐다. 세계 각국에서 엄선한 고품질의 아라비카 원두를 자체적으로 로스팅해 추출한 스페셜티 커피와 풍부한 모닝 메뉴, 시즌 한정 메뉴가 좋은 평가를 받는다.

WHERE 도쿄 내 약 220개 지점
WEB www.tullys.co.jp

우에시마 커피
上島珈琲店

"PRECIOUS COFFEE MOMENTS"

일본 최대 커피 제조업체인 UCC의 체인 카페. 직영 농장에서 재배한 최상급 생두를 직접 로스팅, 넬 드립(융 드립) 방식까지 적용함으로써 최고의 커피 맛을 살렸다. 웬만한 브런치 집 못지않은 맛과 퀄리티에 착한 가격을 내세운 푸드 메뉴도 인기다.

WHERE 도쿄 내 35개 지점
WEB ueshima-coffee-ten.jp

나나즈 그린티
Nana's Green Tea

녹차로 만든 음료, 과자, 음식을 현대적인 스타일로 재해석한 디저트 카페. 교토의 우지산 녹차향을 머금은 말차 라테 등이 인기다. 예쁜 비주얼에 굿즈까지 다양해서 인스타그래머들의 사랑을 한몸에 받는다.

WHERE 도쿄 내 13개 지점
WEB nanasgreentea.com

nana's green tea

도토루
Doutor

일본에서 가장 대중적인 커피 브랜드로, 전국에 무려 1100여 개의 지점을 보유하고 있다. 250엔부터 시작하는 저렴한 커피 값과 밝고 활기찬 분위기가 50년 이상 장수 하는 비결이라고.

WHERE 도쿄 내 약 350개 지점
WEB www.doutor.co.jp

DOUTOR

호시노 커피
星乃珈琲店

도토루 커피의 자매 체인점. 한 잔씩 천천히 내린 드립 커피와 자리에서 주문받는 풀 서비스가 특징인 고급 커피 전문점이다. 주문 즉시 구워주는 수플레 팬케이크도 인기.

WHERE 도쿄 내 약 70개 지점
WEB hoshinocoffee.com

星乃珈琲店 HOSHINO COFFEE

숙소 들어가기 전 야식 준비

편의점 간식

일본의 편의점 품목에 순위를 매기는 건 크게 의미 있는 일이 아니다. 지금 이 시간에도 신상품은 쏟아지고, 조언자의 취향에 따라 리스트도 천차만별이다. 아래는 수집한 데이터에 따라 지극히 보편적인 취향을 고려한 것으로, 진정한 모험가라면 그 영감만으로도 마음이 일렁이겠다.

Tip. 일본 편의점에서도 비닐봉지(레지부쿠로レジ袋) 값을 받기 시작했다. 크기에 따라 1매당 3~7엔. 젓가락·빨대·스푼은 무료이며, 일본어로 각각 오하시お箸·스토로ストロー·스푼スプーン이라고 한다.

세븐일레븐 추천 간식

일본 편의점 매출 1위의 세븐일레븐은 간단하게 식사를 대신할 수 있는 샌드위치와 도시락, 커피에 강하다.

샌드위치 & 삼각김밥(오니기리おにぎり)

가벼운 한 끼로 딱인 주먹밥과 샌드위치. 빵 밖으로 튀어나올 정도로 달걀이 듬뿍 든 달걀 샌드위치는 오랜 히트 상품이다. 삼각김밥은 취향에 따라 고르는 게 답이지만, 삼각김밥 인기 랭킹 부동의 1위 자리를 지켜온 참치 마요네즈和風ツナマヨネーズ와 명란明太子을 추천한다. 촉촉한 반숙란 오니기리丸ごと半熟煮玉子도 인기.

¥ 샌드위치 270엔~, 삼각김밥 120엔~

CAFÉ LATTE

세븐 카페 & 세븐 스무디

セブンカフェ ＆ セブンスムージー

이제는 어느 편의점에서나 볼 수 있는 커피 머신은 세븐일레븐에서 처음 도입한 것. 커피의 농도를 조절할 수 있다. 냉장고에서 직접 과일 컵을 골라 전용 스무디 기계에서 만들어 먹는 스무디도 사랑받고 있다.

¥ 110엔~

카레빵

お店で揚げたカレーパン

'세계에서 가장 많이 팔린 카레빵'으로 기네스북에 올랐다(2023년 한 해 누적 판매량 기준). 30가지 이상의 향신료를 넣고 끓인 카레 맛이 일품. 매장 내 오븐에서 직접 굽는다.

¥ 160엔

각종 푸딩

プリン

가마에 구운 푸딩窯焼きプリン, 달걀 카스타드 푸딩こだわり卵のカスタードプリン 등 편의점 수준을 뛰어넘는 부드럽고 단단한 푸딩 시리즈는 오랜 베스트셀러다.

¥ 193엔~

: WRITER'S PICK :

일본 편의점의 성인인증 시스템

일본 편의점에는 술·담배·성인잡지 등을 계산할 때 구매자가 '성인'인지 확인하는 시스템이 갖춰져 있다. 점원이 해당 상품의 바코드를 찍으면 고객 쪽 화면에 "20세 이상입니까?"라는 질문이 뜨는데, 구매자가 "Yes"를 눌러야 결제가 진행된다.

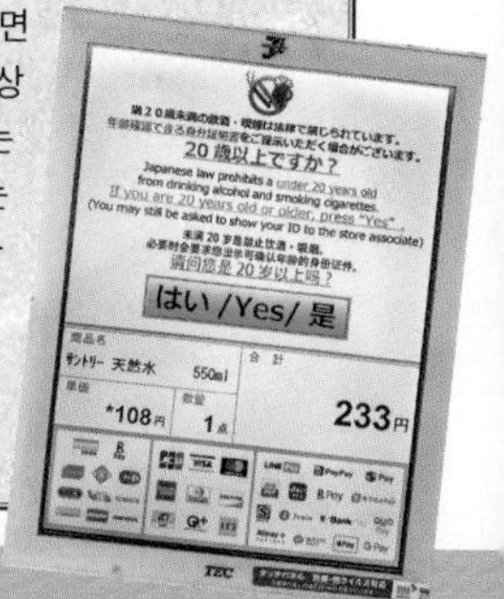
20歳以上ですか？
はい /Yes/ 是
233円

로손 추천 간식

현지인들은 늘 새로운 신제품 라인업을 로손의 최고 장점으로 꼽고, 우리나라 여행자들에겐 크림이 듬뿍 든 빵 종류가 열렬한 사랑을 받고 있다. 스위츠가 목표라면 로손 자체 스위츠 브랜드 우치 카페Uchi Cafe 위주로 살펴보자.

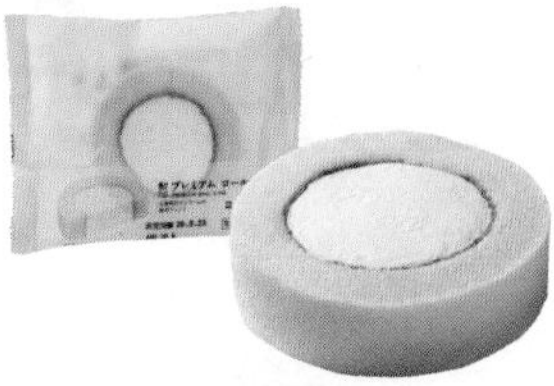

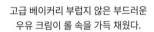

프리미엄 롤케이크
プレミアムロールケーキ

고급 베이커리 부럽지 않은 부드러운 우유 크림이 롤 속을 가득 채웠다.

¥ 194엔

모찌롤(모찌 식감 롤)
もち食感ロール

쫀득쫀득 스펀지케이크 안에 홋카이도산 생크림이 듬뿍! 우리나라 여행자가 지나간 자리에는 자취 없이 사라진다.

¥ 343엔

가라아게군
からあげクン

한입 크기 치킨 너겟. 숙소에서 술안주로 곁들여 먹기 좋다.

¥ 248엔

MACHI
café

마치 카페
Machi Cafe

세븐 카페를 견제하며 나선 로손의 카페 브랜드. 아메리카노, 카페라테는 물론 대용량, 디카페인, 아포가토 등 더욱 다양한 메뉴를 보유했다.

¥ 120엔~

: WRITER'S PICK :

알아두면 쓸모 있는 기계
로손 롯피 Loppi

지브리 미술관 입장권이나 각종 콘서트 티켓 등의 실물 교환용 판매기. 인터넷에서 티켓을 예매한 뒤 롯피에서 영수증을 뽑고, 이를 편의점 점원에게 제출하면 실물 티켓으로 교환해준다. 일본어만 지원하므로 사용법이 어려울 땐 점원에게 도움을 요청하자.

패밀리마트 추천 간식

카운터 옆에 있는 치킨과 자체 PB 상품을 주목하자.

수플레 푸딩
スフレ・プリン

푹신한 수플레와 진한 캐러멜 맛 푸딩의 만남. 일본에 여행 온 대만인들에게 특히 인기가 많아서 대만에도 진출했다.

¥ 328엔

Famichiki

화미치키 ファミチキ

육즙이 터지는 뼈 없는 순살 치킨. 패밀리마트의 간판 메뉴다.

¥ 220엔

チョコマシュマロ
練乳はちみつドーナツ

연유 꿀 도넛
練乳はちみつドーナツ 138엔

초코 마시멜로
チョコマシュマロ
138엔

화미마루 ファミマル

패밀리마트의 PB 상표. 고품질과 낮은 가격으로 '웬만해선 실패하지 않는다'는 고정관념을 만들었다. 가벼운 스낵류가 인기다.

상쾌한 목 넘김으로 하루를 마무리

맥주

하루 중 가장 편의점이 당기는 시간은 언제일까. 우리나라의 한 취업 포털에서 실시한 설문조사에 따르면, 약 40%는 스스로를 '편퇴족(편의점 퇴근으로 하루를 마감하는 사람)'이라 칭했다고. 여행지에서도 마찬가지다. 편의점 쇼핑의 꿀 타임은 숙소에서 마실 맥주와 찰떡궁합인 안주를 찾을 때다.

■ **아사히** Asahi : 일본 국가대표 맥주 아사히 슈퍼 드라이를 보유한 맥주 브랜드.

SUPER "DRY"
Asahi
お酒

아사히 슈퍼 드라이 생맥주캔
アサヒスーパードライ 生ジョッキ缶

생맥주 느낌을 집에서 그대로! 캔 뚜껑 부분을 통째로 따면 생맥주처럼 풍성한 거품이 나온다. 현지에서도 출시 초기 물량 부족 사태가 발생하며 큰 인기를 끌었다.

¥ 340ml 230엔 안팎

食彩
SHOKUSAI
お酒

아하시 쇼쿠사이
アサヒ食彩

생맥주캔에 이어 뚜껑을 통째로 따는 캔맥주. 5종의 홉을 사용하며, 식탁을 맥주 향으로 물들이겠는 뜻에서 '식채'란 이름을 붙였다.

¥ 350ml 290엔 안팎

Asahi
アサヒ生ビール
マルエフ
まろやかなうまみ
お酒

아사히 생맥주 마루에프
アサヒ生ビール マルエフ

1986년에 출시돼 생산이 중단됐다가 코로나19 기간 밖에서 마시는 '생맥주' 맛을 그리워하는 사람들을 위해 부활했다. 슈퍼 드라이보다 부드럽고 도수는 낮다.

¥ 340ml 230엔 안팎

Orion
THE DRAFT
お酒

오리온맥주
オリオンビール

오키나와 맥주 브랜드 오리온맥주와 제휴를 맺고 출시한 제품. 보리를 오래 숙성해 더운 날씨에도 꿀꺽꿀꺽 부드럽게 잘 넘어간다.

¥ 350ml 250엔 안팎

■ **삿포로** SAPPORO : '어른'을 키워드로 한 맥주 브랜드. 맥주 본연의 진한 맛을 온전히 즐길 수 있다. 본사는 홋카이도에 있다.

Premium
YEBISU

삿포로 에비스 비어 프리미엄
サッポロ ヱビスビール

삿포로 맥주의 프리미엄 브랜드인 에비스 맥주 중에서도 최고급 라인. 오래 숙성시켜 부드러운 거품이 매력적.

¥ 350ml 260엔 안팎

SAPPORO
サッポロ生ビール
黒ラベル

삿포로 생맥주 블랙라벨
サッポロ 生ビール 黒ラベル

특별히 쓴맛이나 향에 치우지지 않고 누가 마셔도 무난한 팔방미인. 뒷맛이 상큼해 어느 요리와도 어울린다.

¥ 350ml 225엔 안팎

SAPPORO
WHITE BELG
お酒

삿포로 화이트 벨그
サッポロホワイトベルグ

과일 향이 풍부한 맥주. 벨기에 화이트 맥주를 모델로 만들었다. 쓴 맥주가 싫다면 추천.

¥ 350ml 150엔 안팎

■ **야호 양조** Yo-Ho Brewing : 나가노의 소규모 양조장에서 만든 크래프트 맥주가 새바람을 일으키고 있다.

YONA
YONA
ALE
PALE ALE

요나요나 에일
よなよなエール

야호 양조의 대표 맥주로, 감귤향이 매력적인 발포주(맥아 함량 비율이 적은 맥주)다. 알코올 도수 5.5%.

¥ 350ml 295엔 안팎

AOONI
インドの青鬼

인도노 아오오니(인도의 푸른 도깨비)
インドの青鬼

맥주의 씁쓸한 맛을 즐긴다면 쓴맛과 감칠맛이 어우러진 인도의 푸른 도깨비를 추천. 알코올 도수 7%.

¥ 350ml 290엔 안팎

水曜日
SUIYOUBI
のネコ
NO NEKO
BELGIAN STYLE
WHITE ALE

수요일의 고양이
水曜日のネコ

벨기에식 화이트 에일. 오렌지 향이 향긋하고 가볍고, 마무리는 부드럽다.

¥ 350ml 325엔 안팎

■ **기린** KIRIN : 적당히 쓴맛과 보리의 풍부함을 느낄 수 있는 라거 맥주에 강하다.

KIRIN BEER
一番搾り

기린 이치방 시보리 キリン 一番搾り

깔끔한 맛을 위해 처음 추출한 보리만 사용하는 기린의 효자 상품.

¥ 350ml 230엔 안팎

SPRING VALLEY
豊潤
496

스프링 밸리 호준 496 Spring Valley 豊潤 496

스프링 밸리 양조장에서 생산하는 크래프트 맥주. 최근 거품이 푹신하고 목 넘김이 부드러운 실크에일 <백> シルクエール<白>을 출시했다. 알코올 도수 5.5~6%.

¥ 350ml 270엔 안팎

■ **산토리** SUNTORY : 위스키 전문 브랜드로, 맥주계에서는 더 프리미엄 몰츠가 선전 중이다.

生
トリプル生

산토리 트리플 나마비루
サントリートリプル生ビール

2023년 4월에 출시한 인기 맥주. 산뜻한 과일 향에 목 넘김도 깔끔해서 가볍게 즐길 수 있다.

¥ 350ml 220엔 안팎

New
Suntory
Highball

산토리 가쿠 하이볼 サントリー角 ハイボール

하이볼을 집에서 마실 수 있도록 캔에 담았다. 산토리의 인기 위스키 카쿠의 감칠맛과 레몬향의 조화로 완성.

¥ 340ml 230엔 안팎

+MORE+

츄하이 酎ハイ(チューハイ)

소주에 탄산수와 과즙을 섞은 술. 알코올 도수가 3~5%로 낮고, 향긋한 과일 맛이 나 술이 약한 사람도 가볍게 즐길 수 있다. 130~160엔선.

ほろよい
SUNTORY

산토리 호로요이
ほろよい

츄하이의 대명사. 한국에도 있지만, 가격이 훨씬 저렴해 종류별로 양껏 마시게 된다. 알코올 도수 3%.

Slat

아사히 슬랫 샤르도네 사와 Slat シャルドネサワー

술알못에 최적화! 100ml당 20kcal의 낮은 칼로리, 알코올 도수 3%, 향긋한 청포도와 자몽 향!

KIRIN
本搾り
グレープフルーツ
果汁28%

기린 혼시보리 그레이프후르츠 本搾りチューハイ グレープフルーツ

첨가물 없이 28%의 과즙을 넣었다. 보드카 베이스라 알코올 도수가 높은 편(6%)이다.

밤에 펼쳐지는
일본의 맛

이자카야

애주가가 아니라도 한 번쯤은 들어가 보고 싶은 이자카야居酒屋. 다만 그 한 번이 문제다. "이랏샤이마세いらっしゃいませ~~!!(어서 오세요)" 앞에서 주눅이 들 것 같다면 다음의 스텝만 따라 하자. 일본어를 몰라도 OK, 입장부터 퇴장까지 자연스럽게~

이자카야 입장 시뮬레이션

Step 1 입장

입구에 들어서면 직원이 "몇 명이 오셨습니까(난메이사마데스까?)"라고 묻는다. 그럴 땐 조용히 손가락을 들어 인원을 표시하고 자리를 안내받자.

Step 2 첫 잔 주문

자리를 잡으면 바로 음료를 주문한다. 처음 주문하는 음료는 생맥주인 나마비루生ビール로 시작하는 것이 일반적이다. 첫 잔을 가져다주는 동안 주문할 음식을 정한다. 이때 함께 나오는 기본 안주는 일종의 자릿세 개념인 오토시お通し로, 1인당 300~500엔 안팎이다.

Step 3 안주 주문

일단 첫 잔을 시켜놓으면 그다음부터 원하는 음료와 음식을 천천히 주문해도 된다. 이자카야 안주는 가격이 저렴한 만큼 양도 적기 때문에 먹고 싶은 안주를 하나씩 클리어하는 마음으로 조금씩 주문하자. 직원을 부를 땐 손을 들어 "스미마셍すみません(실례합니다)"이라고 한다.

Step 4 계산

대체로 계산대에서 하지만, 테이블에서 하는 곳도 있다. 계산을 요청할 때는 "오카이케 오네가이시마스お会計お願いします(계산 부탁합니다)"라고 한다. 오토시가 추가 계산되는 곳이 많으니 예상 금액과 다르다며 노여워 말자.

: WRITER'S PICK :

여기서 잠깐!

도쿄의 이자카야는 '2시간제'로 운영하는 곳이 많다. 꼭 그렇지 않아도 추가 주문 없이 오랜 시간 앉아있는 것은 매너에 어긋나는 일. 더 이상 음료 주문이 없을 때는 곧 자리를 떠난다는 신호로 볼 수 있다. 시부야, 신주쿠 등 번화가일수록 그런 경향이 짙으니 참고.

실전 1. 메뉴판 스캔하기

주문표에 일본어만 가득해도 당황하지 말자. 인기 메뉴만 골라도 반은 성공! 이자카야 베스트 메뉴를 소개한다.

야키토리 焼き鳥 꼬치 요리
카라아게 から揚げ 닭튀김
아게모노 揚げ物 각종 튀김
야키자카나 焼き魚 생선구이
사시미 刺身 회
에다마메 枝豆 풋콩
사라다 サラダ 샐러드
다시마키타마코 だし巻き卵,
야키타마고 焼き卵 달걀말이
타코와사비 たこわさび 와사비를 섞어 발효한 낙지 또는 문어

실전 2. 레벨 업! 최애만 골라 먹는 야키토리

고기나 육류의 내장, 채소, 해산물 등을 한입 크기로 잘라 꼬치에 꿰어 노릇노릇 굽는 요리. 이자카야 분위기에 익숙해졌다면 이제 좋아하는 부위별로 주문해보자. 야키토리는 보통 닭고기를 주로 사용하지만, 돼지고기와 소고기, 곱창, 부추, 버섯, 은행 등을 굽기도 한다. 보통 소금으로 간을 한 시오塩(しお)와 달콤한 간장소스를 바른 타레タレ 2종류가 있다.

모모 もも 닭 넓적다리
네기마 ねぎま 닭 넓적다리+대파
본지리 ボンジリ, **본보치** ボンボチ 닭 엉덩잇살
사사미 ささみ 닭가슴살
테바 手羽 닭 날갯죽지
츠쿠네 つくね 다진 닭고기
스나기모 砂ぎも 모래주머니(닭똥집)
카와 かわ 껍데기
부타바라 豚バラ 삼겹살
하츠 はつ, **하토** ハート 닭·돼지·소 염통(심장)
레바 レバー 돼지·소 간
탄 タン 돼지·소 혀
시로 シロ 돼지 소장·대장
호르몬 ホルモン 곱창
하라미 ハラミ 소 갈매기살
카루비 カルビ 소갈비
로스 ロース 소 등심
규탄 牛たん 소 혀

+MORE+

생선구이의 단골 재료

홋케 ホッケ 임연수어
사바 鯖/サバ 고등어
시샤모 ししゃも 열빙어
사케하라스 鮭ハラス 연어 뱃살
산마 秋刀魚 꽁치
메로 メロ 비막치어
아지 鯵/アジ 전갱이

술 빼곤 이자카야를 논할 순 없다

일본의 술

선술집, 이자카야의 메인은 아무래도 술이다. 술을 좋아하면 좋아하는 대로, 술이 약하면 과즙이나 탄산수를 더한 가벼운 술로 취향껏 골라보자. 참고로 백화점이나 쇼핑몰, 지하상가에 입점한 이자카야는 실내 금연이거나 흡연실이 따로 있지만, 거리의 주점들은 흡연 가능한 곳이 많으니 확인 후 방문한다.

맥주(비루) ビール

부드러운 거품, 꿀꺽꿀꺽 넘어가는 깔끔한 목 넘김. 일본 맥주는 마셔본 사람은 인정할 수밖에 없는 맛이다. 아사히, 기린, 산토리, 삿포로 등이 대표 브랜드. 생맥주는 나마비루生ビール, 줄여서 '나마'라고 부른다.

하이볼 ハイボール

위스키에 탄산수를 섞어 도수는 낮추고(8%) 맛은 살렸다. 중년층이 즐기던 기존 위스키에 비해 한층 가벼워진 하이볼은 젊은층과 여성들에게 지지를 받고 '하이볼 붐'을 일으켰다. 덕분에 위스키 판매량도 늘었다고.

사와 サワー

술이 약하면 증류주에 과즙을 넣은 사와에 도전해 보자. 제조 방법이 다소 달라도 호로요이와 같은 츄하이와 맛이 비슷하다고 생각하면 이해하기 쉽다. 사와는 신맛을 뜻하는 영어 'Sour'에서 유래, 레몬이나 감귤류 등 주로 산미가 있는 과일로 만든다. 도수는 3~5% 정도.

니혼슈 日本酒

흔히 말하는 사케さけ는 니혼슈를 뜻한다. 홋카이도에서 오키나와까지 지역마다 대표 니혼슈가 있고, 자존심 경쟁도 그만큼 치열하다. 어떤 술을 주문할지 망설여진다면 선택한 음식과 어울리는 술을 추천받아보자. 이자카야에서는 병보다 잔 또는 사케용 호리병인 돗쿠리とっくり로 내준다. 도수는 15% 정도.

日本酒
八海山

소주(쇼추) 焼酎

고구마, 감자 등을 원료로 한 증류주로, 도수는 20~35%. 일본 전역에서 생산해 종류도 무궁무진, 얼려 마시거나 녹차나 과즙을 섞는 등 마시는 방법도 각양각색이다. 일본인이 가장 선호하는 방법은 아래와 같다.

- **미즈와리**水割り 차가운 물에 섞어 마신다(여름).
- **오유와리**お湯割り 뜨거운 물에 섞어 마신다(겨울).
- **온더락**オンザロック 얼음을 넣은 잔에 스트레이트로 부어 마신다.
- **오칸**お燗 데워서 마신다.

魔王

+MORE+

지금 사면 이득!
면세점 인기 스타로 떠오른 일본 술

우리나라보다 판매 가격 자체가 싸고, 면세 혜택도 받을 수 있는 데다 엔화도 저렴해 요즘 면세점 대세 아이템으로 떠오른 일본 술. 다만 주류는 국내 반입 시 2병까지 합산 용량 2L, 총액 US$400를 초과하면 관세 신고를 해야 한다.

■ 닷사이 준마이 다이긴조 23(닷사이 23)

獺祭 純米大吟醸 磨き二割三分

면세점 주류 판매 1위! 섬세한 부드러움과 은근한 단맛으로 사케 입문자와 애호가 모두에게 칭찬을 받는 술이다. 준마이純米는 쌀과 누룩, 정제수만을 사용한 술, 숫자 23은 정미율 23%, 즉 쌀의 77%를 깎고 남은 것으로 술을 만들었다는 뜻이다. 720ml 5900엔선.

■ 산토리 월드 위스키 아오

サントリーワールドウイスキー碧Ao

SUNTORY
WORLD WHISKY

세계 5대 위스키 생산지로 꼽히는 스코틀랜드와 아일랜드, 미국, 캐나다, 일본에 모두 증류소를 가진 산토리가 만든 블렌디드 위스키. 1병 안에 5대 위스키 생산지의 원액을 모두 담아 일본 특유의 장인 정신으로 완성했다. 달콤하고 부드러우면서 스모키한 뒷맛이 특징이다. 700ml 5600엔선.

■ 구보타 만주

久保田 萬寿

1986년 출시 이후 많은 사랑을 받은 사케. 화려하고 중후한 맛을 느낄 수 있어 일본에서는 기념일에 찾는 술로도 불린다. 만주, 센주, 하쿠주 등 다양한 시리즈가 있다. 720ml 4000엔선.

■ 초야 매실주 골드 에디션

チョーヤ 梅酒 Gold Edition

일본 최상품 매실의 대명사인 와카야마의 난코우 매실만을 사용해 정성스레 빚는 매실주. 특유의 새콤달콤하고 상쾌한 맛 때문에 매실주 초보자도 쉽게 마실 수 있다. 면세점에서 가장 잘 팔리는 상품은 골드 에디션. 500ml 7500엔선.

三河揚げ
水炊き

도쿄 음식 탐구일기

일본 음식이 친숙해지고 우리나라에도 제법 현지의 맛을 살린 식당이 늘고 있지만, 그래도 일본의 맛집이 죄다 모인 수도 도쿄에서 맛보는 한 그릇에 비할 수 있으랴. 전국을 주름잡는 맛있는 식당과 메뉴 구별법은 이 책에서 다 차려놨으니 남은 건 이제 가벼운 마음으로 음식을 척척 주문하는 일뿐!

GOURMET 1 SUSHI

스시(초밥) 寿司

바다를 담은 맛

일본에서 초밥은 어디든 다 맛있지만, 그래도 중심은 도쿄다. 지금 우리가 '스시'라 부르는 '에도마에즈시'를 낳은 곳이 바로 도쿄이기 때문이다. 열도의 초밥을 통일한 궁극의 레시피와 일본 최대 수산시장 도요스에서 공급한 신선한 재료 덕에 도쿄에서 초밥은 웬만하면 실패하지 않는다.

초밥의 종류

니기리즈시
握り寿司

한입 크기로 쥔 밥 위에 생선을 올린, 우리에게 익숙한 초밥 형태. 밥 부분은 '샤리しゃり', 생선 부분은 '네타ネタ(스시타네寿司タネ)'라고 한다.

군칸마키
軍艦巻き

일명 '군함말이'. 쥔 밥을 김으로 탄탄하게 감고, 그 위에 재료를 얹은 초밥 형태. 니기리즈시에는 올리기 힘든 성게, 연어알, 날치알 등을 놓는다.

데마키즈시
手巻き寿司

김 위에 재료를 올려 꽃다발을 포장하듯 고깔로 만 모양. 손으로 간편하게 먹을 수 있어 좋다.

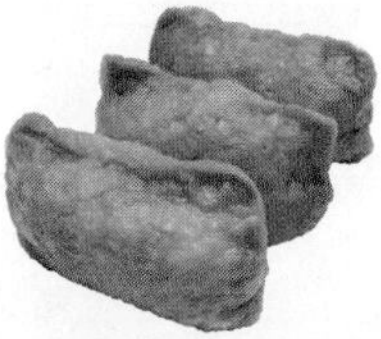

이나리즈시
稲荷寿司

일명 '유부초밥'. 풍작의 신인 여우신을 모시는 이나리 신사에서 유래해 쌀가마니 모양이다.

노리마키
海苔巻き

김밥과 비슷하게 생긴 스시로, 둥근 모양과 사각 모양이 있다. 재료나 지역마다 이름은 가지가지.

+MORE+

에도마에즈시 江戸前寿司란?

에도 시대 에도만江戸湾(지금의 도쿄만)에서 잡힌 풍부한 어패류를 빠르고 맛있게 먹기 위한 일종의 '패스트푸드' 개념으로 탄생했다. 단촛물로 간을 한 밥 위에 간장, 식초, 다시마 물에 절인 생선이나 불에 구운 해산물을 올리는 등 연구에 연구를 거듭한 장인의 스시. 지금 우리가 먹는 초밥의 원형이다.

초밥집에서 자주 호출되는 재료

생선

참치 대뱃살	오토로	大トロ
참지 중뱃살	주토로	中トロ
참치 등살	마구로 아카미	マグロ赤身
연어	사케, 사몬	サケ(鮭), サーモン *산란을 앞둔 가을철에 잡은 것이 가장 맛있다.
연어의 지방이 많은 부위	토로 사몬	とろサーモン
구운 연어	아부리 사몬	炙りサーモン
광어 지느러미살	엔가와	えんがわ, エンガワ *광어 1마리당 4점밖에 나오지 않는 최고가 부위. 저렴한 회전초밥집의 단골 메뉴인 엔가와는 넙치 지느러미살을 뜻한다.
방어	하마치, 부리	ハマチ, ブリ *회전초밥집에서 '하마치'라고 할 땐 주로 '양식 방어'를 뜻한다.
전갱이	아지	アジ
붕장어	아나고	穴子
도미	타이	鯛
가다랑어	카츠오	かつお
잿방어	칸파치	カンパチ
농어	스즈키	鱸, すずき

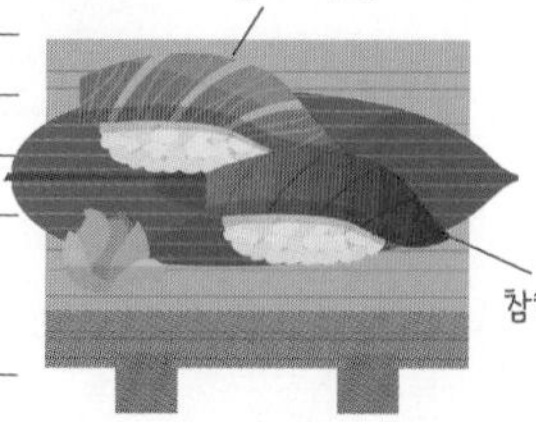
참치 대뱃살
참치 중뱃살

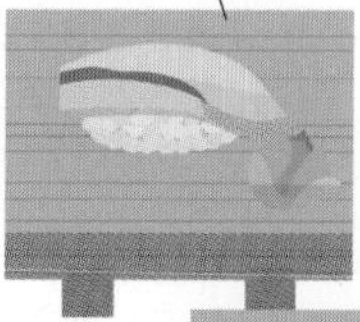
방어

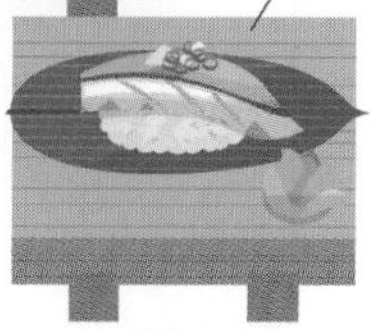
전갱이

알

연어알	이쿠라	イクラ, いくら
성게	우니	ウニ
날치알	토비코	トビコ

연어알
성게

기타 해산물

새우	에비	えび
단새우	아마에비	甘海老
꽃새우	사루에비	猿海老
모란새우	보탄에비	ぼたん海老, ボタンエビ
게	카니	カニ *주로 날씬한 다리 살이 올라온다.
대게	즈와이가니	ズワイガニ
오징어	이카	イカ
문어	타코	タコ, たこ
전복	아와비	鮑
소라	사자에	栄螺, さざえ
가리비	호타테가이	帆立貝, ほたてがい
대합	하마구리	蛤, はまぐり

새우
오징어
문어
가리비

*그밖에 지방이 많은 참치 위에 파를 올린 네기토로ねぎとろ, 참치를 넣어 만 텟카마키鉄火巻き, 달걀말이를 올린 타마고玉子도 자주 나오는 메뉴다.

초밥을 가장 맛있게 먹는 방법

1 기본 정석

□ 먹는 순서

흰살생선 → 등푸른생선 → 조개류나 붉은 살 생선 순으로 먹는 것이 가장 좋은 방법. 기름진 붉은 생선부터 먹으면 흰살생선 같은 담백한 재료의 맛이 제대로 느껴지지 않기 때문이다. 물론, 흰살생선을 좋아하지 않는 사람이 회전초밥집에 방문했다면 굳이 이 순서를 따를 필요는 없다.

□ 와사비는 생선에 얹어 먹는다

와사비(고추냉이)는 간장에 풀지 않고, 조금만 덜어 생선에 얹어 먹는 것이 올바른 방법이다.

□ 간장은 생선에 찍는다

간장은 생선 부위에 찍어야 밥알의 흐트러짐 없이 먹을 수 있다.

□ 초생강 & 녹차로 입가심

다음 초밥을 먹기 전 초생강으로 입안을 정돈하고, 중간중간 따뜻한 녹차로 입가심해줘야 초밥 하나하나 본연의 맛을 느낄 수 있다.

2 실력 정석

□ 손으로 먹어야 더 맛있다

초밥은 손으로 집어 먹는 것이 고수의 방법. 손으로 쥐어 만든 음식인지라 손으로 먹었을 때 온도가 그대로 전해지며, 젓가락을 사용하면 흐트러지기 쉽기 때문.

□ 회전초밥집에서도 직접 주문한다

회전초밥집에서도 요리사에게 주문해 먹는 것이 현지인들의 방법. 이미 컨베이어 벨트를 돌고 있는 초밥은 신선도가 떨어진다. 일본어를 할 수 없어 주문이 망설여지던 예전과 달리, 요즘은 외국어가 지원되는 터치스크린을 갖추거나, 사진에 번호를 매긴 메뉴판을 주고 숫자로 주문받는 곳이 많아서 외국인도 주문하기 편리해졌다.

□ 도쿄는 참치다

도쿄에서는 '얼마나 좋은 참치를 갖고 있느냐'가 그 초밥집의 수준을 좌우한다. 순수 참치 맛은 마구로 아카미(참치 등살), 입에서 살살 녹아 참치 맛 좀 아는 사람에게 사랑받는 오토로(대뱃살), 지방과 식감에 부족함이 없는 주토로(중뱃살)가 좋다. 반면 흰살생선 초밥은 간사이 지역이 우세하다는 평.

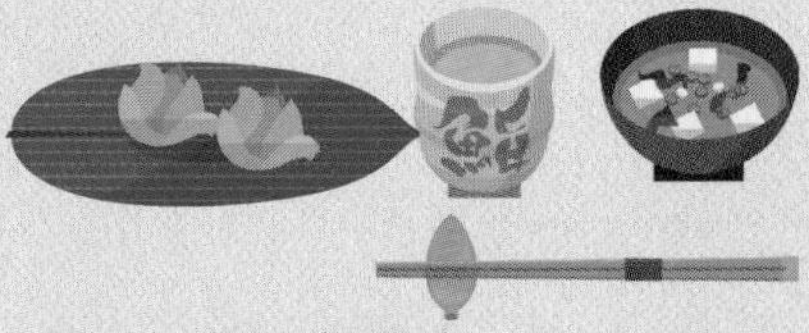

전쟁 후 살림이 퍽퍽했던 시절, 저렴하고 간단하게 배를 채워주며 일본인의 소울푸드로 자리매김한 라멘. 국물에 따라, 소스에 따라, 고명에 따라, 지역에 따라, 발상 계열에 따라 이름과 종류도 각양각색이지만, 맛을 가르는 핵심만 파악하면 내 '인생 라멘'을 만날 수 있다. 라멘은 일본을 대표하는 음식이지만, 실은 중국의 '라미엔拉麵'이 일본으로 건너가 라멘이 되었다는 사실.

맛을 가르는 관건은 육수!

WELCOME TO MUTEKIYA
無敵家

1 돈코츠 라멘 (돼지 뼈 육수)
豚骨ラーメン

돼지 뼈를 우린 육수. 국물을 우릴 때 화력에 따라 육수 색깔이 달라진다. 우리가 흔히 먹는 뽀얀 국물은 고열로 장시간 뼛속까지 푹~ 우려낸 것. 후쿠오카(하카타)가 원조다.

2 토리가라 라멘 (닭 뼈 육수)
鶏ガララーメン

닭 뼈를 우린 육수. 돼지 뼈를 우린 육수보다 콜라겐이 적어서 깔끔한 감칠맛이 난다.

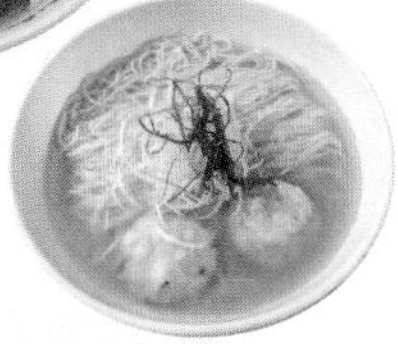

3 교카이 라멘 (해물 육수)
魚介ラーメン

고기 뼈 육수 중심의 라멘 세계에 다랑어, 멸치, 새우, 조개 등 해산물로 낸 육수를 들고나와 인기몰이 중이다.

육수 간을 좌우하는 삼총사

1 쇼유 라멘 (간장 라멘)
醤油ラーメン

간장으로 간을 한 라멘. 간장이 국물의 맑기를 좌우하며, 대체로 진한 맛이 특징이다.

2 미소 라멘 (된장 라멘)
味噌ラーメン

일본식 된장, 미소로 간을 한 라멘. 지역에 따라 된장 맛이 다르기 때문에 라멘도 지역마다 다양한 맛을 자랑한다. 그중에도 홋카이도의 삿포로가 원조이자 으뜸.

3 시오 라멘 (소금 라멘)
塩ラーメン

소금으로 간을 한 라멘. 닭 뼈, 돼지 뼈 등을 우린 육수를 주로 사용하지만, 약한 불에 고아 국물이 맑은 편이다. 염도는 높지만, 담백한 맛이 일품이다.

새로운 라멘에 도전!

1 츠케멘
つけ麵

면 따로, 국물 따로. 면을 국물에 찍어 먹는 라멘. 2000년대 중반부터 유행하기 시작해 이제는 어엿한 라멘집 메인 메뉴로 자리 잡았다. 요즘은 주인의 창의력에 따라 소스와 토핑이 다양하게 늘고 있다. 단, 국물이 상당히 진해서 츠케멘 초심자 입맛에는 짤 수 있다.

2 아부라 소바
油そば

기름(아부라)에 비벼 먹는 일본식 비빔라면. 간장 베이스 양념에 참기름과 고추기름, 식초를 취향껏 두른 뒤 토핑을 올려 마무리. 칼로리가 낮아서 '다이어트 라멘', 한 번 먹으면 중독된다고 해서 '마약 라멘'이라고도 한다. 소바라고 하지만 실제로는 밀가루면이다.

라멘을 완성하는 토핑

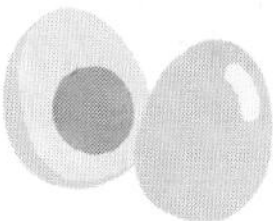

타마고たまご

필수 라멘 토핑, 달걀. 아지타마味玉라고도 한다. 살짝 반숙으로 익혀 나온다.

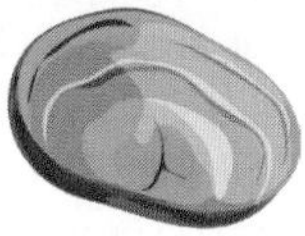

챠슈チャーシュー

삶거나 구운 돼지고기를 얇게 썰어 만든 것.

멘마メンマ

죽순을 삶아서 염장·발효한 것. 오도독 오도독 식감이 재밌다.

네기ねぎ

쪽파. 라멘에도 '파송송~, 계란탁!'이 국룰.

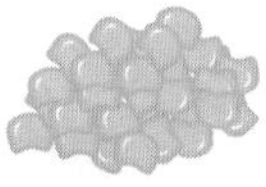

콘コーン

옥수수. 옥수수를 첨가하면 달달해진다.

모야시もやし

숙주. 아삭한 식감에다 라멘 양이 풍성해지는 효과까지.

노리のり

김. 라멘의 비주얼을 완성하고, 국물의 감칠맛도 더한다.

키쿠라게きくらげ

목이버섯. 지방질 분해에 효과가 있어 주로 돈코츠 라멘에 어울린다.

+MORE+

라멘 주문 팁

일본 라멘집은 대체로 입구 안쪽의 식권 판매기에서 식권을 구매한 뒤 직원에게 건네는 방식으로 운영된다. 외국인 여행자가 많이 찾는 곳은 버튼에 한국어나 영어가 기재돼 있거나, 사진을 부착한 곳도 많아 주문이 크게 어렵지는 않다. 다양한 라멘의 종류 앞에서 선택 장애가 온다면 가장 윗렬 왼쪽에 있는 메뉴부터 인기 순위로 보면 된다. 달걀이나 챠슈 등 토핑이 적절하게 포함되고, 교자까지 세트로 묶인 메뉴를 고르면 가장 간편. 주문에 익숙해지면 기호에 따라 토핑이나 사이드 메뉴 주문에 도전해보자.

혹시 면의 양을 선택할 수 있는 옵션이 있다면 '大盛り(오오모리)'는 양이 많은 것, '並盛り(나미모리)'는 보통을 뜻하니 참고할 것. 공기밥 라이스ライス, 볶음밥 차항チャーハン, 군만두 교자餃子를 곁들여 먹으면 더욱 푸짐해진다.

천연 돈코츠 라멘 980엔
+ 반숙 달걀 140엔

이치란

一蘭

돼지 뼈를 푹 고아 만든 진한 육수가 맛의 비결인 후쿠오카(하카타)식 돈코츠 라멘 명가. 고춧가루 등 30가지 재료를 넣어 숙성시킨 비밀 소스(다대기)가 느끼함을 덜어준다. 메뉴는 딱 하나, 독서실 분위기로 유명한 실내도 독특하다. 본점은 후쿠오카에 있다.

BRANCH 도쿄 내 20개 지점
WEB ichiran.com

유자 시오 라멘
1390엔

유자 쯔유 츠케멘
150g 1590엔

아후리

AFURI

느끼한 라멘에 힘겨워하던 이들에겐 희소식. 유자로 만든 라멘이다. 가나가와현 아후리산 천연수에 닭과 해산물, 다시마, 야채, 그리고 유자를 투척해 라멘답지 않은 상큼함이 감돈다. 향을 맡는 순간 입 안에 침이 고이는 건 안 비밀! 라멘 격전지 에비스에서 탄생했다.

BRANCH 도쿄 내 10개 지점
WEB afuri.com

취향껏 양파, 가다랑어포,
식초를 넣어 먹는다.

츠케멘 980엔+
3종 토핑お得な3種盛り 220엔

츠케멘야 야스베에

つけ麺屋 やすべえ

도쿄에서 츠케멘을 얘기할 때 빼놓을 수 없는 신생 맛집. 생선과 돼지 뼈를 9시간 동안 푹 끓여 만든 육수는 신맛과 단맛이 은은하게 올라와 츠케멘 초심자의 긴장을 덜어준다. 특히 小(180g)·並(220g)·中(330g)·大盛(440g) 등 면의 양과 상관없이 가격이 같고, 小를 시키면 토핑 1가지를 서비스로 제공한다는 것도 큰 장점! 고추기름을 넣은 매운맛辛味 츠케멘도 있다.

BRANCH 도쿄 내 8개 지점
WEB yasubee.com

잇푸도

一風堂

체인이라고 얕보지 말자. 일본 유명 방송사에서 주최한 '라멘왕 선발 대회'에서 네 번이나 우승을 차지한 경력이 있는 돈코츠 라멘 전문점이다. 이치란과 함께 후쿠오카를 대표하는 라멘 체인으로, 이치란보다 국물이 맑고, 면이 조금 가늘며, 호불호가 없이 모두가 좋아하는 맛이라는 게 특징. 11:00~17:00에 210엔을 추가하면 하카타 한 입 교자 5개와 흰밥이 세트로 제공된다.

BRANCH 도쿄 내 약 30개 지점

WEB ippudo.com

기와미 카라카멘極からか麵 1495엔 +
야채·달걀반숙 추가

시로마루 모토아지
白丸元味 850엔

한 입 교자는
필수 서브 메뉴!

규슈 잔가라

九州じゃんがら

간판 라멘은 1984년 탄생한 규슈 잔가라. 돼지 뼈와 닭 껍질 등을 고아 만든 진한 육수가 의외로 깔끔한 맛이 난다. 정통 돈코츠 육수를 사용한 본샨 라멘, 본샨의 육수에 십여 가지의 스파이스로 매콤한 맛을 살린 카라본からぼん도 있다.

BRANCH 도쿄 내 6개 지점

WEB kyushujangara.co.jp

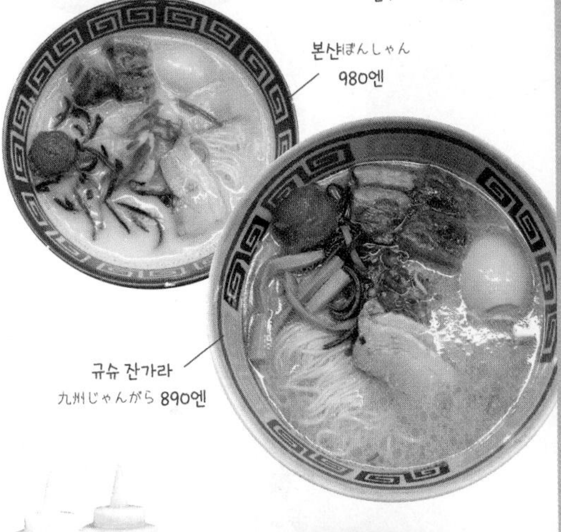

본샨ぼんしゃん
980엔

규슈 잔가라
九州じゃんがら 890엔

아부라소바 도쿄아부라구미소혼텐

油そば 東京油組総本店

황금빛의 약간 두꺼운 면에 죽순, 김, 고기를 몇 점 내오면 식성껏 라유(고추기름), 식초, 잘게 다진 양파, 고춧가루, 마늘, 후춧가루를 넣어 대강 섞어 먹는다. 단골들이 찾아낸 맛 공식은 라유 세 번, 식초 세 번을 돌려 뿌린 후 절반쯤 먹으면 다진 양파를 뿌려 먹는 것.

BRANCH 도쿄 내 약 50개 지점

WEB www.tokyo-aburasoba.com

인기 No.1 매운 된장 아부라 소바
辛味噌油そば 980엔 +
파·참깨·반숙 달걀의 스페셜 토핑A 180엔.
소, 중, 대 가격은 모두 동일!

우동 うどん

오동통한 면발로 1일 1면

우동은 뜨끈한 국물, 쫄깃한 면발이 생명이지! 맞는 말이긴 하지만 도쿄의 우동집 메뉴판 앞에서는 당황할 수 있다. 뜨거운 우동, 차가운 우동, 소바처럼 찍어 먹는 우동…. 다채로운 우동에 어떤 토핑을 선택하느냐에 따라 맛은 또 나뉜다.

우동의 종류

1 가케 우동 かけうどん

우동의 정석. 국물을 넣어 뜨겁게 끓인 기본 우동이다.

2 붓카케 우동 ぶっかけうどん

삶은 면을 찬물에 헹군 뒤 그릇에 담아 쯔유つゆ(가다랑어포, 다시마 등을 우린 육수에 간장으로 맛을 낸 국물), 간장 등과 함께 즐기는 냉우동. 쪽파, 무 등 토핑으로 사용할 수 있는 재료가 다양하며, 각종 튀김이나 반숙 달걀 등을 올려 먹는다.

3 자루 우동 ざるうどん

삶은 면을 찬물에 헹궈 소쿠리에 올리고, 따로 준비한 쯔유에 담가 먹는 우동. 처음에는 우동+쯔유의 심플한 맛을 즐기다가 익숙해지면 쪽파나 생강 등을 첨가해 먹는 것을 추천.

4 카레 우동 カレーうどん

우동 육수에 카레 가루, 전분 가루 등을 넣어 진하게 만든 국물에 면발을 투척.

5 가마아게 우동 釜揚げうどん

가마솥에 삶은 우동을 헹구지 않고 삶은 물과 함께 내는 우동. 쯔유, 간장 등과 함께 즐긴다. 물기를 좀 더 없애고 날달걀을 버무려 먹는 가마타마 우동釜玉うどん도 별미다.

우동에 올라가는 대표 고명

키츠네きつね

유부. 여우(키츠네)가 유부를 좋아한다고 하여 붙여진 이름.

타누키たぬき

튀김 부스러기. 너구리(타누키) 색과 비슷해 이름이 붙여졌단 설이 있다.

츠키미月見

날달걀. 노른자가 달처럼 보여서 달맞이(츠키미)란 이름이 붙여졌다.

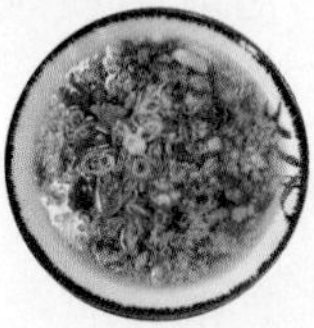

니쿠肉

얇게 다져 달짝지근하게 조리한 고기

덴푸라天ぷら

튀김

우동 체인 맛집

츠루동탄

つるとんたん

'세숫대야 우동'이라는 별명이 입증하듯 어마어마한 크기의 그릇에 담겨 나오는 우동집이다. 주문 즉시 반죽을 밀고 썰어서 삶아 내기 때문에 고무줄처럼 탱탱한 면발도 매력 포인트. 면 사리 3개까지 무료 추가할 수 있다.

BRANCH 도쿄 내 8개 지점
WEB tsurutontan.co.jp

명란 크림 우동
明太子クリームのおうどん
1580엔

가츠카레 우동
かつカレーのおうどん
1680엔

+MORE+

소바 蕎麦(そば)

맛뿐 아니라 영양까지 갖춘 건강식. 주재료는 메밀가루다. 메밀만 100% 사용한 주와리소바十割蕎麦와 메밀가루 80%에 밀가루를 20% 더한 니하치소바二八蕎麦 등으로 세분화할 수 있다. 먹는 방법에 따라 차가운 메밀 면을 쯔유에 담가 먹는 자루소바ざるそば 또는 모리소바もりそば, 그릇에 면과 쯔유를 함께 넣어 먹는 가케소바かけそば 등으로 나뉜다.

GOURMET 4

TEMPURA & TENDON

덴푸라 & 텐동(덴동) 天麩羅(天ぷら) & 天丼

신선한 해산물과 고소한 기름의 만남

스시, 소바와 함께 에도시대 3대 음식으로 손꼽힌 덴푸라. 돈부리(덮밥) 형식으로 먹는 텐동, 눈앞에서 튀기는 모습을 지켜볼 수 있는 고급 코스까지 다양한 형태로 즐길 수 있다.

튀김, 덴푸라 天ぷら

해산물이나 야채에 밀가루와 달걀로 반죽한 튀김옷을 입힌 뒤 바삭하게 튀겨낸 튀김 요리. 16~17세기 규슈 지역의 나가사키에 들어온 선교사와 무역상들로부터 전해졌다. 규슈, 간사이를 거쳐 도쿄에서는 1700년대부터 거리에 덴푸라를 판매하는 야타이(포장마차)가 등장하기 시작했다. 주재료는 에도만(지금의 도쿄 앞바다)에서 잡아 올린 신선한 해산물. 초기에는 조리 시 화재를 염려해 주로 야외 포장마차에서 판매했지만, 차츰 실내로 진입하고, 재료와 기름의 종류를 업그레이드하며 고급 음식이 되었다.

튀김 덮밥, 텐동 天丼

덴푸라를 밥에 얹어 돈부리(덮밥) 형식으로 내놓은 것. 도쿄의 텐동과 간사이 텐동의 다른 점은 우선 색이다. 도쿄에서는 참기름과 카야열매기름(비자오일)으로 튀기고, 조리 단계에서 쯔유를 사용해 다소 어두운 색을 띠는 반면, 간사이에서는 유채기름이나 샐러드기름으로 튀긴 밝은색의 덴푸라를 쯔유에 찍어먹는다. 음식문화가 교류하며 지금은 간사이풍의 텐동이 주류가 되었지만, 도쿄에서는 고소한 참기름으로 튀기고 진한 쯔유의 맛을 살린 도쿄 전통 방식의 에도마에 텐동을 고수하는 곳이 많다. 간혹 도쿄의 텐동집에서 어두운 빛깔의 튀김을 접하고 잘못 튀긴 것이라 당황하는 이들이 있으나 오해다.

GOURMET 5
MONJAYAKI

몬자야키 もんじゃ焼き

도쿄의 소울을 담아서

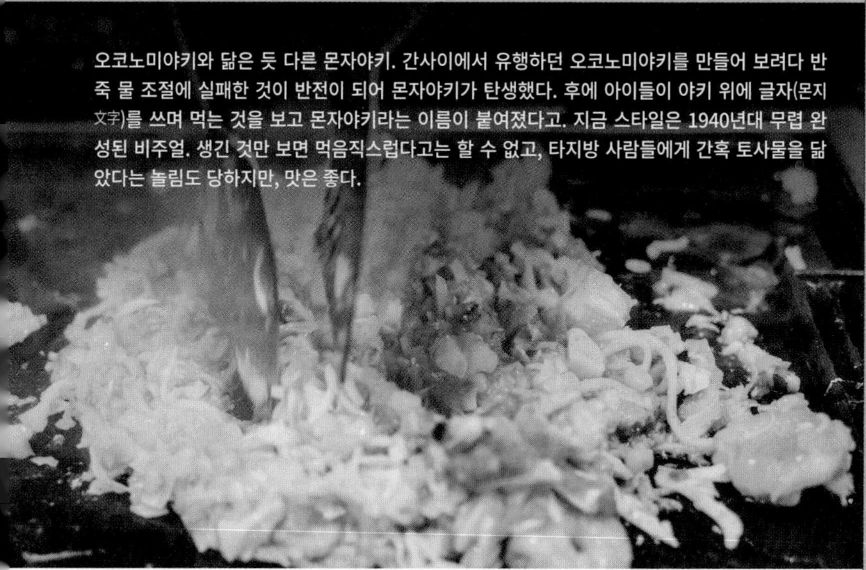

오코노미야키와 닮은 듯 다른 몬자야키. 간사이에서 유행하던 오코노미야키를 만들어 보려다 반죽 물 조절에 실패한 것이 반전이 되어 몬자야키가 탄생했다. 후에 아이들이 야키 위에 글자(몬지文字)를 쓰며 먹는 것을 보고 몬자야키라는 이름이 붙여졌다고. 지금 스타일은 1940년대 무렵 완성된 비주얼. 생긴 것만 보면 먹음직스럽다고는 할 수 없고, 타지방 사람들에게 간혹 토사물을 닮았다는 놀림도 당하지만, 맛은 좋다.

몬자야키, 오코노미야키와 무엇이 다를까?

오코노미야키와의 결정적인 차이는 일본 특유의 달콤하고 짭짤한 소스가 아닌 고소한 맛. 재료도 해산물, 명란, 새우 등등 다양해 기호에 따라 고를 수 있다. 처음 아사쿠사의 스미다강 부근에서 발달·유행했고, 쓰키시마月島가 몬자야키 거리까지 갖추면서 성지가 됐다. 최근에는 시부야에서 꼭 맛봐야할 메뉴로 떠오르며 다시 전성기를 맞고 있다.

몬자야키가 처음이라면

대부분 가게 직원들이 직접 조리해주므로 완성되는 과정을 눈으로 즐기기만 하면 된다.

국물처럼 묽은 몬자야키 반죽과 양배추, 해산물 등 입장.

철판에 기름을 두른다.

철판에 열이 오르면 해산물 등 날 음식 → 야채 순으로 볶으며 잘게 다진다.

어느 정도 익으면 도넛 모양을 만들고 빈 원 안에 반죽을 붓는다.

잠시 그대로 두어 익히다가 국물과 재료를 섞으며 마무리.

더 익혀야 할 것 같아 보여도 이게 완성작이다. 맛있게 먹자.

GOURMET 6

DONBURI

돈부리(덮밥) どんぶり

밥 위에 얹으면 근사한 한 끼 완성

밥 위에 튀김류나 해산물, 간장소스를 발라 구운 장어나 조리한 소고기 등을 토핑으로 얹은 덮밥 요리를 총칭한다. 토핑으로 무엇을 얹느냐에 따라 메뉴명이 달라지며, 보통 이름 끝에 '돈(동)丼'이 오면 돈부리 종류다. 돈카츠를 올리면 가츠동カツ丼, 덴푸라를 얹으면 텐동天丼, 해산물을 쌓으면 카이센동海鮮丼, 소고기를 토핑하면 규동牛丼 등이 된다.

일본에서 가장 흔한 돈부리 3

1 규동 牛丼

돈부리의 대표 주자. 얇게 저민 소고기에 양념과 양파를 넣고 볶은 뒤 밥 위에 부어 먹는다. 특히 도쿄에는 24시간 운영하는 저렴한 규동 체인점이 많다. 누구나 가장 쉽고 자주 찾게 되는 메뉴. 기본 규동에 취향에 따라 치즈나 김치 등 토핑을 추가할 수 있다.

2 가츠동 カツ丼

밥 위에 돈카츠를 얹은 돈부리. 가장 흔한 스타일은 돈카츠와 양파, 달걀 등을 쯔유와 함께 조리한 뒤 밥 위에 얹는 것. 하지만 조리사에 따라 소스를 전혀 쓰지 않거나, 다른 소스를 사용하거나, 치즈를 추가하는 등 다양한 창작이 가능하다.

3 오야코동 親子丼

닭고기와 달걀로 만든 덮밥. 먼저 육수에 닭을 조리하고 닭고기가 익으면 쪽파와 달걀을 부어 만든다. 오믈렛처럼 보들보들한 달걀의 식감이 중독적인 음식이다. 닭고기와 달걀을 함께 사용해 오야코(부모-자식)란 이름이 붙었다.

+MORE+

후카가와메시 深川めし

도쿄에서만 먹을 수 있는 조개 덮밥. 예전에는 얕은 바다였던 도쿄 후카가와 지역에서 발달한 향토 음식으로, 익힌 조개를 파 등 야채와 함께 밥 위에 듬뿍 올린다. 도시에서 조개 채취가 어려워진 뒤 보기 힘들어졌지만, 후카가와와 인접한 기요스미시라카와 주변에서 만날 수 있다.

장어덮밥, 우나동 うな丼 vs 우나주 うな重

1 그릇의 모양이 장어의 양과 이름을 결정한다

우나동

우나주

일본 여행 먹방리스트에 빠지지 않는 장어덮밥. 장어덮밥집에서 가장 흔히 볼 수 있는 메뉴는 우나동(우나기동)과 우나주다. 차이는 일반적인 동그란 그릇에 담았느냐(우나동), 사각 찬합에 담았느냐(우나주)로, 보통 찬합에 든 우나주가 장어의 양이 많고 값도 비싸다. 우나주는 다시 장어의 양과 두께 등에 따라 이름이 몇 가지로 나뉜다. 참고로 장어는 일본어로 우나기鰻라 한다.

2 나고야의 히츠마부시ひつまぶし와 뭐가 다르지?

도쿄 등 동일본 지역에서는 장어를 구운 뒤 찌는 과정을 거쳐 다시 구워 육질을 부드럽고 통통하게 만든다. 반면 나고야 등 서일본 지역에서는 찌는 과정 없이 소스와 함께 구워내 식감이 바삭하고 향긋하다. 탄탄한 식감 때문에 우리 입맛에는 히츠마부시가 더 잘 맞는다는 평. 나고야식 히츠마부시는 먹는 방법도 재미있다. 처음에는 장어만, 두 번째는 양념과 와사비 등을 첨가해서, 세 번째는 녹차를 밥에 부어 먹는 오차즈케로 다양하게 즐긴다.

: WRITER'S PICK :

오늘의 정식 今日の定食(쿄노 테이쇼쿠)

일본 식당에서 메뉴에 '정식定食(테이쇼쿠)'이 붙으면 메인 메뉴에 반찬과 국 등이 함께 나오는 일종의 세트 메뉴를 말한다. 밥+반찬이 세트인 우리나라와 달리 일본에서는 메뉴를 단품으로 주문하면 딱 주문한 그것만 나오는 경우가 많다.
식당에 따라 점심 식사로 '오늘의 정식今日の定食' 또는 '매일 바뀌는 정식日替わりの定食(히가와리노 테이쇼쿠)'이라는 메뉴가 오르는 곳이 있다.
매일 다른 구성의 밥과 반찬을 제공하는 메뉴로, 그날의 추천 메뉴나 우리의 요일 정식쯤으로 생각해도 좋다.

일본 가정식 식당에서 자주 볼 수 있는 생선구이 정식

요쇼쿠(양식) 洋食

일본에서 다시 태어난

어라? 카레가 일본 요리라고? 그렇다. 커리는 인도의 대표 음식이지만, 밥 위에 카레를 얹은 카레라이스는 일본이 최초로 시도한 것이다. 1800년대 개항과 함께 받아들인 서양 문화는 일본인의 식생활에도 큰 영향을 미쳤는데, 때맞춰 1200년간 이어진 육식금지령까지 해제되면서 일본인의 입맛에 맞게 변형한 새로운 양식이 등장하기 시작했다.

일본의 대표 양식, 돈카츠 豚カツ(とんかつ)

돈카츠는 1899년 긴자의 양식집에서 포크커틀릿ポークカツレツ이라는 이름으로 처음 등장했다. 당시에는 고기를 기름에 튀겨내는 방식이었고, 지금과 같은 모습의 돈카츠가 자리를 잡은 것은 1920년대 이후다. 이후로 여러 '-카츠' 시리즈가 고안되며 일본을 대표하는 요리가 됐다.

+MORE+

돈카츠 메뉴판 응용!

- **히레카츠**ヒレカツ 안심 부위에 빵가루를 입혀 튀긴 요리. 육질이 부드럽고 지방이 적다.
- **로스카츠**ロースカツ 등심 부위에 빵가루를 입혀 튀긴 요리. 돼지고기의 고소한 맛을 즐길 수 있다.
- **가츠카레**カツカレー 돈카츠에 카레를 얹은 메뉴
- **가츠샌드**カツサン 샌드위치처럼 빵 사이에 돈카츠를 끼운 메뉴

여행자들이 가장 궁금해하는, 규카츠 牛かつ

쉽게 말해 돈카츠는 돼지고기, 규카츠는 소고기를 재료로 한다. 규카츠가 주목을 받은 건 비교적 최근이지만, 최초의 카츠는 원래 돼지가 아닌 소였다. 하지만 맛과 가격에서 선택받은 돈카츠의 독주가 100년가량 이어지다가 2010년대 중반부터 요즘 스타일의 규카츠 전문점이 생기며 반격이 시작됐다. 요즘 규카츠는 얇게 썬 쇠고기에 빵가루를 입혀 레어로 튀긴 것을 각자 기호에 맞게 익혀 먹을 수 있도록 미니 화로와 함께 내어주기도 한다.

그밖의 요쇼쿠계 4인방

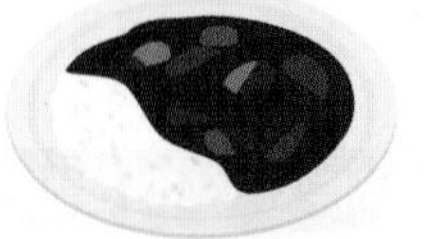

1 오므라이스
オムライス

서양의 오믈렛과 밥이 만났다. 달걀을 프라이팬에 반숙 상태로 부친 뒤 볶음밥을 넣고 감싸 안은 것이 가장 일반적인 오므라이스. 그릇에 먼저 밥을 올리고 그 위에 반숙 상태의 플레인 오믈렛을 올리는 것은 탄포포タンポポ 오므라이스라 한다.

2 카레라이스
カレーライス

카레는 1860~70년경 일본에 처음 소개되었고, 1920년대부터 분말 카레를 대량생산하며 점차 대중화됐다. 카레를 밥 위에 얹어 먹는 카레라이스가 등장한 것도 이때쯤. 당시에는 밥과 카레가 따로 제공되었다고.

3 고로케
コロッケ

서양의 크로켓Croquette을 변형한 음식. 삶은 감자를 으깬 후 크림소스와 다진 고기, 양파 등을 섞어 튀긴다. 일본에서는 요리의 하나로 취급되어 한 끼 식사로도 거뜬할 정도. 고로케 전문점, 백화점 식품매장, 빵집, 편의점, 슈퍼마켓, 이자카야 등에서 판매한다.

4 햄버거 스테이크
ハンバーグステーキ

우리나라로 들어와 함박으로 불린 일본식 햄버거 스테이크. 다진 고기와 야채, 빵가루, 달걀 등을 섞어 반죽한 뒤 프라이팬이나 그릴, 오븐에 구워 완성한다. 고기의 종류, 재료의 배합 등을 달리해 다양한 맛을 낼 수 있다.

돈카츠 & 규카츠 체인 맛집

가츠키치
かつ吉

지점이 많지는 않지만, 어느 지점을 가든 기대 이상의 맛을 보여주는 돈카츠 전문점이다. 좋은 육질의 고기를 사용해 신선한 기름으로 튀기는 것이 단순한 비결이다. 돈카츠 이외에도 큼직한 새우튀김, 각종 계절 특선 등 대부분 메뉴가 호평받고 있다. 가격이 저렴한 편은 아니지만, 후회 없을 맛.

BRANCH 도쿄 내 4개 지점(시부야, 마루노우치, 히비야, 니혼바시)
WEB bodaijyu.co.jp

일본산 유명 돼지고기
히레카츠 정식
国産銘柄豚ひれかつ定食
2600~3500엔

규카츠 모토무라
牛かつもと村

2015년 도쿄에서 문을 연 규카츠 전문점. 일본 전역에서 규카츠 붐을 이끌었고, 여행자들 사이에서도 인지도가 높은 편이다. 다만 이곳의 소고기는 맛과 모양을 위해 고기에 지방을 주입한 '인젝션 가공육'을 사용한다. 일본에서는 종종 쓰이는 방식이지만, 레어로 먹는 것은 그리 추천하지 않는다. 메뉴는 규카츠 1장 정식, 규카츠 2장 정식 등으로 단순하다. 흰밥 대신 보리밥麦飯으로 바꾸거나(무료), 다진 마とろろ(토로로)를 추가(유료)해 밥에 비벼 먹는 것도 가능.

BRANCH 도쿄 내 12개 지점
WEB www.gyukatsu-motomura.com

규카츠 정식 1장
牛かつ定食 かつ1枚(130g)
1930엔

추울수록 맛있는 나베 요리 스키야키 & 샤부샤부 すき焼き & しゃぶしゃぶ

모락모락 김이 피어오르는 나베 요리. 큰 냄비(나베鍋)에 고기와 야채를 듬뿍 넣고 팔팔 끓여 먹는 일본식 전골 요리로, 쌀쌀한 계절에 떠나는 여행이라면 놓칠 수 없다. 호화로운 고급 요리로 여겨지기도 하지만, 도쿄 곳곳엔 얼마를 주고도 아깝지 않을 맛집부터 예산 범위 내에서도 충분히 즐길 수 있는 가성비 맛집까지 두루두루 있다.

스키야키 vs 샤부샤부, 나의 선택은?

1 소스와의 환상궁합 스키야키 すき焼き

간장과 설탕, 미림, 사케 등을 조합한 와리시타割り下(전골 요리를 위해 미리 끓인 국물)에 고기와 야채(배추, 대파, 버섯 등), 두부, 실곤약 등을 넣고 익혀 먹는 음식. 지역에 따라 조리 방법이 조금씩 다른데, 도쿄에서는 와리시타에 고기를 먼저 익히는 순서로 진행한다. 익은 고기와 야채는 개인 접시에 푼 날달걀에 찍어 먹고, 마지막에는 우동 사리로 마무리. 보통 소고기가 메인이지만, 지역에 따라 닭고기로 요리하기도 한다. 메이지 유신 시대 들어 육식금지령이 해제되기 전에는 해산물이 주재료였다.

2 재료의 맛 그대로 샤부샤부 しゃぶしゃぶ

우리나라에도 전문점이 많아 제법 익숙한 나베 요리. 육수를 끓인 후 야채와 얇게 썬 소고기 등을 빠르게 익혀 소스에 찍어 먹는다. 끓는 물에서 금방 건져 올리기 때문에 재료의 맛과 식감이 살아있다. 역시 소고기가 가장 일반적이지만, 돼지고기, 닭고기, 해산물 등으로 즐겨도 좋다. 가장 자주 호출되는 소스는 폰즈 소스(간장과 과즙 등을 섞어 만든 새콤한 소스) 또는 참깨 소스.

: WRITER'S PICK :

현지인의 '찐' 맛집 찾는 법
타베로그 食べログ Tabelog

일본 최대 맛 평가 사이트다. 맛, 서비스, 분위기, 가성비 등의 항목을 100자 이상 꼼꼼하게 등록한 리뷰어들의 맛 평가를 자체 알고리즘으로 재환산하여 점수를 내고 순위를 매긴다. 타베로그 순위가 높다거나 타베로그 백명점百名店에 꼽혔다면 꽤 믿을만한 곳으로 인정받는다. 평점은 후한 편이 아니어서 5점 만점 중 3.5점 이상이 전체의 3% 수준이며, 4점 이상을 받았다면 리뷰어가 거의 모든 부분에서 만족한 맛집이라고 볼 수 있다. 일본인 입맛 기준이라 우리와 완벽하게 맞진 않지만, 현지인 맛집을 분별하기에는 이만한 곳이 없다.

WEB tabelog.com/tokyo
타베로그 어워즈 도쿄 맛집(백명점) award.tabelog.com/hyakumeiten

스키야키 & 샤부샤부 체인 맛집

닌교초 이마한

人形町今半

1890년대 문을 열어 3대째 스키야키·샤부샤부 전문점을 운영하는 곳. 일본에서도 "닌교초 이마한이 골랐다면 '찐'이다."라고 평가받을 정도로 질 좋은 흑우로 스키야키, 샤부샤부, 스테이크를 만든다. 고기 맛을 살리도록 고안한 특제 스키야키 와리시타와 샤부샤부 국물이 두 번째 무기다. 가격은 4000엔대부터. 홈페이지에서 예약할 수 있다.

BRANCH 도쿄 내 12개 지점
WEB www.imahan.com

점심 스키야키昼のすき焼 또는
점심 샤부샤부昼のしゃぶしゃぶ
5390엔~(작은 사이즈 런치 세트
4180엔, 저녁은 9020엔~)

나베조(모모 파라다이스)

鍋ぞう(モーモーパラダイス)

점심에는 2000~3000엔대에 스키야키와 샤부샤부를 무제한으로 즐길 수 있는 '갓성비' 나베 요리 전문점. 물론 철저하게 관리한 고기가 뒷받침해주어 인기가 식지 않는다. 여행자가 즐겨 찾는 지역에 매장이 있어 접근성도 좋다. 최근 일부 지점은 이름을 모모 파라다이스로 변경했다는 점 참고. 가급적 홈페이지나 구글맵에서 예약하고 방문하자.

BRANCH 도쿄 내 7개 지점(신주쿠 2곳, 시부야 2곳, 아사쿠사 등)
WEB nabe-zo.com

평일 점심
모모 코스
3520엔

+MORE+

요즘 도쿄 사람들이 즐겨 먹는 나베 요리

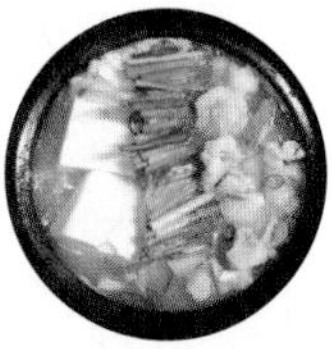

모츠나베(호르몬 나베)
もつ鍋(ホルモン鍋)

우리말로 옮기면 곱창전골. 후쿠오카의 하카타가 원조다. 된장소스, 간장소스 2가지가 주 베이스. 곱창의 쫄깃한 식감과 질리지 않는 맛 덕분에 롱런 중이다.

밀푀유나베
ミルフィーユ鍋(重ね鍋)

삽겹살과 야채를 겹겹이 쌓아 밀푀유처럼 끓인다. 그 자태에 눈부터 즐겁다. 야채는 배추가 일반적이지만, 무를 사용하기도 한다. 주로 폰즈소스나 참깨소스에 찍어 먹는다.

두유나베
豆乳鍋

고기, 생선, 야채, 두부 등을 두유와 다시 육수로 끓인 나베. 두유 붐이 불면서 여성들 사이에서 인기를 끌고 있다. 두유의 부드러움이 의외로 식재료와 어울린다.

김치나베
キムチ鍋

김치와 두부, 새우, 오징어 등 해산물을 넣고 끓여낸 일본식 김치찌개. 우리에겐 새로울 것이 없겠지만, 요즘 일본에서 가장 인기 있는 나베 요리 중 하나다.

도쿄 쇼핑 탐구일기

여행의 흔적을 사진보단 캐리어에 가득 찬 물건으로 인증하는 이들에게 도쿄는 신나는 놀이터다. 전 세계의 최신 트렌드를 가장 가까이서 경험할 쇼핑의 도시 아니던가! 특히 도쿄 쇼핑의 진가는 작은 물건 하나에도 행복을 느끼는 '소확행(소소하지만 확실한 행복)' 타입에서 더욱 크게 발휘된다.

SHOPPING 1

LIFESTYLE SHOP

소비 그 이상의 삶

라이프스타일숍

도쿄에 간 그녀의 캐리어 한편이 비어 있던 건 이것 때문이었을 거다. 도쿄에서의 쇼핑. 단순히 기념품 몇 개 고른다고 생각하지 말자. 볼펜 하나로 생활에 활력을 줄 아이디어를 얻거나, 물병 하나로 새로운 라이프스타일을 연출할 수 있다.

무인양품

無印良品(MUJI)

일본에 사치성 소비가 늘어나던 1980년대, 불필요한 기능과 디자인을 최소화한 '상표가 없는 좋은 물건'을 내놓으며 일본의 대표 라이프스타일 브랜드가 되었다. '미니멀라이프'가 주목받으며 이제는 세계적인 브랜드로 우뚝! 우리나라보다 상품이 다양하고, 같은 제품도 가격이 더 저렴한 것이 장점이다.

WHERE 도쿄 내 약 100개 지점
WEB www.muji.net

니토리

ニトリ

'오! 가격 이상!'의 캐치프레이즈를 내건 라이프스타일 브랜드. 상품의 기획, 생산, 유통을 도맡아 품질과 가격을 모두 잡았다. 아이디어가 반짝이는 홈퍼니싱 제품으로 일본 가구 업계 1위를 쭉~ 지키고 있다. 별명은 '일본의 이케아'. 디자인과 아이디어를 더한 기본 생활용품도 실용성 있는 기념품으로 좋다.

WHERE 도쿄 내 약 70개 지점
WEB www.nitori-net.jp

식료품 중 판매 1위를 고수하는 버터 치킨 카레. 토마토의 시큼함과 버터의 고소함을 담은 카레 한 봉지면 홈 카페 뚝딱 완성

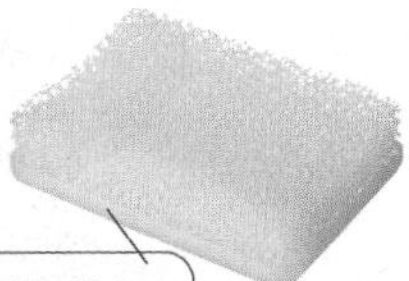

물 빠짐 효과가 좋아서 비누가 무르지 않는 받침대, 스펀지 비누 트레이

버터를 한 번에 잘라 그대로 보관까지 할 수 있는 버터 컷팅 케이스

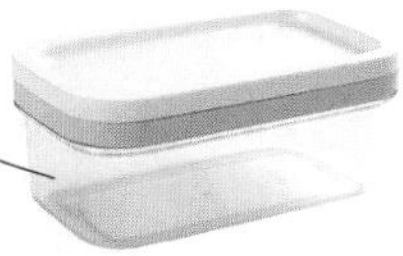

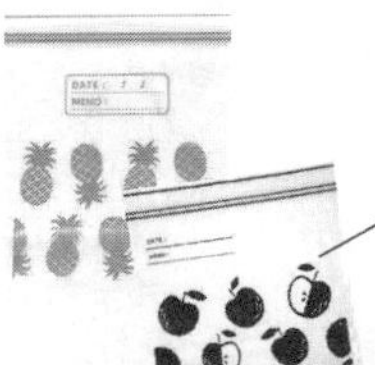

디자인과 실용성을 갖춘 지퍼백(냉동 -70℃, 가열 80℃까지)

NITORI

프랑프랑

Francfranc

어느 매장에 가든 주변에서 한국어가 들릴 정도로 우리나라 여행자들이 좋아하던 브랜드. 지금도 잡화 마니아들의 필수 코스로, 가구부터 주방, 욕실, 인테리어 용품 등 라이프스타일에 관한 모든 분야를 다룬다. 심플하면서도 러블리한 디자인도 훌륭하지만, 매장 전체 코디네이션도 출중해 잠깐 둘러봐도 인테리어 감각이 업그레이드 되는 느낌이다.

WHERE 도쿄 내 약 20개 지점
WEB francfranc.com

Francfranc

겨울 느낌 물씬~ 트위드 컵 & 받침

프랑프랑의 스테디셀러, 토끼 주걱. 귀여운 디자인, 세워서 보관하는 편리성 덕분에 많은 유사품을 낳았다.

요리할 맛 나겠네! 5ml와 15ml 계량 스푼 세트

투데이스 스페셜

Today's Special

상호보다는 '마이보틀'이라는 단어로 설명하는 게 빠를지도 모르겠다. 한때 우리나라에서도 공구 붐이 일었던 아기 젖병 소재로 만든 물병 마이보틀을 소개한 곳. 마이보틀의 인기는 지나갔지만, 환경을 키워드로 소비자의 마음을 사로잡았던 그 시절 감각은 여전하다. '오늘이 특별해지는 발견'을 콘셉트로 일본과 해외에서 수집한 생활용품, 음식, 의류, 가구 등을 판매한다. 끝판왕은 본점인 지유가오카점(243p).

WHERE 도쿄 내 6개 지점
WEB www.todaysspecial.jp

TODAY'S
SPECIAL
TODAY'S SPECIAL
TODAY'S SPECIAL
HANG ME

장 보러 갈 때도 센스 있게! 면 소재 마르셰 백. 시즌별로 다양한 디자인이 나온다.

가방이나 벽에 걸어 둘 수 있는 HANG ME 볼펜. 잃어버리지 않을 테다!

애프터눈 티 리빙

Afternoon Tea Living

꽃으로 방을 꾸미는 것과 같이 일상의 연출이 필요한 날 어울리는 물건들. 차와 관련된 라이프스타일을 중심으로 주방용품, 의류 등 다양한 범위의 제품을 소개한다. 취급 품목에 따라 홈 & 리빙, 기프트 & 리빙 브랜드로 나뉘며, 티룸이 딸린 애프터눈 티 티룸도 있다.

WHERE 도쿄 내 약 20개 지점
WEB www.afternoon-tea.net

MY STYLE SPICE OF A DAY
DECAF CEYLON
SPECIAL TEA SET
Afternoon Tea GIFT & LIVING

티 전문 브랜드인 만큼 패키지가 예쁜 홍차들을 담아보자.

유리로 만든 딸기 모양 젓가락 받침대

SHOPPING 2 VARIETY STORE

도쿄의 간판 잡화점

아이디어를 팝니다

살림꾼이나 문구 덕후, 예쁜 건 갖고 보는 맥시멀리스트에게 도쿄의 잡화점은 커다란 보물창고다. 상품 구성 하나하나에 공들여 특별한 안목이 없어도 제법 근사한 물건을 집어 올 수 있다. 엔화 탕진 주의보.

로프트

Loft

일본을 대표하는 대형 잡화 체인. 세련된 감각으로 승부수를 띄웠다. 휴대하기 좋은 여행용품, 아이디어 톡톡 튀는 문구, 곁에 두고 싶은 그릇 등 구매 욕구를 불러일으키는 물건들이 곳곳에서 유혹해 시간 가는 줄 모른다.

WHERE 도쿄 내 약 30개 지점 (대형점은 시부야·긴자·이케부쿠로·기치조지)
WEB www.loft.co.jp

빌리지 뱅가드

Village Vanguard

콘셉트는 노는 서점. 그런데 '서점'보다는 '노는'이 핵심이다. 책을 중심으로 서브컬처와 관련된 의상, 소품이 가득하다. 일상생활에 부끄럼 없이 사용하기에는 무리가 있지만, 이벤트나 파티용 아이템을 찾는다면 딱이다.

WHERE 도쿄 내 약 15개 지점(본점은 시부야)
WEB www.village-v.co.jp

돈키호테

ドンキホーテ

'경악할 만큼 싸다'는 슬로건을 내걸었지만, 실제 우리를 경악게 하는 건 어마어마한 양의 물건을 뒤죽박죽 진열해 놓고 헤매게 하는 돈키호테의 전략이다. 일단 창고는 채우고 보자는 생각인지 과자, 화장품, 의약품, 가전제품, 심지어 명품까지 없는 게 없다. 돈키호테의 플래그십 스토어인 메가 돈키호테MEGAドン・キホーテ(메가 돈키メガドンキ), 저렴한 가격의 PB상품을 선보이는 돈돈 서프라이즈!ドンドン驚キ도 있다.

WHERE 도쿄 내 약 60개, 메가 돈키호테 4개 지점
WEB www.donki.com

핸즈

Hands ハンズ

준비된 상품은 10만 점 이상, 집안을 채울 물건들만 모아 모아 운영하는 대형 잡화점이다. 큰 건물 하나를 가득 채운 상품 중 흔하게 넘길만한 것이 없다는 게 놀라울 뿐. 그저 구경만 해도 재미있어 엔터테인먼트 공간으로서의 역할까지 한다. 라이벌로 꼽히는 로프트와 비교하면 내 손으로 직접 만드는 DIY 제품에도 힘을 준 편이다.

WHERE 도쿄 내 9개 지점 (대형점은 신주쿠·시부야·이케부쿠로)
WEB info.hands.net/list/

: WRITER'S PICK :

일본 내 면세 혜택

일본에서는 'Tax Free' 마크가 있는 곳이라면 어디서든 1인당 동일 상점에서 세금을 제외하고 5000엔 이상 구매 시 소비세 10%(일부 품목 및 상점은 8%)가 면세된다. 가전제품, 의류, 액세서리, 신발, 보석, 공예품 등의 일반 물품에서 주류, 식품, 화장품, 담배, 의약품 등의 소비재까지 거의 모든 품목이 면세 대상에 해당한다. 단, 상점에 따라 소비세 중 1~2%의 수수료가 붙을 수 있고, 소비재와 일반 물품의 구매 금액을 합산하지 않고 각각 계산할 수 있다.

■ 면세 조건

- 6개월 미만 체류하는 외국인 방문객을 대상으로 한다.
- 면세품은 반드시 일본 내에서 소비하지 않고 국외에 가지고 돌아갈 목적으로 구매해야 한다.
- 같은 날 한 매장에서 구매한 물품일 경우에만 면세받을 수 있다.
- 상품 구매 시 반드시 여권을 제시해야 한다.

동전 하나의 행복 100엔숍·300엔숍

오랜 경기 불황이 낳은 가성비 뛰어난 생활용품 숍은 살림의 달인이 사랑해 마지않는 공간. 수십 년간 경쟁과 진화를 거듭해온 100엔숍은 말할 것도 없고, 북유럽 라이프스타일까지 엔화 몇 닢에 업어올 수 있다. 참고로 가격표엔 10%의 소비세가 붙은 금액이 표기되므로 100엔짜리는 110엔, 300엔짜리는 330엔이 된다.

다이소
Daiso

싼 게 꼭 비지떡만은 아니라는 것을 보여주는 100엔숍의 대명사이자 일본 저가 잡화점의 기준점. 우리나라에도 있는 다이소와 이름은 같지만, 분위기가 미묘하게 다르다. 일본풍 젓가락이나 귀여운 캐릭터 잡화 등 일본 느낌이 나는 아기자기한 기념품을 다른 곳보다 저렴하게 구매할 수 있다는 것이 장점이다.

WHERE 도쿄 내 300개 이상 지점
WEB www.daiso-sangyo.co.jp

스탠다드 프로덕트
Standard Products

다이소에서 런칭한 300~1000엔숍. 다이소가 어디에나 있을 법한 모든 물건을 모았다면 이곳은 어디에든 무난하게 어울리는 디자인의 제품군을 선보인다. 800년 이상 칼을 만들어온 기후현의 장인, 100년 동안 연필을 생산해온 도쿄의 공장 등 일본 각지 소상공인들의 물건을 적극 소개한다.

WHERE 도쿄 내 10개 지점
WEB standardproducts.jp

내추럴 키친 앤드
Natural Kitchen &

상호에서 드러나듯 인테리어·주방용품으로 특화된 잡화점. 대부분 자사 제작상품으로, 비슷한 가격대의 잡화점에 비해 디자인의 디테일에 힘이 들어갔다. 주로 벚꽃 모양의 스푼, 장미 모양의 젓가락 받침대 등 내추럴, 플로럴, 샤랄라한 디자인을 선보인다. 가격은 대부분 100~500엔.

WHERE 도쿄 내 7개 지점
WEB www.natural-kitchen.jp

세리아
Seria

100엔숍처럼 보이지 않는 100엔숍이 목표. 저가 상품을 다량으로 공급하기보다는 실용성 높은 물건을 소개하는 전략으로 다이소에 이어 업계 2위까지 추격했다. 100엔숍임에도 무려 세금 환급이 된다.

WHERE 도쿄 내 약 120개 지점
WEB www.seria-group.com

캔두
Can ★ Do

다이소와 마찬가지로 20년 이상 100엔을 고수하는 잡화점. 디자인에 힘을 준 고무장갑, 귀여운 문구용품 등 재치 있는 상품으로 100엔의 값어치를 다시 쓰고 있다.

WHERE 도쿄 내 150개 이상 지점
WEB www.cando-web.co.jp

3코인즈
3COINS

차분한 분위기의 생활용품부터 인테리어 용품까지 두루 갖춘 300엔숍. 진열장도 깔끔하게 갖춰 원하는 물건을 쉽게 찾을 수 있는 것도 장점. 플래그십 스토어인 하라주쿠 본점의 구색이 '넘사벽'이다.

WHERE 도쿄 내 약 50개 지점 (3COINS+plus, 3COINS OOOPS 포함)
WEB www.3coins.jp

+MORE+

관광지와 가까운 도쿄의 대형 슈퍼마켓

■ **라이프** 시부야히가시점 Life 渋谷東店
ADD 1 Chome-26-22 Higashi, Shibuya City **OPEN** 09:30~24:00

■ **오케이** 긴자점 OK 銀座店
ADD 마로니에게이트 긴자2マロニエゲート銀座 2 지하 1·2층(299p) **OPEN** 08:30~21:30

■ **더 가든 지유가오카** 우에노점 The Garden Jiyugaoka 上野店
ADD JR 우에노역 1층 아트레 우에노アトレ上野 **OPEN** 07:30~22:00

500
10
100

드럭스토어라고 해서 이름 그대로 의약품만 취급하진 않는다. 식품, 미용용품, 일반 소모품 등 다양한 품목이 있고, 의외로 식품류의 판매량이 가장 많다. 지역별, 매장별로 상품의 가격이 조금씩 다르며, 딱히 어디가 가장 저렴하다 우열을 가릴 순 없지만, 대체로 신주쿠, 시부야 같은 시내 중심부보다는 외곽이 저렴한 편이다. 아래는 도쿄 내 대표 드럭스토어다.

도쿄 대표 드럭스토어

Matsumoto Kiyoshi
薬
マツモトキヨシ
Matsumoto Kiyoshi
池袋Part2店

마츠모토키요시
マツモトキヨシ

도쿄 드럭스토어의 대표 주자. 매장 수도 많고, 노란색 간판도 눈에 딱 들어와 가장 많은 여행자가 찾는다. 줄여서 '마츠키요'라 부른다.

MAKES STYLE
薬
DRUG & COSMETIC
SUNDRUG
サンドラッグ
COSMETIC
SHISEIDO
Kanebo

선드러그
サンドラッグ

여성을 주 타깃층으로 정한 만큼 기본 물품 이외에도 화장품, 패션용품 등에 충실하다.

ココカラファイン
ココロ、カラダ、ゲンキ。

코코카라파인
ココカラファイン

본사는 오사카. 최근 마츠모토키요시와 경영 통합을 이루면서 기세를 더욱 드높이고 있다. 정돈이 잘 돼 있어 쇼핑이 한결 수월하다는 평을 받는다.

薬
welcia

웰시아
welcia

가격경쟁력이 높진 않지만, 넓고 쾌적한 환경에서 쇼핑할 수 있다는 게 장점이다.

: WRITER'S PICK :

귀국 시 면세 한도

출국 시 면세점 구매 한도는 폐지됐지만, 귀국 시 1인당 면세 한도는 휴대품 전체 US$800, 주류 2병(전체 용량 2L, 총액 US$400 이하), 담배 200개비, 향수 60ml다. 따라서 그 이상 구매했거나 선물 받았다면 입국 시 반드시 세관에 신고해야 한다. 자진 신고하면 30%(20만 원 한도)의 세금 감면 혜택이 있지만, 신고하지 않고 적발되면 40%(2년 이내 2회 이상일 경우 60%)의 가산세가 붙는다. 자세한 규정은 인천본부세관 홈페이지(customs.go.kr/incheon/)에서 확인한다.

* 농림축산물이나 한약재 등은 10만 원 이하로 한정되고 품목별로 수량 또는 중량에 제한이 있다.
* 입국장 면세점에서 구매한 물건 중 국산 물품은 면세 범위에서 우선 공제된다.

요즘 많이 사 오는 필수템

캬베진코와 알파
キャベジンコーワα

양배추 성분이 속을 편하게 해주는 일본 국민 위장약.

¥ 300정
2300엔 안팎

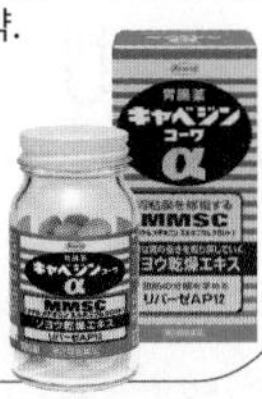
キャベジン
コーワ
α
MMSC

로이히 츠보코 ロイヒつぼ膏

어깨 결림, 요통, 관절 통증 등에 명성이 자자한 '동전 파스'. 엄마와 할머니 선물로 그만이다. 크기가 작아 손가락, 팔꿈치 등에 붙이기도 쉽다.

¥ 156개입 한 상자
700엔 안팎

TSUBOKO

사론파스 サロンパス

젊은 층에는 '동전 파스'보다 잘 맞는 파스. 특히 운동이나 장시간 컴퓨터 사용 후에 따르는 어깨 결림에 탁월하다.

¥ 120매 1550엔 안팎

サロンパスA
サロンパス

오타이산 太田胃散

소화불량, 과식에 대비하는 위장약. 과식뿐 아니라 과음, 속쓰림 등에도 잘 들어 상비해두는 집이 많다.

¥ 210g
1400엔 안팎

太田胃散〈分包〉
飲みすぎ 胸やけ
胃の不快感に

로토 안약 ロート目薬

한 번 쓰면 다른 상품으로 대체가 안 된다는 인공눈물. 청량감의 단계가 1에서 8까지 있다. 처음이라면 낮은 숫자부터 도전하자.

¥ 시리즈별로
600~1500엔선

V
ロート
PREMIUM

휴족시간 休足時間

다리 뭉침을 시원하게 풀어주는 파스. 많이 걸어야 하는 여행 중에는 '1일 1휴족'이 필수다. 한국에도 있지만 일본이 더 저렴하다.

¥ 18개입
700엔 안팎

休足時間

비오레 사라사라 파우더 시트
ビオレさらさらパウダーシート

여름철의 끈적거림과 땀 냄새를 잡아주는 파우더 시트. 한 번도 안 쓴 사람은 있어도 한 번만 쓴 사람은 없다는 말이 여기에 적용된다.

¥ 10매
300엔 안팎

Bioré

류카쿠산 다이렉트 스틱 피치
龍角散ダイレクトスティック ピーチ

목이 칼칼할 땐 용각산. 맛별로 모든 종류가 두루 인기인데, 한방 제제의 거부감이 가장 적은 복숭아 맛 스틱 추천.

¥ 16포
600엔 안팎

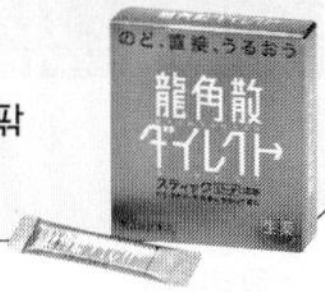
のど、声嗄、うるおう
龍角散
ダイレクト

마졸리카 마조르카 래쉬 젤리 드롭 EX 속눈썹 영양제
Majolica Majorca Lash Jelly Drop EX

젤 타입의 제형, 말랑말랑한 브러시로 눈에 자극이 적은 속눈썹 영양제.

¥ 5.3g
1000엔 안팎

메구리즘 증기 핫 아이 마스크
めぐりズム 蒸気でホット アイマスク

착용하면 약 10분간 따듯한 증기 열이 눈을 편안하게 해준다. 잠자리가 바뀔 때, 특히 장기 여행이나 출장 시 요긴하다. 어깨용 굿나잇도 추천. 한국보다 일본에서 사는 게 저렴하지만, 부피가 커서 캐리어를 금방 채운다.

¥ 12개입 1200엔 안팎

めぐりズム
蒸気でホットアイマスク

피노 프리미엄 터치 헤어 마스크
フィーノ(fino) プレミアムタッチ 浸透美容液ヘアマスク

보습(로얄젤리 EX), 광택(스쿠알렌) 등에 효과가 있는 6가지 성분을 응축한 데미지 케어 트리트먼트 끝판왕. 주 1~2회 샴푸 후 모발에 바른 뒤 빨리 헹궈도 효과가 뛰어나다. 일본에서 사는 게 조금 더 저렴하다.

¥ 230g 900엔 안팎

毛先からプレミアムタッチ
fino
PREMIUM TOUCH
SHISEIDO

SHOPPING
5
SELECT SHOP

패션 편집숍

타인의 감각을 나의 취향으로

'네 취향을 내 감각에 맡겨봐'. 여러 브랜드의 제품을 한 공간에서 선보이는 편집숍은 판매자의 감각과 안목이 무엇보다 중요하다. 도쿄 최고의 디렉터들이 이끄는 편집숍에서 나만의 취향을 찾아보자.

* 지점 수는 각각의 오리지널 레이블만을 기준으로 함

BEAMS

BEAMS
BEAMS WOMEN SHIBUYA

빔스

Beams

도쿄 트렌드세터들도 탐내는 아이템을 찾는다면 빔스부터 접수할 것. 1976년 하라주쿠에서 '아메리칸 라이프숍 빔스'라는 이름으로 출발해 일본의 트렌드를 이끈 지 40년. 캐주얼웨어를 메인으로 한 오리지널 빔스를 비롯해 아티스트와의 콜라보가 활발한 티셔츠숍 빔스 T Beams T, 시크한 여성 레이블 레이 빔스Ray Beams 등 20여 개 레이블을 두고 있다. 같은 레이블 안에서도 셀렉션에 따른 개성이 또렷해, 여러 매장을 둘러봐도 늘 새롭다.

WHERE 도쿄 내 약 40개 지점
WEB www.beams.co.jp

UNITED ARROWS LTD.

UNITED ARROWS

유나이티드 애로우스

United Arrows

빔스 1호점 초대 점장이 독립해 문을 연 브랜드. 빔스와 다양한 각도로 비교된다. 가장 큰 차이는 캐주얼한 빔스에 비해 이곳은 30대 이상을 타깃으로 고급스러운 스타일을 추구한다는 것. 오리지널 레이블 외에도 젊은 층을 겨냥한 뷰티 앤 유스Beauty & Youth, 유나이티드 애로우스 그린 라벨 릴렉싱United Arrows Green Label Relaxing도 사랑받고 있다. 자사 PB 상품이 다른 숍에 비해 월등히 많은 것도 특징.

WHERE 도쿄 내 18개 지점
WEB www.united-arrows.co.jp

쉽스
Ships

빔스, 유나이티드 애로우스와 함께 일본의 3대 편집숍으로 꼽힌다. 점차 오리지널 상품을 늘리는 다른 숍들과 달리 꾸준히 해외에서 공들여 구해온 제품을 선보인다. 'Stylish Standard'를 외치며 트렌드를 타지 않는 클래식한 디자인을 선보이는 곳. 하나 장만하면 오래 두고 사용할 만한 아이템을 만날 수 있다.

WHERE 도쿄 내 13개 지점
WEB www.shipsltd.co.jp

SHIPS
SHIPS

어반 리서치
Urban Research

도시인의 라이프스타일을 겨냥한 편집숍. 심플하면서 세련된 데일리웨어, 특별한 날을 위한 드레시한 의상 등 도시 생활에 필요한 아이템을 고루 갖췄다. 의류와 잡화는 물론 생활용품 등 라이프스타일 전반을 폭넓게 다룬다.

WHERE 도쿄 내 6개 지점
WEB www.urban-research.co.jp

UR
URBAN-RESEARCH

저널 스탠다드
Journal Standard

날마다 새로운 소식을 전하는 신문처럼, 스탠다드한 아이템을 매일 전하겠다는 강한 의지의 이름. 단정한 스타일부터 밀리터리 같은 개성 있는 아이템까지 두루 다루는데, 전반적으로 디자인이 과하지 않다.

WHERE 도쿄 내 10개 지점
WEB journal-standard.jp

JOURNAL STANDARD
JOURNAL STANDARD

본격적인 쇼핑을 위한 장소이자 최신 트렌드를 한눈에 볼 수 있는 곳. 지하 식품관은 요즘 가장 핫한 미식 공간이고, 옥상엔 도시 녹음의 한 부분을 책임지는 공원이 마련돼 있다. 지역과 타깃층에 따라 다양한 분위기를 가진 도쿄의 백화점과 쇼핑몰. 내 스타일과 가장 잘 맞는 곳은 어딘지 살펴보자.

지역별 백화점 & 쇼핑몰 공략 포인트

1 백화점 박물관 **신주쿠**

일본 백화점 매출 부동의 1위 신주쿠 이세탄(154p). 총 3개 층에 할애한 화장품·향수 코너를 비롯해 여성을 겨냥한 의류 브랜드와 제품의 다양성이 단연 압도적이다. 1~8층을 남성 용품으로만 채운 이세탄 맨즈관 역시 타의 추종을 불허하는 상품군을 갖췄다. 한편, JR 신주쿠역을 둘러싼 루미네는 1020 여성을 주 타깃으로 한 캐주얼하고 합리적인 가격의 상품을 소개한다. 루미네1·2·에스트(155p)와 남쪽 출구 건너편 뉴우먼(155p)도 같은 계열사다.

2 일본 고급 백화점의 정석 **니혼바시·긴자**

전통 있는 노포 백화점이 밀집한 지역이다. 1673년 탄생한 일본 최초의 백화점 미츠코시 본점(289p)과 다카시마야(156p)는 건물 자체가 문화재로 지정됐을 정도. 인접한 긴자의 미츠코시 긴자(294p), 마츠야 긴자(294p), 고급 시계와 보석 등에 특화된 와코(295p)도 역사가 깊다. 니혼바시는 중장년 이상의 중산층, 긴자는 젊은 층과 외국인 여행자가 즐겨 찾는다.

Yakult

3 패션의 **시부야**

시부야를 패션의 거리로 만든 두 주인공인 파르코(179p)와 세이부 시부야(179p)가 자리 잡고 있다. 최근 참신한 브랜드가 대거 입점한 상업시설 히카리에(176p)와 스크램블 스퀘어(174p)까지 가세했다.

SEIBU

4 로컬 감각의 **이케부쿠로**

이세탄 신주쿠에 이어 도쿄 매출 2위 자리를 거의 놓치지 않는 세이부 이케부쿠로 본점, 도쿄 최대 규모의 식품관을 보유한 도부 이케부쿠로점으로 대표되는 지역이다. 도쿄 외곽으로 나가는 유동 인구가 많은 지역이어서 로컬 쇼핑 문화를 들여다보기에 제격이다.

취향에 따라 골라 가보자

1 명품족을 위한 백화점 & 쇼핑몰

매장의 절반가량이 명품 브랜드의 플래그십 스토어인 긴자 식스(296p), 공간 그 자체가 명품인 오모테산도 힐스(212p)가 제격이다. 거의 모든 층이 명품에 집중해 있지만, 건축물 자체와 그 안의 공간 구성을 살펴보는 것으로도 흥미롭다.

2 멋을 아는 중장년들의 픽

시부야 후쿠라스(177p), 신주쿠 게이오(156p), 우에노 마츠자카야松坂屋 上野店 등은 중장년층 이상을 위한 공간. 후쿠라스는 패션, 잡화 등 일반적인 플로어 구성에서 벗어나 건강, 취미 등 중장년의 라이프스타일에 맞는 섹션을 구성했다. 게이오는 안경, 지팡이, 가발 등 시니어를 위한 제품에 신경을 많이 썼고, 주 상권이 중장년 이상인 우에노의 마츠자카야는 모든 백화점을 통틀어 시니어 대상 제품을 가장 많이 갖췄다.

+MORE+

철도 이름과 같은 백화점들

세이부西武, 게이오京王, 오다큐小田急, 도부東武…. 이들은 철도 회사이자 백화점이라는 공통점을 갖고 있다. 철도 왕국 일본의 철도 회사들은 치열한 승객 유치 경쟁 속에서 쇼핑객들을 노렸다. 쇼핑을 위해 열차를 타게 하는 것. 이 때문에 대부분의 민간 철도회사는 자사의 터미널 역할을 하는 주요 역에 백화점을 직접 운영하거나 계열사를 두고 있다.

: WRITER'S PICK :

백화점과 쇼핑몰 외국인 여행자 면세 서비스

도쿄의 많은 백화점과 쇼핑몰들은 외국인을 위한 면세 서비스를 제공하고 있다. 여러 매장에서 당일에 산 물건을 모두 합산해 세금 별도 5000엔 이상일 경우 소비세 8~10% 중 1~2%(백화점·쇼핑몰마다 다름)의 수수료를 제외한 금액을 한꺼번에 환급해준다. 다만 백화점·쇼핑몰 내 모든 임차인이 면세에 해당하는 것은 아니고, 합산이 배제되는 매장도 있으므로 상점에 따른 추가 확인이 필요하다. 매장에서 세금이 포함된 가격으로 구매 후 지정된 면세 카운터에서 환불 절차를 진행하며, 여권이 꼭 필요하다.

도심 속 오아시스, 옥상정원

도쿄의 백화점과 쇼핑몰들은 옥상 녹지를 훌륭하게 조성해 놓았다. 따로 공원을 찾을 필요 없이 쇼핑 후 녹음이 가득한 공간에서 휴식하고 싶을 때 옥상으로 올라가자!

- **시부야 미야시타 파크** 원래 공원이 있던 자리에 들어선 시설이라 그 의미와 규모가 남다르다. 상업시설이 아닌, 그냥 공원에 와 있다는 생각이 들 정도로 넓다.
- **세이부 이케부쿠로** 옥상의 '음식과 초록의 공중정원'은 모네의 정원을 테마로 꾸며놓았다.
- **마루노우치 킷테 가든** 도쿄역 뷰 보유. 철도 덕후라면 놓칠 수 없다.
- **도큐 플라자 오모테산도 오모카도** 6층 옥상정원 '오모하라의 숲'을 스타벅스가 독차지하고 있지만, 그냥 지나치면 후회할 공간이다.
- **긴자 식스** 작은 신사가 마련돼 있다.
- **히비야 미드타운** 6층의 파크뷰 가든에서 맞은편 히비야 공원까지 내려다볼 수 있다.

히비야 미드타운

시부야 미야시타 파크

캐릭터 굿즈숍 & 카페

우주 최강 귀요미들과 만나요♥

이제 다 큰 어른이라고 자신하던 나를 한순간에 어린아이로 되돌려놓는 도쿄의 온갖 캐릭터 굿즈들. 만화와 게임 캐릭터라면 죽고 못 사는 이들에게는 탕진 주의보를 미리 발령하니 주의하고 입장하자.

포켓몬 센터 Pokémon Center

포켓몬의 오리지널 굿즈와 다양한 포켓몬 관련 아이템을 한곳에 모아둔 곳. 일부 매장은 카드 게임이나 티셔츠 만들기 등 체험시설이나, 캐릭터를 테마로 한 메뉴를 맛볼 수 있는 카페도 이용할 수 있다.

WEB www.pokemon.co.jp/shop

포켓몬 센터 도쿄 DX & 포켓몬 카페

Pokémon Center Tokyo DX & Pokémon Cafe

포켓몬 굿즈 쇼핑은 물론, 카페에서 포켓몬 캐릭터로 만든 시즌별 메뉴까지 즐길 수 있어 어린아이를 동반한 가족 여행자들에게 인기가 높다. 카페는 홈페이지에서 예약해야 하며, 현장에선 당일 취소된 좌석이 있을 때만 입장할 수 있다(예약 정책은 바뀔 수 있으니 방문 전 홈페이지에서 확인).

GOOGLE MAPS 포켓몬 카페 니혼바시
ADD 니혼바시 다카시마야 S.C. 동관 5층
OPEN 10:30~21:00(카페 ~22:00(L.O.21:30))
WALK JR 도쿄역 야에스 북쪽 출구八重洲北口 5분
WEB 예약 www.pokemoncenter-online.com/cafe/reservation.html

포켓몬 센터 메가 도쿄 & 피카츄 스위츠

ポケモンセンターメガトウキョー & ピカチュウスイーツ

포켓몬 센터 중 최대 규모! 포켓몬 카드 스테이션이 설치돼 있어 포켓몬 게임 배틀을 즐길 수 있다. 굿즈 및 테이크아웃용 간식과 음료를 판매하는 피카츄 스위츠 카페가 있다. MAP 22

GOOGLE MAPS 이케부쿠로 포켓몬 센터
ADD 이케부쿠로 선샤인 시티 알파 2층(445p)
OPEN 10:00~20:00
WEB www.pokemon.co.jp/shop/pokecen/megatokyo/

그 외 포켓몬 센터 & 포켓몬 스토어

- **시부야점** 시부야 파르코 6층. 좋아하는 포켓몬으로 나만의 티셔츠를 만들 수 있는 포켓몬 디자인 랩이 있다. 180p
- **도쿄 스카이트리 타운점** 도쿄 소라마치 4층
- **도쿄역점** 도쿄역 일번가 캐릭터 스트리트 내. 284p
- **나리타공항점** 제2 터미널 본관 4층
- **요코하마점** 요코하마역 근처 마루이 시티 요코하마 8층

산리오 Sanrio

최근 복고풍 붐을 타고 또다시 인기몰이 중인 헬로키티를 필두로, 마이멜로디, 폼폼푸린 등 산리오의 주인공들이 다 모였다.

GINZA

산리오월드 긴자

Sanrioworld GINZA

세계 최대 규모의 산리오 직영점. 긴자점에서만 만나볼 수 있는 단독 상품을 비롯해 다양한 굿즈와 포토존 등이 팬심을 저격한다. 면세 불가. **MAP ⑩-A**

GOOGLE MAPS 산리오월드 긴자
OPEN 11:00~20:00
ADD 4 Chome-1 Ginza, Chuo City(니시긴자西銀座 1·2층)
WALK Ⓜ 긴자역 C5 출구 1분 / JR 유라쿠초역 긴자 출구銀座口 3분
WEB stores.sanrio.co.jp/1703100

©mono

산리오 퓨로랜드

Sanrio Puroland

산리오의 캐릭터를 내세운 테마파크. 아이들을 위한 놀이기구 2종과 사랑스러운 캐릭터들에 둘러싸여 있다.

GOOGLE MAPS 산리오 퓨로랜드
OPEN 10:00~18:00(토·일·공휴일 08:30~)/휴무일은 시즌마다 다름
PRICE 1일권 3900~5900엔/오후 2시 이후 입장 시 할인됨
WALK 신주쿠역에서 게이오선 특급(30분, 330엔) 또는 오다큐선 급행(40분, 380엔)을 타고 다마센터역多摩センター하차 후 5분
WEB puroland.jp

디즈니 스토어 Disney Store

디즈니의 공식 굿즈 판매점. 도쿄 시내에는 신주쿠 디즈니 플래그십 도쿄를 비롯해 신주쿠 다카시마야점(다카시마야 타임스 스퀘어 본관 9층), 시부야 고엔 거리점(181p), 오다이바 아쿠아시티점(3층), 이케부쿠로 선샤인 시티 알파점(지하 1층), 도쿄 스카이트리 타운 소라마치점(3층) 등이 있다. 지점마다 다른 콘셉트의 한정판도 갖추고 있으며, 대부분의 지점에서 세금 환급 서비스를 제공한다.

디즈니 플래그십 도쿄

ディズニーフラッグシップ東京

지하 1층~지상 2층으로 이루어진 일본 최대 규모의 플래그십 스토어. 상품 수가 압도적으로 많고, 신상품이 빨리 입고돼 몇 군데 디즈니 스토어를 방문한 팬들도 좀처럼 헤어나오지 못하는 곳이다. 신주쿠점 단독 선행 판매 굿즈도 종종 선보인다. **MAP ②-B**

GOOGLE MAPS 디즈니 플래그십 도쿄
ADD 3-17-5, Shinjuku, Shinjuku City
OPEN 10:00~21:00
WALK JR 신주쿠역 동쪽 출구東口 3분
WEB disney.co.jp

Disney
100

+MORE+

월 좋아할지 몰라서 다 준비한 도쿄의 대형 캐릭터 전문점

- **키디랜드** 하라주쿠에 있는 캐릭터 전문점. 산리오와 지브리부터 스누피, 리락쿠마, 스밋코구라시 등 인기 캐릭터 상품이 지하 1층에서 지상 4층까지 꽉 차 있다. 203p
- **도쿄 캐릭터 스트리트** 짱구, 리락쿠마, 포켓 몬스터 등 다양한 캐릭터를 한꺼번에 만나 볼 수 있다. 284p

SHOPPING 8 DUTY FREE SHOP

공항 기념품

마지막 엔화 소진의 기회

수하물 무게 제한을 간신히 맞췄더니, 아뿔싸. 면세점에서 짐이 감당 못할 만큼 늘어버렸다. 주범은 바로 요 녀석들! 맛은 물론 고급스런 패키지에 나를 위해서도, 선물용으로도 놓칠 수 없는 것.

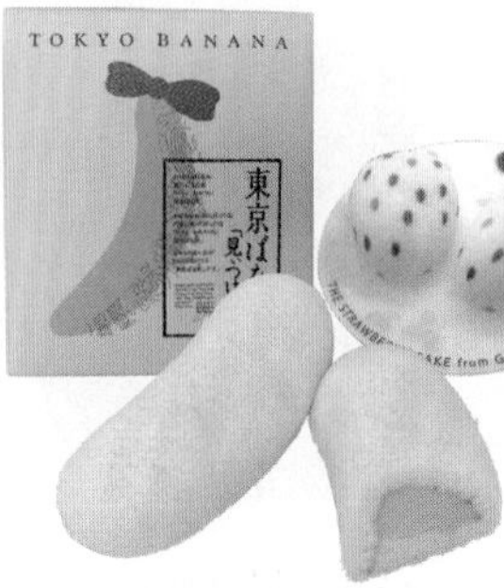
TOKYO BANANA

도쿄 바나나 東京ばな奈

도쿄 기념품 부동의 1위! 스펀지케이크 안에 바나나 맛 커스터드 크림이 든 쁘띠 케이크. 연 매출 40억 엔 이상, 도쿄 기념품 과자계의 1인자다. 공항 곳곳을 비롯해 주요 JR 역, 관광 명소, 백화점·쇼핑몰에서도 판매하지만, 20가지가 넘는 맛을 모두 갖춘 곳은 없으니 보일 때마다 지갑을 열 수밖에.

¥ 원조 바나나 맛 커스터드 크림 도쿄 바나나 8개입 1198엔

ごまたまご

도쿄타마고 고마타마고(참깨 달걀)

東京たまご ごまたまご

검은깨 페이스트 고물을 카스텔라에 싸서 화이트 초콜릿으로 코팅한 화과자. 모양과 식감, 고소한 향기에 자꾸자꾸 손이 간다.

¥ 8개입 950엔

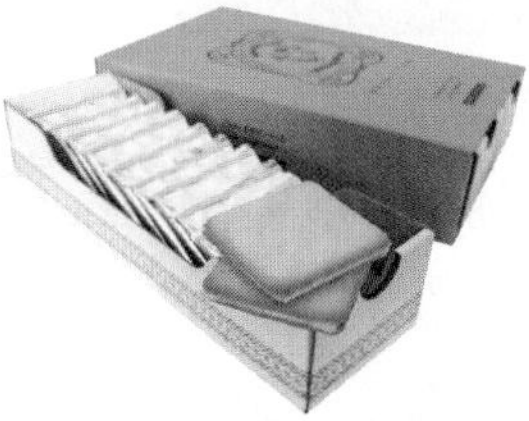

도쿄 밀크 치즈 팩토리

東京ミルクチーズ工場

너~무 맛있어서 선물로 샀다가 내가 다 먹게 되는 과자. 신선한 우유와 프랑스산 게랑드 소금으로 쿠키를 만들고, 그 사이에 까망베르 치즈 초콜릿 플레이트를 샌드했다. 와인 안주로도 그만.

¥ 솔트 & 까망베르 쿠키 10개입 1296엔

空の旅

하늘 여행(소라노타비)

空の旅

500년 양갱 명가 토라야とらや의 하네다공항 한정 상품. 백앙금을 사용해 비행기 창 너머로 바라본 석양에 물든 하늘을 표현했다.

¥ 7개입 2160엔, 10개입 3240엔

하늘을 나는 판다바움

空飛ぶパンダバウム

긴자 명물 베이커리, 가타누키야カタヌキヤ의 나리타공항 한정 상품. 독일의 전통과자 바움쿠헨 위에 귀여운 캐릭터를 그린 다음 절단선을 넣어 바깥부터 먹다 보면 마지막에 캐릭터가 남게 된다.

¥ 540엔

슈가버터샌드의 나무
シュガーバターサンドの木

여럿이 나눠 먹기 좋은 가벼운 선물을 사고 싶은데 도쿄 바나나는 식상하다면? 이 과자가 대안이다. 바삭하고 고소해 몇 개를 먹어도 부담스럽지 않은 깔끔함이 매력적. 세븐일레븐에서 200엔대 소포장 제품도 판매한다.

¥ 14개입 1134엔

나고미노 요네야 피넛츠 모나카
なごみの米屋 ぴーなっつ最中

나리타공항이 있는 나리타시에서 탄생한 귀여운 땅콩 과자. 귀여운 땅콩 케이스에 더 귀여운 땅콩 과자가 들어있다. 모나카 안의 팥소 역시 땅콩을 섞어 특유의 풍미가 느껴진다. 참고로 도쿄 내에서는 구할 수 없다. 지바의 명물.

¥ 8개입 1400엔

버터 버틀러 Butter Butler

이것은 버터가 주인공이라고 말한다. 진한 버터의 풍미를 살리기 위해 유럽산 발효 버터 2종을 섞고 캐나다산 메이플 시럽으로 촉촉함을 더했다. 구매 후 집에서 먹을 때는 오븐토스터에 약간 데우는 것이 좋다.

¥ 버터 휘낭시에バターフィナンシェ 4개입 1080엔

TOKYO
CARAMELISER
Chouquette

도쿄 캐러멜리제 Tokyo Caramelize

일본 전통 과자점 '우에노 후게츠도'에서 만든 달콤 쌉싸름한 캐러멜. 씹을 땐 바삭하고 맛은 고소하다. 2021년 몽드 셀렉션을 수상했다.

¥ 도쿄 캐러멜리제 슈세트 12개입 648엔

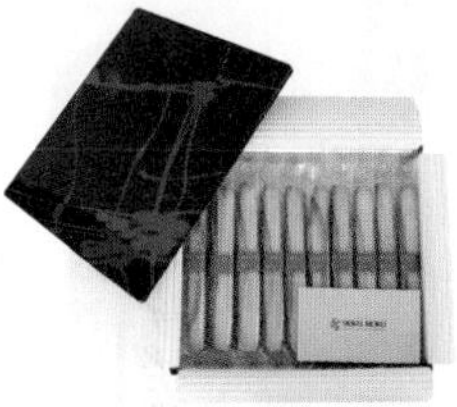

요쿠모쿠 Yoku Moku

아오야마의 유명 과자 회사 요쿠모쿠가 출시한 시가 모양의 고급 쿠키. 쿠크다스와 비슷하면서도 그보다 훨씬 더 진하고 부드러운 맛이 가미됐다. 고급스러운 틴 케이스 안에 낱개 포장으로 담겨있어, 주는 이의 세심함을 느끼게 하는 선물이다.

¥ 시가루Cigar 20개입 1458엔

ROYCE'
POTATOCHIP
CHOCOLATE

로이스 Royce'

일본 여행에서 꼭 사와야 할 기념품 과자 0순위, 로이스의 생(나마) 초콜릿. 초콜릿의 본고장인 유럽과 기후가 비슷한 홋카이도에서 만들어 우유 맛이 풍부하고, 수분을 17% 함유하고 있어 촉촉하게 입안에서 녹아내린다.

¥ 나마 초콜릿 오레オーレ 864엔, 포테이토칩 초콜릿 오리지널 864엔

白い恋人

시로이 코이비토 白い恋人

일본 3대 명과 중 하나로 꼽히는 홋카이도의 이시야Ishiya 제과에서 만든 화이트 초콜릿 랑그드샤다. 자꾸만 생각나게 하는 중독성 짙은 맛에 '하얀 연인'이라는 예쁜 이름까지! 면세점 필수템으로 소환한다.

¥ 시로이 코이비토 화이트 12개입 880엔

KitKat
日本酒
KitKat

킷캣 KitKat

일본에서만 판매하는 한정판 초콜릿이 킷캣 콜렉터를 낳았다. 2000년부터 지금껏 선보인 일본산 킷캣만 300여 개. 현재 시판되는 30종 가운데 20종 이상이 일본 토산품 맛 시리즈다.

¥ 종류에 따라 미니 11개입 271엔~

도쿄 추천 일정

도쿄는 동네마다 개성이 매우 뚜렷하다. 같은 코스로 여행해도 취향에 따라 보고 느끼는 것이 달라지는 도시. 도쿄가 처음이라면 대표 코스를 바탕으로 나만의 감성 여행지를 더해보자.

*열차 환승 시 이동 및 대기에 필요한 시간은 제외함.
*식사 장소는 따로 정해두지 않았으므로 일정 중 마음에 드는 곳을 선택하자.
*전망대 관람 시간은 하절기 노을 시간대 기준이다. 동절기에는 좀 더 일찍 방문해야 한다.

핵심만 쏙쏙 골라 보는 3박 4일 기본 코스

이번 여행으로 도쿄 여행의 큰 그림을 그려보겠다는 포부에 찬 여행자에게 추천하는 코스다. 난생처음 방문하는 도쿄.

숙소가 서쪽이라면(신주쿠 기준)

도쿄+에노시마·가마쿠라

DAY 1

13:00 공항 도착 후 숙소로 이동, 숙소에 짐 맡기기

신주쿠역 ➡ 하라주쿠역:
JR 야마노테선 4분

15:00 하라주쿠 & 오모테산도에서 도쿄와 첫인사

10~20대 취향의 거리 구경을 좋아한다면 하라주쿠를, 20~30대 취향의 브랜드와 세련된 건축물, 명품에 관심이 있다면 오모테산도를 중심으로 둘러본다.

도보 15분 or
오모테산도역 ➡ 시부야역:
긴자선·한조몬선 2분

17:00 시부야 스카이 전망대에서 도시 내려다보기

19:00 저녁 식사 후 시부야 거리 구경

시부야역 ➡ 신주쿠역:
JR 야마노테선·사이쿄선·쇼난신주쿠라인 5~8분

21:00 숙소로 돌아가기 아쉽다면 신주쿠 오모이데 요코초에서 가볍게 짠~

DAY 2

신주쿠역 ➡ 요요기하치만역:
오다큐선 5분

11:00 오쿠시부야 산책

가마쿠라를 충분히 즐기고 싶다면 오쿠시부야는 건너뛰고 에노시마로!

12:30 오다큐 요요기우에하라역에서 에노시마·가마쿠라 패스를 구매해 가마쿠라로 출발(약 1시간 20분 소요)

14:00 에노시마 도착.
가마쿠라와 에노시마의 명소를 취향껏 즐기기

19:00 에노시마에서 도쿄로 출발

20:30 신주쿠의 밤거리 산책

스이카 펭귄 공원에서 낭만을 즐길까, 신주쿠 골든가이를 현지인처럼 걸어볼까.

옵션 1 가마쿠라 대신 요코하마를 선택했다면 시부야역에서 도큐 도요코선을 타고 다이칸야마로 이동해 다이칸야마와 나카메구로 구경 후, 도큐 미나토미라이 패스를 구매해 요코하마로 간다.

옵션 2 가마쿠라 대신 하코네를 선택했다면 아침 일찍 신주쿠역에서 오다큐선을 타고 하코네로 간다. 하코네를 일주할 계획이라면 당일치기라도 하코네 프리패스를 구매해서 출발한다.

옵션 3 가마쿠라 대신 가와구치코를 선택했다면 아침 일찍 가와구치로코 가자. 고속버스와 열차 모두 신주쿠에서 출발. 버스를 이용할 경우에는 티켓을 미리 구매하자.

이케부쿠로
야네센
나리타국제공항
우에노
아사쿠사
도쿄 스카이트리
나카노
와세다
가구라자카
니시오기쿠보
아키하바라
간다 진보초
신주쿠
도쿄역 & 마루노우치
기요스미시라카와
긴자
하라주쿠
오모테산도
롯폰기 & 아자부다이
쓰키시마
쓰키지 장외시장
시모키타자와
시부야
도쿄 타워
도요스 시장
다이칸야마 & 나카메구로
에비스
도쿄디즈니리조트
오다이바
후타코타마가와
지유가오카
가와구치코
에노시마·가마쿠라
요코하마 or 하코네 or 가와구치코

DAY 3

신주쿠역 ➡ 우에노역: JR 야마노테선 25분

10:00 우에노 공원 산책, 취향에 따라 박물관·미술관·동물원에서 즐거운 시간을 보내자.

우에노역 ➡ 아사쿠사역: 긴자선 5분

12:00 센소지와 나카미세 거리 구경하기

아사쿠사역 ➡ 긴자역: 긴자선 18분

14:30 긴자의 쇼핑몰 & 거리 구경

긴자역 or 히비야역 ➡ 롯폰기역: 히비야선 6분

17:00 아자부다이 힐스 구경하고,
전망대에서 도쿄 타워 감상하기

20:00 저녁 식사 후 숙소로!

옵션 아자부다이 힐스에 가지 않는다면 긴자 구경 후 신바시역에서 유리카모메를 타고 오다이바로 들어가 야경을 즐기자. 유리카모메 다이바역 하차.

DAY 4

10:00 숙소 체크아웃 후 짐 맡기기

신주쿠역 ➡ 기치조지역: JR 주오선(급행) 15분

10:30 이노카시라 온시공원과 나카미치 거리 산책

기치조지역 ➡ 시모키타자와역: 이노카시라선 11분

13:00 시모키타자와 골목 어슬렁거리기

시모키타자와 ➡ 신주쿠역: 오다큐선 8분

15:00 숙소에서 짐 찾고 공항으로 출발

: WRITER'S PICK :

아침엔 공원으로!

도쿄의 쇼핑몰과 식당, 카페는 대부분 오전 11시쯤 문을 연다. 오전을 그냥 흘려보내기 아쉬운 아침형 인간이라면 이른 아침부터 개장하는 공원이나 박물관을 먼저 방문해보자.

숙소가 동쪽이라면(우에노 기준)

도쿄+요코하마

기치조지

DAY 1

13:00 공항 도착 후 숙소로 이동

14:30 숙소에 짐 맡기기

우에노역 ➡ 아사쿠사역: 긴자선 5분

15:00 도쿄와의 첫인사!
아사쿠사 나카미세 거리와 센소지 구경

도보 10분

17:00 2020년 오픈한 도쿄 미즈마치까지 둘러보기

18:30 아사쿠사 or 도쿄 스카이트리 소라마치에서 저녁 식사

옵션 도쿄 스카이트리 전망대 오르기

DAY 2

우에노역 ➡ 하라주쿠역: JR 야마노테선 30분

10:00 하라주쿠와 오모테산도의 골목을 걸으며 '요즘 도쿄'를 느껴볼 시간

하라주쿠와 가까운 요요기 공원이나, 아침 일찍 문을 여는 오모테산도의 베이커리 카페부터 공략하자.

오모테산도역 or 메이지진구마에역 ➡ 요요기코엔역: 지요다선 1~3분

13:00 오쿠시부야에서 힙한 공기 마시기

요요기하치만역 ➡ 시모키타자와역: 오다큐선 4분

14:30 시모키타자와의 작은 가게에서 소소한 아이템 쇼핑!

시모키타자와역 ➡ 시부야역: 이노카시라선 4분

17:00 시부야 거리 구경

18:00 시부야 스카이 전망대에서 석양 & 야경 감상

19:30 시부야에서 저녁 식사

시부야역 ➡ 신주쿠역:
JR 야마노테선·쇼난신주쿠라인·사이쿄선 5~7분

20:30 신주쿠 거리나 스이카 펭귄 공원 산책 후 오모이데 요코초에서 야식 & 술 한잔

옵션 조금 더 여유를 즐기고 싶다면 오모테산도에서 바로 시모키타자와로 이동
(오모테산도역 ➡ 시모키타자와역: 지요다선-오다큐선 자동 환승 열차 10분)

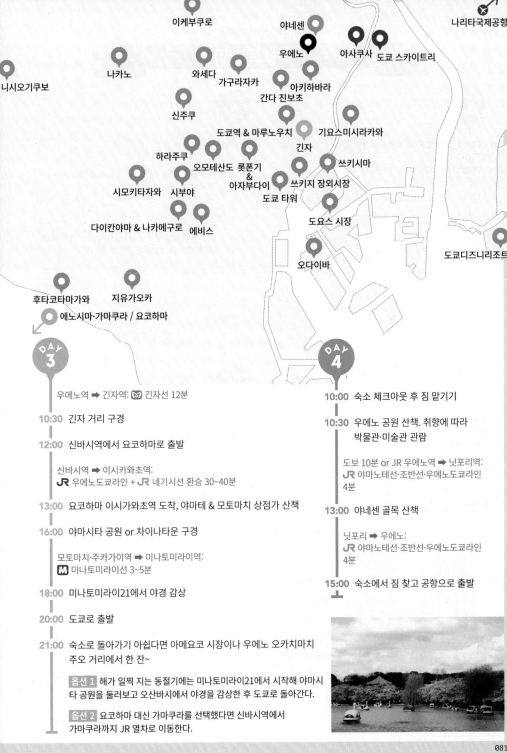

이케부쿠로
야네센
우에노
아사쿠사
도쿄 스카이트리
나리타국제공항
니시오기쿠보
나카노
와세다
가구라자카
아키하바라
간다 진보초
신주쿠
도쿄역 & 마루노우치
기요스미시라카와
긴자
하라주쿠
오모테산도
롯폰기 & 아자부다이
쓰키시마
쓰키지 장외시장
시모키타자와
시부야
도쿄 타워
도요스 시장
다이칸야마 & 나카메구로
에비스
도쿄디즈니리조트
오다이바
후타코타마가와
지유가오카
에노시마·가마쿠라 / 요코하마

DAY 3

우에노역 ➡ 긴자역: Ⓜ 긴자선 12분

10:30 긴자 거리 구경

12:00 신바시역에서 요코하마로 출발

신바시역 ➡ 이시카와초역:
JR 우에노도쿄라인 + JR 네기시선 환승 30~40분

13:00 요코하마 이시가와초역 도착, 야마테 & 모토마치 상점가 산책

16:00 야마시타 공원 or 차이나타운 구경

모토마치·주카가이역 ➡ 미나토미라이역:
Ⓜ 미나토미라이선 3~5분

18:00 미나토미라이21에서 야경 감상

20:00 도쿄로 출발

21:00 숙소로 돌아가기 아쉽다면 아메요코 시장이나 우에노 오카치마치 주오 거리에서 한 잔~

옵션 1 해가 일찍 지는 동절기에는 미나토미라이21에서 시작해 야마시타 공원을 둘러보고 오산바시에서 야경을 감상한 후 도쿄로 돌아간다.

옵션 2 요코하마 대신 가마쿠라를 선택했다면 신바시역에서 가마쿠라까지 JR 열차로 이동한다.

DAY 4

10:00 숙소 체크아웃 후 짐 맡기기

10:30 우에노 공원 산책. 취향에 따라 박물관·미술관 관람

도보 10분 or JR 우에노역 ➡ 닛포리역:
JR 야마노테선·조반선·우에노도쿄라인 4분

13:00 야네센 골목 산책

닛포리 ➡ 우에노:
JR 야마노테선·조반선·우에노도쿄라인 4분

15:00 숙소에서 짐 찾고 공항으로 출발

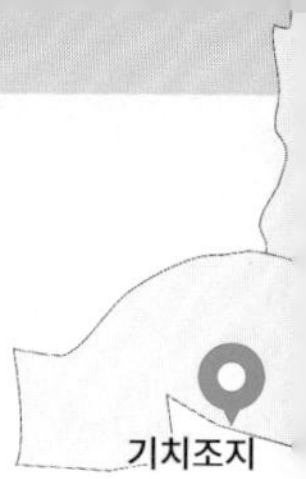
기치조지

아이랑 함께 알콩달콩

도쿄+요코하마

DAY 1

13:00 공항 도착 후 숙소로 이동

15:00 숙소 체크인 후 우에노로 이동

15:30 우에노 동물원에서 판다와 동물 친구들 만나기

우에노역 ➡ 아사쿠사역: 긴자선 5분

18:00 센소지 & 나카미세 거리 돌아보기

19:00 저녁 식사 후 숙소로

옵션 도쿄 스카이트리에서 캐릭터 쇼핑 & 전망대 오르기

DAY 2

10:00 오늘은 도쿄디즈니리조트에서 하루 종일 노는 날!

DAY 3

11:00 요코하마로 출발

12:00 앙팡맨(호빵맨) 어린이 뮤지엄 & 몰에서 즐거운 시간 보내기

미나토미라이선 1분+도보 5분

14:00 요코하마 코스모월드, 요코하마 컵라면 박물관, 미나토미라이21까지 알차게 둘러보기

18:00 도쿄로 출발

DAY 4

09:30 숙소 체크아웃 후 짐 맡기기

10:30 기치조지 도착. 지브리 미술관에서 토토로 만나기

기치조지역 ➡ 시부야역: 이노카시라선 16분

13:30 시부야 스카이 전망대에서 도쿄 내려다보기

옵션 시부야 파르코(닌텐도, 포켓몬 센터 등)와 디즈니 스토어에서 쇼핑 즐기기

15:00 숙소에서 짐 찾고 공항으로 출발

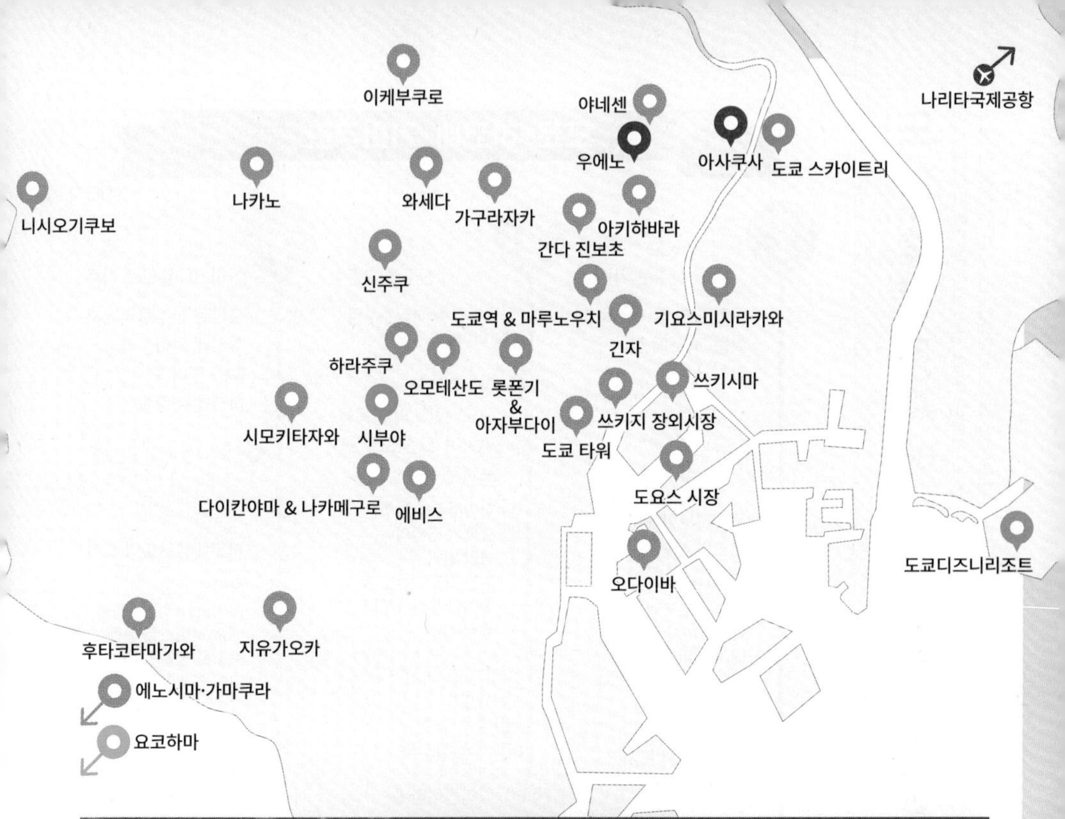
이케부쿠로
야네센
우에노
아사쿠사
도쿄 스카이트리
나리타국제공항
니시오기쿠보
나카노
와세다
가구라자카
간다 진보초
아키하바라
신주쿠
도쿄역 & 마루노우치
기요스미시라카와
긴자
하라주쿠
오모테산도
롯폰기 & 아자부다이
쓰키시마
시모키타자와
시부야
쓰키지 장외시장
도쿄 타워
도요스 시장
다이칸야마 & 나카메구로
에비스
오다이바
도쿄디즈니리조트
후타코타마가와
지유가오카
에노시마·가마쿠라
요코하마

도심·휴양 동시에 4박 5일 힐링 코스

가장 기본적인 도쿄 코스에 대자연을 감상하며 온천욕을 즐기고 일본 문화의 진수를 맛볼 수 있는 하코네와 가마쿠라까지 꾹꾹 담은 일정이다. 자연과 함께하며 오롯이 나를 위한 시간으로 채워줄 장소들을 돌아보자.

도쿄+하코네+가마쿠라

기치조지

DAY 1

*숙소: 신주쿠 기준

13:00 공항 도착 후 숙소로 이동, 숙소에 짐 맡기기

신주쿠역 ➡ 요요기하치만역: 오다큐선 5분

15:00 오쿠시부야에서 도쿄와 첫인사

오쿠시부야에서 시부야 스크램블 교차로까지 걸어 내려가며 시부야 골목골목을 탐험하자.

17:00 시부야 스카이 전망대에서 도시 내려다보기

19:00 저녁 식사 후 시부야 거리 구경

시부야역 ➡ 신주쿠역: JR 야마노테선 5~8분

21:00 숙소로 돌아가기 아쉽다면 신주쿠 오모이데 요코초에서 가볍게 짠~

DAY 2

*숙소: 신주쿠 기준

신주쿠역 ➡ 하라주쿠역: JR 야마노테선 4분

10:00 하라주쿠와 오모테산도의 골목을 걸으며 '요즘 도쿄'를 느껴볼 시간

하라주쿠와 가까운 요요기 공원이나, 아침 일찍 문을 여는 오모테산도의 베이커리 카페부터 공략하자.

메이지진구마에역 ➡ 다이칸야마역: 후쿠토신선 + 도요코선 5분

14:00 다이칸야마 & 나카메구로 산책

세련되고 조용한 다이칸야마 산책 후 나카메구로에서 카페 타임

나카메구로역 ➡ 가미야초역: 히비야선 12분

16:30 도쿄의 스카이라인을 바꾼 일본 최고층 빌딩, 아자부다이 힐스 탐방

맛집, 카페, 디지털 아트 뮤지엄 투어 후 33층 스카이 로비에서 환상적인 도쿄 타워 감상

가미야초역 ➡ 신주쿠역: 히비야선+마루노우치선 22분

20:00 저녁 식사 후 숙소로!

DAY 3

*숙소: 하코네유모토 기준

08:00 오다큐 신주쿠역에서 하코네 가마쿠라 패스 준비 후 하코네로 출발

오다큐선+登 등산전차 1시간 50분 또는 로망스카 1시간 30분

10:00 하코네유모토역 도착

오다큐 관광 서비스센터의 수하물 배송 서비스를 통해 숙소로 짐을 보내거나 코인 라커에 보관하자.

하코네유모토역 ➡ 고라역: 登 등산전차 45분

11:00 조고쿠노모리역 또는 고라역 도착

조고쿠노모리역이나 고라역 근처의 마음에 드는 박물관·미술관 방문 후 점심 식사

고라역 ➡ 오와쿠다니역: 등산케이블카+로프웨이 30분

12:00 오와쿠다니에서 '지옥 계곡' 체험하기

오와쿠다니역 ➡ 모토하코네 선착장: 로프웨이 30분+해적선 40분

15:30 하코네 신사까지 산책하기

모토하코네항 ➡ 하코네유모토역: 등산버스 30~40분

17:30 료칸 또는 온천 호텔 체크인 후 저녁 식사 & 온천욕 즐기기

하코네 해적선 & 로프웨이

이케부쿠로
야네센
나리타국제공항
우에노
아사쿠사
도쿄 스카이트리
나카노
와세다
가구라자카
니시오기쿠보
아키하바라
간다 진보초
신주쿠
도쿄역 & 마루노우치
기요스미시라카와
긴자
하라주쿠
오모테산도
롯폰기
&
아자부다이
쓰키시마
쓰키지 장외시장
시모키타자와
시부야
도쿄 타워
도요스 시장
다이칸야마 & 나카메구로
에비스
도쿄디즈니리조트
오다이바
후타코타마가와
지유가오카
하코네·에노시마·가마쿠라

DAY 4

*숙소:
니혼바시·긴자 기준

하코네유모토역 ➡ 후지사와역:
❶ 하코네 가마쿠라 패스 이용 시: 登 등산전차 + 오다큐선 + 에노시마선
총 1시간 50분
❷ 개별 발권 시: 登 등산전차 + JR 도카이도 본선 또는 JR 쇼난신주쿠라인
총 45분~1시간

11:30 후지사와역 도착 후 코인 로커에 짐 보관하기

후지사와역 ➡ 가마쿠라역:
江 에노덴 40분(하코네 가마쿠라 프리패스가 없는 경우 에노덴 1일 승차권 노리오리쿤 구매)

12:30 쓰루가오카 하치만구, 고마치 거리 등 가마쿠라 주변 관광

가마쿠라역 ➡ 하세역:
江 에노덴 5분

14:00 하세역~시치리가하마역 주변 예쁜 마을과 바닷가 산책 후 티 타임

시치리가하마역 ➡ 가마쿠라 코코마에역: 江 에노덴 15분

15:30 <슬램덩크>의 성지 가마쿠라 코코마에역에서 인증샷 찰칵!

가마쿠라 코코마에역 ➡ 에노시마역: 江 에노덴 6분

16:00 에노시마 에스컬레이터를 타고 에노시마 정상 오르기

*해가 일찍 지는 동절기에는 늦어도 15:00경까지 도착

가타세에노시마역 ➡ 후지사와역: 에노시마선 6분

19:00 후지사와역에서 짐 찾고 도쿄로 출발!

DAY 5

10:00 숙소 체크아웃 후 짐 맡기기

긴자역 ➡ 아사쿠사역:
긴자선 17분 또는
니혼바시역 ➡ 아사쿠사역:
아사쿠사선 8분

10:30 센소지와 나카미세 거리 구경하기

아사쿠사역 ➡ 니혼바시역:
아사쿠사선 6~9분

12:30 니혼바시에서 마루노우치까지 산책하며 기념품 쇼핑 & 도쿄역 탐방

옵션 쇼핑을 많이 하고 싶다면 니혼바시역 대신 긴자역에 내려 긴자 거리 산책 & 쇼핑

15:00 숙소에서 짐 찾고 공항으로 출발

다음의 테마별 원데이 코스를 조합해 유유자적 나만의 여행 일정을 완성해보자. 도쿄는 평범한 기본 코스대로만 움직이기에 아쉬움이 많은 여행지다.

책과 멋이 함께 하는 원데이 코스

지유가오카+나카메구로+다이칸야마+에비스

PLUS 1

11:00 지유가오카에서 달콤한 스위츠를 맛보고, 예쁜 소품 쇼핑

지유가오카역 ➡ 나카메구로역: 도요코선 5분

14:00 메구로강을 따라 요즘 뜨는 잡화점, 동네 서점, 카페 탐방

다이칸야마까지 걸으며 다이칸야마 티사이트와 다이칸야마 동네 산책

18:00 에비스로 이동

도보 20분

18:20 에비스 가든 플레이스에서 저녁 식사와 맥주 즐기기

골목 따라 문화 산책 원데이 코스

와세다+가구라자카+간다 진보초+야네센

PLUS 1

10:00 와세다대학 무라카미 하루키 도서관 or 구사마 야요이 미술관 관람

와세다역 ➡ 이다바시역: 도자이선 4분

12:00 가구라자카에서 아기자기한 골목 산책

이다바시역 ➡ 오차노미즈역: JR 주오소부선(완행) 5분+도보 8분

14:30 간다 진보초의 고서점가 둘러보기

신오차노미즈역 ➡ 네즈역: 지요다선 3분

16:00 레트로 분위기의 야네센 산책. 유아케 단단에서 석양 보며 마무리

먹방에 진심인 이를 위한 원데이 코스

도요스+오다이바+쓰키시마+기요스미시라카와

PLUS 1

09:00 도요스 시장에서 모닝 스시

유명 맛집을 방문하려면 최소 09:00까지 도착해야 한다.

시조마에역 ➡ 다이바역: U 유리카모메 13분

11:00 오다이바를 산책하며 배를 꺼트리자.

오다이바를 떠나기까지 모든 이동에 유리카모메를 이용한다면 유리카모메 최초 탑승 전 유리카모메 1일 승차권을 사는 것이 좋다. 자세한 내용은 345p 참고

다이바역 ➡ 시오도메역 환승 ➡ 쓰키시마역:
U 유리카모메 + 오에도선 25분

14:00 점심은 맛있는 몬자야키로

쓰키시마역 ➡ 기요스미시라카와역: 오에도선 4분

16:00 기요스미시라카와의 커피 거리 산책

: WRITER'S PICK :

유명 맛집은 평일에 방문하기

주말에 인기 식당을 방문하면 줄을 서는 데 아까운 시간을 허비하게 된다. 평일에 가더라도 오픈 전부터 기다려 첫 테이블 회전에 들어가는 것을 추천. 점심때가 지나면 브레이크 타임을 갖는 곳이 많으므로 늦은 점심 식사는 피하는 게 좋다.

확고한 취향을 가진 덕후의 원데이 코스

시부야+나카노+아키하바라+오다이바

PLUS 1

10:00 시부야 굿즈 사냥. 시부야 파르코의 닌텐도 도쿄와 포켓몬 센터, 그 아래 디즈니 스토어까지

시부야역 ➡ 나카노역: JR 야마노테선 + JR 주오소부선(완행) 20분

13:00 나카노 브로드웨이에서 레어템 헌팅

나카노역 ➡ 아키하바라역: JR 주오소부선(완행) 25분

14:00 아키하바라 쇼핑 및 메이드 카페 방문. 모에모에 큥~

아키하바라역 ➡ 신바시 환승 ➡ 다이바역:
JR 야마노테선 + U 유리카모메 30분

17:00 대형 건담과 감격의 조우하기

Diver City Tokyo

도쿄 축제 캘린더

1월

새해 참배

1일 아사쿠사 센소지, 메이지 신궁 등

Tip. 신년 행사를 즐기되 연휴임을 잊지 말 것! 많은 인파 주의.

2월

절분(세츠분せつぶん) **행사**

3일 '귀신은 밖으로, 복은 안으로!' 집 혹은 절에 모여 콩을 뿌리는 행사를 한다.

Tip. 입시를 위해 상경하는 인파로 숙소 예약이 어려울 수 있다.

3월

벚꽃 축제

말~4월 초 도쿄 전역

Tip. 4월에 학기가 시작하는 일본의 봄방학 시즌이다. 놀이공원이 특히 혼잡하다.

4월

벚꽃 축제

벚꽃 만개 예정일 및 하나미 명소를 확인!

5월

간다마츠리神田まつり

중순 일본 3대 마츠리 중 하나. 간다 묘진 일대에서 수십 개의 가마가 일시에 출발하는 장관을 연출한다(짝수 해엔 규모가 작음).

산자마츠리三社まつり

중순 아사쿠사에서 열리는 도쿄 3대 마츠리 중 하나. 전통 작업복 핫피はっぴ를 입은 사람들이 가마를 들거나 춤추며 행진한다.

Tip. 골든위크를 피해 여행 일정을 잡을 것! 간다면 예약을 서두르자. 산자마츠리는 장소가 아사쿠사인 만큼 일찍 자리를 잡는 것이 관건이다.

6월

산노마츠리山王まつり

중순 니혼바시 일대에서 열리는 도쿄 3대 마츠리이자 에도 3대 마츠리. 일왕의 가마 행차를 볼 수 있다. 단, 짝수 해에만 열린다.

Tip. 장마가 시작되므로 야외보다는 실내를!

7월

아사쿠사 꽈리시장浅草ほおずき市

9~10일 아사쿠사 센소지는 이날 하루 참배로 4만6000일 참배한 효과가 있다고 하여 참배객이 몰린다.

스미다강 불꽃놀이대회
隅田川花火大会

말 100만 명이 방문하는 도쿄 최대 불꽃 축제. 무조건 사수하자.

Tip. 본격적인 성수기에 돌입. 예약을 서두르자.

8월

하라주쿠 오모테산도 겐키마츠리
原宿表参道元気まつり

말 하라주쿠 일대를 단기간에 부흥시킨 전통춤 등 거리 퍼포먼스의 향연. 메이지 신궁~하라주쿠 상점가에서 열린다.

스미다강 등불 띄우기
隅田川とうろう流し

중순 아사쿠사의 여름밤 축제, 강을 따라 흐르는 등불이 장관.

Tip. 날씨가 무척 무더우니 체력 안배에 신경 쓰자.

9월

Tip. 아직 덥고 태풍의 영향권에 있으니 작은 우산 챙기기.

10월

타마강 불꽃놀이대회
多摩川花火大会

말 도쿄 3대 불꽃 축제 중 하나. 세이세키사쿠라가오카역聖蹟桜ヶ丘 일대에서 열린다. 가을 불꽃놀이 찬스!

Tip. 일교차가 크므로 바람막이 점퍼를 챙기자. 10월에도 빈번히 태풍의 영향을 받으니 일기예보를 확인하고 우산을 준비해가자.

11월

시치고산七五三

15일 3·5·7세 어린이들이 신사에 참배하는 날.

일루미네이션

중순~12월 말 도쿄 곳곳에서 시작!

Tip. 단풍·은행 절정 시기와 명소 확인!

12월

일루미네이션

일루미네이션 명소를 파악하자. 해가 무척 짧으니 낮 동안 부지런히 움직일 것.

LET'S GO! TOKYO

도쿄 여행법

도쿄 IN & OUT

도쿄 IN

우리나라와 도쿄를 잇는 항공편은 인천국제공항을 비롯해 김포, 부산(김해), 대구, 청주 공항 등에서 출발한다. 도쿄에는 나리타공항과 하네다공항 2개의 공항이 있고, 하네다공항행 항공편은 인천과 김포에서만 출발한다. 인천·김포에서 나리타·하네다까지 2시간 15분 이상, 부산·대구에서 나리타까지 2시간 이상 소요된다.

➔ 국내 공항의 도쿄 운항 항공사 현황

노선	운항 항공사
김포-하네다	대한항공, 아시아나항공, 일본항공, ANA항공
인천-나리타	대한항공, 아시아나항공, 일본항공, ANA항공, 진에어, 에어서울, 에어부산, 제주항공, 티웨이항공, 에어프레미아, 집에어도쿄, 에어로케이, 에어재팬 등
인천-하네다	대한항공, 아시아나항공, 일본항공, ANA항공, 피치항공(심야)
부산-나리타	대한한공, 아시아나항공, 에어부산, 제주항공, 일본항공, 진에어
대구-나리타	티웨이항공
청주-나리타	에어로케이

➔ 나리타공항 vs 하네다공항, 어떤 게 다를까

나리타공항과 하네다공항은 서울의 인천공항, 김포공항에 대입할 수 있다. 메인 공항인 나리타공항은 항공편이 많고, 종종 저가 항공사(LCC)의 프로모션 등으로 저렴하게 티켓을 구할 수 있다. 하지만 도쿄 시내 중심과 60km가량 떨어져 있어 시내까지 이동하는 데 교통비와 시간이 많이 든다.

하네다공항은 주로 대형 항공사가 취항하기 때문에 나리타공항보다 항공료가 비싼 대신 시내까지 30분 이내에 이동할 수 있고, 교통비도 상대적으로 저렴하다. 나리타와 하네다까지의 항공료 차이가 크지만, 두 공항을 비교할 때는 항공료 이외에 소요 시간과 추가 교통비 등을 잘 따져봐야 한다.

: WRITER'S PICK :

국내 공항에서 줄 서는 시간을 줄이는 방법

스스로 탑승권을 발급받고 짐을 부치는 셀프체크인과 셀프백드랍을 이용하고, 인천공항의 경우 스마트패스 앱에서 여권, 안면 정보, 탑승권 등을 사전 등록하면 줄 서는 시간을 줄일 수 있다. 김포·김해·대구·청주 공항 등 타공항 이용객은 공항의 셀프 등록대에서 여권 정보와 정맥을 등록하면 전용 통로로 빠르게 출국할 수 있다.

+MORE+

나리타공항 터미널별 항공사

제1 터미널 국제선(체크인 카운터: 4층)
- 남쪽 윙-아시아나항공, 에어부산, 에어서울, ANA항공, 에어재팬
- 북쪽 윙-대한항공, 진에어, 피치항공, 집에어도쿄

제2 터미널 국제선(체크인 카운터: 3층)
일본항공, 이스타항공, 티웨이항공, 에어프레미아

제3 터미널 국제선(체크인 카운터: 2층) 제주항공, 에어로케이

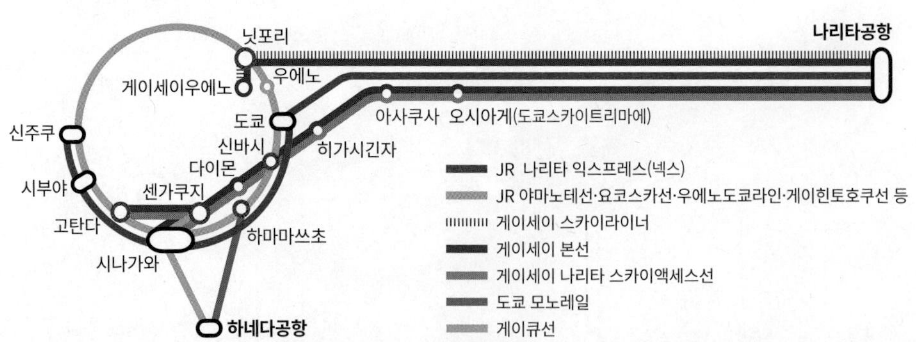

닛포리
나리타공항
우에노
게이세이우에노
아사쿠사
오시아게(도쿄스카이트리마에)
도쿄
신주쿠
신바시
히가시긴자
다이몬
시부야
센가쿠지
고탄다
하마마쓰초
시나가와
하네다공항
JR 나리타 익스프레스(넥스)
JR 야마노테선·요코스카선·우에노도쿄라인·게이힌토호쿠선 등
게이세이 스카이라이너
게이세이 본선
게이세이 나리타 스카이액세스선
도쿄 모노레일
게이큐선

➔ 비지트 재팬 웹 Visit Japan Web 등록

출국 일정이 확정되면 비지트 재팬 웹에 접속해 계정을 만들고 입국 예정 정보를 미리 등록해 두자. 필수는 아니지만, 기내나 현지 공항에서 수기로 입국 카드를 작성할 필요 없이 QR코드 제시만으로 입국할 수 있어서 권장한다. 입국 카드 및 비지트 재팬 웹은 모두 영어로 작성하며, 일본 현지 주소(일본 내 연락처)는 호텔을 예약한 경우 호텔 주소(구글맵 또는 호텔 바우처 참고)와 이름을, 그 외 장소에서 체류 시엔 해당 주소를 쓴다.

WEB services.digital.go.jp/ko/visit-japan-web/

+ 비지트 재팬 웹 등록 방법

❶ 회원 가입(이메일 주소 필요) 후 본인 및 동반가족 정보 등록

체크! 90일까지 무비자 입국이 가능하므로 VISA 필요 여부 확인 시 '필요 없음'에 체크하자.

↓

❷ 입국·귀국 예정 신규 등록

체크! '입국·귀국 정보 인용' 선택 시 무비자 여행자나 신규 등록자는 '인용하지 않고 등록 진행'을 선택한다.

↓

❸ 입국 심사 및 세관 신고 등록

'입국·귀국 예정 등록' 목록에서 방금 등록한 여행명을 클릭해 '입국 심사 및 세관 신고'를 등록하고 QR코드를 발급받는다.

➔ 입국 심사

공항에 도착하면 직원의 안내에 따라 입국 심사대로 이동한다. 지문인식기에 두 집게손가락의 지문을 스캔하고 얼굴 사진을 찍은 다음, 여권과 함께 비지트 재팬 웹 QR코드 제시 혹은 수기로 작성한 입국 카드를 제출하면 통과. 이후 수하물을 찾고 세관 검사대에 수기로 작성한 세관 신고서를 제출하거나 비지트 재팬 웹 QR코드 전용 창구에서 QR코드를 스캔하고 나간다. 2025년 내 우리나라 공항에서 일본 입국 심사를 미리 하는 사전입국심사제가 시행될 경우 현지 공항에서의 입국 과정이 훨씬 간편해질 예정이다.

도쿄 OUT

출발 로비의 항공사 카운터에서 체크인하고 짐을 맡긴다. 나리타공항은 제1·2·3 터미널이 있어 내가 이용하는 항공사의 터미널을 잘 확인해야 한다. 여권과 탑승권을 가지고 출국 심사대를 통과해 비행기 탑승장으로 이동한다. 온라인 체크인 서비스를 제공하는 항공사 이용 시 출국 48시간~1시간 전에 모바일 탑승권을 발급받으면 공항에서 더욱 빠르게 출국 수속을 마칠 수 있다.

세관 신고 대상 물품이 있다면 비행기 안에서 승무원이 나눠 주는 여행자 휴대품 신고서(세관 신고서)를 작성한 다음, 한국 도착 후 세관원에게 건넨다. 이때 '여행자 세관신고' 앱을 통해 과세대상 물품을 미리 신고하면 자동 계산된 세액이 기재된 납부고지서를 모바일로 발급받을 수 있고, 모바일 납부도 가능하다. 세관 신고 대상 물품이 없다면 작성할 필요가 없다.

WEB cov19ent.kdca.go.kr/cpassportal/

: WRITER'S PICK :

일본 반입 금지 물품 체크!

일본은 귀금속 밀수 대책 강화로 금제품 반입 심사를 엄격하게 시행한다. 따라서 고가의 금제품은 착용하지 않길 권하며, 금제품 반입 시엔 반드시 세관에 신고해야 한다. 또한, 구제역과 아프리카 돼지열병으로 육류 반입도 철저히 금지돼 있다.

+MORE+

나리타공항의 기차역

나리타공항에는 제1 터미널 지하에 위치한 나리타공항역成田空港(영어명: Narita Airport Terminal 1)과 제2 터미널 지하에 위치한 공항제2빌딩역空港第2ビル(영어명: Narita Airport Terminal 2·3) 2개의 역이 있다. 공항제2빌딩역의 경우 영어로는 2·3 터미널로 표기하지만, 실제 역이 위치한 곳은 제2 터미널이다. 따라서 제주항공을 이용해 제3 터미널에 도착했다면 무료 셔틀버스를 타거나 600m 정도 걸어서 제2 터미널로 가야 한다.

鉄道
Train
JR
KS
'철도' 표지판을 따라 지하 역으로 내려간다.

나리타공항에서 도쿄 시내 가기

도쿄의 동쪽, 지바현에 위치한 나리타공항成田空港은 복잡하기로 악명 높다.
3개의 터미널로 이뤄진 공항 파악만도 쉽지 않은데, 도쿄 시내까지 들어가는 교통편의 요금과 이동 시간도 천차만별.
뭘 타야 할지 도무지 모르겠다면 숙소까지 가장 '직방'으로 연결하는 교통편에 집중해보자.

WEB www.narita-airport.jp

도쿄 서쪽으로 가는 가장 빠른 열차

JR 나리타 익스프레스(넥스) JR Narita Express(成田エクスプレス)-N'EX

도쿄역, 시나가와역, 시부야역, 신주쿠역, 요코하마역, 오후나역까지 한 방에 닿을 수 있다. 편도 요금 3000엔 이상으로 가장 비싼 공항 교통수단이지만, 외국인에게는 왕복권(넥스 왕복 티켓)을 5000엔에 판매한다(이용 개시일로부터 14일간 유효, 여권 필수). 전석 지정좌석제로 운영되는 특급열차이므로 스이카와 파스모 등 IC카드만으로 탑승할 수 없고, 티켓(특급권)을 별도로 구매해야 한다.

HOUR 07:37~21:44(나리타공항 제1 터미널 출발 신주쿠행 기준)/약 30분 간격
PRICE 왕복 도쿄역 6140엔, 신주쿠·시부야·시나가와 6500엔, 요코하마 8740엔(보통칸 통상기 요금 기준, 성수기繁忙期/最繁忙期엔 400엔 추가, 비수기閑散期엔 200엔 할인)/외국인 한정 왕복권 5000엔(그린칸 이용 불가)/어린이는 반값, 성인 1명당 5세 이하 어린이 2명 무료
TICKETING 제1·2 터미널 JR 매표소, JR 동일본 여행 서비스센터, 자동판매기
WEB 티켓 구매(JR 동일본 홈페이지): www.jreast.co.jp/multi/ko/pass/nex.html

JR 나리타공항역

N'EX

JR 나리타 익스프레스
신주쿠행·하치오지행

정류장 4~5개 이동
(1시간 20~30분 소요)

JR 신주쿠역

왕복권 구매하기

온라인 이용 시 JR 동일본 홈페이지에서 예매 후 제1·2 터미널 역의 JR 매표소(Ticket Office), JR 동일본 여행 서비스센터(JR EAST Travel Service Center), 여권 스캐너가 있는 빨간색 자동판매기(한국어 지원)에서 실물 티켓으로 교환·발권한다. 최대 6명까지 한 번에 예매할 수 있으며, 탑승일 전날 23:50까지 수수료 없이 환불할 수 있다. 좌석과 탑승 시각은 예매 완료 후 홈페이지 또는 현장에서 예약한다.
현장에서 구매할 경우 JR 매표소, JR 동일본 여행 서비스센터, 여권 스캐너가 있는 빨간색 자동판매기를 이용한다(1만 엔 권·신용카드 사용 가능). 편도권 및 특급권은 지정석指定席 발권기나 홈페이지에서도 구매할 수 있다.

Please use your Limited Express ticket with a basic fare ticket.

IC칩이 내장된 전자여권용 스캐너가 있는 빨간색 자동판매기

C
JR Ticket Office

나리타공항역의 JR 매표소

N'EX

+MORE+

예약한 열차를 놓쳤어요

비행기 연착 등으로 지정석을 예약한 열차를 놓쳤다면 당일에 한해 '자유석'을 이용할 수 있다. 넥스는 자유석이 따로 없으므로 비어있는 좌석에 앉거나(자리 주인이 오면 비켜줘야 함) 만석일 경우 입석으로 가야 한다. 일부 열차는 시나가와역 정차 후 신주쿠·시부야 등 도심 서쪽 방향과 요코하마·오후나 등 외곽 방향으로 분리돼 운행하므로 반드시 열차 칸의 행선지를 확인한 후 탑승한다.

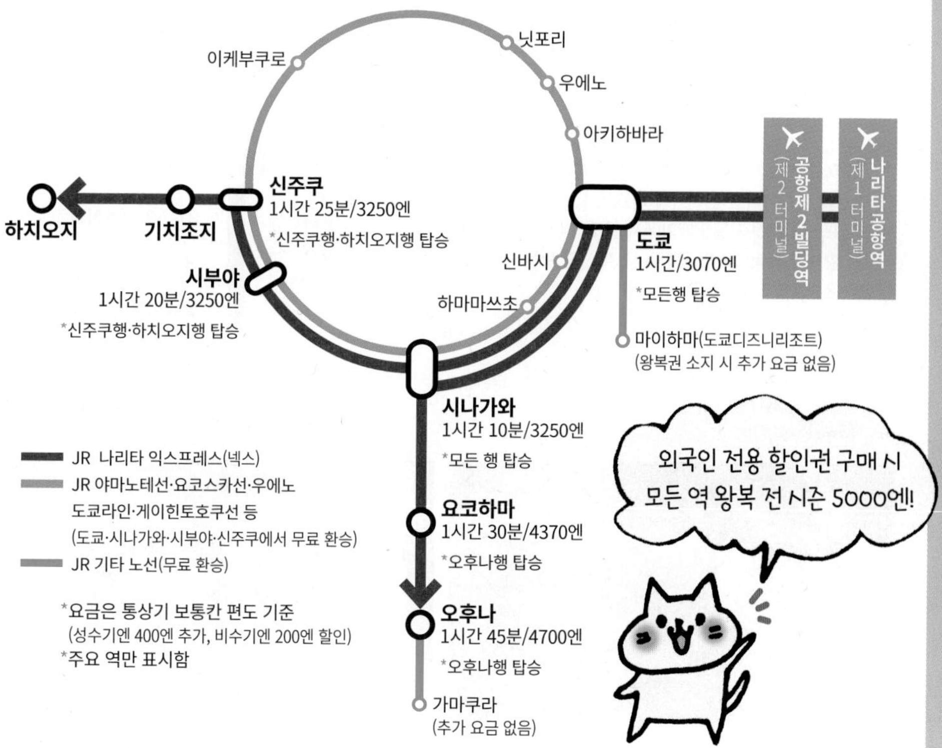
이케부쿠로
닛포리
우에노
아키하바라
나리타공항역
(제1 터미널)
공항제2빌딩역
(제2 터미널)
신주쿠
1시간 25분/3250엔
*신주쿠행·하치오지행 탑승
하치오지
기치조지
도쿄
1시간/3070엔
*모든행 탑승
신바시
시부야
1시간 20분/3250엔
*신주쿠행·하치오지행 탑승
하마마쓰초
마이하마(도쿄디즈니리조트)
(왕복권 소지 시 추가 요금 없음)
시나가와
1시간 10분/3250엔
*모든 행 탑승
외국인 전용 할인권 구매 시
모든 역 왕복 전 시즌 5000엔!
JR 나리타 익스프레스(넥스)
JR 야마노테선·요코스카선·우에노
도쿄라인·게이힌토호쿠선 등
(도쿄·시나가와·시부야·신주쿠에서 무료 환승)
JR 기타 노선(무료 환승)
요코하마
1시간 30분/4370엔
*오후나행 탑승
*요금은 통상기 보통칸 편도 기준
(성수기엔 400엔 추가, 비수기엔 200엔 할인)
*주요 역만 표시함
오후나
1시간 45분/4700엔
*오후나행 탑승
가마쿠라
(추가 요금 없음)

왕복권 이용 꿀팁

왕복권 이용 시에는 지정 구간 내 JR 모든 역까지 추가 요금 없이 갈 수 있다(단, 특급 열차로는 환승 불가). 예를 들어 최종 목적지가 JR 신바시역일 경우, 신바시와 가장 가까운 도쿄역에서 하차 후 개찰구를 나가지 말고 그대로 티켓을 소지한 채 JR 요코스카선으로 환승, 최종 목적지인 신바시역 개찰구에서 넥스 티켓을 사용해 밖으로 나간다. 요코하마나 가마쿠라 등 도쿄 외곽지역도 해당하므로 멀리 갈수록 이득이다.

왕복권은 들어올 때와 돌아갈 때 승하차 역이 달라도 상관없다. 나리타공항에서 도쿄 시내로 들어올 땐 신주쿠역에 내렸지만, 나리타로 돌아갈 때는 도쿄역 등 다른 역을 이용해도 된다는 이야기. 도쿄 시내로 들어올 때와 마찬가지로 요코하마, 가마쿠라 등 외곽을 포함한 JR 지정 구간 내 어느 역에서든 넥스 티켓으로 탑승할 수 있다.

: WRITER'S PICK :

신주쿠까지 넥스 vs 스카이라이너 한눈에 비교하기

넥스	스카이라이너
환승 없이 이동	닛포리에서 JR 환승
약 1시간 25분 소요/ 약 30분 간격 운행	스카이라이너 약 40분 + 환승 소요 시간(환승 난이도 하) + JR 약 22분 = 1시간 10~20분 소요/약 20분 간격 운행
편도권 3250엔 왕복권 5000엔	편도권(온라인 구매 시) 2310엔 + JR 210엔 = 2520엔 왕복권(온라인 구매 시) 4500엔 + JR 210엔X2 = 4920엔

+MORE+

지바현과 나리타시를 지나 도쿄로 가는 JR 나리타선
成田線

JR에는 나리타 익스프레스 이외에 나리타공항, 지바, 후나바시 등을 거쳐 도쿄역으로 가는 일반 열차 나리타선도 있다. 하지만 배차 간격이 약 30분이나 되고, 도쿄역까지 1시간 30분 가까이 걸린다는 점, 요금이 게이세이 열차보다 비싸다는 점 때문에 도쿄 시내로 이동할 때는 효율성이 떨어진다.

도쿄 북동쪽 닛포리·우에노까지 가장 빠르고 쾌적하게

게이세이 스카이라이너 Skyliner(スカイライナー)

닛포리역, 게이세이우에노역 등 도쿄 북동부까지 가장 빠르게 잇는 게이세이 전철의 특급열차다. 널찍한 지정 좌석과 편리한 수하물 보관 시스템도 돋보인다. 넥스와 마찬가지로 스이카와 파스모 등 IC카드만으로는 탑승할 수 없으며, 전용 매표소나 티켓 자동판매기에서 별도의 티켓(지정석권)을 사야 한다. 닛포리역에서 환승할 계획이라면 공항에서 JR선의 모든 역까지 티켓을 한 번에 끊을 수 있다(환승 할인 혜택은 없음).

HOUR 07:23~23:00(나리타공항 제1 터미널 기준)/약 20분(일부 시간대는 30분) 간격
PRICE 2580엔, 어린이는 반값, 온라인 예매 시 2310엔
TICKETING 제1·2 터미널 지하 1층 스카이라이너 & 게이세이 인포메이션 센터, 1층 게이세이 티켓 카운터, 제3 터미널 티켓 자동판매기
WEB www.keisei.co.jp

KS 42 **나리타공항역**

스카이라이너

게이세이우에노행

정류장 3~5개 이동
(40~55분)

KS 01 **게이세이우에노역**

SKYLINER & KEISEI INFORMATION CENTER
NARITA AIRPORT TOKYO 38min
편도·왕복 할인 티켓을 실물 티켓으로 교환할 수 있는
공항역(지하 1층)의 스카이라이너 & 게이세이 인포메이션 센터

➔ 온라인으로 예약하는 외국인 할인 티켓

스카이라이너 티켓은 게이세이 홈페이지나 국내 여행 예약 사이트에서 온라인으로 구매할 수 있다. 외국인을 위한 티켓으로, 현장에서 구매하는 것보다 조금 더 저렴하다. 결제 후 받은 모바일 바우처를 지정 교환 장소에서 탑승 시각과 좌석 지정 후 실물 티켓으로 교환해서 사용한다(왕복권은 나리타공항 내에서만 교환 가능). 여권 지참 필수.

WEB www.keisei.co.jp/keisei/tetudou/skyliner/e-ticket/ko/

Keisei Tic
Skyli
Keisei Tickets
공항 갈 때 편도 할인 티켓을 실물 티켓으로 교환할 수 있는 닛포리역의 게이세이선 매표소

スカイライナー 券売機
QR코드로 실물 티켓을 발권할 수 있는 자동판매기

QR코드 리더기

티켓 종류	편도 요금	왕복 요금
스카이라이너 디스카운트 티켓	2310엔, 어린이 1150엔	4500엔, 어린이 2240엔
스카이라이너 & 도쿄 서브웨이 티켓	24시간권 2900엔, 어린이 1450엔 48시간권 3300엔, 어린이 1650엔 72시간권 3600엔, 어린이 1800엔	24시간권 4900엔, 어린이 2440엔 48시간권 5300엔, 어린이 2640엔 72시간권 5600엔, 어린이 2790엔

*어린이는 6~11세 및 12세 초등학생(5세 이하 무료)
*도쿄 서브웨이 티켓은 도쿄 메트로와 도에이 지하철에서 무제한 사용 가능(114p 참고)

자동판매기 화면을 한국어로 전환환 뒤 '코드 교환'을 누르고 QR코드를 스캔한다.

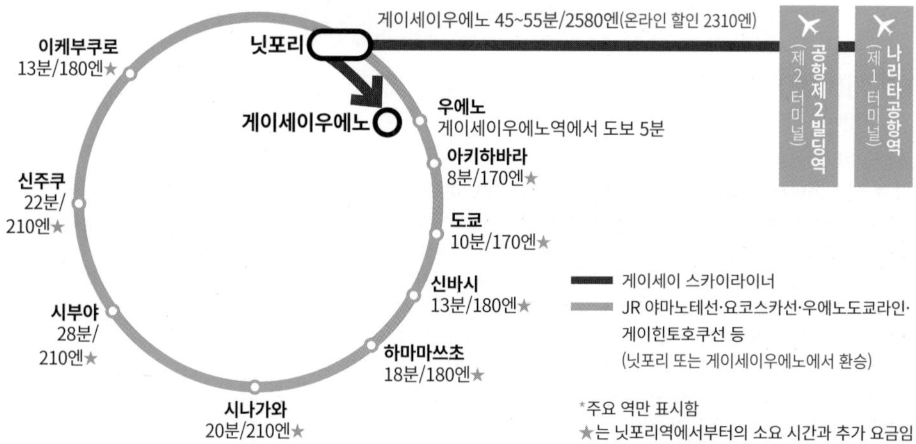
게이세이우에노 45~55분/2580엔(온라인 할인 2310엔)
닛포리
게이세이우에노
공항제2빌딩역 (제2 터미널)
나리타공항역 (제1 터미널)
이케부쿠로
13분/180엔★
신주쿠
22분/
210엔★
시부야
28분/
210엔★
시나가와
20분/210엔★
하마마쓰초
18분/180엔★
신바시
13분/180엔★
도쿄
10분/170엔★
아키하바라
8분/170엔★
우에노
게이세이우에노역에서 도보 5분
게이세이 스카이라이너
JR 야마노테선·요코스카선·우에노도쿄라인·
게이힌토호쿠선 등
(닛포리 또는 게이세이우에노에서 환승)
*주요 역만 표시함
★는 닛포리역에서부터의 소요 시간과 추가 요금임

➜ 닛포리 vs 우에노, 환승은 어디가 편할까?

JR 日暮里
닛포리역

京成上野駅
Keisei Ueno Station
게이세이 우에노 역
게이세이우에노역

❶ JR은 닛포리

닛포리역은 게이세이와 JR이 같은 건물을 사용하고, 연결 개찰구도 있어서 환승이 훨씬 편하다. 반면 우에노는 역 이름도 다르고, 그 거리가 상당하다. 게이세이우에노역에서 JR 우에노역까지 도보로 5분 정도 소요된다.

❷ 지하철은 우에노

게이세이우에노역 인근에는 JR 이외에도 도쿄 메트로 긴자선·히비야선이 지나는 우에노역, 도에이 오에도선이 지나는 우에노오카치마치역이 있어 이후 지하철 이용이 편리하다.

✚ 닛포리역에서 JR로 갈아타는 방법

❶ 닛포리역에 도착하면 'JR' 화살표를 따라 위층으로 올라간다.

➜ ❷ 'JR 표사는 곳'에 스카이라이너 티켓을 건네고 JR 티켓을 구매한다.

➜ ❸ 'JR선 환승 개찰기'에 티켓을 넣은 후 뽑아 간다.

➜ ❹ JR 승강장으로 이동해 열차에 탑승한다.

*공항에서 JR선 연결 티켓을 구매했거나 닛포리역부터 IC카드를 사용한다면 2번 과정을 생략하고 3번으로 넘어간다. 공항에서 연결 티켓을 구매한 경우 닛포리역 환승 개찰기의 티켓 투입구에 2개의 종이 티켓을 동시에 넣고 JR선 티켓을 뽑아간다. 닛포리역부터 IC카드를 사용할 경우엔 티켓 투입구에 스카이라이너 티켓을 넣은 뒤 IC카드를 터치한다.

*반대로 공항 갈 때 JR로 닛포리역까지 가서 게이세이선으로 갈아탈 경우엔 환승 개찰기에 먼저 스카이라이너 티켓을 넣고, IC카드를 터치하거나 JR 종이 티켓을 넣은 뒤 스카이라이너 티켓을 뽑아간다.

*JR 닛포리역 승강장: 야마노테선 10번(우에노·도쿄·시나가와 방향)·11번(이케부쿠로·신주쿠·시부야 방향), 게이힌토호쿠선 9번(우에노·도쿄·시나가와 방향)·12번(오미야 방향), 조반선·우에노도쿄라인 3번(우에노·도쿄·시나가와 방향)

닛포리역 JR선 환승 개찰구

JR Tickets
닛포리역 환승 개찰구의 JR 매표소

JR 야마노테선 신형 전차

아사쿠사·니혼바시·히가시긴자·신바시·다이몬까지 빠르게 한 번에!

K 게이세이 나리타 스카이액세스선-액세스 특급

Narita Sky Access Line-Access Express(アクセス 特急)

소요 시간이 조금 더 걸리는 대신 게이세이 스카이라이너의 절반 가격에 이동할 수 있는 게이세이 전철의 일반 열차로, 나리타공항에서 아오토역까지 스카이라이너와 같은 라인으로 이동해 무척 빠르다. 하네다공항羽田空港행·니시마고메西馬込행을 타면 스카이트리가 있는 오시아게(스카이트리마에)역押上(スカイツリー前)에서 도에이 지하철 아사쿠사선과 자동 환승되어 아사쿠사역, 니혼바시역, 신바시역, 다이몬역 등 도쿄 시내 동남부까지 갈아타지 않고 곧장 갈 수 있다. 배차 간격이 약 40분(낮 시간대 기준)으로 긴 편이지만, 타이밍만 잘 맞춘다면 아사쿠사, 니혼바시, 신바시 등으로 가장 빨리 갈 수 있는 열차다. 스이카와 파스모 등 IC카드를 찍고 바로 탑승할 수 있고, 개별 티켓을 구매할 경우 공항에서 도에이 지하철의 모든 역까지 한 번에 살 수 있다.

*하루 2~3회(저녁 시간) 닛포리·게이세이우에노역까지 직행편도 운행한다.
*시나가와, 고탄다 등 센가쿠지 이후 역부터는 운행 시간이 제한적이다.

HOUR 니시마고메행 05:41~07:04·15:24~21:13, 하네다공항행 07:44~17:25(평일 나리타공항 제1 터미널 출발 기준)/35분~2시간 간격
PRICE 아사쿠사 1380엔(목적지에 따라 다름), 어린이는 반값/PASMO·Suica 사용 가능
TICKETING 제1·2 터미널 지하 1층 스카이라이너 & 게이세이 인포메이션 센터, 1층 게이세이 티켓 카운터, 지하 1층 게이세이 티켓 자동판매기
WEB www.keisei.co.jp

KS 42 **나리타공항역**
K 나리타 스카이액세스선
하네다공항행·니시마고메행
정류장 8~9개 이동 (52분~1시간)

오시아게역
아사쿠사선
탑승 상태 유지(자동 환승)
정류장 1~2개 이동(2~3분)

A 18 **아사쿠사역**

↑2 3

왼쪽이 나리타 스카이액세스선 입구(주황색), 오른쪽이 게이세이 본선 입구(파란색)

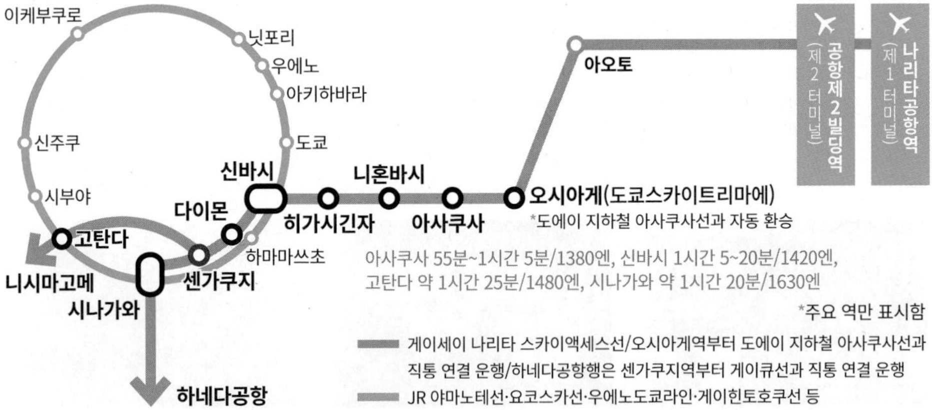

이케부쿠로
닛포리
우에노
아키하바라
신주쿠
도쿄
시부야
고탄다
니시마고메
시나가와
하네다공항
다이몬
센가쿠지
하마마쓰초
신바시
히가시긴자
니혼바시
아사쿠사
오시아게(도쿄스카이트리마에)
*도에이 지하철 아사쿠사선과 자동 환승
아오토
공항제2빌딩역 (제2 터미널)
나리타공항역 (제1 터미널)
아사쿠사 55분~1시간 5분/1380엔, 신바시 1시간 5~20분/1420엔, 고탄다 약 1시간 25분/1480엔, 시나가와 약 1시간 20분/1630엔
*주요 역만 표시함
게이세이 나리타 스카이액세스선/오시아게역부터 도에이 지하철 아사쿠사선과 직통 연결 운행/하네다공항행은 센가쿠지역부터 게이큐선과 직통 연결 운행
JR 야마노테선·요코스카선·우에노도쿄라인·게이힌토호쿠선 등

도쿄 동쪽으로 가는 가장 경제적인 열차

K▼ 게이세이 본선 Keisei Main Line(京成本線) 특급·쾌속특급(쾌특)·쾌속

나리타 스카이액세스선과 마찬가지로 지하철처럼 생긴 일반 열차지만, 도쿄 시내로 가는 열차 중 요금이 가장 저렴하다. 공항 인근의 게이세이나리타역京成成田–게이세이타카사고역京成高砂 구간을 제외하고 게이세이 스카이라이너·나리타 스카이액세스선과 같은 노선을 달린다. 스이카와 파스모 등 IC카드만으로도 탑승할 수 있으며(공항 역의 중간 개찰구를 통해 액세스 특급과 요금 구분), 개별 티켓을 구매할 경우 공항에서 도에이 지하철의 모든 역까지 한 번에 살 수 있다.

HOUR 니시마고메행·하네다공항행·미사키구치행 05:17~19:10, 게이세이우에노행 08:33~10:28·17:29~22:34(평일 나리타공항 제1 터미널 출발 기준)/20~40분 간격
PRICE 우에노 1060엔, 아사쿠사 1180엔, 어린이는 반값/PASMO·Suica 사용 가능
WEB www.keisei.co.jp

KS 42 나리타공항역

K▼ 게이세이 본선+
게이세이 오시아게선

니시마고메행·하네다공항행·미사키구치행

정류장 13~28개 이동
(1시간 10~30분)

오시아게역

아사쿠사선

탑승 상태 유지(자동 환승)

정류장 2개 이동(3분)

A 18 아사쿠사역

+MORE+

행선지별 열차 운행 시간에 주의!

- **게이세이우에노**京成上野**행** 닛포리, 우에노로 환승 없이 한 번에 간다. 다만 오전 10시 30분경 나리타공항 제1 터미널 출발 편 이후로는 오후 5~6시대부터 운행한다. 즉 낮 시간대는 우에노까지 한 번에 갈 수 있는 열차가 없어 중간에 환승해야 한다.
- **니시마고메**西馬込**행·하네다공항**羽田空港**행·미사키구치**三崎口**행** 아사쿠사, 니혼바시, 신바시, 다이몬 등까지 한 번에 간다. 종일 열차가 운행하지만, 우에노행 열차가 없는 낮 시간대에 집중적으로 배차된다. 니시마고메행을 타면 고탄다까지도 한 번에 갈 수 있다. 하네다공항행·미사키구치행은 센가쿠지에서 게이큐선과 자동 환승되어 시나가와까지 곧장 가지만, 평일에만 하루 3회 운행한다.

내부는 일반 지하철과 같다.

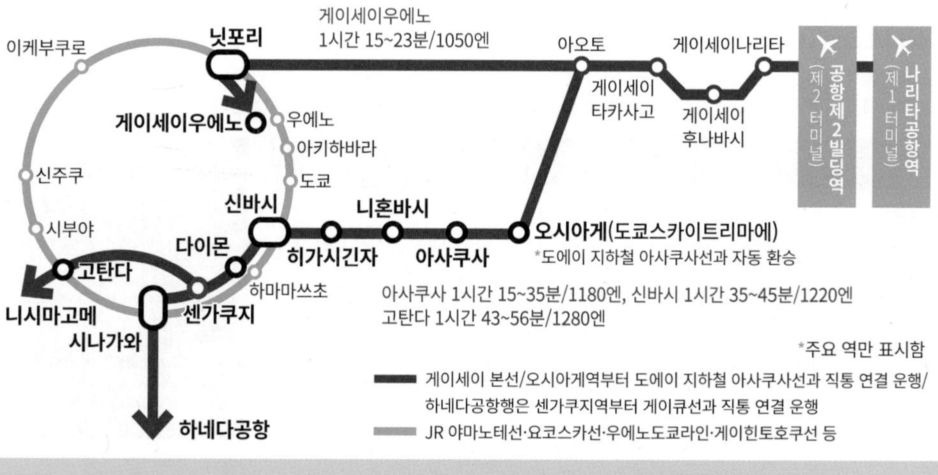
이케부쿠로
닛포리
게이세이우에노
1시간 15~23분/1050엔
아오토
게이세이나리타
게이세이 타카사고
게이세이 후나바시
공항제2빌딩역 (제2 터미널)
나리타공항역 (제1 터미널)
게이세이우에노
우에노
아키하바라
신주쿠
도쿄
신바시
니혼바시
시부야
다이몬
오시아게(도쿄스카이트리마에)
*도에이 지하철 아사쿠사선과 자동 환승
고탄다
히가시긴자
아사쿠사
하마마쓰초
니시마고메
센가쿠지
시나가와
하네다공항
아사쿠사 1시간 15~35분/1180엔, 신바시 1시간 35~45분/1220엔
고탄다 1시간 43~56분/1280엔
*주요 역만 표시함
게이세이 본선/오시아게역부터 도에이 지하철 아사쿠사선과 직통 연결 운행/하네다공항행은 센가쿠지역부터 게이큐선과 직통 연결 운행
JR 야마노테선·요코스카선·우에노도쿄라인·게이힌토호쿠선 등

LCB 네트워크(에어포트 버스 도쿄-나리타)

교통비 비싸기로 유명한 일본. 하지만 도쿄역과 긴자까지 1500엔(어린이 할인 없음, 심야에는 3000엔)에 이용할 수 있는 저가 고속버스가 있다. 열차보다 요금이 저렴하고, 입국장에서 정류장까지 이동 거리가 짧은 데다 복잡한 역을 거치지 않고 간편하게 이용할 수 있어 짐이 무겁거나 현지 상황에 익숙하지 않은 여행자에게 가장 추천하는 교통수단이다. 그 외 이케부쿠로, 시부야 등으로 가는 LCB 버스도 속속 늘고 있다. 티켓은 나리타공항 각 터미널 1층 LCB 티켓 판매 카운터(09:00~22:00)에서 구매한다.

WEB tyo-nrt.com/kr, www.narita-airport.jp/en/access/bus/lcb/

액세스 나리타·게이세이 버스와 도쿄 셔틀, JR 버스 간토 등이 '에어포트 버스 도쿄-나리타 AIRPORT BUS「TYO-NRT」'란 이름으로 공동 운행한다.

LCB
ローコストバス乗車券
Low Cost Bus Tickets
低价巴士车票 저렴한 버스승차권
나리타공항 LCB 네트워크 승차권 매표소

도쿄역·긴자행 LCB 버스 운행 정보

나리타공항 출발 버스는 별도의 예약 없이 나리타공항 각 터미널 1층 LCB 티켓 판매 카운터에서 승차권을 구매한 후 지정된 탑승장에서 승차한다. 카운터가 문 닫은 시간에는 승차 시 IC카드 혹은 현금으로 요금을 지불한다.

출발 \ 도착	**도쿄역**(니혼바시 출구日本橋口 근처, **GOOGLE MAPS** 도쿄에키니혼바시구치)	**긴자역**(유라쿠초역 근처, **GOOGLE MAPS** MQF7+8J 주오구)
제3 터미널(5번 정류장)	07:30~23:20/10~30분 간격	08:20~21:10/20~50분 간격
제2 터미널(6번 정류장)	07:35~23:25/10~30분 간격	08:25~21:15/20~50분 간격
제1 터미널(7번 정류장)	07:40~23:30/10~30분 간격	08:30~21:22/20~50분 간격
소요 시간(제1 터미널 기준)	약 1시간 20분	약 1시간 30분

*제3 터미널→제2 터미널→제1 터미널→도쿄역→긴자 순서로 운행

나리타행 LCB 버스 운행 정보

도쿄역에서 출발할 경우 IC카드를 이용하거나, 승차장 앞에 있는 JR 고속버스 티켓 판매소 내 자동판매기에서 티켓을 구매해 승차한다. 긴자에서 출발할 경우에는 IC카드 또는 현금으로 지불한다.

출발 \ 도착	**나리타공항**(제3 터미널 기준)
도쿄역(야에스 남쪽 출구八重洲南口 앞 7번·8번 승차장)	05:00~19:30/10~30분 간격
긴자(유라쿠초역 근처, **GOOGLE MAPS** MQF7+8J 주오구)	05:50~16:30/10분~1시간 10분 간격
소요 시간	도쿄역 출발 약 1시간, 긴자 출발 약 1시간 10분

*긴자→도쿄역→제3 터미널→제2 터미널→제1 터미널 순서로 운행
*운행 시간은 변동될 수 있음
*긴자 정류장까지 가는 법: 도쿄 메트로 마루노우치선 긴자역 C7번 출구, JR 야마노테선 유라쿠초역 긴자 출구 이용
*가로+세로+높이가 158cm 이하인 짐 1개만 하부 화물칸에 실을 수 있다.

JR高速バスのりば
JR Expressway Bus
도쿄역 JR 고속버스 티켓 판매소

➔ 이케부쿠로행 LCB 버스 운행 정보

출발 24시간 전까지 홈페이지에서 예약 시 1900엔(정가 2300엔)에 이용할 수 있어 이케부쿠로까지 가장 저렴하게 갈 수 있는 교통편이다. 이케부쿠로역 출발 버스는 온라인 예약이 우선(출발 당일까지 취소·환불·변경 가능). 당일 빈자리가 있을 경우 현장에서 티켓을 구매할 수 있다. 평균 1시간 간격으로 운행하며, 소요 시간은 1시간 40분~2시간.

WEB willerexpress.com/ko/airport-bus/ikebukuro-narita

출발	운행 시간
제3 터미널(6번 정류장)	07:30~22:00
제2 터미널(7번 정류장)	07:35~22:05
제1 터미널(3번 정류장)	07:40~22:10
이케부쿠로 서쪽 출구(7번 정류장)	05:15~16:15

*운행 시간은 변동될 수 있음

➔ 시부야행 LCB 버스 운행 정보

나리타공항 출발 버스는 별도의 예약 없이 LCB 티켓 판매 카운터에서 티켓을 구매하며, 시부야 출발 버스는 사전 예약제이므로 인터넷 예약이 필수다. 하루 1회 운행하며, 요금은 2500엔, 소요 시간은 약 1시간 45분.

WEB www.tokyubus.co.jp/airport/easylim-shibuya.html

출발	운행 시간
제3 터미널(6번 정류장)	10:10
제2 터미널(7번 정류장)	10:15
제1 터미널(3번 정류장)	10:20
시부야 후쿠라스(9번 정류장)	15:50

*운행 시간은 변동될 수 있음

도쿄 시내 곳곳 정차

리무진 버스 リムジンバス

요금이 매우 비싸고 지역에 따라 열차보다 소요 시간이 오래 걸리기도 하지만, 목적지까지 편하게 닿는 데 리무진 버스만 한 게 없다. 승차장과 매표소는 각 터미널 1층에 있다. 자세한 정보는 홈페이지를 참고하자.

WEB www.limousinebus.co.jp

バス乗車券 Bus Tickets
버스 승차권 매표소

Airport Limousine

: WRITER'S PICK :

택시 이용은 어떨까?

나리타공항에서 도쿄 시내까지는 60km 이상 떨어져 있다. 3만 엔이 넘는 택시 요금을 각오해야 하니 웬만하면 대중교통을 이용하자.

TAXI
タクシーのりば
Taxi Stand

➔ 리무진 버스 운행 정보

행선지	요금	소요 시간	운행 시간(나리타공항 제3 터미널 기준)
도쿄역(야에스 북쪽 출구)	3100원	1시간 40분~	07:15~20:35/20분~2시간 간격
롯폰기	3600엔	2시간~	08:45~18:55/하루 9회
히비야·긴자	3600엔	2시간~	07:15~20:45/하루 15회
신주쿠	3600엔	약 2시간	07:05~22:55/20~30분 간격
도쿄 디즈니 리조트	2300엔	1시간~	07:50~18:00/20~40분 간격

*운행 시간은 변동될 수 있음
*6~11세 및 12세 초등학생 요금은 반값
*PASMO·Suica 사용 가능(단, 공항행은 일부 노선에서 사용 불가)

하네다공항에서 도쿄 시내 가기

하네다공항羽田空港은 나리타공항에 비해 항공사의 프로모션 혜택이 적으나, 어떤 방법을 택해도 20분 안에 도쿄 시내까지 갈 수 있다는 점 덕분에 항공권 요금 이상의 가치가 있다. 시내로 향하는 열차의 노선도 단순해 헷갈릴 일이 전혀 없고, 숙소가 서울 지하철 2호선과 닮은 JR 야마노테선 주변이라면 더욱 쉽게 이동할 수 있다. 국제선은 제3 터미널(국제선 터미널이라고도 함)을 이용한다.

WEB www.tokyo-haneda.com

하마마쓰초 도착

도쿄 모노레일 Tokyo Monorail(東京モノレール)

JR 야마노테선과 만나는 하마마쓰초역이 종점으로, 평균 4분의 짧은 배차 간격이 장점이다. 공항쾌속(14분), 구간쾌속(16분), 각역정차(19분) 열차로 구분되지만, 어떤 열차를 타더라도 길어봤자 5분밖에 차이 나지 않으니 뭐든 먼저 오는 열차를 타면 된다. 차창 밖으로 펼쳐지는 멋진 바다 풍경도 매력적. 공항에서 JR 야마노테선의 모든 역까지 연결 티켓을 구매할 수 있다(JR선 환승 개찰구 이용 필수).

HOUR 05:18~23:48(하네다공항 제3 터미널 기준)/3~15분 간격
PRICE JR선과 만나는 하마마쓰초역까지 520엔, 어린이는 반값/PASMO·Suica 사용 가능
TICKETING 티켓 자동판매기
WEB www.tokyo-monorail.co.jp

MO 08 하네다공항제3터미널역
도쿄 모노레일
하마마쓰초행
정류장 1~7개 이동
(14~19분)
MO 01 모노레일 하마마쓰초역

+MORE+

도쿄 모노레일 할인 티켓

토·일요일·공휴일 및 특정 날짜(연휴, 여름 휴가철, 연말연시 등/홈페이지 참고)에 공항 내 티켓 자동판매기에서 'Monorail & Yamanote Line Area'를 선택하면 공항부터 JR 야마노테선의 모든 역까지 540엔(어린이는 반값) 균일 요금으로 이용할 수 있다. 단, 하마마쓰초역을 경유해야 하고, 편도 1회용이다.

WEB www.tokyo-monorail.co.jp/korea/tickets/value/yamanote.html

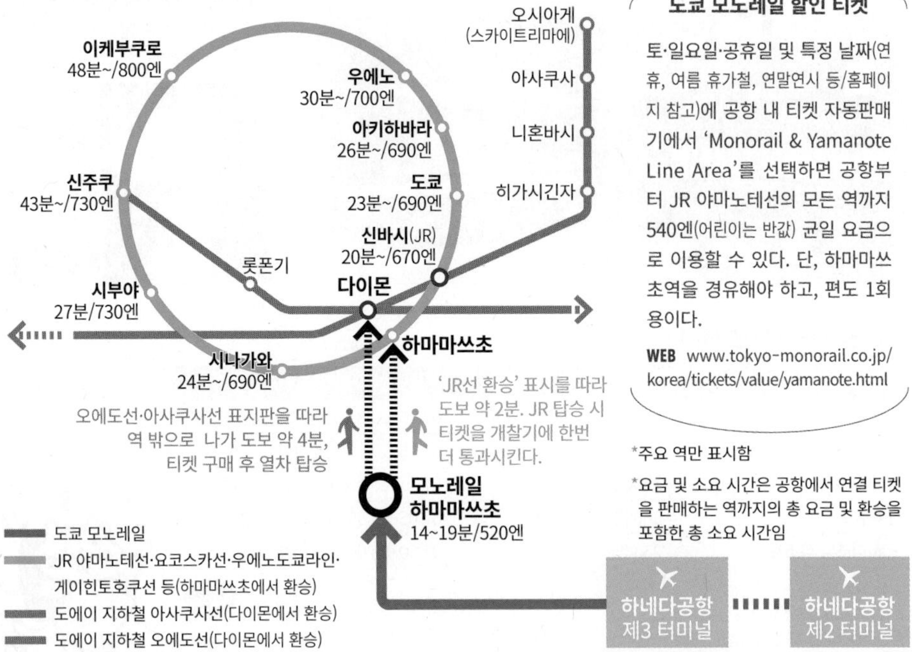
오시아게
(스카이트리마에)
아사쿠사
니혼바시
히가시긴자
이케부쿠로
48분~/800엔
우에노
30분~/700엔
아키하바라
26분~/690엔
도쿄
23분~/690엔
신주쿠
43분~/730엔
신바시(JR)
20분~/670엔
롯폰기
다이몬
시부야
27분/730엔
하마마쓰초
시나가와
24분~/690엔
오에도선·아사쿠사선 표지판을 따라
역 밖으로 나가 도보 약 4분,
티켓 구매 후 열차 탑승
'JR선 환승' 표시를 따라
도보 약 2분. JR 탑승 시
티켓을 개찰기에 한번
더 통과시킨다.
모노레일
하마마쓰초
14~19분/520엔
도쿄 모노레일
JR 야마노테선·요코스카선·우에노도쿄라인·
게이힌토호쿠선 등(하마마쓰초에서 환승)
도에이 지하철 아사쿠사선(다이몬에서 환승)
도에이 지하철 오에도선(다이몬에서 환승)
하네다공항
제3 터미널
하네다공항
제2 터미널

*주요 역만 표시함

*요금 및 소요 시간은 공항에서 연결 티켓을 판매하는 역까지의 총 요금 및 환승을 포함한 총 소요 시간임

KEIKYU 게이큐선(게이큐 공항선) Keikyu Line(京急空港線)

JR 시나가와역까지 잇는 가장 빠른 전철 노선이다. 무엇보다 도에이 지하철 아사쿠사선과 자동 환승되어 신바시역, 히가시긴자역, 니혼바시역, 아사쿠사역까지 바로 갈 수 있다. 하네다공항에서 시나가와역까지 직행하는 에어포트 쾌속특급Airport Ltd. Express이 가장 빠르고(11분), 쾌속특급Ltd. Express(13분), 에어포트 급행Airport Express(18분) 순으로 정차역이 많다. 공항에서 JR 야마노테선과 도에이 지하철 오에도선 모든 역까지 한 번에 연결 티켓을 구매할 수 있다.

HOUR 05:26~24:08(하네다공항 제3 터미널 기준)/약 10분 간격(요코하마역 직통은 배차 간격의 편차가 커서 게이큐카마타역에서 1회 환승하는 것이 빠를 수 있음)

PRICE JR 야마노테선과 만나는 시나가와역까지 330엔, 신바시역까지 510엔, 어린이는 반값/PASMO·Suica 사용 가능

TICKETING 티켓 자동판매기

WEB www.haneda-tokyo-access.com

KK 16 하네다공항제3터미널역

KEIKYU 게이큐 공항선+게이큐 본선(자동 환승)

나리타공항행·시바야마치요다행·아오토행·인바니혼이다이행·인자이마키노하라행·게이세이나리타행·게이세이타카사고행

정류장 2~10개 이동(13~22분)

센가쿠지역

아사쿠사선

탑승 상태 유지(자동 환승)

정류장 6~11개 이동(17~22분)

A 18 아사쿠사역

쾌속특급

에어포트 급행

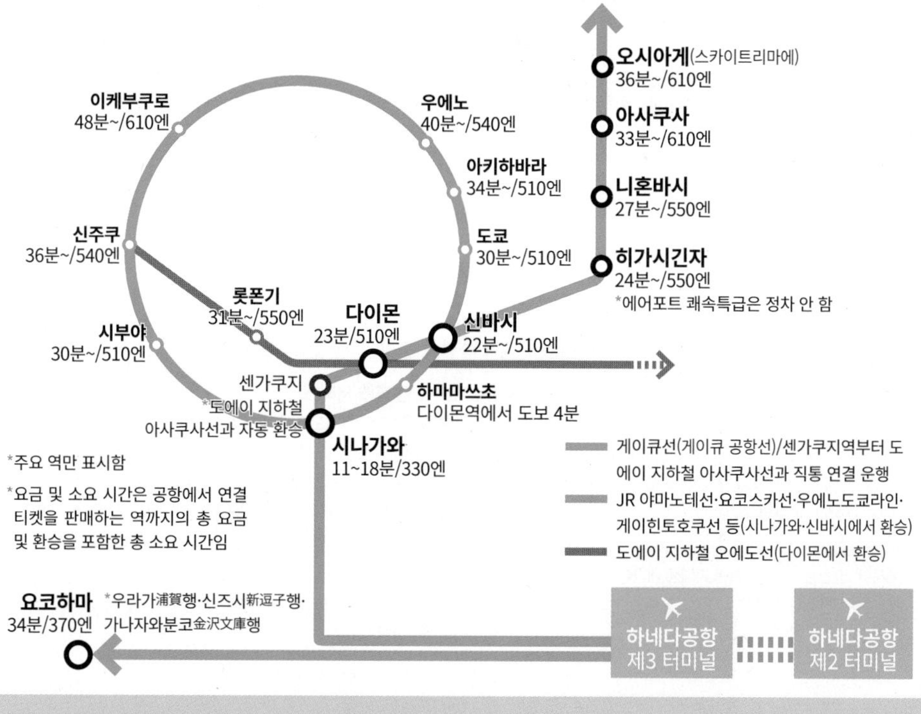
오시아게(스카이트리마에)
36분~/610엔
아사쿠사
33분~/610엔
니혼바시
27분~/550엔
히가시긴자
24분~/550엔
*에어포트 쾌속특급은 정차 안 함
이케부쿠로
48분~/610엔
우에노
40분~/540엔
아키하바라
34분~/510엔
신주쿠
36분~/540엔
도쿄
30분~/510엔
롯폰기
31분~/550엔
다이몬
23분/510엔
신바시
22분~/510엔
시부야
30분~/510엔
센가쿠지
*도에이 지하철
아사쿠사선과 자동 환승
하마마쓰초
다이몬역에서 도보 4분
시나가와
11~18분/330엔
*주요 역만 표시함
*요금 및 소요 시간은 공항에서 연결 티켓을 판매하는 역까지의 총 요금 및 환승을 포함한 총 소요 시간임
게이큐선(게이큐 공항선)/센가쿠지역부터 도에이 지하철 아사쿠사선과 직통 연결 운행
JR 야마노테선·요코스카선·우에노도쿄라인·게이힌토호쿠선 등(시나가와·신바시에서 환승)
도에이 지하철 오에도선(다이몬에서 환승)
요코하마
34분/370엔
*우라가浦賀행·신즈시新逗子행·가나자와분코金沢文庫행
하네다공항 제3 터미널
하네다공항 제2 터미널

도쿄 시내 곳곳 & 요코하마·가마쿠라 도착

버스 Bus(バス)

도쿄 시내까지 환승 없이 편안하게 이동하려면 버스도 좋은 방법이다. 특히 도쿄디즈니리조트로 곧장 갈 때는 버스가 가장 편하다. 목적지에 따라 운행회사가 다른 경우가 있으니 홈페이지를 참고하자. 티켓 자동판매기는 공항 안에 있으며, 전광판에 시간표 등이 한글로 표시돼 있어 헤맬 염려가 없다. 승차장은 화살표를 따라 건물 밖으로 나서면 바로 나온다.

Airport Limousine
리무진 버스

リムジンバス乗車券
리무진 버스 티켓 자동판매기

WEB 리무진 버스 www.limousinebus.co.jp | 게이큐 버스 www.keikyu-bus.co.jp
게이오 버스 www.keio-bus.com | 고쿠사이코교 버스 5931bus.com

공항버스 운행 정보

목적지	요금	소요 시간	운행 시간(하네다공항 출발)
신주쿠	1400엔	55분~	리무진 버스 06:15~23:40/10~30분 간격(제3 터미널 기준)
시부야	1100엔	약 1시간	게이큐 버스 05:45~22:35/25분~1시간 15분 간격(제3 터미널 기준)
이케부쿠로	1400엔	약 1시간	리무진 버스 08:30~22:20/30분~1시간 간격(제3 터미널 기준)
요코하마(미나토미라이 기준)	800엔	약 40분	게이큐 버스 08:40~19:10/20분~1시간 간격(제3 터미널 기준)
도쿄디즈니리조트	1300엔	약 1시간	게이큐 리무진 베이시티 07:35~18:50/30분~1시간 간격 (제 3터미널 기준)

*운행 시간은 변동될 수 있음
*6~11세 및 12세 초등학생 요금은 반값
*PASMO·Suica 사용 가능(단, 공항행은 일부 노선에서 사용 불가)
*같은 행선지의 버스도 출발 시각, 정차하는 정류장 수에 따라 소요 시간 및 운행 간격의 편차가 크다.

+MORE+

귀국 날 공항으로 짐 먼저 보내기

귀국편을 늦은 오후로 예약해놓고 마지막 날까지 두 손 가볍게 여행을 즐기고 싶다면 숙소에서 공항까지 짐을 보내주는 운송 서비스를 이용해보자. 제휴한 호텔 프론트에서 예약 후 짐을 맡기면 공항에서 찾을 수 있다.

■ **에어포터**
AirPorter

제휴한 호텔 프론트에 전날 오후 11시 전까지 예약 후 당일 오전 9시까지 접수하면 오후 4~8시에 공항에서 찾을 수 있다.

PRICE 나리타 기준 기내용 캐리어 2000엔~, 수하물용 캐리어 2500엔~/하네다 기준 기내용 캐리어 1500엔~, 수하물용 캐리어 2000엔~
WEB airporter.co.jp

■ **JALABC 호텔 택배 서비스**
ホテル宅配便サービス(도쿄 베이-하네다 한정)

디즈니리조트 인근 도쿄 베이의 호텔들과 제휴를 맺은 하네다공항~호텔 간 짐 배송 서비스다. 호텔에서 공항으로 짐을 보낼 때는 당일 오전 10시까지 접수하면 오후 4~8시에 공항에서 찾을 수 있다. 2015년 1월 현재 하네다 제1 터미널에서만 접수·픽업할 수 있다.

PRICE 1500엔
WEB www.jalabc.com/en/hands-freetravel/hotel-baggage-delivery/haneda-airport.html

도쿄 시내 교통

휘황찬란한 색으로 복잡하게 얽힌 도쿄의 철도 노선도는 여행자를 혼란에 빠트린다.
JR, 지하철, 사철 등으로 다양하게 구분되는 일본의 철도 노선은 그 개념을 잡기부터가 녹록지 않기 때문.
운영 회사에 따라 요금 체계도 제각각이라 무료 환승이 당연한 우리나라에서처럼 IC카드 빵빵 찍고 다니다 보면
나도 모르는 사이 카드 잔액이 바닥나 버릴 수 있다. 하지만 기본을 알면 길이 보인다.
기초부터 하나씩 차근차근 짚어보자.

HOUR 05:00~24:30경 운행
PRICE JR 야마노테선 150엔~, 도쿄 메트로 180엔~, 도에이 지하철 180엔~

JR, 지하철, 사철, 어떤 점이 다를까?

1 일본 어디에나 있는 **JR**(Japan Railway)

일본 전국을 연결하는 대표적인 철도. 주로 지상의 선로를 달리며, 도쿄 시내는 물론 외곽 요코하마나 가마쿠라로 나갈 때도 이용할 수 있다. 과거엔 국유철도였으나 현재는 지역별로 나뉘어 민영화됐고, 도쿄는 JR 동일본에 속한다.

WEB www.jreast.co.jp

➔ 도쿄의 JR 노선

JY 시내를 순환하는 노선, 야마노테선山手線

서울 지하철 2호선처럼 도쿄 시내를 원형으로 연결하는 노선. 신주쿠-하라주쿠-시부야-시나가와-도쿄역-우에노-닛포리-이케부쿠로 등 굵직한 지역을 연결한다.

JC 야마노테선을 관통하는 노선, 주오선中央線 **특쾌·쾌속**特快·快速,
JB 주오·소부선中央·総武線 **각역정차**各駅停車

기치조지-나카노-신주쿠-도쿄역·아키하바라를 연결하며 야마노테선의 중앙을 가로지른다. 오렌지색 주오선은 주요 역만 정차하는 급행열차로, 신주쿠에서 도쿄역까지 4정거장 만에 갈 수 있으며, 발착역은 도쿄역이다. 노란색 주오·소부선은 모든 역에 다 정차하는 완행열차로, 도쿄역에 정차하지 않고 도쿄역 전 오차노미즈역에서 북쪽 아키하바라로 빠진다.

외곽으로 이동하며 야마노테선을 지나는 JR 열차들

도시와 도시를 길게 연결하는 JR 열차들은 도쿄를 통과하며 야마노테선 일부 구간을 지나기도 한다. 이케부쿠로-신주쿠-에비스-오사키를 통과하는 JS 쇼난신주쿠라인湘南新宿ライン·JA 사이쿄선埼京線, 닛포리-우에노-도쿄역-시나가와역을 통과하는 JK 게이힌토호쿠선京浜東北線·JT JU JJ 우에노도쿄라인上野東京ライン·JO 요코스카선横須賀線·JO 소부선 쾌속総武快速線, 도쿄역-시나가와역을 통과하는 JT JK JS 도카이도선(도카이도 본선)東海道線이 대표적. 외곽으로 빠르게 가기 위해 정차역이 야마노테선보다 적어 소요 시간을 줄일 수 있는 반면에 모든 역에 정차하지 않아 내려야 할 곳을 지나기도 한다. 이동과 환승에 필요한 열차 시간과 노선, 승강장 정보는 구글맵 검색을 적극 이용하자.

JR 야마노테선

JR 주오·소부선

JR 中央改札
Central Gate
JT JO JK JY
解放

2 시내를 구석구석 연결하는 **지하철**

도쿄 메트로東京メトロ(Tokyo Metro)와 도에이 지하철都営地下鉄(Toei Subway) 2개 회사가 운영한다. 대체로 JR 야마노테선 안쪽 지역에 놓여있으며, 노선이 거미줄처럼 촘촘하게 이어져 있다. 같은 지하철이라도 도쿄 메트로와 도에이 지하철 간에는 개찰구를 통과하지 않고는 환승할 수 없고, 무료 환승도 되지 않는다.

WEB 도쿄 메트로 www.tokyometro.jp
도에이 지하철 www.kotsu.metro.tokyo.jp

六本木駅
Roppongi Sta.
H 04
E 23
ROPPONGI
도쿄 메트로와 도에이 지하철이 지나는 롯폰기역

도쿄 메트로 마루노우치선의 신형 차량

도에이 지하철 미타선의 신형 차량

➔ 도쿄 지하철 노선

구분	노선	주요역
도쿄 메트로	G 긴자선 銀座線	긴자, 니혼바시, 시부야, 신바시, 아사쿠사, 오모테산도, 우에노 등
	M 마루노우치선 丸ノ内線	긴자, 도쿄역, 신주쿠니시구치, 신주쿠산초메, 이케부쿠로 등
	H 히비야선 日比谷線	긴자, 나카메구로, 롯폰기, 아키하바라, 에비스, 우에노, 쓰키지 등
	T 도자이선 東西線	나카노, 니혼바시, 오테마치, 이다바시(가구라자카), 가구라자카, 와세다 등
	C 지요다선 千代田線	네즈, 노기자카(롯폰기), 메이지진구마에(하라주쿠), 센다기, 오모테산도, 오테마치(마루노우치·고쿄), 요요기코엔(요요기 공원·오쿠시부야) 등
	Y 유라쿠초선 有楽町線	긴자잇초메, 유라쿠초, 이다바시(가구라자카), 이케부쿠로, 쓰키시마, 신키바(오다이바행 린카이선·도쿄디즈니리조트행 게이요선 환승) 등
	Z 한조몬선 半蔵門線	시부야, 오모테산도, 오시아게(도쿄스카이트리마에), 오테마치(마루노우치·고쿄), 진보초(간다 진보초), 기요스미시라카와 등
	N 난보쿠선 南北線	아자부주반, 이다바시(가구라자카) 등
	F 후쿠토신선 副都心線	시부야, 메이지진구마에(하라주쿠), 신주쿠산초메, 이케부쿠로 등
도에이 지하철	A 아사쿠사선 浅草線	니혼바시, 다이몬, 신바시, 아사쿠사, 오시아게(도쿄 스카이트리), 히가시긴자(긴자) 등
	I 미타선 三田線	시바코엔, 오테마치(마루노우치·고쿄), 진보초 등
	S 신주쿠선 新宿線	신주쿠, 신주쿠산초메, 진보초(간다 진보초) 등
	E 오에도선 大江戸線	신주쿠, 아자부주반, 아카바네바시, 롯폰기, 다이몬, 시오도메, 이다바시(가구라자카), 쓰키시마, 쓰키지시조 등

3 외곽으로 나갈 때 유용한 사철

JR과 지하철을 제외한 모든 철도를 사철이라고 부른다. 도쿄에서는 JR 야마노테선 바깥 지역부터 민간 기업이 운영하는 사철이 연결한다. 책에는 여행자가 이용하기 좋은 노선만 모았지만, 아래 소개하는 사철 외에도 도쿄 시내와 근교 지역을 연결하는 사철 종류는 무척 다양하다.

WEB 오다큐 전철 www.odakyu.jp
도큐 전철 www.tokyu.co.jp
게이오 전철 www.keio.co.jp
유리카모메 www.yurikamome.co.jp
도부 전철 www.tobu.co.jp

小田急 新宿駅
Shinjuku Station
오다큐선 신주쿠역

東急電鉄
代官山駅
Daikan-yama Sta.
도큐 도요코선 다이칸야마역

KEIO
吉祥寺駅
Kichijoji Station
게이오 이노카시라선 기치조지역

➔ 도쿄 사철 노선

노선	참고
오다큐선 小田急	신주쿠에서 출발. 에노시마(가마쿠라), 하코네 등으로 갈 수 있다.
도큐 도요코선 東急東横線	시부야 또는 나카메구로에서 출발. 다이칸야마, 지유가오카, 요코하마 등으로 갈 수 있다.
게이오 이노카시라선 京王井の頭線	시부야에서 출발. 시모키타자와, 기치조지 등으로 갈 수 있다.
유리카모메 ゆりかもめ	신바시 또는 시오도메에서 출발. 오다이바, 시조마에(도요스 시장) 등으로 갈 수 있다.
도부 스카이트리라인(이세사키선) 東武スカイツリーライン(伊勢崎線)	도쿄 스카이트리와 아사쿠사, 도쿄 북동쪽 외곽 등으로 갈 수 있다.
세이부 이케부쿠로선 西武池袋線	이케부쿠로에서 출발. 해리포터 스튜디오가 있는 도시마엔으로 간다.

주요 지역 간 대략적인 소요 시간 및 요금(환승 포함)

출발역 \ 도착역	도쿄역	롯폰기역	시부야역	신주쿠역 또는 신주쿠산초메역	아사쿠사역	우에노역
긴자역	180엔, 2분	180엔, 10분	210엔, 17분	210엔, 16분	210엔, 18분	180엔, 12분
도쿄역		180엔, 14분	JR 210엔, 26분	JR 210엔, 14분 210엔, 18분	JR + 330엔, 17분	JR 170엔, 5분
롯폰기역			+ 290엔, 10분	220엔, 9분	210엔, 35분 280엔, 25분	210엔, 27분
시부야역				JR 170엔, 5분 180엔, 5분	260엔, 36분	JR 또는 210엔, 30분
신주쿠역					280엔, 25분 260엔, 38분	JR 210엔, 25분
아사쿠사역						180엔, 5분

*JR+도쿄 메트로와 같이 서로 다른 회사의 열차를 이용하면 요금이 비싸므로 조금 걷더라도 주변의 다른 역을 이용하는 방법을 추천한다.

열차에 탈 땐 행선지와 열차 종류를 확인하자

한 승강장에 행선지가 다른 열차가 뒤섞여 들어오기도 하고, 열차 종류에 따라 속도와 정차역도 천차만별이다. 서두른다고 아무거나 먼저 들어온 열차에 뛰어 탔다가는 전혀 다른 지역으로 이동하거나, 세월아~ 네월아~ 역마다 모두 서는 열차에 타거나, 목적지 역을 무정차로 통과해버리는 열차에 탈 수도 있으니 주의. 가장 쉬운 방법은 미리 구글맵에서 이동 경로를 검색한 뒤, 구글맵이 제안하는 시각에 맞춰 열차를 타는 것이다.

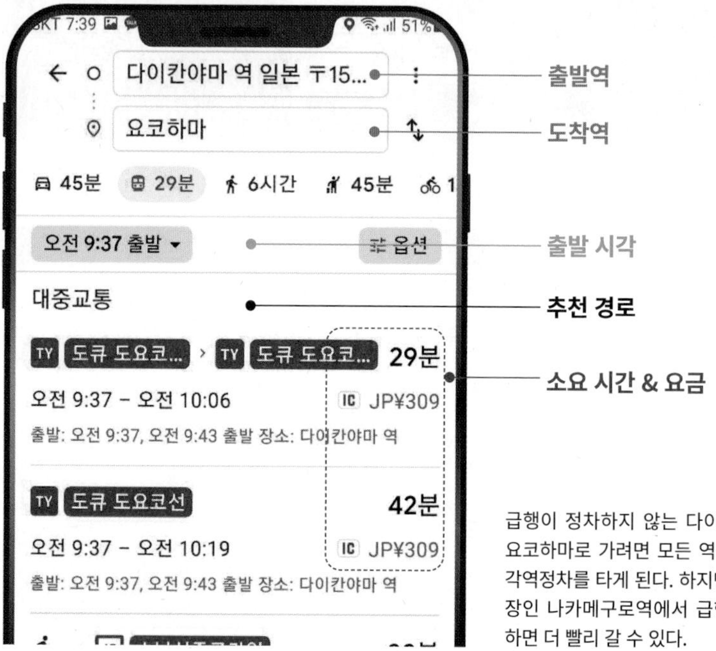

다이칸야마 역 일본 〒15...
요코하마
45분
29분
6시간
45분
오전 9:37 출발
옵션
대중교통
도큐 도요코...
도큐 도요코...
29분
오전 9:37 – 오전 10:06
JP¥309
출발: 오전 9:37, 오전 9:43 출발 장소: 다이칸야마 역
도큐 도요코선
42분
오전 9:37 – 오전 10:19
JP¥309
출발: 오전 9:37, 오전 9:43 출발 장소: 다이칸야마 역
출발역
도착역
출발 시각
추천 경로
소요 시간 & 요금

급행이 정차하지 않는 다이칸야마에서 요코하마로 가려면 모든 역에 정차하는 각역정차를 타게 된다. 하지만 다음 정거장인 나카메구로역에서 급행으로 환승하면 더 빨리 갈 수 있다.

빠른 열차, 느린 열차 어떻게 구분하지?

철도 회사에 따라 조금씩 다르거나 좀 더 세부적으로 나뉘기도 하지만, 큰 틀은 다음과 같다.

新宿 千代田線 方面 for Shinjuku, Chiyoda Line 2
1st RAPID EXPRESS SHINJUKU 13:52 10
停車駅は代々木上原と新宿です
2nd LOCAL SHINJUKU 13:54 8
衆国大統領来日に伴うテロ対策特別警戒

- **특급 特急 Limited Express** 대형 역에만 정차하는 열차. 운영 회사와 열차 종류에 따라 특급권을 구매해야 하는 경우가 있다(예: 나리타 익스프레스, 스카이라이너).
- **통근특급 通勤特急 Commuter Express** 현지인의 출퇴근 시간에 맞춰 운행하는 열차. 중거리 이상 노선에서 볼 수 있다.
- **급행 急行 Express** 주요 역에만 정차하는 열차. 특급 다음으로 빠르며, 특급권이 필요 없다.
- **준급행 準急 Semi Express** 일부 사철과 지하철에서 운행하는 열차. 급행보다 정차역 더 많다.
- **쾌속 快速 Rapid** 급행·준급행보다는 정차역이 많고, 각역정차보다는 적다.
- **각역정차 各駅停車 또는 보통 普通 Local Train** 모든 역에 정차하는 완행열차. 가장 느리다.

교통비 먹는 주범은 환승! 무료 환승은 같은 회사끼리만

도쿄 열차의 최대 난관은 환승. 원칙은 운영 회사가 같은 노선끼리만 무료 환승이 가능하다는 것이다. 즉, JR은 JR끼리, 도쿄 메트로는 도쿄 메트로끼리, 도에이 지하철 역시 도에이끼리. 예를 들어 JR에서 도쿄 메트로로 갈아타고자 할 경우, 역명이 같더라도 일단 JR 개찰구를 나가서 도쿄 메트로 티켓을 구매한 다음 다시 개찰구를 통과해야 한다. IC카드를 사용할 때도 마찬가지. JR에서 JR로 갈아타는 등 같은 회사의 노선으로 갈아탈 때는 환승역에서 개찰구로 나가지 말고 갈아탈 노선의 승강장으로 이동한 뒤 승차하면 된다.

東京メトロ
Tokyo Metro
都営地下鉄
TOEI SUBWAY
大手町駅
Otemachi Sta.

京王線 京王西口
Keio Line, Keio West Gate
IC
3

앉은 채로 자동 환승! 직통 연결 운행

철도 노선이나 운영 회사가 다른 두 개의 열차가 마치 하나의 열차인 것처럼 연결되어 운영하는 방식을 말한다. 주로 도쿄 시내를 운행하는 지하철과 외곽을 운행하는 사철이 짝을 이룬다. 앞서 공항에서 도쿄 시내로 들어오며 만난 게이세이 전철(사철)과 도에이 아사쿠사선(지하철)이 대표적인 예. 나리타공항에서는 사철인 게이세이 스카이액세스에 탑승했지만, 오시아게역을 지나는 순간 승객들은 갈아타지 않고도 지하철인 도에이 아사쿠사선으로 자동 환승된다. 단, 다른 회사를 이용한 것이기에 요금은 약간의 할인만 있을 뿐 각기 부과된다. 참고로 아사쿠사선은 이후 또 다른 사철인 게이큐선과도 직통 연결된다.

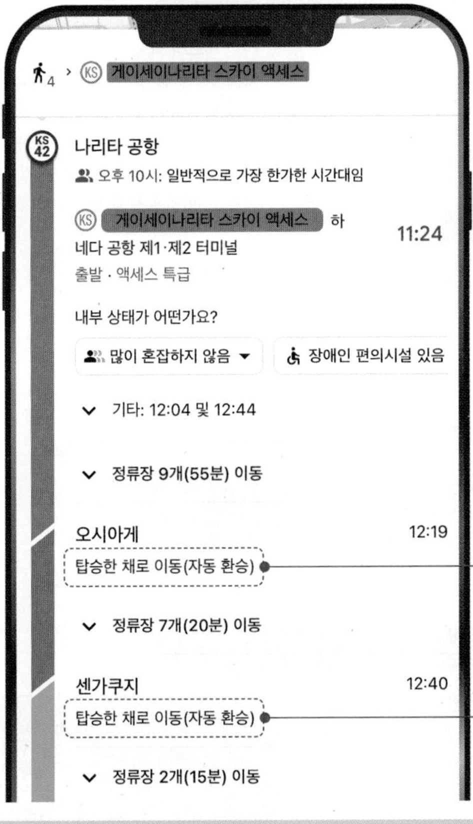
4 › KS 게이세이나리타 스카이 액세스
KS 42
나리타 공항
오후 10시: 일반적으로 가장 한가한 시간대임
KS 게이세이나리타 스카이 액세스 하
네다 공항 제1·제2 터미널
출발 · 액세스 특급
11:24
내부 상태가 어떤가요?
많이 혼잡하지 않음
장애인 편의시설 있음
기타: 12:04 및 12:44
정류장 9개(55분) 이동
오시아게
12:19
탑승한 채로 이동(자동 환승)
정류장 7개(20분) 이동
센가쿠지
12:40
탑승한 채로 이동(자동 환승)
정류장 2개(15분) 이동

탑승한 채로 이동(자동 환승)

한 장으로 척척!
스이카Suica·파스모PASMO 카드

환승할 때마다 새로운 티켓을 구매해야 하는 도쿄에서는 선불식 교통카드 개념인 IC카드를 이용하는 게 속 편하다. JR, 지하철, 사철, 모노레일, 버스, 택시, 편의점, 일부 식당과 상점 등에서 가리지 않고 사용할 수 있고, 특히 편의점에서 사용할 때 잔돈이 생기지 않아 유용하다. 교통수단에 따라 약간의 요금 할인 혜택도 적용된다. 2023년 IC 칩 수급 불안정으로 판매를 중단했다가 현재는 일부 판매를 재개했다. 단, 공급이 여전히 불안정한 상황이니 IC카드를 살 수 없을 경우 공항과 시내 일부 역에서 판매하는 외국인 전용 패스포트(어린이용 있음)를 구매하자. 아이폰 애플페이 이용자용 모바일 카드도 있다.

스이카 vs 파스모

도쿄에서 구매할 수 있는 카드는 JR에서 발행하는 '스이카'와 간토(관동) 지역의 지하철·사철 회사가 발행하는 '파스모'가 있다. 둘 중 어느 한 장의 카드만 가지고 있으면 일본의 거의 모든 철도와 버스를 이용할 수 있다. 주의할 점은, 스이카와 파스모 모두 현금으로만 구매·충전할 수 있다는 것! 또 특급열차 등 추가 요금이 필요한 열차를 탑승할 경우 개찰구를 통과할 때 IC카드를 사용해 일반 요금을 결제할 수 있지만, 추가 요금은 자동판매기나 매표소, 온라인에서 티켓(특급권, 지정석권 등)을 별도로 구매해 지급해야 한다.

WEB 스이카: jreast.co.jp/kr/pass/suica.html
파스모: pasmo.co.jp/visitors/kr/normalpasmo/

스이카
파스모
Suica
PASMO

	스이카	파스모
구매(Only 현금)	JR 매표소(영어명: Ticket Office), 티켓 자동판매기	지하철역·사철역 티켓 자동판매기 또는 버스 영업소
최초 구매 가격	2000엔(보증금 500엔 + 실사용 금액 1500엔)	
초등학생 이하 어린이용	기명식 마이 스이카 My Suica (유인 창구에서 발급)	어린이용 파스모 小児用 PASMO (유인 창구에서 발급)
충전	IC카드 마크 표시가 있는 모든 철도 자동판매기(한국어 지원. 기계에 따라 최소 충전 금액이 다르다. 주로 1000엔 단위로 충전), IC카드 마크가 표시된 편의점	
환불처	JR 역 매표소	지하철역, 게이세이를 포함한 사철역 등 파스모 카드를 발행하는 모든 역 내 유인 창구

+MORE+

외국인 전용 패스포트

■ **웰컴 스이카** Welcome Suica

Welcome Suica

보증금이 없는 대신 잔액 환불이 안 되고, 유효기간이 지나면 재사용할 수 없는 외국인 한정 카드다. 나리타·하네다공항 열차역의 웰컴 스이카 전용 발매기와 도쿄 주요역의 JR 동일본 여행 서비스센터에서 판매한다. 여권 필수, 유효기간 28일, 최초 1000엔 충전 후 발급.

IC 마크가 있는 일본 전국 철도나 버스 등에서 사용할 수 있다.

환불·재발행 가능한 기명식記名式 카드

기명식 카드를 구매하면 분실 시 본인이 기재한 정보를 바탕으로 환불·재발행할 수 있다. 각 역의 유인 창구나 다기능 자동판매기에서 '기명記名'을 선택하고 안내에 따라 이름, 성별, 생년월일 등 정보를 입력한 뒤 발급받는다. 여권 등 본인을 증명할 수 있는 증명서를 소지하고 유인 창구를 통해 환불받을 수 있다.

JR 매표소, 미도리노마도구치みどりの窓口

みどりの窓口
Ticket Office

충전 & 잔액 확인 & 환불하기

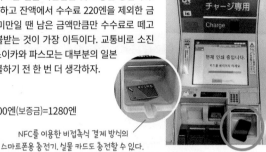

충전 및 잔액 확인은 IC 마크가 있는 역 내 자동판매기, 충전기, 정산기 등에서 할 수 있다. 일본 교통카드 잔액 및 사용 내역 확인이 가능한 스마트폰 앱을 다운받는 것도 좋은 방법이다. 여행을 마친 후에는 역의 유인 창구에 카드를 반납하고 잔액에서 수수료 220엔을 제외한 금액과 보증금 500엔을 돌려받는다. 잔액이 220엔 미만일 땐 남은 금액만큼만 수수료로 떼고 보증금은 그대로 환불되므로 잔액이 0엔일 때 환불받는 것이 가장 이득이다. 교통비로 소진이 애매하면 편의점에서 사용하는 것을 추천. 단, 스이카와 파스모는 대부분의 일본 지역에서 사용할 수 있어서 두고두고 유용하니 환불하기 전 한 번 더 생각하자.

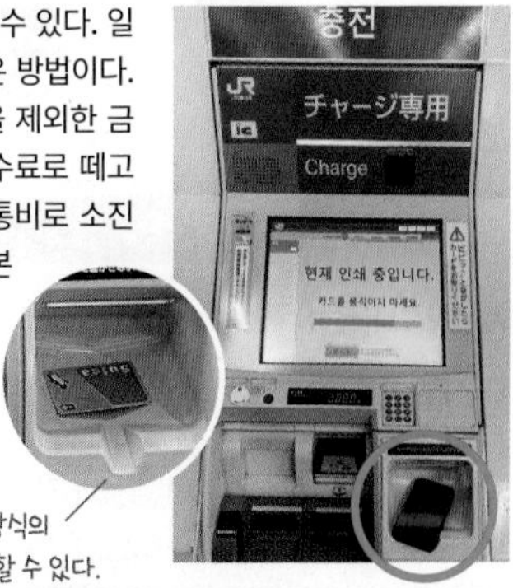

충전
チャージ専用
Charge

NFC를 이용한 비접촉식 결제 방식의 스마트폰용 충전기. 실물 카드도 충전할 수 있다.

➔ 환불 금액 계산의 예

- **잔액이 1000엔일 때** 1000엔-220엔(수수료)+500엔(보증금)=1280엔
- **잔액이 220엔일 때** 500엔(보증금)
- **잔액이 0엔일 때** 500엔(보증금)

IC카드가 휴대폰 안으로 쏙! 애플페이

아이폰 애플페이 사용자는 기본 앱인 '지갑'에 스이카와 파스모, 이코카(JR 서일본 발행)를 저장해 이용할 수 있다. 이미 실물 카드를 소지하고 있는 경우 애플페이에 등록하면 보증금까지 전액 이체된다. 실물 카드 없이 지갑 앱 내에서 신규 발급하는 경우 스이카와 파스모 중 원하는 카드를 선택한 뒤 첫 금액을 충전하면 발급이 완료된다. 스이카·파스모 발급 후에는 필요한 금액만큼 앱 내에서 신용카드나 애플페이로 충전하거나 일본 내 IC 마크가 있는 편의점 또는 지하철역·기차역의 스마트폰용 충전기에서 현금으로 충전해서 사용한다. 단, 현대 VISA카드로 충전 시 기능이 불안정 할 때가 있다.

➔ 아이폰에서 IC카드 발급 받기

1
지갑
Apple Pay 시작하기

앱 '지갑'을 열어 오른쪽 상단의 '+ 추가' 버튼 선택

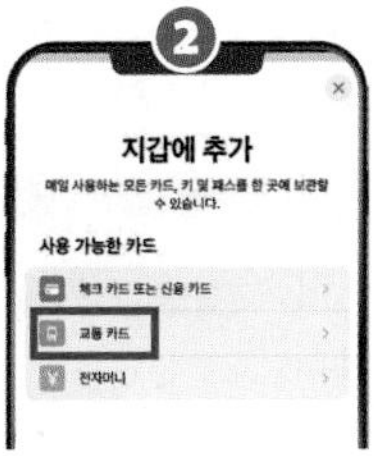

2
지갑에 추가
사용 가능한 카드
체크 카드 또는 신용 카드
교통 카드
전자머니

'교통 카드' 선택

3
교통 카드
일본
PASMO
Suica

스이카와 파스모 중 선택

4
금액 선택
JP¥0
JP¥1,000
JP¥3,000
JP¥5,000
1
2
3

원하는 금액 입력 후 충전하면 발급 완료!

* 실물 IC카드를 지갑 앱에 추가하는 경우 ❸까지 동일하며, ❹단계에서 '기존 카드 이체' 선택 → 실물 카드의 뒷자리 번호 4개와 생년월일 입력 → 카드 스캔 순서로 진행하면 기존 실물 카드에 있는 금액(보증금 포함)이 지갑에 들어온다. 단, 이체한 실물 카드는 더 이상 사용하지 못한다.

: WRITER'S PICK :

애플페이가 지원되는 신용카드가 없다면?

아이폰은 있으나 애플페이 기능을 사용하고 있지 않다면 다음의 방법으로 발급받아 지갑에 추가한 후 현지 편의점이나 기차역·지하철역의 스마트폰용 충전기에서 현금으로 충전해서 사용한다. 무기명이 아닌 회원가입 후 진행하면 문제가 생겼을 때 해결하기 편리하다.

- **PASMO:** 'PASMO(パスモ)' 앱을 설치한 후 무기명無記名 카드를 발급받는다. 결제 단계에서 '충전 안 함チャージしない'을 선택하고 '애플페이 카드에 추가'하면 끝!
- **Suica:** 'Suica' 앱을 설치한 후 무기명 카드를 발급받는다. '결제 방법 선택決済方法選択' 단계에서 'Pay でチャージ'를 선택한다. 최초 충전 후 발급이 완료되면 자동으로 애플페이 지갑에 스이카가 추가된다.

파스모 앱 스이카 앱

현금으로 그때그때 발권
종이 티켓(1회권)

종이 티켓 구매하기

IC카드를 사용하지 않고 매번 종이 티켓을 개별 발권하기로 했다면, 다음 세 가지 순서를 기억해야 한다.

❶ 티켓 자동판매기 위 커다란 노선도에서 도착역을 찾아 그 안에 적힌 숫자(요금)를 확인한다.
❷ 티켓 자동판매기에서 앞서 확인한 숫자와 일치하는 요금을 선택한 뒤 인원수를 지정한다.
❸ 요금(현금)을 넣고 발매된 티켓과 거스름돈을 챙긴다.

*여러 개 철도 회사가 복잡하게 교차하는 역에서 티켓을 구매할 때는 내가 타려는 철도 회사의 자동판매기가 맞는지 확인 후 이용한다(철도 회사마다 자동판매기를 별도 운영함).

池袋
170
大塚
170 目白
150 高田馬場
新大久保
新宿
150 150
千駄ケ谷
信濃町
代々木
原宿 150
渋谷 170
武蔵中原
防犯カメラ作動中
きっぷ 定期券
Tickets Commuter Pass
车票 車票
승차권
定期券・Suica
きっぷ・チャージ
Commuter Pass
Suica
Tickets, Charge
きっぷ
Tickets
车票 車票
승차권
きっぷ・チャージ
Tickets
Charge
チャージ専用
Charge
充值
충전
チャージ専用
Charge
JR 신주쿠역 노선도와 티켓 자동판매기

정기권 전용 자동판매기

도쿄 메트로 티켓 자동판매기

JR 티켓 구매 & 스이카·파스모 카드 구매·충전 가능 자동 판매기

도에이 지하철 티켓 자동판매기

스이카·파스모 카드 충전 전용 자동 판매기

Tokyo Metro
きっぷ
定期券
チャージ
스이카·파스모 카드 구매·충전 겸용

Tokyo Metro
きっぷ
チャージ
스이카·파스모 카드 충전 겸용

きっぷ
스이카·파스모 카드 구매·충전 겸용

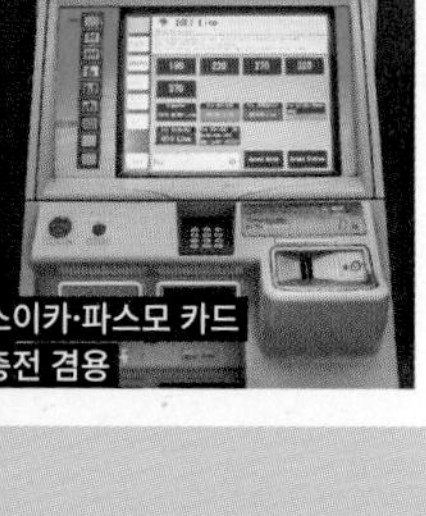
きっぷ
Ticket
스이카·파스모 카드 충전 겸용

환승 연결 티켓 구매하기

중간에 다른 회사의 노선으로 갈아타야 한다면 환승역에서 개찰구 밖으로 나가 티켓을 다시 구매해야 하지만, 역에 따라 간혹 1장의 티켓으로 두 회사의 열차를 이용해 최종 목적지까지 갈 수 있는 연결 티켓(정식 명칭은 연락승차권連絡乗車券)을 판매하기도 한다. 이 경우 출발역에서 최종 도착역까지의 티켓을 한 방에 구매한 뒤 환승역에서 '환승 개찰구' 또는 '연락 개찰구連絡改札口'를 통과, 되돌아 나온 티켓을 뽑아 들고 최종 도착역 개찰구에서 같은 티켓을 한 번 더 넣고 통과한다.

❶ 출발역에서 티켓 자동판매기 위 커다란 노선도를 봤을 때 철도 회사가 다른 목적지의 역명과 숫자(요금)가 적혀있다면 연결 티켓을 판매하고 있다는 뜻이다.

❷ 자동판매기에서 '티켓' 또는 '승차권'(기계마다 다름)을 터치하면 요금 아래쪽으로 '도쿄 메트로선' '게이세이선' 등 연결 티켓이 지원되는 노선의 이름이 나온다.

❸ 갈아타고자 하는 노선과 노선도에 적혀있는 요금을 차례로 누르면 끝!

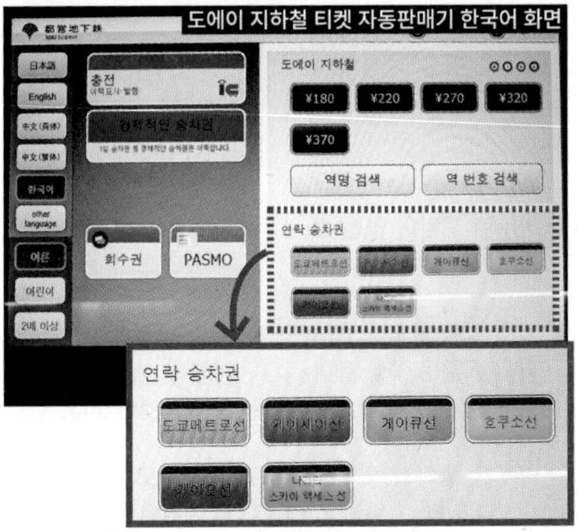
충전
¥180
¥220
¥270
¥320
¥370
역명 검색
역 번호 검색
연락 승차권
회수권
PASMO
도쿄메트로선
게이세이선
게이큐선
호쿠소선
게이오선
어른
어린이
2매 이상
도에이 지하철 티켓 자동판매기 한국어 화면

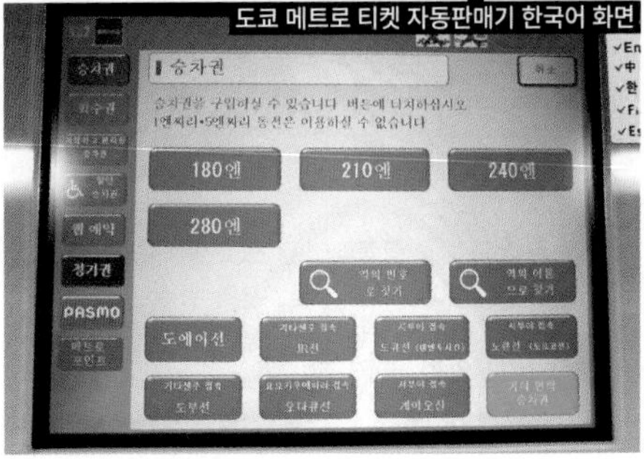
승차권
180엔
210엔
240엔
280엔
PASMO
도에이선
도쿄 메트로 티켓 자동판매기 한국어 화면

티켓을 잘못 끊었다면? 정산기 이용하기

チャージ
のりこし

처음 전철을 탈 때와는 마음이 달라져서 다른 역에 내린다거나, 요금을 착각해서 티켓을 잘못 끊었을 경우, 요금이 부족하면 삐 소리가 나면서 개찰구 밖으로 나갈 수 없다. 그럴 땐 개찰구 옆에서 근무 중인 역무원에게 도움을 청하거나, 노란색 정산기를 찾아 모자란 금액을 추가로 내면 된다. 정산기는 개찰구를 나가기 전 부족한 금액을 낼 수 있는 기계다. 잘못 끊은 티켓을 앞면이 위로 향하게 삽입한 뒤, 모니터에 뜬 추가 요금을 집어넣으면 새 티켓이 나온다. IC카드도 충전 가능(신용카드 사용 불가).

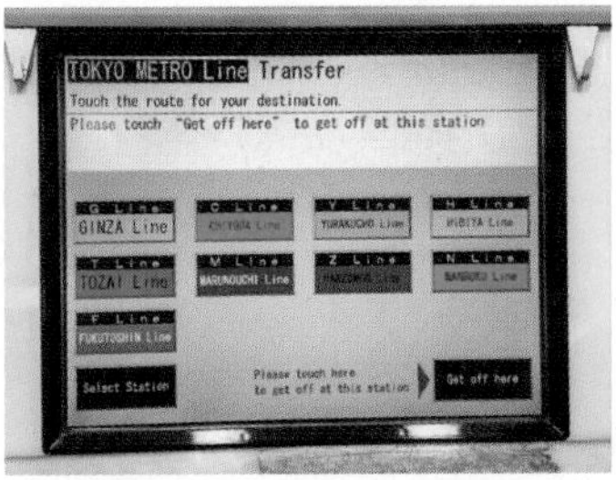
TOKYO METRO Line Transfer
Touch the route for your destination.
Please touch "Get off here" to get off at this station
GINZA Line
TOZAI Line
MARUNOUCHI Line
HIBIYA Line
Select Station
Get off here

여행자에게 유용한
교통 패스

도쿄의 교통 패스는 다양한 종류가 있지만, 여행자 입장에서 교통비를 파격적으로 절감할 만한 패스는 없다. 또한, 운영 회사에 따라 호환되지 않는 교통편이 많아 본전 뽑기에 신경 쓰다 보면 오히려 여행 일정이 꼬일 수 있다. 따라서 패스부터 미리 고민하기보다는 원하는 여행 코스를 정한 뒤 그 일정에 맞는 패스를 선택하길 권한다. 이 책에선 여행자에게 가장 심플하면서 유용한 3가지 패스를 소개한다.

내 여행에 딱 맞는 교통 패스 또는 IC카드는?

Style 1
MBTI J 유형❶
*계획적·체계적 스타일

- ✔ 도쿄 구석구석을 꼼꼼히 둘러볼 예정이다.
- ✔ JR이 닿지 않는 역을 다수 들를 예정이다.
- ✔ 조금 돌아가더라도 패스를 알차게 이용하는 게 좋다.

↓

도쿄 서브웨이 티켓

東京
Tokyo Metro & Toei Subway
Tokyo Subway
24-hour Ticket
Adult
48-hour Ticket
72-hour Ticket

Style 2
MBTI J 유형❷
*계획적·체계적 스타일

- ✔ 도쿄를 대표하는 핵심 지역 위주로 둘러볼 예정이다.
- ✔ 여행 루트에 JR 역이 다수 포함된다.
- ✔ 필요한 곳에 빠르게 도착하는 것이 중요하다.

↓

도쿠나이 패스

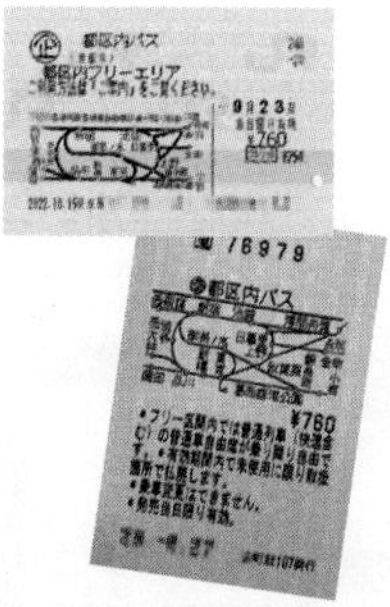

都区内パス
都区内フリーエリア
¥760

Style 3
MBTI P 유형❶
*자율적·즉흥적 스타일

- ✔ 아무런 제약이 없는 프리 패스를 선호한다.
- ✔ 언제 다시 올지 모르니 최대한 많은 곳을 돌아보고 싶다.
- ✔ 하루를 불사를 의지와 체력이 있다.

↓

도쿄 프리 깃푸

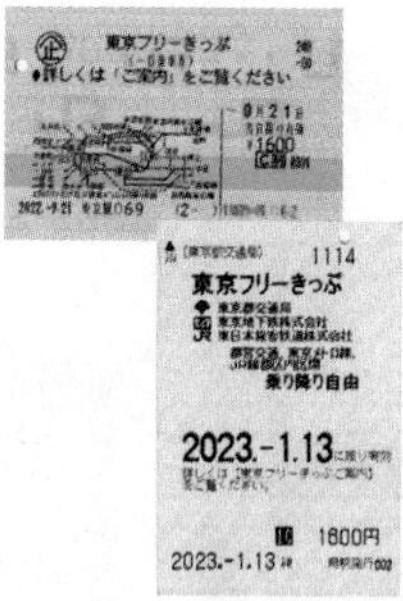

東京フリーきっぷ
¥1600
1114
乗り降り自由
2023.-1.13
1600円

Style 4
MBTI P 유형❷
*자율적·즉흥적 스타일

- ✔ 패스는 본전도 못 뽑을 것 같다.
- ✔ 패스에 얽매이지 않는 나만의 페이스대로 여행하는 것이 좋다.
- ✔ 다음에 또 일본을 방문할 계획이 있다.

↓

IC카드

Suica
PASMO

*종이 티켓·패스는 구매처에 따라 모양이 조금씩 다르다.

도쿄 서브웨이 티켓 Tokyo Subway Ticket

도쿄 메트로와 도에이 지하철을 유효시간 동안 이용할 수 있다. 국내 온라인 여행사를 통해 미리 구매할 수 있으며, 일본에서 구매 시 여권이 필요하다.

PRICE 24시간권 800엔, 48시간권 1200엔, 72시간권 1500엔/어린이는 반값
TICKETING 나리타공항 제1·2 터미널 1층 LCB 버스 티켓 카운터, 나리타공항 1층 비지터 서비스 센터, 하네다공항 국제선 관광정보센터, 도쿄 시내 관광안내소, 빅 카메라·소프맵·라옥스 주요 매장, 도쿄 메트로 일부 역 정기권 판매소(신주쿠·이케부쿠로·우에노·긴자·도쿄·메이지진구마에·니혼바시 등 15곳), 국내 여행사(판매처에 따라 미리 실물 티켓을 수령하거나 일본 지정 판매소에서 실물 티켓으로 교환)
WEB www.tokyometro.jp/tst/kr/ticket-overseas-local.html

도쿠나이 패스 都区内パス

도쿄 23구 내 JR 열차를 자유롭게 탈 수 있는 패스. 일정에 신주쿠·하라주쿠·시부야·도쿄역·우에노·아키하바라·이케부쿠로 등이 포함될 때 유용하다. 기치조지는 한 정거장 차이로 이 구역에 해당하지 않아 추가 요금을 내야 하며, 특급권이 별도로 필요한 특급·급행, 신칸센 일부는 운임 부분만 유효하다. 기본요금 기준 하루 6회 이상 탑승해야 본전을 뽑을 수 있다.

PRICE 760엔/어린이는 반값
TICKETING 공항, JR 티켓 카운터 및 뷰 플라자, JR 동일본 여행 서비스센터, 지정석 티켓 자동판매기 등

도쿄 프리 깃푸 東京フリーきっぷ

사철을 제외한 대부분의 교통수단을 이용할 수 있는 1일 승차권. JR과 도쿄 메트로·도에이 지하철, 도에이 버스(심야버스는 추가 요금 지급), 도쿄도교통국에서 운영하는 노면전차 도덴 아라카와선과 경전철 닛포리·도네리라이너 등이 모두 포함된다. 다만 기본요금 기준으로 하루 12회 이상 이용해야만 이득이다. 파스모에 충전도 가능하다.

PRICE 1600엔(이용 당일 유효)/어린이는 반값
TICKETING 도쿄 메트로·도에이 지하철역, JR 주요 역 티켓 카운터, 공항 등

종이 티켓·패스 회수구
IC카드 &
스마트폰 리더기
종이 티켓·패스 투입구

: WRITER'S PICK :

도쿄 메트로만으로도 충분하다면
도쿄 메트로 패스 東京メトロパス

도에이보다 노선이 많은 도쿄 메트로는 자사의 9개 노선을 하루 동안 자유롭게 이용할 수 있는 도쿄 메트로 패스를 판매하고 있다.

PRICE 600엔/어린이는 반값
TICKETING 도쿄 메트로역 내 티켓 자동판매기

+MORE+

패스 이용 구간을 벗어난 곳에서 하차할 경우에는?

예를 들어 신주쿠역에서 도쿠나이 패스를 이용해 JR 사이쿄선을 타고 가다 린카이선으로 자동 환승되어 오바이바의 다이바역에서 하차할 경우, 하차 시 개찰구의 역무원에게 이용 중인 패스를 제시하면 패스 이용 구간을 제외한 추가 요금을 현금이나 IC카드로 처리해준다. 도쿄 서브웨이 티켓 등 다른 패스도 마찬가지다.

SPECIAL PAGE

집중 학습!

도쿄 서브웨이 티켓 알차게 사용하기

사실상 도쿄 여행자들이 선택하는 원픽 패스. 24시간권 가격이 800엔으로 하루에 5번 이상 타야 이득인 셈이지만, 48시간권(1200엔)은 하루에 600엔, 72시간권(1500원)은 하루 500엔으로 3일 동안 골고루 사용한다면 교통비가 꽤 절약되는 패스다. 유효기간이 24시간, 48시간 등 시간 기준이라서 여행 일정에 맞춰 패스를 개시할 수 있다.

銀座線
Ginza Line
435m
丸ノ内線
Marunouchi Line
435m
有楽町線
Yurakucho Line
85m
N
銀座線
Ginza Line
丸ノ内線
Marunouchi Line
420m
有楽町線
Yurakucho Line
100m
南北線
Namboku Line
190m

Step 1 패스 사용일을 잘 따져보자.

도쿄 서브웨이 티켓을 쓸 수 있는 날과 없는 날을 먼저 구분하자. 티켓이 필요하지 않은 날은 다음과 같다.

- **요코하마, 가마쿠라, 하코네 등 외곽에 나가는 날 →** 각 지역 패스 구매(464p, 469p, 493p, 496p, 518p, 521p)
- **오다이바. 다이칸야마, 지유가오카, 시모키타자와 등 사철만 닿는 곳 →** 때에 따라 유리카모메 1일 승차권(345p)이나 사철 패스 구매
- 디즈니리조트에서 하루 종일 시간을 보낸다든지, 하루 이동이 하라주쿠-오모테산도-시부야 정도의 도보권인 경우에도 딱히 의미가 없다.

Step 2 패스는 한 번에 몰아서 사용하자.

도쿄 서브웨이 티켓이 소용없는 날을 제외하고 남은 날 위주로 패스를 사용하는 것이 좋다. 특히 JR이 닿지 않는 곳은 하루에 몰아서 다닌다.

➔ 도쿄 서브웨이 티켓 48시간권 본전 뽑기 루트 예시

- **첫째 날**: 숙소 → 아사쿠사 → 180엔 → 오시아게(스카이트리마에) → 180엔 → 기요스미시라카와 → 220엔 → 쓰키지 → (도보 이동) → 긴자 → 180엔 → 롯폰기 → 숙소: **총 760엔+숙소 왕복 교통비**
- **둘째 날**: 숙소 → 우에노 → 180엔 → 아사쿠사 → 200엔 → 히가시긴자(긴자) → 210엔 → 나카메구로 → 210엔 → 오모테산도 → 180엔 → 시부야 → 180엔 → 신주쿠산초메(신주쿠) → 숙소: **총 1180엔+숙소 왕복 교통비**

■ 지역별 이용 가능 지하철·철도 회사

*가나다순

구분	JR	도쿄 메트로	도에이 지하철	사철 및 기타
가구라자카				
간다 진보초				
기요스미시라카와				
기치조지				게이오 이노카시라선
긴자	유라쿠초역			
나카노				
나카메구로				도큐 도요코선
니시오기쿠보				
다이칸야마				도큐 도요코선
도요스 시장				유리카모메
도쿄 돔 시티				
도쿄 스카이트리				도부 스카이트리라인
도쿄 타워·하마마쓰초				
도쿄역·마루노우치·유라쿠초				
롯폰기				
시모키타자와				게이오 이노카시라선, 오다큐선
시부야				도큐·게이오 전철
신주쿠				오다큐·게이오 전철
쓰키시마				
쓰키지 장외시장				
아사쿠사				도부 스카이트리라인
아키하바라				
야네센				닛포리·도네리라이너
에비스				
오다이바				유리카모메, 린카이선
오모테산도				
와세다				도덴 아라카와선
우에노				게이세이 전철
이케부쿠로				
지유가오카				도큐 도요코선
하라주쿠				
후타코타마가와				도큐 덴엔토시선, 오이마치선

구글맵으로 미리 체험하는 실전 교통

이 책에 소개한 모든 스폿에는 구글맵 검색 키워드 **GOOGLE MAPS**가 표기돼 있다.
도쿄 열차에 대한 감을 잡았다면 세부 루트는 구글맵을 활용하자. 책에 소개된 검색어+구글 지도 앱의 조합이면 웬만한 곳은 헤매지 않고 찾아갈 수 있다. 아래의 내용은 도쿄에 최적화된 구글맵 사용법에 관한 것이다.

Step 1 목적지를 검색한 후 '경로' 버튼을 누른다.

하라주쿠에서 다이칸야마의 츠타야 서점에 가기 위해 검색창에 '다이칸야마 티사이트' 또는 '다이칸야마 츠타야'를 입력하면 다음과 같은 옵션이 나온다. 이용하는 패스의 종류, 도보 이동 시간, 총 소요 시간, 요금(IC카드 기준) 등을 고려해 나에게 맞는 경로를 선택한다.

*도쿄는 지하철역과 기차역은 물론, 여행자가 즐겨 찾는 명소를 한국어로 검색할 수 있어서 구글맵을 사용하기 매우 좋은 환경을 갖췄다. 한국어로 검색되지 않을 땐 영어를 소리 나는 대로 입력해보자.

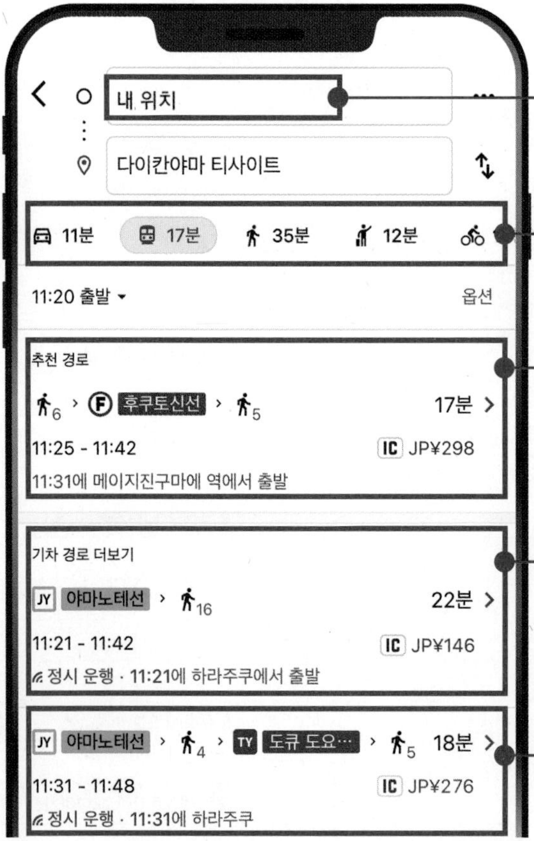
내 위치
다이칸야마 티사이트
11분
17분
35분
12분
11:20 출발
옵션
추천 경로
6
후쿠토신선
5
17분
11:25 - 11:42
IC JP¥298
11:31에 메이지진구마에 역에서 출발
기차 경로 더보기
JY 야마노테선
16
22분
11:21 - 11:42
IC JP¥146
정시 운행 · 11:21에 하라주쿠에서 출발
JY 야마노테선
4
TY 도큐 도요…
5
18분
11:31 - 11:48
IC JP¥276
정시 운행 · 11:31에 하라주쿠

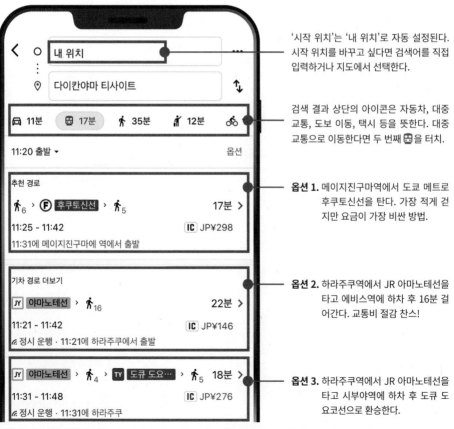

'시작 위치'는 '내 위치'로 자동 설정된다. 시작 위치를 바꾸고 싶다면 검색어를 직접 입력하거나 지도에서 선택한다.

검색 결과 상단의 아이콘은 자동차, 대중교통, 도보 이동, 택시 등을 뜻한다. 대중교통으로 이동한다면 두 번째 🚇을 터치.

옵션 1. 메이지진구마역에서 도쿄 메트로 후쿠토신선을 탄다. 가장 적게 걷지만 요금이 가장 비싼 방법.

옵션 2. 하라주쿠역에서 JR 아마노테선을 타고 에비스역에 하차 후 16분 걸어간다. 교통비 절감 찬스!

옵션 3. 하라주쿠역에서 JR 아마노테선을 타고 시부야역에 하차 후 도큐 도요코선으로 환승한다.

Step 2 원하는 이동 방법을 선택한다.

옵션 중 하나를 선택해 누르면 탑승 승강장, 출구와 가장 가까운 승차 위치, 도착 시간과 이용할 출구까지 상세하게 안내된다.

➔ 옵션 1을 선택한 경우

지하철 도쿄 메트로 후쿠토신선은 시부야역에서 사철인 도큐 도요코선과 직통 연결 운행하므로 승객은 앉은 자리에서 자동 환승된다. 두 회사를 이용했기에 요금은 약간의 할인만 있을 뿐 각기 부과된다. 해당 구간은 두 정거장이지만, 요금은 후쿠토신선 180엔+도큐 도요코선 140엔을 합친 320엔에서 20엔 할인된 300엔(IC카드 298엔)이다.

➔ 옵션 3을 선택한 경우

빨리 환승할 수 있는 승차 위치, 환승 안내 표지판, 예상 소요 시간, 승강장 번호 등이 자세하게 표시된다.

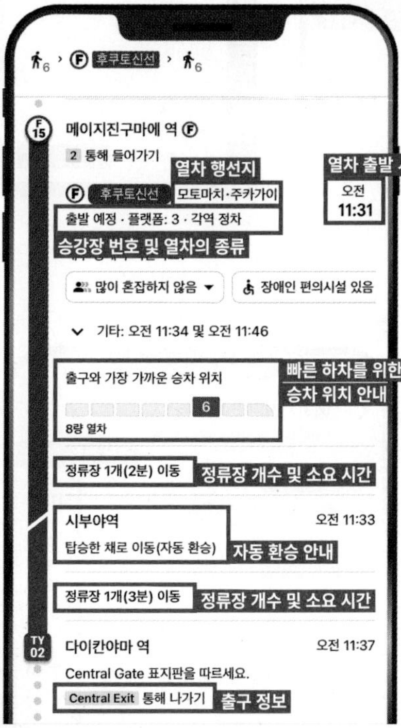

후쿠토신선
메이지진구마에 역
2 통해 들어가기
열차 행선지
열차 출발 시각
후쿠토신선
모토마치·주카가이
오전
11:31
출발 예정 · 플랫폼: 3 · 각역 정차
승강장 번호 및 열차의 종류
많이 혼잡하지 않음
장애인 편의시설 있음
기타: 오전 11:34 및 오전 11:46
출구와 가장 가까운 승차 위치
빠른 하차를 위한
승차 위치 안내
6
8량 열차
정류장 1개(2분) 이동
정류장 개수 및 소요 시간
시부야역
오전 11:33
탑승한 채로 이동(자동 환승)
자동 환승 안내
정류장 1개(3분) 이동
정류장 개수 및 소요 시간
다이칸야마 역
오전 11:37
Central Gate 표지판을 따르세요.
Central Exit 통해 나가기
출구 정보

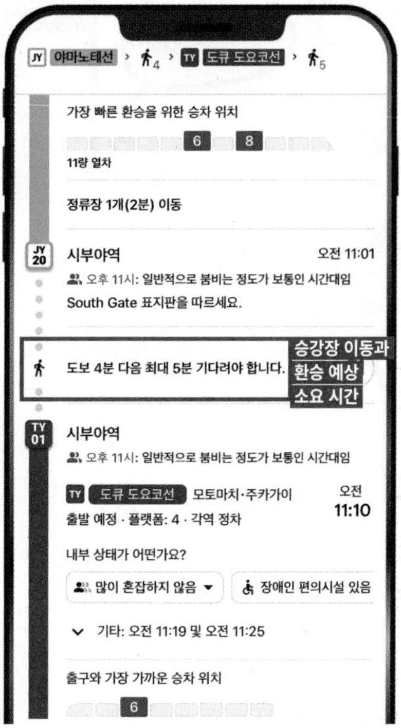

야마노테선
도큐 도요코선
가장 빠른 환승을 위한 승차 위치
6
8
11량 열차
정류장 1개(2분) 이동
시부야역
오전 11:01
오후 11시: 일반적으로 붐비는 정도가 보통인 시간대임
South Gate 표지판을 따르세요.
도보 4분 다음 최대 5분 기다려야 합니다.
승강장 이동과
환승 예상
소요 시간
시부야역
오후 11시: 일반적으로 붐비는 정도가 보통인 시간대임
도큐 도요코선
모토마치·주카가이
오전
11:10
출발 예정 · 플랫폼: 4 · 각역 정차
내부 상태가 어떤가요?
많이 혼잡하지 않음
장애인 편의시설 있음
기타: 오전 11:19 및 오전 11:25
출구와 가장 가까운 승차 위치
6

Step 3 하차 후 출구에서 목적지까지 도보 코스 안내를 참고해 찾아간다.

ラドゥーノ raduno
HALEO代官山スタジオ
다이칸야마
West Exit 통해 나가기
Le Labo

구글맵 활용 깨알 팁

Tip 1 시간 설정 변경

출발 시간, 도착 시간, 막차 시간 등을 기준으로 시간을 설정할 수 있다.

IOS 화면

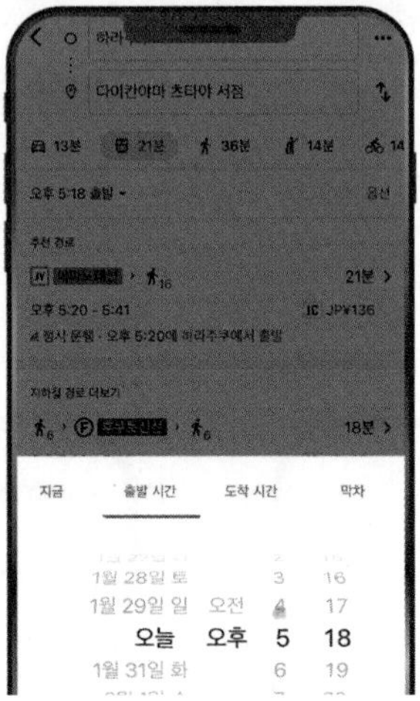

다이칸야마 츠타야 서점
13분
21분
36분
14분
오후 5:18 출발
옵션
추천 경로
21분
오후 5:20 - 5:41
지금
출발 시간
도착 시간
막차
1월 28일 토
1월 29일 일
오전
오늘
오후
5
18
1월 31일 화

안드로이드 화면

하라주쿠
다이칸야마 티사이트
출발 시간
도착 시간
막차
10
19
오전
11
20
오후
12
21
오늘
현재 시간으로 재설정
취소
설정

Tip 2 열차 배차 간격 확인

노선명을 누르면 지금 또는 설정한 시간 이후에 도착하는 열차 시각을 확인할 수 있다.

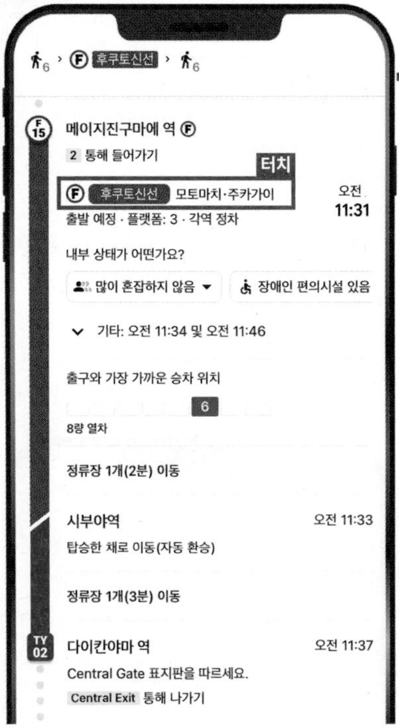

후쿠토신선
메이지진구마에 역
2 통해 들어가기
터치
후쿠토신선 모토마치·주카가이
오전 11:31
출발 예정 · 플랫폼: 3 · 각역 정차
내부 상태가 어떤가요?
많이 혼잡하지 않음
장애인 편의시설 있음
기타: 오전 11:34 및 오전 11:46
출구와 가장 가까운 승차 위치
6
8량 열차
정류장 1개(2분) 이동
시부야역
오전 11:33
탑승한 채로 이동(자동 환승)
정류장 1개(3분) 이동
다이칸야마 역
오전 11:37
Central Gate 표지판을 따르세요.
Central Exit 통해 나가기

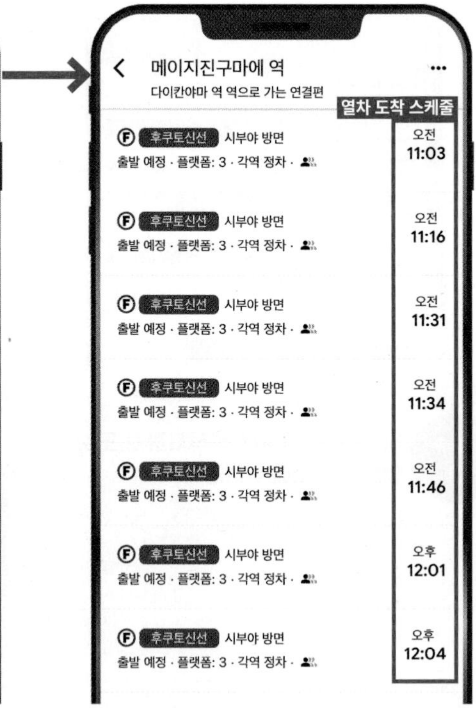

메이지진구마에 역
다이칸야마 역 역으로 가는 연결편
열차 도착 스케줄
후쿠토신선 시부야 방면
출발 예정 · 플랫폼: 3 · 각역 정차
오전 11:03
오전 11:16
오전 11:31
오전 11:34
오전 11:46
오후 12:01
오후 12:04

버스 & 택시

버스バス

210
206

도쿄 시내에서 여행자가 버스를 이용할 일은 거의 없다. 요금 체계는 열차와 마찬가지로 운영 회사마다 다르다. 도쿄 23구 내를 운행하는 대표적인 버스로는 도에이都営 버스가 있다. 앞문으로 승차하며, 승차 시 기본요금 210엔을 IC카드 혹은 현금으로 지급한다. 도쿄 23구 밖 외곽을 운행하는 버스는 기본요금 210엔에 이동 거리만큼 추가 요금이 발생한다. 요금을 현금으로 낼 경우엔 버스에 오르면서 정리권 발권기에서 정리권整理券(번호표)을 반드시 뽑아둬야 한다. 하차 직전 버스 앞 운임 모니터에서 정리권 번호와 일치하는 구간 요금을 확인한 후, 정리권과 현금을 함께 요금함에 넣고 내린다. 이때 잔돈은 거슬러 주지 않으므로 버스 내 동전·지폐 교환기를 이용해 미리 정확한 금액을 준비해두자. IC카드 이용자는 승하차 시 모두 전용 단말기에 터치한다.

Non Step Bus

도에이 버스

도에이 버스
WEB www.kotsu.metro.tokyo.jp/bus

니시도쿄西東京 **버스 주식회사**
WEB www.nisitokyobus.co.jp

택시タクシー

이용 방법은 우리나라와 비슷하지만, 요금이 어마어마하게 비싸다. 기본요금 500엔에 추가 요금이 255m당 100엔씩 빠르게 가산되므로 피치 못할 상황이 아니라면 권하지 않는 교통수단이다. 택시 전용 승강장에 줄 서 있는 택시를 타거나 도로변에서 빈 차를 불러 세울 수 있으며, 앞좌석은 되도록 비워두는 것이 관행이다. 뒷문은 자동으로 열려 손님이 직접 여닫을 필요가 없다. 밤 10시부터 다음 날 오전 5시까지는 20% 할증된 심야 요금이 적용된다.

도쿄 택시, 얼마나 비쌀까? 서울 vs 도쿄 택시비

구분	서울	도쿄
기본요금	1600m 4800원	1096m 500엔
추가요금	131m 100원	255m 100엔
5km 이동할 경우 (단순 거리만 계산)	약 7500원	약 2100엔(약 2만 원)

호출에서 결제까지 한 번에, 택시 앱

목적지를 직접 입력해 호출하고, 예상 금액 확인과 카드 결제까지 가능한 택시 호출 앱을 이용하면 택시 이용이 한결 수월해진다. 첫 이용 시 주는 쿠폰 등 다양한 할인 쿠폰이 있으니 알뜰하게 활용해보자.

디디 택시 DiDi 일본에서 가장 많이 이용하는 택시 호출 서비스 중 하나. 할인 쿠폰이 다양하다.

우버 택시 Uber Taxi(UT) 전 세계에서 사용하는 택시 호출 서비스. 외국인이 사용하기에 편리한 시스템이며, 운전사와 차량 정보가 미리 제공돼 안심하고 이용할 수 있다. 한국에서 미리 가입해두고 가길 권한다.

카카오T 한국에서 사용하던 앱 그대로 사용할 수 있다. 다만 타 서비스보다 요금이 비싼 편이다.

Uber

환전 & 현지 결제 노하우

과거 일본은 현금을 넉넉히 준비해서 여행해야 하는 나라로 유명했다. 하지만 2021년에 열린 2020 도쿄 올림픽을 준비하면서 일본에 다양한 결제 시스템이 도입됐고, 우리나라 은행들도 일본 ATM 수수료를 낮춘 카드를 속속 발급해 이제 여행자들의 엔화 주머니는 예전보다 훨씬 가벼워졌다.

환전 & 현금 준비하기

신용카드와 페이 결제가 늘고 있지만, 어느 정도의 현금은 미리 준비해두는 게 좋다. 작은 상점뿐 아니라 시내의 대형 음식점 중에도 현금 결제만 고집하는 곳이 간혹 있고, 스이카나 파스모 등 IC카드를 충전할 때도 현금이 필요하다. 또한, 만약의 상황에 대비하기 위해서도 현금은 적당히 환전해가자.

공항에서 환전하면 시중 은행보다 비싼 환율이 적용된다. 주거래 은행의 홈페이지나 앱에서 미리 환전을 신청한 후 본인이 지정한 날짜에 지정한 은행 지점에서 수령(출발 당일 공항 지점에서도 수령 가능)하면 최대 90%까지 환율 우대 혜택을 받을 수 있다. 수시로 진행하는 환율 우대 이벤트에 참여하는 것도 좋다. 환전은 지폐만 가능하며, 지폐 액면은 1000·2000·5000·1만 엔권 4종이 있다.

신용카드·체크카드 사용 시 주의사항

신용카드와 체크카드는 'VISA', 'Master' 등 해외 결제가 가능한 것으로 준비하자. 혹시 모를 오류에 대비해 서로 다른 종류의 카드를 준비하면 좋다. 해외에서 결제할 경우 '해외 원화 결제 사전 차단 서비스'를 미리 신청하는 것도 요령이다. 원화로 결제되면 환전 비용이 이중으로 발생해 카드사에 따라 2% 안팎의 수수료가 부과된다.

대부분의 가맹점에서는 별도의 본인 확인 절차 없이 신용카드 결제가 가능하지만, 만약을 위해 ❶ 카드 뒷면에 서명을 해두고(종이 영수증에 서명을 한다면 카드 뒷면의 서명과 같아야 한다), ❷ 여권과 카드의 영문 이름이 같은지 확인하고, ❸ 'International'이라고 적힌 국제카드인지 확인해두자.

: WRITER'S PICK :

컨택리스 카드Contactless Card인지 확인하세요!

컨택리스 카드는 단말기 근처에 카드를 대면 빠르고 간편하게 결제가 이뤄지는 신용카드·체크카드로, 상점뿐 아니라 지하철이나 열차의 교통 단말기에서도 사용할 수 있어 해외여행 필수템으로 자리 잡았다. 일부 도시에서는 별다른 절차 없이 국내에서 쓰던 컨택리스 카드를 들고 가서 그대로 대중교통을 이용할 수 있으며, 사용 가능한 카드 브랜드와 범위가 점차 확대되고 있다.

카드 뒷면과 결제 단말기에 이런 마크가 있다면 컨택리스 기능이 지원된다는 뜻!

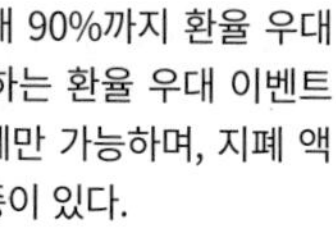

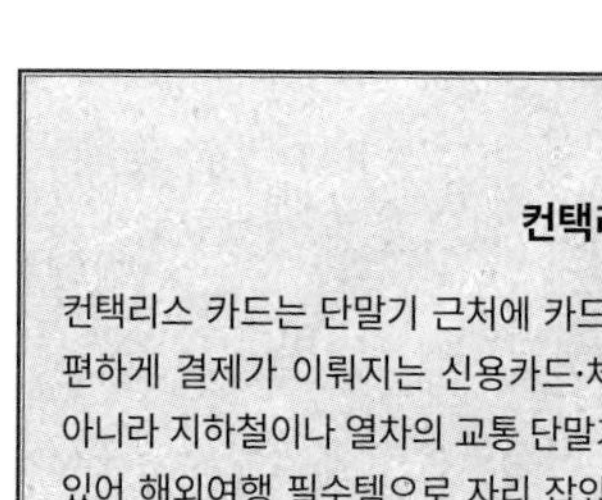
VISA
QR

컨택리스 카드와 QR코드 티켓을 곧장 교통카드로 사용할 수 있는 역 개찰구 단말기

■ 컨택리스 카드를 사용할 수 있는 교통기관

(2025년 1월 도쿄 기준, 마스터 등 일부 카드는 지원하지 않음)

- 게이오 전철(일부 역에서 시범 운영 중)
- 게이큐 전철(일부 역에서 시범 운영 중)
- 도에이 지하철(일부 역에서 시범 운영 중)
- 도큐 전철(일부 역에서 시범 운영 중)
- 세이부 철도(일부 역에서 시범 운영 중)
- 에노덴
- 오다이바 레인보우 버스
- 요코하마 고속철도
- 요코하마 시영 지하철
- 하코네 로프웨이
- 하코네 관광선(해적선)

*그 외 공항버스를 중심으로 일부 버스에서 시범 운영 중이다.

컨택리스 카드 사용 가능 교통수단 안내(관동 지역)
WEB q-move.info/region/kanto/

수수료 없는 선불 충전 체크카드

실시간 환율로 언제 어디서나 엔화를 충전, 결제할 수 있는 체크카드가 있다면 여행이 더욱 편리해진다. 환전 수수료, ATM 수수료, 결제 수수료도 무료! 은행마다 다양한 혜택을 더한 체크카드가 출시되고 있다. 트래블월렛(오픈뱅킹), 하나머니 트래블로그, KB 국민 트래블러스, 신한 SOL트래블, NH 트래블리, 우리은행 위비트래블 등이 있다.

➔ 환전 수수료 무료

엔화 충전, 환전 시 별도의 수수료 없이 실시간 환율로 엔화를 충전할 수 있다.

VISA
travlog
WORLD

➔ ATM 수수료 무료

공항, 편의점, 지하철역 등에 설치된 ATM에서 수수료 없이 엔화를 인출할 수 있다. 트래블월렛은 이온뱅크, 그 외 대부분의 카드는 세븐뱅크 수수료가 무료다.

➔ 결제 수수료 무료

해외 가맹점에서 결제 시 부과되는 수수료를 면제 또는 우대받을 수 있다. 특정 가맹점에서 추가 할인을 제공하거나 결제 금액의 일부를 캐시백으로 돌려주기도 한다.

스마트폰으로 간편하게, QR·바코드 결제

최근 일본은 QR과 바코드 결제를 중심으로 하는 캐시리스 결제가 확산되고 있다. 외국인들도 알리페이, 유니온페이, GLN(스마트코드) 등을 이용하면 한국에서 쓰던 카카오페이나 네이버페이로 결제할 수 있다. 원화-엔화 환전 시 매매기준율이 적용돼 은행 환전 수수료를 걱정하지 않아도 되고 결제 수수료도 신용카드보다 저렴하다. 편의점, 드럭스토어, 백화점, 공항, 카페, 음식점, 자동판매기 등에서 페이로 결제할 수 있으며, 할인이나 쿠폰 증정 이벤트가 있는 매장에서 사용하면 더욱 쏠쏠하다. 2025년 1월 현재 카카오페이는 알리페이, 네이버페이는 알리페이, 유니온페이, GLN(스마트코드)을 지원한다.

카카오페이는 기존 카카오 계정으로, 네이버페이는 기존 네이버 계정으로 연동해 사용한다. 첫 사용 전에 은행 계좌를 연결해 포인트·머니를 충전해야 하며, 이후에는 연결된 계좌에서 자동 충전된다. 앱은 되도록 최신 버전으로 업데이트해두자.

➔ ATM 사용법 따라하기

イオン銀行ATM
BANK
이온 뱅크 ATM
세븐 뱅크 ATM

■ **세븐 뱅크** セブン銀行 SEVEN Bank

세븐일레븐을 비롯해 주요 공항과 역, 쇼핑몰 등에 설치된 세븐은행의 ATM. 카드를 넣으면 '한국어'를 선택할 수 있는 화면이 나온다. 출금 계좌 선택 시 '건너뛰기'를 누르고, 비밀번호 4자리수 외에 남은 자리를 0으로 채워서 입력한다.

■ **이온 뱅크** イオン銀行 AEON Bank

미니스톱, 이온몰, 주요 공항과 역 등에 설치된 이온은행의 ATM. 한국어 또는 영어를 지원한다. 비밀번호 4자리수 외의 남은 자리를 0으로 채우고, 출금 계좌는 '보통 예금 계좌'(영어 화면일 경우 'International Cards') 를 선택한다.

*구글맵에서 세븐뱅크는 '세븐 일레븐' 또는 'seven bank atm', 이온 뱅크는 'aeon bank atm'이라고 검색하면 대부분 ATM의 위치가 나온다. 단, 이온뱅크는 일본어로 검색해야 나오는 곳도 있다.

스마트폰 데이터 서비스

데이터 로밍

각 통신사에서 제공하는 무제한·기간형 서비스. 로밍 요금제 가입 후 휴대폰을 껐다 일본 도착 후 켜는 것만으로 손쉽게 인터넷을 사용할 수 있다. 자신의 국내 전화번호를 그대로 해외에서 이용할 수 있어 문자 메시지를 주고받거나 전화를 받을 수 있다는 것도 장점 중 하나. 통신사마다 요금제가 다양하고, 일본은 선택할 수 있는 옵션이 많은 편이니 사용 중인 통신사의 홈페이지나 앱에서 체크해 보자. 특히 약간의 추가 요금으로 여럿이 데이터를 공유해서 쓸 수 있는 가족·지인 결합 상품이 경제적이다. 통신사 앱이나 홈페이지를 통해 가입할 수 있으며, 고객센터로 전화(무료, 현지에서도 가능)해도 된다.

이심 설치가 완료되면
현지에서 안테나와 통신사가
2개씩 잡힌다(화면은 아이폰 기준).

13:59
4G

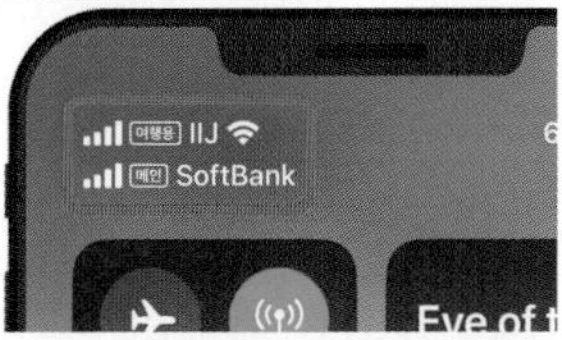
IIJ
SoftBank

이심(eSIM)

출고 때부터 이미 휴대폰에 내장돼 있던 칩에 가입자 정보를 내려받아 사용하는 디지털 심. 데이터를 구매한 후 이메일로 받은 QR코드를 촬영하고, 몇 가지 설정만 변경해주면 된다. 이심 내장 스마트폰은 듀얼심(이심+본심) 구성이 가능하기 때문에 한국 번호를 그대로 사용할 수 있고, 일상용·업무용, 국내용·해외용 등 용도를 구분해 활용할 수도 있어서 더욱 유용하다. 요금은 하루에 1GB씩 사용할 경우 2000~3000원 선. 단, 이심 기능이 탑재된 휴대폰 기종에서만 사용할 수 있다(아이폰은 XS 이상, 갤럭시는 갤럭시Z4 이상 모델만 가능). 이심은 현지에 도착해 휴대폰을 켜야 활성화된다는 것도 알아두자.

유심(USIM)

기존 휴대폰의 심카드와 교체해서 데이터를 사용하는 방법. 이심과 마찬가지로 사용 기간과 용량에 따라 가격이 다양한데, 4일간 하루에 2GB씩 사용할 경우 9000원 정도다. 국내에서 미리 구매해 집이나 공항에서 수령하는 방법이 가장 저렴하다. 유심을 교체한 상태에서는 한국 번호를 사용할 수 없으며, 앱을 통해서만 문자나 전화 수신이 가능하다.

Get online in Japan! SIM
PREPAID DATA SIM
일본의 유심 자동판매기

포켓 와이파이

휴대용 Wi-Fi 수신기를 별도 대여해 하루 종일 데이터를 사용할 수 있는 시스템. 하루 2GB를 3000원대에 이용할 수 있고, 기기 한 대로 여러 명이 함께 데이터를 쓸 수 있다는 장점이 있다. 단, 휴대폰과 함께 항상 지니고 다녀야 하며, 단말기 배터리가 방전되지 않도록 관리해야 한다. 일행이 흩어질 때를 대비해 수신기가 여러 대 필요할 수도 있다.

인천공항 포켓 와이파이 대여 부스

예산 짜기

하루 예산은 얼마가 필요할까

1일 여행 경비에는 숙박비, 교통비, 식비, 쇼핑비, 관광지 입장료 등이 포함된다. 특히 고려해야 할 부분은 우리나라보다 비싼 교통비다. 도쿄 시내에만 머무르는 게 아니라 나리타공항-도쿄 시내 간 이동이나 요코하마, 가마쿠라와 같은 교외 여행을 계획한다면 추가 교통비를 감안해 예산을 짜야 한다. 외식비는 서울 시내의 식당, 카페와 비슷하거나 조금 높게 책정하면 된다.

주요 관광지 입장료

- **도쿄디즈니랜드 또는 도쿄디즈니씨 원데이 패스포트** 7900~1만900엔
- **시부야 스카이 전망대** 2200엔★
- **롯폰기 힐스 도쿄 시티뷰**(실내 전망대) 1800~2200엔★
- **롯폰기 힐스 모리 미술관** 1800~2000엔★
- **도쿄 스카이트리 전망대** 텐보 데크+텐보 회랑 3100엔(휴일 3400엔)★, 텐보 데크 2100엔(휴일 2300엔)★, 텐보 회랑 1100엔★
- **도쿄 타워 전망대** 메인 데크 1500엔, 탑 데크 투어 3300엔★
- **지브리 미술관** 1000엔
- **해리포터 스튜디오** 6500엔

*공식 홈페이지 예약 시 성인 요금 기준
★은 온라인 예매 시 할인가격임

+MORE+

여행자보험

혹시 있을 수 있는 사고나 도난 등에 대비해 단기적으로 가입할 수 있는 보험 상품이다. 대부분의 보험사를 통해 온라인으로 가입할 수 있다. 보상 기간과 보험료, 보상 한도액을 확인해 발생 빈도가 적은 사망이나 상해 보상 한도보다는 도난이나 분실 시 보상 한도가 높은 보험에 가입하는 것이 이득이다. 1만 원대 보험 상품 정도면 무난하다.

대학생 할인 혜택이 있는 명소들

대학생은 성인이지만, 학생증만 있으면 할인 혜택을 받을 수 있는 곳이 있다. 우리나라에서 쓰던 학생증을 제시해도 할인받을 수 있다.

- **도쿄 국립박물관 상설전** 1000엔 → 500엔
- **국립 서양미술관 상설전** 500엔 → 250엔
- **롯폰기 힐스 모리 미술관** 1800~2000엔 → 1300~1500엔
- **롯폰기 힐스 도쿄 시티뷰**(실내 전망대) 1800~2200엔 → 1400~1600엔

예약은 미리미리, 신중하게

시부야 스카이나 도쿄 시티뷰(롯폰기) 등 도쿄의 많은 관광시설은 공식 홈페이지에서 예약하는 것이 현장에서 구매하는 것보다 저렴하다. 가격은 둘째치고 인기 있는 시설의 황금시간대는 몇 주 전부터 예약이 마감되기 때문에 꼭 방문하고 싶은 곳일수록 예약은 필수다. 특히 도쿄디즈니리조트와 해리포터 스튜디오는 당일 현장 구매는 불가능하므로 인터넷 예약이 필수다. 일부 관광지는 한국 여행사에서도 공식 홈페이지 가격과 큰 차이 없이 판매하고 있으니 예약하기에 편한 곳을 선택하자. 다만 예약 후 교환이나 환불이 불가한 경우도 있으니 신중하게 결정해야 한다.

도쿄 숙소 예약하기

항공권과 함께 여행의 가장 큰 예산을 차지하는 숙소. 예약 시기에 따라, 공실 상황에 따라 가격이 크게 달라지므로 일정이 정해지면 되도록 빨리 예약하는 것이 좋다. 특히 벚꽃 시즌이나 연말연시에 여행을 계획한다면 더욱 서두르자.

호텔

호텔은 도쿄 전역에 고루 분포해 있으며, 보통 특급호텔(5성급)과 비즈니스호텔(3·4성급) 안에서 고른다. 요금은 계절이나 주말·성수기 여부, 각종 이벤트에 따라 변동이 심한 편이다. 대부분 호텔에서는 세면도구와 수건, 헤어드라이어 및 와이파이, 체크인 전후 짐 보관 서비스 등을 무료로 제공한다.

일부 호텔에서는 유카타를 제공하기도 한다. 호텔 내 목욕탕에 갈 때 유용하다.

게스트하우스 & 호스텔

도쿄에서 단돈 3~4만 원에 하룻밤이라니. 주머니 가벼운 여행자에게는 매우 고마운 곳이다. 여행지의 문화를 담은 공간에서 외국인 여행자들과 금세 친구가 되는 재미는 덤. 여러 명이 한 방을 쓰는 도미토리부터 개인실, 단체실 등 룸 종류가 다양하고, 샤워실과 화장실은 보통 공유한다. 카페나 바를 함께 운영하거나 책 등을 결합해 계속 진화하는 중.

북 앤 베드 도쿄 이케부쿠로 Book And Bed Tokyo 池袋本店

412
909

분카 호스텔 도쿄 Bunka Hostel Tokyo

캡슐호텔

가로 1m, 세로 2m, 높이 1.5m 정도 되는 공간에 매트리스와 알람시계, TV 정도가 비치돼 있다. 오로지 자는 목적에 충실한 숙박 시설이니 그 외의 것은 기대하지 않는 게 좋다. 공용 욕실과 화장실의 어메니티는 무료. 사우나를 무료로 이용할 수 있는 곳도 많다. 짐을 보관할 수 있는 로커, 음료수 자판기, 컵라면 판매대 등도 비치돼 있다.

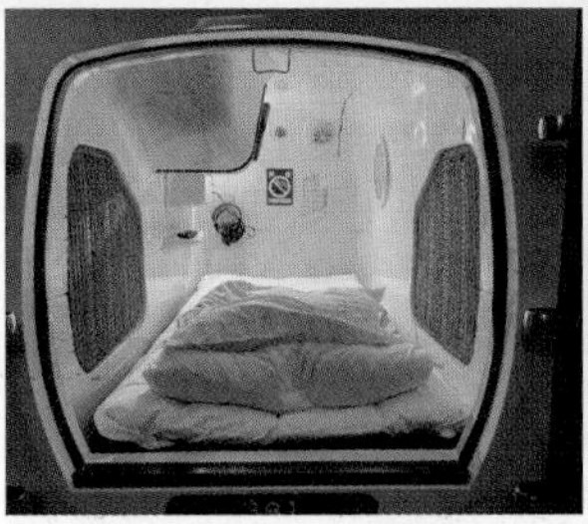

민박

현지인의 집 전체나 방을 빌리거나, 여행자 전용 원룸 또는 아파트, 펜션을 빌릴 수 있다. 침구와 욕실용품부터 세탁과 취사 시설까지 갖추고 있으므로 아이와 함께 묵거나 장기간 여행하는 이들에게 제격이다. 중심가부터 한적한 주택가까지 넓게 분포해 있어 취향에 따라 지역 선택이 가능한 것도 장점. 단, 보안에 취약하고, 숙소에 따라 체크인·아웃 전후 짐 보관이 불가능한 곳도 있다. 일반 호텔 예약 사이트 및 에어비앤비에서 예약할 수 있다.

료칸

일본 특유의 정중한 서비스와 고급 코스요리인 가이세키를 즐길 수 있는 전통 숙박 시설. 가격은 1박에 2~3만 엔대에서 10만 엔 이상까지 다양하다. 료칸은 주로 온천이 있는 여행지에서 발달해 도쿄에는 그 수가 많지 않지만, 전통과 현대가 어우러진 곳에서 여유를 만끽할 수 있다.

: WRITER'S PICK :

도쿄디즈니리조트 내의 호텔

도쿄디즈니리조트를 이틀 이상 즐기고 싶을 때 추천. 주로 도쿄디즈니랜드와 도쿄디즈니씨의 중간인 디즈니리조트라인 베이사이드 스테이션역 주변에 모여 있다. 수영장과 레스토랑 부대시설이 다채로우며, 어메니티의 수준도 높다. 특히 도쿄디즈니리조트의 직영 호텔(디즈니 앰배서더 호텔, 도쿄디즈니랜드 호텔, 도쿄디즈니씨 호텔 미라코스타, 디즈니리조트 토이스토리 호텔, 도쿄디즈니씨 판타지 스프링 호텔)의 경우, 관내 구석구석 디즈니 캐릭터들이 숨어 있어 디즈니를 찾은 즐거움이 배가 된다. 특별한 날을 기념하고 싶다면 호텔마다 펼치는 다양한 기념일 이벤트를 놓치지 말자.

WEB www.tokyodisneyresort.jp/kr/hotel/

+MORE+

유용한 숙소 예약 대행 사이트

간편한 예약 시스템과 신뢰할 만한 리뷰를 비교해보고 결정할 수 있는 것이 온라인 숙소 예약 대행 사이트의 장점. 특급호텔부터 호스텔, 게스트하우스, 민박까지 가격대별로 검색할 수 있다. 같은 숙소라도 사이트마다 할인 프로모션의 내용이 다르므로 여러 곳에서 비교 후 결제하자.

부킹닷컴 booking.com
아고다 agoda.com
익스피디아 expedia.com
트립닷컴 kr.trip.com
에어비앤비 airbnb.co.kr

알아두면 쓸모 있는 숙박 이모저모

■ **숙박세** 도쿄에서는 숙박 요금이 1만 엔 이상 1만5000엔 미만일 경우 1박당 1인 100엔, 1만5000엔 이상일 경우 200엔의 숙박세가 부과된다. 보통은 체크인할 때 현금으로 지불하지만, 업체마다 다르다.

■ **금연룸과 흡연룸** 일본의 호텔 객실에는 흡연이 가능한 흡연룸이 있다. 보통 금연룸과 층이 분리돼 있으며, 흡연자도 꺼릴 정도로 담배 냄새가 심하게 밴 곳이 많으니 룸 선택 시 참고할 것. 흡연이 가능한 장소는 호텔 안팎에 따로 마련돼 있다.

도쿄의 지역별 숙소 찾기

넓디넓은 도쿄에서 숙소를 결정할 때 예산 못지않게 중요한 것이 바로 위치다. 도쿄의 숙소는 크게 신주쿠 중심의 서쪽, 아사쿠사·우에노를 중심으로 하는 동쪽, 중심부인 도쿄역·긴자·신바시(시오도메)로 나눌 수 있고, 그 외 시내 전역에 골고루 분포해 있다. 어디에서 묵든 여행하기에 특별히 불편한 점은 없지만, 역에서 가까울수록 편의성과 안전성 모두 챙길 수 있다는 점만은 잊지 말자.

쇼핑과 먹방에 최적화, 신주쿠

도쿄 서쪽 여행의 중심지. 백화점과 유명 체인 맛집이 모여 있어 쇼핑과 먹방 모두 만족스럽다. 나리타공항에서 JR 넥스로 한 번에 이동할 수 있고, 신주쿠는 오다큐선을 이용해 에노시마·가마쿠라·하코네 등으로, 시부야는 도큐 도요코선을 이용해 요코하마로 나가기도 편하다. 신주쿠는 도쿄에서 숙소가 가장 많은 지역이지만, 복잡하고 유흥가가 많아서 가족 단위 여행자에게는 추천하지 않는다. 시부야는 신주쿠에 비해 숙소 수는 적지만, 시부야역 인근의 새로 지은 상업 시설을 중심으로 접근성이 아주 좋은 숙소들이 포진해 있다.

+ 신주쿠와 함께 도쿄 서쪽의 핵심 지역으로 꼽히는 시부야는 신주쿠보다 숙소 개수가 많지 않아서 선택의 폭이 좁다.

가장 편리한 도쿄의 중심, 도쿄역

신주쿠와 더불어 숙소가 많은 지역 중 하나다. 도쿄의 중심부답게 넥스, LCB 저가 고속버스 등이 정차해 나리타공항과의 접근성도 아주 훌륭하다. 고급호텔뿐 아니라 출장차 도쿄에 방문한 직장인을 상대로 하는 비즈니스호텔이 특히 많다.

+ 니혼바시나 유라쿠초 등 도쿄역에서 열차로 한두 정거장 거리까지 눈을 돌리면 더욱 저렴하고 폭넓게 숙소를 선택할 수 있다.

세련된 도시 여행자라면, 긴자 & 롯폰기

신주쿠보다 덜 붐비면서 아침부터 밤까지 쇼핑과 먹방을 두루 만족시켜준다. 긴자는 히가시긴자역 이용 시 나리타·하네다공항에서 한 번에 이동할 수 있고, 도쿄역보다 배차가 드물긴 하지만 저가 고속버스도 이용할 수 있다. JR은 인근의 신바시역이나 유라쿠초역을 이용한다.
롯폰기는 나리타·하네다공항에서 열차로 이동 시 최소 1회 환승해야 하지만, 도쿄 타워 뷰를 안은 합리적인 가격대의 호텔이 많아 교통은 둘째, 낭만이 우선인 여행자들이 선호한다. 주변에 JR 역은 없다.

현지 직장인의 인기 숙박지, 신바시(시오도메) & 하마마쓰초(다이몬)

나리타·하네다공항과의 접근성이 좋고, 편의성도 우수하다. 신바시(시오도메)는 긴자와 가깝고, 유리카모메를 통해 오다이바와도 한 번에 연결되는 교통의 요지. 도쿄의 대표적인 비즈니스 지구인 만큼 비즈니스호텔부터 특급호텔까지 다양하며, 직장인들이 퇴근 후 들르는 값싼 골목 식당도 많다. 하마마쓰초(다이몬)는 캐주얼한 분위기의 비즈니스호텔과 온천이 딸린 캡슐호텔 등 중저가 숙박 시설이 풍부하다. 도쿄 타워까지 도보 15분 이내 거리며, 위치에 따라 도쿄 타워 뷰도 따라온다.

Z
Z

+MORE+

숙소 위치 정하기 전 체크 사항

숙소의 위치를 고려할 때 최우선으로 염두에 둬야 할 것은 역과의 거리다. 도쿄에서는 같은 회사의 철도 외에는 무료 환승이 안 되기 때문에 여러 철도 회사를 끼고 있는 역 근처의 숙소를 추천한다. 특히 도쿄 서브웨이 티켓을 사용한다면 지하철역 근처에 묵는 것이 필수. JR 역이 함께 있다면 금상첨화다. 또한, 첫 번째 숙소와 마지막 숙소의 위치는 공항과의 접근성(요금 & 소요 시간)이 우수한 곳으로 정해야 이동이 편리하다.

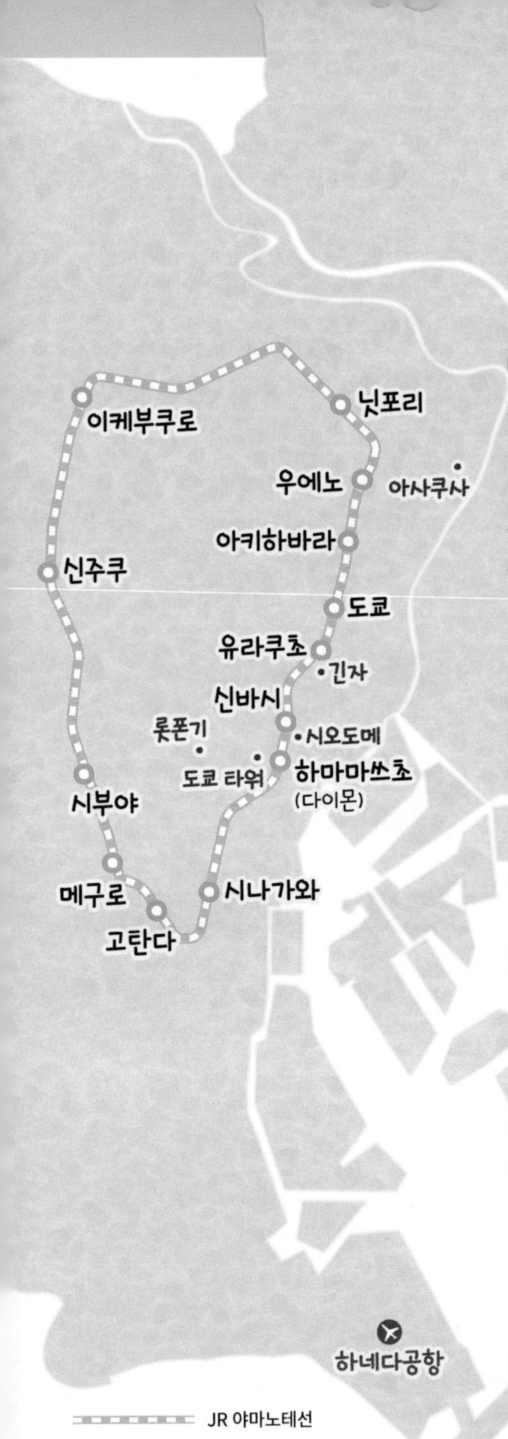
나리타공항
닛포리
이케부쿠로
우에노
아사쿠사
아키하바라
신주쿠
도쿄
유라쿠초
긴자
신바시
롯폰기
시오도메
도쿄 타워
하마마쓰초
(다이몬)
시부야
메구로
시나가와
고탄다
하네다공항
JR 야마노테선

조용히 강한 남쪽, 시나가와

나리타·하네다공항과의 접근성이 좋고, JR을 이용하면 동서로 이동이 쉬우며, 외곽으로 나가기도 편하다. 관광지는 아니지만, 조용하고 치안이 좋아 가족 단위 여행자들이 선호하는 지역. 가장 가까운 지하철역은 도에이 아사쿠사선 다카나와다이역高輪台이다.

+ 시나가와와 시부야 사이, JR 야마노테선으로 두세 정거장 떨어진 고탄다역五反田과 메구로역目黒 부근도 합리적인 가격대의 숙소가 많고 철도 노선도 다양하다.

공항 접근성과 가성비 최고, 우에노 & 닛포리

게이세이 스카이라이너가 닿아 나리타공항과의 접근성이 매우 뛰어나다. 숙소 컨디션만 놓고 보면 도쿄 서쪽보다 가성비도 좋은 편. 여행 전체 동선이 서쪽 지역에 치우치지 않는다면 괜찮은 선택이 될 수 있다. 단, 닛포리는 주변에 지하철역이 없어 지하철 이용 시 환승이 불가피하다.

관광지 한복판에서 머무르기, 아사쿠사

도쿄의 대표 관광지답게 숙소도 많고 쇼핑 스폿과 맛집도 충실하다. 게이세이 스카이 액세스선·본선과 도에이 지하철 아사쿠사선이 직통 연결 운행하므로 나리타공항도 쉽게 오갈 수 있다. 하지만 JR 선이 닿지 않고 길이 좁다는 점, 지하철 내부에 계단이 많아 짐을 들고 이동하기 버겁다는 게 단점이다.

+ 아사쿠사역에서 도에이 지하철로 한 정거장 떨어진 쿠라마에역蔵前 주변은 캐주얼한 호텔과 힙한 게스트하우스가 많다. 또한, 두 정거장 떨어진 아사쿠사바시역浅草橋도 상대적으로 조용한 분위기에 JR 역까지 이용할 수 있으니 함께 고려해보자.

취향에 따른 다채로운 선택지, 이케부쿠로 & 아키하바라

도쿄 서북 지역의 관문인 이케부쿠로, 도쿄역에서 JR로 두 정거장 거리인 아키하바라는 교통이 편리하고 합리적인 가격대의 숙소가 다양하게 분포해 있다. 마니아적인 쇼핑 명소가 많은 곳이니 개인의 취향과 동선에 따라 고려해보자.

도쿄 기본 정보

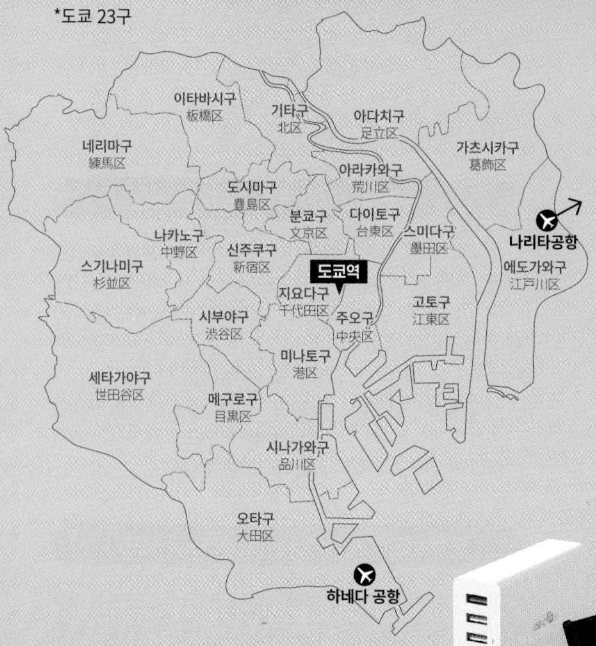

*도쿄 23구
이타바시구
板橋区
기타구
北区
아다치구
足立区
네리마구
練馬区
가츠시카구
葛飾区
아라카와구
荒川区
도시마구
豊島区
분쿄구
文京区
다이토구
台東区
스미다구
墨田区
나카노구
中野区
신주쿠구
新宿区
나리타공항
스기나미구
杉並区
도쿄역
에도가와구
江戸川区
지요다구
千代田区
고토구
江東区
시부야구
渋谷区
주오구
中央区
미나토구
港区
세타가야구
世田谷区
메구로구
目黒区
시나가와구
品川区
오타구
大田区
하네다 공항

명칭 도쿄도東京都(도都라는 행정단위는 일본에서 하나뿐으로, 우리나라의 '특별시'에 해당한다.)

화폐 엔화

환율 100엔 = 930원(2025년 1월 매매기준율)

인구 도쿄도 약 1403만 명(23개 구 한정 970만 명, 서울은 25개 구 943만 명)

면적 약 2190km²(23개 구 한정 622km², 서울은 605km²)

시차 없음(시차는 없으나 서울보다 45분~1시간 정도 해가 일찍 뜨고 진다.)

위치 일본의 4개 주요 섬 중 가장 큰 섬인 혼슈의 동쪽. 명확한 법적 정의는 없지만. 도쿄도를 포함한 지바현千葉県, 가나가와현神奈川県 등 인근 7개 지역을 관동関東(간토) 지역이라고 한다.

국제전화 국가코드 81

전기 AC 110V/50Hz. 11자 모양의 플러그를 사용하므로 멀티 어댑터나 변환 플러그(일명 돼지코)를 준비해 가야 한다. 전자기기가 많다면 멀티 충전기를 준비해 가는 것도 좋다.

일본의 공휴일

1월 1일 설날
1월 13일 성년의 날(1월 둘째 월요일)★
2월 11일 건국기념일
2월 23일 일왕생일
3월 20일 춘분★
4월 29일 쇼와의 날
5월 3일 헌법기념일
5월 4일 식목일
5월 5일 어린이날
7월 21일 바다의 날(7월 셋째 월요일)★
8월 12일 산의 날(대체 휴일)
9월 15일 경로의 날(9월 셋째 월요일)★
9월 23일 추분★
10월 13일 스포츠의 날(10월 둘째 월요일)★
11월 3일 문화의 날
11월 23일 근로감사의 날

*일요일과 겹칠 경우 월요일에 쉬는 대체 휴일 제도 시행
(2025년 대체 휴일은 2월 24일, 5월 6일, 11월 24일)
★는 2025년 기준(매년 날짜가 바뀜)

일본의 연호

일본은 왕의 즉위를 기념하는 연호를 서기와 혼용한다. 주로 공문서 등 일본인만을 대상으로 하는 문서에 표기되지만, 간혹 연도를 서기 대신 연호로 기재하는 경우도 있으니 참고하자.

메이지 明治	1868~1912
다이쇼 大正	1912~1926
쇼와 昭和	1926~1989
헤이세이 平成元年	1989~2018
레이와 원년 令和元年	2019
레이와 2년 令和2年	2020
레이와 3년 令和3年	2021
레이와 4년 令和4年	2022
레이와 5년 令和5年	2023
레이와 6년 令和6年	2024
레이와 7년 令和7年	2025

한국과 일본의 물가 비교

*100엔=약 930원(2025년 1월 매매기준율)

WATER

브랜드 생수(500~550ml)
110엔(약 1020원)
서울 1000원

牛乳
MILK

우유(500ml)
170엔(약 1580원)
서울 1650원

스타벅스 아메리카노(Tall)
475엔(약 4420원)
서울 4500원

BEER
生

캔맥주(350ml)
230엔(약 2140원)
서울 2500~3000원

맥도날드 빅맥 단품
480엔(약 4460원)
서울 5500원

전철·지하철 1구간
150엔(약 1400원)~180엔(약 1670원)
서울 1400원(카드)

TAXI

택시 기본요금
500엔(약 4650원), 추가 255m당 100엔(약 930원)
서울 4800원, 추가 131m당 100원

여행에 유용한 무료 앱

구글맵 Google Maps

지도 역할은 물론, 길 찾기 기능을 이용해 교통수단, 거리, 요금 등의 정보를 제공한다. 여행에 없어서는 안 될 필수 앱.

파파고 Papago

네이버에서 제공하는 일본어 번역 서비스. 번역이 매끄럽고, 일본어와 한국어 간 음성 지원도 제공해 일본인과 기본적인 의사소통을 할 수 있다.

트라비포켓 trabeePocket

여행 중 지출을 손쉽게 관리할 수 있는 여행 가계부다. 예산을 입력한 다음 카테고리와 날짜별로 지출 내역을 간단하게 정리할 수 있어 빠르고 투명하게 일행과 경비를 정산할 수 있다.

+MORE+

코인 로커 이용하기

숙소 체크인 전이나 체크아웃 후 시간이 남았을 때 짐을 가지고 다니기 곤란하다면 지하철이나 기차역 코인 로커コインロッカー를 이용해보자. 지하철, JR 등 거의 모든 역에 코인 로커가 있고, 대형 역에는 아예 코인 로커 전용 공간이 따로 마련돼 있기도 하다. 이용 방법을 한국어로 안내하는 곳도 많아 사용하기 어렵지 않지만, 대형 캐리어가 들어갈 만큼 크기가 큰 로커는 일찍 채워지는 편이다. 요금은 보통 300~400엔, 대형 500~600엔, 초대형 800엔 정도.

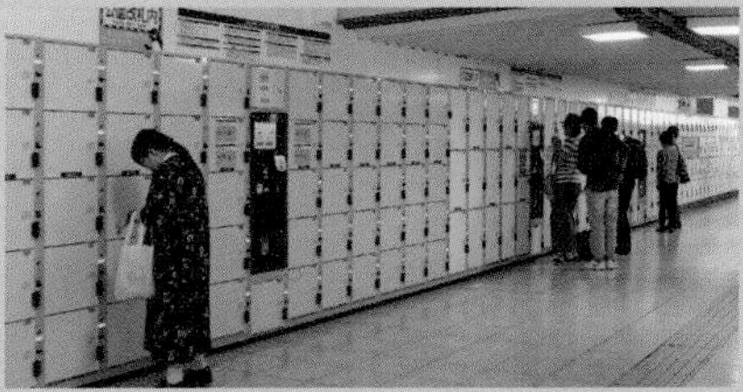

도쿄 월평균 기온과 강수량

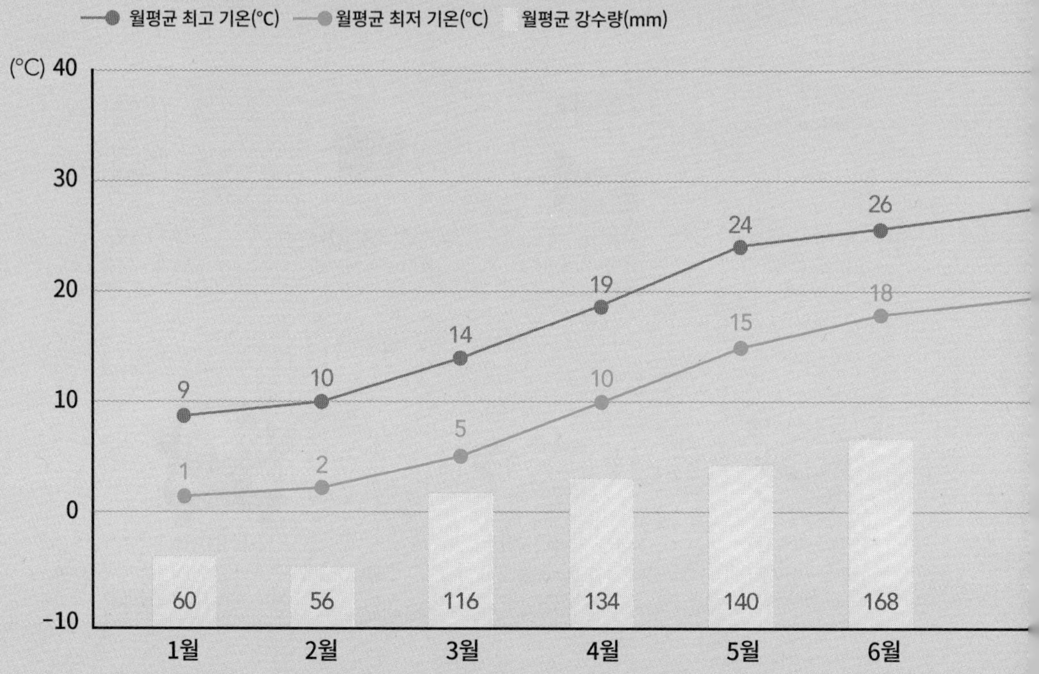
월평균 최고 기온(℃)
월평균 최저 기온(℃)
월평균 강수량(mm)
(℃) 40
30
20
10
0
-10
9
10
14
19
24
26
1
2
5
10
15
18
60
56
116
134
140
168
1월
2월
3월
4월
5월
6월

*일본 국토교통성 기상청 1991~2020년 평년값 기준

내게 맞는 여행 시기 알아보기

가장 아름다운 때를 찾아 떠나는

낭만파, 3~4월·10~11월

벚꽃이 피는 봄(3~4월)은 말이 필요 없는 베스트 시즌이다. 도쿄의 벚꽃 명소들은 일본 전역의 벚꽃 명소 인기 순위에서 상위권을 놓치지 않는다. 공원마다 단풍이 색색으로 물드는 가을(10~11월)도 봄 못지않은 인기 시즌. 꽃피고 단풍이 물드는 두 계절은 우리나라처럼 춥지도 덥지도 않은 여행의 최적기다.

축제와 쇼핑을 모두 잡는

이벤트파, 5~7월

5월 중순부터 도쿄는 매달 파티 타임! 연일 굵직굵직한 축제가 이어진다. 특히 6월 말부터 7월 한 달은 백화점을 비롯해 각종 유명 쇼핑몰과 브랜드 매장에서 대대적인 바겐세일을 실시한다. 할인율은 30~70%. 보통 6월 말보다 7월 말의 할인율이 높지만, 시간이 지날수록 상품의 종류 및 수량이 적어지므로 원하는 상품이 있다면 일찍 방문하는 것이 좋다. 최고 성수기에 속하므로 항공권이나 숙소 예약도 미리미리 준비해야 한다.

화려한 연말연시를 즐기려는

도시파, 12~1월

도쿄의 겨울은 그야말로 블링블링. 시부야, 롯폰기 등 시내의 크리스마스 장식과 루미나리에는 화려하기 그지없고, 곳곳에서 크리스마스 이벤트와 신년 바겐세일이 진행된다. 이때 백화점과 쇼핑몰에서 고객 감사 이벤트로 판매하는 후쿠부쿠로福袋(판매가의 2~3배 가격에 해당하는 상품이 랜덤으로 들어있는 복주머니)를 풀어보는 재미도 쏠쏠하다. 우리나라보다 기온이 높아 야외 활동이 자유롭지만, 난방이 취약해 숙소에서 추위를 느낄 수 있다. 1월 1~3일에는 많은 상점이 쉬고 신사 근처가 무척 붐빈다.

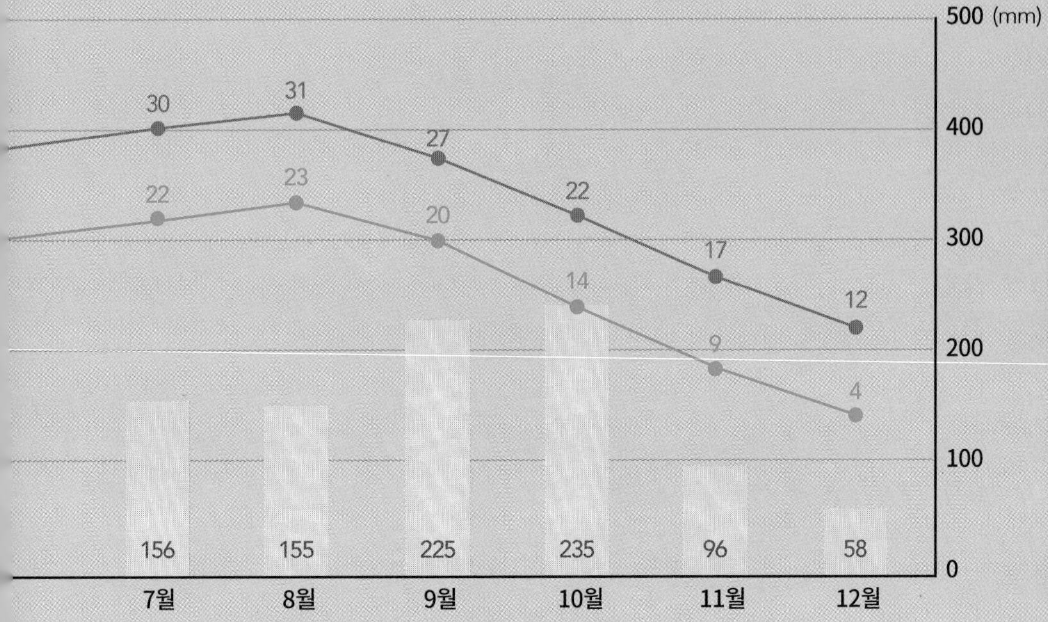
500 (mm)
400
300
200
100
0
30
31
27
22
17
12
22
23
20
14
9
4
156
155
225
235
96
58
7월
8월
9월
10월
11월
12월

이때만은 피해 볼까?

2월

신년 행사가 끝나 도시 분위기는 조용한 편이지만, 대학 입시를 치르기 위해 전국에서 몰려드는 사람들 때문에 숙소 예약이 쉽지 않을 수 있다.

골든위크

[4월 마지막 주말~5월 첫째 주 내내]

열흘 정도 이어지는 일본 최대의 황금연휴 기간이다. 이때는 숙소를 잡기 힘들뿐더러 물가도 일시적으로 오른다. 상인들도 휴가를 떠나기 때문에 소규모 상점 대부분이 문을 닫는다.

장마 시기

[6월 초·중순~7월 초·중순]

도쿄의 장마는 한국보다 1~2주 정도 이른 6월 초·중순에 시작해 짧게는 7월 초, 길게는 7월 중순까지 이어진다. 하루 종일 비가 오는 경우는 드물지만, 갑자기 쏟아지는 소나기에 대비해 우산을 항상 챙겨야 하고, 우리나라보다 훨씬 높은 습도를 견뎌야 한다.

8월

1년 중 가장 더우면서 태풍의 영향권이라 비도 자주 온다. 8월 15일을 전후한 나흘간은 오봉(추석) 연휴로, 많은 사람이 고향을 찾아 성묘한다. 이 기간 대형 체인점이나 백화점을 제외한 소규모 식당이나 약국을 비롯한 편의시설 중에는 문을 닫는 곳이 많다.

태풍 시기

[7~10월 일부 기간]

긴 기간 머무는 장마전선과 달리 단기간에 폭우가 오는 것이 특징이다. 가을 태풍까지 다녀가는 해에는 가을에도 큰 비가 오는 날이 있다.

신주쿠
秋新宿

시부야
渋谷

#빛의도시 #FashionPassion
#크로싱x크로싱

#Walk

도쿄의 열기 그 자체
신주쿠新宿

낮에는 초고층빌딩과 고급 호텔, 도쿄 도청이 하늘을 찌를 듯 솟아오른 대도시의 전형을 보여주고, 밤이면 선로 옆 오래되고 비좁은 꼬치구이 주점들에 하나둘 불이 켜진다. 기네스북에 오를 만큼 복잡한 역, 원하는 건 뭐든지 다 있는 백화점과 쇼핑센터, 현지인과 여행자를 모두 만족시키는 맛집이 빼곡한 신주쿠. 도쿄가 가진 뜨거운 에너지를 한자리에서 느껴볼 수 있는 신주쿠는 외국인 여행자에게 언제나 매력적이다.

Planning

신주쿠는 밤의 도시다. 여행자들의 단골 코스인 오모이데 요코초를 비롯한 주점가도 흥겨운 분위기고, 도쿄 도청 전망대도 밤 10시까지 올라갈 수 있다. 일반적인 쇼핑과 관광, 맛집 탐방이 목적이라면 낮에 가도 상관없다. 교통의 중심지라 어느 지역에서든 접근성이 좋다.

마루노우치선
니시신주쿠역
6 러브 조형물
도쿄 모드 학
코쿤 타워
신주쿠
스미토모 빌딩
오에도선
도초마에역

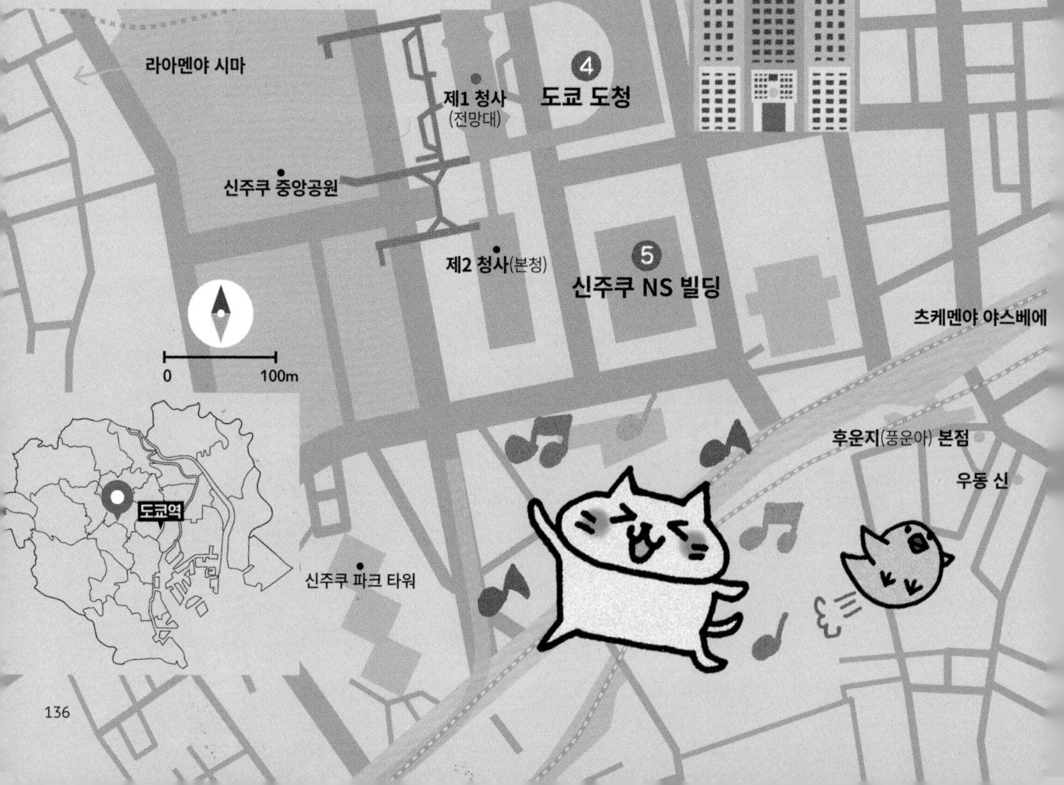

라아멘야 시마
4 도쿄 도청
제1 청사
(전망대)
신주쿠 중앙공원
제2 청사(본청)
5 신주쿠 NS 빌딩
츠케멘야 야스베에
0
100m
후운지(풍운아) 본점
우동 신
도쿄역
신주쿠 파크 타워

라멘 다츠노야
도큐 가부키초 타워
리시리
소시 멘야무사시 본점
신주쿠선 세이부신주쿠역
야키아고 시오라멘 다카하시 본점
신주쿠 토호 빌딩
8 가부키초
세이부 신주쿠 페페
歌舞伎町一番街
신주쿠 골든가이
오에도선 신주쿠니시구치역
라멘 나기 본점
10 하나조노 신사
7 오모이데 요코초
오다큐 백화점 신주쿠점 & 빅 카메라 신주쿠 서쪽 출구점
8 크로스 신주쿠 비전
9 가부키초
덴푸라 텐카네
마루노우치선 신주쿠역
이세탄 백화점(맨즈관)
東口
이세탄 백화점(본관)
루미네 에스트
빅 카메라 신주쿠 동쪽 출구점
西改札
東改札
다츠키치 본점
덴푸라 후나바시야 본점
中央東改札
마루노우치선·후쿠토신선 신주쿠산초메역
신주쿠선 신주쿠산초메역
게이오선 신주쿠역
신주쿠 츠나하치 총본점
中央西改札
JR 新宿駅
빔스 재팬
오다큐선 신주쿠역
요도바시 카메라 본점
게이오 백화점
플래그스
JR 신주쿠역
루미네2
멘야 카이진 본점
東南改札
신주쿠 미로드
南改札
루미네1
1 미로드 데크(미로드-서던테라스 연결 육교)
게이오 신선 신주쿠역
신주쿠선 신주쿠역
바스타 신주쿠 고속버스 터미널
뉴우먼
3 신주쿠 서던테라스
新南改札
오에도선 신주쿠역
2 스이카 펭귄 공원
다카시마야 타임스 스퀘어
츠케멘 고노카미 제작소
11 신주쿠 교엔
니토리
구 고료테이
오에도선 요요기역
JR 요요기역
NTT 도코모 타워

*신주쿠역까지 직행 기준(후쿠토신선·도큐 도요코선은 신주쿠산초메역 기준)

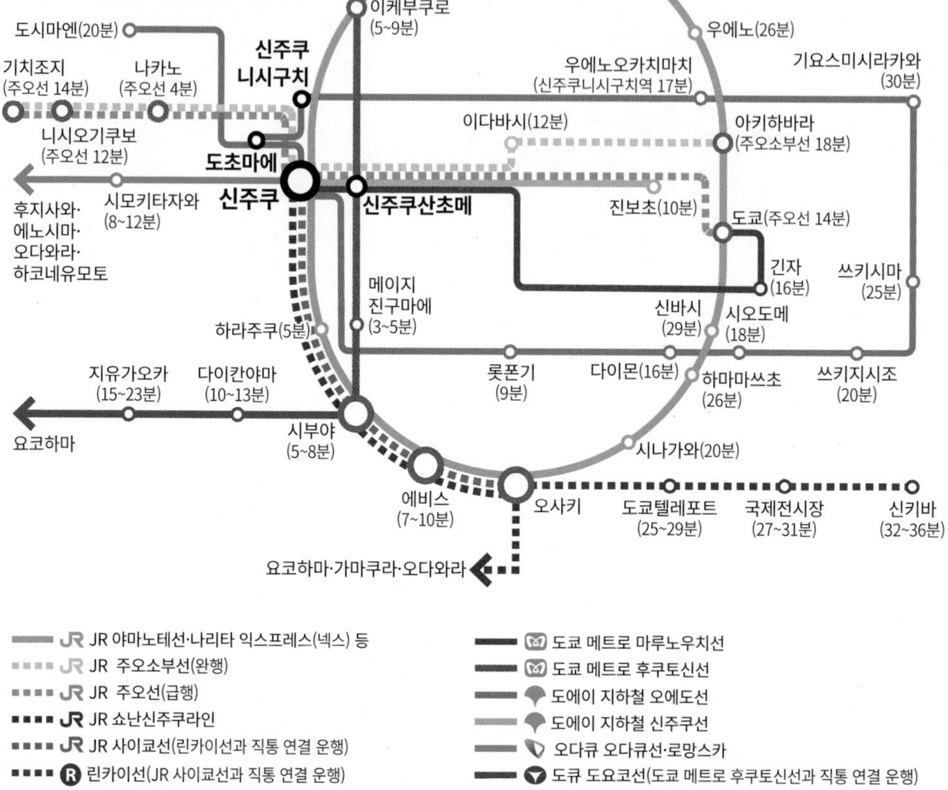

넛포리(22분)
이케부쿠로 (5~9분)
우에노(26분)
도시마엔(20분)
신주쿠 니시구치
기치조지 (주오선 14분)
나카노 (주오선 4분)
우에노오카치마치 (신주쿠니시구치역 17분)
기요스미시라카와 (30분)
니시오기쿠보 (주오선 12분)
이다바시(12분)
아키하바라 (주오소부선 18분)
도초마에
신주쿠
신주쿠산초메
후지사와·에노시마·오다와라·하코네유모토
시모키타자와 (8~12분)
진보초(10분)
도쿄(주오선 14분)
긴자 (16분)
쓰키시마 (25분)
메이지 진구마에 (3~5분)
신바시 (29분)
시오도메 (18분)
하라주쿠(5분)
지유가오카 (15~23분)
다이칸야마 (10~13분)
롯폰기 (9분)
다이몬(16분)
하마마쓰초 (26분)
쓰키지시조 (20분)
요코하마
시부야 (5~8분)
시나가와(20분)
에비스 (7~10분)
오사키
도쿄텔레포트 (25~29분)
국제전시장 (27~31분)
신키바 (32~36분)
요코하마·가마쿠라·오다와라
JR 야마노테선·나리타 익스프레스(넥스) 등
JR 주오소부선(완행)
JR 주오선(급행)
JR 쇼난신주쿠라인
JR 사이쿄선(린카이선과 직통 연결 운행)
린카이선(JR 사이쿄선과 직통 연결 운행)
도쿄 메트로 마루노우치선
도쿄 메트로 후쿠토신선
도에이 지하철 오에도선
도에이 지하철 신주쿠선
오다큐 오다큐선·로망스카
도큐 도요코선(도쿄 메트로 후쿠토신선과 직통 연결 운행)

Access

신주쿠역 新宿

JR, 지하철, 사철 등 6개 철도회사의 노선이 거미줄처럼 뒤엉킨 거대한 역. JR 신주쿠역 서쪽으로 사철 오다큐역과 게이오역이 차례로 연결돼 있고, 지하철 신주쿠역·신주쿠산초메역·신주쿠니시구치역까지 모두 광활한 지하 세계로 연결돼 있다. 다만, 지하도가 너무 미로처럼 복잡해 현지인조차 헤매기 일쑤다. 목적지와 가장 가까운 출구를 찾고 싶다면 조금 시간이 걸리더라도 지하도로 다니는 게 편리할 수 있지만, 지리와 구글맵 활용에 능숙하다면 개찰구에서 가장 가까운 출구(개찰구)로 나가 지상에서 길을 찾는 것이 더 빠르다. 2022년 9월부터 시작된 오다큐 백화점 재건축 공사로 백화점과 인접한 각 역의 출구 개폐 상황이 달라질 수 있으니 현지 안내를 최우선으로 따르자.

*신주쿠역은 JR·지하철·사철을 모두 합친 출구 개수가 70개 이상, 1일 평균 이용객이 300만 명을 넘는다. 2007년과 2018년에는 '세계에서 가장 붐비는 역'으로 기네스북에까지 등재됐다.

- **JR 야마노테선·주오선**(급행)**·주오소부선**(완행)**·나리타 익스프레스**(넥스)**·쇼난신주쿠라인·사이쿄선 등**(승강장: 1층): 출구(개찰구)는 크게 동쪽, 서쪽, 남쪽 구역으로 나뉘며, 서쪽은 도쿄 도청 등 고층빌딩, 동쪽은 가부키초 등 유흥가, 남쪽은 뉴우먼, 다카시마야 타임스 스퀘어, 서던테라스 등으로 연결된다. 출구에 관한 자세한 내용은 140p 참고.

신주쿠역 남쪽 출구(지상)

中央西改札
Central West Gate

JR신주쿠역(지하)

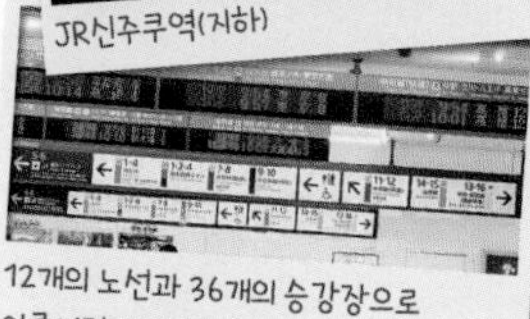
12개의 노선과 36개의 승강장으로 이루어진 JR 신주쿠역

신주쿠 서브나드

■ **지하철 도쿄 메트로 마루노우치선**(승강장: 지하 2층): JR 동쪽·서쪽 개찰구, 오다큐·게이오 지하 서쪽 개찰구와 가깝다. 신주쿠산초메역까지 지하 통로 메트로 프롬나드メトロプロムナード로 연결되며, 중간에 지하상가 신주쿠 서브나드新宿サブナード로 빠지면 가부키초까지 곧장 닿을 수 있다(신주쿠 토호 빌딩은 5번·7번 출구 이용).

➡ B12번·B13번 출구: 가부키초, 신주쿠 골든가이 등 유흥가
➡ B15번·D1번 출구: 오모이데 요코초

도에이 신주쿠선과 게이오 게이오 신선 개찰구

■ **지하철 도에이 오에도선**(승강장: 지하 7층)**·신주쿠선**(승강장: 지하 5층) **/ 사철 게이오 게이오 신선**(승강장: 지하 5층): JR 서쪽 개찰구·중앙 서쪽 개찰구가 지하상가 오다큐 에이스와 게이오 몰을 통해 연결된다. JR·오다큐 남쪽 개찰구가 제일 가깝지만, 계단 때문에 큰 짐이 있다면 이용하기 불편하다. 도에이 신주쿠선과 게이오 게이오 신선京王新線(게이오선과 다름)은 직통 연결 운행하며, 플랫폼과 개찰구도 공유한다.

➡ 게이오 신선 2번 출구: 뉴우먼 등 신남新南 구역과 가깝다.

新宿駅
Shinjuku Station
小田急
오다큐선 신주쿠역

■ **사철 오다큐 오다큐선·로망스카**(승강장: 지하 1층 & 지상 1층): 에노시마·가마쿠라행 오다큐선 등 외곽으로 이동 시 주로 이용하게 된다. 출구는 지상 1층의 서쪽 출구 지상 개찰구西口地上改札, 지하 1층의 서쪽 출구 지하 개찰구西口地下改札, 지상 2층의 남쪽 출구 개찰구南口改札로 이뤄졌다. 지하철로 환승할 때는 지상 대신 지하에서 표지판을 보고 이동하는 것이 편하다. 오다큐 백화점 재건축 공사로 인해 역 상황이 바뀔 수 있으니 안내판을 잘 보고 현지 상황에 따르자.

➡ 서쪽 출구 지하 개찰구: JR 서쪽 개찰구와 가깝다.
➡ 남쪽 출구 개찰구: JR 남쪽 개찰구 옆

KEIO
新宿駅
Shinjuku Station
게이오선 신주쿠역

■ **사철 게이오 게이오선**(승강장: 지하 1층 & 지상 1층): 도쿄 서쪽의 타카오산구치역을 연결하며, 게이오 본선이라고도 한다. 게이오 신선과 다른 역이므로 주의.

➡ 지하 1층 서쪽 출구西口: JR·오다큐 서쪽 출구 지하 개찰구와 가깝다.
➡ 게이오 백화점 출구京王百貨店口: 게이오 백화점, 지하상가 게이오 몰과 연결

신주쿠산초메역 新宿三丁目

■ **지하철 도쿄 메트로 마루노우치선**(승강장: 지하 2층)**·후쿠토신선**(승강장: 지하 3층), **도에이 신주쿠선**(승강장: 지하 2층): 신주쿠역과는 도보로 이동해도 좋을 정도로 가깝다. B3번 출구가 이세탄 백화점 본관, E1번·E2번 출구가 하나조노 신사와 가깝다.

B5
新宿三丁目駅
Shinjuku-sanchome Sta.
M 09
F 13
S 02
신주쿠산초메역

신주쿠니시구치역 新宿西口

■ **지하철 도에이 오에도선**(승강장: 지하 4층): 오모이데 요코초 바로 앞에 있는 지하철역. JR 서쪽 출구, 도쿄 메트로 마루노우치선 신주쿠역과 가깝다. 오모이데 요코초는 B15번·D1번 출구, 동쪽 가부키초, 신주쿠 골든가이 등 유흥가는 B12번·B13번 출구를 이용한다.

新宿西口駅
신주쿠니시구치역

도초마에역 都庁前

■ **지하철 도에이 오에도선**(승강장: 지하 3층): 도쿄 도청 바로 앞에 있는 역이다. 오에도선은 순환선인 것처럼 보이지만, 도초마에역에서 모여 도쿄 북서쪽의 히카리가오카역까지 간다. 따라서 신주쿠역과 신주쿠니시구치역을 오가려면 도초마에역에서 환승해야 한다.

세이부신주쿠역 西武新宿

■ **사철 세이부 신주쿠선**(승강장: 2층): 도쿄 북서부로 이동하는 세이부 신주쿠선의 기점. JR 신주쿠역 북쪽에 따로 위치한다. 생활용품 잡화점이 많은 세이부 신주쿠 페페와 직결되고, 정면 출구正面口 신주쿠역 방향은 오모이데 요코초, 가부키초 방향은 유흥가와 가깝다.

JR 신주쿠역 출구 정보

JR 신주쿠역은 북쪽에서 남쪽으로 급격하게 올라오는 경사면에 길게 들어서 있다.
승강장은 지상 1층에 있으며, 출구는 북쪽의 지하 1층과 남쪽의 지상 2층에 총 9개가 있다.
복잡하기로 악명 높은 역이지만, 2020 도쿄 올림픽을 계기로 이용자 편의에 힘을 주고 출구와 환승 루트 곳곳에
다국어 안내문을 표기해 헤맬 확률이 크게 낮아졌다. 다만 워낙 넓은 데다 지하에서는 GPS도 부정확하므로
다음의 원칙을 기억하면서 곳곳에 설치된 표지판을 수시로 확인하자.

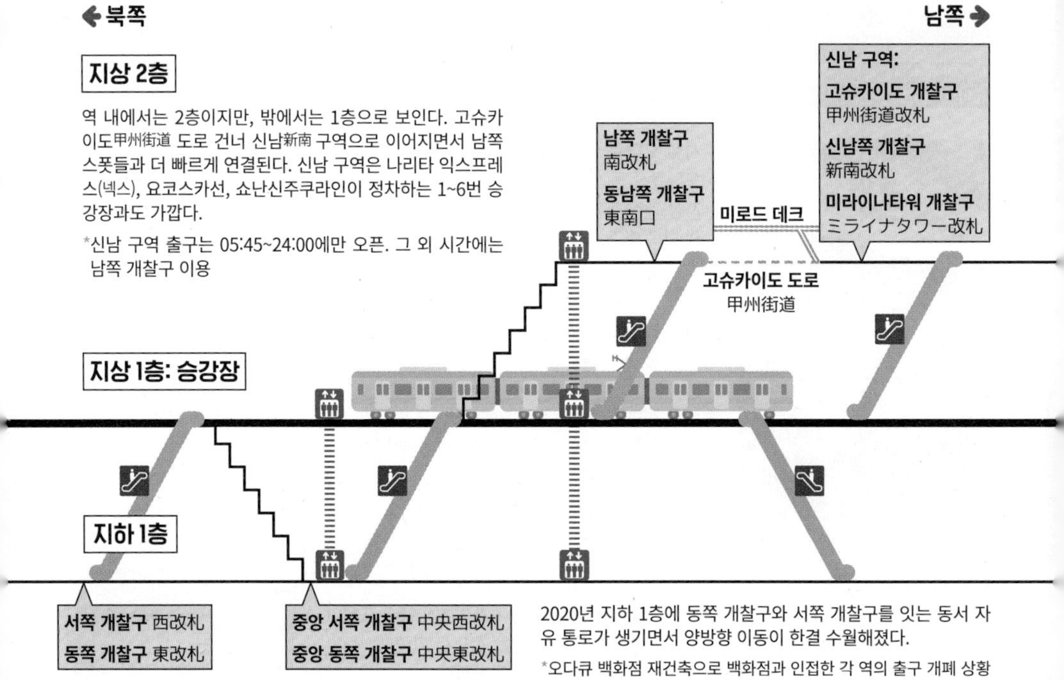

북쪽
남쪽
지상 2층
신남 구역:
고슈카이도 개찰구
甲州街道改札
신남쪽 개찰구
新南改札
미라이나타워 개찰구
ミライナタワー改札
남쪽 개찰구
南改札
동남쪽 개찰구
東南口
미로드 데크
고슈카이도 도로
甲州街道
지상 1층: 승강장
지하 1층
서쪽 개찰구 西改札
동쪽 개찰구 東改札
중앙 서쪽 개찰구 中央西改札
중앙 동쪽 개찰구 中央東改札

역 내에서는 2층이지만, 밖에서는 1층으로 보인다. 고슈카이도甲州街道 도로 건너 신남新南 구역으로 이어지면서 남쪽 스폿들과 더 빠르게 연결된다. 신남 구역은 나리타 익스프레스(넥스), 요코스카선, 쇼난신주쿠라인이 정차하는 1~6번 승강장과도 가깝다.

*신남 구역 출구는 05:45~24:00에만 오픈. 그 외 시간에는 남쪽 개찰구 이용

2020년 지하 1층에 동쪽 개찰구와 서쪽 개찰구를 잇는 동서 자유 통로가 생기면서 양방향 이동이 한결 수월해졌다.

*오다큐 백화점 재건축으로 백화점과 인접한 각 역의 출구 개폐 상황이 달라질 수 있으니 현지 안내를 최우선으로 따르자.

곳곳에 설치된 한국어 안내판을 확인한 뒤
목적지에 맞는 개찰구(출구)로 나간다.

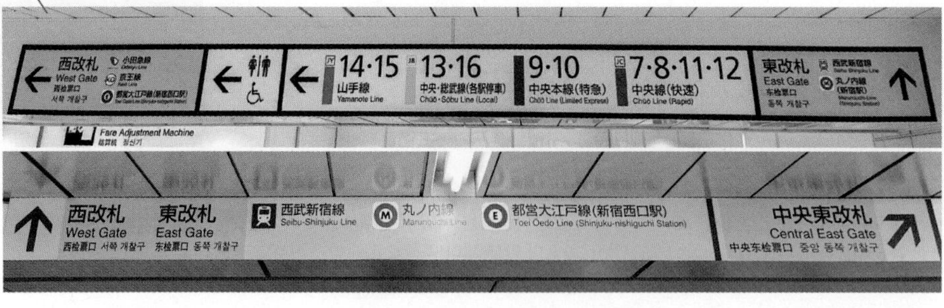

西改札
West Gate
서쪽 개찰구
14·15
山手線
Yamanote Line
13·16
中央·総武線(各駅停車)
Chūō·Sōbu Line (Local)
9·10
中央本線(特急)
Chūō Line (Limited Express)
7·8·11·12
中央線(快速)
Chūō Line (Rapid)
東改札
East Gate
동쪽 개찰구
Fare Adjustment Machine
정산기
西改札
West Gate
西检票口 서쪽 개찰구
東改札
East Gate
东检票口 동쪽 개찰구
西武新宿線
Seibu-Shinjuku Line
丸ノ内線
都営大江戸線(新宿西口駅)
Toei Oedo Line (Shinjuku-nishiguchi Station)
中央東改札
Central East Gate
中央东检票口 중앙 동쪽 개찰구

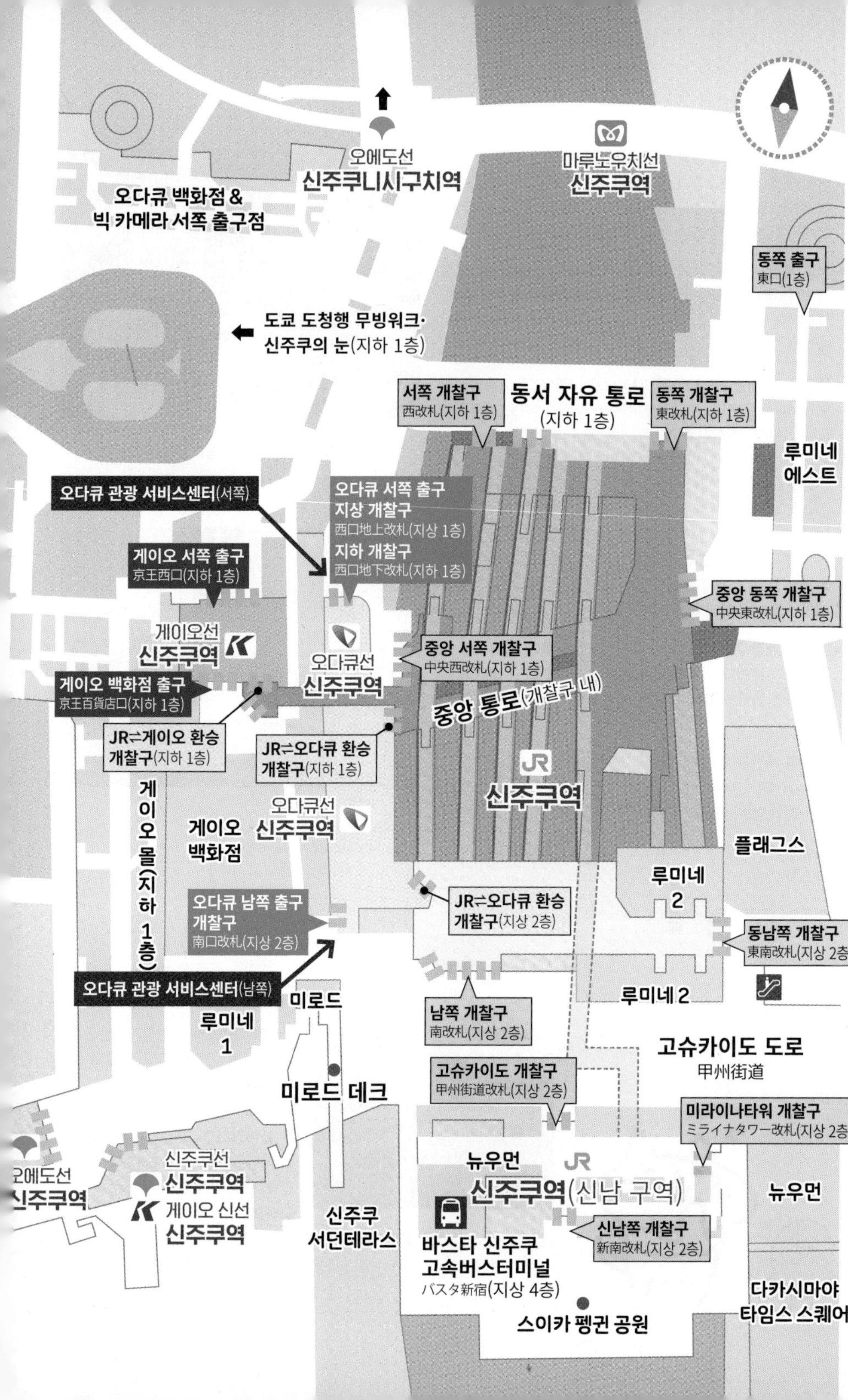
오에도선
신주쿠니시구치역
마루노우치선
신주쿠역
오다큐 백화점 &
빅 카메라 서쪽 출구점
동쪽 출구
東口(1층)
도쿄 도청행 무빙워크·
신주쿠의 눈(지하 1층)
서쪽 개찰구
西改札(지하 1층)
동서 자유 통로
(지하 1층)
동쪽 개찰구
東改札(지하 1층)
루미네
에스트
오다큐 관광 서비스센터(서쪽)
오다큐 서쪽 출구
지상 개찰구
西口地上改札(지상 1층)
지하 개찰구
西口地下改札(지하 1층)
게이오 서쪽 출구
京王西口(지하 1층)
중앙 동쪽 개찰구
中央東改札(지하 1층)
게이오선
신주쿠역
오다큐선
신주쿠역
중앙 서쪽 개찰구
中央西改札(지하 1층)
게이오 백화점 출구
京王百貨店口(지하 1층)
중앙 통로(개찰구 내)
JR⇌게이오 환승
개찰구(지하 1층)
JR⇌오다큐 환승
개찰구(지하 1층)
JR
신주쿠역
게이오몰(지하 1층)
오다큐선
신주쿠역
게이오
백화점
플래그스
루미네
2
JR⇌오다큐 환승
개찰구(지상 2층)
오다큐 남쪽 출구
개찰구
南口改札(지상 2층)
동남쪽 개찰구
東南改札(지상 2층)
오다큐 관광 서비스센터(남쪽)
미로드
루미네 2
루미네
1
남쪽 개찰구
南改札(지상 2층)
고슈카이도 도로
甲州街道
고슈카이도 개찰구
甲州街道改札(지상 2층)
미로드 데크
미라이나타워 개찰구
ミライナタワー改札(지상 2층)
오에도선
신주쿠역
신주쿠선
신주쿠역
게이오 신선
신주쿠역
뉴우먼
JR
신주쿠역(신남 구역)
뉴우먼
신주쿠
서던테라스
신남쪽 개찰구
新南改札(지상 2층)
바스타 신주쿠
고속버스터미널
バスタ新宿(지상 4층)
다카시마야
타임스 스퀘어
스이카 펭귄 공원

지하 1층

- **동쪽 개찰구**東改札, **중앙 동쪽 개찰구**中央東改札: 쇼핑센터 루미네 에스트 지하 1층과 직결된다. 두 출구는 거리가 가까워 어느 쪽으로 나와도 상관없지만, 가부키초, 세이부신주쿠역, 이세탄·마루이 백화점 등은 동쪽 개찰구가 더 가깝다.
- **서쪽 개찰구**西改札: 서쪽 고층빌딩가로 향하는 관문. 도쿄 도청 방향 무빙워크(148p)가 서쪽 개찰구 근처에서 시작된다. 오모이데 요코초, 도쿄 메트로 마루노우치선과 가장 가까운 출구다.
- **중앙 서쪽 개찰구**中央西改札: 지상으로 나가 서쪽 고층빌딩가로 갈 때 이용한다. 오다큐 신주쿠역(직결), 게이오 신주쿠역(직결), 게이오 백화점과 가장 가까운 출구다.

동쪽 출구는 루미네 에스트 1층에 있다.

지상 2층

- **남쪽 개찰구**南改札: 신주쿠 미로드, 루미네2와 직결되는 현지인들의 약속 장소. 도에이 지하철 오에도선·신주쿠선과 가장 가까운 출구다. 개찰구 밖으로 나와 길을 건너면 신주쿠 서던테라스를 거쳐 다카시마야 타임스 스퀘어까지 닿는다.
- **동남쪽 개찰구**東南改札: 개찰구 밖 바로 왼쪽에 플래그스 쇼핑센터가 보인다. 직진해서 에스컬레이터를 타고 내려가 우회전하면 뉴우먼, 좌회전하면 돈키호테와 루미네 에스트 방향이다.
- **신남쪽 개찰구**新南改札: 스이카 펭귄 공원 바로 앞에 있다. 뉴우먼·신주쿠 고속버스터미널(4층으로 이동)과 직결되며, 다카시마야 타임스 스퀘어, 서던테라스와 가깝다.
- **고슈카이도 개찰구**甲州街道改札: 뉴우먼과 직결되며, 서던테라스와 가깝다.
- **미라이나타워 개찰구**ミライナタワー改札: 뉴우먼과 직결된다.

고슈카이도 도로를 사이에 두고 남쪽 개찰구와 고슈카이도 개찰구가 마주보고 있다.

+MORE+

나리타 익스프레스(넥스) 승강장 찾아가기

나리타 익스프레스가 정차하는 5·6번 승강장은 신남 구역의 개찰구(신남·고슈카이도·미라이나타워)로 드나드는 게 가장 빠르다. 남쪽 개찰구로 들어갔다면 7·8번 승강장 사이의 계단을 통해 지하 1층까지 내려간 뒤 전용 통로로 이동해야 한다. 지하의 동쪽·서쪽 개찰구에서 갈 땐 5·6번 승강장으로 이어지는 긴 전용 통로를 이용한다. 표지판이 잘돼 있어 찾기 어렵진 않지만, 무척 멀기 때문에 시간이 오래 걸린다.

환승

- **오다큐·게이오 전철**: 지하 1층 중앙 서쪽 개찰구 쪽 환승 개찰구를 통해 한 번에 환승할 수 있다(오다큐는 지상 2층에도 환승 개찰구가 있다). 오다큐의 에노시마·가마쿠라 패스나 로망스카 승차권 등을 구매하려면 환승 개찰구가 아닌 일반 개찰구 밖 오다큐 티켓 자동발매기 또는 오다큐 신주쿠역 서쪽 출구 지하 개찰구 밖 오다큐 여행 서비스센터(08:00~18:00)를 이용한다.

- **지하철**: JR 개찰구를 나간 뒤 환승 표지판을 따라 각 열차의 개찰구로 들어간다.

➡ 빠른 환승을 위한 출구 정보

- **도쿄 메트로 마루노우치선** 동쪽 개찰구, 서쪽 개찰구와 가깝다.
- **도에이 지하철 오에도선·신주쿠선** 서쪽 개찰구나 중앙 서쪽 개찰구를 나가 게이오 신선京王新線이라고 쓰인 표지판을 따라가다 지하상가 게이오 몰Keio Mall을 통과하면 개찰구가 나온다. 약 6분 소요. 또는 남쪽 개찰구로 나오자마자 우회전해 40~50m 가다 계단을 지나면 나오는 게이오 신선京王新線 방향 에스컬레이터를 타고 지하로 내려간다. 약 3분 소요.
- **세이부신주쿠역** 서쪽 개찰구로 나가 지상에서 이동하는 방법이 빠르지만, 길 찾기에 능숙하지 않다면 지하에서 안내 표지판을 따라 이동하는 것이 더 나을 수 있다.

小田急線のりかえ口
Not Exit
××出口ではありません××

2층 JR ⇄ 오다큐선 환승 개찰구

+MORE+

이곳이 보인다면 제대로 나온 것

STUDIO ALTA

■동쪽 출구 지상 밖 – 스튜디오 알타 Studio ALTA

1980년 일본 최초로 설치된 멀티비전 덕분에 신주쿠에서 가장 유명한 약속 장소가 된 건물. JR 신주쿠역 동쪽 개찰구를 통해 루미네 에스트 밖으로 나서면 정면에 바로 보인다.

WEB www.altastyle.com

■서쪽 개찰구·중앙 서쪽 개찰구 지상 밖 – 도쿄 모드 학원 코쿤 타워

東京モード学園 コクーンタワー

패셔너블한 누에고치(코쿤) 모양으로 지은 도쿄 모드 학원의 건물. 신주쿠역 서쪽 개찰구에서 지상으로 올라와 이 건물 오른쪽 도로를 따라가면 '러브' 조형물이 나온다.

■서쪽 개찰구 지하 – 신주쿠의 눈 新宿の目

대형 아크릴 조각품에 LED 조명을 설치해 눈동자의 움직임을 생생하게 표현한 공공미술품. 1969년 미야시타 요시코의 작품으로, JR 신주쿠역 서쪽 개찰구와 연결된 지하 광장 입구에 설치돼 있다. 과거 이곳에 세워졌다가 2018년 해체된 스바루 빌딩의 소장품으로, 같은 자리를 지키며 신주쿠역에 오가는 사람들을 바라보고 있다. 도쿄 도청까지 연결되는 무빙워크 입구와도 가깝다.

SPECIAL PAGE

신주쿠역 길라잡이

신주쿠역 주변 백화점 지도

JR 신주쿠역을 둘러싼 패션 쇼핑몰과 백화점을 익혀두면 신주쿠역 길 찾기는 한결 수월해진다. 신주쿠역 남쪽 개찰구에 루미네1·2와 미로드, 신남쪽 개찰구에 뉴우먼, 동쪽 개찰구에 루미네 에스트, 서쪽 개찰구에 게이오 백화점 등이 있다.

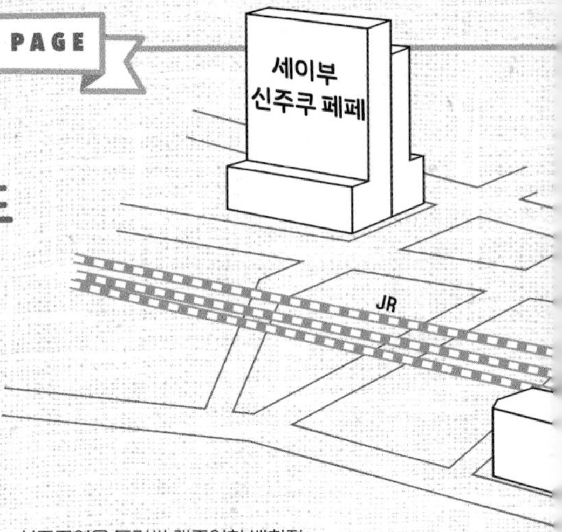
세이부
신주쿠 페페
JR

신주쿠역을 둘러싼 캐주얼한 백화점

루미네1 & 2 & 에스트

LUMINE 1 & 2 & Est

신주쿠 지역의 백화점 격전지인 남쪽 개찰구와 동쪽 개찰구에서 가장 먼저 만날 수 있는 백화점. 남쪽 개찰구와 직결한 루미네1과 루미네2, 동쪽 개찰구와 직결한 루미네 에스트를 1020 세대를 겨냥한 아이템으로 가득 채웠다. 최근에는 뉴우먼이 있는 JR 신남 구역에 중소규모 박람회·이벤트홀로 사용되는 루미네0를 열었다.

➡ 155p

KEIO 新宿駅
Keio

멋쟁이 어르신들의 선택

게이오 백화점

京王百貨店 新宿店

민영 철도회사들이 번화가 기차역 주변에 세운 이른바 철도 백화점의 신주쿠 대표. 매출의 70%를 실버층에 의존하며 '노인들의 아지트'로 불린다. ➡ 156p

バスタ新宿
NEWoMan

루미네의 새로운 얼굴

뉴우먼

NEWoMan

신주쿠 남쪽에 새롭게 등장한 루미네의 신상 쇼핑몰. 세련된 스킨케어 브랜드를 비롯해 여성을 타깃으로 한 제품이 출중하다. ➡ 155p

넓은 공간, 여유로운 쇼핑

다카시마야 타임스 스퀘어

タカシマヤタイムズスクエア

다카시마야 백화점, 핸즈, 기노쿠니야 서점, 니토리 가구 등이 한데 모인 거대한 복합 쇼핑몰. ➡ 156p

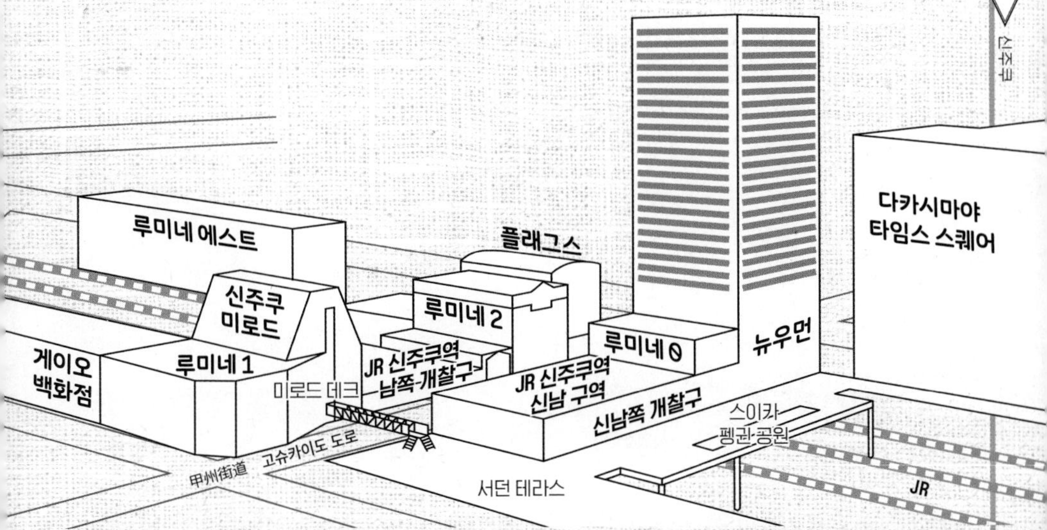
루미네 에스트
플래그스
다카시마야
타임스 스퀘어
신주쿠
미로드
루미네 2
게이오
백화점
루미네 1
루미네 0
뉴우먼
JR 신주쿠역
남쪽 개찰구
JR 신주쿠역
신남 구역
미로드 데크
신남쪽 개찰구
스이카
펭귄 공원
甲州街道
고슈카이도 도로
서던 테라스
JR

MYLORD

기념품, 한꺼번에 장만해볼까?

세이부 신주쿠 페페

西武新宿 PePe

핸즈의 세컨 브랜드 핸즈비, 100엔숍 캔두, ABC 마트, 무인양품, GU 등 외국인 여행자가 선호하는 브랜드를 대거 유치한 세이부신주쿠역 빌딩 쇼핑센터다. 지하 2층~지상 8층을 사용하는데, 2층엔 세이부신주쿠역 개찰구, 1층엔 게이세이 스카이라이너·도쿄 서브웨이 티켓 등 철도 승차권을 판매하는 관광안내소와 세븐뱅크가 있다. 10~24층은 신주쿠 프린스 호텔로 사용된다. **MAP ❷-B**

GOOGLE MAPS 신주쿠세이부 페페
OPEN 11:00~21:30(지하 2층 식품관 10:00~)
WALK JR 신주쿠역 동쪽 출구西口 3분 / 세이부신주쿠역 직결
WEB seibu-shop.jp/shinjuku/ko

신주쿠 MZ들이 픽한 쇼핑몰

신주쿠 미로드

Shinjuku Mylord

오다큐 백화점에서 젊은 여성층을 겨냥해 오픈한 쇼핑몰. 저렴한 가격대의 토종 브랜드로 채워져 있어 10~20대의 큰 지지를 받고 있다. 신주쿠 남쪽 개찰구와 루미네1 사이에 있다. **MAP ❷-D**

GOOGLE MAPS 신주쿠 미로드
ADD 1 Chome-1-3 Nishishinjuku, Shinjuku City
OPEN 11:00~21:00(레스토랑·매장마다 다름)
WALK 신주쿠역 남쪽 개찰구南改札 직결
WEB odakyu-sc.com/shinjuku-mylord

인기 브랜드만 똘똘 뭉쳤네

플래그스

Flags

규모는 작지만 갭, 유니클로, GU, 저널 스탠다드, 쉽스, 오쉬맨스 등 중저가의 인기 브랜드를 두루 만나볼 수 있다. 9·10층에는 타워레코드가 입점해 있다. JR 신주쿠역 동남쪽 개찰구로 나오면 바로 보인다.

MAP ❷-D

GOOGLE MAPS flags 신주쿠
OPEN 11:00~21:00(타워레코드 ~22:00)
WALK 신주쿠역 동남쪽 개찰구東南改札 1분
WEB www.flagsweb.jp

JR新宿駅
Victoria
バスタ新宿

1

나의 첫 신주쿠 나들이

미로드 데크(미로드-서던테라스 연결 육교)

ミロードデッキ

애니메이션 <너의 이름은>의 성지. 애니메이션 속 디테일함이 이곳에 부러 찾아온 감흥을 더욱더 끌어 올린다. 신주쿠 남쪽 개찰구와 직결된 신주쿠 미로드 2층과 신주쿠 서던테라스를 잇는다. **MAP ❷-D**

GOOGLE MAPS MMQX+HXR 신주쿠
WALK JR 신주쿠역 남쪽 개찰구南改札 바로

무려 16개 선로가 내 발아래!

스이카 펭귄 공원

Suica Penguin Park(Suicaのペンギン広場)

2

IC카드 스이카의 펭귄 마스코트를 테마로 한 공원이다. 신주쿠역을 관통하는 16개의 JR 선로를 모두 내려다볼 수 있어서 철도 덕후라면 온종일 넋 놓고 바라봐도 모자란 최고의 명당이다. 2020년에 리뉴얼하면서 더욱 넓고 쾌적해져 날씨 좋은 밤에는 한 손에 커피를 들고 밤마실 나온 이들로 북적인다. 동쪽으로 다카시마야 타임스 스퀘어, 서쪽으로 신주쿠 서던테라스로 연결된다. **MAP ❷-D**

GOOGLE MAPS 스이카 펭귄 공원
WALK JR 신주쿠역 신남쪽 개찰구新南改札口 앞

3 기찻길 옆으로 사뿐사뿐
신주쿠 서던테라스
新宿サザンテラス

고층빌딩 사이를 뚫고 지나가는 오다큐선의 노면에 인공 지반을 쌓아 만든 넓고 쾌적한 산책로. 엠파이어 스테이트 빌딩을 닮은 NTT 도코모 타워를 보고 있노라면 뉴욕에 온 듯한 기분도 느껴진다. 매년 11월 중순~2월 중순의 일루미네이션도 볼거리. 애니메이션 <날씨의 아이>에서 호다카가 질주하던 길이기도 하다. 미로드 데크를 건너면 오다큐 호텔 센츄리 서던 타워 앞 신주쿠 서던테라스 광장까지 JR 철로와 평행을 이루며 400m가량 이어진다. 거리 중간쯤 세련된 스타일로 시선을 사로잡는 2층짜리 건물은 일본의 대표 잡화점 프랑프랑의 단독 매장. 1층은 잡화, 2층은 침구나 가구 등을 취급한다. 최근에는 에그슬럿, 루크스 랍스터(206p) 등 맛집도 속속 생겨나는 중! **MAP ❷-D**

GOOGLE MAPS 신주쿠 서던테라스
WALK JR 신주쿠역 신남쪽 개찰구新南改札 또는 남쪽 개찰구南改札 1분
WEB southernterrace.jp

ミナミルミ

크리스마스 시즌의 풍경

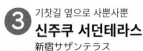

4 무료 전망대가 있는 도청
도쿄 도청
東京都庁

단게 겐조는 도쿄 도청을 지으면서 이렇게 말했다. "도청이 완공되면 죽어도 여한이 없겠다." 일본인 최초로 건축계의 노벨상이라 불리는 프리츠커 건축상을 받은 겐조의 혼이 담긴 이곳에서, 여행자들은 제1 청사 남쪽과 북쪽에 각각 있는 202m 높이의 45층 전망대와 44층 화장실을 무료로 이용할 수 있다. 날씨가 좋으면 멀리 후지산까지 보인다는데, 그런 날은 연중 손에 꼽을 정도. 신주쿠의 야경을 무료로 볼 수 있는 가장 실속 있는 장소라는 점만 기억하자. 1층에서 전용 엘리베이터를 타면 빠르게 오를 수 있다. **MAP ❷-C**

GOOGLE MAPS 도쿄도청 전망대
ADD 2-8-1 Nishishinjuku, Shinjuku City
OPEN 전망대 09:30~22:00(북쪽 전망대 ~17:30, 남쪽 전망대가 휴무인 경우 ~22:00)/폐장 30분 전까지 입장/첫째·셋째 화요일(남쪽 전망대), 둘째·넷째 월요일(북쪽 전망대), 연말연시, 도청사 점검일 등 휴무(홈페이지 참고)/내부 공사로 북쪽 전망대는 2025년 1월 말까지, 남쪽 전망대는 2025년 2~4월 임시휴업
WALK JR 신주쿠역 서쪽 개찰구西改札 12분 / 도초마에역 A4번 출구 직결
WEB www.yokoso.metro.tokyo.lg.jp/tenbou

: WRITER'S PICK :

신주쿠역에서 도쿄 도청 쉽게 찾아가는 법

❶ 무빙워크 이용하기

動く歩道
運転中

신주쿠역 지하 1층 서쪽 개찰구로 나오면 도쿄 도청 방면東京都庁方面을 가리키는 이정표를 어렵지 않게 찾을 수 있다. 이 표시를 따라 직진해 가다 둥그런 로터리를 돌면 도쿄 도청 입구까지 이어지는 무빙워크가 나온다. 입구에서 운영 시간과 진행 방향 안내 모니터를 확인 후 이용한다.

❷ 지하도로 가기

신주쿠역 지상 2층 남쪽 개찰구로 나와 우회전 후 일본어로 '高層ビル街·都庁方面(고층빌딩 거리·도청 방면)'이라고 쓰인 노란색 안내 표지판을 따라 가다 도에이 신주쿠선·오에도선 신주쿠역 방향 에스컬레이터를 타고 내려간다. 도에이 신주쿠선 개찰구를 지나면 곧바로 보이는 지하상가 게이오 몰 아넥스KEIO MALL ANNEX를 통화한 후 원데이 스트리트One day Street라고 쓰인 지하통로로 들어가면 신주쿠 NS 빌딩과 도쿄 도청 제2 청사(본청)까지 쉽게 갈 수 있다.

5

건물 안에 흔들흔들 구름다리가?!

신주쿠 NS 빌딩

新宿NSビル

30층 꼭대기까지 시원스레 중심부를 튼 건물 안, 29층 130m 높이에 홀연히 떠 있는 구름다리를 건너기 위해 많은 사람이 방문하는 곳이다. 여러 사람이 지나면 미세한 흔들림이 느껴져 꽤 스릴 넘친다. 삼면이 유리로 된 엘리베이터가 29층까지 한 번에 연결한다. 로비에는 높이 29.1m의 거대한 추시계가 있다. MAP ❷-C

GOOGLE MAPS 신주쿠 ns빌딩
ADD 2-4-1 Nishishinjuku, Shinjuku City
OPEN 11:00~23:00(29층 식당가는 가게마다 다름)
WALK 도쿄 도청 제2 청사 맞은편(동쪽) 건물
WEB shinjuku-ns.co.jp

6 그냥 지나칠 수 없는 'LOVE'
러브 조형물
Love

관광객이라면 놓칠 수 없는 도쿄 인증샷 명소 중 하나. 무심히 지나치는 현지인들의 눈칠랑 보지 말고 당당하게 인증샷을 남겨보자. 뉴욕의 'LOVE'를 디자인한 미국 팝 아티스트 로버트 인디애나의 작품. 도쿄 모드 학원 코쿤 타워를 함께 담은 뒷면의 실루엣도 그림이 된다. 애니메이션 <너의 이름은>의 팬이라면 조형물 앞 사거리의 환상형 신호등도 잊지 말고 찰칵! MAP ❷-A

GOOGLE MAPS 신주쿠 러브 조형물
WALK 니시신주쿠역 2번 출구 3분 / 도초마에역 C7번 출구 3분 / 도쿄 도청 10분

7 수고한 오늘에 짠!
오모이데 요코초
思い出横丁

신주쿠에 고층빌딩이 하나둘 세워지는 동안 한구석에서 묵묵히 1950년대 분위기를 지켜온 골목이다. 약 80개 가게에서 포장마차와 뗄 수 없는 꼬치구이를 비롯해 해산물 요리, 일식, 중식 등 다양한 메뉴를 판매하므로 구석구석 스캔하며 취향에 맞는 곳을 찾아보자. 참고로 대부분 자릿세를 받는다. 고단한 하루를 마친 신주쿠의 직장인들이 퇴근 후 들르는 곳이기도 해서 여행과 일상의 얼큰한 밤이 교차하는 주점 골목. 신주쿠역 서쪽 개찰구에서 가깝다. MAP ❷-B

GOOGLE MAPS 오모이데요코초
ADD 1 Chome-2 Nishishinjuku, Shinjuku City
OPEN 17:00~24:00(가게마다 다름)
WALK JR 신주쿠역 서쪽 개찰구西改札 3분 / 신주쿠니시구치역 D3번 출구 1분
WEB shinjuku-omoide.com

+MORE+

심야식당의 실사판
신주쿠 골든가이 新宿ゴールデン街

수십 년 전부터 영화·연극·출판업에 종사하는 문화인들이 사랑해온 골목. 단순한 주점가를 넘어선 묘한 오라가 감돈다. 가게마다 자릿세 유무가 다르고, 더러는 회원제로 운영하는 곳도 있으니 입장 전 살펴보고 들어가자. 신주쿠역 동쪽 출구東口에서 출발하면 산책로 '사계의 길四季の道'로 이어진다. 단, 호객꾼을 섣불리 따라가지 않도록 주의하자. MAP ❷-B

GOOGLE MAPS 신주쿠 골든가이
OPEN 가게마다 다름(라멘 나기 24시간)
WALK JR 신주쿠역 동쪽 출구東口 7분 / 신주쿠산초메역 E1번 출구 1분

新宿ゴールデン街
あかるい花園
五番街

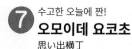

柳通り
新宿
思い出横丁
OMOIDE YOKOCHO

警視庁 Metropolitan Police Department
気をつけて

8 신주쿠에 출몰한 거대 고양이
크로스 신주쿠 비전
Cross Shinjuku Vision

동쪽 출구 앞, 크로스 신주쿠 빌딩 외벽에 설치된 대형 스크린. 창의적인 콘텐츠와 광고를 상영하며 눈길을 사로잡는데, 제일 주목받는 영상은 매시 정각부터 15분 간격으로 등장하는 3D 고양이다. 영업시간(07:00~다음 날 01:00) 전후의 스페셜 타임에는 8분 동안 고양이만 나온다. **MAP ❷-B**

GOOGLE MAPS 크로스 신주쿠 비전
WALK JR 신주쿠역 동쪽 출구東口 2분 / 신주쿠산초메역 B13번 출구 1분

9 명실상부 도쿄 최대의 환락가
가부키초
歌舞伎町

유튜버 다나카 상의 등장으로 우리에게도 꽤 친숙해진 가부키초. 도쿄, 아니 일본을 통틀어 가장 화려한 밤의 거리로, 술집, 가라오케, 호스트바, 오카마바, 파칭코, 성매매업소 등이 빽빽하게 밀집해 있다. 저녁 8시부터 손목을 잡아끄는 호객 행위가 시작되지만, 큰길은 치안이 좋고 건전한 이자카야가 모여 있으므로 좁은 골목만 조심한다면 그리 위험한 곳은 아니다. 단, 절대 호객꾼에 이끌려 낯선 장소로 이동하지 말 것. 안쪽 깊숙이 들어가면 골목이 복잡해 길을 잃기 쉽고, 혹여나 봉변이라도 당하면 경찰을 부르는 일도 만만치 않으니 주의하자. 무료 안내소無料案内所는 관광안내소가 아닌 성매매업소를 안내하는 곳이다. **MAP ❷-B**

ビアポンバー
KKPOKER
歌舞伎町一番街
作って食べて楽しめる!!
本陣
粉もの専門店
やきとりセンター

GOOGLE MAPS 가부키초
WALK JR 신주쿠역 동쪽 출구東口 3분 / 신주쿠산초메역 B9번 출구 2분
WEB kabukicho.or.jp

+MORE+

실내로 옮겨놓은 첨단 가부키초

■ 신주쿠 토호 빌딩 Shinjuku Toho Bldg
2015년 가부키초 중심에 세워져 이 일대의 분위기를 바꿔놓은 복합 상업시설. 영화 <고질라> 탄생 60주년을 맞아 8층 테라스에 세운 높이 12m의 고질라 헤드 조형물이 이 지역의 랜드마크가 됐다. 1층엔 캐주얼한 분위기의 식당과 상점, 편의점이 입점해 있고, 2층엔 파칭코, 3~6층엔 영화관, 8~30층엔 호텔 그레이서리가 있다.
MAP ❷-B

GOOGLE MAPS 도호 시네마즈 신주쿠
ADD 1-19-1 Kabukicho, Shinjuku City
OPEN 그레이서리 라운지 10:00~22:00
WALK JR 신주쿠역 동쪽 출구東口 4분
WEB shinjuku-toho-bldg.toho.co.jp

■ 도큐 가부키초 타워 Tokyu Kabukicho Tower
2023년 신주쿠에 들어선 복합 엔터테인먼트 빌딩. 신주쿠 토호 빌딩 건너편에 지상 48층, 지하 5층, 225m 높이의 새로운 랜드마크로 우뚝 섰다. 그중에도 가장 뜨거운 곳은 1~5층에 들어선 실내 요코초와 게임 등 엔터테인먼트 시설. 매일 밤 음식과 술, 공연으로 들뜬 분위기다. 단, 외국인에게 바가지를 씌운다는 잡음이 끊임없이 들리고 취객이 많은 곳이라 신주쿠의 '현란한 밤'을 관람차 잠깐 다녀올 만하다. 18~47층은 호텔, 6~10층은 영화관과 극장, 지하에는 공연장이 있다. **MAP ❷-B**

GOOGLE MAPS 도큐 가부키초 타워
ADD 1 Chome-29-1 Kabukicho, Shinjuku City
WALK 세이부신주쿠역 북쪽 출구北口 1분 / JR 신주쿠역 동쪽 출구東口 7분
WEB tokyu-kabukicho-tower.jp

10 신주쿠의 든든한 수호 신사
하나조노 신사
花園神社

430여 년 역사를 간직한 신사. 결혼, 연애, 부부화합, 임신 등에 효험이 있다고 하여 젊은 여성이 많이 찾는다. 매주 일요일에 열리는 골동품 벼룩시장도 볼거리(마츠리·우천 시 제외). 신주쿠 골든가이 끝자락에 있다. **MAP ❷-B**

GOOGLE MAPS 하나조노 신사
ADD 5-17-3 Shinjuku, Shinjuku City
OPEN 24시간
WALK 신주쿠산초메역 E2번 출구 1분

11 광활하게 펼쳐진 그린필드
신주쿠 교엔
新宿御苑

에도시대 다이묘였던 나이토 가문의 저택 부지에 조성된 국립정원이다. 공원에 우거진 녹음이 신주쿠를 한결 푸릇푸릇하고 생기 있게 만들어준다. 가장 인기 있는 때는 뭐니 뭐니 해도 벚꽃 시즌. 60종이 넘는 벚나무를 비롯한 1만여 그루의 나무가 자라고 있고, 여의도 면적의 4분의 1에 해당하는 드넓은 정원은 구석구석까지 빈틈없이 깨끗하게 정비돼 있다. 애니메이션 <언어의 정원>에서 남녀 주인공이 처음 만났던 공원이 이곳이다. **MAP ❷-D**

GOOGLE MAPS 신주쿠 교엔
ADD 11 Naitomachi, Shinjuku City
OPEN 09:00~18:00(10월~3월 중순 ~16:30, 7월~8월 중순 ~19:00)/폐원 30분 전까지 입장/월요일(공휴일은 다음 날, 3월 말~4월 말 제외)·12월 29일~1월 3일 휴무
WALK JR 신주쿠역 동남쪽 개찰구東南改札 10분 / 신주쿠교엔마에역 1번 출구 1분
WEB www.env.go.jp/garden/shinjukugyoen

일본식 정원과 중국식 건축물 구 고료테이旧御涼亭가 어우러진 나카노이케中の池와 카미노이케上の池. 포토 스폿 중의 하나로, 1927년 지어진 구고료테이는 도쿄 문화재로 지정되었다.

신주쿠엔 없는 게 뭐야?

신주쿠 쇼핑

백 년 전통의 백화점부터 새로 출격한 쇼핑센터, 인기 브랜드의 대형 매장까지 신주쿠에는 굵직굵직한 쇼핑 장소가 차고 넘친다. 여행자의 혼을 쏙 빼놓는 신주쿠의 쇼핑 명소를 알아보자.

일본 백화점 매출 1위에 빛나는

이세탄 백화점 본점

伊勢丹 新宿店

2009년부터 일본 백화점 매출 1위를 굳건히 지켜오고 있는 곳. 여성복과 생활용품을 취급하는 본관, 남성복 중심의 맨즈관, 뷰티 관련 서비스 시설이 들어선 파크시티가 총 4개의 건물에 나뉘어 있다. 특히 패션에 강한데, 남성은 백화점에서 옷 쇼핑을 하지 않는다는 편견을 깨고 2003년에 맨즈 전용관을 오픈한 것이 신의 한 수. 젊은 남성 고객을 백화점으로 대거 유입시켰다. 본관 2~4층의 여성복 섹션도 스타일, 사이즈, 트렌드, 해외 크리에이터 등으로 세분화한 것이 특징이다. 평소 신주쿠에 잘 오지 않는 일본인도 꼭 한 번은 다녀간다는 지하 식품관도 필수 코스다. MAP ❷-B

GOOGLE MAPS 이세탄 신주쿠점
ADD 3-14-1 Shinjuku, Shinjuku City
OPEN 10:30~20:00
WALK JR 신주쿠역 동쪽 출구東口 5분 / 신주쿠산초메역 B3·B4·B5번 출구 직결
WEB isetan.mistore.jp/store/shinjuku

+MORE+

지금 도쿄에서 가장 핫한 메뉴? 이세탄에 다 있다!

트렌드를 선도하는 이세탄 백화점은 지하 식품관이라고 다르지 않다. 시내의 웬만한 스위츠 브랜드는 몽땅 입점해 있고, 그중 상당수는 이세탄 미츠코시 백화점 그룹 외 다른 백화점과 쇼핑몰에는 없는 독점 브랜드라고 하니 직접 보지 않고는 그 수준을 가늠하기가 어렵다. 순위 매기기 좋아하는 일본인들에게 요즘 가장 사랑받는 인기 메뉴는 100년 역사를 자랑하는 스즈카케鈴懸의 한입 크기 도라야키 스즈노엔모치鈴乃○餅, 누아 드 뵈르Noix de Beurre의 갓 구운 피낭시에, 프랑스 버터 명가 에쉬레 파티스리 오 뵈르Échiré Patisserie Au Beurre의 사브레샌드 등이다.

스즈카케의 스즈노엔모치 119엔

noix de beurre

누아 드 뵈르의 갓 구운 피낭시에 238엔

ÉCHIRÉ
SABLÉ SANDWICH
Beurre

에쉬레 파티스리 오 뵈르의 사브레샌드 357엔

AKOMEYA TOKYO
아코메야 도쿄

VERVE
캘리포니아에서 온 버브 커피 & 블루 보틀 커피

신주쿠 남쪽의 뉴페이스

뉴우먼

NEWoMan

미라이나 타워에 위치한 루미네의 또 다른 쇼핑몰. 마가렛 호웰, 메종 키츠네, 블루 보틀 커피, 쌀과 관련된 식재료와 잡화 전문점인 아코메야 도쿄Akomeya Tokyo 등 여행자의 호기심을 자극하는 매장이 입점해 있다. JR 신주쿠역 개찰구와 신주쿠 고속버스터미널, 스이카 펭귄 공원을 품은 서쪽의 저층 건물에서는 역과 터미널을 오가면서 출출함을 달래줄 먹거리를 찾는 재미도 쏠쏠하다. **MAP ❷-D**

GOOGLE MAPS 뉴우먼 신주쿠
ADD 4-1-6 Shinjuku, Shinjuku City
OPEN 08:00~22:00(매장마다 다름)
WALK JR 신주쿠역 고슈카이도 개찰구甲州街道改札·신남쪽 개찰구新南改札·미라이나 타워 개찰구ミライナタワー改札 직결
WEB newoman.jp

일본 최초로 양갱을 개발한 토라야의 카페 토라야 앙스탠드Toraya An Stand (2층 JR 신남쪽 개찰구 근처)

신주쿠역을 둘러싼 캐주얼한 백화점

루미네1 & 2 & 에스트

LUMINE1 & 2 & Est

신주쿠역 남쪽 개찰구 루미네1에서 루미네2를 거쳐 동쪽 개찰구 루미네 에스트Est에까지 이르는, JR 신주쿠역과 가장 가까운 대형 쇼핑 타운이다. 10~20대 여성이 타깃으로, 쉽스(루미네1), 유나이티드 애로우(루미네1), 저널 스탠다드(루미네2) 등 패션 편집숍을 비롯한 중저가 패션 브랜드와 중저가 화장품 브랜드, 소녀 취향의 카페 등이 입점해 있다. 이 중 여행자가 가장 많이 찾는 곳은 루미네2로, 투데이스 스페셜, 무인양품 등 우리나라 사람들이 좋아하는 라이프스타일숍과 뉴욕의 유명 브런치 레스토랑 사라베스Sarabeth's, 파리에서 온 라뒤레Ladurée, 마리아주 프레르Mariage Frères 등 인기 매장을 만나볼 수 있다. 루미네 에스트 지하 2층에 자리 잡은 밀푀유 크레페 케이크 전문 하브스Harbs도 현지인들의 단골 디저트 맛집이다. **MAP ❷-D**

루미네2

루미네1

루미네 에스트

GOOGLE MAPS 신주쿠 lumine1 / 신주쿠 lumine2 / lumine est
ADD 루미네 1: 1-1-5 Nishishinjuku, Shinjuku City
OPEN 루미네 1·2 11:00~21:30(토·일·공휴일 10:30~), 루미네 에스트 11:00~22:00(토·일·공휴일 10:30~21:30)/매장마다 다름
WALK 루미네 1·2: JR 신주쿠역 남쪽 개찰구南改札 직결 / 루미네 에스트: JR 신주쿠역 동쪽 개찰구東改札 직결
WEB lumine.ne.jp

사라베스의 스모크 새몬 에그 베네딕트 2100엔

전망도, 분위기도 굿!

다카시마야 타임스 스퀘어

Takashimaya Times Square

다카시마야 백화점新宿高島屋(본관 지하 1층~지상 11층)을 비롯해 핸즈(본관 2~8층), 니토리 가구(남관 1~5층), 기노쿠니야 서점(남관 6층) 등 인기 쇼핑 스폿이 한데 모인 초대형 복합 쇼핑몰. 본관 12~14층의 레스토랑 파크에는 다양한 장르의 맛집이 모여 있고, 13층 테라스 가든에서는 신주쿠 뷰를 내려다볼 수 있다. 신주쿠 중심가와 다소 떨어져 있어 유동 인구가 상대적으로 적고, 매장이 워낙 넓어 비교적 한적한 느낌으로 쇼핑을 즐길 수 있다. 신주쿠역과 서던테라스로 연결돼 쉽게 드나들 수 있는 것도 장점. 백화점 면세 카운터는 본관 11층에 있다. **MAP ❷-D**

GOOGLE MAPS 신주쿠 다카시마야
ADD 5-24-2 Sendagaya, Shibuya City
OPEN 다카시마야 백화점 10:30~19:30, 레스토랑 파크 11:00~23:00/매장마다 다름
WALK JR 신주쿠역 미라이나 타워 개찰구ミライナタワー改札 1분 / 신주쿠산초메역 E8번 출구 3분
WEB takashimaya-global.com/kr/

멋쟁이 어르신들의 선택

게이오 백화점

京王百貨店 新宿店

보수적인 스타일을 고수하는 60년 전통의 백화점이다. 40대 이상이 타깃이며, 특히 시니어에 초점을 맞춘 플로어와 제품 구성이 돋보인다. 노년층의 신체 특성에 맞춘 다양한 제품과 각종 운동 보조 기구, 나이 듦에 따른 일상에서의 소소한 고충을 쉽게 해결해주는 아이디어 용품 등은 어르신용 선물로 그만이다. 지하 식품관에는 게이오선이나 오다큐선을 타고 외곽으로 나들이 가는 이들을 위한 도시락이 푸짐하게 준비돼 있다. **MAP ❸-D**

GOOGLE MAPS 게이오 백화점 신주쿠점
ADD 1-1-4 Nishishinjuku, Shinjuku City
OPEN 10:00~20:30(일 ~20:00)
WALK JR 신주쿠역 중앙 서쪽 개찰구中央西改札 1분 / 신주쿠역 3번 출구 1분 / K 신주쿠역 게이오백화점 출구京王百貨店口 직결
WEB www.keionet.com/info/shinjuku

KEIO 新宿駅

Keio

+MORE+

당분간 여기서 만나요

오다큐 백화점 신주쿠점 小田急新宿西口Halc

게이오 백화점과 함께 철도 백화점의 전성기를 이끌던 오다큐 백화점 신주쿠점 본관이 재건축으로 인해 별관의 헐크Halc 건물로 임시 이전했다. 지하 1·2층과 지상 1층, 2층 일부, 7층 등이 식료품, 화장품, 잡화, 패션 브랜드 매장으로 사용되고 있다. 2~6층에는 빅 카메라 서쪽 출구점이 있다. **MAP ❷-B**

GOOGLE MAPS 오다큐 백화점 신주쿠
ADD 1-5-1 Nishishinjuku, Shinjuku City
OPEN 10:00~20:30
WALK JR 신주쿠역 서쪽 개찰구西改札 4분
WEB www.odakyu-sc.com/odakyu-halc

ODAKYU
HALC
ODAKYU

전자제품 쇼핑의 '빅잼'

빅 카메라 동쪽 출구점

ビックカメラ(Bic Camera) 新宿東口店

요도바시 카메라와 함께 일본 전자제품 양판점의 양대 산맥으로 불리는 빅 카메라의 신주쿠 대형 매장. 이름만 들으면 카메라 전문점 같지만, 카메라뿐 아니라 컴퓨터와 주변 기기, 가전제품까지 골고루 취급하며, 7층에는 의류 브랜드 GU의 매장이 입점해 있다. 할인율도 높고, 소비세 포함 5500엔 이상 구매 시 소비세 환급 혜택을 받을 수 있다. 구매한 물건을 다음 날 공항에서 편리하게 받아볼 수 있는 공항 배송 서비스도 제공. 신주쿠역 서쪽, 오다큐 백화점 2~6층에 입점한 서쪽 출구점新宿西口店도 이용하기 편하다. **MAP ❷-B**

GOOGLE MAPS 빅카메라 신주쿠 히가시구치점
ADD 3-29-1 Shinjuku, Shinjuku City
OPEN 10:00~22:00
WALK JR 신주쿠역 동쪽 출구東口 3분
WEB www.biccamera.com

일본 최대 전자양판점

요도바시 카메라 본점

ヨドバシカメラ 新宿西口本店

빅 카메라처럼 가전제품, 컴퓨터, 카메라 등을 총망라한 요도바시 카메라의 본점이다. 빅 카메라보다 음악이나 게임 등 마니아층을 겨냥한 분야를 세분화한 것이 강점. 단독 건물인 경우가 많아 전자제품 외에 카페나 식당 등 공간 활용도 다채로운 편이다. 멀티미디어관(북관·남관·동관), 여행관, 카메라관, 모바일 액세서리관, 취미·장난감관, 게임관, 스마트폰관 등으로 나뉜 본점은 신주쿠역 서쪽 일대에 거대한 타운을 형성하고 있어 방문 전 홈페이지에서 관심 분야의 건물 위치를 체크하고 출발하는 것이 좋다. 세금 환급 가능. **MAP ❷-C**

GOOGLE MAPS 요도바시 신주쿠 니시구치 본점
ADD 1-11-1 Nishishinjuku, Shinjuku City
OPEN 09:30~22:00
WALK JR 신주쿠역 남쪽 개찰구南改札 5분 / 신주쿠역 3번·5번 출구 2분
WEB www.yodobashi.com/ec/store/0011/

빔스의 가장 일본다운 지점

빔스 재팬

Beams Japan

일본 셀렉트숍의 대표주자인 빔스가 창립 40주년을 기념해 세운 6층짜리 매장. '지금 가장 재미있을 일본'을 테마로 패션뿐 아니라 잡화, 아트, 공예 등 다양한 제품군을 선보인다. 특히 전국에서 수집한 명품과 공예품, 서브컬처 제품 등은 다른 매장에서는 찾을 수 없는 것들로, 퀄리티 높은 일본풍 디자인의 기념품을 찾는 여행자라면 눈여겨볼 곳이다.
MAP ❷-D

GOOGLE MAPS MPR3+4J 신주쿠
ADD 3-32-6 Shinjuku, Shinjuku City
OPEN 11:00~20:00(카페·레스토랑 11:30~15:00, 17:00~23:00)
WALK JR 신주쿠역 동남쪽 개찰구東南改札 3분 / 신주쿠산초메역 E9번 출구 1분
WEB www.beams.co.jp/special/beams_japan

찍어 먹을까, 부어 먹을까

츠케멘 & 우동

걸쭉한 국물에 면발을 담가 먹는 츠케멘은 2000년대 중반부터 도쿄를 중심으로 일본 전역에 유행이 퍼지기 시작했다. 간사이 등 서쪽 지역을 대표하던 우동도 최근 도쿄에서 선전 중!

곱창(모츠)의 고소함이 입맛을 돋우는 츠케멘 모츠 つけ麺もつ 스몰 사이즈 1000엔 + 반숙 달걀 조림半熟煮玉子 150엔

龍の家

후쿠오카에서 상경한 특급 츠케멘

라멘 다츠노야

ラーメン 龍の家 新宿小滝橋通り店

츠케멘 맛집이 곳곳에 포진한 신주쿠에서 명성과 맛까지 다 가진 라멘집이다. 후쿠오카의 돈코츠 라멘 프랜차이즈 다츠노야가 신주쿠 지점 한정 메뉴로 내놓은 츠케멘 모츠가 인기의 주인공. 돼지 뼈로 우린 육수에 간장과 구운 곱창으로 불맛을 더해 한 번 맛보면 절대 잊을 수 없는 깊은 풍미를 지녔다. 면을 다 먹은 후 무료 제공하는 죽까지 먹어야 완성! 오모이데 요코초에서 도보 2분 거리에 있다. **MAP ❷-B**

GOOGLE MAPS 라멘 타츠노야
ADD 7 Chome-4-5, Nishishinjuku, Shinjuku City
OPEN 11:00~22:00
WALK 신주쿠니시구치역 D5번 출구 3분
WEB www.tatsunoya.net

걸쭉한 국물 맛에 엄지척

후운지(풍운아) 본점

風雲児 新宿本店

2007년부터 신주쿠의 한적한 뒷골목을 꿋꿋하게 지켜온 츠케멘 맛집. 닭 뼈, 눈퉁멸 등으로 낸 육수 맛이 돼지 뼈로 우린 돈코츠 라멘에 버금갈 정도로 묵직해 라멘의 신세계를 열어준다. 자판기에서 식권을 뽑고 자리에 앉아 보통(나미모리)으로 할지, 곱빼기(오오모리)로 할지 면의 양을 선택해 점원에게 말해 주자. 도쿄역 야에스 북쪽 출구 근처의 도쿄 라멘 요코초Tokyo Ramen Yokocho에 2호점이 있다. **MAP ❷-C**

GOOGLE MAPS 후운지
ADD 2-14-3 Yoyogi, Shibuya City
OPEN 11:00~15:00, 17:00~21:00(국물이 떨어지면 종료)
WALK 신주쿠역 6번 출구 1분 / JR 신주쿠역 고슈카이도 개찰구甲州街道改札 7분, 남쪽 개찰구南改札 8분
WEB fu-unji.com

특제 츠케멘 (디럭스 디핑 누들) 1200엔

무사시 라멘
보통並盛 1410엔
무사시 츠케멘
1450엔

스페셜 새우 토마토 츠케멘
特製海老トマトつけ麺 1500엔(스몰)
스페셜 새우 츠케멘
特製海老つけ麺
1500엔(보통)

츠케멘계의 교과서

소시 멘야무사시 본점

創始 麺屋武蔵

쫄깃한 면발과 달고 진한 국물로 '무사시계系'라는 계통을 형성하며 일본 츠케멘 역사에 한 획을 그은 멘야무사시의 총본점격인 가게다. 이제는 너무나 보편화된 레시피인지라 그다지 새로울 것 없어 보이지만, 닭 뼈와 돼지 뼈, 가다랑어포, 멸치로 우려낸 육수의 밸런스가 30년째 한결같이 인기를 누려온 이유를 증명한다. 식권을 뽑고 자리에 앉아 보통과 곱빼기 중 선택한다. **MAP ❷-B**

GOOGLE MAPS 멘야무사시 본점
ADD 7 Chome-2-6 Nishishinjuku, Shinjuku City
OPEN 11:00~22:00
WALK 신주쿠니시구치역 D5번 출구 2분
WEB menya634.co.jp

세상 처음 맛보는 새우 츠케멘이 입에 '착붙'

츠케멘 고노카미 제작소(세이사쿠쇼)

つけ麺 五ノ神製作所

'새우를 마신다'는 가게의 홍보문구처럼 다량의 새우를 사용해 짭짤할 정도로 걸쭉하고 진하게 끓여낸 비법 육수의 감칠맛과 탄력 있고 두툼한 면발이 츠케멘 마니아의 입맛을 제대로 저격한다. 여기에 큼직하고 아삭한 멘마와 달콤한 양배추, 부드러운 차슈가 주연을 든든히 뒷받침해 준다. 새우와 바질 소스의 조화가 절묘한 새우 토마토 츠케멘도 매력적. 보통과 스몰 사이즈의 가격이 같은데, 스몰도 양이 제법 많다(스몰 선택 시 멘마나 차슈 중 원하는 것 추가 제공). **MAP ❷-D**

GOOGLE MAPS 츠케멘 고노카미제작소
ADD 5-33-16, Sendagaya, Shibuya City
OPEN 11:00~21:30(L.O.21:00)
WALK 다카시마야 타임스 스퀘어 2분
WEB gonokamiseisakusho.com

방금 뽑은 면발을 바로 끓여내는

우동 신

うどん 慎

젊은 주인장이 면발의 탱탱함과 늘어짐 사이에서 절묘한 균형점을 찾았다. '우동의 개념을 바꾸었다'는 어느 미디어의 극찬까진 아니더라도, '신주쿠에서 우동은 여기'라고 자신 있게 말할 수 있는 곳. 포슬포슬한 면발이 꼭 카스텔라를 베어 문 것 같다. 좌석이 10석뿐인 데다 지점이 없어서 꽤 긴 웨이팅을 감내해야 한다. **MAP ❷-C**

GOOGLE MAPS 우동 신
ADD 2-20-16 Yoyogi, Shibuya City
OPEN 11:00~23:00(L.O.22:00)(금·토 ~24:00(L.O.23:00))
WALK 신주쿠역 6번 출구 2분 / JR 신주쿠역 고슈카이도 개찰구甲州街道改札 7분, 남쪽 개찰구南改札 8분
WEB udonshin.com

자루 우동+새우튀김2+야채튀김4
海老と季節の野菜天ざる 天ぷら6種
(海老2+野菜4) 2390엔
(야채 종류는 시즌에 따라 바뀜)
가마타마 우동+명란+파래김
釜たま+めんたいこ+いそのり
1520엔, 닭튀김 390엔

숙소 들어가기 전 후루룩
라멘

신주쿠는 일본의 대표 라멘 격전지 중 한 곳이다. 전국의 유명 체인 맛집은 거의 다 있고, 더러는 신주쿠에서 시작한 곳도 있을 정도. 다음에 소개하는 곳들은 신주쿠가 본점이거나 신주쿠에만 있는 라멘집이다.

야키아고 시오라멘
焼きあご塩ラーメン
1100엔 +
달걀玉子 150엔

국물의 시원함, 면발의 꼬들꼬들함!
야키아고 시오라멘 다카하시 본점
焼きあご塩らー麺 たかはし 本店

돼지 뼈 육수와 숯불에서 구운 갈색빛 날치 육수를 섞어 얼큰하고 시원한 맛을 내는 시오라멘 집. 구불구불한 면발은 생김새처럼 식감도 꼬들꼬들하다. 우드톤 인테리어와 바석으로 이뤄진 조용한 실내 분위기가 쌀쌀한 밤을 따뜻하게 녹여준다. **MAP ②-B**

GOOGLE MAPS 야키아고 시오라멘 다카하시 본점
ADD 1-27-3 Kabukicho, Shinjuku City
OPEN 11:00~다음 날 02:00/연말연시 휴무
WALK JR 신주쿠역 동쪽 출구東口 6분 / 세이부신주쿠역 1분
WEB takahashi-ramen.com

たかはし

해산물 베이스 라멘과 구운 주먹밥 세트 1170엔. 남은 국물에 구운 주먹밥을 넣어 말아 먹는다.

해물 육수에 완자가 퐁당
멘야 카이진 본점
麺屋 海神

매일 신선한 제철 생선 5가지를 넣고 끓인 맑고 담백한 국물 맛이 일품인 시오라멘 전문점. 두 가지 밀가루를 혼합해 만든 가느다란 면은 잔치국수 먹듯 술술 넘어간다. 돼지고기 차슈 대신 대구와 새우 동그랑땡, 닭고기 완자가 들어 있어 포만감도 상당하다. 매운맛 라멘에는 매실 과육을 바른 주먹밥이 딸려 나온다. **MAP ②-D**

GOOGLE MAPS 멘야 카이진
ADD 3-35-7 Shinjuku, Shinjuku City
OPEN 11:00~15:00, 16:30~22:00(토·일·공휴일 11:00~22:00)
WALK JR 신주쿠역 동남쪽 개찰구東南改札 1분. 산라쿠三楽 빌딩 2층

麺 屋
あら炊き らーめん
海 神

오로촌 라멘
オロチョンらーめん
1200엔

니보시 라멘
煮干ラーメン(肉入り)
1350엔

속이 확 풀리는 얼큰한 국물

리시리
利しり

일본에서 무늬만 매운 라멘에 실망했다면 꼭 가야 할 집이다. 50년 전통을 자랑하는 이 집의 대표 메뉴는 중독성 강한 매운 국물이 건더기가 보이지 않을 만큼 한가득 채워 나오는 오로촌 라멘. 국물에 콜라겐을 넣어 건강까지 챙겼단다. 맵기는 1/4에서 9까지. 매운맛에 약한 사람에겐 3단계 정도가 적당하다. **MAP ❷-B**

GOOGLE MAPS 리시리 라멘
ADD 2-27-7 Kabukicho, Shinjuku City
OPEN 18:30~다음 날 05:00
WALK JR 신주쿠역 동쪽 출구東口 7분

구수한 멸치 육수로 정면 승부

라멘 나기 본점
ラーメン凪 新宿ゴールデン街店 本館

8석 규모의 작은 가게에서 20종류 이상의 멸치로 육수를 낸 니보시(멸치) 라멘으로 대박을 터트렸다. 넓은 면, 얇은 면, 꼬불꼬불한 면 등 면의 종류도 8가지나 된다. 멸칫국물에 감칠맛을 더하는 매콤한 소스도 일품. 단, 심하게 '멸치멸치'해 호불호가 갈린다. **MAP ❷-B**

ramen nagi
営業中

GOOGLE MAPS 라면 나기 신주쿠 골든가점 본관
ADD 1-1-10 Kabukicho, Shinjuku City
OPEN 24시간
WALK JR 신주쿠역 동쪽 출구東口 7분
WEB n-nagi.com

특제 쇼유 라멘
2000엔

도쿄 라멘계에 등장한 강렬한 한 그릇

라아멘야 시마
らぁ麺や 嶋

2020년 오픈하자마자 그해의 TRY(Tokyo Ramen of the Year) 신인상 수상, 2023 타베로그 도쿄 라멘 1위에 오른 화제의 라멘집. 대표 메뉴는 쇼유 라멘과 시오 라멘이다. 주문 즉시 그릴에 구워 불맛을 살린 차슈, 탄력 있는 면발, 진한 국물이 환상의 조화를 이룬다. 한국인 입맛에는 조금 간간한 편. 완전 예약제로 운영한다. **MAP ❷-C**

GOOGLE MAPS 라아멘야 시마
ADD 3-41-11 Honmachi, Shibuya City
OPEN 08:45~14:00/예약 서비스 테이블체크에서 08:00부터 다음 날 입점분까지 예약 가능
WALK 니시신주쿠고초메역 A2번 출구 5분
WEB x.com/ramenya_shima

입안에서 퍼지는 바삭한 맛

튀김

고소하고 바삭한 튀김은 일본 미식 여행에서 빼놓을 수 없는 메뉴.
합리적인 런치 메뉴부터 고급 코스 메뉴까지 취향에 따라 골라보자.

계산은
꼬치 개수로!

손이 멈추질 않는 꼬치 튀김

다츠키치 본점

立吉 新宿本店

셰프에게 모든 걸 맡기는 꼬치 튀김 오마카세가 맛있기로 소문난 곳. 중간에 "다이죠부데스だいじょうぶです(괜찮습니다)"를 말하기 전까지 육해공을 넘나드는 튀김 40여 가지가 줄기차게 배달된다. 부른 배를 통통 튕기면서도 다음 꼬치는 뭘까 궁금해 자리를 쉽게 뜨지 못하는 곳. 치즈 연어말이, 까망베르치즈, 푸아그라, 아이스크림 등 대부분의 꼬치 튀김 가격은 1개당 220엔(프리미엄 꼬치 400엔)이다. 양배추는 무한 리필되며, 자릿세 개념의 반찬인 츠케모노(500엔)가 따로 나온다. 맥주는 650엔~. 원하는 튀김도 주문할 수 있다. 신주쿠 마루이 백화점 본관 옆에 신규 오픈한 핫포로점新宿立吉 八寶楼은 온라인 예약 가능. MAP ❷-B

9F
立吉
PEACH JOH
THE STORE

GOOGLE MAPS 타츠키치 신주쿠본점/핫포로점: MPR3+FC 신주쿠(지하 1층)
WEB 3 Chome-5-3 Shinjuku, Shinjuku City
OPEN 17:00~23:00(토 16:00~, 일·공휴일 16:00~22:30)/
폐장 1시간 전까지 입장/예약 불가
WALK 신주쿠산초메역 C2번 출구 1분 /
이세탄 백화점 본관 1분. 타카야마란도 회관高山ランド会館 9층
WEB shinjuku-tatsukichi.com

한 번쯤 코스로 즐기고 싶을 때

덴푸라 텐카네

天ぷら 天兼

1906년에 창업한 튀김 요리 코스 전문점. 튀김 맛 좀 아는 사람들이 '신주쿠에서 제일 맛있는 덴푸라집'이라며 입이 마르게 칭찬하는 곳이다. 매일 아침 어시장에서 공수해 온 신선한 식재료와 좋은 기름을 사용하며, 얇게 입힌 튀김옷이 식재료 본연의 맛을 최대한 끌어올린다. 맛집 평가 사이트 타베로그에서도 신주쿠 덴푸라 부문 랭킹 1위! 홈페이지에서 예약할 수 있다. MAP ❷-A

16개의 튀김으로
구성된 코스
1만1000엔

GOOGLE MAPS tenkane shinjuku
ADD 1-5-1 Nishishinjuku, Shinjuku City
OPEN 11:30~14:00(L.O.13:20), 17:00~21:00(L.O.20:30)/수요일 휴무
WALK 신주쿠니시구치역 A17번 출구 1분 /
JR 신주쿠역 서쪽 개찰구西改札 5분
WEB www.tenkane.jp

호호 불어가며 바로 맛보자

덴푸라 후나바시야 본점

天ぷら 船橋屋 新宿本店

130년 이상 신주쿠를 지켜온 노포 튀김집. 참기름으로 튀겨낸 튀김의 고소한 향이 후각을 자극한다. 갓 나온 튀김을 바로바로 건네주는 카운터석을 차지하면 더욱 맛있게 먹을 수 있다. 장인이 만든 천일염이나 허브 소금을 사용하는 등 부재료에도 공을 들였다. **MAP ❷-B**

GOOGLE MAPS 덴푸라 후나바시야
ADD 3-28-14 Shinjuku, Shinjuku City
OPEN 11:30~21:00
WALK 신주쿠산초메역 A5번 출구 앞 / JR 신주쿠역 동쪽 개찰구東改札 3분
WEB www.tempura-funabashiya.com

7개의 튀김이 나오는 덴푸라 정식, 덴푸라 하나花 3000엔

백 년 동안 튀김계를 평정했다

신주쿠 츠나하치 총본점

天ぷら新宿つな八 総本店

1924년에 문을 연 튀김 명가. 튀김 장인이었던 창업자, 기름에 대한 자부심이 남달랐던 2대 사장님, 신선한 식재료를 중요시하는 3대 사장님까지. 도쿄 튀김집의 대명사로 자리를 굳혀 신주쿠에만 5개, 전국 약 30개 지점을 거느리게 된 츠나하치의 총본점이다. 참기름으로 튀겨내는 도쿄식 에도마에 튀김을 맛볼 수 있다. **MAP ❷-B**

GOOGLE MAPS 신주쿠 츠나하치
ADD 3-31-8 Shinjuku, Shinjuku City
OPEN 11:00~22:00(런치는 평일 ~15:00)
WALK 신주쿠산초메역 A4번 출구 1분 / JR 신주쿠역 동쪽 개찰구東改札 4분
WEB www.tunahachi.co.jp

5 가지 덴푸라가 차례로 나오는 평일 점심 특별상昼特別膳 1870엔

SPECIAL PAGE

애니와 똑같아!

신카이 마코토의 배경을 찾아서

신주쿠 여행지를 검색해보면 꽤 자주 등장하는 이름을 발견하게 된다. <너의 이름은>으로 애니메이션의 흥행역사를 새로 쓴 신카이 마코토新海誠. 그의 작품에서는 도쿄, 특히 신주쿠가 자주 등장한다. 애니와 실사의 싱크로율 100%를 자랑하는 덕에 신카이 마코토의 팬들은 신주쿠를 중심으로 애니메이션에 등장한 성지를 찾는다.

도쿄를 관통하는 3개의 열차가 만나는 곳

히지리바시聖橋

聖橋

히지리바시

일본 전역에 있는 '지진을 일으키는 문'을 닫기 위해 규슈에서 도쿄까지 긴 여행을 하는 스즈메. JR 주오선·주오소부선, 도쿄 메트로 마루노우치선이 교차하는 오차노미즈역 인근 지하터널에서 열린 도쿄의 문을 볼 수 있는 포인트이자 스즈메가 문을 닫기 위해 뛰어들었던 곳이 히지리바시, 실제로 1923년 관동 대지진 후 지은 다리이기도 하다. 이전에도 기차를 좋아하는 철덕들이 알음알음 찾던 곳인데, <스즈메의 문단속> 이후 마코토 팬들의 성지가 됐다. 애니메이션에서처럼 세 대의 열차가 동시에 통과하는 장면을 찍기 위해 열차 시간을 계산해서 기다리는 사람도 있다.

GOOGLE MAPS 히지리바시
WALK JR 주오선·주오소부선 오차노미즈역 하시리바시 출구聖橋口 2분 /
Ⓜ 마루노우치선 오차노미즈역 1번 출구 2분 /
Ⓜ 지요다선 신오차노미즈 출구 B1 출구 1분

타키와 미츠하가 마주치는 바로 그 계단

스가 신사須賀神社 옆 '너의 이름은 계단'

발표된 지 여러 해가 지났지만, 지금도 전 세계 <너의 이름은> 팬들이 매일 성지처럼 찾아온다. 한적하게 인증사진을 찍고 싶다면 이른 시간에 가는 것이 좋다. 관광지가 아닌 주택가이므로 큰 소리로 말하거나 여행용 캐리어를 끌고 가지 않는 에티켓도 필요하다. 계단 인근의 스가 신사는 요쓰야 지역 인근 18개 마을을 지키는 신사로, 풍요와 학문의 신, 재앙을 없애는 신을 모시고 있다.

GOOGLE MAPS 너의 이름은 계단
WALK JR 야마노테선 시나모마치역 10분

스가 신사

너의 이름은

#Walk

가장 젊고 생기발랄한 도쿄
시부야渋谷

밤낮으로 굉음을 내뿜으며 역 주변을 관통하는 수많은 열차, 신호가 바뀔 때마다 교차로에 모였다 빠르게 흩어지는 수천 명의 사람들. 도쿄에서 가장 생기 넘치는 지역 중 한 곳인 시부야는 이제 '젊음의 거리'라는 수식어를 뛰어넘어 도쿄를 대표하는 새로운 랜드마크로 급부상했다. 장기간의 도시 개발 프로젝트를 진행하며 시부야에서 가장 높은 전망타워 시부야 스카이를 비롯한 최신 복합 상업시설이 속속 들어섰기 때문. 오늘도 나날이 진화 중인 시부야는 새롭게 써 내려가는 도쿄 역사의 한가운데 서 있다.

리틀냅 커피 스탠드
요요기 공원
365 데이즈
요요기하치만역
요요기코엔역
하라주쿠역
0
100m
메이지진구마에역
국립 요요기 경기장
나타 데 크리스티아노
푸글렌
요요기 공원 느티나무 가로수길(청의 동굴)
하라주쿠
Cat Street
모노클 숍
카멜백
커피 수프림 도쿄
오쿠시부야
NHK 방송센터
덜튼
캣 스트리트
시부야 퍼블리싱 & 북셀러(SPBS)
스트리머 커피 컴퍼니(본점)
8 미야시타 파크
브라스리 비론
분카무라
시부야 스크램블 교차로
1
3 시부야 히카리에
시부야 마크 시티 7
시부야역
2 시부야 스크램블 스퀘어
시부야 후쿠라스 6
5
4
시부야 사쿠라 스테이지
시부야 스트림

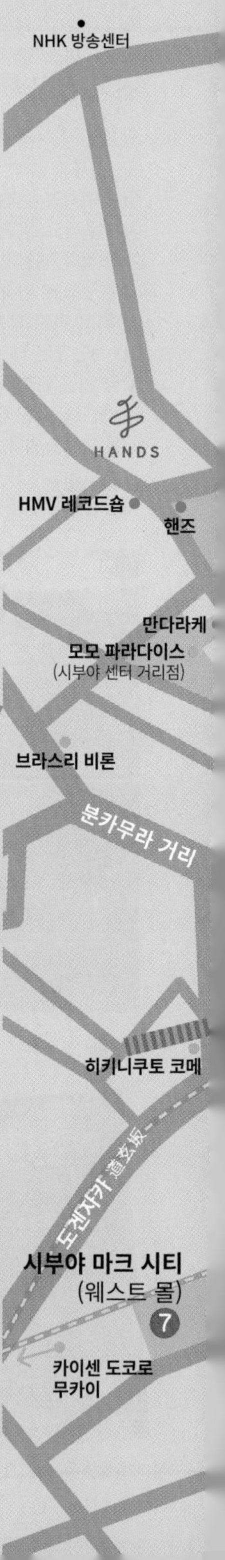

NHK 방송센터
HANDS
HMV 레코드숍
핸즈
만다라케
모모 파라다이스
(시부야 센터 거리점)
브라스리 비론
분카무라 거리
히키니쿠토 코메
도겐자카道玄坂
시부야 마크 시티
(웨스트 몰)
7
카이센 도코로
무카이

: WRITER'S PICK :

현지인들의 만남의 장소,
하치코 출구ハチ公口 **앞**
하치코 동상ハチ公像

대학 강의 중 쓰러져 돌아오지 못한 주인을 9년간 한 자리에서 기다린 충견 '하치'. 행여 주인이 돌아올까 미동도 하지 않던 하치를 가엾게 여긴 사람들은 이 동상을 세워 위로해주었다. 이후 100년 가까운 세월 동안 도쿄에서 가장 북적이는 역 앞에 약속 장소를 알리는 랜드마크로 살아가고 있다.

GOOGLE MAPS 하치코 동상

덜튼
0
50m
고엔 거리 公園通り
메이지 거리 明治通り
Cat street
캣 스트리트
NITORI
니토리
시퀀스 미야시타
파크 호텔
스트리머 커피 컴퍼니
(본점)
8
미야시타 파크
(North)
시부야 파르코
타워레코드
아디다스
브랜드 센터
고엔 거리 公園通り
시부야 모디
디즈니 스토어
나베조
(시부야 고엔 거리점)
B1
8
미야시타 파크
(South)
도쿄역
Loft
로프트
세이부 백화점(B관)
시부야 요코초
20a
차테이 하토우
이케아
세이부 백화점(A관)
원피스 무기와라 스토어
B3
큐프런트
B2
文化村通り
쓰키시마
몬자 쿠우야
마그넷 바이
시부야 109
A3
A2
A7
한조몬선·덴엔토시선
시부야 109
A6
A6
A12
시부야역
A0
1 시부야
스크램블 교차로
B4
도겐자카 道玄坂
A4
B7
후쿠토신선·도요코선
A1
록시땅 카페
(시부야점)
A5
시부야역
하치코 동상
宮益坂口
SHIBUYA
AXSH
東口
2 시부야 히카리에
ハチ公口
A8
시부야 마크 시티
(이스트 몰) 7
시부야 마크 시티
연결통로
JR
시부야역
긴자선
시부야역
B5
투데이스 스페셜
中央口
스탠다드
프로덕트
모아이 석상
B6
3 시부야 스크램블 스퀘어
中央口
ベニュー口
이노카시라선 시부야역
시부야 스카이
C3
西口
우메가오카
스시노 미도리
西口
C1
메이지 거리 明治通り
6
시부야 후쿠라스
시부야강 渋谷川
C2
4
5
시부야 사쿠라 스테이지
시부야
스트림
가츠키치

*직행 기준

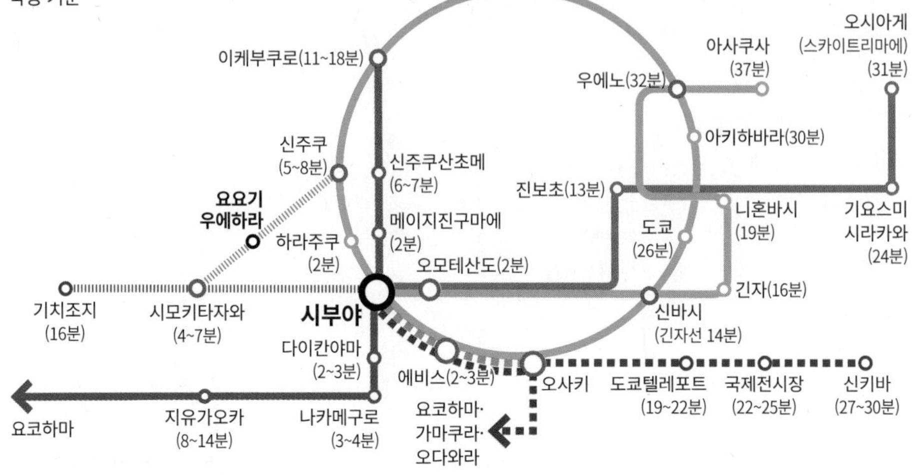

이케부쿠로(11~18분)
오시아게
(스카이트리마에)
(31분)
아사쿠사
(37분)
우에노(32분)
아키하바라(30분)
신주쿠
(5~8분)
신주쿠산초메
(6~7분)
진보초(13분)
요요기
우에하라
메이지진구마에
(2분)
하라주쿠
(2분)
도쿄
(26분)
니혼바시
(19분)
기요스미
시라카와
(24분)
오모테산도(2분)
긴자(16분)
기치조지
(16분)
시모키타자와
(4~7분)
시부야
신바시
(긴자선 14분)
다이칸야마
(2~3분)
에비스(2~3분)
오사키
도쿄텔레포트
(19~22분)
국제전시장
(22~25분)
신키바
(27~30분)
요코하마
지유가오카
(8~14분)
나카메구로
(3~4분)
요코하마·
가마쿠라·
오다와라
도쿄 메트로 긴자선
도쿄 메트로 한조몬선
도쿄 메트로 후쿠토신선
(도큐 도요코선과 직통 연결 운행)
도큐 도요코선
게이오 이노카시라선
JR 야마노테선
JR 사이쿄선(린카이선과 직통 연결 운행)
JR 쇼난신주쿠라인
린카이선(JR 사이쿄선과 직통 연결 운행)
오다큐선

Access

❶ 지하철·JR·사철

시부야역 渋谷

시부야역은 지상과 지하로 여러 개의 노선이 교차하고 유동 인구가 많아서 상당히 복잡하지만, 표지판을 따라 출구만 잘 찾아간다면 동서남북 어디로든 편리하게 이동할 수 있다. JR과 게이오 이노카시라선, 도쿄 메트로 긴자선은 지상 2층 연결통로를 통해 이어져 있고, 지하로 다니는 열차들은 20개 이상의 출구가 난 지하도와 연결돼 있다. 아래의 기본 정보를 숙지하고 간다면 크게 헤맬 일이 없다.

시부야역 앞 풍경

■ **JR 야마노테선·쇼난신주쿠라인·사이쿄선·나리타 익스프레스(넥스)** (승강장: 지상 2층):

- **하치코 출구**ハチ公口: 시부야를 대표하는 스크램블 교차로를 비롯한 시부야의 주요 거리는 모두 하치코 출구로 나가 길을 건너며 시작한다. 하치코 출구 앞 지하철 A8번 출구로 들어가면 지하철과 연결된 다른 출구를 공유할 수 있다.

하치코 광장

- **2층 연결통로**: 시부야역에 접한 5개 빌딩(시부야 스크램블 스퀘어·히카리에·스트림·후쿠라스·마크 시티)은 3층 중앙 개찰구中央改札를 통과한 뒤 2층 연결통로를 이용해 다닌다. 게이오 이노카시라선 시부야역과도 연결통로로 이어져 있다.

- **그 외 출구**: 동쪽 출구東口는 스크램블 스퀘어 방향, 서쪽 출구西口에서 횡단보도를 건너면 후쿠라스, 미야마스자카 출구宮益坂口에서 횡단보도를 건너 조금만 더 가면 미야시타 파크다.

JR
JR線
G

K

스크램블 스퀘어 방면 개찰구

渋谷駅
Ginza Line
Shibuya
Station

메이지 거리 방면 개찰구

- **지하철 도쿄 메트로 긴자선**(승강장: 지상 3층): <u>스크램블 스퀘어 방면 개찰구</u>スクランブルスクエア方面改札를 통과하면 JR 및 스크램블 스퀘어로 이어진다. 이후 2층 연결통로를 통해 목적지로 이동하거나, 메트로 환승 통로를 따라 지하로 내려간 뒤 목적지와 가장 가까운 출구로 나간다. 하치코 광장으로 가려면 1층의 JR 시부야역 입구로 내려간 후 <u>하치코 출구</u>로 나가면 된다. 한편, 메인 게이트라고 할 수 있는 <u>메이지 거리 방면 개찰구</u>明治通り方面改札는 히카리에 방향이다.

KEIO
井の頭線
Inokashira Line
渋谷駅
Shibuya Station

게이오 이노카시라선이 있는 시부야 마크 시티

- **지하철 도쿄 메트로 한조몬선·후쿠토신선, 사철 도큐 도요코선·덴엔토시선**: 도쿄 메트로 후쿠토신선과 도큐 도요코선, 도쿄 메트로 한조몬선과 도큐 덴엔토시선은 각각 직통 연결 운행하면서 승강장을 공동 사용한다. 후쿠토신선·도요코선 승강장은 지하 5층, 한조몬선·덴엔토시선 승강장은 지하 3층에 있으며, 지하에서 지상으로 나가는 출구(A~C 구역)를 공유한다.
- **사철 게이오 이노카시라선**(승강장: 지상 2층): <u>중앙 출구</u>中央口와 <u>애비뉴 출구</u>アベニュー口, <u>서쪽 출구</u>西口 모두 시부야 마크 시티와 연결된다. 시부야 클럽 거리와 가까운 서쪽 출구를 제외하면 중앙 출구 개찰구中央口改札를 나가 JR 쪽으로 이동한 뒤 JR과 같은 방법을 따르는 것이 덜 헤매는 길이다.

❷ 버스

하치코 버스 ハチ公バス

시부야역을 중심으로 운행하는 일종의 마을버스다. 에비스·다이칸야마 방향, 요요기 공원·오쿠시부야 방향, 하라주쿠·오모테산도 방향 등의 노선이 인근 동네를 촘촘하게 이어준다. 요금은 100엔, 배차 간격은 약 20분이다.

WEB www.city.shibuya.tokyo.jp/kurashi/kotsu/hachiko_bus

ハチペイ

하치코 버스

도에이 버스 都営バス

롯폰기에서 지하철로 이동하면 한 번 이상 갈아타야 하고, 시간도 오래 걸리므로 버스를 이용하는 편이 낫다.

- **01번**都01(T01): 롯폰기역六本木駅前 승차, 시부야역渋谷駅前 하차. 210엔, 배차 간격은 5~10분.
- **RH01번**: 롯폰기 힐스 또는 롯폰기 케야키자카けやき坂 승차, 시부야역渋谷駅前 하차. 210엔, 배차 간격은 10~30분.

WEB tobus.jp(상단 메뉴에서 언어 설정을 영어로 바꾼 후 운행 정보 확인)

도에이 버스

❸ 도보

하라주쿠, 오모테산도, 에비스에서 시부야까지는 충분히 걸어서 이동할 수 있다. 하라주쿠에서 메이지 거리明治通り 또는 캣 스트리트Cat Street를 따라 걸어 내려오면서 패션 브랜드점·잡화점·카페 등을 구경하는 것도 좋다.

Planning

낮은 낮대로 밤은 밤대로 활기 넘치는 지역이다. 다만 스크램블 스퀘어의 시부야 스카이 전망대에서 야경을 즐기고 싶다면 해지기 직전에 방문해야 노을과 야경 모두 즐길 수 있다. 스크램블 교차로와 거리, 쇼핑몰 위주로 둘러본다면 2~3시간 정도면 충분하며, 범위를 넓혀 오쿠시부야와 요요기 공원까지 살펴본다면 1~2시간 이상 더 필요하다.

しゃぶ葉
ちょっと待て その売主は 本物か？
UN QL
H&M
SHIBUYA
LUSH
Rakuten
Aug. 2024 Shibuya Crossing

1 매력 짱짱! 시부야의 명물
시부야 스크램블 교차로
渋谷駅前スクランブル交差点

시부야, 아니 도쿄 하면 한 번쯤 떠올려보는 장면! JR 시부야역 하치코 출구와 만나는 대각선 횡단보도가 설치된 거대한 교차로다. 횡단보도에 파란불이 켜지면 많게는 3000명의 보행자가 한꺼번에 물밀듯 밀려 나오는 진풍경이 펼쳐진다. 교차로를 통과하는 사람도, 근처 건물 어딘가에서 교차로를 지켜보는 사람도 저마다 사진으로, 동영상으로 남겨놓는 곳. 그 다채로운 표정을 지켜보는 것만으로도 무척 흥미롭다. **MAP ❸-D**

GOOGLE MAPS 시부야 스크램블 스퀘어
WALK JR 시부야역 하치코 출구 앞/A8번 출구 앞

여행자라면 누구나 카메라를 꺼내 들게 된다.

시부야의 상징, 하치코 동상

すべての人に
インターネット
GMO
OIOI
ZARA
TSUTAYA
MAGNET

: WRITER'S PICK :

시부야 스크램블 교차로를 망설임 없이 건너기 위한 목표물

1층에 츠타야 서점, 2층에 스타벅스가 들어선 큐프런트QFRONT는 시부야 주요 지점으로 안내하는 이정표이기도 하다. 목적지가 파르코, 세이부 시부야 등이 있는 고엔 거리公園通り나 오쿠시부야 방향이라면 스크램블 교차로에서 정면에 보이는 큐프런트를 향해 건너자. 미야시타 파크로 간다면 바로 오른쪽 마그넷 바이 시부야 109Magnet by Shibuya 109 쪽으로 건넌 후 오른쪽 고가철로 밑으로 가면 된다.

큐프런트(왼쪽), 마그넷 바이 시부야 109(오른쪽)

+MORE+

시부야 3D 아키타견3D 秋田犬

©Edu Snacker / Shutterstock.com

매시 정각(07:00~24:00)이면 시부야역 주변 광고용 스크린에서 8마리의 거대한 아키타견이 고개를 내민다. 시부야의 상징인 하치코를 모티브로 한 새로운 랜드마크로, 하치코 앞 광장, 스크램블 교차로, 시부야 히카리에 등 미야마스자카 출구宮益坂口의 건물들 8곳에 설치된 스크린에서 만날 수 있다.

스크램블 교차로 인증샷 포인트 5
TSUTAYA

Point. 1 시부야 스카이
Shibuya Sky

THE ROOF
SHIBUYA SKY

루프 바

현재 시부야를 찾는 여행자들의 방문 1순위를 자랑하는 높이 230m의 전망 타워. 고개를 숙이면 스크램블 교차로를 바삐 건너는 인파에서 대도시의 강렬한 에너지가 느껴지고, 고개를 들면 저 멀리 도쿄 타워와 스카이트리까지 훤히 바라보인다. 24시간 쉼 없이 돌아가는 거대하고 현대적인 도쿄를 좀 더 멀리서, 천천히 관망하는 시간을 가져보자. 이왕 올라온 거 낭만을 한층 더 끌어올리고 싶다면 루프 바(입장료 별도)를 이용하는 것도 방법. 매표소는 14층 스카이 게이트에 있다. 자세한 내용은 174p 참고. **MAP ❸-D**

GOOGLE MAPS 시부야 스카이
ADD 시부야 스크램블 스퀘어 14층·45~47층
OPEN 10:00~22:30(마지막 입장 21:20)/1월 1일 휴무
PRICE 2200엔, 중·고등학생 1700엔, 초등학생 1000엔, 3~5세 600엔(온라인 예매 시 기준, 당일 현장에서 구매 시 100~300엔 추가)/루프 바 1인 3700엔~(50분 제한)
WEB shibuya-scramble-square.com/sky

Point. 2 스타벅스(시부야 츠타야점)
Starbucks Coffee Shibuya Tsutaya店

스크램블 교차로를 구경하기에 최고의 명당. 소문을 타고 점점 많은 이들이 모여 2024년 봄 확장 리뉴얼 오픈했다. 1층은 테이크아웃 전용 매장. 전망 감상이 목적이라면 2층으로 바로 올라간다. 2층은 공간 전체를 감싸는 초록색 리본을 따라 의자, 카운터, 스크램블 스퀘어 전망 창으로 이어지는 디자인으로 꾸몄다. **MAP ❸-D**

GOOGLE MAPS 스타벅스 시부야 츠타야점
ADD 큐프런트 1·2층
OPEN 07:00~22:30
WALK 하치코 동상 1분/A6번 출구 앞

LIMITED EDITION!!

Point. 3 시부야 마크 시티 연결통로
渋谷マークシティの通路

스크램블 교차로 인증샷 포인트 중 접근성이 가장 좋다. JR 시부야역과 게이오 이노카시라선 시부야역을 연결하는 시부야 마크 시티 2층 통로는 언제 가도 사람들이 줄지어 교차로 사진 촬영 순서를 기다리고 있다. 딱히 찍고 싶은 마음이 없었더라도 사진 찍기에 열심인 사람들을 따라 저절로 카메라를 들고 있을지도 모를 일. MAP ❸-C

GOOGLE MAPS myth of tomorrow
WALK JR 시부야역과 K 시부야역 사이 연결 통로 2번

: WRITER'S PICK :

스크램블 교차로만큼 볼거리, <내일의 신화>

시부야 마크 시티 연결통로 벽을 차지하고 있는 길이 30m, 높이 5.5m의 거대한 작품인 오카모토 타로의 <내일의 신화> 또한 스크램블 교차로 전망 못지않은 볼거리다. 1968년 멕시코시티에 있는 한 호텔의 의뢰로 제작된 작품. 공사가 어긋나며 행방불명됐다가 2003년 처참한 상태로 발견되었고, 이를 복원하여 2008년 이곳에 설치되었다.

Point. 4 호시노 커피
(마그넷 바이 시부야 109점)
星乃珈琲店 Magnet by Shibuya109店

자체 블렌딩한 원두를 핸드드립으로 내리는 카페 프랜차이즈 호시노 커피도 스크램블 교차로의 뷰를 품에 안았다. 시내 곳곳에서도 쉽게 눈에 띄는 커피 브랜드지만, 마그넷 바이 시부야 109(구 109 맨즈)의 창가 자리만큼은 웨이팅 리스트에 이름을 올려야 할 정도. 단, 회전율은 높은 편이다. 건물 8층 옥상에서도 내려다볼 수 있다. MAP ❸-D

GOOGLE MAPS 호시노 커피 마그넷 109
ADD 큐프런트 맞은편 마그넷 바이 시부야 109 2층
OPEN 11:00~22:00
WEB hoshinocoffee.com

Point. 5 록시땅 카페
(시부야점)
L'Occitane Cafe ロクシタンカフェ渋谷店

스크램블 교차로를 향해 활짝 열린 사랑스러운 공간. 탐스러운 디저트가 혼돈의 교차로에 로맨틱함을 더한다. 프랑스 자연주의 뷰티 브랜드 록시땅의 1000번째 지점으로, 2~3층은 카페로 운영한다. 오후에 방문했다면 크렘 브륄레Crème Brûlée(930엔)로 당을 충전하자. MAP ❸-C

GOOGLE MAPS 시부야 록시땅
ADD 2 Chome-3-1 Dogenzaka, Shibuya City
OPEN 10:00~23:00(상점 ~21:00)/ 연말연시 휴무
WALK 하치코 동상 1분/A5번 출구 앞
WEB jp.loccitane.com

4종류의 디저트를 맛볼 수 있는 디저트 모둠
L'OCCITANE Dessert Assortment 1680엔

3 시부야의 새로운 랜드마크
시부야 스크램블 스퀘어
渋谷スクランブルスクエア

시부야에서 가장 높은 건물. 2013년 시부야 주변 도시계획 수립 이후 도쿄를 드나드는 이들을 궁금하게 했던 주인공이다. JR 동일본·도큐·도쿄 메트로 3개 회사의 합작으로 건설해 47층 높이의 동쪽 건물이 문을 열었고, 10층 규모의 중앙 건물과 13층 서쪽 건물은 2028년 완공될 예정이다.
반드시 가봐야 할 곳은 47층에 자리한 전망대, 시부야 스카이! 매표소가 있는 14층과 45층 스카이 게이트를 거쳐 옥상의 야외 공간에 도달하면 360°로 펼쳐지는 파노라마 뷰를 즐길 수 있다. 관람을 마치고 내려가는 길에 만나는 46층 실내 갤러리와 카페는 아쉬움을 뒤로하고 돌아선 발걸음을 한 번 더 잡는다. 지하 2층~지상 14층은 푸드, 패션, 뷰티, 라이프스타일 등 200여 매장이 꽉 차 있다. 특히 먹거리의 보고인 지하 2층~지상 1층 푸드 코너의 인기가 높으며, 츠타야 서점(11층), 오쿠시부야의 동네서점 SPBS(2층, 191p) 등 문화 코너도 충실하다. MAP 3-D

GOOGLE MAPS 시부야 스크램블 스퀘어
ADD 2-24-12 Shibuya, Shibuya City **OPEN** 10:00~22:30
WALK 시부야역 B6번 출구 직결(긴자선 제외) / JR 시부야역 중앙 개찰구中央改札로 나와 스크램블 스퀘어 방향으로 이동 / 시부야역 개찰구를 나와 2층 통로를 이용해 히카리에 방향으로 이동 / 긴자선 시부야 스크램블 스퀘어 개찰구 이용
WEB shibuya-scramble-square.com

: WRITER'S PICK :

기다리지 않으려면 예약 필수!

시부야 스카이는 시간대별 입장 인원에 제한을 두고 있어서 예약하는 것이 좋다. 예약은 4주 전부터 오픈하며, 일몰 시각 전후시간대는 며칠 안에 마감된다. 공식 홈페이지 또는 국내 온라인 여행사를 통해 예매한 후 이메일로 전송받은 전자티켓(QR코드)을 지정된 시간 내에 14층 게이트에 스캔하고 입장한다. 혼잡에 대비해 예약 시간보다 일찍 도착할 것. 악천후 시에는 입장이 제한될 수 있다는 점도 참고하자. 46층에 도착하면 카메라와 핸드폰 등만 남기고 모든 짐은 로커에 보관해야 한다(코인로커식. 100엔짜리 동전을 넣고 잠근 후 짐을 찾을 때 돌려받는다).

스크램블 교차로에서 바라본
시부야 스크램블 스퀘어

+MORE+

'달다구리 천국'
시부야 스크램블 스퀘어 디저트 스폿

■ 에쉬레 파티스리 오 뵈르(1층)
Échiré Pâtisserie Au Beurre
100% 프랑스산 에쉬레 버터만 사용하는 과자점. 시부야 스크램블 스퀘어 디저트 코너 중 가장 붐빈다. 마들렌과 휘낭시에 등도 인기지만, 시부야 스크램블 스퀘어 한정 카눌레는 홈페이지에서 예약해야만 구매할 수 있을 정도.

ÉCHIRÉ

WEB www.kataoka.com/echire/
예약: tokyu-dept.co.jp/ec/p/bSC1F-echi221003

시부야 스크램블
스퀘어 한정
버터 샌드 <흑>

■ 프레스 버터 샌드(1층)
Press Butter Sand
버터크림과 캐러멜 필링을 채워 무쇠 틀에 바삭하게 구워낸 과자. 치즈타르트로 유명한 '베이크'의 히트작으로, 건축학적 영감을 담은 쿠키 모양과 패키지 디자인, 홋카이도산 버터의 고급스러운 풍미로 연일 완판되며 화제를 모았다. 도쿄에 총 16개 지점이 있다.

WEB buttersand.com

■ 안나스 바이 란트만(6층)
ANNA'S by Landtmann
비엔나의 유서 깊은 커피하우스 카페 란트만(Cafe Landmann)과 라이선스를 맺고 오픈한 스무디 전문점. 제철 과일과 허브를 이용해 건강하고 예쁜 스무디를 만든다. 커피는 비엔나 본점과 동일한 20여 종이 준비돼 있다. 오모테산도에도 카페가 있다.

WEB www.giraud.co.jp/annas/

② 시부야에서 논스톱 쇼핑
시부야 히카리에
Shibuya Hikarie(渋谷ヒカリエ)

스크램블 스퀘어가 완공되기 전까지 시부야에서 가장 높은 건물이었다. 지하철·전철과 직결돼 복잡한 시부야 도로를 헤매지 않아도 되고, 지하 3층~지상 5층의 쇼핑 존 신큐스 ShinQs에서 도쿄의 최신 트렌드를 스캔할 수 있다. 8층의 크리에이티브 스페이스 8/에서는 일본의 유명 디자인 그룹 디앤디파트먼트(디앤디)가 여행, 건축, 디자인, 공예, 음식, 패션 등에 걸쳐 오래도록 지속 가능한 '롱 라이프 디자인'을 선보인다. 11층에는 조용히 도시 풍경을 감상할 수 있는 스카이 로비가 마련돼 있다. **MAP ③-D**

GOOGLE MAPS 시부야 히카리에
ADD 2-21-1 Shibuya, Shibuya City
OPEN 신큐스 11:00~21:00, 식당가 11:00~23:00, 크리에이티브 스페이스 8/ 11:30~20:00
WALK 시부야역 B5번 출구 직결(긴자선 제외) / JR 시부야역 2층 연결통로 직결 / 긴자선 시부야역 1층 직결
WEB hikarie.jp

11층 스카이 로비

+MORE+

시부야 히카리에 필수 코스

■ 디즈니 하비스트 마켓 Disney HARVEST market By CAFE COMPANY

Disney
HARVEST
MARKET

디즈니의 스토리를 통해 건강한 식문화를 제안하는 카페 & 레스토랑. 120석 규모의 넓은 공간에서 디즈니 캐릭터를 테마로 칼로리, 염분, 당분 등을 철저하게 계산한 균형 잡힌 건강한 식단을 제공한다. 공석이 있으면 바로 입장할 수 있지만, 홈페이지에서 미리 원하는 좌석을 예약하고 가는 것이 좋다. 곳곳이 포토 존이며, 디즈니 오리지널 굿즈를 판매하는 기념품숍도 있으니 디즈니 팬이라면 놓치지 말자. 요코하마 아카렌가 창고(484p)에도 지점이 있다.

WHERE 히카리에 7층
OPEN 11:00~20:00(토·일요일·공휴일 ~21:00)
WEB d-harvestmarket.com

■ d47 뮤지엄 d47 MUSEUM

d

일본 각지의 매력을 깊이 있게 다루는 여행잡지 <d 디자인 트래블>. 디앤디가 이를 취재하는 길에 발견한 47개 도도부현(일본의 광역지자체)의 지역 상품을 소개한다. 유행에 흔들리지 않고 제품 본연의 기능에 충실한 이들만의 철학을 엿보자.

WHERE 히카리에 8층 **OPEN** 12:00~20:00
WEB hikarie8.com/d47museum/

■ d47 식당 d47 食堂

<d 디자인 트래블>을 취재하며 만난 지역별 특산물로 요리를 내온다. 계절에 따라 맛있는 식재료가 바뀌는 만큼 메뉴도 매달 변경된다. 맛은 한적한 여행지에서 먹는 정갈한 밥 한 끼, 바로 그 맛이다. 디앤디 제주점이 있어서일까. 가끔 제주도의 전복죽도 식탁에 오른다.

WHERE 히카리에 8층
OPEN 11:30~20:00(금·토요일 및 공휴일 전날 ~21:00)
WEB hikarie8.com/d47shokudo/

계절 한정 정식 2000엔 안팎

4 작은 강이 흐르는 모자이크 건물
시부야 스트림
渋谷ストリーム

도큐 도요코선 시부야-다이칸야마 구간을 지하화한 후, 철길이 있던 자리에 세워진 35층짜리 복합 상업시설. 구글 재팬을 비롯한 IT 기업이 입주해 있다. 현지인 중심의 업무시설에 가깝지만, 1~3층에는 숍 & 레스토랑, 9~13층에는 스트림 엑셀 도큐 호텔이 있고, 건물 앞으로는 시부야강渋谷川이 소박하게 흐르고 있어서 여행자들도 자연스레 섞여 있다. 시부야강은 도시 개발 방향에 따라 물길이 끊겼다 이어지기를 반복했는데, 시부야 스트림 오픈에 발맞춰 방류 시작점을 옮겨와 인근 산책로와 함께 정비됐다. 강줄기를 따라가면 다이칸야마, 에비스로 이어진다. MAP ❸-D

GOOGLE MAPS 시부야 스트림
ADD 3 Chome-21-3 Shibuya, Shibuya City
OPEN 11:00~23:00/가게마다 다름
WALK Ⓜ ▽ 시부야역 C2번 출구 직결(긴자선 제외) / Ⓜ 긴자선 시부야역 히카리에 방면 개찰구 이용 / JR 시부야역 중앙 개찰구中央改札로 나와 스크램블 스퀘어 방향으로 이동 후 연결통로를 통해 시부야 스트림으로 이동 / K 시부야역 개찰구를 나와 2층 통로를 이용해 시부야 스트림 방향으로 이동
WEB shibuyastream.jp

시부야강을 따라 조성된 산책로

5 시부야의 밤을 빛내는 새 얼굴
시부야 사쿠라 스테이지
Shibuya Sakura Stage

시부야 남쪽 출구와 연결된 대규모 복합 상업시설. 크게 시부야 사이드, 사쿠라 사이드로 나뉘는 각 건물의 2~5층은 츠타야 서점 및 식당, 카페 등이 자리한다. 두 건물을 연결하는 데크인 니기와이 스테이지にぎわい STAGE는 970여 개의 작은 조명이 입체적으로 배치되어 밤에 특히 아름답다. 시부야 사쿠라 스테이지는 시부야역을 지나 시부야 스트림과도 이어지기 때문에 상업시설뿐 아니라 이 일대의 연결통로 역할도 겸한다. MAP ❸-D

GOOGLE MAPS shibuya sakura stage
ADD 1-4 Sakuragaokacho Shibuya
OPEN 10:00~21:00(레스토랑 11:00~23:00)/가게마다 다름
WALK JR 시부야역 신남개찰구新南改札口로 나와 연결통로 이용 / Ⓜ 시부야역 도큐 스크램블 스퀘어로 진입, 연결통로를 따라 시부야 스트림까지 간 후 3층으로 올라가 JR 신남개찰구 쪽 연결통로 이용
WEB www.shibuya-sakura-stage.com/ko

6 꽃중년을 위한 시부야 핫플
시부야 후쿠라스
渋谷フクラス Shibuya Fukuras

공항버스가 운행하는 시부야역 남쪽의 버스터미널을 포함해 2019년 '어른들이 즐길 수 있는 시부야'를 테마로 문을 연 복합 시설. 2~8층·17~18층에 자리한 도큐 플라자는 패션, 뷰티, 잡화 등 일반적인 플로어 구성에서 벗어나 건강, 취미, 인생 계획 등의 구성으로 차별화해 중년 이상 세대를 겨냥했다. 17~18층에는 시부야 전망이 펼쳐지는 바와 레스토랑이 입점해 있다. MAP ❸-C

GOOGLE MAPS 시부야 후쿠라스
ADD 1-2-3 Dogenzaka, Shibuya City
OPEN 07:00~23:00
WALK JR 시부야역 서쪽 출구西口 1분(횡단보도를 건너 맞은편) 또는 중앙 개찰구中央改札로 나와 2층 연결통로 이용 / K 시부야역 개찰구를 나와 2층 연결통로를 통해 시부야 후쿠라스 방향으로 이동
WEB shibuya-fukuras.jp, shibuya.tokyu-plaza.com

Ikebe

GMO
시부야 마크 시티와 연결돼 있다.

7 시부야는 내가 마크한다!

시부야 마크 시티

Shibuya Mark City

SHIBUYA
MARK CITY
渋谷駅

시부야역 일대가 재개발되면서 어느덧 이 구역 올드 멤버가 된 쇼핑몰. 20대 후반 이상의 여성을 타깃으로 콘셉트를 잡으며 시부야의 분위기를 한층 성숙하고 세련되게 만든 주역이기도 하다. 시부야 엑셀 호텔 도큐가 있는 이스트 몰East Mall과 그 서쪽의 웨스트 몰West Mall이 게이오 이노카시라선을 따라 300여m에 걸쳐 뻗어 있다. JR 역을 잇는 연결통로는 스크램블 교차로 전망 포인트. 4층 레스토랑 애비뉴에는 소문난 맛집 체인이 다수 입점해 있다. **MAP ❸-C**

GOOGLE MAPS 시부야 마크 시티
ADD 1-12-1 Dogenzaka, Shibuya City
OPEN 10:00~21:00(가게마다 다름)
WALK 시부야역 하차 후 환승 안내를 따라 게이오선 방향으로 이동 후 마크 시티로 이동 / 시부야역 중앙 개찰구中央改札로 나와 2층 연결통로 이용 / 시부야역 서쪽 출구西口는 웨스트, 동쪽 출구東口는 이스트, 애비뉴 출구アベニュー口는 4층 레스토랑과 직결
WEB s-markcity.co.jp

8 밤낮으로 경쾌한 옥상 공원

미야시타 파크

Miyashita Park

최신식 호텔과 상업시설을 품은 현대적인 공원. JR 야마노테선 시부야-하라주쿠 구간의 선로와 메이지 거리明治通り 사이로 가늘고 길게 형성된 미야시타 공원宮下公園 자리에 조성됐다. 총길이 330m에 달하는 4층 건물의 옥상 전체가 공원으로, 벤치와 잔디밭 같은 휴식 공간은 물론이고 스케이트장과 인공암벽까지 갖췄다. 밤이면 24시간 문을 여는 맛집과 유니크한 음식점 약 20개가 늘어선 '시부야 요코초渋谷横丁'(1층)의 등불이 여행자를 설레게 하는 곳. 단, 인위적으로 꾸며놓은 관광지 성격이 강한 곳이라 본격적인 식사보다는 가볍게 술 한잔하며 분위기를 즐기는 것을 추천한다.

50여 개 상점 중 지브리 스튜디오의 의류 브랜드 GBL(South 3층), 일본 최대 면적의 아디다스 콘셉트 스토어 아디다스 브랜드 센터adidas Brand Center (South 1·2층), 전 세계 다양한 향수를 뽑기(가챠), 가상 여행 등 독특한 방식으로 판매하는 노즈숍NOSE SHOP(South 2층)을 놓치지 말자. **MAP ❸-B**

GOOGLE MAPS 미야시타 공원
ADD 6-20-10 Jingumae, Shibuya City
OPEN 공원 08:00~23:00, 외부 식당가 10:30~23:00 (요코초 ~다음 날 05:00, 일요일 ~23:00)/가게마다 다름
WALK 시부야역 하치코 출구ハチ公口 3분/ A7b번 출구 1분/B2번 출구 2분
WEB miyashita-park.tokyo

시부야 요코초

+MORE+

시부야 패션을 이끌어온 3대장

'시부카지(시부야 캐주얼)', '시부갸루(시부야 걸)' 등 각종 패션 신조어를 만들어낸 시부야는 예나 지금이나 일본 패션의 중심지다. '시부야역 주변 지구 재개발 프로젝트'로 인해 새롭게 부상한 스폿을 구경하는 것도 즐겁지만, 오랜 세월이 지나도 굳건히 건재하며 시부야의 패션 트렌드를 주도해온 쇼핑 명소들 또한 놓칠 수 없는 볼거리다.

❶ 시부야 파르코
渋谷PARCO

PARCO

1973년 개점한 백화점. 고엔 거리公園通り 일대가 50년간 시부야 패션을 이끌도록 만든 주역이다. 3년간의 리모델링을 마치고 2019년 다시 문을 열 때도 역시 패션에 공을 들였다. 플로어의 대부분이 잡화·패션과 엔터테인먼트로 구성됐고, 꼼데가르송, 이세이 미야케 등 디자이너 브랜드들이 대거 입점했다. 후쿠오카의 유명 햄버그스테이크 전문점 기와미야極味や, '진짜' 사누키 우동을 맛볼 수 있는 도쿄 고탄다의 명가 우동 오니얀마うどん おにやんま 등 맛집이 모인 지하 1층 푸드 코너도 호평받는 중. 옥상 공원은 무료 쉼터로 개방한다.
MAP ❸-A

GOOGLE MAPS 시부야 파르코
ADD 15-1 Udagawacho, Shibuya City
OPEN 11:00~21:00(6층 10:00~)
WALK 하치코 동상 7분
WEB shibuya.parco.jp

❷ 시부야 109
Shibuya 109

시부야 한복판에서 눈에 들어오는 숫자 '109'. 검은 피부, 갈색 머리, 진한 화장 등으로 대변되는 일명 '갸루' 패션의 발신지로, 1990년대 중반부터 일본 10대들의 유행을 이끌었다. 시부야 스크램블 교차로 앞에 남성 전용관 마그넷 바이 시부야 109가 있다. **MAP ❸-C**

GOOGLE MAPS 시부야109
ADD 2-29-1 Dogenzaka, Shibuya City
OPEN 10:00~21:00/1월 1일 휴무
WALK 하치코 동상 3분/A2번 출구 직결
WEB shibuya109.jp

❸ 세이부 백화점
SEIBU 西武渋谷店

50여 년간 한자리를 지켜온 시부야 최대 규모의 백화점. 길 건너 마주 본 A관과 B관, 로프트, 무인양품까지 모두 세이부에 포함된다. 남성복에 특히 충실한 것이 특징. 본점은 이케부쿠로에 있다. **MAP ❸-B**

GOOGLE MAPS 세이부 시부야점
ADD 21-1 Udagawacho, Shibuya City
OPEN 10:00~20:00
WALK 하치코 동상 3분(큐프런트 바로 뒤)
WEB sogo-seibu.jp/shibuya

시부야 한복판에서
덕후들의 굿즈 탐험기

덕후들의 지갑을 자비 없이 열리게 하는 '굿즈'를 만나러 갈 시간이다.
현재 도쿄의 대부분 굿즈 전문점은 코로나19로 인해 입장 인원을 제한하고 있으므로 주말이나 붐비는 시간대에 방문 시 1~2시간 대기가 필요한 점을 감안해 일정을 짜자. 정리권(대기표)을 발급하는 곳도 있다.

닌텐도 공식 굿즈를 탈탈탈~

닌텐도 도쿄
Nintendo TOKYO

닌텐도의 일본 국내 첫 오피셜 굿즈 매장. 마리오, 루이지 등 닌텐도의 모든 인기 캐릭터의 인형과 피규어를 '공식 굿즈'로 손에 넣을 수 있다. 마리오가 톡 치던 벽돌, 뿅 하고 나타나던 버섯 등 게임 속 요소들을 실물로 맞닥뜨리니 게임기를 손에 쥐고 있는 듯 들떠버렸다.
MAP ❸-A

GOOGLE MAPS 닌텐도 도쿄
ADD 시부야 파르코 6층(사이버스페이스 시부야)
OPEN 10:00~21:00
WALK 하치코 동상 7분
WEB nintendo.com/jp/officialstore

: WRITER'S PICK :

일본 캐릭터 총집결! 사이버스페이스 시부야

리뉴얼 오픈한 시부야 파르코가 야심차게 준비한 캐릭터 굿즈 판매 공간. 닌텐도와 포켓몬 공식 굿즈숍을 비롯해 슈에이사의 공식 스토어 점프숍, 캡콤의 안테나숍, 도검난무 요로즈야 본점 등 다양한 서브컬쳐 관련 매장으로 6층 전체를 채워 '굿즈 천국'으로 떠올랐다.

바로 옆 포켓몬도 잊지 마세요

포켓몬 센터 시부야
ポケモンセンターシブヤ

입구에서 2m 크기의 뮤츠가 맞아주는 포켓몬 공식 스토어. 상품 수는 다른 매장에 비해 적은 편이지만, 오리지널 티셔츠를 만들 수 있어 포켓몬 팬들이 일부러 찾기도 한다. 게임 소프트와 다양한 굿즈를 만날 수 있다. 닌텐도 도쿄 바로 옆에 있다. **MAP ❸-A**

GOOGLE MAPS 포켓몬센터 시부야
ADD 시부야 파르코 6층(사이버스페이스 시부야)
OPEN 10:00~21:00
WALK 하치코 동상 7분
WEB pokemon.co.jp/shop/pokecen/shibuya

Pokémon Center SHIBUYA
Pokémon
©Dick Thomas Johnson

원피스 마니아라면 발도장 꾹!

원피스 무기와라 스토어

One Piece 麦わらストア 渋谷本店

2024년까지 만화 단행본 기준으로 5억 부 이상 판매되어 '단일 작가 단일 만화 중 가장 많이 판매된 시리즈'로 기네스북에 등재된 <원피스>의 캐릭터숍. 무기와라 스토어 중 최대 규모로, 한정판 포함 약 1만 점의 관련 상품을 취급한다. 복제 원화 등을 볼 수 있는 전시 공간도 있다. **MAP ❸-D**

GOOGLE MAPS 시부야 원피스
ADD 마그넷 바이 시부야 109 6층
OPEN 10:00~21:00
WALK 하치코 동상 1분
WEB mugiwara-store.com

MUGIWARA STORE
ONE PIECE 麦わらストア

ようこそ!麦わらストアへ!
WANTED
DEAD OR ALIVE
MONKEY·D·LUFFY
MARINE

귀여움이 세상을 구한다네

디즈니 스토어

Disney Store 渋谷公園通り店

꿈과 환상의 디즈니 성이 시부야 한가운데 있다. 디즈니와 함께한 추억이 있다면 이 문을 그냥 지나치기는 어려울 듯. 주인공과 서브 캐릭터부터 악당들까지 디즈니 캐릭터로 디자인된 다양한 굿즈를 만날 수 있다. 1층은 판타지아 안뜰, 2층은 디즈니 공주들의 궁전, 3층은 피터팬과 웬디, 토이 스토리의 방이다. **MAP ❸-A**

GOOGLE MAPS 디즈니스토어 시부야점
ADD 20-15 Udagawacho, Shibuya City
OPEN 10:00~20:00(토·일·공휴일 11:00~)
WALK 하치코 동상 4분
WEB disney.co.jp

Disney
store
Snow White

본국 오타쿠의 덕력이 쌓여있는 곳

만다라케

まんだらけ 渋谷店

나카노 브로드웨이에 본점을 둔 중고 만화 체인 서점. 만화책은 물론 DVD, 피규어, 코스프레 의상 등 만화와 관련된 모든 것을 취급한다. 발간한 지 수십 년 된 책이 있는가 하면 미개봉 신상품도 있다. 좁은 통로에 물건이 너무 많아 정신이 혼미해질 수 있지만, 직원에게 문의하면 무엇이든 뚝딱 찾아준다. 같은 건물 3층에 애니메이트가 있다. **MAP ❸-A**

MANDARAKE
まんだらけ
B2

GOOGLE MAPS 만다라케 시부야점
ADD 31-2 Udagawacho Shibuya City(지하 2층)
OPEN 12:00~20:00
WALK 하치코 동상 6분
WEB mandarake.co.jp

아이디어가 반짝!

라이프스타일숍

시부야 라이프스타일숍의 가장 큰 장점은 '대형 매장'이 많다는 것. 짧은 시간 안에 가장 많은 물건을 섭렵할 수 있다. 주 타깃이 젊은 층인 만큼 다른 지역보다 트렌드에 민감해 아이디어 제품이 많은 것도 장점이다.

아메리칸 빈티지
vs 재팬 클래식

잡화점

디자인은 일단 예쁘게 좋죠

덜튼

DULTON Jinnan Shop

지유가오카에 본점을 둔 잡화점. 가정집에 어울리는 실용적이고 소소한 잡화는 물론, 분위기 좋은 카페나 레스토랑에 두면 안성맞춤일 감각적인 인테리어 용품까지 물건 하나하나 존재감이 대단하다. 개성적인 물건을 찾는다면 덜튼을 체크해두자. 하라주쿠역과 시부야역 사이에 있다. **MAP ❸-B**

GOOGLE MAPS 덜튼 진난
ADD 1-4-8 Jinnan, Shibuya City
OPEN 11:00~20:00/목요일 휴무
WALK 하치코 동상 10분
WEB www.dulton.co.jp

DULTON
DULTON

DULTON

300년 노포의 감성을 담은 일본 공예품

나카가와 마사시치 상점

中川政七商店 渋谷店

1716년 나라奈良에서 문을 연 노포 수공예 잡화점의 플래그십 스토어. 300년간 이어져 온 수공예 노하우로 요즘 트렌드에 뒤지지 않는 실용적인 물건을 기획하고 만든다. 인테리어 잡화, 생활용품, 주방용품 등 라이프스타일 전반에 걸친 다양한 제품 중 특히 직물 제품은 장인이 한 땀 한 땀 손으로 짠 천을 이용했다. 시부야점은 약 130평 공간에서 전국 800개 이상 업체와 공동 기획한 상품 약 4000점을 취급하는 일본 최대 규모의 매장으로, 각 제품의 제작 과정과 스토리까지 소개하고 있다. **MAP ❸-D**

GOOGLE MAPS 나카가와 마사시치 시부야점
ADD 스크램블 스퀘어 11층
OPEN 10:00~21:00
WALK 하치코 동상 2분
WEB www.nakagawa-masashichi.jp

中川政七商店

대표 잡화점의

대형 매장

일본 잡화 트렌드 소식통

로프트

Loft Shibuya

Loft

일본 대표 잡화 쇼핑몰 로프트의 본점이다. 소비자의 심리를 꿰뚫는 듯 실용적이면서 세련된 제품군이 탁월하다. 문구류의 규모는 시부야에서 가장 크고, 층층이 인테리어, 주방용품, 여행용품, 온갖 잡화가 가득! 특히 아트 & 디자인을 테마로 꾸민 6층이 본점의 상징이다. 모회사 격인 세이부 시부야점 한 동을 사용하며, 1층과 지하 1층은 옆 동의 무인양품과 연결된다. **MAP ❸-A**

GOOGLE MAPS 시부야 로프트
ADD 21-1 Udagawacho, Shibuya City
OPEN 11:00~21:00
WALK 하치코 동상 4분
WEB loft.co.jp

IKEA
시부야 센터 거리 입구에서 바로 보인다.

느슨해진 살림에 긴장감 한 스푼

핸즈

Hands 渋谷店

지하 1층~지상 7층, 여기에 각 층을 다시 A, B, C 구역으로 나눈 대규모 단독 매장이다. 핸즈의 전체적인 테마는 '집안에 채울 물건들'. 완제품을 주로 판매하는 로프트와 다르게 집을 가꾸는 데 쓰이는 각종 공구와 DIY 제품까지 폭넓게 갖추고 있으며, 유머러스한 아이템이 많은 것이 특징이다. 시부야 스크램블 스퀘어 10층에도 매장이 있다. **MAP ❸-A**

GOOGLE MAPS 핸즈 시부야점
ADD 12-18 Udagawacho, Shibuya City
OPEN 10:00~21:00
WALK 하치코 동상 7분
WEB shibuya.hands.net

자타공인 일본의 이케아

니토리

ニトリ 渋谷公園通り店

일본 제일의 가구 및 생활 소품 브랜드. 시부야 메인 스트리트에 무려 9층 규모로 자리 잡았다. 침대 등 대형가구를 중심으로 배치하고 그에 어울리는 소품을 다채롭게 연출해 놓아 보는 즐거움을 더했다. 다양한 사이즈와 용도의 주방용품, 테이블 매트 등이 온·오프 모두에서 인기. 패브릭 제품 중에선 커튼의 품질이 뛰어나다. **MAP ❸-B**

GOOGLE MAPS 니토리 시부야고엔도리점
ADD 1 Chome-12-13 Jinnan, Shibuya City
OPEN 11:00~21:00
WALK 하치코 동상 6분
WEB www.nitori-net.jp/ec/

저렴한 잡화와 더 저렴한 먹거리

이케아

IKEA渋谷

시부야 한정 지퍼백

이케아의 도심형 소규모 매장. 7층에 달하는 면적을 살려 대형가구부터 어린이 놀이기구까지 갖췄다. 전시된 소파에 앉아 쉬거나 1층 비스트로에서 핫도그(100엔~), 각종 음료(100엔), 커피·아이스크림(50엔), 맥주(300엔)를 저렴하게 맛볼 수 있다. 입구는 이노카시라 거리와 시부야 센터 거리 양쪽에 있다. **MAP ❸-A**

GOOGLE MAPS 이케아 시부야
ADD 24-1 Udagawacho, Shibuya City
OPEN 10:00~21:00(레스토랑 ~20:30)
WALK 하치코 동상 3분
WEB ikea.com/jp/ja/stores/shibuya/

기본에
감각을 더한

디자인
브랜드 숍

TODAY'S SPECIAL
MARCHE BAG
WARM COTTON MARCHE BAG

TODAY'S SPECIAL

특별한 날 특별한 선물

투데이스 스페셜
Today's Special Shibuya

마이보틀을 만든 편집숍. 시부야 매장은 품목이 많은 편은 아니지만, 투데이스 스페셜의 인기 상품들은 모두 만나볼 수 있다. 선물하기 좋은 아이템 위주로 선별해둔 덕분에 기념품을 고르기에 제격이다. 히카리에 신큐스 4층에 있다. **MAP ❸-D**

GOOGLE MAPS todays special shibuya
ADD 시부야 히카리에 4층
OPEN 11:00~21:00
WALK 시부야역 B5번 출구 직결(긴자선 제외) / JR 시부야역 2층 통로를 이용해 히카리에 방향으로 이동 / 긴자선 시부야역과 직결
WEB www.todaysspecial.jp

다이소가 만든 새로운 기준

스탠다드 프로덕트(1호점)
Standard Products Shibuya Mark City

100엔숍의 대명사 다이소의 업그레이드 버전. 색상도 디자인도 제각각인 100엔숍보다 조금 더 차분하고 고급스러운 느낌으로 통일된 아이템을 판매한다. 추천 제품은 그릇과 주방용품, 각종 청소용품. 시부야 마크 시티 웨스트 몰에 다이소와 나란히 있다. **MAP ❸-C**

GOOGLE MAPS 스탠다드 프로덕트 시부야
ADD 시부야 마크 시티 웨스트 몰 1층
OPEN 09:30~21:00
WALK 시부야역 서쪽 출구西口 직결/
그 외 열차는 시부야역 방향 2층 연결통로 이용
WEB standardproducts.jp

330엔, 550엔, 770엔, 1100엔의 4개 가격 단계가 중심이다.

Standard Products

+MORE+

일본엔 아직 있다!
대형 음반 유통 체인

■ **타워레코드** Tower Record 渋谷店

NO MUSIC, NO LIFE.

디지털 음원 판매가 증가하면서 사라져버린 대형 음반 체인이지만, 일본은 이동통신사 NTT도코모가 운영을 맡은 덕에 전국에서 70개 이상이 매장이 성업 중이다. 그중 시부야점은 일본 최대 매장이자 CD 판매량이 기네스북에 오를 정도로 세계적으로 인정받는 레코드 숍이다. Vinyl은 6층에서 판매하며, 면세 카운터는 6·7층에 있다.
MAP ❸-B

GOOGLE MAPS 타워 레코드 시부야점
ADD 1-22-14 Jinnan, Shibuya City
OPEN 11:00~22:00
WALK 하치코 동상 4분
WEB towershibuya.jp

■ **HMV 레코드숍** HMV Record Shop 渋谷
한때 타워레코드와 함께 시부야를 '레코드의 성지'로 이끈 중고 음반 체인. 시부야 숍은 중고 LP·CD 명반을 중심으로 아날로그 플레이어 등을 갖추고 음반 애호가들의 각별한 사랑을 받고 있다. 타워레코드 앞 쇼핑몰 시부야 모디Shibuya MODI 5~6층에도 매장이 있다. **MAP ❸-A**

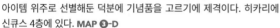

GOOGLE MAPS hmv record shibuya
ADD 36-2, Udagawacho, Shibuya City
OPEN 11:00~21:00
WALK 하치코 동상 8분/핸즈 1분
WEB hmv.co.jp/store/SHU/

고수들의 커피 명가

시부야 골목 카페 투어

쇼핑에 진심을 다했다면, 이제 시부야 커피 고수들의 솜씨를 맛볼 수 있는 골목 카페 투어를 떠나볼 차례다.

일본식 다방, 킷사텐의 품격

차테이 하토우

茶亭 羽當

제임스 프리먼이 일본 드립 커피에 영향을 받아 블루 보틀을 창업했다는 건 익히 알려진 사실. 구체적으로 한 집만 콕 짚으라면 바로 이곳이다. 커피를 내리는 바리스타의 모습이 마치 오케스트라를 지휘하는 듯 리드미컬하게 매장 전체 분위기를 압도한다. 무려 700여 개에 달하는 찻잔 중 손님의 분위기와 어울리는 잔을 골라 커피를 담아주는 서비스도 남다르다. **MAP ❸-B**

GOOGLE MAPS 차테이 하토우
ADD 1-15-19 Shibuya, Shibuya City
OPEN 11:00~22:00
WALK 하치코 동상 5분/시부야역 B3번 출구 1분

하토우
오리지널 블렌드
900엔

스트리머 라테 800엔
스트리머 밀크커피 730엔

월드 챔피언의 라테아트

스트리머 커피 컴퍼니 본점

Streamer Coffee Company Shibuya

시애틀 라테아트 챔피언십에서 아시아인 최초로 우승한 바리스타가 차린 카페. 화려한 라테아트로 단숨에 주목받았다. 브라질 원두를 기반으로 한 고소하면서 씁쓸한 커피에 풍미를 살리는 우유, 눈을 즐겁게 하는 라테아트가 더해져 인기를 얻고 있다. 서양에서의 명성 탓에 유난히 서양인 손님이 많은 것이 특징이다. **MAP ❸-B**

GOOGLE MAPS 스트리머 시부야
ADD 1-20-28 Shibuya, Shibuya City
OPEN 08:00~20:00
WALK 하치코 동상 10분/시부야역 B1번 출구 4분
WEB streamer.coffee

STREAMER
COFFEE COMPANY

고르고 고른

시부야 맛집

한 집 걸러 식당인 시부야에서, 뭘 먹어야 할지 모를 당신을 위해 고르고 고른 맛집 리스트.

히키니쿠토 코메
挽肉と米 1800엔

키와미+ 2700엔

渋谷

눈앞에서 햄버그가 지글지글

히키니쿠토 코메

挽肉と米 渋谷店

매일 아침 다진 소고기로 만든 햄버그를 숯불에 굽고, 갓 지은 밥과 함께 내어주는 집. 상호도 '다진 고기와 쌀'이다. 손님들은 숯불을 중심으로 카운터에 둘러앉아 햄버그 굽는 모습을 지켜보고, 요리사가 손님의 먹는 속도에 맞춰 잘 구운 햄버그를 개인용 그릴에 올려준다. 육즙 팡팡 터지는 햄버그는 3개까지, 날달걀은 1개, 밥은 얼마든지 리필 가능하다. 갖은 소스도 준비돼 있다. 단, 연기 배출관이 없어 실내에 연기가 자욱한 게 흠. 본점은 기치조지에 있다. **MAP ③-C**

GOOGLE MAPS 히키니쿠토 코메 시부야점
ADD 2-28-1 Dogenzaka, Shibuya City(椎津ビル 3층)
OPEN 11:00~15:00, 17:00~21:00(정리권 발급 09:00~)
WALK 하치코 동상 5분/시부야역 A0번 출구 1분
WEB hikinikutocome.com

숨겨지지 않는 시부야 맛집

카이센 도코로 무카이

海鮮処 向井

잘게 썬 신선한 해산물과 식초의 감칠맛이 입안을 꽉 채우는 덮밥, 카이호동海宝丼으로 유명하다. 총 4가지 메뉴(영어)는 참치, 연어, 성게 등 해산물의 종류와 양에 따라 레귤러(1), 디럭스(2), 키와미(3), 키와미+(4)로 나뉜다. 주문표에 메뉴 번호와 함께 백미/잡곡, 식초/적식초, 밥 사이즈 등을 체크하면 나만의 덮밥 완성. 식사 후에는 남은 밥에 육수를 부어 오차즈케로 마무리한다.
MAP ③-C

GOOGLE MAPS 카이센 도코로 무카이
ADD 15-6 Shinsencho, Shibuya
OPEN 10:45~13:45(일 ~14:30)/수요일 휴무
WALK K 시부야역 서쪽 출구西口 15분 / K 게이오 신센역 남쪽 출구南口 2분
INSTA instagram.com/kaisendokoro_mukai

: WRITER'S PICK :

히키니쿠코메 온라인 예약 방법

- **무료 예약** 이용일 7일 전 0시부터 예약을 시작한다. 선착순 예약으로 빠르게 매진되지만, 취소표가 나올 수 있으므로 꼭 이용하고 싶다면 종종 확인해보자.
- **우선 예약** 꼭 방문하고 싶은 사람을 위한 수량 한정 예약권. 1인당 1000엔이 별도 부과되지만, 여유 있게 자리를 확보할 수 있다. 8일 전부터 최대 2개월 전까지 예약 가능.

뷰까지 챙긴 우동 맛집

츠루동탄 우동 누들 브라스리

つるとんたん UDON NOODLE Brasserie 渋谷

시부야 스크램블 스퀘어에서 가장 길게 줄 서는 식당. 츠루동탄은 어느 지점이든 맛이 보장되지만, 이곳은 창가에 앉으면 시부야가 시원하게 내려다보여 매일 오픈 직후부터 대기 줄이 빠르게 늘어난다. 입장 시 창가석과 실내석 중 원하는 자리를 고를 수 있어 시부야 뷰 당첨을 운에 맡기지 않아도 된다. 한국어가 지원되는 태블릿으로 주문하면 내가 시킨 우동이 맞나 싶은 세숫대야만 한 그릇이 도착한다. 탱탱·쫄깃한 면발과 추가 요금 없이 면의 양을 고를 수 있다는 것도 장점. 여기에 맥주 한 잔 곁들이면 웬만한 루프탑 바도 부럽지 않다.

MAP ❸-D

GOOGLE MAPS 츠루동탄 브라스리 시부야
ADD 시부야 스크램블 스퀘어 13층
OPEN 11:00~23:00
WALK 하치코 동상 3분
WEB www.tsurutonton.co.jp/shop/shibuya

검은 깨를 곁들인 우동 1580엔

TsuruTonTan

초특선 니기리
超特選にぎり, 3630엔

모든 것이 좋았다

우메가오카 스시노 미도리

梅丘寿司の美登利 渋谷店

맛있는 스시가 가격까지 착하니 안 갈 이유가 없는 스시 전문점. 도요스 시장에서 직송한 생선, 새우, 조개, 성게 등 풍부한 재료를 이용해 갖은 스시를 만드는데, 메뉴에 오른 단품 스시 종류만 약 70종이다. 아카사카 총본점을 필두로 도쿄와 나고야, 홍콩, 타이완에도 지점을 두고, 일부 테이크아웃 전문점도 있다. 인기가 워낙 많은 탓에 웨이팅이 필수이므로 홈페이지에서 예약하고 가는 게 좋다. MAP ❸-C

GOOGLE MAPS 스시노미도리 시부야
ADD 시부야 마크 시티 4층 레스토랑 애비뉴
OPEN 11:00~15:00, 17:00~~21:00(토·일·공휴일은 브레이크타임 없음)/ 1월 1일 휴무
WALK K 시부야역 방향 연결통로 이용
WEB sushinomidori.co.jp/shops/shibuya/

시부야 스크램블 스퀘어에서 맛보는 도쿄의 소울푸드

모헤지

もへじ 渋谷スクランブルスクエア

몬자야키의 성지 쓰키시마에 본점을 둔 150년 몬자야키 맛집이 시부야 스카이 아래에 매장을 냈으니 줄을 안 설리가 없다. 맛도 합격. 명란, 김치 돼지고기, 해산물 등 다양한 몬자야키와 오코노미야키를 맛볼 수 있다. 전망대를 내려와 마무리 코스로 맥주와 함께 몬자야키를 맛보는 코스가 제일 좋겠지만, 모두 같은 생각을 하기에 특히 저녁 시간엔 대기 줄이 지나치게 길다. 기다리는 시간을 아끼고 싶다면 낮에 방문하는 것이 좋다. 1인 1메뉴 필수. 2시간 시간제한이 있으며, 조리는 직원이 직접 해준다. 1인도 이용 가능한 카운터석이 있어 몬자야키 맛이 궁금한 나 홀로 여행자도 부담 없이 들를 수 있다. 오후 4시 이후에는 1인 400엔의 자릿세(오토시)와 함께 기본 요리가 추가된다. MAP ③-D

GOOGLE MAPS 모헤지 몬자야끼 시부야
ADD 시부야 스크램블 스퀘어 12층
OPEN 11:00~23:00
WALK 하치코 동상 3분

MONJA

해물 몬자야키 2090엔, 생맥주 770엔~

もへじ

오후 4시 이후 입장 시
자릿세 개념의 요리
(1인 418엔)가
추가된다.
명란 떡 몬자 1738엔+
모차렐라 치즈 추가 272엔

모든 재료가 들어가 푸짐한
쿠우야 스페셜 타마 2068엔

쿠우야 야키소바 1408엔

くうや
月島もんじゃ

시끌벅적, 유쾌하게 즐기는 몬자야키

쓰키시마 몬자 쿠우야

月島もんじゃ くうや 渋谷

아는 사람들만 알음알음 먹었던 몬자야키가 시부야 먹방계의 신흥강자로 떠올랐다. 철로 아래 골목을 향해 활짝 열려 있어 탁 트인 느낌을 주며, 테이블마다 비치된 철판에서 음식을 직접 만들어주는 전담 직원의 유쾌함이 홀에 활기를 불어넣는다. 대표 메뉴는 모차렐라 치즈의 쫄깃하고 고소한 맛이 어우러진 명란 떡 몬자와 자극적이지 않고 부드러운 오징어 먹물 몬자. 창업 150년을 넘긴 수산물 도매상 직영점답게 싱싱한 해산물을 이용한 철판구이와 풍성한 오코노미야키, 야키소바도 호평을 받는다. 1인 1메뉴 주문이 필수이며, 한국어 메뉴판이 있다. MAP ③-D

GOOGLE MAPS 츠키시마 몬자 쿠우야 시부야
ADD 1-25-6, Shibuya, Shibuya City
OPEN 11:30~04:00
WALK 하치코 동상 2분

프티 데죄네Petit Dejeuner 2200엔.
오전 11시까지 주문할 수 있다.

빵 사러 프랑스까지 안 가도 되겠네

브라스리 비롱

Brasserie Viron Shibuya

완벽한 프랑스 빵 맛을 재현하기 위해 프랑스 유명 제분 회사 '비롱' 밀가루만을 사용하기 때문에 가게 이름도 비롱이다. 특히 바게트가 맛있어서 프랑스 빵을 사랑하는 이마다 진짜 '파리 바게트'라고 입을 모은다. 2층은 비스트로(가벼운 레스토랑)로, 점원이 들고 온 빵 바구니에서 빵 3가지를 골라 6가지 잼과 함께 즐길 수 있는 모닝 메뉴 비롱 프티 데죄네가 인기다. MAP ❸-A

GOOGLE MAPS 브라스리 비롱 시부야
ADD 33-8 Udagawacho, Shibuya City
OPEN 09:00~17:00(모닝 ~11:00, 런치 ~14:30), 18:00~21:00/1층 베이커리 09:00~22:00
WALK 하치코 동상 7분

野菜市場
VEGETABLE MARKET

평일 점심 모모 코스 3520

샤부샤부 & 스키야키 무제한 뷔페

나베조 / 모모 파라다이스

鍋ぞう 渋谷公園通り店 / モーモーパラダイス 渋谷センター街店

100분 동안 소고기, 돼지고기, 야채, 밥, 우동, 소바, 음료를 무제한으로 즐길 수 있는 샤부샤부·스키야키 전문점. 고기는 직원이 가져다주며, 그 외 음식은 셀프로 이용하면 된다. 뷔페가 아니더라도 평일 점심에는 1000~2000엔대에 가격 대비 훌륭한 식사를 즐길 수 있다. 시부야에는 나베조 고엔 거리점과 모모 파라다이스 센터 거리점 2개 지점이 있고, 신주쿠, 이케부쿠로, 아사쿠사 등에도 지점이 있다. 구글맵에서 예약 가능. MAP ❸-A

GOOGLE MAPS 나베조 시부야고엔도리점, 모모 파라다이스 시부야 센터가이점
ADD 나베조: 20-15 Udagawacho, Shibuya City(디즈니 스토어 있는 빌딩 8층), 모모 파라다이스: 31-2 Udagawacho, Shibuya City(시부야 BEAM 6층)
OPEN 11:30~15:00(L.O. 14:30), 17:00~22:30(L.O. 22:00)
WALK 나베조: 하치코 동상 4분, 모모 파라다이스: 하치코 동상 7분
WEB nabe-zo.com

겨울 특선 굴 튀김이 추가된
돈카츠 모둠 정식
とんかつ盛合せ定食 3300엔

시부야 스트림에서 2층 구름다리를
건너면 편하게 갈 수 있다.

돈카츠 제대로 하는 집

가츠키치

かつ吉 渋谷店

신선한 기름에 갓 튀겨낸 바삭하고 고소한 돈카츠를 선보이는 곳. 뛰어난 품질을 인증받은 두툼한 돼지고기가 풍미를 더한다. 가격이 살짝 비싸지만, 시부야 치고는 비교적 고풍스러운 분위기 속에서 돈카츠 제대로 먹었다는 말이 나오는 집이다. 돈카츠도 맛있지만, 겨울철 굴튀김, 여름철 차가운 가츠동(돈카츠 덮밥) 등 계절 특선 메뉴도 사랑받는다. 홈페이지에서 예약 가능. MAP ❸-D

GOOGLE MAPS 카츠키치 시부야점
ADD 3-9-10 Shibuya, Shibuya City(椎津ビル 3층)
OPEN 11:00~16:00, 17:00~22:00(일요일 11:00~21:30)/L.O.폐점 1시간 전
WALK 하치코 동상 8분/시부야역 C1번 출구 2분
WEB bodaijyu.co.jp/restaurant/shibuya

시부야 감성으로 한 걸음 더 들어갑니다

오쿠시부야奥渋谷

시부야역에서 분카무라 거리文化村通り를 따라 10여 분.
그곳에 오쿠시부야가 있다.
'시부야의 안쪽'을 뜻하는 이곳에선 매일 같이
젊고 신선한 감각의 트렌드가 만들어지는 중.
현지인이 입을 모아 추천하는 도쿄의 핫플,
오쿠시부야의 매력 속으로 한 걸음 들어가 보자.

奥
渋
KAMIYAMA STREET

+MORE+

시부야 피톤치드 담당, 요요기 공원 代々木公園

수천 그루의 나무가 뿜는 피톤치드, 사계절의 정취를 만끽할 수 있는 도심 속 공원. 특히 가을철 은행나무 숲이 예쁘기로 유명하다. 남쪽으로 백화점과 유명 상점이 즐비한 고엔 거리公園通り와 오쿠시부야, 북쪽으로 하라주쿠에 맞닿아 주말이면 다양한 페스티벌이 열리고, 연말이면 다음 한해의 이벤트를 미리 공지할 정도로 축제에 진심인 편. 12월 초부터 크리스마스까지는 고엔 거리의 북쪽 끝과 만나는 느티나무 가로수길ケヤキ並木에서 청의 동굴青の洞窟 일루미네이션을 선보여 약 400m 거리에 파란 불빛이 이어진다. 최근엔 오쿠시부야와 더불어 세련된 카페들이 들어서 산책이 더 즐거워졌다. **MAP ❹-C**

GOOGLE MAPS 요요기 공원
WALK Ⓜ 요요기코엔역 4번 출구 바로 / 요요기하치만역 남쪽 출구南口 3분 / JR 하라주쿠역 서쪽 출구西口 2분
WEB 청의 동굴: shibuya-aonodokutsu.jp

청의 동굴

매일 가고 싶은 동네 책방

시부야 퍼블리싱 & 북셀러

SPBS 本店

오쿠시부야 문화의 축을 담당하는 동네 책방. 출판과 판매를 겸하는 곳으로, 자사 출간물뿐 아니라 뛰어난 안목의 직원들이 셀렉트한 다양한 분야의 서적, 외국어 도서까지 준비돼 있다. 작가와의 만남 같은 이벤트를 풍부하게 열며 책과 사람을 이어주는 곳. 책 덕후들의 마음을 알아챈 듯 재치 있는 굿즈까지, 책을 좋아한다면 그냥 지나칠 수 없는 공간이다. 시부야 스크램블 스퀘어, 히카리에에서도 만날 수 있다. **MAP 166p**

GOOGLE MAPS 시부야 퍼블리싱 앤드 북셀러즈
ADD 17-3 Kamiyamacho, Shibuya City
OPEN 11:00~21:00
WALK 하치코 동상 13분 / 요요기코엔역 2번 출구 8분
WEB shibuyabooks.co.jp

모노클이 제안하는 라이프스타일

모노클 숍

The Monocle Shop Tokyo

"내가 읽는 것이 곧 나를 말해준다." 하이레벨 남성 독자를 타깃으로 문화와 디자인, 패션, 여행, 라이프스타일 등을 제안하는 런던의 글로벌 매거진 <모노클>의 일본 숍. 잡지의 세계관을 구현한 공간과 더불어 꼼데가르송과 콜라보한 향수 등 <모노클>의 브랜드 파워를 입증하는 각종 한정판 제품들이 종종 화제에 오른다. **MAP 166p**

GOOGLE MAPS 모노클 숍 도쿄
ADD 1-19-2 Tomigaya, Shibuya City
OPEN 12:00~19:00(일 ~18:00)
WALK 하치코 동상 16분 / 요요기코엔역 2번 출구 4분
WEB monocle.com

파스텔 데 나타
Pastel De Nata
300엔

에그타르트 정말 맛있는 집

나타 데 크리스티아노

Nata de Cristiano

그저 맛이나 볼까 하고 한 개 샀다가, 먹자마자 다시 돌아가서 줄을 서게 되는 마성의 에그타르트 집. 정통 포르투갈의 맛을 재현한 에그타르트는 바삭한 페이스트리와 입 안에서 녹아버리는 크림이 매력적. 대표 메뉴 파스텔 데 나타는 매진되기 일쑤다. 에그타르트 외에도 치킨 파이, 카스텔라 등 10여 가지 메뉴가 준비돼 있다. 테이블은 외부에 놓인 작은 것 하나뿐, 대부분 테이크아웃으로 주문한다. **MAP 166p**

GOOGLE MAPS 나타 데 크리스티아노
ADD 1-14-16 Tomigaya, Shibuya City
OPEN 10:00~19:30
WALK 요요기코엔역 1번 출구 1분
WEB sato-shoten.net

coffee
SUPREME
SINCE 1993

노르웨이에서 온 커피 명가

푸글렌

Fuglen Tokyo

카페라테 더블 690엔

"최고의 커피는 비행기를 타고 가서라도 마실 가치가 있다." 노르웨이의 커피를 두고 뉴욕타임스가 한 말이다. 이곳은 노르웨이의 커피 명가인 푸글레의 해외 첫 지점으로, 본국에서 보내오는 커피콩을 직접 로스팅해 날씨에 따라 다양한 기법으로 추출한다. 가볍게 볶아낸 커피는 산미가 강한 편이니 취향이 아니라면 라테를 선택하자. 스칸디나비아식 인테리어도 매력적. 아사쿠사에도 지점이 있다. **MAP 166p**

GOOGLE MAPS 후글렌 시부야
ADD 1-16-11 Tomigaya, Shibuya City
OPEN 07:00~01:00(월~수요일 ~22:00)
WALK 하치코 동상 17분 / 요요기코엔역 2번 출구 4분
WEB fuglen.com

시부야에서 만나는 뉴질랜드 감성

커피 수프림 도쿄

Coffee Supreme Tokyo

뉴질랜드 웰링턴에서 시작된 스페셜티 커피 로스터리. 고품질의 공정 무역 커피로 뉴질랜드 커피 문화를 이끈 곳이다. 세련된 카페가 많은 오쿠시부야에서도 심플하면서도 감각적인 인테리어로 눈길을 끈다. 1층은 바석, 4층은 석양이 아름다운 루프탑이 있다. 이른 아침 문을 열며, 롱블랙, 플랫화이트, 피콜로 등 호주와 뉴질랜드 스타일의 커피를 맛볼 수 있다. **MAP 166p**

GOOGLE MAPS 커피 수프림 도쿄
ADD 42-3 Kamiyamacho, Shibuya
OPEN 08:00~18:00
WALK 하치코 동상 16분 /
요요기코엔역 2번 출구 6분
WEB coffeesupreme.com/tokyo

커피 530엔~

카페라테 550엔

Little Nap
COFFEE
STAND

요요기 공원 앞 라테 장인

리틀냅 커피 스탠드

Little Nap Coffee Stand

요요기 공원 근처의 작은 카페. 간판보다 입구에 사람들이 줄 서 있는 가게를 찾는 게 더 빠를 정도로 항상 붐빈다. 인기의 주인공은 진한 에스프레소와 부드러운 우유의 조합이 최고인 라테. 대기 줄은 길지만, 대부분 테이크아웃이니 오래 기다릴 염려는 없다. **MAP 166p**

GOOGLE MAPS 리틀냅 커피 스탠드
ADD 5-65-4 Yoyogi, Shibuya City
OPEN 09:00~19:00(토·일요일 ~17:00)
WALK 요요기기코엔역 1번 출구 3분 / 요요기하치만역 북쪽 출구北口 2분
WEB littlenap.jp

에그 오믈렛 샌드위치 550엔.
커피 등 음료도 주문해야 한다.

타마고샌드랑 커피 진짜 잘하는 집

카멜백

Camelback Sandwich & Espresso

전직 스시 셰프가 만든 샌드위치. 처음 들으면 '무슨 상관인데?' 싶겠지만, 두툼한 달걀 사이 느껴지는 알싸한 와사비향이 결정적 한 방이다. 한국인 여행자들에게는 타마고샌드(에그 오믈렛 샌드위치)가 가장 인기. 현지인이나 외국인 여행자들은 커피 맛에 높은 점수를 준다. 주문은 왼쪽 문, 픽업은 오른쪽 문 이용.

MAP 166p

GOOGLE MAPS 카멜백 샌드위치
ADD 42-2 Kamiyamacho, Shibuya City
OPEN 08:00~18:00
WALK 하치코 동상 16분 / 요요기코엔역 2번 출구 6분
WEB camelback.tokyo

365일 생각나는 빵집

365 데이즈

365 Days(365日)

먹기 아까운 비주얼에 맛은 물론 건강까지 챙긴 유기농 빵집이다. 최고 인기스타는 둥그런 빵에 초콜릿 알맹이가 들어 있는 크로칸 쇼콜라. 쉴 새 없이 구워내지만, 주문 속도를 따라가지 못해 빵이 동나기도 한다. 잠시 기다리면 빵이 다시 채워지니 기다렸다가 재주문에 도전하자.

MAP 166p

GOOGLE MAPS 365일 시부야
ADD 1 Chome-2-8 Tomigaya, Shibuya City
OPEN 07:00~19:00
WALK 요요기코엔역 1번 출구 1분 / 요요기하치만역 남쪽 출구南口 1분
WEB ultrakitchen.jp

크로칸 쇼콜라
クロッカンショコラ
443엔

踏切監視中
非常ボタン
○非常ボタンをもどらなくなるまでつよく押して下さい。
○非常の場合以外に使用すると処罰されます。
Emergency button
非常ボタン
踏切を横断される方
ご利用ください

도쿄의 걷고 싶은 길 #1

요요기 공원 서쪽, 요요기하치만역 주변은 노면으로 열차가 다닌다. 무심코 만난 철도 건널목에 차단기가 내려오면, 들뜬 마음에 저절로 카메라를 들게 된다.

#가와이라이프 #거리예술 #HarajukuSweets

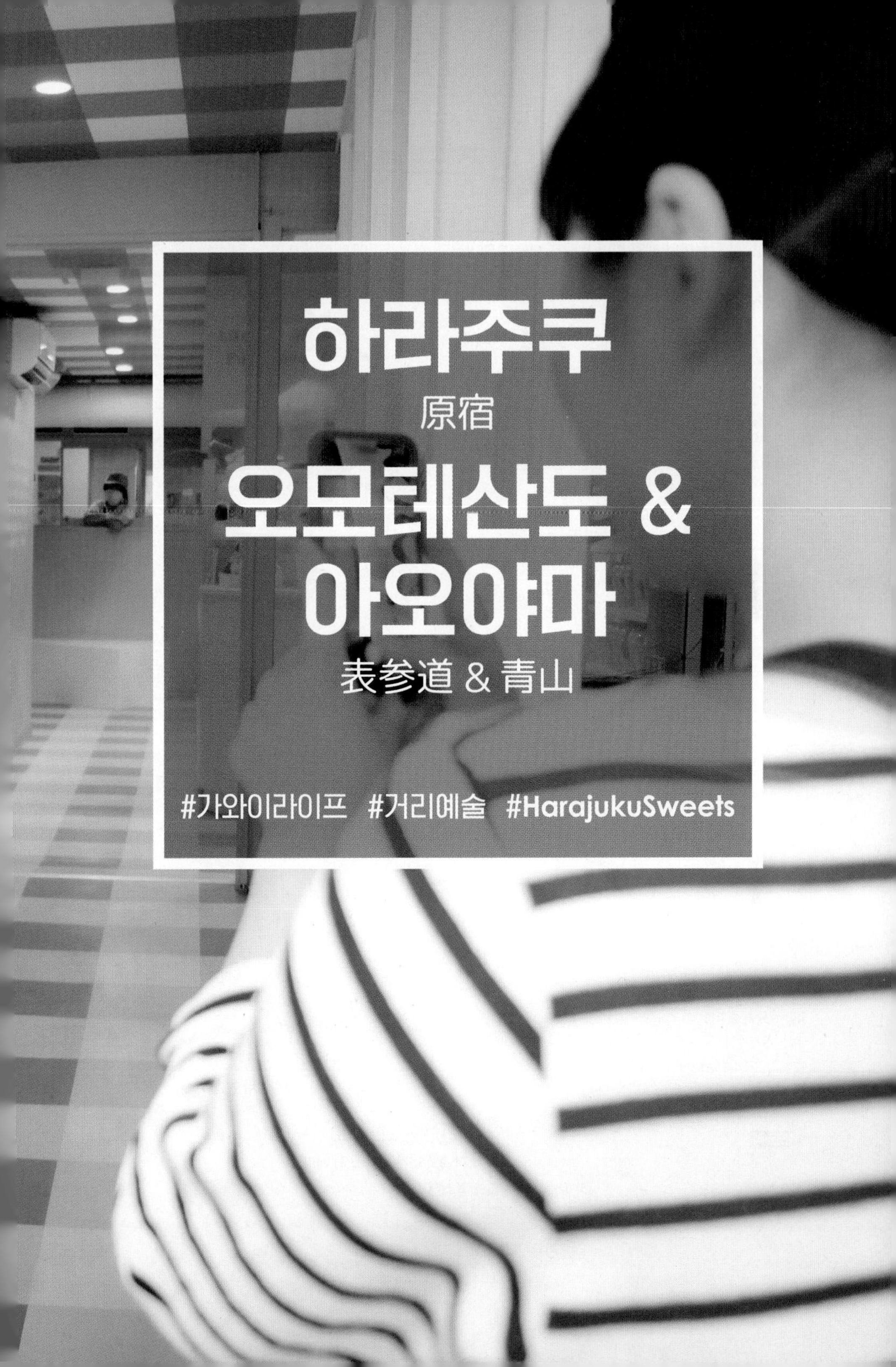

하라주쿠
原宿
오모테산도 & 아오야마
表参道 & 青山

#가와이라이프 #거리예술 #HarajukuSweets

#Walk

일본 Z세대의 트렌드 발신지

하라주쿠 原宿

일본 10~20대 사이에서 가장 먼저 유행이 시작되는 곳. 10대 패피 꿈나무들의 놀이터 다케시타 거리를 비롯해 다양한 취향을 겨냥한 골목마다 매일 열띤 트렌드 배틀이 벌어진다. 하라주쿠에서 한번 뜨면 전국으로 퍼져나가는 건 시간문제. 그렇다 보니 도쿄로 첫 출격한 해외 브랜드도 가장 먼저 이곳을 눈독 들인다. 요즘 도쿄에서는 뭐가 유행일까? 궁금하다면 하라주쿠로 가자.

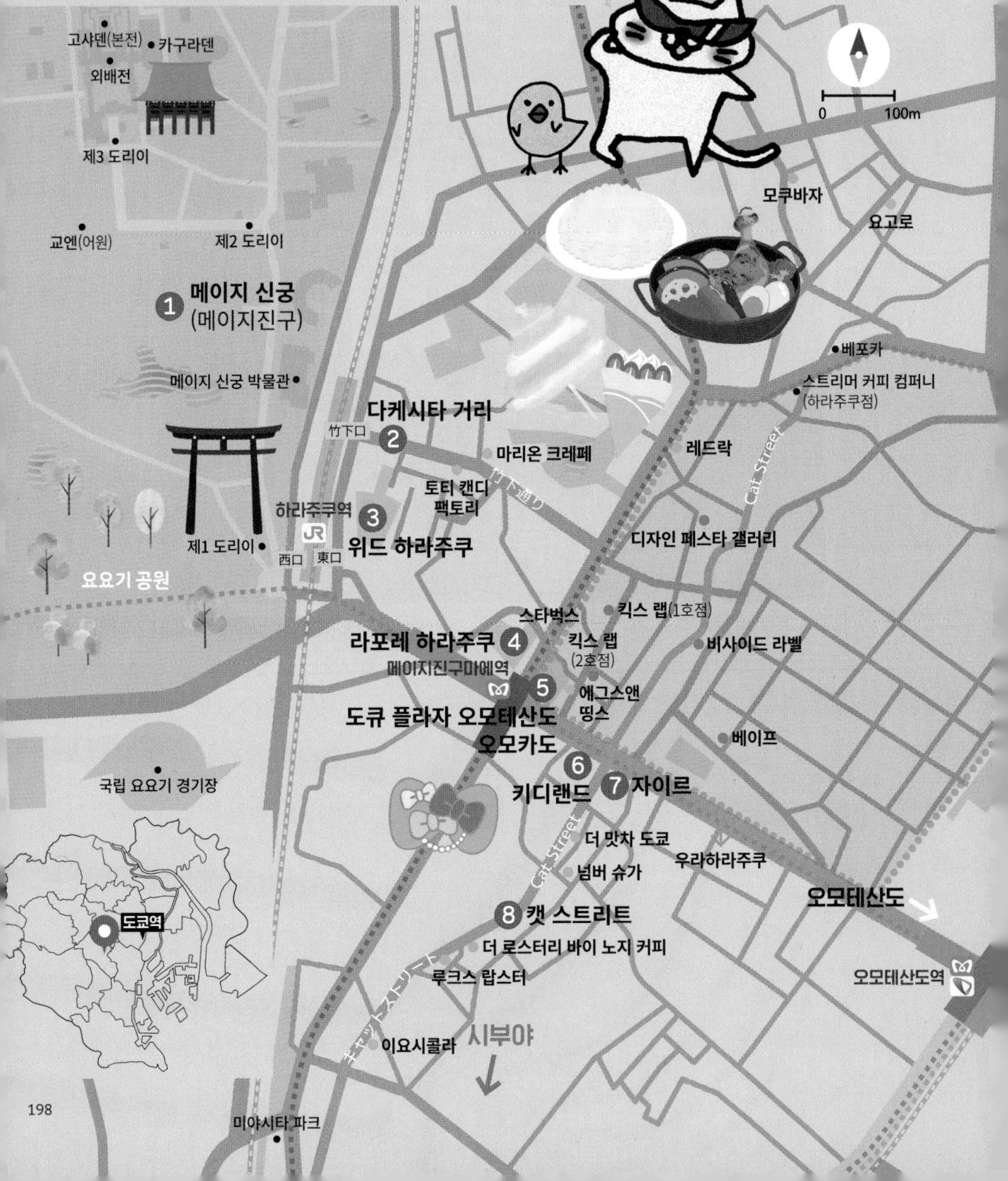

고샤덴(본전)
카구라덴
외배전
제3 도리이
교엔(어원)
제2 도리이
1 메이지 신궁 (메이지진구)
메이지 신궁 박물관
제1 도리이
요요기 공원
국립 요요기 경기장
도쿄역
0 100m
모쿠바자
요고로
베포카
스트리머 커피 컴퍼니 (하라주쿠점)
다케시타 거리
竹下口
2
마리온 크레페
竹下通り
토티 캔디 팩토리
레드락
Cat Street
하라주쿠역
3 위드 하라주쿠
西口
東口
디자인 페스타 갤러리
스타벅스
킥스 랩(1호점)
라포레 하라주쿠 4
킥스 랩 (2호점)
비사이드 라벨
메이지진구마에역
5
도큐 플라자 오모테산도 오모카도
에그스앤띵스
베이프
6 키디랜드
7 자이르
더 맛차 도쿄
넘버 슈가
우라하라주쿠
오모테산도
8 캣 스트리트
더 로스터리 바이 노지 커피
루크스 랍스터
오모테산도역
キャットストリート
이요시콜라
시부야
미야시타 파크

Access

❶ 지하철·사철

하라주쿠역 原宿

- **JR 야마노테선**: 출구는 다케시타 거리 쪽의 다케시타 출구竹下口, 오모테산도 쪽의 동쪽 출구東口, 메이지 신궁 쪽의 서쪽 출구西口 3곳이다.

메이지진구마에역 明治神宮前

- **지하철 도쿄 메트로 지요다선·후쿠토신선**: 지유가오카·다이칸야마에서 후쿠토신선과 직통 연결 운행하는 도큐 도요코선을, 시모키타자와에서 지요다선과 직통 연결 운행하는 오다큐선을 타면 한 번에 닿을 수 있다. 2번 출구가 JR 하라주쿠역과 지상에서 연결된다. 메이지 신궁은 2번 출구, 다케시타 거리는 3번 출구, 라포레·도큐 플라자는 5번 출구 이용.

❷ 버스

하치코 버스 ハチ公バス

시부야의 충견 하치코가 그려진 귀여운 마을버스. 4개의 노선 중 시부야~하라주쿠·오모테산도·아오야마 구간을 운행하는 파란색 진구노모리神宮の杜 노선을 타면 하라주쿠까지 약 13분, 오모테산도역까지 약 22분 소요된다. 대략 07:30~20:57에 평균 15분 간격으로 운행하며, 요금은 100엔(PASMO·Suica 사용 가능).

GOOGLE MAPS MP52+F5 시부야
WALK JR 시부야역과 시부야 마크 시티를 연결하는 2층 통로 아래 하치코 버스 전용 정류장 출발
WEB www.city.shibuya.tokyo.jp/kurashi/kotsu/hachiko_bus/

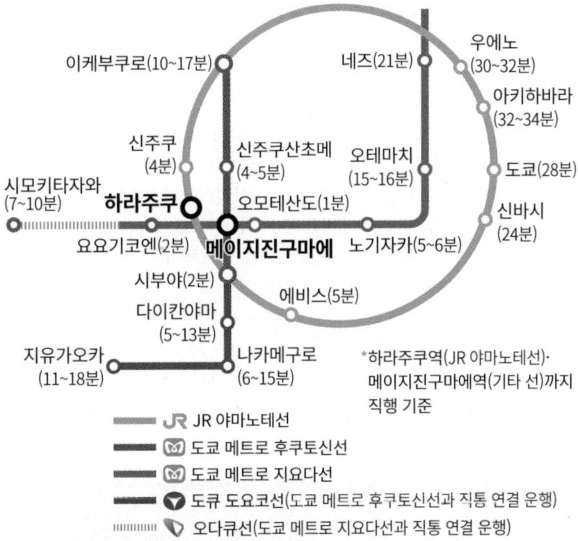
이케부쿠로(10~17분)
네즈(21분)
우에노 (30~32분)
아키하바라 (32~34분)
신주쿠 (4분)
신주쿠산초메 (4~5분)
오테마치 (15~16분)
도쿄(28분)
시모키타자와 (7~10분)
하라주쿠
오모테산도(1분)
신바시 (24분)
요요기코엔(2분)
메이지진구마에
노기자카(5~6분)
시부야(2분)
에비스(5분)
다이칸야마 (5~13분)
지유가오카 (11~18분)
나카메구로 (6~15분)
*하라주쿠역(JR 야마노테선)·메이지진구마에역(기타 선)까지 직행 기준
JR 야마노테선
도쿄 메트로 후쿠토신선
도쿄 메트로 지요다선
도큐 도요코선(도쿄 메트로 후쿠토신선과 직통 연결 운행)
오다큐선(도쿄 메트로 지요다선과 직통 연결 운행)

Planning

하라주쿠와 오모테산도·아오야마는 모두 오모테산도 대로를 따라 1.5km 이내에 이웃해 있다. 시부야까지 도보로 충분히 커버할 수 있는 동네인 만큼 각기 다른 분위기의 이들 지역을 묶어서 여행하는 것이 동선 활용에 좋다. 주말에 방문할 경우 인기 맛집 웨이팅은 어지간한 인내심으로는 견디기 힘든 수준이니 이를 감안해서 일정을 짜자.

: WRITER'S PICK :

왜 역이 2개죠? NEW 하라주쿠역

JR 하라주쿠 역사는 하라주쿠의 오랜 상징이었다. 1920년대에 지은 고풍스러운 영국풍 건물로, '도쿄도에서 가장 오래된 목조 역사驛舍'라는 타이틀을 달고 있었다. 하지만 하루 이용객 8만여 명을 수용하기엔 역부족에 화재에도 취약했던 것. 2020년부터는 약 100년의 세월을 뒤로 하고 새로 지은 역사를 이용하고 있다. 기존의 목조 건물은 해체되었고, 신역사 동쪽에 옛 모습을 재현한 반목조 역사가 세워져 있다.

하라주쿠역 신역사

1 숲에서 되돌아보는 우리 역사
메이지 신궁(메이지진구)
明治神宮

일본에 제국주의를 도입한 메이지 일왕(1852~1912년)과 그의 부인 쇼켄 왕비를 제신으로 모신 신사. 제2차 세계대전 때 미군의 공습으로 초토화된 것을 1958년 민간인의 기부금으로 재건했다. 울창한 숲과 굵은 자갈이 깔린 참배길은 도심 속 산책 명소로 손색없지만, 하늘을 가릴 정도로 빽빽하게 둘러싼 1만 그루의 나무들이 일제 강점기 때 우리나라와 대만, 사할린 등지에서 가져온 것들이라는 사실을 생각하면 씁쓸한 기분을 지울 수 없다. 100만 명 이상의 참배객이 방문하는 1월 초면 사람들이 한 해 운세를 보기 위해 뽑은 오미쿠지おみくじ를 나무에 묶어둔 모습이 마치 하얗게 핀 꽃 같다. **MAP ④-A**

GOOGLE MAPS 메이지 신궁
ADD 1-1 Yoyogikamizonocho, Shibuya City
OPEN 05:00~17:30/일출·일몰 시간에 따라 유동적(6월 05:00~18:30, 12월 06:40~16:00)/박물관 10:00~16:30(폐장 30분 전까지 입장)/교엔 09:00~16:30(6월 08:00~17:00(토·일 ~18:00), 11~2월 ~16:00)/박물관 목요일 휴무
PRICE 무료(박물관·보물전·교엔은 별도)
WALK JR 하라주쿠역 서쪽 출구西口 앞(본전까지 약 10분 소요)
WEB meijijingu.or.jp

본전에 이르기까지 거대한 도리이鳥居(신사 입구에 세운 기둥문) 3개가 세워져 있어 장중한 분위기를 풍긴다.

神宮橋

하라주쿠와 메이지 신궁의 가교 역할을 하는 진구바시神宮橋

1500년 된 삼나무로 지은 2번째 도리이. 높이 12m, 무게 13t으로, 목조 도리이 중 일본 최대 규모다.

메이지 신궁의 본전, 고샤덴御社殿

CANDY A GO GO!
www.candyagogo.com

2 어디선가 봤던 바로 그 거리
다케시타 거리
竹下通り

일본의 10대 소녀들이라면 한 번쯤 걸어야 하는 패션 스트리트. 풍성한 프릴과 기다란 속눈썹, 일상복인지 코스프레 복장인지 분간이 안 될 만큼 화려한 옷을 입은 소녀들로 대표되는 '카와이 문화'의 발상지다. 시대마다 유행하는 패션, 아이템, 먹거리가 가장 먼저 등장하며 일본 MZ들의 트렌드를 이끄는 곳으로, 요즘은 케이팝 문화까지 자연스럽게 스며들었다. 하라주쿠의 상징이자 도쿄를 배경으로 한 영화나 드라마, 애니메이션에 등장하는 단골 장소! **MAP 4-A**

이 아치가 보이면
다케시타 거리의 시작!
아치 장식은 자주
바뀌어 또 하나의
볼거리가 된다.

GOOGLE MAPS 타케시타 거리 시부야
WALK JR 하라주쿠역 다케시타 출구竹下口 건너편 / 메이지진구마에역 2·3·5번 출구 2분

+MORE+

다케시타 거리의 인증샷 스타들

마리온 크레페
Marion Crêpes

크레페가 하라주쿠에 처음 등장한 건 1976년. 일본에서 처음으로 테이크아웃 크레페를 선보이며 그야말로 대박이 났다. 이후로 지금까지 일 년에도 몇 개의 상점이 문을 닫고 새로 문을 여는 다케시타 거리에서 변함없이 디저트 인기 원탑의 자리를 지키고 있다. 수십 가지 메뉴가 결정 장애를 유발한다. **MAP 4-A**

GOOGLE MAPS 마리온 크레페 하라주쿠
ADD 1 Chome-6-15 Jingumae, Shibuya City
OPEN 10:30~20:00(토·일 10:00~)
WALK 다케시타 거리 서쪽 입구 2분
WEB marion.co.jp

수십 가지 크레페를
입맛대로 470엔~

토티 캔디 팩토리
Totti Candy Factory

찾았다! 얼굴이 작아 보이는 나의 인증샷 친구. 요 몇 년 사이 크레페만큼이나 많은 이의 선택을 받는 것은 솜사탕이다. 그중에서도 이곳 토티의 솜사탕은 일본 각지에서 상경한 소녀들의 신 인증샷 코스! **MAP 4-A**

GOOGLE MAPS 토티 캔디 팩토리
ADD 1-16-5 Jingumae, Shibuya City
OPEN 10:00~19:00(토·일 09:00~20:00)
WALK 다케시타 거리 서쪽 입구 1분
WEB totticandy.com

하라주쿠 레인보우
코튼 캔디 1000엔

マリオンクレープ
MARION CRÊPES
Patisserie from Harajuku since 1976

3 의외의 '기차멍' 명당
위드 하라주쿠
With Harajuku

다케시타 거리 근처, 하라주쿠역 맞은편에 2020년 문을 연 13층 규모의 주상복합 건물이다. 독특한 목조 디자인이 시선을 끄는 건물 안으로 들어서면 3층 테라스에 하라주쿠역과 선로를 달리는 JR 열차, 메이지 신궁이 보이는 의외의 전망 포인트가 기다리고 있다. 뒤편 계단식 구조의 테라스를 내려가면 다케시타 거리로 이어진다. 입점 상점은 유니클로와 세계에서 가장 작은 이케아 등 우리에게 익숙한 브랜드 매장 위주다.
MAP ④-A

GOOGLE MAPS 위드 하라주쿠
ADD 1-14-30 Jingumae, Shibuya City
OPEN 07:30~23:30
WALK JR 하라주쿠역 동쪽 출구東口 1분 / 메이지진구마에역 3번 출구 1분
WEB withharajuku.jp

4 하라주쿠 패션의 전진기지
라포레 하라주쿠
Laforet Harajuku

시부야와 하라주쿠를 잇는 메이저 브랜드 스트리트, 메이지 거리明治通り와 오모테산도 가로수길이 만나는 사거리에서 압도적인 존재감을 뽐내는 쇼핑몰. 하라주쿠를 도쿄 패션의 전진기지로 만드는 데 가장 큰 공을 세웠다. 하라주쿠의 주 방문층인 10~20대에 어울리는 개성 있는 콘셉트의 숍들이 주류를 이루고, 1층과 2층의 기간 한정 스토어에서는 이제 막 입소문을 타기 시작한 신생 브랜드나 일본에 갓 론칭한 해외 브랜드를 선보인다. MAP ④-A

GOOGLE MAPS 라포레 하라주쿠
ADD 1-11-6 Jingumae, Shibuya City
OPEN 11:00~20:00
WALK JR 하라주쿠역 동쪽 출구東口 3분 / 메이지진구마에역 5번 출구 바로
WEB laforet.ne.jp

힙스터들의 단골 편집숍, GR8

오모하라의 숲

도큐 플라자 하라주쿠 하라카도

하라카도 옥상에서 바라본 오모카도

입구부터 옥상까지 블링블링

5 도큐 플라자 오모테산도 오모카도 & 도큐 플라자 하라주쿠 하라카도

東急プラザ表参道 オモカド & 東急プラザ原宿 ハラカド

다면체 거울을 이용한 독특한 외관과 6층 옥상정원 '오모하라의 숲おもはらの森'으로 많은 사랑을 받은 쇼핑몰 도큐 플라자 오모테산도 앞에 쌍둥이처럼 닮은 건물이 하나 더 들어섰다. 2개의 건물에 오모카도(구관)-하라카도(신관)라는 새 이름도 붙으며 이 구역 랜드마크로 다시 한번 도장 쿵! 기존의 오모카도가 쇼핑 위주였다면, 하라카도는 쇼핑뿐 아니라 갤러리, 크리에이티브 라운지, 체험형 콘텐츠 등 즐길거리가 풍부한 것이 특징. 지하에는 고엔지의 100년 전통 목욕탕 고스기유小杉湯가 있고 옥상정원까지 연결된 푸드코트에서 가벼운 식사도 할 수 있다. **MAP ❹-A**

GOOGLE MAPS 도큐플라자 오모테산도, 도큐플라자 하라카도
ADD 4-30-3 Jingumae, Shibuya City
OPEN 11:00~20:00(레스토랑·스타벅스 08:30~22:00)
WALK JR 하라주쿠역 동쪽 출구東口 3분 / Ⓜ 메이지진구마에역 5번 출구 1분
WEB omohara.tokyu-plaza.com

하라카도

: WRITER'S PICK :

옥상에 펼쳐진 정원 스타벅스 도큐 플라자 오모테산도점

도큐플라자 오모테산도 옥상(6층)을 차지한 스타벅스. 하라주쿠·오모테산도 일대가 아무리 분주해도 이곳에 들어오면 도심 속 작은 쉼터에 온 듯 차분해진다. 야경이 멋진 밤에 더욱 빛을 발한다.

Rilakkuma store
Happy life with Rilakkuma!

KIDDY LAND

학창시절 추억 소환

6 키디랜드

Kiddy Land

문구 덕후들은 필수로 들르는 곳. 헬로키티, 리락쿠마, 스누피, 미피, 폼폼푸린…. 학창시절을 함께한 귀여운 캐릭터들이 한자리에 다 모였다. 도쿄에 거주하는 외국인을 위한 잡화점에서 출발한 완구점으로, 밸런타인데이와 핼러윈을 일본에 처음 소개한 곳이기도 하다. **MAP ❹-C**

GOOGLE MAPS 키디랜드 하라주쿠점
ADD 6 Chome-1-9 Jingumae, Shibuya City
OPEN 11:00~20:00
WALK JR 하라주쿠역 동쪽 출구東口 4분 / Ⓜ 메이지진구마에역 4번 출구 2분
WEB kiddyland.co.jp/harajuku

7 더 강렬하게, 더 패셔너블하게
자이르
GYRE

명품 거리 오모테산도와 맞닿아 있는 독특한 건축 디자인의 패션 빌딩. 소용돌이처럼 한 층 한 층 비틀면서 쌓아 올린 뒤 그로 인해 생긴 공간에 테라스를 두고 외부 계단을 통해 연결한 외관이 막강한 존재감을 발산한다. 매장 수는 많지 않지만, 샤넬, 메종 마르지엘라, CDG, 모마 디자인 스토어 등 수준 높은 부티크와 디자인숍이 들어서 있다. 특히 현대미술의 산실로 불리는 뉴욕 현대미술관MoMA 디자인 스토어의 해외 첫 지점, 모마 디자인 스토어에서는 뉴욕 모마 큐레이터가 선정한 세계 각국 디자이너들의 상품을 만날 수 있다. 음식·건축·디자인 등 다양한 분야의 전문가들이 '자연'과 '환경'을 테마로 꾸민 4층 자이르 푸드는 구경만 해도 힐링이 된다. **MAP ❹-C**

GOOGLE MAPS 자이레
ADD 5-10-1 Jingumae, Shibuya City
OPEN 숍 11:00~20:00, 푸드 11:30~24:00(가게마다 다름)
WALK JR 하라주쿠역 동쪽 출구東口 6분 / 메이지진구마에역 4번 출구 3분
WEB gyre-omotesando.com

CHANEL

MoMA
DESIGN

3층 모마 디자인 스토어

Flamingo
PARIS MIKI

자이르 옆 골목 입구에서 미야시타 파크까지
700m가량 이어지며
하라주쿠와 시부야를 잇는다.

8 검은 고양이처럼 시크한 패션 거리
캣 스트리트
キャットストリート Cat Street

다케시타 거리가 개성 강한 소녀들의 거리라면, 이곳은 스타일리시한 성인들의 거리다. 디자이너숍과 스트리트 패션이 경계 없이 어우러지고, 흔한 브랜드도 상품 구성이 남달라 패피들의 전폭적인 지지를 받는다. 빈지티숍과 남성복 매장이 많다는 것도 특징. 여행의 우선순위가 쇼핑이라면 필수고, 그저 산책할만한 곳을 찾는다고 해도 꼭 가봐야 할 곳. 무엇보다 주변의 건물들이 낮아서 아기자기한 느낌이 든다. 오모테산도表参道 대로의 자이르 옆으로 난 골목에서 시작해 남쪽으로 쭉 걸으면 시부야까지 닿는다. **MAP ❹-C**

GOOGLE MAPS cat st
WALK JR 하라주쿠역 동쪽 출구東口 6분 / 메이지진구마에역 4번 출구 2분/ 시부야역 13번 출구 2분

그 골목에 뭐가 있는데요?

우라하라주쿠 쇼핑 리스트

하라주쿠의 뒷골목을 뜻하는 우라하라주쿠裏原宿는 비싼 임대료를 감당하기 힘든 가게들이 중심지에서 살짝 떨어진 곳에 자리를 잡으며 형성됐다. 1990년대 후반에서 2000년대 초반에 탄생한 펑키한 남성 스트리트 패션이 이곳에서 시작해 큰 인기를 얻었다. 지금은 유행이 사그라들었지만, 여전히 예술과 다양한 스타일의 패션을 접목해 우라하라주쿠만의 독특한 분위기를 만들고 있다. 이 거리에서 탄생한 브랜드 앞엔 '우라하라계裏原系'라는 수식어가 붙는다.

숨겨둔 재능이 발휘되는 곳

디자인 페스타 갤러리

Design Festa Gallery

76개의 공간이 열린 갤러리. 특별한 심사 없이 누구나 전시할 수 있다는 점에서 다양한 아티스트의 실험의 장으로 활용되고 있다. 누군가의 첫 작품, 어렵게 꺼낸 재능 속에서 의외의 영감이 떠오를 수도. **MAP ❹-B**

GOOGLE MAPS 디자인 페스타 갤러리
ADD 3 Chome-20-18 Jingumae, Shibuya City
OPEN 11:00~20:00
WALK 메이지진구마에역 5번 출구 5분
WEB designfestagallery.com

DESIGN
FESTA
GALLERY

일본 스트리트 패션의 아이콘

베이프

BAPE Store® 原宿

1993년 하라주쿠 매장 '노웨어'에서 시작한 브랜드. 온천욕을 즐기는 원숭이를 느긋하고 풍요로운 일본 젊은 세대에 빗대어 정식 명칭은 'A Bathing Ape in Lukewarm Water'. 일본 뮤지션들이 입기 시작하며 명성을 얻었고, 우리나라에서도 힙합 음악 프로그램에 출연하는 아티스트들이 착용하면서 지지층이 넓어졌다. **MAP ❹-B**

GOOGLE MAPS 베이프 스토어 하라주쿠
ADD 4-21-5 Jingumae, Shibuya City
OPEN 11:00~20:00
WALK 메이지진구마에역 5번 출구 4분

운동화 마니아라면 안 가곤 못 배기는 곳

킥스 랩

Kicks Lab.

일본 최초의 운동화 편집숍. 일본에서 정식 판매되지 않는 해외제품이나 스포츠 브랜드와 콜라보한 제품 등 다양한 한정판을 만날 수 있다. 친절한 응대로 편안하게 쇼핑할 수 있는 것도 장점. 2호점은 우리나라 운동화 마니아들에겐 나이키 조던의 성지로 불린다. **MAP ❹-A**

GOOGLE MAPS MP94+RP 시부야(1호점)/킥스 랩 시부야(2호점)
ADD 4-32-4 Jingumae, Shibuya City
OPEN 12:00~20:00
WALK 메이지진구마에역 5번 출구 5분
WEB kickslab.com

스티커 하나를 붙여도 센스 있게

비사이드 라벨

B-Side Label 原宿店

INVENT
The
FUTURE

개성 만점 팝아트 디자인 스티커를 구할 수 있는 곳. 노트북, 여행 가방, 스포츠용품 등에 붙이는 것만으로도 일상에서 아트를 가볍게 즐길 수 있다. 그 외 배지, 키링 등 다양한 형태의 유니크한 작품이 준비돼 있다. 스티커는 UV·방수 처리도 짱짱하다. **MAP ❹-B**

GOOGLE MAPS 비사이드라벨 하라주쿠
ADD 4-25-6 Jingumae, Shibuya City
OPEN 12:00~20:00
WALK 메이지진구마에역 5번 출구 5분
WEB bside-label.com

걷기 에너지 100% 충전

캣 스트리트 맛 산책

이것저것 구경거리가 많은 캣 스트리트를 걸을 땐 배가 든든해야 한다. 카페인과 당 충전도 필수!

쫀득쫀득한 랍스터가 빵 속 가득

루크스 랍스터

Luke's Lobster 表参道キャットストリート店

저렴한 가격에 쫀득한 랍스터 살을 듬뿍 넣은 샌드위치를 맛볼 수 있는 곳. 한동안 수십 분의 웨이팅은 기본일 정도로 인기를 누리다가 도쿄 곳곳에 빠르게 지점을 늘려 지금은 긴 기다림은 피할 수 있다. 미국에서 직배송한 랍스터로 만든다. 시부야 고엔 거리와 신주쿠 서던테라스에도 지점이 있다. **MAP ❹-C**

GOOGLE MAPS 루크스 랍스터 오모테산도
ADD 5-25-4 Jingumae, Shibuya City
OPEN 11:00~20:00
WALK 캣 스트리트 자이르 초입 4분
WEB www.flavorworks.co.jp/brand/lukeslobster.html

랍스터롤(라이트) 1728엔,
쉬림프롤 1404엔

한 알 한 알 정성을 담은 수제 캐러멜

넘버 슈가

Number Sugar

No 향료, No 착색료, No 방부제! 천연 재료만 사용해 궁극의 맛을 낸 수제 캐러멜이다. 바닐라, 커피, 아몬드 등 클래식한 캐러멜부터 일본식 미소 된장이나 말차 맛 캐러멜, 캐러멜로 만든 스무디까지 맛과 장르를 넘나든다. 오픈 키친에서 한 알 한 알 제작한 캐러멜에 고급스러운 패키징까지 더해, 도쿄 여행 기념 선물로 '센스'를 어필하고 싶을 때 이만한 게 없다. **MAP ❹-C**

GOOGLE MAPS 넘버 슈가 진구마에
ADD 5-11-11 Jingumae, Shibuya City
OPEN 11:00~19:00
WALK 캣 스트리트 자이르 초입 2분
WEB numbersugar.jp

NUMBER SUGAR

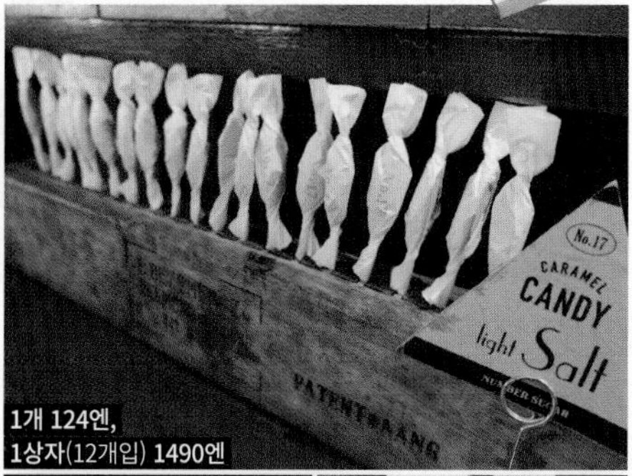
No.17
CARAMEL
CANDY
light Salt

1개 124엔,
1상자(12개입) 1490엔

NUMBER SUGAR
Cinnamon & Tea

CARAMELS
NUMBER SUGAR
OMOTESANDO

COFFEE

햇살 좋은 오후의 커피 한 잔

더 로스터리 바이 노지 커피

The Roastery by Nozy Coffee

생산지와 생산 과정이 명확한 고품질의 원두를 딱 한 종만 엄선해 로스팅하는 스페셜티 커피 명가다. 오늘의 추천 원두 두 가지 중 하나를 골라 주문하면 오픈키친에서 바리스타가 직접 로스팅한 커피를 내려준다. 향긋한 커피 한 잔을 받아 들고 테라스석에 자리 잡으면 오늘은 내가 바로 하라주쿠 힙스터! **MAP ❹-C**

GOOGLE MAPS 로스터리 노지
ADD 5-17-13 Jingumae, Shibuya City
OPEN 10:00~20:00
WALK 캣 스트리트 자이르 초입 4분
WEB www.tysons.jp/roastery

THE
MATCHA
TOKYO
JAPAN PREMIUM 650엔, 말차 카스텔라 420엔

도심에서 즐기는 말차의 깊이

더 맛차 도쿄 오모테산도

The Matcha Tokyo Omotesandō

품질 좋은 유기농 말차 전문점. 말차, 말차 라떼 등 부드럽고 깊은 맛의 말차는 물론이고 말차 도라야키, 말차 카스텔라, 말차 아이스크림 등 다양한 말차 디저트를 맛볼 수 있다. 매장은 넓지 않지만, 세련된 분위기가 발걸음을 멈추게 한다. 시부야 미야시타 파크에도 지점이 있다. **MAP ❹-C**

GOOGLE MAPS the matcha tokyo omotesando
ADD 5-11-13 Jingumae, Shibuya
OPEN 11:00~19:00
WALK 캣 스트리트 자이르 초입 2분
WEB www.the-matcha.tokyo

伊良コーラ
伊良コーラ
THE DREAMY FLAVOR
수제 콜라 600엔~

콜라덕후가 개발한 수제 콜라

이요시콜라 시부야 진구마에

伊良コーラ 渋谷神宮前

콜라를 너무 좋아해서 이름까지 콜라로 바꾼 창업자가 만든 수제 콜라 전문점. 세계여행 중 우연히 100년 전 콜라 레시피를 발견한 뒤로 천연재료를 사용한 콜라 개발에 몰두, 할아버지의 한약방에서 영감을 얻어 계피, 넛맥 같은 향신료를 조합한 독특한 콜라를 완성했다. 푸드트럭으로 시작해 입소문이 퍼지더니 자판기용 캔으로도 출시됐다. 본점은 다카다노바바에 있다. **MAP ❹-C**

GOOGLE MAPS 이요시코라
ADD 5-29-12 Jingumae, Shibuya
OPEN 13:00~19:00
WALK 캣 스트리트 자이르 초입 7분
WEB iyoshicola.com

오랫동안 소문난

하라주쿠 대표 맛집

하루가 다르게 유행이 바뀌는 하라주쿠.
이곳에서 흔들리지 않고 오래도록 사랑받아온 맛집이라면 더 고민할 이유가 없다.

치킨 호렌소우 카레
チキンホウレン草
1300엔
+ 달걀 토핑 100엔

초록빛 카레에 치즈가 퐁당

요고로

Yogoro ヨゴロウ

카레가 초록색이라니! 어색함은 잠깐, 중독성 강한 맛에 곧 매료된다. 토마토 카레와 키마 카레(드라이 카레)도 있지만, 대세는 시금치 카레인 호렌소우 카레! 돼지고기를 넣은 포크 호렌소우와 치킨 호렌소우 중 어느 것을 먹을지만 결정하자. 거기에 치즈 & 달걀 토핑을 추가하는 것이 베스트 조합. 포크 호렌소우가 조금 더 일찍 동난다. **MAP ❹-B**

GOOGLE MAPS 하라주쿠 요고로
ADD 2 Chome-20-10, Jingumae, Shibuya City
OPEN 11:45~13:45, 18:00~19:45/일요일 휴무
WALK JR 하라주쿠역 다케시타 출구竹下口 13분 / 메이지진구마에역 5번 출구 12분

요렇게 맛있는 드라이 카레는 처음!

모쿠바자

Curry & Bar Mokubaza

키마 카레에 모차렐라치즈와 달걀을 얹는 창의적인 레시피로 인기를 얻은 곳이다. 원래는 밤에 문 여는 바였으나, 카레의 인기에 힘입어 낮에는 카레 전문점이 됐을 정도. 물론 비주얼로만 인기를 얻은 건 아니다. 화학조미료와 첨가물 없이 향신료와 야채, 고기를 천천히 끓여 만든 카레의 깊은 풍미가 입안에 넣는 순간부터 확 밀려든다. **MAP ❹-B**

GOOGLE MAPS 모쿠바자
ADD 2-28-12 Jingumae, Shibuya City
OPEN 점심 11:30~15:00, 저녁 월~토 18:00~22:00/월·화요일 점심, 일요일 휴무
WALK JR 하라주쿠역 다케시타 출구竹下口 10분 / 메이지진구마에역 5번 출구 11분
WEB mokubaza.com

아보카도 키마 카레 1280엔~

치즈 키마 카레
1280엔~

산처럼 쌓아 올린 소고기덮밥

레드락

RedRock 原宿店

고베에 본점을 둔 소고기덮밥집. 레어로 구운 소고기를 쌓아 올린 로스트비프동과 스테이크를 얹은 스테이크동이 팽팽하게 인기를 겨루고 있다. 밥 위에 고기만 건져 먹어도 한 상 다 해치운 기분이지만, 로스트비프동 위에 날달걀과 함께 뿌린 특제 요구르트 소스도 맛있어 결국 밥 한 그릇을 싹 비우게 된다. MAP ❹-B

GOOGLE MAPS 레드락 하라주쿠점
ADD 3 Chome-25-12 Jingumae, Shibuya City
OPEN 11:30~21:30
WALK JR 하라주쿠역 다케시타 출구竹下口 6분 / 메이지진구마에역 5번 출구 5분
WEB redrock-kobebeef.com

로스트비프동
1300엔(보통Regular)

스테이크동
1800엔(보통Regular)

구름처럼 폭신한 하와이안 팬케이크

에그스앤 띵스

Eggs'n Things 原宿店

도쿄 사람들의 유난한 팬케이크 사랑. 그 시작에는 2010년 하라주쿠에 문을 연 에그스앤 띵스가 있다. 휘핑크림을 산처럼 쌓은 부드럽고 달콤한 팬케이크는 오픈한 지 10년이 넘은 지금도 여전히 긴 대기 줄을 만드는 부동의 인기 메뉴다. 에그스앤 띵스는 1974년 하와이에서 탄생한 '올 데이 브렉퍼스트' 콘셉트의 캐주얼 레스토랑으로, 팬케이크 이외에 하와이안 쉬림프 에그 베네딕트 등을 맛볼 수 있다. 구글맵에서 예약할 수 있다. MAP ❹-A

GOOGLE MAPS 에그스앤 띵스 하라주쿠
ADD 4-30-2 Jingumae, Shibuya City
OPEN 08:00~21:00(L.O.20:30)/월·화요일이 공휴일인 경우 휴무
WALK JR 하라주쿠역 동쪽 출구東口 6분 / 메이지진구마에역 5번 출구 2분
WEB eggsnthingsjapan.com

Eggs'n Things

딸기, 휘핑크림과 마카다미아너트 (휘핑크림 듬뿍 추가) 1529엔

#Walk

가로수길 너머의 우아한 세계

오모테산도 & 아오야마 表参道 & 青山

쭉 뻗은 6차선 가로수길, 가로수와 키를 맞춘 명품 쇼핑몰 오모테산도 힐스가 거리 전체 분위기를 지휘하고, 루이비통, 디올 등 명품 브랜드의 정체성을 담은 건축물들이 거리에 예술성을 더한다. 수준 높은 갤러리와 박물관, 자부심 강한 바리스타와 파티시에의 숍을 모두 만나볼 수 있는 오모테산도와 아오야마는 도쿄에서 가장 우아하고 도도한 세계를 펼쳐 보인다.

0
100m
지요다선·후쿠토신선
메이지진구마에역
1 오모테산도
하치코 버스정류장
랄프스 커피
자이르
디올
2 오모테산도 힐스
하치코 버스정류장
브레즈 카페 크레프리
팡토 에스프레소토
커피 마메야
히구마 도넛 x 커피 라이츠
시아와세노 팬케이크
샤부샤부 야마와라우
하치코 버스정류장
에스파스 루이비통 도쿄
휴고 보스
보테가 베네타
캣 스트리트 Cat street
하라주쿠
치이 버스정류장 (아카사카행)
하치코 버스정류장
소바키리 미요타(본점)
치이 버스정류장 (롯폰기행)
써니 힐
긴자선·지요다선·한조몬선
오모테산도역
카페 키츠네
미우미우
3 스파이럴
프라다
니콜라이 버그만(노무 카페)
크리스크로스
피에르 에르메
아오야마 플라워마켓 티하우스(본점)
네즈 미술관 5
오카모토 타로 기념관 4
도쿄역
246 青山通り

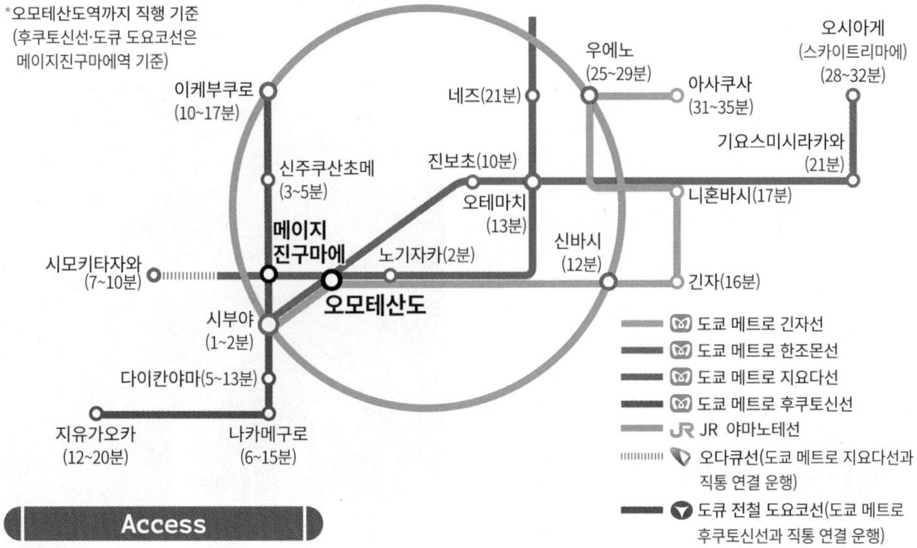
*오모테산도역까지 직행 기준
(후쿠토신선·도큐 도요코선은
메이지진구마에역 기준)
이케부쿠로
(10~17분)
신주쿠산초메
(3~5분)
메이지
진구마에
시모키타자와
(7~10분)
노기자카(2분)
오모테산도
시부야
(1~2분)
다이칸야마(5~13분)
지유가오카
(12~20분)
나카메구로
(6~15분)
네즈(21분)
우에노
(25~29분)
아사쿠사
(31~35분)
오시아게
(스카이트리마에)
(28~32분)
기요스미시라카와
(21분)
진보초(10분)
오테마치
(13분)
니혼바시(17분)
신바시
(12분)
긴자(16분)
도쿄 메트로 긴자선
도쿄 메트로 한조몬선
도쿄 메트로 지요다선
도쿄 메트로 후쿠토신선
JR 야마노테선
오다큐선(도쿄 메트로 지요다선과
직통 연결 운행)
도큐 전철 도요코선(도쿄 메트로
후쿠토신선과 직통 연결 운행)

Access

❶ 지하철

오모테산도역 表参道

- **지하철 도쿄 메트로 긴자선·지요다선·한조몬선**: 10개의 출구가 난 지하 1·2층의 연결통로가 각 역을 잇는다. 출구 정보는 각 장소의 교통편 참고.

메이지진구마에역 明治神宮前

- **지하철 도쿄 메트로 지요다선·후쿠토신선**: 후쿠토신선은 도큐 도요코선과, 지요다선은 오다큐선과 직통 연결 운행하므로 지유가오카·다이칸야마·시모키타자와에서도 한 번에 닿을 수 있다. 5번 출구로 나와 큰 사거리에서 길을 건넌 후 가로수길을 따라 걸어가면 오모테산도 힐스까지 약 2분 소요된다.

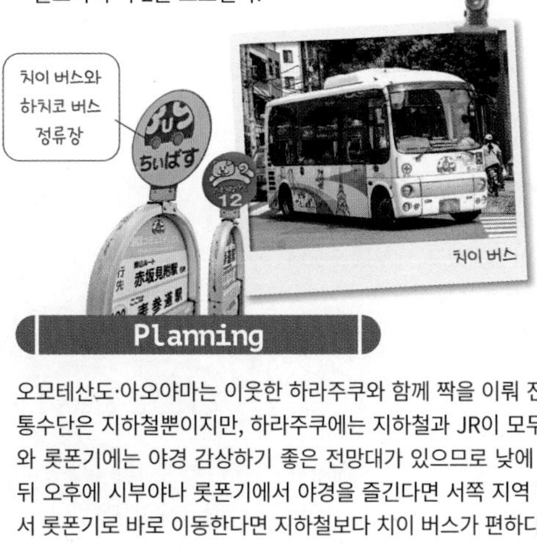
치이 버스와
하치코 버스
정류장
ちぃばす
12
赤坂見附駅
表参道駅
치이 버스

❷ 버스

하치코 버스 ハチ公バス

4개 노선 중 시부야-하라주쿠·오모테산도·아오야마 구간을 운행하는 파란색 진구노모리神宮の杜 노선을 타면 시부야역에서 오모테산도역까지 약 22분 소요된다. 08:00~20:10, 평균 15분 간격 운행. 요금은 100엔(PASMO·Suica 사용 가능).

GOOGLE MAPS 시부야역 정류장: MP52+F5 시부야
WALK JR 시부야역과 시부야 마크 시티를 연결하는 2층 통로 아래 하치코 버스 전용 정류장
WEB www.city.shibuya.tokyo.jp/kurashi/kotsu/hachiko_bus

치이 버스 ちぃばす

8개의 노선 중 아오야마 루트가 오모테산도와 롯폰기 힐스를 연결한다. 롯폰기 힐스(모리 타워 1층)에서 롯폰기 케야키자카 거리六本木けやき坂通り를 거쳐 오모테산도역까지 약 20분 소요된다. 07:44~20:04(롯폰기 힐스 기준), 20분 간격 운행. 요금은 100엔(PASMO·Suica 사용 가능).

GOOGLE MAPS 롯폰기 힐스: 롯폰기 모리타워/ 롯폰기 케야키자카 거리: MP5J+M6 미나토구
WEB www.fujiexpress.co.jp/chiibus/

Planning

오모테산도·아오야마는 이웃한 하라주쿠와 함께 짝을 이뤄 전체 동선을 짠다. 이때 오모테산도의 교통수단은 지하철뿐이지만, 하라주쿠에는 지하철과 JR이 모두 있다는 점을 고려하자. 인근의 시부야와 롯폰기에는 야경 감상하기 좋은 전망대가 있으므로 낮에 하라주쿠와 오모테산도 일대를 둘러본 뒤 오후에 시부야나 롯폰기에서 야경을 즐긴다면 서쪽 지역 하루 일정으로 베스트다. 오모테산도에서 롯폰기로 바로 이동한다면 지하철보다 치이 버스가 편하다.

1 도쿄의 샹젤리제 거리라 불리는 곳
오모테산도
表参道

하라주쿠역에서 오모테산도역까지 시원하게 뻗은 6차선 가로수길. 본래 1920년 메이지 신궁이 지어질 때 참배 길로 만들어졌으나, 1950년대부터 일본에 거주하는 외국인을 위한 상점이 들어서기 시작하면서 도쿄로 진출하는 해외 고급 브랜드들이 가장 먼저 눈독 들이는 곳이 됐다. 2000년대 들어서는 샤넬, 루이비통, 버버리 등 해외 브랜드의 플래그십 스토어가 연이어 합류하며 한층 세련된 거리 분위기를 책임지고 있다. **MAP ❹-A·D**

GOOGLE MAPS MP86+C78 시부야
WALK Ⓜ 하라주쿠역 오모테산도 출구表参道口 / Ⓜ 메이지진구마에역·오모테산도역 하차

오모테산도역 너머 아오야마 지역까지 명품숍을 비롯한 고급 브랜드 상점이 늘어서 있다.

2 오모테산도의 아이덴티티
오모테산도 힐스
Omotesando Hills

건물 길이만 250m, 오모테산도 거리의 4분의 1을 차지하며 이곳의 분위기를 진두지휘하는 대표 건축물. 세계 건축계의 거장 안도 타다오의 작품이다. 가로수와 키를 맞추기 위해 높이를 지상 3층으로 제한한 대신 지하 3층까지 깊숙이 활용했고, 내부는 오모테산도 도로 경사에 맞춰 나선형으로 설계했다. 마치 언덕을 오르듯 모든 층을 끊어짐 없이 이어 걸으며 100여 곳의 명품 매장과 갤러리, 레스토랑을 둘러볼 수 있다. **MAP ❹-D**

GOOGLE MAPS 오모테산도 힐즈
ADD 4-12-10 Jingumae, Shibuya City
OPEN 11:00~20:00
WALK Ⓜ 오모테산도역 A2번 출구 2분
WEB omotesandohills.com

NEW

일본 패션계의 거물 야마모토 요지와 아디다스가 협업해 만든 브랜드 Y-3. 매장이 넓어 다양한 상품을 만날 수 있다.

오모테산도 건축물 산책

세계 곳곳의 명품 거리 중에 오모테산도가 특별한 이유.
통일된 분위기를 유지하기 위해 브랜드의 개성을 양보하거나, 대형 쇼핑몰을 주축으로 삼은
여타 거리와는 다르게 설계 단계부터 각자의 아이덴티티를 한껏 살린 독립된 건축물을 탄생시켰다는 것.
세계적인 건축가들의 손을 거친 이 건축물들이 오모테산도 산책의 품격을 더한다.

Point. 1 자이르
GYRE

이름처럼 소용돌이를 콘셉트로 디자인했다. 주변 경관과 도시 환경을 분석하는 네덜란드 건축사무소 MVRDV의 2007년 작품. 건물과 오모테산도 가로수길의 녹음을 연결했다. 자이르에 관한 자세한 내용은 204p 참고. **MAP ❹-C**

GOOGLE MAPS 자이레
WALK 메이지진구마에역 4번 출구 3분

Point. 2 디올
Dior

디올의 우아한 이미지가 한껏 표현된 건물. 유리 외벽은 드레이프 기법(천을 걸치거나 자연스러운 주름을 잡는 디자인 기법)으로 가공, 아크릴 내벽의 더블 스킨 구조가 디올의 여성스러움을 나타낸다. 층마다 높이가 달라 리듬감마저 느껴진다. 가나자와 21세기 박물관을 통해 2004년 베니스 비엔날레 국제건축전 황금사자상을 받은 SANNA 유닛의 2003년 작품. **MAP ❹-C**

GOOGLE MAPS dior tokyo omotesando
WALK 메이지진구마에역 4번 출구 4분

Point. 3 에스파스 루이비통 도쿄
Espace Louis Vuitton Tokyo

2003년 오모테산도에 가장 먼저 입성한 브랜드 플래그십 스토어. 당시 일본의 루이비통 매장 가운데 최대 규모로 지었다. 여행 가방 여러 개를 무심하게 쌓아 올린 듯한 외관으로 루이비통의 아이덴티티를 표현했다. 예술 작품 전시 공간인 7층의 에스파스는 공중에 떠 있는 듯한 연출이 돋보인다. 긴자, 롯폰기 힐스, 뉴욕, 홍콩, 나고야 등의 루이비통 매장을 설계한 아오키 준의 작품. **MAP ❹-D**

GOOGLE MAPS 에스파스 루이비통 도쿄
WALK 오모테산도역 A1번 출구 2분

GYRE
Dior

크리스마스 시즌의 오모테산도 풍경

Point. 4 휴고 보스 & 보테가 베네타
Hugo Boss & Bottega Veneta

콘크리트와 유리를 사용한 휴고 보스의 외벽 디자인은 오모테산도의 느티나무 가로수를 표현했다. 건물 외벽에 붙인 약 200장의 유리 모양이 제각기 다른 것이 특징. 건축계의 노벨상이라 불리는 프리츠커상을 거머쥔 이토 토요가 2004년에 지은 작품이다. 나란히 자리한 보테가 베네타 건물은 2013년에 지어진 단 노리히코의 건축물로, 가로수 형상과 어우러지도록 나무 횃불 모양을 택했다.

MAP ❹-D

GOOGLE MAPS 보테가 베네타 오모테산도
WALK 오모테산도역 A1번 출구 1분

Point. 5 프라다
Prada

베이징 올림픽 주경기장을 디자인한 스위스 출신의 건축가 헤르조그 & 드 뫼롱이 2003년에 지은 건물. 다이아몬드를 쌓아 올린 듯한 마름모꼴 유리블록이 햇볕에 반사되면 더 영롱하게 빛난다. 기둥 대신 대각선 격자 구조가 건축물 전체를 지탱하는, 일본에서는 보기 드문 기법을 사용했다.

MAP ❹-D

GOOGLE MAPS 프라다 아오야마
WALK 오모테산도역 A5번 출구 2분

Point. 6 미우미우
Miu Miu Aoyama

2015년 프라다 건너편에 지은 헤르조그 & 드 뫼롱의 또 다른 작품. 주택가와 명품 부티크가 공존하는 아오야마의 특징을 살려, 프라다와는 대조적이게 '집'을 모티브로 디자인했다. 높이 규정 탓이기도 하지만, 아담한 사이즈에 외관 장식을 최대한 배제해 주거 공간의 이미지를 극대화했다.

MAP ❹-D

GOOGLE MAPS 미우미우 아오야마
WALK 오모테산도역 A5번 출구 1분

BOSS

BOSS HUGO BOSS BOTTEGA VENETA PRADA miu miu

③ 미술관, 카페, 편집숍이 한 곳에
스파이럴
SPIRAL

다양한 전시와 이벤트가 열리는 다목적 홀을 중심으로, 카페, 레스토랑, 편집숍 등이 들어선 문화 공간이다. 1층 갤러리에서는 예술, 패션, 음식 등을 주제로 한 전시와 행사가 열리며, 한쪽에는 갤러리를 배경 삼아 식사와 티타임을 즐길 수 있는 널찍한 카페가 있다. 1층 숍에는 기간 한정으로 판매하는 전시 관련 굿즈가 있고, 나선형 경사로를 따라 2층으로 올라가면 도쿄 내 다양한 아이템을 모은 편집숍이 있다. MAP ④-D

GOOGLE MAPS 스파이럴 아오야마
ADD 5-6-23 Minamiaoyama, Minato City
OPEN 11:00~19:00(카페 ~21:00)
WALK Ⓜ 오모테산도역 B3번 출구 앞
WEB www.spiral.co.jp

④ 오카모토 타로의 아틀리에
오카모토 타로 기념관
岡本太郎記念館

"예술은 폭발이다."라는 명언을 남긴 일본의 대표 아방가르드 작가 오카모토 타로(1911~1996년)가 거주하며 작품활동을 했던 곳이다. 1920년대 도쿄미술학교 서양화과 중퇴 후 10대에 파리로 유학을 갔다가 피카소의 영향을 받아 추상화를 지향했고, 전후 일본을 중심으로 회화·조각·판화·사진·평론 등 다양한 분야에서 활약했다. 시부야역 마크 시티 연결통로의 <내일의 신화明日の神話> (173p)가 그의 작품. 1층에는 오카모토가 사용한 붓과 물감 등이, 2층에는 유화와 조각품이 전시돼 있다. MAP ④-D

GOOGLE MAPS 오카모토타로 기념관
ADD 6-1-19 Minamiaoyama, Minato City
OPEN 10:00~18:00/화요일 휴무
PRICE 650엔, 초등학생 300엔
WALK Ⓜ 오모테산도역 B3번 출구 8분
WEB www.taro-okamoto.or.jp

작품이 가득한 정원은
야외 미술관 느낌!

5 뛰어난 건축미와 수준 높은 소장품
네즈 미술관
根津美術館

도부 철도東武鉄道 회장을 역임한 네즈 카이치로의 소장품을 전시하기 위해 1941년 설립한 동양미술관이다. 지금의 건물은 단게 겐조, 마키 후미히코, 안도 타다오의 뒤를 잇는 일본의 건축 거장 구마 켄고의 2010년 작품. 우리나라 통일신라시대의 금동여래입상과 삼국시대의 금동삼존불입상, 일본 국보 7점을 포함해 총 7000여 점을 소장하고 있다. 네즈 가문 소유의 주택이 있던 자리로, 1900년대 초부터 가꿔온 정원을 감상하며 차를 마실 수 있는 카페가 있다. 많은 관람객이 미술관보다 정원에 더 후한 점수를 줄 정도로 공들인 공간이니 전시 관람 후 정원 산책도 잊지 말자. MAP ④-D

GOOGLE MAPS 네즈미술관
ADD 6-5-1 Minamiaoyama, Minato City
OPEN 10:00~17:00/월요일·전시 준비기간·연말연시(공휴일은 다음 날) 휴관
WALK Ⓜ 오모테산도역 A5번 출구 5분
PRICE 특별전 1600엔, 상설전 1400엔(온라인 예약 시 100엔 할인)
WEB www.nezu-muse.or.jp

+MORE+

가을철 도쿄를 대표하는 거리
메이지 신궁 외원(메이지진구가이엔) 明治神宮外苑

1927년 메이지 신궁의 체육·문화 시설로 지어진 정원이다. 야구장, 테니스장, 아이스 스케이트장 등 여러 스포츠 시설이 있고, 2020 도쿄 올림픽 메인 구장이었던 도쿄 국립경기장도 바로 주변에 지었다. 최근엔 도립 메이지 공원이 들어서며 더 많은 녹지와 휴식 공간을 갖추게 됐다. 이곳이 가장 아름다운 시기는 은행나무가 물드는 가을철. 11월 중순~12월 초에는 아오야마 거리의 메이지 신궁 외원 정문에서 종합야구장総合球技場까지 이어지는 약 300m 길이의 신궁 외원 은행나무길明治神宮外苑いちょう並木에 140여 그루의 은행나무가 늘어서 샛노란색 터널을 이룬다. 연말엔 약 1달간 종합야구장에서 크리스마스 마켓(유료)이 열린다.

GOOGLE MAPS 메이지 신궁 외원
ADD 1-1 Kasumigaokamachi, Shinjuku City
WALK Ⓜ 가이엔마에역 4b번 출구 2분(은행나무길 입구 기준) / Ⓜ 아오야마잇초메역 1번 출구 4분(은행나무길 입구 기준) / JR 주오소부선 시나노마치역 9분(신궁 외원 입구 기준)
WEB www.meijijingugaien.jp

빵 한 조각, 커피 한 잔도 특별한

오모테산도·아오야마's 디저트 & 카페

오모테산도와 아오야마에는 실력으로 무장한 자수성가 브랜드부터 해외에서 출격한 세계적인 브랜드까지
'클라스'가 다른 디저트의 세계가 펼쳐진다

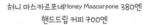

무쇠팬 프렌치토스트
1100엔

맛있는 빵이 주는 행복

팡토 에스프레소토

パンとエスプレッソと

パンと
エスプレッソと
BREAD,
ESPRESSO &

아침마다 맛있기로 소문난 프렌치토스트 모닝 세트(08:00~11:00)를 먹으러 온 손님들로 북적이는 베이커리 카페다. 오후 3시까지 샐러드와 음료를 곁들인 런치 세트로 제공되며, 오후 3시부터는 무쇠팬에 올린 프렌치토스트를 즐길 수 있다. 꼭 프렌치토스트가 아니더라도 30여 종의 먹음직스러운 빵이 기다리고 있다. 오모테산도에서 인기를 끌기 시작해 오사카, 교토, 후쿠오카 등 일본 곳곳에서 인기몰이 중이다. **MAP ❹-B**

GOOGLE MAPS 빵토 에스프레소토 도쿄
ADD 3 Chome-4-9 Jingumae, Shibuya City
OPEN 08:00~19:00
WALK Ⓜ 오모테산도역 A2번 출구 5분
WEB bread-espresso.jp/shop/omotesando.html

홋카이도 불곰이 물고 온 도넛

히구마 도넛 x 커피 라이츠

HIGUMA Doughnuts x Coffee Wrights

허니 마스카르포네Honey Mascarpone 380엔
핸드드립 커피 700엔

방부제와 화학첨가물을 넣지 않고 홋카이도산 밀가루와 우유, 버터만 사용해 만드는 푹신한 수제 도넛이 맛있는 집. 주말 마켓인 아오야마 파머스마켓에서 출발해 도쿄 내 3곳으로 지점을 넓혔고, 오모테산도에서는 도쿄의 인기 로스터리 카페 커피 라이츠와 콜라보로 문을 열었다. 탁 트인 마루, 대형 창을 통한 자연광이 인증샷을 부르며 빵순이, 빵돌이들의 발걸음을 재촉하고 있다. 히구마는 불곰이라는 뜻. **MAP ❹-D**

GOOGLE MAPS 히구마 도너츠 커피 라이츠
ADD 4-9-13 Jingumae, Shibuya City
OPEN 11:00~18:00/수요일 휴무
WALK Ⓜ 오모테산도역 A2번 출구 3분
WEB higuma.co

COFFEE
&
DOUGHNUTS

화관 모양의 프렌치토스트
Hana-kanmuri French Toast 1485엔

TEA
TEA

오후엔 온실 속 꽃처럼

아오야마 플라워마켓 티하우스 본점

Aoyama Flower Market TEAHOUSE 南青山本店

도쿄 전역에 지점을 둔 프랜차이즈 꽃집 아오야마 플라워마켓이 운영하는 티하우스다. 싱그러운 온실 안에서 꽃과 허브를 베이스로 한 음식과 음료를 맛볼 수 있다. 프랑스와 일본의 고급 허브차 이외에도 꽃을 사용한 파르페, 샐러드, 프렌치토스트 등 평소 접하기 쉽지 않은 음식과 꽃의 조화를 맛볼 수 있다. 언제 가든 웨이팅이 긴 편이다. **MAP ④-D**

GOOGLE MAPS 아오야마 플라워 마켓 미나미 아오야마 본점
ADD 5 Chome-4-41 Minamiaoyama, Minato City
OPEN 10:00~20:00(일 ~19:00)
WALK 오모테산도역 B3번 출구 4분
WEB www.afm-teahouse.com

식사+음료 세트는
550엔 추가

북유럽 스타일 플라워 아트 카페

니콜라이 버그만(노무 카페)

Nicolai Bergmann(Nomu Cafe)

덴마크 출신 플라워 아티스트 니콜라이 버그만이 운영하는 카페. 버그만은 일본에서 최초로 선물용 플라워박스를 고안한 인물로, 꽃을 이용한 탁월한 색감과 예술성에 반한 팬층이 두텁다. 아오야마의 노무 카페는 플래그십 매장과 한 공간에 있어 계절을 빛내는 꽃을 감상하며 음료와 디저트를 맛볼 수 있다. 준비된 음료는 커피, 주스, 스무디 등. 오전에는 머핀, 쿠키, 케익 등을, 점심에는 덴마크식 오픈 샌드위치 스모부로Smørrebrød 등 가벼운 식사 메뉴를 즐길 수 있다. **MAP ④-D**

GOOGLE MAPS 니콜라이 버그만 노무
ADD 5-7-2 Minamiaoyama, Minato City
OPEN 10:00~19:00/홀수 달 첫째 월요일 휴무
WALK 오모테산도역 B3번 출구 2분
WEB www.nicolaibergmann.com/locations/flagship-store

나랑 찰떡인 커피를 찾아서

커피 마메야

Koffee Mameya

내게 딱 맞는 커피를
400~1500엔대에 찾을 수 있다.

참고 기다리는 자만이 마실 수 있는 커피. 15~20종의 원두 중 손님과 궁합이 맞는 커피를 찾기까지 길고 세심한 대화를 나눈다. 이후로도 커피가 내려지기까지 또 한 번의 기다림이 필요하지만, 이렇게 만난 커피를 인생 커피로 치는 사람이 적지 않다. 오직 테이크아웃만 가능하다. **MAP ❹-B**

GOOGLE MAPS 커피마메야 진구마에
ADD 4-15-3 Jingumae, Shibuya City
OPEN 10:00~18:00
WALK Ⓜ 오모테산도역 A2번 출구 4분
WEB www.koffee-mameya.com

숲이 연상되는 타이완 펑리수 전문점

써니 힐

サニーヒルズ南青山

나무 막대기들을 얼기설기 쌓아 올린 것 같은 독특한 목조건물은 다름 아닌 대만의 유명 펑리수 전문점 써니 힐의 아오야마 스토어. 자연과 나무에 중점을 둔 건축가로 잘 알려진 구마 켄고가 설계했으며, 일본 전통 목공기술인 지고쿠구미地獄組み 방식을 이용해 숙련된 장인이 목재 하나하나 조립해 세웠다. 내부는 나무 틈새로 빛이 들어와 마치 숲 안에 들어와 있는 느낌을 준다. 1층에서 펑리수를 구매하면 2층에서 무료로 제공하는 차와 펑리수(1개)를 맛보며 쉬어갈 수 있다. **MAP ❹-D**

GOOGLE MAPS 써니 힐 미나미 아오야마 스토어
ADD 3-10-20 Minamiaoyama, Minato City
OPEN 11:00~19:00
WALK Ⓜ 오모테산도역 A4번 출구 7분
WEB www.sunnyhills.com.tw/store/ja-jp

마카롱계의 피카소!

피에르 에르메

Pierre Hermé Paris Aoyama

피에르 에르메의 시그니처 마카롱, 이스파한 Ispahan 1210엔

기존의 틀을 벗어 던진 독창적인 레시피를 선보여 '파티스리계의 피카소'라 불리는 피에르 에르메. 피스타치오, 레몬, 장미, 바닐라 & 올리브오일 등의 재료를 창의적으로 조합해 이전에 없던 맛과 질감의 디저트를 선사한다. 1층은 마카롱, 초콜릿, 케이크 등을 구매하고 먹을 수 있는 파티세리, 2층은 레시피북과 아트북으로 꾸민 티룸 살롱 드 테 헤븐Salon de Thé Heaven으로 운영된다. **MAP ❹-D**

GOOGLE MAPS 피에르 에르메 아오야마
ADD 5-51-8 Jingumae, Shibuya City
OPEN 12:00~19:00
WALK 오모테산도역 B2번 출구 3분
WEB pierreherme.co.jp/boutique/aoyama

+MORE+

커피로 떠나는 패션 여행

■ 파리와 도쿄를 잇는 감성 카페, 카페 키츠네 Café Kitsuné

음반 레이블이자 패션 브랜드인 메종 키츠네의 카페. 이제는 서울과 부산 등 세계 각국에 지점이 있지만, 오모테산도점은 키츠네가 해외에 카페를 처음 선보이며 파리x일본 감성을 진하게 녹여낸 곳이다. 일본의 다실 문화에서 영향을 받아 동양적인 느낌을 물씬 풍기는 실내는 늘 붐비는 가운데서도 묘하게 정적인 느낌이다. **MAP ❹-D**

GOOGLE MAPS 카페키츠네 아오야마
ADD 3-15-9 Minamiaoyama, Minato City
OPEN 10:00~19:00
WALK 오모테산도역 A5번 출구 1분
WEB maisonkitsune.com

키츠네 사브레 400엔

카페라테 780엔

Café Kitsuné

■ 랄프로렌 팬 여기 모여라! 랄프스 커피 Ralph's Coffee 表参道

오모테산도 랄프로렌이 1층을 카페에 내주었다. 바닥의 타일부터 로고를 새긴 잔까지 거의 모든 것에 랄프로렌의 브랜드 이미지를 쏟아부은 곳. 커피는 라틴 아메리카와 아프리카에서 유기농으로 재배한 원두를 사용하며, 브라우니는 랄프 로렌 패밀리의 시크릿 레시피로 구웠다고. 다만 입구에는 항상 줄이 늘어서 있고 내부도 북적이기 때문에 여유롭게 시간을 보내기는 힘든 편이다. **MAP ❹-A**

GOOGLE MAPS 랄프즈 커피 오모테산도
ADD 4-25-19 Jingumae, Shibuya City(뒤편)
OPEN 10:00~19:00
WALK 메이지진구마에역 5번 출구 3분 / 오모테산도역 A2번 출구 4분
WEB ralphlauren.co.jp/contents/ralphs-coffee/locations/

Ralph's

라테 748엔

밥 vs 빵, 당신의 선택은?

오모테산도·아오야마 맛집

햇살 좋은 테라스 카페에서 팬케이크를 먹어볼까, 깔끔한 샤부샤부나 소바를 먹어볼까?
맛집 옆에 맛집인 오모테산도와 아오야마에선 어느 쪽을 선택하든 후회는 없을 터.

모닝 메뉴인 소시지 달걀 팬케이크 2080엔 (음료 세트 350엔 추가)

도심 속 작은 오아시스

크리스크로스

crisscross

아오야마에 종일 즐길 수 있는 작은 공원을 만들겠다는 목표로 탄생한 곳. 초록으로 둘러싸인 테라스 카페에 이른 아침부터 늦은 밤까지 손님이 줄을 잇는다. 오전 8시 모닝 메뉴를 시작으로 밤까지 토스트와 팬케이크 같은 가벼운 식사를 즐길 수 있으며, 크래프트 맥주를 비롯한 알코올까지 준비된 올라운더 카페다. 온열기구를 잘 갖춘 테라스석은 겨울에도 끄떡없다. 자매점 브레드웍스 오모테산도breadworks Omotesando와 나란히 있다.

MAP ❹-D

GOOGLE MAPS 크리스크로스
ADD 5 Chome-7-28 Minamiaoyama, Minato City
OPEN 08:00~21:00
WALK Ⓜ 오모테산도역 B3번 출구 2분
WEB www.tysons.jp/crisscross

시아와세노(행복의) 팬케이크 幸せのパンケーキ 1380엔, 음료 추가 330엔

구름처럼 푹신한 수플레 팬케이크

시아와세노 팬케이크 본점

幸せのパンケーキ 表参道

2015년 일본 전역에 수플레 팬케이크 붐을 일으킨 체인점이다. 신선한 달걀, 홋카이도산 우유로 만든 발효버터, 뉴질랜드산 마누카 꿀을 조합해 만든 푹신푹신한 팬케이크가 입에 들어가자마자 사르르 녹아내린다. 기본 맛 외에도 초콜릿, 티라미스, 치즈 등 다양한 맛의 팬케이크가 있으며, 지점마다 기간 한정 메뉴를 선보인다. 맛의 수준은 어느 지점이든 비슷하지만, 서비스에 대한 평은 조금씩 엇갈리는 편. 홈페이지 예약은 평일 방문 시에만 가능하다.

MAP ❹-D

GOOGLE MAPS 시아와세노 오모테산도
ADD 4-9-3 Jingumae, Shibuya City
OPEN 11:00~20:00(토·일·공휴일 ~20:30)
WALK Ⓜ 오모테산도역 A2번 출구 2분
WEB magia.tokyo

Cafe
B1 downstairs
幸せのパンケーキ
Magia di farina

갈레트Galettes
1450엔~

야마가타 흑모와규 山形黒毛和牛80g +
요네자와 돼지고기 米澤豚80g 4400엔

프랑스 정통 갈레트의 진수

브레즈 카페 크레프리

Breizh Café Créperie 表参道店

프랑스에 있는 카페를 똑 떼어다 도쿄에 옮겨 놓은 것 같은 이곳은 프랑스 브르타뉴식 크레페의 일종인 갈레트(식사용 크레페)를 일본에 처음 소개한 카페다. 1996년 도쿄 가구라자카에 1호점을 열고 메밀의 쫀득한 식감과 고소함으로 중독자를 부르다가 브르타뉴에 2호점을 내더니 내친김에 파리에까지 지점을 내면서 프랑스 일간지 르 피가로가 선정한 '파리 최고의 크레프리'가 됐다. 트렌디한 여성과 외국인이 즐겨 찾는 오모테산도점에서도 프랑스 정통의 맛을 고집한다. **MAP ④-B**

GOOGLE MAPS 브레즈 카페 오모테산도
ADD 3 Chome-5-4 Jingumae, Shibuya City
OPEN 11:00~22:00(토·일 09:00~21:30)
WALK 오모테산도역 A2번 출구 4분
WEB www.le-bretagne.com

사과주 시드르Cidre
700엔~

샤부샤부는 1인 1냄비 해야죠

샤부샤부 야마와라우

しゃぶしゃぶ 山笑ふ 表参道店

혼자서도 잘 챙겨 먹고 싶은 여행자에게 딱 좋은 곳. 세련된 카운터석에서 1인용 냄비에 즐기는 샤부샤부 전문점이다. 물론 함께여도 좋다. 일본산 고급 육류를 사용하면서도 런치 메뉴는 1000~4000엔대로 가격까지 합리적이다. 구글맵에서 예약 가능. **MAP ④-D**

GOOGLE MAPS 샤부샤부 야마와라우
ADD 4-9-4 Jingumae, Shibuya City
OPEN 11:00~15:45, 17:30~22:00
WALK 오모테산도역 A2번 출구 2분
WEB www.flavorworks.co.jp/brand/yamawarau.html

가츠동과 소바를 함께 즐기는
세트 B 1089엔

소바랑 돈카츠덮밥을 한 방에!

소바키리 미요타 본점

蕎麦きり みよた 青山本店

한 그릇 가격에 두 그릇을 먹을 수 있는 최고의 가성비 맛집. 주 메뉴는 소바. 이외에도 20가지가 넘는 덮밥, 튀김, 우동 등이 준비돼 있다. 소바+돈부리, 소바+튀김 등이 소바와 짝을 이룬 세트 메뉴는 대부분 가격이 1000엔 안팎인데, 양도 실하다. 맛까지 좋아 언제 가더라도 입구에 긴 대기 줄이 있지만, 회전율이 좋아 오래 기다리지는 않는다. **MAP ④-D**

GOOGLE MAPS 소바키리 미요타
ADD 3 Chome-12-12 Minamiaoyama, Minato City
OPEN 10:00~22:00(일 ~20:00)
WALK 오모테산도역 A3·A5번 출구 3분
WEB www.sobakiri.jp/index.html

みよた

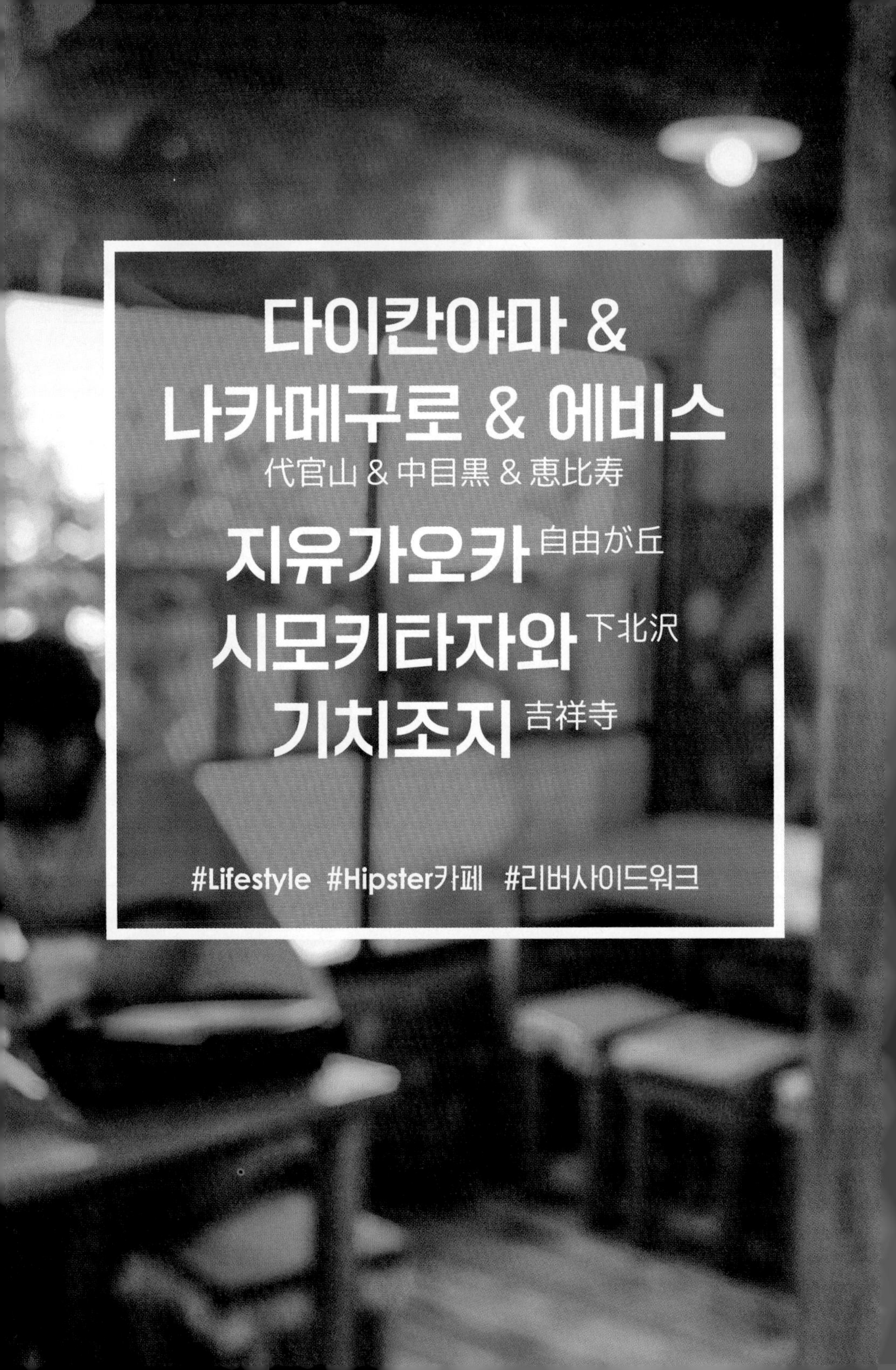

다이칸야마 & 나카메구로 & 에비스
代官山 & 中目黒 & 恵比寿

지유가오카 自由が丘

시모키타자와 下北沢

기치조지 吉祥寺

#Lifestyle #Hipster카페 #리버사이드워크

#Walk

조용히 즐기는 멋과 문화

다이칸야마 & 나카메구로 & 에비스

代官山 & 中目黒 & 恵比寿

츠타야 서점이 30여 년의 경영철학과 노하우를 응축시킨 티사이트의 문을 열 때 다이칸야마 이외의 지역은 생각도 하지 않았단다. 다이칸야마는 곧, 문화를 만드는 곳이기 때문이라고. 시부야를 내려다보는 지형 덕분에 예부터 상류층이 모여 살던 태생적 업타운이 다이칸야마다. 여기에 메구로강이 졸졸 흐르는 2030의 휴식처 나카메구로, 에비스 맥주와 에비스 가든 플레이스로 대표되는 부촌 에비스까지 함께 둘러본다면 자연스러운 멋이 묻어난 도쿄의 고급 문화와 만나게 된다.

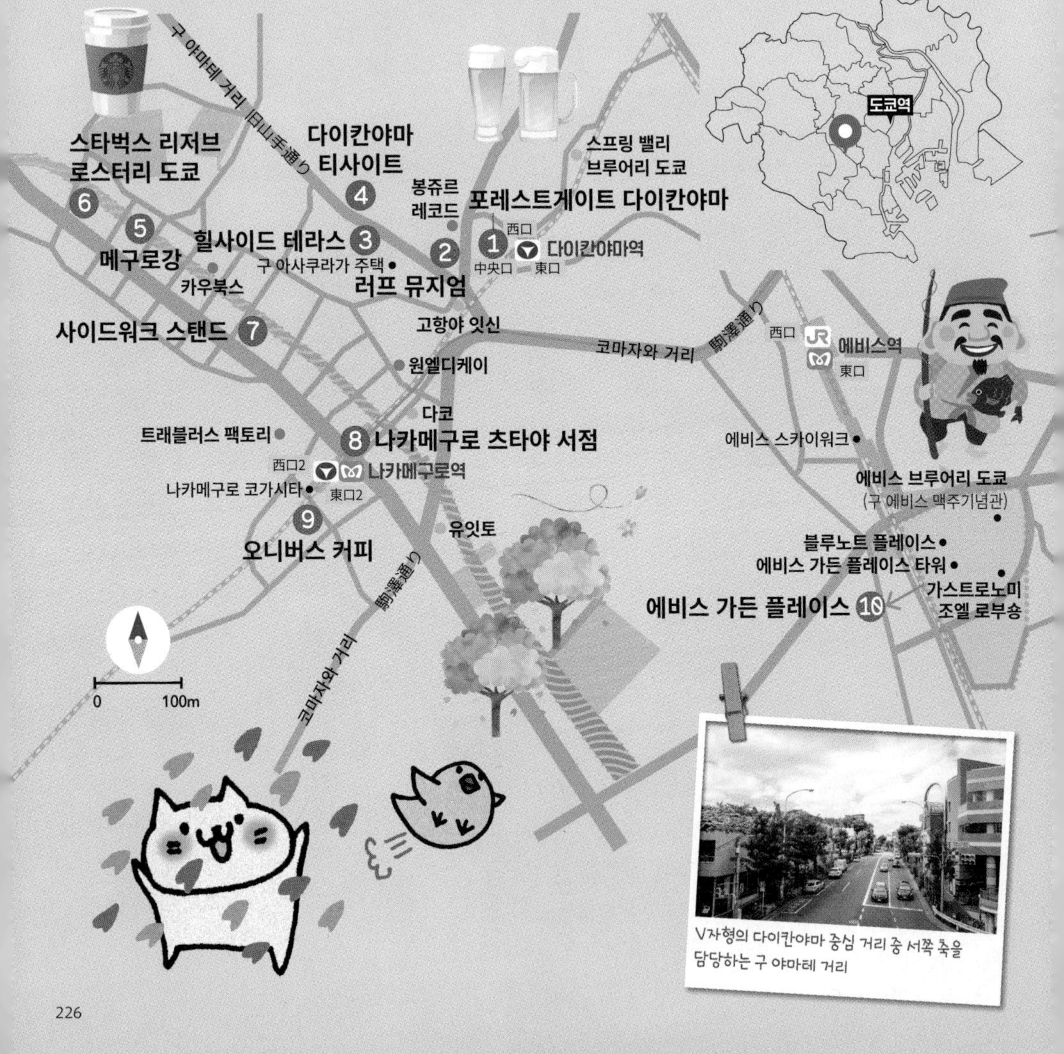

구 야마테 거리 旧山手通り
스타벅스 리저브 로스터리 도쿄 6
5 메구로강
카우북스
다이칸야마 티사이트 4
힐사이드 테라스 3
구 아사쿠라가 주택
봉쥬르 레코드
2 러프 뮤지엄
포레스트게이트 다이칸야마
1 다이칸야마역
西口
中央口
東口
스프링 밸리 브루어리 도쿄
도쿄역
사이드워크 스탠드 7
고향야 잇신
원엘디케이
코마자와 거리 駒澤通り
西口
에비스역
東口
다코
트래블러스 팩토리
8 나카메구로 츠타야 서점
西口2
나카메구로역
東口2
나카메구로 코가시타
9 오니버스 커피
유잇토
에비스 스카이워크
에비스 브루어리 도쿄
(구 에비스 맥주기념관)
블루노트 플레이스
에비스 가든 플레이스 타워
가스트로노미 조엘 로부숑
에비스 가든 플레이스 10
코마자와 거리 駒澤通り
0 100m

V자형의 다이칸야마 중심 거리 중 서쪽 축을 담당하는 구 야마테 거리

Access

다이칸야마역 代官山

■ **사철 도큐 도요코선**: 각역정차만 정차한다. 중앙 출구中央口가 다이칸야마 티사이트 방향이다. 시부야역에서 도쿄 메트로 후쿠토신선과 직통 연결 운행하므로 이케부쿠로·신주쿠·하라주쿠 등에서 후쿠토신선을 이용해 환승 없이 한 번에 갈 수 있다.

나카메구로역 中目黒

■ **사철 도큐 도요코선, 지하철 도쿄 메트로 히비야선**: 도요코선의 특급, 급행, 각역정차가 모두 정차한다. 정면 개찰구正面改札를 통과해 서쪽 출구西口로 나가면 나카메구로 강변의 주요 상점들로 향한다. 시부야역에서 각역정차로 두 정거장, 급행으로 한 정거장이며, 도쿄 메트로 후쿠토신선과 히비야선을 이용해 한 번에 갈 수 있다.

에비스역 恵比寿

■ **JR 야마노테선·사이쿄선·쇼난신주쿠라인**: 동쪽 출구東口는 에비스 가든 플레이스, 서쪽 출구西口는 다이칸야마 방향이다.

■ **지하철 도쿄 메트로 히비야선**: J번 출구로 나가면 JR 에비스역과 에비스 가든 플레이스 방향이다.

하치코 버스 ハチ公バス

시부야 구청에서 출발한 빨간색 선셋 코야케夕やけこやけ 노선이 시부야역 하치코 출구를 지나 에비스역, 다이칸야마역 등을 순환 운행한다. 요금은 100엔.

WEB www.city.shibuya.tokyo.jp/kurashi/kotsu/hachiko_bus/

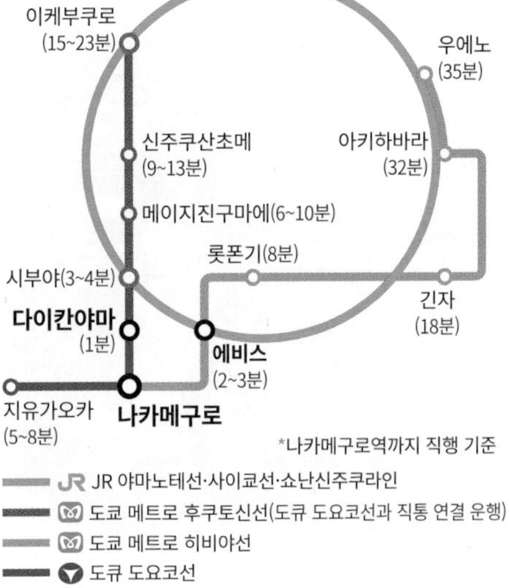
이케부쿠로
(15~23분)
우에노
(35분)
신주쿠산초메
(9~13분)
아키하바라
(32분)
메이지진구마에(6~10분)
롯폰기(8분)
시부야(3~4분)
긴자
(18분)
다이칸야마
(1분)
에비스
(2~3분)
지유가오카
(5~8분)
나카메구로
*나카메구로역까지 직행 기준
JR 야마노테선·사이쿄선·쇼난신주쿠라인
도쿄 메트로 후쿠토신선(도큐 도요코선과 직통 연결 운행)
도쿄 메트로 히비야선
도큐 도요코선

Planning

다이칸야마를 통과하는 열차는 사철 도큐 도요코선뿐이며, 시부야에서 한 정거장 거리인 애매한 위치에 있다. 따라서 주변의 에비스와 나카메구로를 함께 둘러본다면 지하철이나 JR로도 쉽게 접근할 수 있는 나카메구로나 에비스에서 시작해 산책하듯 여행하기를 추천한다. 참고로 에비스역에서 다이칸야마역까지 약 550m, 나카메구로역에서 다이칸야마역까지 약 700m다.

代官山駅
다이칸야마역

中目黒駅
나카메구로역

에비스역 동쪽 출구

恵比寿駅 Ebisu Station
에비스역 서쪽 출구

1 다이칸야마 입구의 새로운 얼굴
포레스트게이트 다이칸야마
Forestgate Daikanyama

일본 작가와 해외 브랜드를 발굴해 소개하는 라이프스타일숍으로 유명했던 복합상업시설 테노하가 포레스트게이트 다이칸야마라는 이름으로 새로 태어났다. 다이칸야마역 중앙 출구를 나오면 바로 입구가 나오고, 골목을 지나 마당을 통과하면 다이칸야마로 들어가는 지름길 역할도 한다. 전체적인 디자인은 구마 켄고가 맡았다. 지하 1층, 지상 10층 규모의 메인동과 루프탑이 있는 2층짜리 테노하동으로 나뉘며, 2층까지 숍과 카페, 레스토랑 등의 상업시설로 이용된다.
MAP ❺

GOOGLE MAPS 포레스트게이트 다이칸야마
ADD 20 Daikanyamacho, Shibuya City
OPEN 가게마다 다름
WALK 다이칸야마역 중앙 출구中央口 바로 앞
WEB www.forestgate-daikanyama.jp

핸드드립 커피 850엔

2 갤러리와 카페의 콜라보
러프 뮤지엄
Lurf MUSEUM

'화랑보다 넓고 미술관보다 작은 아트 스페이스'를 콘셉트로 2022년 문을 연 갤러리 러프 뮤지엄의 카페다. 1층 넓은 공간에 1930년대 덴마크 빈티지가구를 거리감 있게 두고, 벽에는 갤러리에서 전시 중인 작가의 작품을 걸어 예사 카페와는 다른 분위기가 감돈다. 정성껏 내린 커피가 빨리 식지 않도록 작은 포트에 내어주는 것도 장점. 특유의 분위기를 즐기며 천천히 커피를 음미해보자. 2층 갤러리 입장은 무료다. MAP ❺

GOOGLE MAPS lurf museum
ADD 28-13 Sarugakucho, Shibuya City
OPEN 11:00~19:00(L.O. 18:30)
WALK 다이칸야마역 동쪽 출구東口 2분
WEB lurfmuseum.art

③ 다이칸야마의 원조 랜드마크
힐사이드 테라스
ヒルサイドテラス

다이칸야마역에서 구 야마테 거리旧山手通り를 따라 티사이트로 향하다 보면 츠타야 서점의 모델이 된 건축물 힐사이드 테라스를 볼 수 있다. 여러 동으로 이루어진 힐사이드 테라스는 1967년부터 1998년까지 지역의 변화에 맞춘 단계적인 건설로 다이칸야마 고유의 경관을 해치지 않으면서도 도시 분위기를 완성했다는 점이 높이 평가된다. 힐사이드 테라스 A동 옆에는 건축주인 아사쿠라 가문이 거주한 구 아사쿠라가 주택旧朝倉家住宅이 남아 있다. 1919년 지어진 이 주택은 일본 국가 중요 문화재로 지정돼 일반에 공개되고 있다. **MAP ⑤**

HILLSIDE TERRACE
힐사이드 테라스

GOOGLE MAPS A동: JPW2+XH 시부야
ADD 29-18, Sarugakucho, Shibuya City
OPEN 가게마다 다름
WALK 다이칸야마역 중앙 출구中央口 4분(A동)
WEB hillsideterrace.com

구 아사쿠라가 주택
GOOGLE MAPS 구 아사쿠라가 주택
ADD 29-20 Sarugakucho, Shibuya City
OPEN 10:00~18:00(11~2월 ~16:30)/월요일 휴무
WALK 다이칸야마역 중앙 출구中央口 4분

구 아사쿠라가 주택

④ 놀며, 쉬며 즐기는 지성과 문화의 숲
다이칸야마 티사이트
代官山 T-site

구 야마테 거리를 향해 늘어선 츠타야 서점을 중심으로 레스토랑, 상점 등이 들어선 편집 공간이다. 서점과 연결된 산책로를 따라 자전거 가게, 친환경 식료품이나 장난감 가게, 베이커리, 동물병원 등 현대인의 라이프스타일과 밀접한 관련이 있는 공간이 이어진다. 일부러 찾아야 보일 정도로 눈에 띄지 않는 간판은 상업적인 느낌을 최소화하고 공간감을 최대한 끌어올리기 위한 노력. 여기에 건물 전체가 시야에 한꺼번에 들어오지 않도록 츠타야 서점 3개 동의 각도를 교묘히 비튼 것은 소비자의 편안한 심리를 유도하기 위한 휴먼 스케일 연구의 결정체다. **MAP ⑤**

GOOGLE MAPS 다이칸야마 티사이트
ADD 16-15 Sarugakucho, Shibuya City
OPEN 09:00~22:00(츠타야 서점)
WALK 다이칸야마역 중앙 출구中央口 5분
WEB store.tsite.jp/daikanyama

다이칸야마 티사이트 탐방

文学
3개 건물로 이루어진 츠타야 서점. 각 건물 1층은 자동차, 여행, 인문, 요리, 건축, 아트 6개 카테고리로 나뉜 서점, 2층은 각각 영화, 음악, 셰어 라운지 공간으로 사용된다.

Point. 1 서점이 보여준 무한한 가능성

다이칸야마 츠타야 서점 代官山蔦屋書店

서점의 역할을 뛰어넘어 '공간' 자체로 사랑받는 츠타야 서점의 대표주자. 1층의 스타벅스에서 음료를 주문하면 서점 내 책을 자유롭게 열람할 수 있는 '커피를 마시며 책 읽는 서점'을 지향한다. '라이프 스타일을 파는 서점' 답게 세계 각국에서 엄선해서 선보이는 문구류, 생활용품, 아트 상품을 둘러보는 것도 이곳에선 빼놓을 수 없는 재미. 2층은 셰어 라운지로 운영한다. 준비된 스낵, 음료와 함께 1층 서점의 책도 마치 서재처럼 이용할 수 있어 개인 작업을 하는 노마드족은 물론, 아이디어와 영감이 필요한 이들에게 환영받고 있다. **MAP ❺**

셰어 라운지
OPEN 07:00~22:00
PRICE 셰어 라운지 소프트 드링크 플랜 1시간 1650엔, 이후 30분당 825엔
WEB 예약: store.tsite.jp/daikanyama/

Point. 2 문화의 숲 맛 담당

아이비 플레이스 Ivy Place

이른 아침부터 밤까지 카페, 레스토랑, 바 등 다양한 공간에서 다이칸야마 티사이트의 식탁을 담당하고 있다. 이탈리안 요리를 베이스로 한 덕분에 현지에 거주하는 외국인이나 서양인 관광객을 티사이트로 불러들이는 데 큰 공을 세웠다. 오후 3시(주말은 4시)까지 판매하는 팬케이크가 가장 인기. 파스타, 리조토 등 식사 메뉴도 충실하다. **MAP ❺**

GOOGLE MAPS 아이비플레이스 다이칸야마
OPEN 08:00~23:00
WEB tysons.jp/ivyplace

클래식 버터밀크 팬케이크 1680엔
+ 프레시 크림(토핑) 330엔

+MORE+

라이프 스타일을 팝니다.
츠타야 서점 蔦屋書店

한마디로 정의하기 어렵지만, 츠타야 서점은 책이라는 매개체를 통해 현대인에게 다양한 라이프스타일을 제안하는 곳이라고 할 수 있다. 기존의 공급자 편의에서 정한 문학, 비문학, 경제·경영, 자기 계발 등의 뻔한 카테고리를 따르지 않고, 고객이 추구하는 라이프스타일만 있다면 한 자리에서 모든 니즈를 채울 수 있는 혁신적인 배치를 지향한다. 예컨대 유럽 가이드북을 고르러 갔다가 곁에 누운 <먼나라 이웃나라>, <베니스의 상인>까지 쥐게 되는 식이다. 이러한 전략 덕분에 40여 년 전 작은 음반 대여점으로 시작한 츠타야는 현재 일본에만 1500여 개 지점을 거느린 최대 서점 기업으로 성장했다.

SPECIAL PAGE

일본에 책 사러 갑니다

나의 도쿄 대형 서점 순례기

책을 좋아하고 수집하는 이들이라면 도쿄 여행 테마 중에서 서점 순례를 빼놓을 수 없다.
츠타야 서점에서 색다른 서점의 매력을 발견했다면 이제 본격적으로 대형 서점 탐방에 나서보자.

기노쿠니야 서점 신주쿠 본점

紀伊國屋書店 新宿本店

일본을 넘어서 미국, 싱가포르, 호주 등 해외까지 진출한 대형 서점 체인이다. 책의 미로 속에서 보물찾기를 즐기는 책벌레라면 셀 수 없이 많은 장서를 보유한 신주쿠 본점 방문을 추천한다. **MAP ❷-B**

GOOGLE MAPS 기노쿠니야 신주쿠 본점
ADD 3-17-7 Shinjuku, Shinjuku City
OPEN 10:30~20:30
WALK 신주쿠역 동쪽 출구東口 3분
WEB www.kinokuniya.co.jp

마루젠 마루노우치 본점

Maruzen 丸善 丸の内本店

일본 개화기 시절 서양에서 들여온 책과 문구를 선보이던 상사에서 출발, 타자기와 만년필을 일본에 처음 소개한 대형 서점이다. 2004년 니혼바시 본점을 도쿄역과 가까운 복합 빌딩 마루노우치 오아조OAZO로 이전, 지역 특성에 맞게 비즈니스 관련 도서, 자기계발서, 베스트셀러 위주로 서가를 꾸몄다. **MAP ❾-A**

GOOGLE MAPS 마루젠 마루노우치
ADD 1 Chome-6-4 Marunouchi, Chiyoda City
OPEN 09:00~21:00/ 1월 1일 휴무
WALK 도쿄역 마루노우치 북쪽 출구丸の内北口 1분
WEB www.marunouchi.com

M
MARUZEN
MARUZEN

산세이도 서점 이케부쿠로 본점

三省堂書店 池袋本店

진보초에서 시작된 대형 서점. 1층에 무인양품 간판이 내걸린 건물이다. 지하 1층~지상 4층 규모의 서적관과 지하 1층 별관으로 구성. 실용서에 충실하기로 유명하며, 각층에 마련된 잡화 코너도 눈길을 끈다. **MAP ㉒**

GOOGLE MAPS 산세이도 서점 이케부쿠로 본점
ADD 1-28-1 Minamiikebukuro, Toshima City
OPEN 10:00~22:00
WALK 이케부쿠로역 동쪽 출구 東口 4분
WEB www.books-sanseido.co.jp

三省堂書店

준쿠도 서점 이케부쿠로 본점

ジュンク堂書店 池袋本店

기노쿠니야, 산세이도와 함께 일본을 대표하는 대형 체인 서점. 도서관 스타일로 서가를 꾸민 점이 특징이며, 곳곳에 마련된 의자에 편히 앉아 책을 볼 수 있다. 이케부쿠로 본점은 9층 건물 전체를 통 크게 사용하고 있다. **MAP ㉒**

GOOGLE MAPS 준쿠도 이케부쿠로
ADD 2-15-5 Minamiikebukuro, Toshima City
OPEN 10:00~22:00/ 1월 1일 휴무
WALK 이케부쿠로역 동쪽 출구 東口 4분
WEB www.junkudo.co.jp

5 벚꽃 향기에 취해 걸어볼까요
메구로강
目黒川

나카메구로역 북쪽 상류는 강폭이 좁아 벚꽃이 강을 덮으며, 남쪽 하류는 강폭이 넓고 산책로가 잘 정비돼 있다.

めぐろがわ
Meguro River
目黒川 메구로강
川をきれいに美しく

약 4km에 걸쳐 벚꽃길이 펼쳐지는 대표 벚꽃 명소 중 하나! 벚꽃 철이 인기 절정이지만, 녹음이 우거진 여름, 단풍으로 붉게 물든 가을, 일루미네이션으로 반짝이는 겨울 등 언제 어느 계절에 찾더라도 충분히 매력적인 곳이다. 강변을 따라 늘어선 예쁜 카페와 편집숍 구경이 걷는 즐거움을 더한다. **MAP ❺**

GOOGLE MAPS 메구로강 벚꽃길
WALK Ⓜ ▼ 나카메구로역 서쪽 출구西口 2분/다이칸야마 티사이트 6분

가장 일본다운 스타벅스
스타벅스 리저브 로스터리 도쿄
Starbucks Reserve® Roastery Tokyo

6

STARBUCKS RESERVE ROASTERY

시애틀, 상하이, 밀라노, 뉴욕에 이어 5번째로 문을 연 스타벅스 로스터리. 2020 도쿄올림픽 스타디움을 설계한 구마 켄고가 디자인한 외관에서부터 일본식 화려함이 감돈다. 내부 중앙에 있는 17m의 캐스트는 벚나무를 표현하기 위해 표면에 한 장 한 장 벚꽃잎을 수놓았다. 1층 스타벅스 리저브에서는 전 세계의 희소성 높은 커피를, 2층 티바나에서는 한층 고급스러워진 티를, 3층 아리비아모 바에서는 바텐더가 만든 커피와 칵테일 등을 즐길 수 있다. 메뉴의 세계가 무궁무진하고 한정판 굿즈도 선보여 '스벅애호가'라면 시간 가는 줄 모를 놀이터다. **MAP ❺**

GOOGLE MAPS 스타벅스 리저브 로스터리 도쿄
ADD 2-19-23 Aobadai, Meguro City
OPEN 07:00~22:00
WALK Ⓜ ▼ 나카메구로역 서쪽 출구西口 11분/다이칸야마 티사이트 10분
WEB www.starbucksreserve.com/en-us/locations/tokyo

7 메구로강의 '낮커밤맥'을 책임지는
사이드워크 스탠드
SideWALK Stand

낮에는 커피와 샌드위치, 밤에는 크래프트 맥주를 판매하며 강변 산책자들의 아지트가 돼주는 곳. 직접 로스팅한 원두를 사용한 커피, 재료를 아낌없이 넣은 샌드위치, 풍미 깊은 맥주 등 모든 메뉴가 호평받는다. 나카메구로를 시작으로 도쿄에 3개 지점을 열었다. **MAP ⑤**

GOOGLE MAPS 사이드워크 스탠드
ADD 1 Chome-23-14 Aobadai, Meguro City
OPEN 09:00~19:00
WALK 나카메구로역 서쪽 출구西口 5분
WEB sidewalk.jp

8 2030의 일상이 깃든 서점
나카메구로 츠타야 서점
中目黒 蔦屋書店

A~K 존으로 나뉜 나카메구로 코가시타의 B존에 자리 잡고 있다.

나카메구로 주민의 상당수를 차지하는 2030 세대의 라이프스타일에 최적화된 서점. 만남Meet, 이야기Talk, 일Work, 나눔Share으로 나뉜 4개 섹션에서 츠타야 서점의 필살기인 라이프스타일 제안의 전문성을 보여준다. 1층 한쪽에서는 브리오슈 반죽으로 구워 도넛 같지 않은 부드러운 식감이 일품인 아임 도넛? I'm donut?이 인기몰이 중이다. **MAP ⑤**

GOOGLE MAPS 나카메구로 츠타야 서점
ADD 1 Chome-22-10 Kamimeguro, Meguro City
OPEN 10:00~22:00(스타벅스 07:00~)
WALK 나카메구로역 정면 개찰구正面改札 맞은편
WEB store.tsite.jp/nakameguro/

9 편안히 들르는 커피 정류장
오니버스 커피
Onibus Coffee 中目黒店

커피 맛 좋기로 도쿄에서 소문이 자자하고, 친절하고 능숙한 외국인 응대로 여행자들마저 사로잡은 곳. 오래된 민가를 현대적으로 개조한 차분하고 세련된 분위기도 맘에 들고, 봄이면 2층 창밖으로 보이는 벚나무와 철로 위를 달리는 기차도 설렘 포인트다. 가게 이름은 '공공버스'를 뜻하는 포르투갈어. 사람과 사람을 연결하는 버스정류장 같은 카페가 되고 싶다는 의미라고. **MAP ⑤**

GOOGLE MAPS 오니버스 커피 나카메구로점
ADD 2-14-1 Kamimeguro, Meguro City
OPEN 09:00~18:00
WALK 나카메구로역 남쪽 출구南口 2분
WEB onibuscoffee.com

핸드드립 커피 693엔~

+MORE+

나카메구로 코가시타
中目黒高架下

도큐 도요코선 나카메구로역 인근 철로 밑 공간이다. 으슥함의 상징이었던 고가 아래로 나카메구로 츠타야 서점, 아오야마 플라워 마켓, 더 시티 베이커리 등 여심 저격수가 대출동하며 한결 단정하고 세련된 모습으로 변신했다.

LONCAFE

버려진 공간에 숨을 불어 넣은 바람직한 예

센터 광장

무료 미니 전망대와 스카이 레스토랑이 있는
에비스 가든 플레이스 타워

연인들의 로맨틱한 데이트 장소

에비스 가든 플레이스 ⑩

Ebisu Garden Place

삿포로 맥주의 브랜드인 에비스 맥주 공장 부지에 1994년 세운 복합 상업 문화 시설이다. 거대한 아치가 인상적인 센터 광장 주변으로 에비스 가든 플레이스 타워, 도쿄도 사진 미술관, 호텔, 영화관, 삿포로 맥주 본사 등이 들어서 있다. 크리스마스 시즌이면 세계 최대급 샹들리에와 일루미네이션 조명이 설치돼 환상적인 야경 명소로 꼽힌다.

GOOGLE MAPS 에비스 가든 플레이스
ADD 4-20 Ebisu, Shibuya City
WALK JR 에비스역 동쪽 출구東口 4분
WEB gardenplace.jp

YEBISU SKY WALK

무빙워크 '에비스 스카이워크'가 에비스역과 에비스 가든 플레이스를 연결한다.

크리스마스 시즌의
에비스 가든 플레이스

껄껄껄~
내가 바로
칠복신이오!

: WRITER'S PICK :

밤의 낭만, 에비스 恵比寿

도미를 옆에 끼고 미소 짓는 칠복신七福神의 금빛 맥주가 유명한 지역. 옛 맥주 공장 부지에 세워진 유럽풍의 복합 시설 에비스 가든 플레이스, 라멘 경쟁이 치열한 에비스역 주변, 늦은 시간까지 이자카야·펍·스탠딩 바 등이 밤의 열기를 이어간다. '에비스'라는 지명은 1887년에 세워진 에비스 맥주 공장에서 유래했다.

GOOGLE MAPS ebisu station

에비스역 동쪽 출구 전경

에비스 가든 플레이스의

주목할 만한 시설

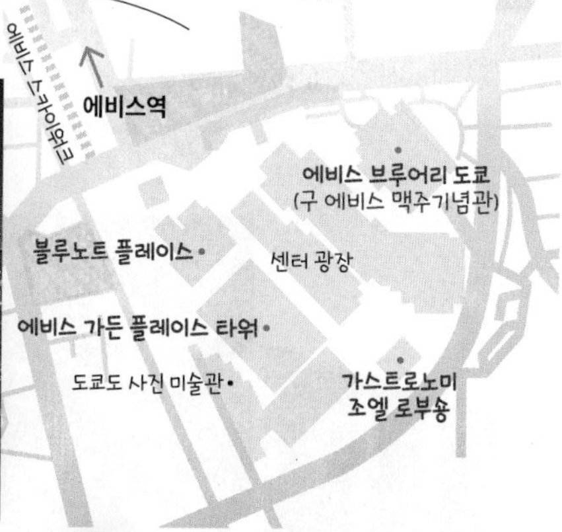
에비스 스카이워크
에비스역
에비스 브루어리 도쿄
(구 에비스 맥주기념관)
블루노트 플레이스
센터 광장
에비스 가든 플레이스 타워
도쿄도 사진 미술관
가스트로노미
조엘 로부숑

에비스 가든 플레이스 타워에서 바라본 도쿄의 야경

Point. 1 에비스 가든 플레이스 타워
Ebisu Garden Place Tower

높이 167m, 총 39층 규모의 주상복합 빌딩. 38층에 자리한 무료 전망 스페이스 '스카이 라운지'에서는 도쿄 타워, 도쿄 스카이트리, 롯본기 힐스까지 한눈에 내려다볼 수 있다. 뛰어난 전망과 함께 세계 각국의 음식을 즐길 수 있는 38~39층의 고급 레스토랑들도 인기. 빌딩 입구에서 'TOP of YEBISU'라고 적힌 엘리베이터를 타면 한 번에 오를 수 있다.

Point. 2 블루노트 플레이스 Blue Note Place

아오야마의 재즈 클럽 블루노트 도쿄에서 오픈한 캐주얼 레스토랑. 라이브 공연을 볼 수 있는 구역은 자릿세 1100엔이 부과되며, 메뉴는 디너를 기준으로 맥주 850엔, 스낵 1000엔대, 식사 3000엔대 안팎이다. 라이브 테이블이나 코스 요리 메뉴는 홈페이지에서 예약할 수 있다.

OPEN 11:30~15:30, 18:00~23:00
WEB www.bluenoteplace.jp

Point. 3 에비스 브루어리 도쿄
Yebisu Brewery Tokyo
(구 에비스 맥주기념관)

1889년부터 약 100년간 에비스 맥주 양조장으로 쓰이던 건물 옆에 세워진 맥주 기념관. 에비스 맥주 탄생 120주년을 기념해 2010년 문을 연 뒤 리모델링을 거쳐 2024년 새롭게 문을 열었다. 밀 맥아 100% 에비스 맥주의 모든 것을 보여주는 박물관, 맥주를 마시고 기념품도 구입할 수 있는 양조장, 브루어리 탭룸을 갖춘 최신 시설로 평일에는 하루 3회, 토·일·공휴일엔 하루 7회 가이드와 함께 양조장을 둘러볼 수 있다. 홈페이지에서 예약 필수.

OPEN 12:00~20:00(토·일 11:00~19:00), 화요일 휴무/
가이드투어: 평일 13:00, 15:30, 18:30, 토·일·공휴일 12:00, 13:00, 14:00, 15:00, 16:00, 17:00, 18:00
WEB sapporobeer.jp/brewery/y_museum/

Premium
YEBISU

Point. 4 가스트로노미 조엘 로부숑
ガストロノミー Joël Robuchon

프랑스 최고의 스타 셰프 조엘 로부숑(1945~2018년)이 설립한 프렌치 레스토랑. 미슐랭 도쿄에서 별 3개를 받는 등 미식가들 사이에서 명성이 자자한 곳이다. 15세에 요리를 시작해 31개의 미슐랭 별을 받은 조엘 로부숑은 셰프들 사이에서도 전설적인 인물. 그의 요리 미학을 느낄 기회를 잡아보자. 세트 메뉴 2만5000엔~(예약 필수).

OPEN 런치 토·일·공휴일 11:30~15:00 (L.O.12:30), 디너 매일 17:30~22:00 (L.O.20:00)
WEB robuchon.jp

센터 광장의 남쪽 끝, 성처럼 생긴 건물 안에 자리한다.

취향 확실한 사람들이 깐깐하게 고른

다이칸야마·나카메구로의 숍

다이칸야마와 나카메구로에는 범상치 않은 아이템으로 무장한 작은 상점들이 곳곳에 자리한다.
좋아하는 것에 진심을 다하다 보니 어느덧 하나의 브랜드가 된, 그들의 성공 스토리.

TRAVELER'S
notebook

여행 고수가 추천하는 실용템

트래블러스 팩토리 Traveler's Factory

여행자의 심리를 꿰뚫는 여행 아이템이 가득한 곳. 일본에서 히트한 여행용 다이어리 '트래블러스 노트' 같은 문구류와 나만의 문구류를 만들 수 있는 DIY 재료, 여행 서적, 여행용 소품 등을 판매한다. 실용성이 뛰어나면서 합리적인 가격대의 아이템이 많아 뭐라도 손에 쥐고 나오게 된다. 2층에선 자신의 취향에 맞게 트래블 노트를 만들거나 카페 메뉴를 즐길 수 있다. 나리타공항과 도쿄역에서도 만날 수 있다. **MAP ❺**

GOOGLE MAPS 나카메구로 트래블러스 팩토리
ADD 3-13-10 Kamimeguro, Meguro City
OPEN 12:00~20:00/화요일 휴무
WALK Ⓗ ▼ 나카메구로역 남쪽 출구南口 2분
WEB travelers-factory.com

이 음악엔 이런 패션 어때?

봉쥬르 레코드 Bonjour Records

패션과 음악을 접목한 편집숍. 유니섹스 패션 아이템과 함께 레코드, CD, 아티스트 관련 책, 잡지, 포스터 등을 판매한다. 내부는 그리 넓지 않지만, 비치된 플레이어로 음악을 감상할 수 있고, 맛 좋은 커피바도 운영해 음악 애호가들이 의외로 오랜 시간을 보내는 곳. 1996년 다이칸야마에 오픈한 후 이 지역의 빼놓을 수 없는 명물이 됐다. **MAP ❺**

GOOGLE MAPS 봉쥬르 레코드
ADD 24-1 Sarugakucho, Shibuya City
OPEN 11:00~20:00
WALK ▼ 다이칸야마역 북쪽 출구北口 2분
WEB www.bonjour.jp

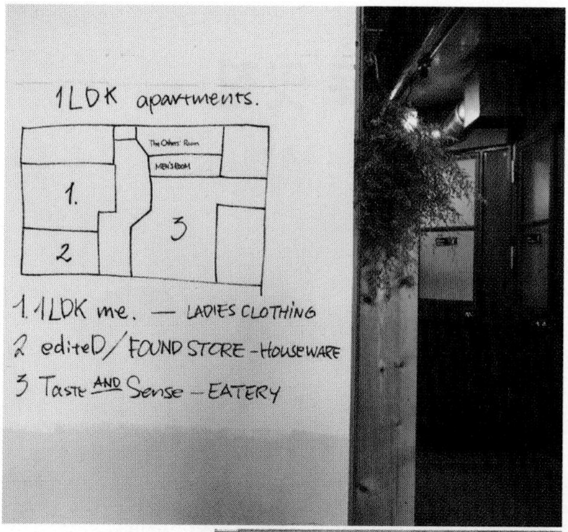
1LDK apartments.
The Others' Room
MEN'S ROOM
1.
2
3
1. 1LDK me. — LADIES CLOTHING
2 editeD/FOUND STORE - HOUSEWARE
3 Taste AND Sense - EATERY

내 방이었으면 좋겠다

원엘디케이 1LDK

방 1개에 리빙룸L, 다이닝룸D, 키친K이 딸린 구조의 집을 뜻하는 상호가 내포하듯 자연스럽고 편안한 스타일과 디스플레이가 돋보이는 의류 전문점이다. 원엘디케이에서는 주로 남성 제품을, 맞은편의 원엘디케이 아파트먼트1LDK apartments.에서는 여성 제품을 취급한다. 나카메구로에서 시작해 교토, 파리, 서울에까지 지점을 확장했다. **MAP 5**

GOOGLE MAPS 나카메구로 1ldk
ADD 1-7-13, Kamimeguro, Meguro City
OPEN 13:00~19:00(토·일 12:00~)
WALK 나카메구로역 동쪽 출구東口 2분
WEB 1ldkshop.com

소처럼 느리게 쉬어가는 책방

카우북스 Cow Books 中目黒

우리나라에도 출간된 <일의 기본, 생활의 기본 100>을 쓴 에세이스트 마츠우라 야타로가 운영하는 중고 서점. 일본뿐 아니라 세계 각국에서 수집한 책을 취급하는데, 자신이 직접 읽은 책만 판매한다는 점이 흥미롭다. 예술, 패션, 사진 분야의 책이 많아서 일본어를 모르는 외국인들에게도 문턱이 그리 높지 않다. 커피, 굿즈 등 책 이외의 아이템도 있다. **MAP 5**

GOOGLE MAPS cow books
ADD 1-14-11 Aobadai, Meguro City
OPEN 12:00~19:00/월요일 휴무
WALK 나카메구로역 서쪽 출구西口 7분
WEB www.cowbooks.jp

everything for the freedom.
COW BOOKS

여행은 밥심으로!

다이칸야마·나카메구로 맛집

다이칸야마와 나카메구로를 변함없이 지켜온 맛집들을 소개한다.
든든하게 배를 채운 다음 커피와 맥주로 깔끔하게 마무리!

점심에만 제공되는 정식 메뉴인 사시미 모둠과 덴푸라 플레이트 Assorted Sashimi and Tempura Plate 2800엔

밥이 꿀떡꿀떡 넘어가요

고항야 잇신 ごはんや一芯 代官山

밥이 맛있고, 제철 식재료로 만든 반찬도 맛있다. 추수기에 각지에서 생산된 다양한 품종을 맛보고 가장 좋은 쌀을 선택하는 것이 밥맛의 비결. 점심엔 밥과 제철 식재료로 구성된 '갓성비' 정식이 제공된다. 제일 많이 호출되는 메뉴는 입에서 살살 녹는 돼지고기 조림Japanese Braised Pork Belly(2300엔). 좀 더 저렴하고 푸짐하게 먹고 싶을 땐 일본어 메뉴에만 있는 '오늘의 점심'이란 뜻의 히가와리 런치日替わりランチ(1500엔, 30인분 한정)를 찾아볼 것. 점심시간에는 어김 없이 줄을 서야 하지만, 실내가 넓어서 회전율은 빠른 편이다. 저녁엔 1인당 평균 4000~5000엔대를 예상해야 하지만, 예약이 꽉 차있는 경우가 많다. MAP ⑤

GOOGLE MAPS 고항야 잇신
ADD 30-3 Sarugakucho, Shibuya City
OPEN 11:30~14:00, 17:00~23:00
WALK 다이칸야마역 동쪽 출구東口 2분
WEB foodgate.net

런치 메뉴인 플라Plat 1380엔~(수프 별도)

메구로 강변의 분위기 맛집

유잇토 HUIT

2005년부터 메구로 강변의 명당을 지켜온 캐주얼 레스토랑. 빵과 샐러드를 곁들인 플레이트, 샌드위치, 파스타, 커리 등 기본 메뉴를 시즌별로 조금씩 다르게 만든다. 한결같은 분위기 속에서도 언제나 새로운 맛을 기대하게 만드는 것이 오랫동안 인기를 유지해온 비결. 오후 4시까지 런치, 오후 6시부터 디너와 바로 운영되며, 커피와 디저트류 등의 카페 메뉴는 오픈 시간 내내 주문할 수 있다. MAP ⑤

GOOGLE MAPS 유잇토
ADD 1-10-23 Nakameguro, Meguro City
OPEN 12:00~22:00(금·토 ~23:00)
WALK 나카메구로역 동쪽 출구南口 5분
WEB east-meets-west.jp

한입 크기의 즐거움

다코

dacō(ダコー) 中目黒

후쿠오카에서 돌풍을 일으켜 도쿄에도 진출한 베이커리, 아맘 다코탄에서 내놓은 새 브랜드. 오모테산도의 아맘 다코탄이 테이크아웃 중심인데 반해, 이곳은 테이블에 앉아서 편하게 먹고 갈 수 있다. 빵순이들이 자연스레 '한 개만 더!'를 외치게 되는 아맘 다코탄의 창의적인 한입 크기 빵들을 맛보러 가보자. **MAP ⑤**

GOOGLE MAPS daco nakameguro
ADD 1-3-18 Kamimeguro, Meguro City
OPEN 11:00~20:00
WALK 나카메구로역 동쪽 출구東口 1분
WEB instagram.com/daco.pan

boulangerie

맥주가 더 맛있어지는 비결

스프링 밸리 브루어리 도쿄

Spring Valley Brewery Tokyo

기린 맥주에서 운영하는 크래프트 맥주 전문점. 양조장에서 갓 나온 맥주를 궁합이 잘 맞는 안주와 함께 즐길 수 있다. 런치 세트를 주문하면 샐러드와 커피 또는 차가 곁들여 나오고, 맥주 첫 잔을 하프 사이즈 330엔, 레귤러 사이즈 550엔에 즐길 수 있다. 브루어와 셰프, 비어 소믈리에가 최상의 맥주와 안주 조합을 찾아 고안한 페어링 세트는 기린의 대세 맥주 호준豊潤 496에 이와 어울리는 타파스 3종류가 함께 나온다. **MAP ⑤**

GOOGLE MAPS 스프링 밸리 브루어리 도쿄
ADD 13-1 Daikanyamacho, Shibuya City
OPEN 11:00~23:00
WALK 다이칸야마역 북쪽 출구北口 3분/ 에비스역 서쪽 출구西口 7분. 로그 로드 내
WEB springvalleybrewery.jp

평일 런치 세트 클래식 버거
1400엔+맥주 하프 사이즈 500엔

+MORE+

로그 로드 Log Road

도큐 도요코선의 옛 철로를 단장해 레스토랑과 카페, 의류숍으로 꾸민 쇼핑몰. 마을과 어우러진 풍경을 감상하며 쇼핑과 산책을 함께 즐기기 좋다.

GOOGLE MAPS 로그로드 다이칸야마

#Walk

나를 위한 달콤한 자유
지유가오카 自由が丘

'자유의 언덕'이라는 뜻의 지유가오카. 대형 쇼핑몰 대신 아기자기한 잡화점과 소소한 라이프스타일숍이 저마다의 개성을 자유롭게 발휘하는 곳, 일본 최고의 파티시에들이 맘껏 솜씨를 펼치는 곳. 도쿄에서 가장 달콤한 자유를 만끽하고 싶다면 두말할 것 없이 이곳, 지유가오카다.

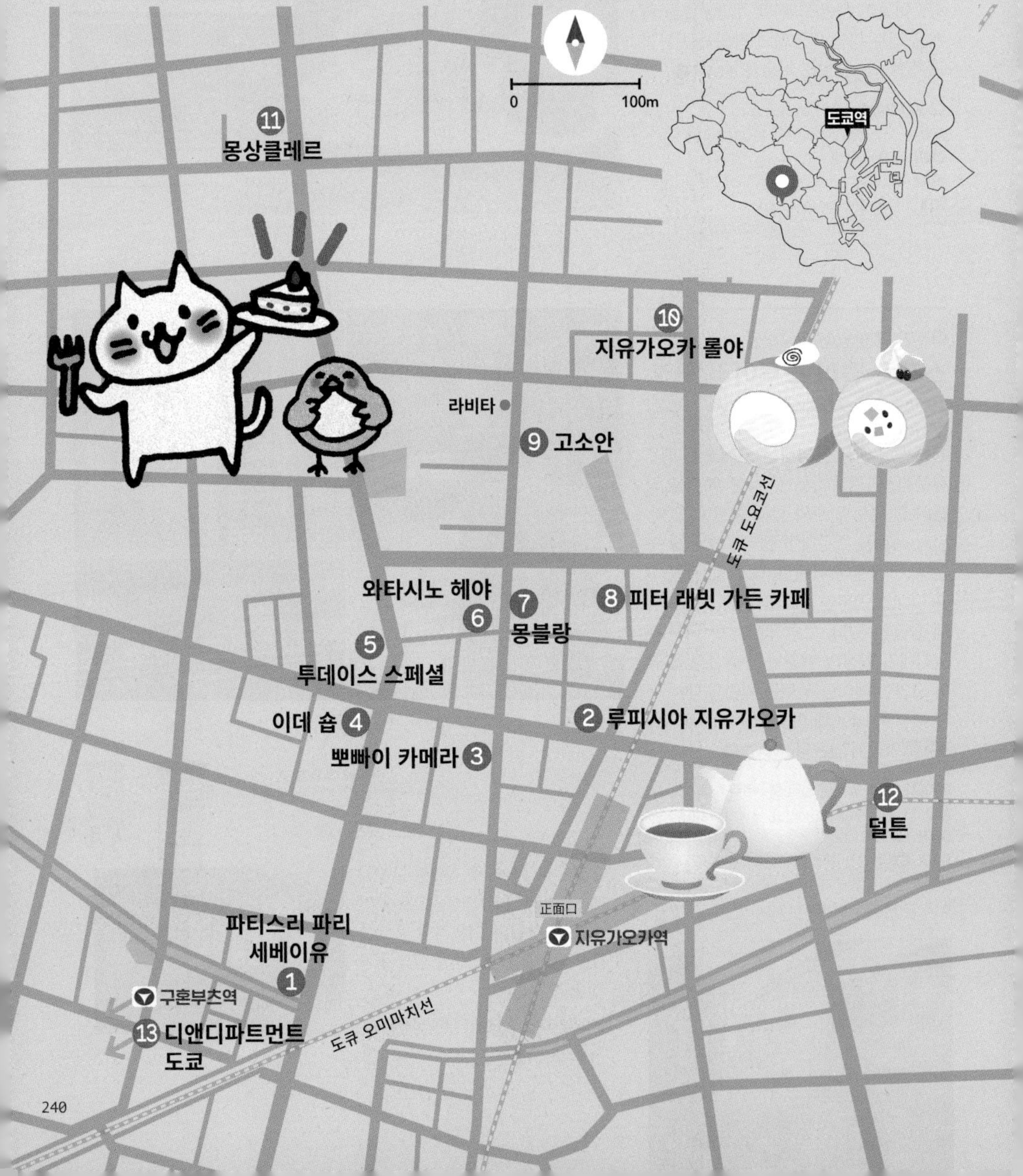

0
100m
도쿄역
11 몽상클레르
10 지유가오카 롤야
라비타
9 고소안
도큐 도요코선
와타시노 헤야
7
6
몽블랑
8 피터 래빗 가든 카페
5
투데이스 스페셜
이데 숍 4
2 루피시아 지유가오카
뽀빠이 카메라 3
12 덜튼
正面口
지유가오카역
파티스리 파리
세베이유
1
구혼부츠역
13 디앤디파트먼트
도쿄
도큐 오미마치선

Access

지유가오카역 自由が丘

- **사철 도큐 도요코선·오이마치선**: 시부야·다이칸야마·나카메구로를 지나는 도큐 도요코선은 특급과 급행, 각역정차가 모두 운행하지만, 소요 시간은 큰 차이가 없으므로 먼저 오는 열차를 타자. 또한, 도쿄 메트로 후쿠토신선과 직통 연결 운행하므로 이케부쿠로·신주쿠·하라주쿠 등에서도 쉽게 갈 수 있다.

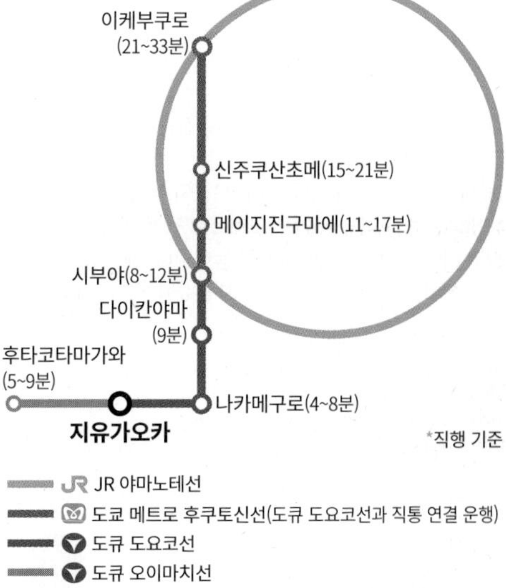
이케부쿠로
(21~33분)
신주쿠산초메(15~21분)
메이지진구마에(11~17분)
시부야(8~12분)
다이칸야마
(9분)
후타코타마가와
(5~9분)
나카메구로(4~8분)
지유가오카
*직행 기준
JR 야마노테선
도쿄 메트로 후쿠토신선(도큐 도요코선과 직통 연결 운행)
도큐 도요코선
도큐 오이마치선

Planning

동네 자체는 작은 편이라 1~2시간이면 충분히 둘러볼 수 있다. 하지만 소소한 쇼핑 아이템을 구경하는 데 시간 가는 줄 모르는 타입이거나, 줄 서야 하는 유명 스위츠 가게를 주말에 방문한다면 시간이 좀 더 소요된다.

1 여기 케이크 못 먹어본 사람 없게 해주세요
파티스리 파리 세베이유
Patisserie Paris S'Eveille

파리의 노포 파티스리에서 실력을 갈고닦은 파티시에가 오픈한 디저트 전문점. 일본의 맛집 평가 사이트 타베로그(tabelog.com)에서 매년 스위츠 부분 상위권에 랭크될 정도로 입지가 단단하다. 뭘 먹어도 다 맛있다는 평이지만, 그중에서도 특히 초콜릿이 든 케이크의 인기가 높다. MAP 7

GOOGLE MAPS 파리 세베이유 지유가오카
ADD 2-14-5 Jiyugaoka, Meguro City
OPEN 11:00~19:00/월 6회 이상 부정기 휴무(인스타그램 확인)
WALK 지유가오카역 정면 출구正面口 3분
WEB instagram.com/paris_seveille/

생토노레 캐러멜
Saint-honore Caramel
830엔

PATISSERIE
BOULANGERIE

홍차의 정석, 홍차의 참맛

루피시아 본점

ルピシア 自由が丘 本店

LUPICIA

일본에서 가장 널리 사랑받는 홍차 전문점 루피시아의 본점이다. 교토 우지, 가고시마에서 생산된 품질 좋은 일본 전통차를 비롯해 연간 400여 종에 달하는 세계 각국의 차를 취급한다. 본점의 테마는 자연과의 공존. 특히 홋카이도 니세코 지역과 협업해 만든 크래프트 맥주, 홋카이도산 연유로 만든 아이스크림도 맛볼 수 있다. 차 시음도 가능했으나, 팬데믹 이후 시향만 가능하다. 외국인 여행자는 5000엔 이상 구매 시 8% 할인된다(여권을 지참). **MAP 7**

GOOGLE MAPS 루피시아 지유가오카 본점
ADD 1-26-7 Jiyugaoka, Meguro City
OPEN 10:00~19:00
WALK 지유가오카역 정면 출구正面口 2분
WEB lupicia.co.jp

3 따스한 필카 감성 그대로

뽀빠이 카메라

ポパイカメラ 本店

사진 좋아하는 사람은 도저히 그냥 지나칠 수 없는 곳. 창업 후 80년 동안 변함없이 필름을 현상하는 사진관으로, 다양한 효과를 입힌 사진을 인화할 수 있어 도쿄 필카족들이 꾸준히 찾고 있다. 한쪽에선 우리나라에서는 보기 드문 중고 필카도 판매하는 중. 필카뿐 아니라 디카와 관련된 액세서리도 다양하다. **MAP 7**

GOOGLE MAPS 뽀빠이 카메라
ADD 2-10-2 Jiyugaoka, Meguro City
OPEN 12:15~19:00/수요일 휴무
WALK 지유가오카역 정면 출구正面口 1분
WEB www.popeye.jp

POPEYE

4 갤러리 들르듯 살짝 구경해볼까

이데 숍

IDÉE Shop Jiyugaoka

일본의 대표 가구 브랜드인 이데 숍의 플래그십 스토어. 다양한 테마의 인테리어 감상은 물론, 아이디어가 반짝이는 인테리어 소품까지 득템할 수 있다. 4층 '갤러리 앤드 북스'에서는 세계 각국의 예술품을 전시하고, 종종 특별전을 기획한다. **MAP 7**

GOOGLE MAPS 지유가오카 이데숍
ADD 2-16-29 Jiyugaoka, Meguro City
OPEN 11:30~20:00(토·일 11:00~)
WALK 지유가오카역 정면 출구正面口 3분
WEB idee.co.jp

매장을 잠시 둘러보기만
해도 가구 보는 안목이
절로 높아지는 듯!

BAKESHOP
IDEE SHOP

TODaY'S
SPECIAL

HIS
HERS
HIS
HERS

5 맘에 쏙 드는 주방용품 찾기
투데이스 스페셜
Today's Special Jiyugaoka

안이 투명하게 보이는 친환경 소재 보틀 '마이보틀' 열풍을 일으켰던 투데이스 스페셜의 본점이다. 투데이스 스페셜의 각 지점은 저마다 테마를 갖고 운영하는데, 지유가오카 지점은 식재료, 의류, 가드닝 등 음식과 생활을 주제로 한 품목을 주로 다룬다. 특히 주방용품의 비중이 여타 잡화점보다 높은 편이다. MAP ❼

TODAY'S SPECIAL

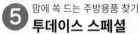

GOOGLE MAPS 투데이스 스페셜 지유가오카
ADD 2-17-8 Jiyugaoka, Meguro City
OPEN 11:00~20:00
WALK 지유가오카역 정면 출구正面口 5분
WEB www.todaysspecial.jp

6 내 방에 하나쯤 두고 싶은 물건들
와타시노 헤야
私の部屋 自由が丘店

WATASHI NO HEYA

1982년부터 지유가오카를 지켜온 곳. 수입 제품도 있지만, 일본 생활 문화를 테마로 한 일본 감성 디자인이 많은 것이 특징이다. 주로 차분하고 세련된 분위기의 제품이 많다. MAP ❼

GOOGLE MAPS 와타시노 헤야
ADD 2-9-4 Jiyugaoka, Meguro City
OPEN 11:00~19:30
WALK 지유가오카역 정면 출구正面口 4분
WEB watashinoheya.co.jp

7 90년 전 몽블랑 맛 그대로
몽블랑
Mont-Blanc Tokyo Jiyugaoka

일본 최초로 몽블랑을 선보인 곳. 지금도 창업 당시 레시피 그대로의 몽블랑을 맛볼 수 있다. 이곳의 몽블랑은 갈색이 아닌 노란빛을 띠는 것이 특징인데, 양과자가 생소하던 시절 일본인에게 익숙한 밤 조림을 사용했기 때문이라고. 중앙의 하얀 크림은 몽블랑 산에 앉은 만년설을 표현한 것이다. 현재 본점은 공사 중으로, 2026년까지는 현재의 임시 매장에서 영업할 예정이다. MAP ❼

GOOGLE MAPS 몽블랑 지유가오카
ADD 1 Chome-25-13 Jiyugaoka, Meguro City(임시 매장)
OPEN 11:00~18:30/화요일·부정기 휴무
WALK 지유가오카역 정면 출구正面口 3분
WEB mont-blanc.jp

오므라이스 플레이트류
2000엔 안팎

피터 래빗과 함께 오므라이스 냠냠

8 피터 래빗 가든 카페

Peter Rabbit Garden Café

영국의 그림동화 피터 래빗 시리즈를 테마로 1963년 창업한 오므라이스 전문 카페. 몇몇 테이블은 피터 래빗이 먼저 자리를 잡고 맞아 준다. 실내 인테리어는 물론 식기, 때로는 음식에도 피터 래빗이 등장해 소소한 재미가 있는 곳. 음식 맛도 좋은 편이다. 구글맵을 통해 예약할 수 있다. **MAP ❼**

GOOGLE MAPS 피터 래빗 가든 카페
ADD 1-25-20 Jiyugaoka, Meguro City
OPEN 11:00~20:00
WALK 지유가오카역 정면 출구正面口 3분
WEB peterrabbit-japan.com/cafe

고민가에서 즐기는 일본식 디저트

9 고소안

古桑庵

유럽풍 스위츠가 강세인 지유가오카에서 고고히 일본다움을 지키고 있는 곳. 작은 정원이 딸린 고민가에서 고급 녹차와 일본 전통 디저트를 맛볼 수 있다. 일본 대문호 나츠메 소세키의 첫째 사위이자 소설가인 마츠오카 조가 휴양을 위해 1900년대 초에 지은 건물로, 1999년부터 카페와 갤러리로 공개됐다. **MAP ❼**

GOOGLE MAPS 고소안
ADD 1-24-23 Jiyugaoka, Meguro City
OPEN 12:00~18:30(토·일 11:00~)/수요일 휴무
WALK 지유가오카역 정면 출구正面口 4분
WEB kosoan.co.jp

말차 경단 젠자이古桑庵風抹茶白玉ぜんざい 1100엔,
앙미츠あんみつ 1000엔

+MORE+

베네치아 감성 쇼핑몰
라비타 La Vita Jiyugaoka

이탈리아 베네치아를 본떠 만든 쇼핑몰로, 지유가오카의 인증샷을 담당한다. 쓱 둘러보면 끝날 정도로 작은 규모라 일부러 찾기엔 애매하지만, 고소안 바로 앞에 있으니 동선이 맞는다면 잠깐 들러보자. **MAP ❼**

GOOGLE MAPS 라 비타 지유가오카
WALK 지유가오카역 정면 출구正面口 4분

지유가오카롤 550엔

10

이 집 롤케이크는 사랑입니다

지유가오카 롤야

自由が丘ロール屋

이 예쁜 케이크 가게엔 오직 롤케이크만 있다. 아래 소개한 몽상클레르의 츠지구치 히로노부가 운영하는 롤케이크 전문점으로, 크림, 과일, 말차, 초콜릿 등 약 20종의 롤케이크가 진열돼 있다. 맛과 촉감, 식감이 저마다 달라서 하나만 맛보기엔 너무나 아쉬운 곳. MAP ❼

GOOGLE MAPS 지유가오카 롤야
ADD 1-23-2 Jiyugaoka, Meguro City
OPEN 11:00~18:00/수요일 휴무
WALK 지유가오카역 정면 출구正面口 5분
WEB jiyugaoka-rollya.jp

세라비セラヴィ 820엔

천재 파티시에가 꿈꾸던 케이크 가게

11

몽상클레르

Mont St. Clair

쿠프드몽드 등 각종 세계 대회 수상 경력에 빛나는 천재 파티시에, 츠지구치 히로노부가 낸 첫 번째 매장이다. 프랑스 남부의 제과점에서 일하는 동안 쉬는 날이면 몽상클레르 언덕에 올라 자신이 만들 케이크 가게를 그리고, 모국으로 돌아온 뒤 지유가오카 언덕 위에 그 꿈을 이뤄냈다. 1996년 프랑스 대사관이 주최한 프랑스 과자 경연 대회 '소펙사Sopexa'에서 우승을 차지한 화이트초콜릿 케이크 '세라비'는 꼭 맛봐야 한다. MAP ❼

GOOGLE MAPS 몽상클레르 지유가오카
ADD 2-22-4 Jiyugaoka, Meguro City
OPEN 11:00~18:00/수요일 휴뮤
WALK 지유가오카역 정면 출구正面口 8분
WEB ms-clair.co.jp

12 예쁜 게 너무 많아 고민!
덜튼
Dulton Jiyugaoka

감각적인 디자인을 최우선으로 꼽는 인테리어 전문 브랜드. 오직 인테리어를 위한 고서들을 잔뜩 모은 2층 휴 북스Hue Books를 둘러보다 보면 덜튼만의 색깔을 더욱 또렷이 느낄 수 있다. 2층 규모의 매장 안에는 실내 인테리어에 관한 용품뿐 아니라 캠핑, 원예 등 라이프스타일 전반을 아우르는 제품을 엿볼 수 있다. **MAP ❼**

GOOGLE MAPS 덜튼 지유가오카
ADD 2-25-14 Midorigaoka, Meguro City
OPEN 11:00~20:00
WALK 지유가오카역 북쪽 출구北口 3분
WEB dulton.co.jp

DULTON
EST 1986

오래 쓸 수 있어야 친환경 디자인이다
13 디앤디파트먼트 도쿄
D&Department Tokyo

서울과 제주에 지점을 내며 우리와 한층 가까워진 디앤디의 도쿄 1호점. '바람직한 디자인이란 유행에 휩쓸리지 않고 오래도록 사랑받는 것'을 표방하며 물건 본연의 기능에 충실한 제품을 모아 '롱 라이프 디자인'이란 새로운 라이프스타일을 제안한다. 디앤디는 일본 각 지역에서 발굴한 좋은 상품들을 소개하는데, 이곳은 1호점인 만큼 일본 전역을 돌며 발굴한 제품을 더욱 폭넓게 만날 수 있다. **MAP ❼**

GOOGLE MAPS 디앤디파트먼트 도쿄
ADD 8-3-2 Okusawa, Setagaya City
OPEN 12:00~18:00/수·목요일 휴무
WALK 지유가오카역 남쪽 출구南口 17분 / 구혼부츠역九品仏 7분
WEB d-department.com/ext/shop/tokyo.html

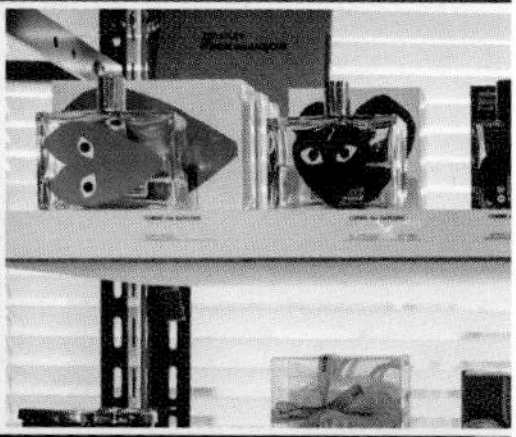

釜浅
合羽橋 創業明治四十一年
商店
KAMAASA

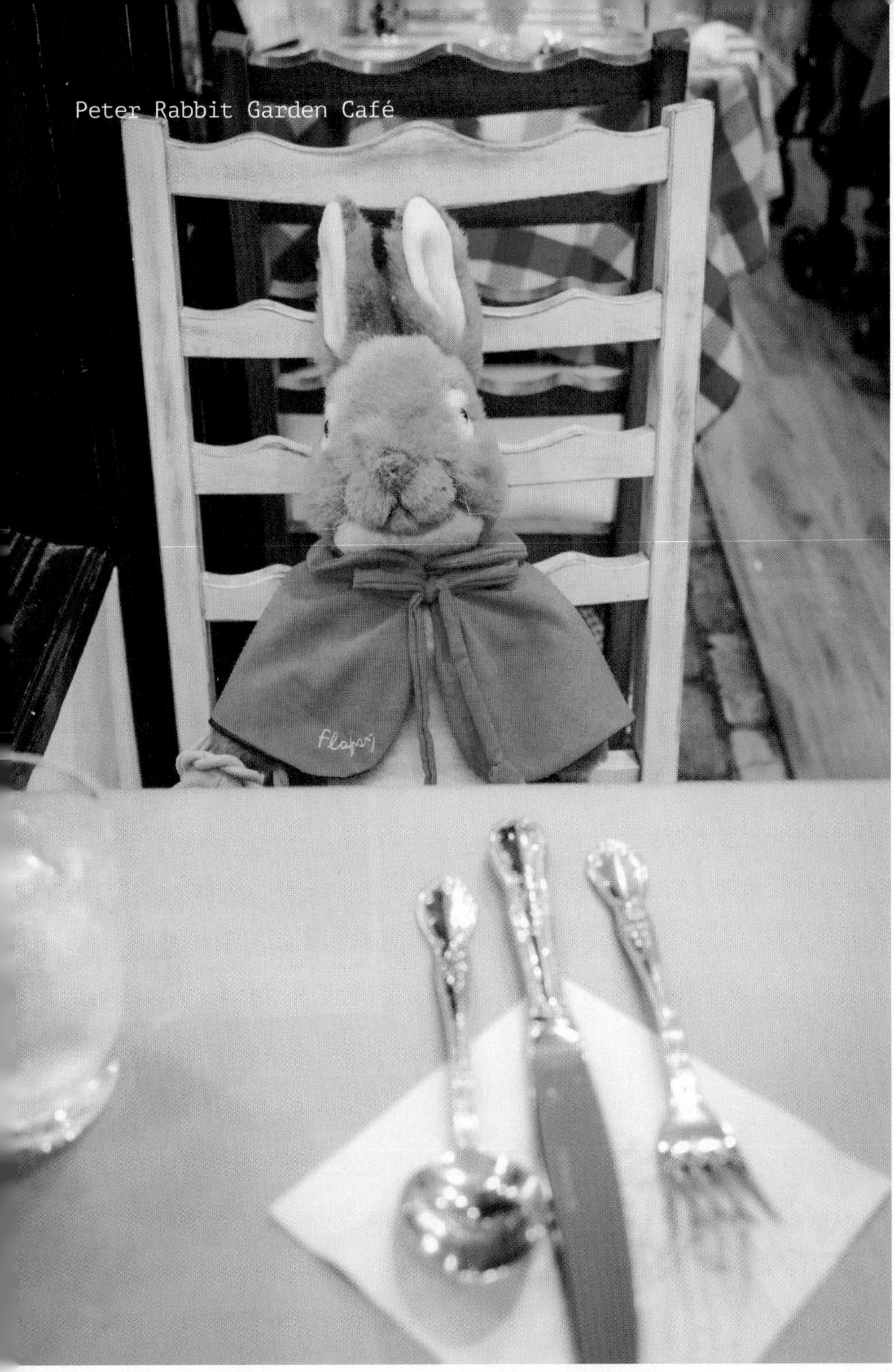

Peter Rabbit Garden Café

#Plus

어딘가 훌쩍 떠나고 싶을 때
후타코타마가와 二子玉川

도시의 소음에서 멀어져 어디론가 잠깐 떠나고 싶을 때, 마실 가듯 가볍게 다녀올 수 있는 거리에 후타코타마가와가 있다. 언뜻 여행과는 거리가 먼 한가로운 주거 지역으로 보이지만, 책과 가전제품이 만난 츠타야 가전과 타마강변에 자리 잡은 스타벅스가 여행자의 발길을 이끄는 곳. 골목마다 묻어 있는 일본 중산층의 라이프스타일을 엿볼 수 있는 곳이기도 하다.

Access

후타코타마가와역 二子玉川

- **사철 도큐 덴엔토시선**: 시부야역에서 도큐 덴엔토시선 급행 또는 각역 정차를 타고 11~16분 소요된다. 다이칸야마나 나카메구로에서 갈 경우 지유가오카역에서 도큐 오이마치선으로 환승한다.
- **사철 도큐 오이마치선**: 닛포리~도쿄역~시나가와~요코하마를 잇는 JR 게이힌토호쿠선과 오다이바행 린카이선이 정차하는 오이마치大井町역에서 급행(약 16분)을 타거나 지유가오카역에서 급행(약 6분) 또는 각역 정차(약 8분)에 탑승한다.

후타코타마가와역에서 츠타야 가전으로 가는 도중에 나타나는 거대한 쇼핑몰, 라이즈 rise

도쿄역

: WRITER'S PICK :

도큐 라인 트라이앵글 패스
Tokyu Line Triangle Pass

시부야를 출발해 다이칸야마(나카메구로), 지유가오카, 후타코타마가와까지 하루에 모두 둘러볼 계획이라면 도큐의 도요코선·덴엔토시선·오이마치선을 무제한 탑승할 수 있는 도큐 라인 트라이앵글 패스를 구매해 출발하자. 성인 기준 470엔으로 위의 모든 지역을 다녀올 경우 이득이다. 도큐선 역 내 자동판매기에서 살 수 있다.

Electrics
蔦屋家電

STATIONERY

人文

1 츠타야가 제안하는 신개념 가전 매장
츠타야 가전
蔦屋家電 Tsutaya Electrics

1983년 오사카의 작은 서점에서 출발해 일본의 라이프스타일을 이끄는 그룹으로 커나간 츠타야의 본격 '하드웨어' 특화 매장이다. 늘 창의와 혁신을 주도하는 츠타야가 제안하는 가전제품 전문점은 과연 어떤 모습일지 오픈 전부터 많은 기대를 모았던 곳. 층별로, 콘셉트별로 가전제품, 책, 가구, 잡화, 가드닝, 의류 등을 센스 있게 모아, 마치 매거진 속 셀럽들의 근사한 서재를 옮겨놓은 듯 디스플레이의 혁신을 시도했다.

GOOGLE MAPS 츠타야 가전
ADD 1-14-1 Tamagawa, Setagaya City
OPEN 10:00~20:00
WALK 후타코타마가와역 동쪽 출구 東口 4분
WEB store.tsite.jp/futakotamagawa

TSUTAYA KADEN
ROUTE 246
TAMA RIVER
WORKOUT

2 이 넓은 강변이 다 스벅 차지
스타벅스 후타코타마가와 공원점
Starbucks 二子玉川公園店

유유히 흐르는 타마多摩 강가에 위치한 스타벅스. 매장에서는 타마강을 조망할 수 없지만, 날씨만 좋다면 강변 아무 데나 자리를 잡고 커피를 즐겨도 좋다. 낮은 낮대로 좋고, 해 질 무렵과 어둑한 저녁에도 제법 근사한 포토 스폿으로 변신한다.

GOOGLE MAPS 스타벅스 후타코타마가와공원점
ADD 1 Chome-16-1 Tamagawa, Setagaya City
OPEN 07:00~21:00
WALK 츠타야 가전 6분

STARBUCKS COFFEE

STARBUCKS COFFEE

#Walk

한층 새로워진 서브컬처 중심지

시모키타자와 下北沢

개성 뚜렷한 도쿄 젊은이들의 놀이터. 일본 연극의 메카 혼다 극장本多劇場, 인디 뮤지션들의 공연장, 세컨핸드숍과 앤티크 상점들이 골목마다 자리한 이곳은 예부터 일본 서브컬처의 중심지였다. 최근엔 서쪽의 세타가야다이타역世田谷代田~시모키타자와역~히가시키타자와역東北沢을 잇는 약 1.7km 구간에 '시모키타 선로 거리下北線路街(시모키타센로마치)'란 복합 공간이 연이어 들어서며 더욱 볼거리와 즐길거리가 풍성해진 곳. 오래된 골목에 톡톡 튀는 최신 복합 시설이 자연스럽게 더해져, 한층 더 '뻔하지 않은' 시모키타자와 무드로 업그레이드됐다.

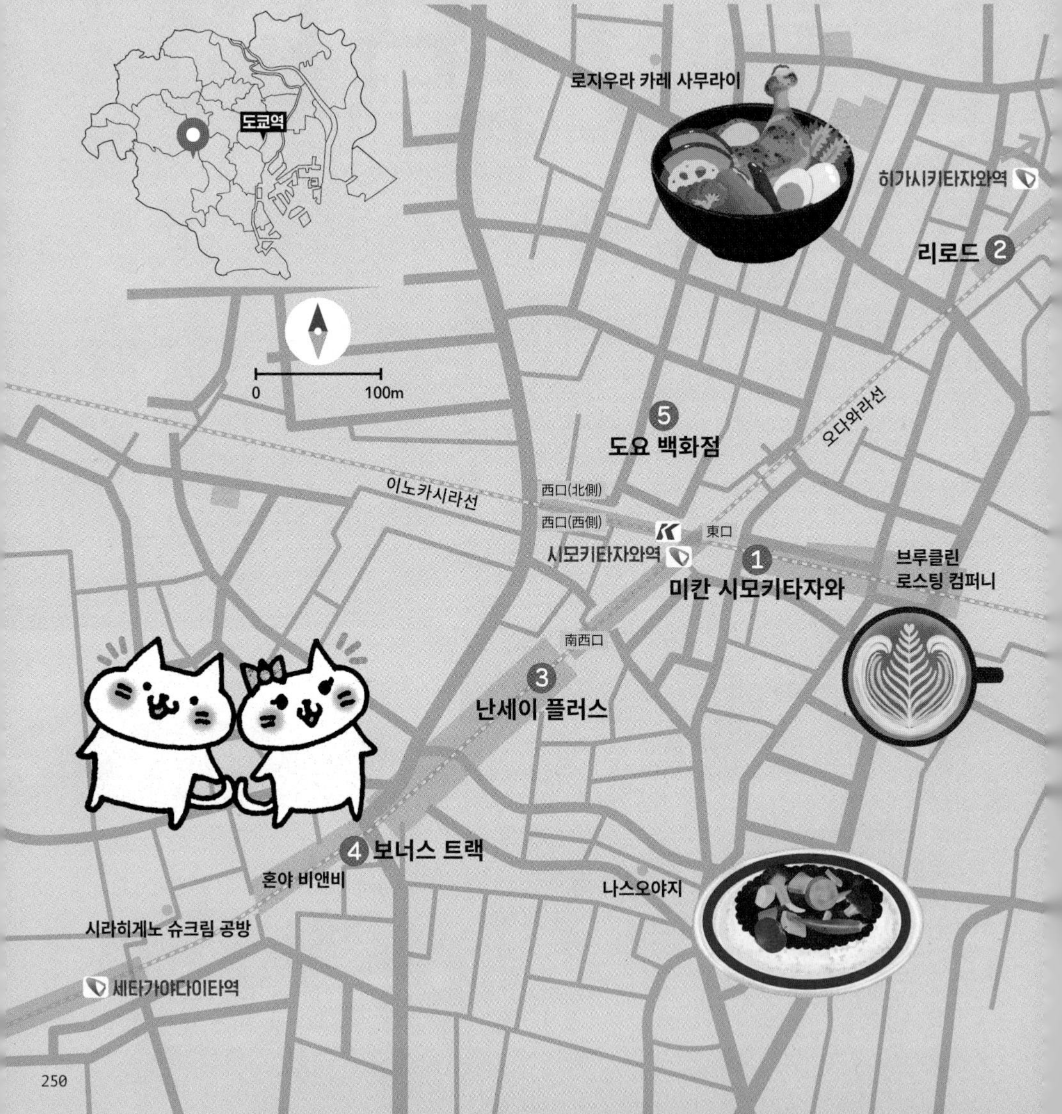

도쿄역
0
100m
로지우라 카레 사무라이
히가시키타자와역
리로드 2
5
도요 백화점
오다와라선
이노카시라선
西口(北側)
西口(西側)
東口
시모키타자와역
1
미칸 시모키타자와
브루클린
로스팅 컴퍼니
南西口
3
난세이 플러스
4 보너스 트랙
혼야 비앤비
나스오야지
시라히게노 슈크림 공방
세타가야다이타역

Access

시모키타자와역 下北沢

- **사철 오다큐선, 게이오 이노카시라선**: 동쪽 출구東口는 미칸 시모키타, 리로드, 남서쪽 출구南西口는 보너스 트랙 방향이다.

세타가야다이타역 世田谷代田

- **사철 오다큐선**: 각역정차만 정차한다. 1번 출구가 시모키타자와 방향으로, 보너스 트랙과 가깝다.

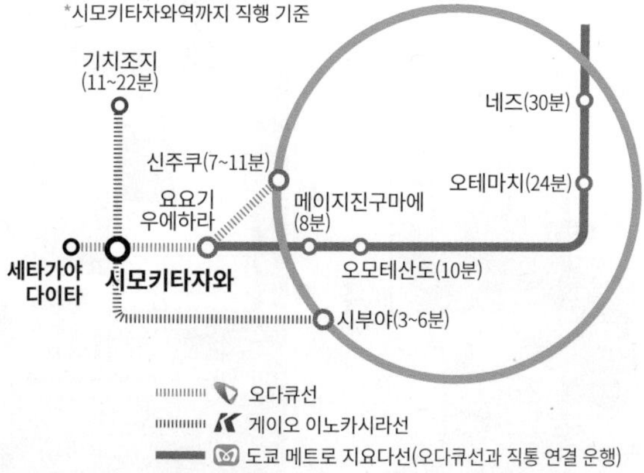
*시모키타자와역까지 직행 기준
기치조지
(11~22분)
신주쿠(7~11분)
요요기
우에하라
메이지진구마에
(8분)
네즈(30분)
오테마치(24분)
세타가야
다이타
시모키타자와
오모테산도(10분)
시부야(3~6분)
오다큐선
게이오 이노카시라선
도쿄 메트로 지요다선(오다큐선과 직통 연결 운행)

Planning

평일과 주말에 붐비는 정도의 차이가 유난히 큰 편이다. 시끌벅적한 분위기를 원한다면 주말, 한적하게 돌아보고 싶다면 평일을 택하자. 새로 생긴 상업시설을 비롯해 동네의 골목과 상점들을 둘러본다면 식사와 카페에서 보내는 시간 외에 2~3시간 정도 더 필요하다. 아기자기한 쇼핑을 즐긴다면 그 이상의 시간이 필요할지도.

시모키타자와 여행 시 추천할 만한 교통패스는 특별히 없다. 게이오선·이노카시라선 1일 승차권(900엔)이 적용되지만, 시모키타자와와 기치조지 정도만 다녀올 계획이라면 개별 승차권을 구매하는 게 더 이득이다.

ミカン

BROOKLYN

브루클린 로스팅 컴퍼니

1 어서 와, 바뀐 시모키타자와는 처음이지? 미칸 시모키타자와

ミカン下北

시모키타자와역 동쪽 출구를 나오자마자 보이는 미칸 시모키타자와. 이노카시라선이 지나던 철로 아래 자리 잡았다. 초입의 시모키타 롯카쿠下北六角를 시작으로 중앙 통로를 따라 대만·태국·한국 등 아시아 각국 음식점이 줄지어 늘어서는데, 휴일이면 어느 곳이든 대기 줄이 생긴다. 식당들이 모인 구역을 지나 통로 끝까지 가면 도쿄 핫플에만 있는 츠타야 서점이 맞아준다. 중앙 통로 밖 상점들도 빼먹지 말고 둘러보자. '미칸'은 끊임없이 편집되고 변화해서 항상 '미완未完'의 상태라는 뜻이다. **MAP ❻**

GOOGLE MAPS 미칸 시모키타
ADD 2-11 Kitazawa, Setagaya City
OPEN 가게에 따라 다름
WALK 시모키타자와역 동쪽 출구東口 앞
WEB mikanshimokita.jp

+MORE+

뉴욕에서 온 로스터리 카페 브루클린 로스팅 컴퍼니

Brooklyn Roasting Company

뉴욕 브루클린에서 온 분위기 좋은 로스터리 카페. 일본에서는 6번째 지점이지만, 음식과 술을 겸하는 지점은 이곳뿐이다. 아침에는 아메리칸 브렉퍼스트와 샌드위치, 점심에는 파스타 등으로 식사가 가능하며, 저녁에는 바로 변신한다. 와인이나 맥주 안주로 좋은 피자나 샐러드뿐 아니라 스테이크 같은 든든한 메뉴도 제공된다. 실내가 꽤 넓은 데도 주말에는 이 동네에서 가장 긴 웨이팅으로 정평이 난 인기 스폿. 무료 와이파이와 충전 콘센트도 쓸 수 있다. **MAP ❻**

GOOGLE MAPS 브루클린 로스팅 시모키타
ADD 2-6-2 Kitazawa, Setagaya City
OPEN 08:00~21:30
WALK 미칸 시모키타자와 B101
WEB brooklynroasting.jp

reload

오가와 커피 연구소.
바리스타와의 상담을 통해 자신에게 맞는 콩을 선택한 뒤 직접 추출해볼 수 있다.

2 어른들의 보물찾기
리로드
reload

시모키타 선로 거리에서 가장 차분한 분위기가 흐르는 곳이다. 시모키타자와에서 50년간 차 전문점을 운영해온 시모키타차엔오야마しもきた茶苑大山, 교토 오가와 커피小川珈琲의 플래그십 브랜드 오가와 커피 연구소Ogawa Coffee Laboratory가 자리해 초입부터 존재감을 제대로 발휘한다. 그 외 일본 수제향수 브랜드 아포테케프라그란스APFR, 서서 먹는 카레 전문점 산주 도쿄Sanzou Tokyo를 비롯해 아트북 서점, 문구점, 안경숍, 와인 전문점, 빈티지 의류점 등 공간마다 개성 넘치는 상점이 입주해 있다. MAP ❻

GOOGLE MAPS 리로드 시모키타
ADD 3-19-20 Kitazawa, Setagaya City
OPEN 가게마다 다름
WALK 시모키타자와역 동쪽 출구東口 5분
WEB reload-shimokita.com

3 시모키타자와 골목을 닮은 신명소
난세이 플러스
Nansei Plus

시모키타자와역 남서쪽 출구 앞에 자리한 복합 상업시설. 초입의 라운지카페, (테후) 라운지(tefu) lounge를 시작으로, 노점을 모아놓은 듯한 깔끔한 식당가와 극장, 아트 갤러리 등이 널찍한 규모로 들어차 있어 시모키타자와 골목과 가장 닮은 구역이란 평가를 받는다. 난세이 플러스와 보너스 트랙 사이에는 식물들을 직접 만지고 체험할 수 있는 작은 공원, 노하라 광장のはら広場이 있다. MAP ❻

GOOGLE MAPS MM68+7GC 세타가야
ADD 2-21-22 Kitazawa, Setagaya City
OPEN 가게마다 다름
WALK 시모키타자와역 남서쪽 출구南西口 앞
WEB (테후) 라운지 te-fu.jp/shimokita

산책 중 만나는 초록빛이 반갑기 그지없는 노하라 광장

4 숨가쁘게 달려온 내게 주는
보너스 트랙
Bonus Track

크고 작은 건물 8채가 한데 모여 자유롭게 공간을 나눠 쓰는 곳. 밤낮으로 북적거리는 젊고 활기찬 분위기의 상가다. 이용자들은 각기 매장에서 필요한 식음료를 주문한 뒤 테이블을 공유하며 따로 또 같이 어우러진다. 발효햄을 넣은 빵, 단술에 쇼콜라를 더한 음료 등 발효 식물을 테마로 한 핫코(발효) 디파트먼트発酵デパートメント 등 흥미로운 먹거리들이 포진해 있다. 술 마시는 책방 혼야 비앤비本屋B&B, 책과 일기장을 판매하는 카페 닛키야 츠키히日記屋 月日, 책 읽는 상점 후즈쿠에fuzkue, 오래된 음반을 수집·판매하는 레코드숍 피아놀라 레코드Pianola Records 등 책이나 음악과 관련된 숍이 많은 것도 특징이다. **MAP ❻**

GOOGLE MAPS 보너스 트랙 시모키타
ADD 2-36-12~15 Daita, Setagaya City
OPEN 점포에 따라 다름
WALK 세타가야다이타역 북쪽 출구北側出口 2분/시모키타자와역 남서쪽 출구南西口 4분
WEB bonus-track.net

+MORE+

책장이 술술 넘어가는 술책방, 혼야 비앤비
本屋B&B(Book&Beer)

2012년 시모키타자와에서 시작한 술 마시는 서점 비앤비가 보너스 트랙 2층으로 자리를 옮겼다. 작가 초청 강연을 비롯해 문학 세미나, 독서 모임 등 책과 관련된 다양한 이벤트를 거의 매일 열어 문화 살롱의 역할을 톡톡히 하는 곳. 본래 콘셉트인 '술 마시는 책방'에 걸맞게 수제 맥주 또한 매우 호평받는다. **MAP ❻**

GOOGLE MAPS book&beer
ADD 2-36-15 Daita, Setagaya City
OPEN 11:00~23:00
WALK 보너스 트랙 내 화장실이 있는 건물 2층
WEB bookandbeer.com

5 시모키타자와풍이란 바로 이런 것
도요 백화점(동양 백화점)
東洋百貨店

시모키타자와역 근처, 차고를 개조한 건물 안에 20여 개의 상점이 빽빽이 들어서 있다. 일본 국내외 구제 의류와 신발 전문점, 수공예 잡화점, 자전거 가게, 네일아트숍까지 시모키타자와 만의 레트로한 분위기를 엿볼 수 있다. 500~600엔대의 저렴한 가격에 취향에 맞는 옷을 득템할 확률도 높다. 미칸 시모키타에 별관이 있다. **MAP ❻**

GOOGLE MAPS shimokita garage department
ADD 2-25-8 Kitazawa, Setagaya City
OPEN 12:00~20:00(가게마다 다름)
WALK 시모키타자와역 서쪽 출구西口 1분
WEB k-toyo.jp

'오픈 런'을 부른다

시모키타자와 맛집

시모키타자와까지 와서 여긴 못 참지. 뒤돌아서면 또 생각나는 아련한 그 맛.

12가지 야채가 든 스프커리와
토핑 3가지를 고를 수 있는
사무라이 마츠리 1980엔

스페셜 카레スペシャルカレー 1700엔

샷포로를 평정한 명물 수프 카레

로지우라 카레 사무라이

Rojiura Curry SAMURAI 下北沢店

눈의 고장 삿포로에서 추위를 녹이는 방법? 국처럼 술술 떠먹는 수프 카레를 마신다. 본고장 삿포로에서 건너온 이곳 수프 카레에 구운 야채와 홋카이도식 프라이드치킨을 '찍먹'하면 추운 겨울 이 맛이 아니 그리울 수 없다. 더욱 푸짐하게 맛보고 싶다면 치킨과 20가지 하루 치 야채 수프카레 또는 12가지 야채를 넣은 사무라이 마츠리를 추천. 토핑 3개를 취향껏 골라 먹을 수 있다. **MAP 6**

GOOGLE MAPS 로지우라 카레 사무라이 시모키타자와점
ADD 3-31-14 Kitazawa, Setagaya City
OPEN 11:00~15:30, 17:30~21:00
WALK 시모키타자와역 북쪽 출구北口 5분
WEB samurai-curry.com

Rojiura
Curry
SAMURAI

시모키타 소년들이 아버지가 되도록 먹어온

나스오야지

茄子おやじ

1990년부터 시모키타자와를 지켜온 카레집. 30여 년 전 창업 당시 아르바이트생이었던 지금의 오너가 그때 그 시절의 카레 맛을 고스란히 재현하고 있다. 메뉴는 단 한 종류로, 유난히 큼직하게 나오는 토핑(비프, 치킨, 야채, 버섯, 혹은 이 모두를 더한 스페셜)만 고르면 된다. 300엔을 추가하면 커피 혹은 차가 제공되며, 음료와 샐러드가 포함된 런치(400엔 추가), 음료와 샐러드, 요구르트가 포함된 디너(500엔 추가) 세트도 있다. **MAP 6**

GOOGLE MAPS 나스오야지
ADD 5 Chome-36-8 Daizawa, Setagaya City
OPEN 12:00~완판 시 종료
WALK 시모키타자와역 남서쪽 출구南西口 3분

토토로를 만나러 여기까지 왔지

시라히게노 슈크림 공방
(흰 수염 슈크림 공방)

白髭のシュークリーム工房

Café
Shop

캐릭터 사용에 엄격한 미야자키 하야오 감독이 제수에게 특별 허락한 최초의 스튜디오 지브리 공인 과자점. 한적한 주택가에 가정집을 개조한 공방을 두고 매일매일 정성을 다해 토토로 모양의 귀여운 슈크림과 쿠키를 구워낸다. 너무 귀여워서 어찌 먹을까 싶은 토토로 안에는 꾸덕꾸덕한 크림이 그득하다. 기치조지에도 지점(2-7-5 Kichijoji Minamicho, Musashino)이 있다. **MAP ❻**

GOOGLE MAPS 시라히게노 슈크림 공방
ADD 5-3-1 Daita, Setagaya City
OPEN 10:30~19:00/화요일(공휴일은 다음 날) 휴무
WALK 세타가야다이타역 동쪽 출구 개찰東口改札 2분
WEB shiro-hige.net

초콜릿 크림 600엔
커스터드 & 생크림 600엔

Memo.

#Walk

살고 싶은 동네, 걷고 싶은 골목

기치조지吉祥寺

일본 영화와 드라마의 단골 배경지로 등장하는 기치조지는 언제나 '도쿄 사람들이 가장 살고 싶은 동네 1위'로 손꼽힌다. 규모로나 운치로나 도쿄 제일의 나들이 장소로 손꼽히는 이노카시라 온시공원, 미야자키 하야오의 세계관이 동화처럼 펼쳐지는 지브리 미술관, 빌딩 숲에선 발견하지 못한 거리 곳곳의 빈티지 감성을 느껴본다면 도쿄 사람들이 왜 그토록 이곳을 열망하는지 알게 될 것이다.

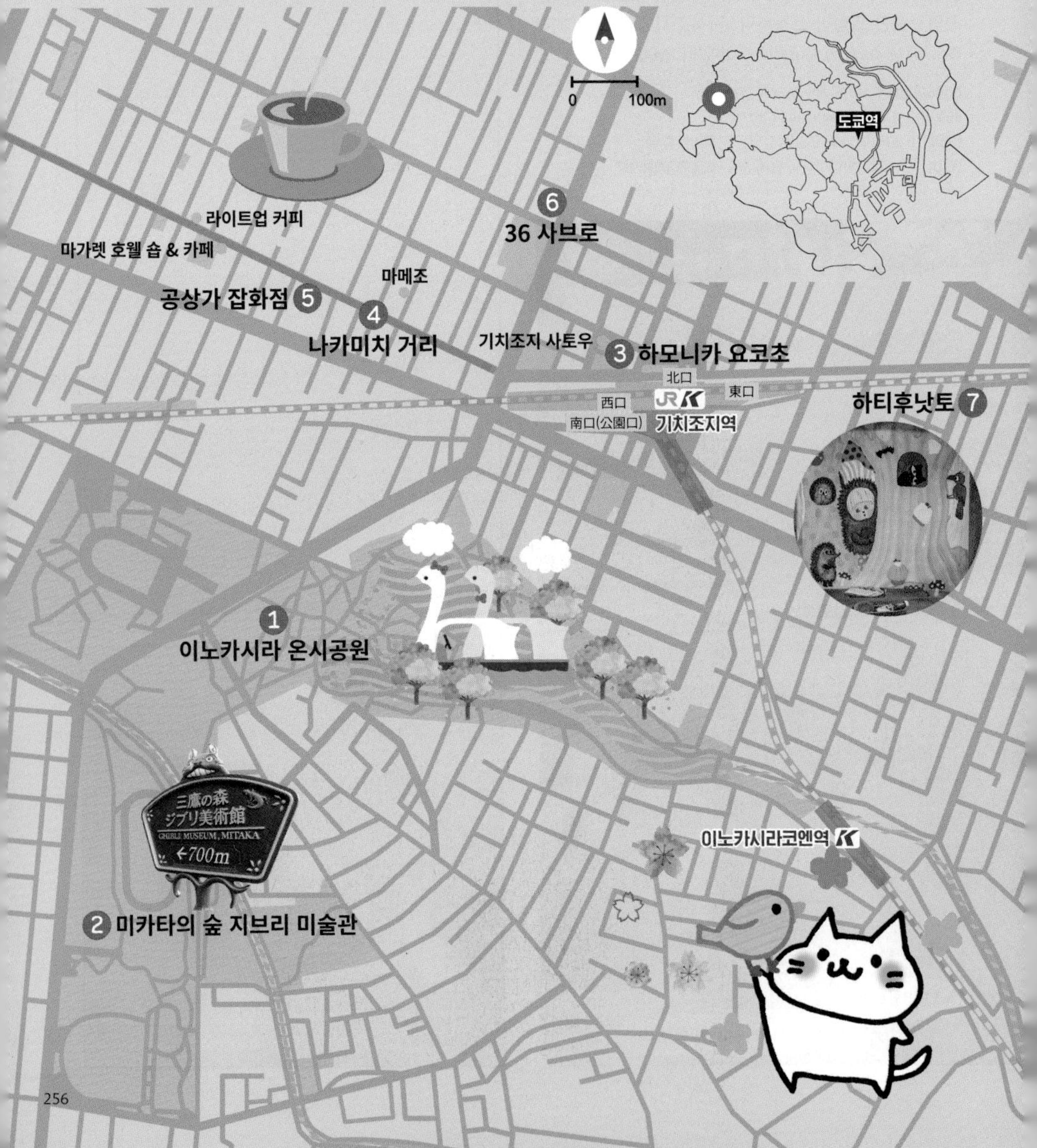
0
100m
도쿄역
라이트업 커피
마가렛 호웰 숍 & 카페
6 36 사브로
마메조
공상가 잡화점 5
4 나카미치 거리
기치조지 사토우
3 하모니카 요코초
北口
西口
東口
南口(公園口)
기치조지역
하티후낫토 7
1 이노카시라 온시공원
三鷹の森
ジブリ美術館
GHIBLI MUSEUM, MITAKA
←700m
2 미카타의 숲 지브리 미술관
이노카시라코엔역

*기치조지역까지 직행 기준

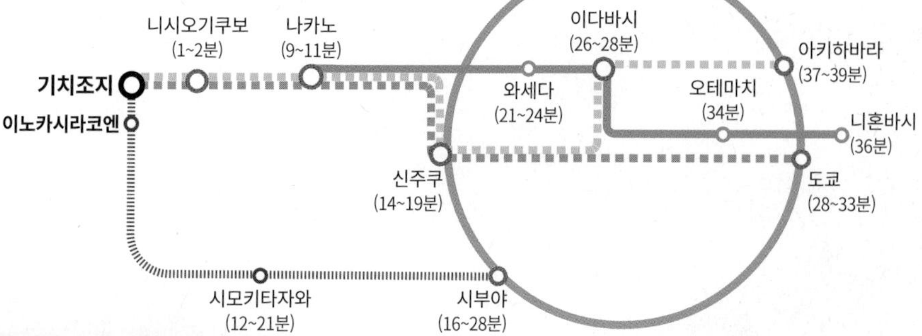
니시오기쿠보
(1~2분)
나카노
(9~11분)
이다바시
(26~28분)
아키하바라
(37~39분)
기치조지
이노카시라코엔
와세다
(21~24분)
오테마치
(34분)
니혼바시
(36분)
신주쿠
(14~19분)
도쿄
(28~33분)
시모키타자와
(12~21분)
시부야
(16~28분)

JR 야마노테선
JR 주오선(급행)
JR 주오소부선(완행)
게이오 이노카시라선
도쿄 메트로 도자이선
(JR 주오소부선과 직통 연결 운행)

Access

기치조지역 吉祥寺

- **JR 주오선·주오소부선**: 급행, 각역정차가 모두 정차한다. 북쪽 출구北口는 나카미치 거리, 남쪽 출구南口(또는 공원 출구公園口)는 이노카시라 공원과 지브리 미술관 방향이다. 도쿄 메트로 도자이선의 서쪽 종점인 나카노역에서 도자이선과 JR 주오소부선이 직통 연결 운행한다.

- **사철 게이오 이노카시라선**: 각역정차만 정차하는 작은 역. 승강장은 3층에 있으며, 2층으로 내려가 JR 기치조지역 출구를 통해 밖으로 나간다.

*분쿄구에 동명의 절이 있으므로 지도앱에서 기치조지역을 찾을 땐 검색어를 '기치조지' 또는 '기치조지역'으로 입력하는 것이 정확도가 높다.

이노카시라코엔역 井の頭公園

- **사철 게이오 이노카시라선**: 이노카시라 공원부터 들를 계획이라면 이노카시라코엔역을 이용하는 게 빠르다.

Planning

지브리 미술관 방문 예정이라면 예약은 필수, 이노카시라 온시공원과 나카미치 거리도 함께 둘러본다면 미술관 방문 시간 이외에도 1~2시간은 더 소요된다.

이 공원에 와야 할 이유!
낭만적인 오리배 체험. 연인이 함께 타면 헤어진다는 속설도~

1 기치조지에 살고 싶게 만드는 이유

이노카시라 온시공원

井の頭恩賜公園

봄에는 벚꽃, 여름엔 녹음, 가을에는 색색 단풍. 당연한 듯하지만 때마다 절경을 보여주는 게 과연 쉬운 일일까 싶다. 총면적은 축구장의 약 60배에 달하는 43만㎡. 모두 돌아보려면 운동화 끈부터 단단히 묶어두자. 수변의 낭만을 즐기기 가장 쉬운 방법은 오리배 타기! 12~2월의 매주 수요일을 제외하고 일년내내 호수에서 기다리고 있다. 공원 주변으로 쾌적한 주거 지구가 조성돼 있어서 가벼운 산책을 즐기는 주민들의 일상을 볼 수 있는 점도 매력 포인트다. MAP 8

GOOGLE MAPS 이노카시라 공원
ADD 1-18-31 Gotenyama, Musashino
WALK JR K 기치조지역 남쪽 출구南口(또는 공원 출구公園口) 5분/ K 이노카시라코엔역 1분

여의도 공원의 무려 2배 넓이다. 느긋하게 숲속 산책을 즐겨보자.

OPEN

2 토토로가 살고 있는 숲
미카타의 숲 지브리 미술관
三鷹の森ジブリ美術館

지브리 애니메이션을 한 편이라도 봤다면 가슴 뭉클해질 곳이다. 건물 전체를 한 편의 영화로 만들겠다는 포부답게 애니메이션의 탄생부터 완성까지 전 과정을 담았다. 타일로 알록달록 장식한 수돗가, 익살스러운 휴지통 등 곳곳에 있는 지브리의 요소들이 지브리 영상 속에 들어간 듯한 느낌을 준다. 오리지널 단편 영화 상영을 비롯해 미야자키 하야오와 미술관의 추천 아동도서로 꾸며진 도서관, 지브리 애니메이션 캐릭터 특별전 등 프로그램도 다양하다. 예약은 필수! 홈페이지에서 매달 10일 익월분의 티켓 예매를 오픈한다. MAP ⑧

GOOGLE MAPS 미타카의 숲 지브리 미술관
ADD 1-1-83 Shimorenjaku, Mitaka
OPEN 10:00~17:00(토·일 ~19:00)/예약 필수/화요일은 대개 휴무
WALK 이노카시라 온시공원 내 남쪽에 위치/JR K 기치조지역 남쪽 출구南口(또는 공원 출구公園口) 14분/K 이노카시라코엔역 18분
PRICE 1000엔, 중·고등학생 700엔, 어린이 400엔, 4세 이상 100엔
WEB ghibli-museum.jp

三鷹の森ジブリ美術館
GHIBLI MUSEUM
MITAKA
티켓까지 이러기야?
감동 또 감동!

혼자서도 딱 좋아

하모니카 요코초

ハモニカ横丁

기치조지역 건너편에 자리한 좁다란 주점 골목. 1940년대 형성된 오래된 곳으로, 노포와 트렌디한 최신 바가 뒤섞인 재미난 골목이다. 퇴근길 나 홀로 맥주잔을 기울이는 여성 손님도 심심찮게 보일 정도니 여자끼리도, 나 홀로라도 부담감이 적다. **MAP ❽**

GOOGLE MAPS 하모니카요코초
ADD 1-1-3 Kichijoji Honcho, Musashino
WALK JR K 기치조지역 북쪽 출구北口 1분

3

BBQ
Jolly -pad

카운터석에 옹기종기 모여앉아도 좋고, 서서 마시는 타치노미立ち飲み를 즐겨도 좋다.

4

도쿄 골목 여행의 기쁨

나카미치 거리

吉祥寺中道通り

일본 영화에서 보던 아기자기한 골목이 궁금했다면 나카미치 거리로 가자. 주민들이 일상적으로 드나드는 슈퍼마켓과 꽃집, 여행자의 호기심을 불러일으키는 카페와 식당, 잡화점이 교차해 골목 여행의 정석을 보여준다. 540m 정도의 그리 길지 않은 거리지만, 이곳을 통과하는 데 시간이 얼마나 필요할지는 가봐야만 아는 일. **MAP ❽**

GOOGLE MAPS nakamichi dori ave
WALK JR K 기치조지역 북쪽 출구北口 3분

5

예술가 자매가 만든 상상 세계

공상가 잡화점

空想街雑貨店

도쿄학예대학에서 미술을 전공한 자매가 운영하는 잡화점이다. 2016년부터 온라인에서 활동하다 2022년 기치조지에 문을 열었다. 언니가 상상 속의 도시를 수채화로 그려내면 동생이 엽서, 핸드폰 케이스, 파우치 등 다양한 굿즈에 담아낸다. **MAP ❽**

GOOGLE MAPS 공상가 잡화점
ADD 2-34-10 Kichijoji Honcho, Musashino
OPEN 11:00~19:00
WALK JR K 기치조지역 북쪽 출구北口 5분
WEB kuusoogai.com

6 삶이 묻어나는 레트로 공간
36 사브로
36 サブロ

교토 본가의 문구점에서 어린 시절을 보낸 오너가 오픈한 잡화점. 아련한 느낌이 드는 복고풍의 매장 분위기와 이곳만의 개성이 돋보이는 오리지널 상품이 여행자의 발길을 머물게 한다. 레트로 유행을 타고 근래 생긴 숍인가 싶을 정도로 감각적이지만, 벌써 20년 가까이 기치조지에 자리 잡고 있는 터줏대감이다. MAP ❽

GOOGLE MAPS 36 사브로
ADD 2-4-16 Kichijoji Honcho, Musashino
OPEN 12:00~19:00/화요일 휴무
WALK JR K 기치조지역 북쪽 출구北口 4분
WEB sublo.net

7 쉬면서 둘러보는 잡화 카페
하티후낫토
Hattifnatt

잡화점과 카페를 함께 운영하는 하티후낫토. 작은 규모에 비해 다양한 작가들의 다채로운 물건들을 만날 수 있다. 잡화점 바로 옆에 허리를 숙여야만 통과할 수 있는 작은 문을 지나면 카페 공간. 동화가 그려진 벽면에 커피, 케이크, 그라탕의 예쁜 플레이팅까지 온통 귀여운 것 투성이다. MAP ❽

GOOGLE MAPS 하티후낫토
ADD 2-22-1 Kichijoji Minamicho, Musashino
OPEN 11:30~22:00(금·토 ~23:00)/월요일·매달 셋째 화요일 휴무
WALK JR K 기치조지역 동쪽 출구東口 5분
WEB hattifnatt.jp/blank-yfsaa

런치 메뉴 1000엔 안팎

Open

골목에 있어도 존재감 뿜뿜

기치조지 맛집

한적한 뒷골목, 아케이드 상점가 안에 꼭꼭 숨어 있어도 올 사람은 알아서 다 찾아오는 기치조지 맛집 & 카페.

커피에 진심인 사람들이 만든

라이트업 커피

Light Up Coffee

예쁜 외관에 끌려 들어갔다가 커피 맛에 반해서 나오는 곳. 커피콩 본연의 맛을 전달하는 데 집중하는 로스터리 카페다. 다양한 원두를 갖춰 도쿄 커피 마니아들에게 제법 사랑받는다. 커피로 만든 과자, 에스프레소를 급속 냉동하여 만든 에스프레소 큐브, 커피 콜라 등 신메뉴를 개발해 스페셜티로 입문하는 문턱을 낮춰준다. MAP ❽

GOOGLE MAPS 라이트업 커피
ADD 4-13-15 Kichijoji Honcho, Musashino
OPEN 11:00~19:00
WALK JR K 기치조지역 북쪽 출구北口 7분
WEB lightupcoffee.com

핸드드립
아이스 커피
700엔~

MARGARET
HOWELL

빅토리아 스펀지
Victoria Sponge
800엔

햇살 흠뻑 맞으며 브런치 먹는 날

마가렛 호웰 숍 & 카페

Margaret Howell Shop & Cafe 吉祥寺

통유리창으로 들어오는 햇살과 내 집 앞마당처럼 펼쳐진 작은 공원이 한 폭의 그림 같다. 11시에 문이 열리길 기다렸다가 창가 자리를 사수하는 이들이 있을 정도. 패션 브랜드가 운영하는 카페답게 테이블 위에 예쁜 디저트를 올려놓으면 셔터만 눌러도 화보 사진이 나올 것 같은데, 맛까지 좋으니 더 바랄 게 없다. 계절마다 바뀌는 과일 케이크, 스콘 같은 디저트류부터 샌드위치나 파이 같은 가벼운 식사류까지 준비돼 있다. 2층은 패션 매장이다.

MAP ❽

GOOGLE MAPS 마가렛 호웰 기치조지
ADD 3 Chome-7-14 Kichijoji Honcho, Musashino
OPEN 11:00~19:00
WALK JR K 기치조지역 북쪽 출구北口 7분
WEB www.margarethowell.jp

정육점에서 만든 육즙 팡팡 멘치카츠

기치조지 사토우

吉祥寺さとう

다진 고기와 야채를 빵가루에 묻혀 튀겨낸 멘치카츠가 일품인 정육점. 테이크아웃을 위해 하루 종일 매장 앞에 길게 늘어선 행렬이 진풍경이다. 다행히 대기 줄은 금방 빠지는 편. 바삭한 튀김옷과 팡팡 터지는 육즙만으로 기다릴 가치는 충분하다. 평일에는 1인당 20개, 주말에는 10개의 구매 수량 제한이 있다. 2층에선 질 좋은 일본산 흑우 스테이크를 합리적인 가격에 맛볼 수 있다.

MAP ❽

GOOGLE MAPS 기치조지 사토우
ADD 1-1-8 Kichijoji Honcho, Musashino
OPEN 10:00~19:00
WALK JR K 기치조지역 북쪽 출구北口 2분(하모니카 요코초 북서쪽 끝지점)
WEB shop-satou.com

원조 멘치카츠
メンチカツ 300엔
(5개 이상 구매 시 1개 280엔)

사토우 스테이크
3000엔

한 번 맛보면 잊을 수 없는 카레

마메조

まめ蔵

1978년 오픈한 기치조지의 대표 카레 전문점. 한국어 메뉴판이 있을 만큼 우리나라 여행자도 즐겨 찾는다. 진한 풍미의 카레에 고기, 야채, 달걀이 들어간 스페셜 카레가 추천 메뉴. 500엔을 추가하면 샐러드와 두부, 음료 등을 곁들인 정식 메뉴가 나온다. **MAP ❽**

GOOGLE MAPS 마메조 기치조지
ADD 2-18-15 Kichijoji Honcho, Musashino
OPEN 11:00~21:00(토·일·공휴일 15:30~17:00 브레이크타임)
WALK JR K 기치조지역 북쪽 출구北口 7분
WEB p390500.gorp.jp

스페셜 카레
1450엔

まめ蔵

#Plus

여유롭게 현지인 기분 내기

니시오기쿠보 西荻窪

GALLERY
BOWKNOT
OPEN

기치조지에서 한 정거장, 일명 '스타벅스가 없는 동네'로 통하는 니시오기쿠보. 호기심을 자극하는 소소한 카페와 잡화점이 골목골목 들어차 있어 찾는 이들의 감성을 자극하는 지역이다. 이곳만의 독특한 분위기에 이끌리는 여행자의 발걸음이 늘고 있다.

Access

도쿄역

니시오기쿠보역 西荻窪

- **JR 주오선·주오소부선**: 기치조지역에서 주오선(쾌속) 또는 주오소부선(각역정차)으로 2~3분(한 정거장), 신주쿠역에서 주오선으로 약 12분 소요된다.

1 쿠키에 꽃잎이 내려앉았네
코티토
Cotito

cotito
cotito

쿠키 2개 450엔

꽃잎을 올린 레어 치즈 케이크

꽃을 테마로 한 베이커리 카페 겸 꽃집이다. 달걀과 유제품을 넣지 않고 정성스레 구운 뒤 꽃장식으로 마무리한 쿠키와 디저트, 꽃향기를 머금은 음료를 판매한다. 색색의 꽃잎을 올려 구워낸 쿠키는 선물용으로도 인기다. 공간이 넓지 않아 일행과 대화를 나누기보다는 조용히 시간을 보내길 원하는 타입에 추천한다. 종종 부정기 휴일이거나 카페에서 테이크아웃만 가능할 때도 있으니 인스타그램에서 공지를 확인하고 가자.

GOOGLE MAPS cotito suginami
ADD 5 Chome-26-18 Nishiogikita, Suginami City
OPEN 11:00~18:00(토·일 ~19:00)/부정기 휴무
WALK JR 니시오기쿠보역 북쪽 출구北口 12분
WEB cotito.jp
INSTA @_cotito____

음악가 부부의 정감 가는 옛집

2 쇼안분코

松庵文庫 Gallery & Bookcafe

음악가 부부가 살던 80년 된 주택을 개조한 갤러리 겸 북카페. 카페를 선택할 때 공간이 주는 느낌을 중요시한다면 한 번쯤 가볼 만하다. 오전 11시까지 모닝 메뉴, 이후 런치 메뉴를 제공하고, 커피와 디저트 등 카페 메뉴는 모든 시간대에 주문할 수 있다. 일본어 메뉴판밖에 없지만, 식사 메뉴의 가짓수가 많지 않고 손님 응대가 탁월해 주문은 어렵지 않다. 웨이팅 중인 손님이 많을 땐 식사 시간을 90분으로 제한한다.

매일 바뀌는 런치 메뉴 1500엔~

GOOGLE MAPS 쇼안분코
ADD 3-12-22 Shoan, Suginami City
OPEN 수 09:00~15:00, 목·금 09:00~15:00, 17:00~22:00, 토 09:00~22:00, 일 09:00~17:00(매월 다름, 인스타그램 참고)/월·화요일 휴무
WALK JR 니시오기쿠보역 남쪽 출구南口 7분
WEB shouanbunko.com
INSTA @shouanbunko

도쿠세이 샤모 소바特製軍鶏そば 1650엔

오늘은 닭고기 차슈 라멘으로 정했다

3 멘손 레이지

麺尊 RAGE

2016년부터 2023년까지 8년 연속 미슐랭 빕 구르망에 선정된 라멘 맛집이다. 닭 육수와 간장으로 맛을 낸 쇼유 라멘이 주메뉴로, 첫 느낌은 가벼우면서도 먹을수록 감칠맛이 느껴지는 국물이 라멘 마니아를 불러 모은다. 대표 메뉴는 지방이 적고 식감이 뛰어난 샤모(투계의 일종) 차슈가 올라간 샤모 소바軍鶏そば. 월요일엔 기존 메뉴가 아닌 월요일 한정 메뉴가 제공된다. 가게 이름은 메탈밴드 'Rage Against the Machine'에서 따왔다.

GOOGLE MAPS menson rage
ADD 3-37-22 Shoan, Suginami City
OPEN 12:00~15:00/토·일요일 휴무
WALK JR 니시오기쿠보역 남쪽 출구南口 2분
WEB x.com/menson_rage

도쿄역 & 마루노우치 & 유라쿠초

東京駅 & 丸の内 & 有楽町

긴자 銀座

#하트오브도쿄 #쇼핑천국 #Classic

#Walk

일본 근현대사의 중심

도쿄역 & 마루노우치 & 유라쿠초

東京駅 & 丸の内 & 有楽町

도쿄가 일본의 수도 역할을 한 지는 400년 정도 되지만, 정식 수도로 공표된 것은 1869년. 수도로서 150년이 조금 넘은 탓인지 수도로서의 역사를 담은 장소가 그리 많지 않다. 당시는 전 세계가 근대화를 거쳐 현대로 접어드는 때였고, 도쿄에는 근대에서 현대로의 드라마틱한 변화가 고스란히 담겨있다. 도시 중심부에 자리 잡은 도쿄역과 마루노우치, 유라쿠초는 100년 전 지어진 붉은 벽돌 건물과 현대적인 고층빌딩, 에도시대의 실력자 도쿠가와 가문의 본거지였다가 오늘날 일왕의 거처가 된 고쿄 등이 한데 어우러진, 일본 근현대사의 핵심적인 장소다.

치도리가후치 료쿠도
고쿄히가시교엔
도자이선·마루노우치선·
지요다선·한조몬선
오테마치역
0
100m
미타선
오테마치역
신마루노우치 빌딩
(신마루 빌딩)
마루노우치선
도쿄역
3
도쿄 스테이션
갤러리
도쿄 캐릭터 스트리트
10 고쿄
교코 거리 4
丸の内北口
八重洲北口
도쿄역 마루노우치 역사 1
도쿄역
다이마루 백화점
마루노우치 빌딩(마루 빌딩) 2
丸の内中央口
도쿄 오카시랜드
도쿄 스테이션 호텔
그란스타
도쿄
八重洲中央口
지요다선
니주바시마에역
도라야 도쿄
도쿄역 일번가(도쿄이치방가이)
丸の内南口
로쿠린샤
니주바시
킷테(JP 타워 킷테) 5
八重洲南口
고쿄가이엔
회전초밥
네무로 하나마루
마루노우치 브릭 스퀘어 7
에쉬레 메종 드 뵈르
8 미쓰비시 1호관 미술관
라 부티크 드 조엘 로부숑
오코노미야키 키지
6 마루노우치 나카 거리
긴자선
교바시역
유라쿠초선
유라쿠초역
9 도쿄 국제 포럼
미타선
히비야역
東京国際フォーラム口
히비야선·지요다선
히비야역
유라쿠초역
京橋口
中央口
11
히비야 공원
도쿄역
부베트
12 도쿄 미드타운 히비야
마루노우치선 긴자역
유라쿠초 요코초 14
스미야키 우나후지
13 히비야 오쿠로지

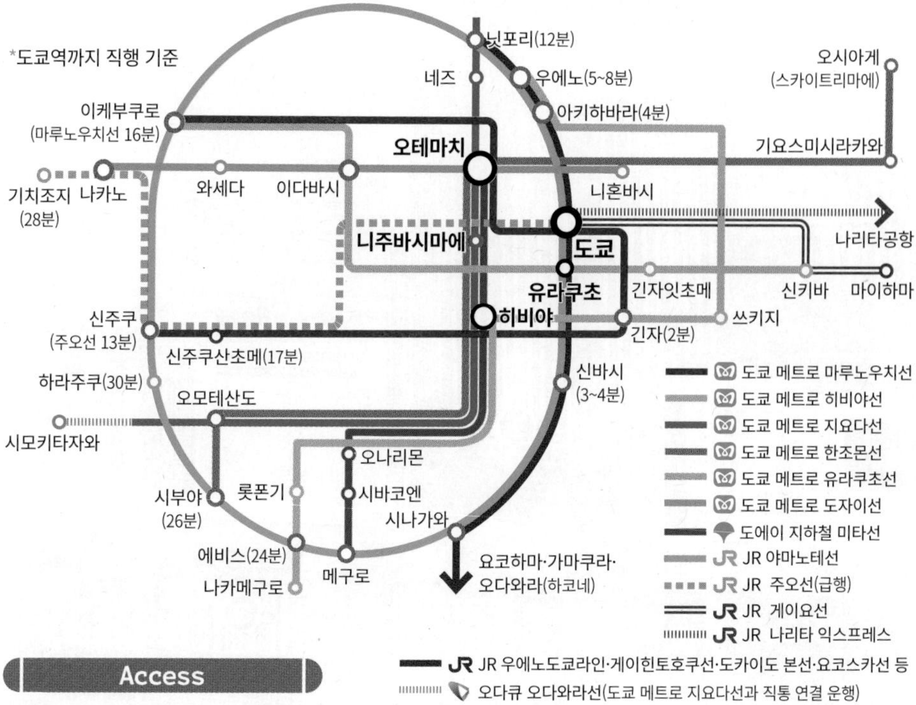
*도쿄역까지 직행 기준
닛포리(12분)
네즈
우에노(5~8분)
아키하바라(4분)
오시아게
(스카이트리마에)
이케부쿠로
(마루노우치선 16분)
오테마치
기요스미시라카와
기치조지
(28분)
나카노
와세다
이다바시
니혼바시
나리타공항
니주바시마에
도쿄
유라쿠초
긴자잇초메
신키바
마이하마
신주쿠
(주오선 13분)
히비야
쓰키지
긴자(2분)
신주쿠산초메(17분)
하라주쿠(30분)
신바시
(3~4분)
오모테산도
시모키타자와
오나리몬
시부야
(26분)
롯폰기
시바코엔
시나가와
에비스(24분)
메구로
나카메구로
요코하마·가마쿠라·
오다와라(하코네)
도쿄 메트로 마루노우치선
도쿄 메트로 히비야선
도쿄 메트로 지요다선
도쿄 메트로 한조몬선
도쿄 메트로 유라쿠초선
도쿄 메트로 도자이선
도에이 지하철 미타선
JR 야마노테선
JR 주오선(급행)
JR 게이요선
JR 나리타 익스프레스
JR 우에노도쿄라인·게이힌토호쿠선·도카이도 본선·요코스카선 등
오다큐 오다와라선(도쿄 메트로 지요다선과 직통 연결 운행)

Access

도쿄역 東京駅

- **JR 야마노테선·우에노도쿄라인·게이힌토호쿠선·주오선(쾌속)·요코스카선·소부선(쾌속)·도카이도 본선·게이요선·신칸센·나리타 익스프레스 등**: 하루 약 3000편의 열차가 발착하는 일본에서 가장 큰 역이다. 역내에는 쇼핑이나 음식을 즐길 수 있는 시설이 많고, 기념품 종류도 풍부하다. 출구는 서쪽의 마루노우치 출구와 동쪽의 야에스 출구로 크게 나뉘며, 마루노우치 북쪽 출구와 야에스 북쪽 출구 사이에는 JR 티켓이 없어도 자유롭게 오갈 수 있는 연결통로가 있다.

- **마루노우치 출구**丸の内口: 마루노우치, 고쿄로 향하는 도쿄역 서쪽 출구. 도쿄 메트로 마루노우치선 도쿄역과도 가깝다. 지상 1층과 지하 1층의 북쪽 출구北口, 중앙 출구中央口, 남쪽 출구南口로 이루어져 있다.

- **야에스 출구**八重洲口: 다이마루 백화점, 샹그릴라 호텔, 버스 터미널 등이 있다. 지상 1층의 북쪽 출구北口, 지상 1층과 지하 1층의 중앙 출구中央口, 지상 1층의 남쪽 출구南口로 이루어져 있다. 북쪽에는 에도시대부터 수백 년 동안 상업의 중심지였던 니혼바시 출구日本橋口가 있다.

- **1~12번 출구**: 다른 JR 노선들과 다소 떨어진 게이요선의 출구다.

- **지하철 도쿄 메트로 마루노우치선**: M1~M14번의 출구 번호를 사용한다. JR 도쿄역·도쿄 메트로 지요다선 니주바시역과 지하도로 연결된다.

기타 역

도쿄 메트로 도자이선·마루노우치선·지요다선·한조몬선 & 도에이 미타선 오테마치역大手町, 도쿄 메트로 지요다선 니주바시마에역二重橋前, 도쿄 메트로 히비야선·지요다선 & 도에이 미타선 히비야역日比谷이 도쿄역과 고쿄 사이에 위치하며, JR·도쿄 메트로 유라쿠초선 유라쿠초역有楽町도 가까우므로 노선이 편리한 역에 내려 여행을 시작하자.

Planning

오피스 지역이라 평일보다 주말에 더 한가하다. 도쿄 중심이고 주변에 역이 많아 어디로든 이동하기 편하고, 긴자는 걸어서도 갈 수 있을 정도로 가깝다. 봄철엔 도쿄에서 가장 벚꽃이 예쁘기로 손꼽히는 치도리가후치 료쿠도를 빼놓지 말자. 유라쿠초 지역은 마루노우치와 긴자 사이에 위치하므로 두 지역을 오갈 때 들르는 일정으로 여행 계획을 세우면 효율적이다.

1
3

1 기차역 그 이상의 역사
도쿄역 마루노우치 역사
東京駅 丸の内駅舎

東京駅

'도쿄역'이라 불리는 거대한 건물에서 가장 클래식한 모습의 건물이 마루노우치 역사다. '해자의 안쪽'이란 이름 뜻대로 일본 왕가가 사는 고쿄를 정면으로 바라본 곳에 자리 잡고 있다. 여러 동의 도쿄역 건물 중 가장 처음 지어졌으며, 1914년 개화기에 건축된 르네상스식 양관으로 일본인들에게 매우 사랑받고 있다. 당시 아시아 최대 규모로 지어졌으나, 제2차 세계대전이 막바지에 이르던 1945년 도쿄 대공습으로 상당 부분이 파손되었다가 2012년 100년 전 모습으로 복원되었다. **MAP 9-A·B**

GOOGLE MAPS 도쿄역 마루노우치 광장
WALK JR 도쿄역 마루노우치 남쪽 출구丸の内南口 또는 마루노우치 북쪽 출구丸の内北口

2
5
4

❶ 북쪽 돔 & ❷ 남쪽 돔
마루노우치 남쪽 출구와 북쪽 출구로 각각 사용되는 양옆의 건물은 높이 약 35m의 돔 모양 지붕으로 만들어졌다. 돔과 건물 지붕을 덮고 있는 마감재는 창건 당시와 동일하게 제작된 석판을 한 장 한 장 수작업으로 붙여 복원했다.

❸ 외벽(복원된 부분: 3층부터 지붕까지)
40만 장의 붉은 벽돌을 옛 방식으로 구워 복원하는 데 사용했다. 마루노우치 역사는 일본 최대의 벽돌건축물로도 기록돼 있다.

❹ 중앙 현관
도쿄역 표지석 뒤로 보이는 문은 원래 일본 왕실과 국빈만 이용할 수 있는 입구였다. 현재는 역무실로 사용하고 있다.

❺ 도쿄 스테이션 호텔 Tokyo Station Hotel
100년 역사를 간직한 고풍스러운 외관을 최대한 살리면서 내부를 특급 호텔로 개조해 오픈 당시 화제를 모았다. 정갈하고 품위 있는 분위기의 1층 로비 라운지는 여유롭게 브런치를 즐기기에 좋다. 주말에는 줄을 서야 들어갈 수 있을 정도로 인기가 많은 곳. 마루노우치 남쪽 출구 내에도 입구가 있다.

: WRITER'S PICK :

닮은 듯 다른 옛 서울역사와 도쿄역사

도쿄역은 일제강점기 때 지어진 옛 서울역사와 닮은꼴이다. 서울역을 설계했다고 알려진 츠카모토 야스시가 도쿄역을 설계한 건축가 다츠노 킨고의 애제자였기 때문. 이러한 사연 탓에 일제 침략의 아픔을 기억하는 한국인이 품는 도쿄역에 대한 감정은 여러모로 교차한다. 참고로 도쿄역은 네덜란드 암스테르담 중앙역을, 서울역은 스위스 루체른역을 모델로 만들어졌다.

구석구석 도쿄역 탐방

丸の内北口

Point. 1 마루노우치 북쪽 출구 & 마루노우치 남쪽 출구
丸の内北口 & 丸の内南口

마루노우치 남쪽 출구와 북쪽 출구 안으로 들어가면 각각 돔 천장이 눈에 들어온다. 이 둘은 쌍둥이로, 팔각형 모서리를 장식하고 있는 동물 모양 부조가 방위를 나타내고 있다. 독수리 8마리와 12간지 중 8마리 동물이 팔각형 모서리를 장식하고 있으며, 이 중 일부는 1914년 건립 당시부터 살아남은 것이다. 도쿄 스테이션 호텔에 묵으면 3층 투숙자 전용 발코니에서 자세히 들여다볼 수 있다.

A
B
C
D

- Ⓐ 8마리의 독수리가 2.1m 폭으로 날개를 활짝 펴고 아래를 내려다보고 있다. 자세히 보면 발밑에 벼 이삭을 잡고 있음을 확인할 수 있다.
- Ⓑ 12간지 중 8마리 동물이 팔각형 모서리를 장식하고 있다. 소(북동북), 호랑이(동북동), 용(동남동), 뱀(남남동), 양(남남서), 원숭이(서남서), 개(서북서), 돼지(북북서)가 차례로 등장하는데, 동서남북을 나타내는 토끼, 닭, 말, 쥐가 생략된 이유는 아직 수수께끼로 남아 있다.
- Ⓒ 띠와 띠 사이 흰색 반원 아치 꼭대기에 있는 장식은 도요토미 히데요시의 투구를 모티브로 했다.
- Ⓓ 날개를 활짝 편 봉황이 돔의 가장 아랫부분을 장식하고 있다.

©東京ステーションギャラリー

Point. 2 도쿄 스테이션 갤러리
東京ステーションギャラリー

1988년 마루노우치 역사 안에 문을 연 미술관. 붉은 벽돌의 아름다움을 살린 독특한 실내 디자인과 철도, 건축, 현대 미술, 디자인 등을 주제로 펼쳐지는 다채로운 테마 기획전으로 유명하다. 2층의 미술관 병설 숍 트레이니아트TRAINIART에서는 마루노우치 역사와 철도를 모티브로 한 다양한 상품을 꾸준히 선보인다. 마루노우치 북쪽 출구 돔 안으로 들어가면 왼쪽에 입구가 있다.

GOOGLE MAPS 도쿄 스테이션 갤러리
OPEN 10:00~18:00(금 ~20:00, 폐장 30분 전까지 입장)/월요일(공휴일은 다음 날)·연말연시·전시 교체 기간 휴무
PRICE 기획전마다 다름
WEB www.ejrcf.or.jp/gallery

마루노우치 역사 자석

마루노우치 역사 마스킹 테이프

Point. 3 토라야 도쿄
Toraya Tokyo

말차 그라세 抹茶グラッセ 1210엔
앙미츠あんみつ 1760엔

토라야는 5세기 전 무로마치시대에 교토에서 창업해 왕가에 화과자와 양갱을 납품하던 곳. 1869년 도쿄로 진출한 이래 도쿄를 대표하는 과자점으로 자리매김했다. 토라야 도쿄는 토라야가 펼치는 모든 브랜드(토라야, 토라야 카페, 토라야 공방, 토라야 파리)의 엄선된 상품을 한자리에 모은 콘셉트숍. 도쿄 스테이션 호텔 2층, 마루노우치 남쪽 출구 돔 아래 자리한다. 양갱을 사용한 메뉴가 주역이며, 제철 야채로 만든 런치 메뉴 등 이곳에서만 먹을 수 있는 일품요리도 있다.

GOOGLE MAPS toraya tokyo station
ADD 도쿄스테이션 호텔 2층
OPEN 10:00~19:30

TORAYA TOKYO
도쿄역 한정 패키지 소형 양갱 1620엔

TORAYA TOKYO

② 마루노우치의 풍경을 이끈 주역

마루노우치 빌딩(마루 빌딩)

丸の内ビル(丸ビル)

겉보기엔 평범하지만 꽤나 사연이 복잡한 건물이다. 1923년 당시에는 드물게 오피스 건물로 세워졌으나, 같은 해 관동대지진으로 무너지고 1925년 재건, 이후 내진 시설 등의 문제로 해체하고 2002년 다시 지은 것이 현재의 건물이다. 완공 후 주변 건물들도 하나둘 재건축돼 지금의 현대적인 마루노우치 풍경이 형성되었다. 2022년 12월 리모델링을 마친 3·4층의 츠타야 서점 라운지에서 도쿄역 마루노우치 역사가 내려다보이는 멋진 뷰를 감상할 수 있다. 5층엔 누구나 입장할 수 있는 테라스가 있다. **MAP ⑨-B**

GOOGLE MAPS 마루노우치 빌딩
ADD 2-4-1 Marunouchi, Chiyoda City
OPEN 숍 11:00~21:00(일·공휴일 ~20:00), 츠타야 서점 11:00~21:00(토·일 ~20:00), 레스토랑 11:00~23:00(일·공휴일 ~22:00)/가게마다 다름
WALK JR 도쿄역 마루노우치 남쪽 출구丸の内南口 1분 / 도쿄역 M4번 출구 직결
WEB www.marunouchi.com/top/marubiru

4층 츠타야 서점 내 스타벅스(08:00~22:00)

5층 테라스

마루노우치 빌딩(왼쪽)과 신마루노우치 빌딩(오른쪽)

③ 밤의 테라스는 언제나 옳다

신마루노우치 빌딩(신마루 빌딩)

新丸の内ビル(新丸ビル)

1952년 처음 세워져 2007년 새롭게 문을 연 빌딩. 마루노우치 빌딩과 나란히 도쿄역을 향하고 있지만, 이곳을 찾는 여행자가 더 많은 이유는 7층에 도쿄역을 감상할 수 있는 테라스가 있기 때문. 곳곳에 휴식 공간도 넉넉하게 배치해 도쿄역 일대에서 느긋한 시간을 보내기 가장 좋은 곳으로 꼽힌다. 지하 1층에서 지상 7층까지 100여 개의 상점과 레스토랑이 입점했다. **MAP ⑨-A**

GOOGLE MAPS 신마루노우치 빌딩
ADD 1-5-1 Marunouchi, Chiyoda City
OPEN 숍 11:00~21:00(일·공휴일 ~20:00), 레스토랑 11:00~23:00(일·공휴일 ~22:00)
WALK JR 도쿄역 마루노우치 북쪽 출구丸の内北口 1분 / 도쿄역 M7번 출구 직결
WEB www.marunouchi.com/building/shinmaru

+MORE+

신마루노우치 빌딩 추천 스폿

도쿄에서 가장 웅장한 기차역 뷰
마루노우치 하우스 Marunouchi House

7층 테라스에 앉아 도쿄역을 중심으로 펼쳐진 웅장한 풍경을 각 잡고 누려보자. 11개 레스토랑과 바에서 맥주와 안주를 자유롭게 테이크아웃할 수 있다. 아름다운 야경과 선선한 바람, 맥주 한 모금이면 세상 부러운 것 없다. 대대적인 리모델링을 마치고 2023년 5월에 재오픈했다. **MAP ⑨-A**

GOOGLE MAPS marunouchi house
ADD 신마루노우치 빌딩 7층
OPEN 11:00~23:00/가게 및 요일마다 다름
WEB marunouchi-house.com

음료+케이크
갸토 세트
2178엔

거리 가득 퍼지는 달콤한 냄새
쇼콜라티에 팔레 도르 Chocolatier Palet D'or

창의적인 초콜릿 레시피와 독자적인 행보를 선보여 '초콜릿계의 에디슨'으로 불리는 사에구사 슌스케의 초콜릿 전문점. 카카오 콩의 로스팅부터 생산까지 모든 공정을 소화하는 공방을 갖추고 연간 10t의 초콜릿을 만들어낸다. 다양한 재료를 층층이 더한 초콜릿 케이크는 한 입씩 베어 물 때마다 다채로운 맛이 느껴진다. 화창한 날이면 마루노우치 나카 거리 쪽 테라스석이 특히 인기다. **MAP ⑨-A**

GOOGLE MAPS 쇼콜라티에 팔레 도르
ADD 신마루노우치 빌딩 1층
OPEN 11:00~21:00(일·공휴일 ~20:00)
WEB palet-dor.com

4 고쿄로 향하는 길
교코 거리
行幸通り

도쿄역 마루노우치 역사에서 일왕의 거처인 고쿄로 향하는 널찍한 은행나무 가로수길. '행차길'이라는 이름처럼 왕실 행사 등에 사용해 왔다. 현재도 중앙 차로는 오직 일왕과 신임 외국 대사를 태운 마차만 통행할 수 있다는 사실. 행사가 없는 날에는 보행자 전용 도로가 된다. 도쿄역 마루노우치 역사를 등지고 봤을 때 왼쪽의 마루노우치 빌딩과 오른쪽의 신마루노우치 빌딩이 든든하게 길목을 지키고 서 있다. **MAP ⑨-A**

GOOGLE MAPS gyoko dori avenue
WALK JR 도쿄역 마루노우치 중앙 출구丸の内中央口 1분

킷테 가든에서 바라본 도쿄역

5 우체국 안에 쇼핑몰이?! 킷테(JP 타워 킷테) KITTE

일본 우체국이 운영하는 복합 상업시설. 1931년 건축한 도쿄 중앙 우체국 빌딩을 리뉴얼하면서 지하 1층~지상 6층에 쇼핑몰을 들였다. 대형 프랜차이즈 대신 소상공인 매장 위주로 입점해 있으며, 전통적인 멋과 현대적인 디자인이 결합한 일본 각지의 특산품을 소개하는 데 중점을 뒀다. 옥상에서 바라보는 빼어난 전망과 아름다운 실내뷰로도 유명한데, 특히 유리 천장을 통해 들어오는 빛과 회랑처럼 중앙부를 둘러싼 통로가 장엄하다. 킷테라는 이름엔 '우표' 또는 '어서 와'라는 두 가지 뜻이 담겨 있다. **MAP ❾-B**

GOOGLE MAPS 킷테 마루노우치
ADD 2-7-2 Marunouchi, Chiyoda City
OPEN 숍 11:00-20:00, 레스토랑·카페 11:00-22:00/가게마다 다름
WALK JR 도쿄역 마루노우치 남쪽 출구丸の内南口 1분
WEB marunouchi.jp-kitte.jp

+MORE+

킷테 추천 스폿

도쿄역이 내려다보이는 넓은 정원
킷테 가든 KITTE ガーデン

도쿄역 마루노우치 역사 뒤에 가려진 철도 선로가 시원하게 내려다보이는 전망 명소. 문을 여는 순간 1500m² (약 450평)의 탁 트인 공간과 드넓은 하늘, 초록빛 잔디가 시야에 들어온다. 시스루 울타리가 쳐져 있어 공중을 거니는 기분!

ADD 킷테 6층
OPEN 11:00~22:00

나를 위한 특급 선물
나카가와 마사시치 상점 中川政七商店 東京本店

책상 위에 이것저것 사부작사부작 올려두길 좋아하는 이들의 돌고래 비명 소리가 문 앞에서부터 들려온다. 나라에 본점을 둔 300년 전통 수공예 브랜드. 장인의 금손 스킬을 거친 마직물에 트렌디한 감성을 더한 디자인 문구·잡화·식기·아기용품이 모두 주옥같다.

ADD 킷테 4층
OPEN 11:00~20:00
WEB nakagawa-masashichi.jp

마그넷 책갈피

郵〒便
POST

낮에는 보행자 전용 도로로 변신!

마루노우치 나카 거리

丸の内仲通り

6

푸르른 가로수 아래 럭셔리 부티크와 테라스를 둔 카페, 길가에 간간히 놓인 벤치가 여름날에도 쾌적함을 전한다. 마루노우치 빌딩 뒤쪽에서 시작해 마루노우치 브릭 스퀘어를 지나 페닌슐라 호텔까지 쭉 뻗은 500m 거리. 한낮이면 차량이 통제된 보행자 전용 도로 겸 테라스로 변신하고, 여름과 겨울이면 거리 전체가 공원으로 바뀐다.

MAP 9-B

GOOGLE MAPS marunouchi street park
WALK JR 도쿄역 마루노우치 중앙 출구丸の内中央口 3분

: WRITER'S PICK :

날마다 특별한 마루노우치 나카 거리

■ 어반 테라스(매일 낮)
평일 오전 11시부터 오후 3시까지, 주말과 공휴일에는 오후 5시까지 보행자에게만 개방된다. 차량이 통제되고 거리에 의자와 테이블이 놓이며 테라스로 변신!

■ 키친 카(매일 낮 11:30~15:00)
점심시간이면 마루노우치 나카 거리 비롯해 마루노우치와 오테마치 곳곳에 푸드트럭이 출동한다. 인근 직장인을 겨냥해 단골도 확보하는 솜씨니 맛은 보장된다.

MARUNOUCHI
STREET PARK

■ 마루노우치 스트리트 파크
(여름·겨울 각각 약 한 달)
매년 여름과 겨울 약 한 달간 거리 전체가 공원으로 변신한다. 이 기간 내내 차량이 통제되며, 테마에 따라 회전목마, 스케이트장, 이동 도서관 등이 설치된다. 다만 날씨가 궂은 날은 중지되는 경우도 있다.
WEB marunouchi-streetpark.com

■ 겨울철 일루미네이션(11~2월)
11월 초부터 2월 중순까지 유라쿠초에서 오테마치大手町에 이르는 구간을 100만 개의 샴페인 골드빛 전구가 환히 밝힌다.

7 미술관 안마당에서 쉬어가요

마루노우치 브릭 스퀘어

丸の内ブリックスクエア Marunouchi Brick Square

도쿄에 이보다 더 아늑한 쉼터가 있을까? 일본 최초로 서양식 오피스 건축 양식을 도입해 지은 미쓰비시 은행 구사옥(현 미쓰비시 1호관 미술관)의 안마당을 이용해 'ㅁ'자형으로 조성한 휴식 공간이 있고, 마루노우치 파크 빌딩의 저층부에 숍과 레스토랑이 들어선 차분한 분위기의 상업 공간이다. 고감도 패션·잡화점과 일본 내 첫 지점을 낸 해외파 레스토랑들이 산뜻하고 활기찬 기운을 뿜는다. **MAP ⑨-B**

GOOGLE MAPS 마루노우치 브릭스퀘어
ADD 2-6-1 Marunouchi, Chiyoda City
OPEN 숍 11:00~21:00(일·공휴일 ~20:00), 레스토랑 11:00~23:00(일·공휴일 ~22:00)/가게마다 다름/1월 1일 휴무
WALK JR 도쿄역 마루노우치 남쪽 출구丸の内南口 5분/마루노우치 지하 남쪽 출구와 연결
WEB www.marunouchi.com/building/bricksquare

8 유럽 회화를 좋아하세요?

미쓰비시 1호관 미술관

三菱一号館美術館

1894년 지어진 미쓰비시 은행의 구사옥. 건물이 노후화되면서 1968년 해체되었으나, 2010년 처음 건축했던 당시의 부품과 제작 기법까지 재현해 원형에 가깝게 재건되었다. 현재 로트레크와 고갱의 작품 등 19세기 말 유럽 회화를 주로 전시하는 미술관으로 사용되고 있다. 예전 은행 영업실이었던 1층의 카페 1894에서는 높은 천장과 웅장한 구조의 고전적인 분위기 속에서 식사와 음료를 즐길 수 있다. **MAP ⑨-B**

GOOGLE MAPS 미쓰비시 1호관
ADD 2-6-2 Marunouchi, Chiyoda City
OPEN 10:00~18:00(공휴일·대체 휴일 제외 금요일, 매월 둘째 수요일, 전람회기 중의 마지막 주 평일 ~20:00)/폐장 30분 전까지 입장
PRICE 전시에 따라 다름
WALK 마루노우치 브릭 스퀘어 1층 안뜰에 입구가 있다.
WEB mimt.jp

9 거대한 배를 닮았네

도쿄 국제 포럼

東京国際フォーラム

종로타워를 설계한 건축가 라파엘 비놀리가 1997년에 완공한 도쿄의 대표적인 현대 건축물. 전체 길이 270m, 지상 11층, 지하 3층 규모다. 2600장의 대형 글라스로 덮인 배 모양의 건축물이 보는 이를 압도한다. 1991년 도쿄 도청이 신주쿠로 이전하기 전까지 약 100년간 도청사로 사용되며 행정의 중심지 역할을 했고, 현재는 컨벤션 & 아트센터로 쓰이고 있다. **MAP ⑨-B**

GOOGLE MAPS 도쿄 국제 포럼
ADD 3-5-1 Marunouchi, Chiyoda City
OPEN 07:00~23:30
WALK JR 유라쿠초역 JR 국제포럼 출구国際フォーラム口 1분
WEB www.t-i-forum.co.jp

마루노우치 브릭 스퀘어 추천 포인트 2

Point. 1
맛있는 버터가 맛있는 빵을 만든다
에쉬레 메종 드 뵈르
Échiré Maison du Beurre

‘버터계의 에르메스’라는 프랑스 에쉬레 버터만 100% 사용해 케이크와 쿠키, 크루아상을 굽는다. 크림의 절반 가량이 에쉬레 버터인 갸토 에쉬레가 오픈 전부터 줄을 서야 하는 인기 상품. 1인당 1개로 구매 수량을 제한하는데도 오후에는 대부분 메뉴가 품절된다. **MAP ⑨-B**

GOOGLE MAPS 에쉬레 버터
OPEN 10:00~20:00
WEB www.kataoka.com/echire-maisondubeurre.html

갸토 에쉬레 Gâteau Échiré Nature
6480엔
ÉCHIRÉ
크루아상 500엔 안팎
(버터의 소금 함량에 따른 3가지 맛),
마들렌·피낭시에 368엔

MAISON DU BEURRE

Point. 2
미슐랭 3스타의 베이커리
라 부티크 드 조엘 로부숑
LA BOUTIQUE de Joël Robuchon

미슐랭 3스타에 빛나는 프랑스 출신 셰프 조엘 로부숑의 베이커리 카페. 20시간 이상 숙성한 바게트 샌드위치와 깊은 맛의 페이스트리, 과일 타르트와 마카롱 등 다채로운 메뉴를 선보인다. 프랑스식 팬케이크인 갈레트는 식사 대용으로도 굿! **MAP ⑨-B**

GOOGLE MAPS 마루노우치 조엘로부숑
OPEN 11:00~21:00(카페 L.O. 푸드 20:00, 음료 20:30)

LA BOUTIQUE

10 옛 에도성 터에 자리한 궁궐

고쿄
皇居

도쿄에서 가장 전통적인 분위기를 느낄 수 있는 궁궐이다. 에도시대에 전국을 통치했던 도쿠가와 가문이 머물던 에도성 터에 자리 잡고 있다. 메이지 유신(1868년) 때 막부 정권이 무너지면서 일본 왕실 소유로 넘어간 후부터 줄곧 일왕 일가의 거처로 사용되고 있다. 주요 건물은 일왕이 기거하는 고쇼御所, 각종 공공 행사나 정무 장소로 이용되는 궁전, 궁내청 청사 등으로 이루어져 있다. 1590년 도쿠가와 이에야스가 성을 짓기 시작해 세계에서 가장 큰 궁성으로 군림하다가, 제2차 세계대전으로 크게 소실된 후 1969년 재건했다. 그래도 해자 등은 초기 모습 그대로. 해자와 그 둘레 길이 도쿄 도민들의 조깅 코스로 애용된다. 고쿄는 일 년에 딱 이틀(1월 2일과 2월 23일)만 개방하며, 이외 기간에는 사전 견학 투어(무료) 신청자만 방문이 허락된다. MAP 9-A·B

GOOGLE MAPS 고쿄
ADD 1-1 Chiyoda, Chiyoda City
OPEN 견학 투어 10:00, 13:30/일·월·공휴일(공휴일이 토요일인 경우 제외), 7월 21일~8월, 12월 28일~1월 4일 휴무
WALK 오테마치역 C13b번 출구 1분 / 니주바시마에역 6번 출구 바로 / JR 도쿄역 마루노우치 남쪽 출구丸の内南口 또는 마루노우치 북쪽 출구丸の内北口 5분
PRICE 견학 투어 무료(만 17세 이하는 보호자 동반 시 입장 가능)
WEB 투어 신청 안내 sankan.kunaicho.go.jp/about/koukyo.html

Point. 1

니주바시
二重橋

다리 너머로 고쿄의 일본식 궁성을 감상할 수 있는 촬영 명소다. 안경을 닮은 세이몬이시바시正門石橋와 안쪽 세이몬테츠바시正門鉄橋를 총칭한다. 1924년 김지섭 의사가 독립 운동의 일환으로 왕궁을 향해 수류탄 3발을 던지고 체포된 장소이기도 하다.

Point. 2

고쿄히가시교엔
皇居東御苑

고쿄가이엔 외에는 고쿄 가운데 일반에게 공개되는 유일한 곳이다. 에도성의 중심부로, 현재 수만 그루의 나무와 유적이 남아 있다. 성의 정문인 오테몬大手門을 지나 플라스틱 입장권(무료)을 받고 들어간다.

Point. 3

치도리가후치 료쿠도
千鳥ヶ淵緑道

고쿄를 둘러싼 해자를 따라 700m가량 이어지는 산책로. 왕벚나무를 비롯한 260그루의 벚나무가 심겨 있어 매년 3월 말부터 4월 초까지 도쿄를 대표하는 벚꽃 명소로 이름을 날린다. 해 진 후 개최되는 야간 라이트업이 특히 아름다워서 늦은 시각에도 꽃놀이를 즐기는 인파로 활기가 가득한 곳. 해자 주변으로는 보트장이 설치돼 있어서 뱃놀이도 할 수 있다. 요금은 30분 500엔(벚꽃 시즌 30분 800엔).

고쿄히가시교엔
무료 입장권
入園票

Point. 4

고쿄가이엔
皇居外苑

고쿄 앞에 펼쳐진 광장. 3만 5000평에 달하는 넓은 부지 곳곳에 벤치가 놓여 있고, 잔디밭과 분수 공원 등으로 가꿔져 있어 도쿄 도민의 쉼터로 애용된다. 에도시대 유력 가문의 저택이 늘어섰던 터에 조성됐다.

11 일본 최초의 서양식 공원

히비야 공원

日比谷公園

1903년 개원한 일본 최초의 서양식 공원. 일본에서 가장 땅값이 비싼 긴자와 관청가인 카스미가세키霞が関, 마루노우치 빌딩가에 둘러싸여 있는데도, 둘러보는 데 1시간은 족히 걸릴 정도로 넓은 부지가 인상적이다. 100년도 더 된 나무들과 계절마다 바뀌는 다양한 꽃 등 볼거리도 풍부. 매년 10월 한 달간 원예 작품을 전시하고 판매하는 히비야 가드닝 쇼를 개최한다. **MAP ⑨-B**

GOOGLE MAPS 히비야 공원
ADD 1 Hibiyakoen, Chiyoda City
WALK 히비야역 A10·A14번 출구 바로

12 히비야의 '핫플'은 여기

도쿄 미드타운 히비야

Tokyo Midtown Hibiya

롯폰기의 도쿄 미드타운(322p)에 이은 두 번째 미드타운. 35층의 건물 중 지하 1층부터 7층까지가 상업시설로, 패션 브랜드숍, 라이프스타일숍, 극장, 레스토랑, 푸드홀 등이 자리했다. 전통 극장이나 무도회장 등 사교의 장소가 많았던 히비야의 지역 특성을 살려 영화 속 궁전처럼 곡선미를 살린 외관이 특징. 6층 파크뷰 가든에서 히비야 공원 전체를 내려다볼 수 있다. 11월 중순~2월 중순엔 메인 입구인 히비야 스텝 광장日比谷ステップ広場과 파크뷰 가든에서 일루미네이션이 펼쳐져 다채로운 불빛이 밤을 화려하게 밝힌다. **MAP ⑨-B**

GOOGLE MAPS 도쿄 미드타운 히비야
ADD 1-1 Yūrakuchō, Chiyoda City
OPEN 11:00~20:00(레스토랑 ~23:00)/ 가게마다 다름
WALK 히비야역 A5·A11번 출구 직결
WEB www.hibiya.tokyo-midtown.com

파크뷰 가든

파크뷰 가든에서 바라본 히비야 공원과 고쿄

TOKYO MIDTOWN HIBIYA

히비야 스텝 광장의 일루미네이션

13 100년 전 지어진 비밀의 통로
히비야 오쿠로지
Hibiya Okuroji 日比谷OKUROJI

JR 신바시역과 유라쿠초역 사이, 히비야와 긴자를 가로지르는 철로 아래에 들어선 최신 상업시설. 도쿄에서 제법 흔해진 철로 아래 시설 중 이곳이 특별한 이유는 1910년에 벽돌로 지어진 공간이라는 점. 마치 비밀스러운 지하 세계에 들어온 것 같은 오묘한 분위기가 흐른다. 콘셉트는 어른들의 통로. 수작업으로 만든 우산 전문점 도쿄 노블, '평생 교체 보증서'를 제공하며 양말의 퀄리티를 자랑하는 글랜 클라이드, 나고야식 장어덮밥 히츠마부시 전문점 스미야키 우나후지(286p) 등 유니크한 상점과 음식점이 300m에 걸쳐 이어진다. **MAP ⑨-B**

GOOGLE MAPS hibiya okuroji
ADD 1-7-1 Uchisaiwaicho, Chiyoda City
OPEN 가게마다 다름
WALK JR 유라쿠초역 히비야 출구日比谷口 6분 / Ⓜ 유라쿠초역·히비야역 A13번 출구 6분 / Ⓜ 긴자역 C3번 출구 6분
WEB jrtk.jp/hibiya-okuroji

14 24시간 문이 활짝 열렸네!
유라쿠초 요코초
有楽町産直横丁

옛 분카요코초文化横丁가 업그레이드를 단행했다. 정식 명칭은 유라쿠초산직(생산자직결) 요코초有楽町産直横丁. 생산자와 직접 연결된 신선한 재료가 최대 강점이다. 홋카이도산 해산물을 비롯해 규슈의 닭고기, 이와테의 돼지고기 등 일본 각지의 식재료와 음식을 소개한다. 24시간 오픈하는 이곳의 황금시간대는 식사는 물론이고 술과 안주까지 즐길 수 있는 저녁부터 밤까지. 다만 외국인 관광객에 대한 서비스가 아쉽다는 평이 많다. **MAP ⑨-B**

GOOGLE MAPS yurakucho farm
ADD 2-1-1 Yurakucho, Chiyoda City
OPEN 24시간
WALK Ⓜ 히비야역·유라쿠초역 A1번 출구 1분 / Ⓜ 긴자역 C1번 출구 1분 / JR 유라쿠초역 중앙 출구中央口 5분
WEB yokocholover.com/store/32

여기서는 지름신을 만나도 좋다!

도쿄역 기념품

일본 최대 기차역인 도쿄역. 도쿄 대표 식당, 베이커리, 디저트 가게가 넘쳐나 '맛있는 기차역'으로 유명하다. 여기에 캐릭터숍부터 기념품 과자 쇼핑까지. 단순히 기차를 타는 공간을 넘어 하나의 관광지가 되었다.

여행 온 느낌 제대로

도쿄역 일번가(이치반가이)

東京駅一番街

JR 도쿄역 야에스 북쪽 출구에서 야에스 남쪽 출구까지 지하 1층~지상 1층에 길게 형성돼 있는 상점가. 기념품숍, 레스토랑, 카페, 이자카야 등 약 130곳의 상점이 빼곡히 들어서 있다. 특히 도쿄의 소문난 라멘집 8곳을 모아 놓은 도쿄 라멘 스트리트東京ラーメンストリート를 비롯해 도쿄 캐릭터 스트리트, 도쿄 오카시랜드 등 기념품계 1급 체인이 모여 있는 지하 1층은 꼭 가봐야 한다.

MAP 9-A·B

GOOGLE MAPS 도쿄역 일번가
WALK JR 도쿄역 야에스 북쪽 출구八重洲北口~야에스 남쪽 출구八重洲南口 지하 1층 & 지상 1층
WEB www.tokyoeki-1bangai.co.jp

갖고 싶던 캐릭터 굿즈가 가득!

도쿄 캐릭터 스트리트

東京キャラクターストリート

소년 점프, 포켓 몬스터, 울트라맨, 가면라이더, 짱구, 리락쿠마, 무민, 스누피, 동구리 공화국, 디즈니, 토미카, 레고 등 캐릭터숍 30곳을 모아둔 캐릭터 천국. 후지TV, 니혼TV, TBS, NHK 등 일본 방송사별 굿즈숍도 있다. 면세 혜택을 받으려면 쇼핑 전 1층 면세 카운터를 방문해 접수부터 하고 와야 한다는 데 주의!

MAP 9-A

GOOGLE MAPS 도쿄 캐릭터 스트리트
ADD 도쿄역 일번가
OPEN 10:00~20:30
WALK JR 도쿄역 야에스 북쪽 출구八重洲中央口 쪽 지하 1층

기차역 과자 먹방

도쿄 오카시랜드

東京おかしランド

에자키 글리코, 칼비, 모리나가, 카메다 제과 등 일본을 대표하는 대형 제과 업체 4곳의 안테나숍이 모인 과자 테마파크. 칼비의 인기 과자 자가리코じゃがりこ의 맛을 구현한 생감자튀김 포테리코ポテりこ, 모리나가의 갓 구운 문라이트 쿠키 등 일부 과자는 따끈따끈하게 주방에서 바로 제조해 나온다. 오직 도쿄역에서만 판매하는 빅사이즈 한정 품목까지 있어 두 눈이 번쩍. MAP 9-B

GOOGLE MAPS 도쿄 오카시랜드
ADD 도쿄역 일번가
OPEN 09:00~21:00
WALK JR 도쿄역 야에스 중앙 출구八重洲北口 쪽 지하 1층

東京駅一番街

東京ラーメンストリート

東京キャラクターストリート
東京駅一番街

즉석에서 튀겨주는 도쿄역 한정 빅 포테리코 BIGポテりこ

Calbee
ポテりこ

뉴욕 캐러멜 샌드
8개입 1296엔
N.Y.C
SAND
CARAMEL

신칸센 도시락

명품관보다 힘 센 식품관

다이마루 백화점

大丸東京店

JR 도쿄역 야에스 북쪽 출구와 직결된 백화점. 백화점의 얼굴이라는 1층 매장을 50여 개의 과자점으로 과감히 채웠다. 그 혁신적인 시도 끝에 도쿄 전체 백화점 중 기념품 과자 부문 인기 1위! 특히 시선이 집중된 곳은 2015년 이곳에 1호점 출점 이후 한 번도 1위 자리를 내주지 않은 뉴욕 캐러멜 샌드N.Y.Caramel Sand다. 반찬과 도시락 판매점이 들어선 지하 1층에도 쟁쟁한 과자점과 베이커리가 많다. **MAP ⑨-A**

GOOGLE MAPS 다이마루 백화점 도쿄점
ADD 1-8-1 Marunouchi, Chiyoda City
OPEN 10:00~20:00(12·13층 레스토랑 ~23:00)
WALK JR 도쿄역 야에스 북쪽 출구八重洲北口 개찰구 바로 앞
WEB daimaru.co.jp/tokyo/

특명! 개찰구를 뚫어라

그란스타 도쿄

Gransta Tokyo グランスタ

JR 티켓 소지자만 입장할 수 있는 콧대 높은 개찰구 내 상점가. 1층과 지하 1층에 걸쳐 레스토랑, 반찬·도시락 판매점, 디저트숍, 베이커리 등 각종 먹거리가 집결돼 있어서 이곳에 입장하고자 일부러 JR 티켓을 끊는 사람이 있을 정도다. 그러니 JR 티켓을 소지한 김에 도쿄역에 환승할 일 없나 가만히 생각해보자. 1층 중앙 통로 구역과 게이요 스트리트 구역(1층 야에스 남쪽 출구 개찰구 근처)에 특히 괜찮은 식당과 도시락 판매점이 모여 있다.
MAP ⑨-B

GOOGLE MAPS 그란스타
ADD JR 도쿄역 지하 1층~지상 1층 개찰구 내
OPEN 08:00~22:00(일·공휴일 ~21:00)/가게마다 다름
WALK JR 도쿄역 내 모든 개찰구를 통해 접근 가능
WEB gransta.jp

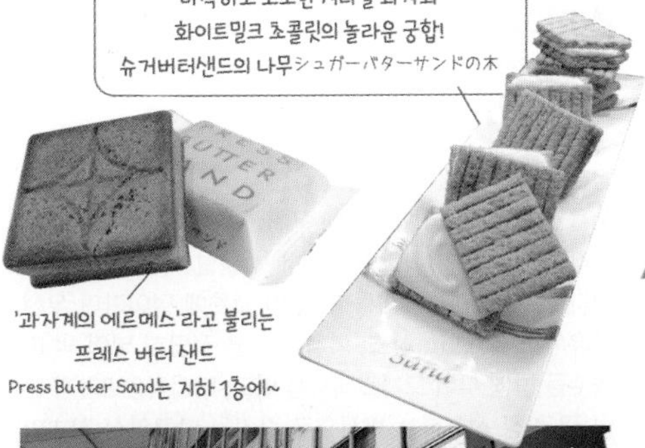
바삭하고 고소한 시리얼 과자와
화이트밀크 초콜릿의 놀라운 궁합!
슈거버터샌드의 나무シュガーバターサンドの木
'과자계의 에르메스'라고 불리는
프레스 버터 샌드
Press Butter Sand는 지하 1층에~

일본 전국 철도역에서 판매하는
명물 도시락을 한자리에 모아 놓은
에키벤야 마츠리駅弁屋 祭
(1층 중앙 통로 구역)

DAIMARU
PRADA

駅弁屋 祭
GRANSTA
TOKYO

일본 전국 맛 자랑

도쿄역 & 마루노우치 & 히비야 맛집

전국 각지의 사람들이 모여드는 도쿄역과 마루노우치에는 먹거리도 풍년이다.
도쿄는 물론이고 홋카이도, 오사카 등 각 지역의 대표 맛집을 한자리에서 만나는 행운이 기다리고 있다.

싸고 맛있는 회전초밥의 대명사

회전스시 네무로 하나마루

回転寿司 根室花まる KITTE丸の内店

根室花まる
回転寿司

일본 레스토랑 리뷰 사이트 타베로그에서 회전초밥 부문 전국 5위권에 빛나는 홋카이도 맛집. 불필요한 창작은 걷어내고, 초밥 본연의 맛을 추구하면서 접시당 160~500엔이라는 착한 가격이 인기의 비결이다. 한국어 메뉴판을 보고 원하는 스시 번호를 종이에 써서 내면 바로 만들어준다. 웨이팅 현황을 알려주는 대기 시스템도 장점. **MAP ❾-B**

GOOGLE MAPS 네무로 하나마루 킷테점
ADD 킷테 5층
OPEN 11:00~22:00
WEB sushi-hanamaru.com/store/

상 히츠마부시上ひつまぶし,
5750엔
うなぎ

히비야 오쿠로지 한가운데 자리 잡고 있다.

단짠단짠 나고야식 장어덮밥

스미야키 우나후지

炭焼 うな富士 有楽町店

장어로 유명한 나고야 내에서도 타베로그 1위에 빛나는 명물 장어요릿집. 살이 두툼하면서 기름진 민물장어 특품을 1000°C가 넘는 숯불에 구워낸 이 집의 장어는 겉은 바삭하고 속은 촉촉하면서 입에서 살살 녹을 만큼 부드럽다. 주걱으로 밥을 4등분 해 빈 그릇에 덜어가며 우선 고유의 맛을 보고, 산초, 와사비 등을 적당히 넣어 먹고, 육수를 밥에 부어 오차즈케처럼 먹고, 마지막은 3가지 방법 중 가장 선호하는 방식으로 즐기는 나고야식 히츠마부시ひつまぶし가 추천 메뉴. 우리가 일반적으로 알고 있는 우나기동うなぎ丼(3650엔~)과 우나주うな重(5650엔~)도 있다. 구글맵에서 예약할 수 있다. **MAP ❾-B**

GOOGLE MAPS 스미야키 우나후지 유라쿠초점
ADD 1-7-1 Uchisaiwaicho, Chiyoda City
OPEN 11:00~22:00
WALK JR 신바시역 북쪽 출구北口 7분 / 🚇 히비야역 A5번 출구 8분
WEB sumiyaki-unafuji.com/ginza/

오사카에서 온 오코노미야키 명가

오코노미야키 키지

お好み焼 きじ 丸の内店

오코노미야키의 고장 오사카에서도 명가로 꼽히는 키지의 도쿄 지점. 점심시간에는 인근 직장인들로 긴 줄이 늘어설 만큼 도쿄 데뷔에도 성공했다. 두툼한 오코노미야키가 겉은 바삭하고 속은 부드러운 것이 특징. 깔끔한 매장 분위기에도 높은 점수를 주고 싶다. **MAP 9-B**

GOOGLE MAPS 도쿄 오코노미야키 키지
ADD 2-7-3 Marunouchi, Chiyoda City
OPEN 11:00~15:30(L.O.15:00), 17:00~22:00(L.O.21:00)/토·일 브레이크타임 없음
WALK JR 도쿄역 마루노우치 남쪽 출구丸の内南口 4분. TOKIA 빌딩 지하 1층
WEB o-kizi.jp

돼지고기와 달걀을 넣은 부타타마 豚玉 1100엔. 맥주와 꿀조합!

반숙 달걀이 든 아지타마 츠케멘 味玉つけ麺 1050엔

크렘 브륄레 1100엔
초콜릿 무스 1100엔

도쿄를 떠들썩하게 한 츠케멘

로쿠린샤

六厘舎

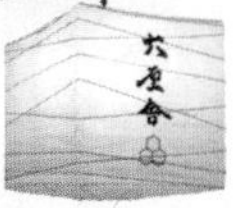

돼지 뼈 육수에 어분을 갈아 넣은 강하고 진한 맛의 수프와 우동처럼 굵고 탱탱한 면으로 츠케멘 시장에 지각변동을 일으킨 국보급 라멘집. 이 탓인지 덕인지, 시나가와구 오사키 1호점은 너무나 긴 대기 줄 때문에 주민들의 민원이 빗발쳐 이사를 가야 했다고. 도쿄역 야에스 출구 쪽 지하 1층 라멘 스트리트에 입성하면서 만나기 쉬워졌다. 아침엔 츠케멘을 740엔에 맛볼 수 있다. **MAP 9-B**

GOOGLE MAPS 로쿠린샤 도쿄역점
ADD 도쿄역 일번가
OPEN 07:30~10:00(L.O.09:30), 10:00~23:00(L.O.22:30)
WALK JR 도쿄역 지하 1층 야에스 중앙 출구八重洲中央口 근처 라멘 스트리트 내
WEB www.rokurinsha.com

도쿄에 상륙한 뉴요커의 브런치

부베트

Buvette 東京ミッドタウン日比谷店

뉴욕의 브런치 핫플레이스 부베트의 도쿄 지점. 뉴욕 매장의 분위기를 그대로 옮겨 온 듯한 인테리어와 메뉴를 선보인다. 부베트의 대표 비주얼 메뉴인 그래놀라 요거트와 와플 혹은 샌드위치에 갓 짠 신선한 오렌지 주스를 곁들여 브런치를 즐긴 후 신선한 초콜릿의 진한 맛이 살아 있는 초콜릿 무스로 마무리! 식사 시간에도 디저트나 커피만 주문 가능. 서울에도 매장이 있다. **MAP 9-B**

GOOGLE MAPS 뷰베트
ADD 도쿄 미드타운 히비야 1층
OPEN 11:00~22:00(토·일 09:00~, L.O.21:00)
WALK JR 신바시역 북쪽 출구北口 7분 / 히비야역 A5번 출구 8분
WEB sumiyaki-unafuji.com/ginza/

레모네이드 880엔
카푸치노 880엔

#Plus

도시의 전설을 찾아서
니혼바시日本橋

에도시대 무사들이 사는 마을로 번성하기 시작해 오래도록 도쿄의 중심지 역할을 해온 곳이다. 1603년 지어진 동명의 나무다리가 이 지역의 상징. 도쿄역의 북동쪽, 긴자의 북쪽에 자리하며, 최근에는 만다린 오리엔탈 호텔이 들어선 니혼바시 미츠이 타워와 복합 쇼핑몰 코레도 무로마치COREDO室町 1·2·3이 있는 미츠코시 본점 북쪽 지역이 고급 식당가로 새롭게 떠오르고 있다.

Access

JR 도쿄역 東京

- 야에스 북쪽 출구八重洲北口 또는 니혼바시 출구日本橋口 이용

기타 역

목적지에 따라 도쿄 메트로 긴자선·도자이선 & 도에이 아사쿠사선 니혼바시역日本橋, 도쿄 메트로 긴자선·한조몬선 미츠코시마에역三越前, JR 소부선(쾌속) 신니혼바시역新日本橋을 이용한다.

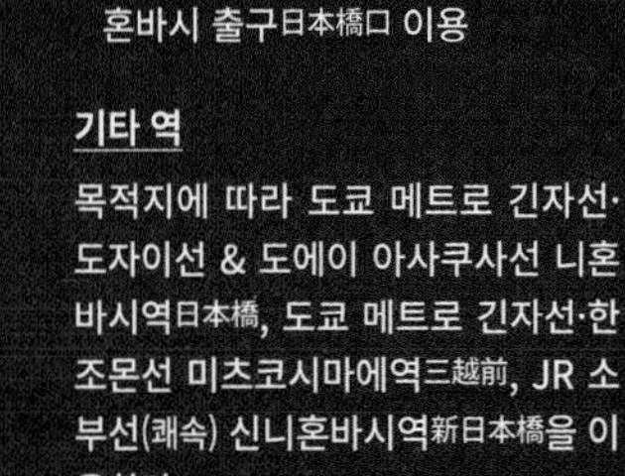
도쿄역

1 에도 막부를 열어준 다리
니혼바시(일본교)
日本橋

日本國道路元標

1603년 에도 막부가 들어서면서 지어진 다리. 처음엔 나무로 만들어졌으나 1911년 르네상스 양식의 아치형 돌다리로 재건됐다. 일본 도로망의 시점이 되는 다리로, 일본의 도로 원표元標가 다리 위에 놓여있다.

GOOGLE MAPS 니혼바시 기린상
WALK 미츠코시마에역 B5번 출구 1분 / 니혼바시역 B12번 출구 2분

히가시노 게이고의 히트작 <기린의 날개>의 배경이 된 기린 조각상

도쿄를 수호하는 사자 조각상

2 350년간 니혼바시를 지켜온 터줏대감
니혼바시 미츠코시 본점
日本橋三越本店

1673년 기모노 상점으로 시작해 부유층과 연예인이 즐겨 찾는 고급 백화점으로 성장한 미츠코시의 본점이다. 런던 트라팔가 광장의 사자상을 본뜬 청동상이 1914년부터 정문 곁을 지키고 있고, 매주 금~일요일에는 본관 1층에서 1930년 제작된 파이프 오르간 라이브 연주를 선보인다(12:00,15:00,17:00).

GOOGLE MAPS 니혼바시 미츠코시 본점
ADD 1-4-1 Nihonbashimuromachi, Chuo City
OPEN 10:00~19:00(9·10층 식당가 11:00~22:00)
WALK 미츠코시마에역 A1~A5·B4번 출구 직결 / 니혼바시역 B9번 출구 3분
WEB mitsukoshi.mistore.jp

3 문화재로 지정된 노포 백화점
니혼바시 다카시마야 S.C.
日本橋高島屋 S.C.

백화점 건물 사상 최초의 일본 문화재로 지정된 다카시마야 본관을 비롯해 동관, 워치메종관, 2018년에 문을 연 다카시마야 신관(전문점)이 나란히 서 있는 니혼바시의 랜드마크. 지하 1층에서 지상 7층까지 들어선 100여 개의 매장 중, 이른 아침 출근하는 직장인을 겨냥해 평일 오전 7시 30분부터 문을 여는 신관의 얼리버드형 카페와 숍들이 화제다.

GOOGLE MAPS 니혼바시 다카시마야
ADD 2-4-1 Nihonbashi, Chuo City
OPEN 10:30~20:30(본관 ~19:30, 동관 ~21:00)/가게마다 다름
WALK 니혼바시역 B1·B4번 출구 직결 / JR 도쿄역 야에스 북쪽 출구八重洲北口 5분
WEB www.takashimaya.co.jp/nihombashi/index.html

4 푹신한 달걀 오므라이스의 끝판왕
타이메이켄
Taimeiken たいめいけん

이집에 가야 할 이유는 오직 하나, 탄포포 오므라이스다. 치킨라이스 위에 올라간 스크램블 타입의 달걀이 놀라울 만큼 푹신하고 보드랍다. 이타미 주조 감독의 영화 <탄포포(1985)>에 이 요리가 등장한 데서 탄포포 오므라이스라는 이름이 붙여졌는데, 감독이 영화를 위해 고안하고 타이메이켄이 레시피를 개발한 것으로 전해진다. 코울슬로コールスロー(50엔)나 우크라이나 전통 수프 보르시치ボルシチ(50엔)를 곁들이면 더욱 다채롭다. 단품 위주의 1층과 코스를 포함한 경양식 집 2층으로 나뉘며, 메뉴 구성과 가격이 다르다. 1931년에 문을 열었다.

GOOGLE MAPS 타이메이켄 마루노우치
ADD 1 Chome-8-6 Nihonbashimuromachi
OPEN 11:00~21:00(일 ~20:00)/월요일 휴무
WALK 니혼바시역 C1번 출구 1분
WEB taimeiken.co.jp/index.html

보르시치
탄포포 오므라이스
タンポポオムライス
2400엔

반으로 갈라서 좌르륵 펼치면 촉촉하고 부들부들한 반숙달걀이 그릇 한 가득!

제이타쿠동ぜいたく丼
타케竹 1650엔

5 놀라운 가격에 더 놀라운 맛
츠지한 니혼바시 본점
つじ半 日本橋本店

도쿄에서 카이센동(해산물 덮밥) 부문 타베로그 1위에 빛나던 곳. 제이타쿠동 한 가지 메뉴를 토핑 개수에 따라 우메梅(1250엔), 타케竹(1650엔), 마츠松(2200엔), 도쿠조特上(3600엔)로 나눠 판매한다. 9종류의 해산물이 올라가는 우메, 게살을 더한 것이 타케, 성게알을 더한 것이 마츠, 게살+성게알 2배+연어알 2배 더한 것이 도쿠조로, 손님 열에 아홉은 타케를 주문한다. 밥을 조금 남긴 후 그릇을 주방 쪽 카운터에 올리면 도미 육수를 부어준다. 여기에 남은 회 2~3점을 말아먹으면 게임 끝! 가구라자카, 도쿄 미드타운 등에도 지점이 있다.

GOOGLE MAPS 츠지한 니혼바시
ADD 3-1-15 Nihonbash, Chuo City
OPEN 11:00~21:00
WALK 니혼바시역 B3번 출구 2분
WEB tsujihan-jp.com

6 니혼바시에서 줄이 가장 긴 집
텐동 가네코 한노스케
天丼 金子半之助 日本橋本店

매일 아침 도요스 수산 시장에서 공수해 온 붕장어, 새우, 오징어와 반숙 달걀, 꽈리고추 등을 튀겨 그릇이 넘칠 정도로 담아내는 에도마에 텐동 하나만을 2대째 만들고 있다. 주변에 자매 식당인 덴푸라메시 가네코 한노스케天ぷらめし 金子半之助는 밥과 덴푸라로 이뤄진 덴푸라 정식 전문점으로 인기. 붕장어 튀김 정식이 1800엔 정도다.

에도마에 텐동
江戸前天丼 1380엔.
기다랗게 툭 튀어나온
붕장어 튀김이 포인트다.

GOOGLE MAPS 가네코한노스케 본점 / 자매점: 가네코한노스케 니혼바시점
ADD 1-11-15 Nihonbashimuromachi, Chuo City
OPEN 11:00~21:00 (토 ~15:00)/일요일·공휴일 휴무
WALK 미츠코시마에역 A1번 출구 1분
WEB kaneko-hannosuke.com

つじ半
つじ半

#Walk

도쿄의 자존심
긴자 銀座

긴자는 오랜 세월 도쿄의 경제 중심지이자, 명품 거리를 앞세운 세계 건축가들의 놀이터였다. 한때 기나긴 불황으로 어려움을 겪기도 했지만, 2016년 최신 상업시설인 도큐 플라자 긴자, 이듬해 긴자 식스까지 연이어 오픈하며 눈부시게 재도약하는 중. 팬데믹에도 끄떡없었던 100년 노포들이 곳곳에서 명품숍과 어깨를 나란히 한 모습도 오직 긴자에서만 볼 수 있는 이색 풍경이다.

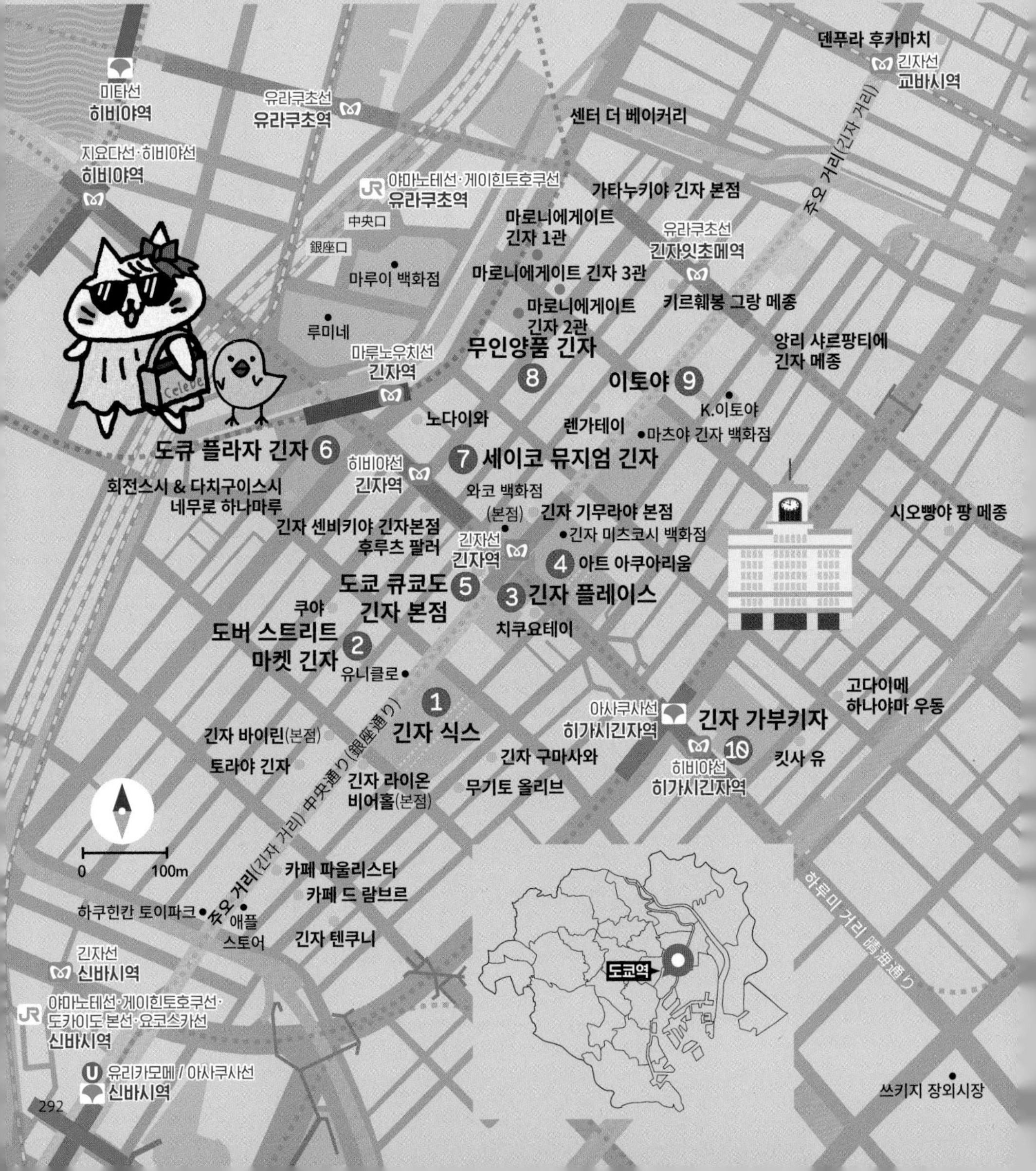

덴푸라 후카마치
긴자선
교바시역
미타선
히비야역
유라쿠초선
유라쿠초역
센터 더 베이커리
지요다선·히비야선
히비야역
야마노테선·게이힌토호쿠선
유라쿠초역
中央口
銀座口
가타누키야 긴자 본점
마로니에게이트
긴자 1관
유라쿠초선
긴자잇초메역
마루이 백화점
마로니에게이트 긴자 3관
키르훼봉 그랑 메종
마로니에게이트
긴자 2관
루미네
무인양품 긴자
앙리 샤르팡티에
긴자 메종
마루노우치선
긴자역
8
이토야 9
K.이토야
노다이와
렌가테이
●마츠야 긴자 백화점
도큐 플라자 긴자 6
히비야선
긴자역
7 세이코 뮤지엄 긴자
회전스시 & 다치구이스시
네무로 하나마루
와코 백화점
(본점)
긴자 기무라야 본점
시오빵야 팡 메종
긴자 센비키야 긴자본점
후루츠 팔러
●긴자 미츠코시 백화점
긴자선
긴자역
4 아트 아쿠아리움
도쿄 큐쿄도
긴자 본점 5
3 긴자 플레이스
쿠야
도버 스트리트
마켓 긴자 2
치쿠요테이
유니클로●
1
긴자 식스
고다이메
하나야마 우동
아사쿠사선
히가시긴자역
긴자 가부키자
긴자 바이린(본점)
10
킷사 유
중오 거리(긴자 거리) 中央通り(銀座通り)
히비야선
히가시긴자역
토라야 긴자
긴자 구마사와
긴자 라이온
비어홀(본점)
무기토 올리브
0
100m
카페 파울리스타
하루미 거리 晴海通り
카페 드 람브르
하쿠힌칸 토이파크●
●애플
스토어
긴자 텐쿠니
도쿄역
긴자선
신바시역
야마노테선·게이힌토호쿠선·
도카이도 본선·요코스카선
신바시역
유리카모메 / 아사쿠사선
신바시역
쓰키지 장외시장

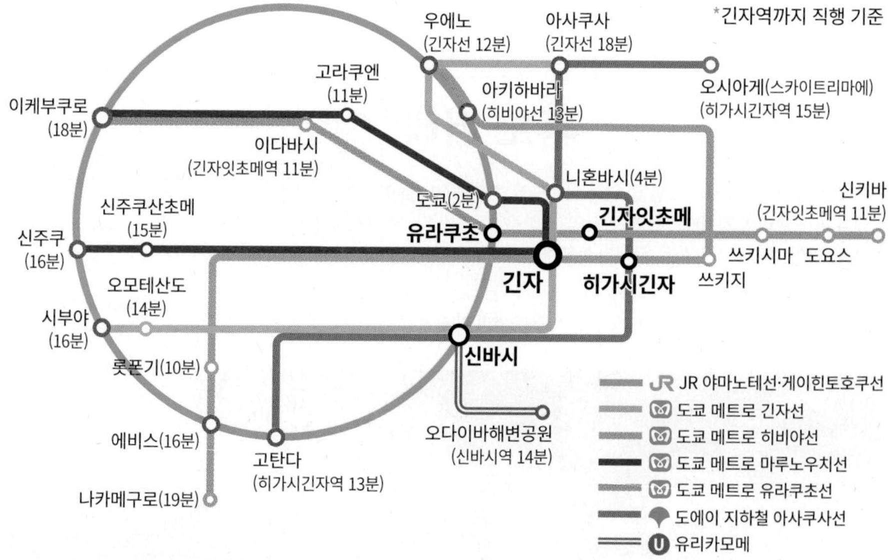
*긴자역까지 직행 기준
우에노 (긴자선 12분)
아사쿠사 (긴자선 18분)
오시아게(스카이트리마에) (히가시긴자역 15분)
고라쿠엔 (11분)
이케부쿠로 (18분)
아키하바라 (히비야선 13분)
이다바시 (긴자잇초메역 11분)
니혼바시(4분)
도쿄(2분)
신주쿠산초메 (15분)
유라쿠초
긴자잇초메
신키바 (긴자잇초메역 11분)
신주쿠 (16분)
쓰키시마
도요스
긴자
히가시긴자
쓰키지
오모테산도 (14분)
시부야 (16분)
신바시
롯폰기(10분)
에비스(16분)
고탄다 (히가시긴자역 13분)
오다이바해변공원 (신바시역 14분)
나카메구로(19분)
JR 야마노테선·게이힌토호쿠선
도쿄 메트로 긴자선
도쿄 메트로 히비야선
도쿄 메트로 마루노우치선
도쿄 메트로 유라쿠초선
도에이 지하철 아사쿠사선
유리카모메

Access

긴자역 銀座

■ **지하철 도쿄 메트로 긴자선·히비야선·마루노우치선**: 3개 선이 교차하는 긴자역은 긴자의 서쪽 중심인 도큐 플라자 앞에서 긴자의 정중앙, 긴자욘초메 교차점銀座4丁目交差点까지 지하도로 길게 연결돼 있다. 긴자선은 A, 히비야선은 B, 마루노우치선은 C로 시작하는 출구 번호를 사용하니 참고하자.

히가시긴자역 東銀座

■ **지하철 도쿄 메트로 히비야선·도에이 아사쿠사선**: 긴자역·긴자 식스와 지하 연결통로로 이어져 있다.

긴자잇초메역 銀座一丁目

■ **지하철 도쿄 메트로 유라쿠초선**: 긴자의 중심 거리인 주오 거리中央通り 북쪽에 위치한다. 10개의 출구 중 8·9번 출구가 주오 거리 방향이다.

유라쿠초역 有楽町

■ **JR 야마노테선·게이힌토호쿠선 / 지하철 도쿄 메트로 유라쿠초선**: JR을 타고 왔다면 긴자 출구銀座口 또는 중앙 출구中央口가 긴자 방향이다. 헷갈릴 때는 중앙 출구 바로 앞에서 에스컬레이터를 타고 지하도로 내려가 지하철 마루노우치선 긴자역까지 이동한 뒤 방향 표시를 보고 출구를 찾아 나가는 방법도 좋다. 도쿄 메트로 유라쿠초역은 긴자까지 거리가 상당한 편이며, D8번 출구가 긴자 방향이다.

신바시역 新橋

■ **JR 야마노테선·게이힌토호쿠선·도카이도 본선·요코스카선·우에노도쿄라인 / 지하철 도쿄 메트로 긴자선·도에이 아사쿠사선 / 사철 유리카모메**: JR 긴자 출구銀座口, 유리카모메·도에이 아사쿠사선 1A번 출구, 도쿄 메트로 긴자선 1번 출구가 긴자 방향이다.

Planning

긴자는 도쿄의 중심지이자 교통의 요지로, 어느 지역에서도 쉽게 접근할 수 있다. 특히 쓰키지 시장은 도보로 이동할 만큼 가깝고, 도쿄역·마루노우치를 함께 둘러보는 것도 동선 활용에 좋다. 신바시역에서 유리카모메를 타면 오다이바 이동도 편하니 계획에 있다면 함께 둘러보자. 쇼핑몰과 맛집 탐방, 거리 구경까지 감안하면 예상 소요 시간은 2~3시간. 주말에 방문하면 주오 거리가 차 없는 도로가 되어 도시를 활보하는 재미가 더해진다.

긴자역 풍경

SPECIAL PAGE

쇼핑 스트리트는 즐거워!

주오 거리中央通り

긴자의 간판격인 백화점과 쇼핑몰, 명품 브랜드의 대형 매장이 늘어선 긴자의 메인 스트리트. 도쿄 메트로 긴자선이 주오 거리를 따라 달리며 긴자잇초메역~긴자역~신바시역을 잇는다. 토·일요일과 공휴일 12:00~18:00(10~3월은 ~17:00, 연말연시 제외)에는 이 넓고 긴 도로 전체가 보행자 전용 거리가 된다. 긴자 거리銀座通り라고도 한다.

GOOGLE MAPS ginza central street
WALK 긴자역 긴자욘초메 교차점 개찰구銀座四丁目交差点改札 이용

보행자 전용 거리로 변신한 주오 거리의 풍경

① G.이토야(본점)
G.Itoya

일본 최대 문구 백화점.
➡ 299p

② 마츠야 긴자 백화점
松屋銀座

1925년 오픈해 일본에서 가장 많은 명품 브랜드가 입점한 백화점으로 이름을 날려 온 곳. 건물 전체를 휘감은 1670만 개의 LED 조명이 주오 거리를 환하게 수놓는다. 넓은 지하 식품 매장에선 일본의 식문화 트렌드를 단숨에 읽을 수 있다. **MAP ⑩-A**

GOOGLE MAPS 마츠야 긴자
ADD 3-6-1 Ginza, Chuo City
OPEN 11:00~20:00
WALK 긴자역 A12·A13번 출구
WEB www.matsuya.com

③ 긴자 미츠코시 백화점
銀座三越

1930년 문을 열어 부동의 인기를 자랑해온 긴자의 대표 백화점. 200개 이상의 패션 브랜드를 갖췄고, 지하 1층의 '코스메틱 월드'는 긴자 지역 최대 규모다. 긴자 거리가 내려다보이는 9층 테라스와 8층의 아트 아쿠아리움(유료)이 눈길을 끈다. **MAP ⑩-A**

GOOGLE MAPS 긴자 미츠코시
ADD 4-6-16 Ginza, Chuo City
OPEN 10:00~20:00(토·일 ~22:00)/미술관 10:00~17:00
WALK 긴자역 A7·A8·A11번 출구
WEB mitsukoshi.mistore.jp/store/ginza

SEIKO

❹ 와코 백화점(본점)
和光 本店

와코의 시계탑은 긴자를 소개하는 매체에 빠지지 않고 등장하는 긴자의 상징이다. 1947년 개점한 역사와 품격을 갖춘 백화점으로, 긴자의 대표 야경 포인트다. **MAP ⑩-A**

GOOGLE MAPS 와코 본관
ADD 4-5-11 Ginza, Chuo City
OPEN 11:00~19:00/연말연시 휴무
WALK 긴자역 A9·A10·B1번 출구
WEB www.wako.co.jp

❺ 긴자 플레이스
Ginza Place

닛산자동차와 소니 전시장을 갖춘 긴자의 새로운 랜드마크. ➡ 297p

❻ 긴자 식스
Ginza SIX

구 긴자 마츠자카야 백화점을 리뉴얼해 2017년 오픈한 럭셔리 쇼핑몰.
➡ 296p

❼ 애플 스토어
Apple 銀座

2003년 문을 연, 애플의 해외 진출 1호점. 리뉴얼 공사로 인해 HULIC & New GINZA 8 건물로 임시 이전해왔다. **MAP ⑩-B**

GOOGLE MAPS apple 긴자
ADD 8-9-7 Ginza, Chuo City
OPEN 10:00~21:00
WALK 신바시역 3번 출구 5분 / JR 신바시역 긴자 출구銀座口 5분
WEB www.apple.com/jp/retail/ginza

❽ 하쿠힌칸 토이파크
博品館 Toy Park

기네스북에 오른 세계 최대 규모 완구점. 약 10만 점에 달하는 장난감·캐릭터 상품이 가득 차 있다. 창업은 1899년, 현재의 자리에 옮겨 온 건 1978년이다. **MAP ⑩-B**

博品館
RACING PARK

GOOGLE MAPS 하쿠힌칸 토이파크
ADD 8-8-11 Ginza, Chuo City
OPEN 11:00~20:00
WALK 신바시역 3번 출구 3분 / JR 신바시역 긴자 출구銀座口 3분
WEB hakuhinkan.co.jp

긴자잇초메역
銀座一丁目
❶ G.이토야
中央通り(銀座通り)
❷ 마츠야 긴자 백화점
긴자 미츠코시 백화점 ❸
와코 백화점 ❹
긴자역 銀座
晴海通り
❺ 긴자 플레이스
❻ 긴자 식스
中央通り(銀座通り)
애플 스토어 ❼
하쿠힌칸 토이파크 ❽
신바시역
新橋

긴자 식스 가든

츠타야 서점

① 긴자를 가장 긴자답게
긴자 식스
Ginza Six

2017년 등장해 조금씩 회생하던 긴자 상권에 변곡점을 그려 넣은 백화점. 입점 브랜드에 매장을 임대하는 사업 방식을 취함으로써 브랜드 각자의 이미지와 전략을 극대화했다는 것이 일반 백화점과 다른 점이다. 240여 개 매장 중 절반이 브랜드의 플래그십 스토어로 채워졌고, 디올, 발렌티노 등 6개 브랜드는 건물 외벽 디자인에 참여해 서로 다른 테마를 긴자 거리에 전시하고 있다. 긴자 식스의 상징인 천장의 설치 미술은 구사마 야요이를 시작으로 작품이 교체될 때마다 큰 관심을 받고 있다. 폐점한 마츠자카야 백화점 부지를 중심으로 긴자 6초메 지역 2개 블록을 통합해 한 자리에 건설하며 긴자 식스라는 이름을 붙였다. **MAP ⑩-B**

GOOGLE MAPS 긴자 식스
ADD 6-10-1 Ginza, Chuo City
OPEN 10:30~20:30(레스토랑 11:00~23:30, 츠타야 서점 10:30~22:30)
WALK Ⓜ 긴자역 A3번 출구 2분/긴자역과 히가시긴자역 중간(S2번·S3번 출구 사이)에서 지하 연결통로로 직결
WEB ginza6.tokyo

: WRITER'S PICK :

백화점을 접수한 특별한 공간

긴자 츠타야 서점(6층) 銀座 蔦屋書店
쇼핑몰의 최상층인 6층 절반을 츠타야 서점에 내줬다. 주로 예술 관련 서적과 라이프스타일 분야에 집중돼 있다.

긴자 식스 가든(13층) Ginza Six Garden
도심 속 무료 휴식 공간. 농구장 10개 넓이에 해당하는 약 4000m^2 규모로, 쇼핑몰 부설 정원치고 상당한 규모다. 긴자를 360°로 감상할 수 있고, 멀리 도쿄 타워도 보인다. 겨울에는 스케이트장으로 변신하기도.

② 스토어와 갤러리의 사이 그 어디쯤에서
도버 스트리트 마켓 긴자
Dover Street Market Ginza

꼼데가르송의 설립자 가와쿠보 레이가 설립한 편집숍이다. 다양한 브랜드와의 콜라보레이션으로 희소성 높은 상품이 많고, 예술작품과 융합된 패션 아이템을 둘러보다 보면 마치 갤러리 산책에 나선 듯하다. 다수의 입점 브랜드 중 가장 많은 부분을 차지하는 것은 역시 꼼데가르송. 하지만 수량이 넉넉하지는 않은 데다 오픈 전부터 대기해 꼼데 사냥에 나서는 이들도 있으니 쇼핑이 목적이라면 서두르자. 7층에 유기농 채소로 만든 친환경 요리로 유명한 파리의 브런치 카페, 로즈 베이커리가 있고, 4층은 유니클로와 연결된다. **MAP ⑩-B**

GOOGLE MAPS 도버 스트리트 마켓 긴자
ADD 6-9-5 Ginza, Chuo City
OPEN 11:00~20:00
WALK Ⓜ 긴자역 A2번 출구 2분
WEB ginza.doverstreetmarket.com

옆 건물의 유니클로와 4층과 7층 통로로 연결돼 있다.

3 긴자 교차로의 랜드마크
긴자 플레이스
Ginza Place

닛산 크로싱

와코·미츠코시 백화점이 있는 사거리에 2016년 등장한 복합 상업시설. 일본 전통 공예기법인 투각을 적용해 디자인한 건물로, 야경이 특히 아름답다. 1~2층에는 닛산 자동차의 최신 모델과 콘셉트카를 둘러볼 수 있는 쇼룸 & 카페 닛산 크로싱Nissan Crossing, 4~6층에는 소니 스토어와 갤러리가 있다. **MAP ⑩-A**

GOOGLE MAPS 긴자 플레이스
ADD 5-8-1 Ginza, Chuo City
OPEN 닛산 크로싱 10:00~20:00, 소니 쇼룸 11:00~19:00
WALK 긴자역 A4번 출구 직결
WEB ginzaplace.jp

4 금붕어가 이렇게 예쁜 줄 몰랐다
아트 아쿠아리움
Art Aquarium

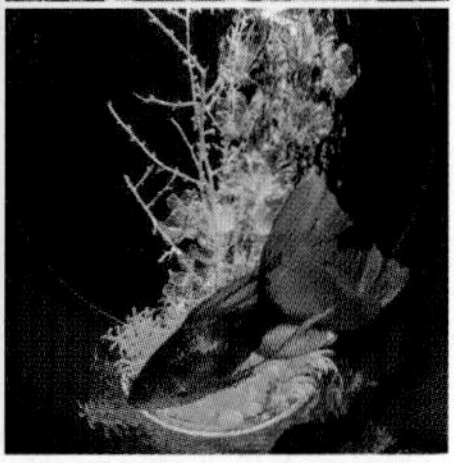

아쿠아리움에 빛과 색, 소리, 향으로 예술을 더한 미술관. 약 3만 마리의 금붕어가 음악과 조명이 어우러진 신비로운 분위기 속에서 우아하게 춤추듯 헤엄치는 모습을 감상할 수 있다. 관람 동선에 다채로운 포토존도 만들어 독특한 분위기의 사진 촬영 명소로 조성했다. **MAP ⑩-A**

GOOGLE MAPS 아트 아쿠아리움
ADD 4-6-16 Ginza, Chuo City(긴자 미츠코시 백화점 8층)
OPEN 10:00~19:00/미츠코시 백화점 휴관일에 휴무
PRICE 온라인 예약 시 2500엔/당일 현장 구매 시 2700엔(9층 자동판매기 이용)
WALK 긴자역 A7·A8·A11번 출구
WEB artaquarium.jp

5 종이로 깨우는 감각
도쿄 큐쿄도 긴자 본점
東京鳩居堂 銀座本店

TOKYO KYUKYODO

오래된 종이 냄새에서 켜켜이 쌓인 세월이 느껴지는 노포 문구점. 1663년 교토의 약재상으로 시작해 현재는 문구와 서예용품, 고급 향을 전문으로 판매하는데, 벽면을 가득 채운 종이가 기모노 원단처럼 화려하다. 화선지, 카드, 봉투 등 전통적인 디자인의 지류는 기념품으로 추천. 교토 본점 및 시부야, 신주쿠 등에도 지점이 있다. **MAP ⑩-A**

GOOGLE MAPS 도쿄큐쿄도 긴자본점
ADD 5-7-4 Ginza, Chuo City
OPEN 11:00~19:00
WALK 긴자역 A2번 출구 앞
WEB kyukyodo.co.jp

키리코 테라스에서 내려다 본
스키야바시 교차로数寄屋橋交差点

키리코 테라스의 그린 사이드.
긴자를 상징하는 수양벚꽃을 심었다.

6 클래식과 모던이 내뿜는 오라
도큐 플라자 긴자
東急プラザ銀座 Tokyu Plaza Ginza

글로벌 명품 브랜드와 일본의 전통공예 상점이 조화롭게 입점한 곳. 전통과 현대가 공존하는 매우 '긴자다운' 쇼핑몰이라 할 수 있다. 주목할 곳은 외벽이 온통 식물에 둘러싸인 루프톱 '키리코 테라스'. 무료 개방하며, 다양한 문화예술 이벤트도 정기적으로 진행한다. **MAP ⑩-A**

GOOGLE MAPS 도큐플라자 긴자
ADD 5-2-1 Ginza, Chuo City
OPEN 11:00~21:00(레스토랑 ~23:00/매장마다 다름, 키리코 라운지 일·공휴일 ~21:00)
WALK Ⓜ 긴자역 C2번 출구 직결, C3번 출구 앞
WEB ginza.tokyu-plaza.com

7 세이코의 역사, 시간의 역사
세이코 뮤지엄 긴자
The Seiko Museum Ginza

1881년에 설립해 세계 최초로 쿼츠 손목시계를 만든 세이코는 긴자를 대표하는 기업이다. 긴자 거리의 상징인 와코 백화점 꼭대기에서 매시 정각마다 종을 울리는 명물 시계탑도 세이코의 것. 세이코 뮤지엄은 세이코 창립 100주년을 기념해 설립한 자료관을 옮겨와 2020년 개장한 곳으로, 브랜드 역사뿐 아니라 시간과 시계의 역사, 발전 과정을 흥미롭게 전시했다는 평가를 받는다. 시간대별 입장객 수 제한이 있어 홈페이지에서 예약 후 방문해야 하지만, 예약 인원이 다 차지 않은 경우 현장에서 바로 입장도 가능하다. **MAP ⑩-A**

GOOGLE MAPS 세이코 뮤지엄 긴자
ADD 4-3-13 Ginza, Chuo City
OPEN 10:30~18:00/월요일 휴무
PRICE 무료
WALK Ⓜ 긴자역 B4·B8번 출구 1분
WEB museum.seiko.co.jp

SEIKO

8 크다 커~! 세계 최대 규모 무지 스토어
무인양품 긴자
無印良品 GINZA

'생활'에 필요한 거의 모든 것을 한자리에 모은 세계 최대의 무지 플래그십 스토어. 여행용품 브랜드인 무지 투고를 비롯해 무지 북스, 무지 파운드 등 무지의 대표 브랜드가 총집결했다. 무엇보다 한국에서는 접할 수 없는 무지의 '맛'이 있다. 1층에는 근교 농가에서 직배송한 신선식품과 주스 스탠드, 매일 구성을 달리하는 도시락 매대, 티 공방, 베이커리 등이, 지하 1층에는 무지 다이너가 조식부터 디너까지 종일 식탁을 차리고 있다. 6~10층에는 무인양품의 세계관을 체험할 수 있는 무지 호텔이 자리했다. **MAP ⑩-A**

GOOGLE MAPS 무인양품 긴자
ADD 3-3-5 Ginza, Chuo City
OPEN 11:00~21:00
WALK Ⓜ 긴자역 B4번 출구 3분 / Ⓜ 긴자잇초메역 5번 출구 3분 / JR 유라쿠초역 중앙 출구中央口 5분
WEB muji.com

MUJI
無印良品

⑩ 일본 최대 가부키 전용극장
긴자 가부키자
歌舞伎座

16~17세기(에도시대)부터 일본 서민들이 즐겨온 전통극 '가부키' 전용 극장이다. 1889년 처음 문을 연 뒤 화재와 전쟁 등으로 4번의 재건을 반복했다. 현재 극장은 2013년에 완공된 5번째 건물로, 내친김에 29층짜리 빌딩인 가부키자 타워도 함께 세웠다. 극장은 1층부터 3층까지 총 1800여 석의 규모, 금액은 공연과 좌석에 따라 3000엔대부터 1만8000엔까지 다양하다. 가부키를 가볍게 경험하고 싶다면 원하는 한 막만 관람할 수 있는 4층의 단막석一幕見席(히토마쿠미세키, 당일 매표소에서 티켓 구매)을 이용해보자. **MAP ⑩-A**

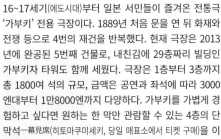

GOOGLE MAPS 가부키자
ADD 4-12-15 Ginza, Chuo City
OPEN 공연에 따라 다름
WALK 히가시긴자역 A3번 출구 바로 / 긴자역 A7번 출구 5분
WEB kabuki-za.co.jp

⑨ 120년 된 문구점은 어떤 모습?
이토야 본점
Itoya 本店(G. Itoya)

1904년 문을 연 후 100년이 넘도록 긴자와 역사를 함께 한 문구점이다. 12층 규모의 본관 G.이토야와 3층 규모의 별관 K.이토야로 이루어져 있다. 규모가 큰 만큼 보유한 제품 수도 압도적이어서 종이가 1000종, 만년필은 2000종이 넘을 정도. 층별 섹션은 편지, 데스크, 여행 등 감각적으로 나뉘어 있어서 문구류를 좋아하는 이들이라면 반드시 들러봐야 할 곳이다. K.이토야는 수첩을 중심으로 액자와 이벤트 매장 등이 있다. **MAP ⑩-A**

GOOGLE MAPS 이토야 문구 긴자점
ADD 2-7-15 Ginza, Chuo City
OPEN 10:00~20:00(일·공휴일 ~19:00)
WALK 긴자잇초메역 9번 출구 1분
WEB www.ito-ya.co.jp

단순한 종이에서 영감을 얻는다.
7층 파인 페이퍼 코너

+MORE+

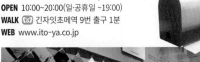

함께 들러볼 만한 쇼핑몰
마로니에게이트 긴자 マロニエゲート銀座

인근 지역인 마루노우치의 직장인 여성을 타깃으로 한 쇼핑몰. 3개 관으로 이루어져 있으며, 유니클로(2관 1~4층)와 바나나 리퍼블릭(3관 지하 1층~지상 2층)이 크게 자리해 있다. 일본 대표 100엔숍 다이소와 다이소의 새로운 300엔숍 브랜드 스탠다드 프로덕트Standard Products, 스리피Threeppy를 한 자리에 모은 2관 6층도 많은 사람이 찾는다. **MAP ⑩-A**

GOOGLE MAPS 마로니에게이트 긴자
ADD 2-2-14 Ginza, Chuo City **OPEN** 11:00~21:00
WALK 긴자잇초메역 4번 출구 1분(1관) / 긴자역 C8번 출구 2분(2관)
WEB marronniergate.com

긴자에 전해 내려오는

빵과 과자, 커피의 전설

도쿄에서 가장 활발한 상권인 긴자에 오랫동안 자리 잡은 노포들은 빵 한 개, 과자 한 개, 커피 한 잔에도 저마다의 역사가 있다.

酒

10가지 이상의
사카다네 앙팡
酒種 あんパン
200엔~

찾았다! 최초의 단팥빵집

긴자 기무라야 본점

銀座木村家

서양식 빵이 생소했던 1800년대, 달콤한 일본식 단팥빵을 개발하며 빵의 대중화를 이끌어낸 기무라야의 본점이다. 일반 효모 대신 쌀과 누룩으로 만든 술종으로 반죽하고, 일본인이 즐겨 먹던 팥소를 넣어 일본의 빵 역사에 한 획을 그었다. 앙팡은 기본으로 맛보고, 새우카츠산도, 멜론빵 등 다른 인기 빵에도 도전해보자.

MAP ⑩-A

GOOGLE MAPS 긴자기무라야 긴자본점
ADD 4-5-7 Ginza, Chuo City
OPEN 10:00~20:00
WALK 주오 거리의 와코 백화점 바로 옆
WEB www.kimuraya-sohonten.co.jp

나츠메 소세키가 사랑한 모나카

쿠야

空也

나츠메 소세키의 데뷔작 <나는 고양이로소이다>(1905년)에 나왔던 모나카 가게. 찹쌀가루로 반죽해 바삭하면서 쫀쫀한 과자 안에 달콤한 팥소를 넣었다. 이 집의 모나카를 맛보고 싶다면 마감 시간을 믿지 말아야 한다. 당일 생산하는 당일 판매분이 소진되면 문을 닫는데, 보통은 마감 시간 전에 완판된다. MAP ⑩-A

GOOGLE MAPS 긴자 쿠야
ADD 6-7-19 Ginza, Chuo City
OPEN 10:00~17:00(토 ~16:00)/일요일 휴무
WALK 도버 스트리트 마켓 긴자 2분

空也もなか

박스 포장된 선물용
쿠야 모나카 세트
空也最中 1100엔

현대미로 돌아온 토라야

토라야 긴자

TORAYA Ginza

500년 전 교토에서 시작해 왕궁에도 납품했던 화과자점. 1947년부터 긴자에서 사랑을 받았다가 재건축으로 잠시 휴업, 2024년 현대적인 미를 더한 카페로 재오픈했다. 완전 예약제인 카운터석에서는 장인의 제조 과정을 지켜보며 갓 만든 화과자를 맛볼 수 있으며, 일본 특유의 환대가 담긴 정중한 서비스도 감동적이다. 선물용 화과자도 다양하고 여름철엔 말차 빙수가 인기다. **MAP ⑩-B**

GOOGLE MAPS toraya ginza store
ADD 7-8-17 Ginza, Chuo City
OPEN 11:00~18:30/매달 둘째 월요일(공휴일인 경우 셋째 월요일) 휴무
WALK 긴자역 A2번 출구 4분
WEB www.toraya-group.co.jp

앙미츠 1672엔

후르츠 샌드위치
1870엔

이 집은 과일 맛이 다했다!

긴자 센비키야 긴자본점 후루츠 팔러

銀座千疋屋 銀座本店 フルーツパーラー

1894년에 문을 연 최상품 과일 전문점. 2층 후르츠 팔러에서 센비키야의 제철 과일로 만든 파르페, 음료와 디저트를 맛볼 수 있다. 특히 과일에 영양이 온전히 가도록 한 가지에서 맺힌 열매 중 하나만 선택해 공들여 키운 머스크멜론이 이곳 대표 상품이다. 품질만큼 가격이 높은 것이 흠. 빵 속에서도 아삭한 식감이 느껴지는 과일샌드 역시 오랜 스테디셀러. 1층에서는 과일과 과일잼, 젤리, 과즙, 말린 과일 등을 판매한다. **MAP ⑩-A**

GOOGLE MAPS 긴자 센비키야
ADD 5-5-1 Ginza, Chuo City
OPEN 10:00~19:00(토·일·공휴일 ~18:00, 금요일 ~17:00)
WALK 긴자역 B5번 출구 바로
WEB ginza-sembikiya.jp

銀座千疋屋
Since 1894

크레페 수제트
2750엔(음료 포함)

계절과일 타르트 1078엔
+ 홍차 660엔~

여기 아니면 못 보는 크레페 불쇼

앙리 샤르팡티에 긴자 메종

Henri Charpentier 銀座メゾン

단 2장의 크레페 수제트Crêpe Suzette를 맛보기 위해 밥값보다 비싼 금액을 치러야 하지만, 괜찮다. 이보다 값진 불 쇼를 눈앞에서 감상할 수 있으니까. 얇게 편 크레페를 버터, 오렌지주스, 술 등과 함께 가열해 완성하는 크레페 수제트. 과일의 향긋함이 입안에서 터진다. 빵의 고장 고베에서 넘어온 프랑스의 맛과 향에 취해보자. **MAP ⑩-A**

GOOGLE MAPS 앙리 샤르팡티에
ADD 2-8-20 Ginza, Chuo City
OPEN 11:00~19:00
WALK 긴자잇초메역 10번 출구 1분/이토야 2분
WEB henri-charpentier.com

눈으로 유혹, 맛으로 승부!

키르훼봉 그랑 메종

Quil Fait Bon Grand Maison Ginza

제철 과일을 듬뿍 사용한 타르트 전문점이다. 한때 일본의 한 예능 프로그램에서 일본 케이크 전문점 랭킹 1위를 차지한 이력을 지닌 곳. 수십 가지 타르트 생지 중 각 과일과의 궁합이 가장 잘 맞는 것을 골라 굽기 때문에 식감이 저마다 다른 게 매력이다. 그 계절에 수확한 과일만 사용해 메뉴가 거의 매달 바뀌지만, 인기 1위 타르트는 역시 딸기! 여러 가지 재료를 섞은 계절과일 타르트도 맛있다. 1층은 테이크아웃 전용이며, 매장 내에서 먹으려면 지하 1층으로 내려가야 한다. **MAP ⑩-A**

GOOGLE MAPS 키르훼봉 긴자
ADD 2-5-41 Ginza, Chuo City
OPEN 11:00~20:00
WALK 긴자잇초메역 6번 출구 1분
WEB www.quil-fait-bon.com

셀프로 구워 먹는 식빵

센터 더 베이커리

Centre The Bakery

시부야의 비론(189p)에서 론칭한 식빵 전문 베이커리다. 가장 인기 있는 것은 손님이 테이블 위에 올려진 토스트기에 직접 빵을 굽는 토스트 세트. 일본, 미국, 영국산 밀가루로 만든 깊은 맛의 식빵 중 2~3가지를 선택하고, 잼과 버터도 원하는 옵션을 선택하면 된다. 카페에 입장하는 줄과 테이크아웃 줄이 다르니 주의할 것. 오모테산도에도 매장이 있다. **MAP ⑩-A**

GOOGLE MAPS 센트레 더 베이커리
ADD 1-2-1 Ginza, Chuo City
OPEN 10:00~19:00
WALK 긴자잇초메역 3번 출구 1분

빵 2장과 잼 & 버터로 이루어진 토스트 세트 1870엔

도쿄 빵지순례 핫플

시오빵야 팡 메종

塩パン屋 pain·maison 銀座店

塩パン屋

시오멜론빵 190엔

시오빵 120엔

소금빵(시오빵)을 처음 만든 시코쿠섬 바닷가의 작은 빵집, 팡 메종이 긴자에 상륙했다. 전체 반죽의 20%를 차지할 정도로 듬뿍 넣은 발효 버터의 풍미와 쫄깃한 식감, 짭짤한 소금 맛이 적절하게 섞인 소금빵은 한 번 맛보면 2~3개는 '순삭'이다. 2021년 오픈 후 인기가 지금까지 계속돼 오랜 시간 줄을 서야 겨우 살 수 있을 정도다. **MAP ⑩-A**

塩パン屋
pain·maison

塩パン屋
pain·maison

GOOGLE MAPS 팡 메종 긴자점
ADD 2-14-5 Ginza, Chuo City
OPEN 08:30~19:00/화요일 휴무
WALK 히가시긴자역 A7번 출구 4분
WEB shiopan-maison.com

바리스타가 융드립으로 커피를 내리는 모습을 가까이서 볼 수 있는 카운터석이 명당이다.

LAMBRE
COFFEE ONLY

샴페인 잔에 진하고 부드러운 커피와 달콤한 연유를 넣은 블랑 & 누아르Blanc & Noir

긴자 커피의 자존심

카페 드 람브르

カフェ ド ランブル

오랜 시간 에이징한 생두를 융드립으로 내려주는 노포 카페. 규모는 작지만, 커피 애호가들 사이에서는 유명한 곳으로, 1948년부터 3대째 긴자 뒷골목을 지켜오고 있다. 블렌드 커피, 스트레이트 커피, 카페오레 등 기본 커피부터 커피 젤리, 커피 소다, 커피 아이스크림까지 커피 종류가 다양하다. 이 집에서 직접 볶은 커피콩도 구매할 수 있다. **MAP ⑩-B**

GOOGLE MAPS 카페드람브르 긴자
ADD 8-10-15 Ginza, Chuo City
OPEN 12:00~21:00(L.O.20:30, 일·공휴일 ~19:00)/월요일 휴무
WALK 긴자 식스 3분/신바시역 A3번 출구 5분
WEB www.cafedelambre.com

긴자의 자부심

백 년 식당에 어서 오세요

긴자에는 유난히 전통과 역사를 지닌 백 년 식당이 많다.
일본의 과거와 현재, 명과 암이 모두 스쳐 지나간 긴자에서 꿋꿋이 자리를 지켜온 노포들.

우나주는 양에 따라 우메梅, 하기萩, 야마부키山吹 등으로 나뉜다. 사진은 우나주 하기鰻重萩 4500엔

200년째 내려오는 맛의 비결

노다이와

野田岩 銀座店

미슐랭에서 별 하나를 받은 히가시아자부의 장어요릿집 노다이와의 긴자점이다. 노다이와에서 공개하는 맛의 비결은 자연산 장어를 수차례에 걸쳐 정성껏 조리한다는 것(다만 가끔 자연산 공급이 어려울 때가 있다고 한다). 200년 전 창업해 5대째 내려오는 본점(아자부다이 힐스 근처 히가시아자부 지역 소재)의 노하우를 긴자에서 느껴보자. **MAP ⑩-A**

GOOGLE MAPS 노다이와 긴자점(본점: 고다이메 노다이와 본점)
ADD 4-2-15 Ginza, Chuo City(지하 1층)
OPEN 11:30~14:00, 17:00~20:00/일요일 휴무
WALK Ⓜ 긴자역 C6번 출구와 연결되는 지하식당가/도큐 플라자 긴자 2분
WEB nodaiwa.co.jp

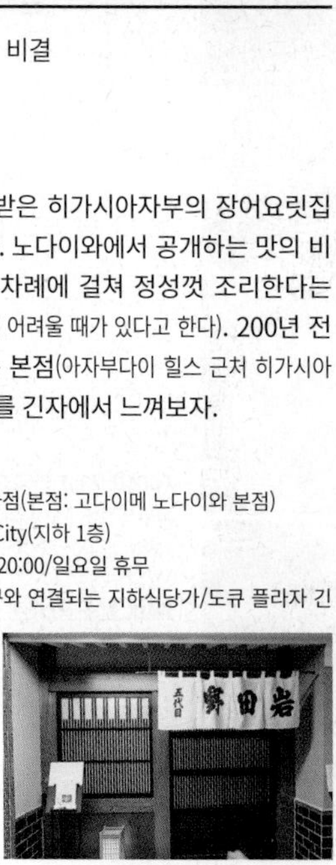
野田岩

원형 그릇의 우나기동うなぎどん 3520엔

백 번 간하고 천 번 찐다는 장어요릿집

치쿠요테이 긴자점

竹葉亭 銀座店

에도시대 말인 1866년부터 긴자를 지켜온 장어요리 전문점이다. 살이 통통한 장어가 입 안에서 녹는다는 말을 실감하게 된다. 음식을 담는 그릇 모양에 따라 우나기동うなぎどん과 우나기오주うなぎお重로 나뉘는데, 보통 네모난 그릇에 담는 우나기오주에 장어가 더 많이 올라가고 가격도 더 비싸다. 신바시역 근처에 고즈넉한 분위기의 본점(8-14-7, Ginza, Chuo City) 있다. **MAP ⑩-A**

GOOGLE MAPS 치쿠요테이 긴자점
ADD 5-8-3 Ginza, Chuo City
OPEN 11:30~15:00, 16:30~20:00(토·일요일은 브레이크타임 없음)
WALK Ⓜ 긴자역 A5번 출구 1분/긴자 플레이스 1분

竹葉亭

포크 커틀릿(돈카츠)
2900엔

스페셜 가츠동
スペシャルカツ丼
2300엔
긴카츠銀カツ
정식 2500엔

찾았다! 이번엔 최초의 돈카츠집

렌가테이

煉瓦亭

1895년 작은 양식당으로 문을 연 후 1899년 일본 최초의 돈카츠를 개발한 곳. 짭조름하게 간이 잘 밴 돈카츠는 함께 나오는 겨자소스와 그야말로 찰떡 궁합. 서양요리에 빵 대신 밥을 내놓고, 밥그릇 대신 접시에 밥을 담아낸 것도 이곳이 처음이라고. 1900년 라이스 오믈렛이란 이름으로 제공하기 시작한 이 집의 달걀볶음밥을 오므라이스의 원조로 꼽기도 한다. 2023년 한·일 양국 정상이 만찬을 한 곳이기도 하다.

煉瓦亭

MAP ⑩-A

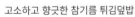

GOOGLE MAPS 렌가테이
ADD 3-5-16 Ginza, Chuo City
OPEN 11:15~14:30, 17:30~21:00/일요일 휴무
WALK 와코 백화점 3분
WEB rengatei.net

돈카츠 외길, 거의 100년

긴자 바이린 본점

銀座梅林 本店

1927년 긴자에서 처음 '돈카츠 전문점' 타이틀을 내걸며 문을 열었다. 일본 정통 돈카츠뿐 아니라 한 입 가츠, 가츠샌드 등 이색 메뉴를 선보이며 하와이, 홍콩, 서울 등에도 진출했다. 한때 우리나라 맛집 프로그램에 서울 지점이 소개되면서 긴자 본점도 덩달아 유명세를 타는 중. 요즘은 달걀반숙을 얹은 촉촉한 스페셜 가츠동이 간판 메뉴로 떠오르고 있다. MAP ⑩-B

GOOGLE MAPS 긴자 바이린 본점
ADD 7-8-1 Ginza, Chuo City
OPEN 11:30~20:00
WALK 긴자 식스 2분/도버 스트리트 마켓 긴자 1분
WEB ginzabairin.com

고소하고 향긋한 참기름 튀김덮밥

긴자 텐쿠니

銀座天國

1885년 작은 포장마차에서 시작한 긴자 대표 에도마에 텐동집이다. 에도마에 텐동은 튀김 기름에 참기름을 섞고 조리 단계에서 소스를 사용해 바삭함은 덜한 편. 처음 접하면 '부먹 튀김'인가 싶지만, 고소한 참기름과 소스의 조합은 에도마에 텐동의 주재료인 새우, 생선 등과 잘 어울린다. 1층은 일반적인 텐동집으로, 오후 5시까지인 평일 런치 타임에 긴자에서 보기 드문 착한 가격에 텐동을 내놓는다. 2층은 눈앞에서 튀김을 조리해 주는 카운트 플로어, 3층은 보다 화려한 튀김 요리를 코스로 맛볼 수 있는 레스토랑이다. 구글맵에서 예약 가능. MAP ⑩-B

GOOGLE MAPS 긴자 텐쿠니
ADD 8-11-3 Ginza, Chuo City
OPEN 11:30~22:00(런치 ~17:00)
WALK 긴자 식스 3분
WEB tenkuni.com

평일 점심 텐동
お昼天丼 1500엔

진하고 고소한 커피를 내려온 110년

카페 파울리스타

Café Paulista

현존하는 킷사텐(일본식 옛 다방) 중 가장 오래된 곳으로, 1911년에 창업했다. 예술가나 문인들이 즐겨 찾았고, 1978년 존 레논 부부가 3일 연속 찾아가 화제가 되기도 했다. 오전 11시 30분까지 주스+간단한 스낵+커피 또는 티가 함께 나오는 모닝 세트를 1000엔 안팎에 즐길 수 있는데, 특히 파이 반죽에 양파와 채소, 달걀, 생크림 소스를 넣고 구운 키슈는 30년간 사랑받은 메뉴다. 2층에서 긴자 거리를 내려다보며 천천히 시간 보내기 좋다. **MAP ⑩-B**

カフェーパウリスタ
CAFÉ PAULISTA

GOOGLE MAPS 카페 파울리스타
ADD 8-9-26 Ginza, Chuo City
OPEN 09:00~20:00
WALK 긴자 식스 3분
WEB www.paulista.co.jp

삿포로 생맥주 블랙 라벨サッポロ生ビール黒ラベル 大사이즈 1070엔

목 넘김이 다른 원조 비어홀

긴자 라이온 비어홀 본점

ビアホールライオン 銀座七丁目店

퇴근길 샐러리맨도, 낯선 도시의 여행자도 시원한 생맥주로 하나 되는 곳. 일본에 현존하는 가장 오래된 비어홀(호프)로, 1934년에 문을 열었다. 맥주 7, 거품 3의 황금비율이 목 넘김의 비밀. 술이 더 술술 넘어가게 하는 안주의 종류도 다양하다. 점심에는 스파게티나 샌드위치 등 가벼운 런치 메뉴도 내놓는다. **MAP ⑩-B**

GOOGLE MAPS 긴자 라이온 비어홀 본점
ADD 7-9-20 Ginza, Chuo City
OPEN 11:30~10:00(금·토요일 ~22:30)
WALK 긴자 식스 1분
WEB ginzalion.jp

미슐랭이냐, 타베로그냐!

미식가들의 랭킹 대결

프랑스판 암행어사라 불리는 레스토랑 전문 평가서 '미슐랭' vs 일본 170만 회원의 맛집 평가 사이트 '타베로그'.
당신의 선택은?

튀김은 한 번에
한 종류씩 내온다.

튀김 종류와 취향에 따라
골라 먹을 수 있는 다양한 소스

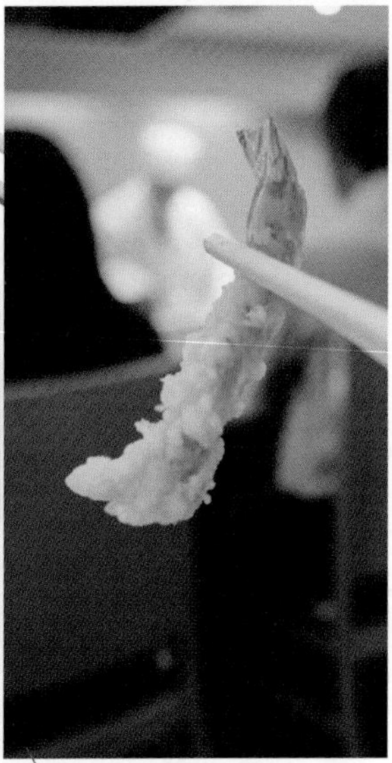

새우, 야채, 생선 튀김 등으로 구성된
런치 코스 No.1. 1만4500엔,
요리사가 알아서 내주는 런치 오마카세
お昼のおまかせ 1만7500엔

바삭한 일본식 튀김의 진수

덴푸라 후카마치

てんぷら 深町

미슐랭 원스타를 받은 덴푸라 가게. 덴푸라(튀김)의 명가 야마노우에 호텔에서 34년간 튀김을 연구해 온 셰프의 솜씨를 맛볼 수 있다. 바삭한 튀김을 한 입 베어물면 튀김옷 속 재료 본연의 색감과 식감을 그대로 느낄 수 있다. 런치 코스 8000엔~, 평일 런치 튀김 덮밥 3000엔. 외국인은 묵고 있는 호텔의 컨시어지를 통해서만 예약할 수 있다.

MAP ⑩-A

GOOGLE MAPS 덴푸라 후카마치
ADD 2-5-2 Kyobashi, Chuo City
OPEN 11:30~14:00, 17:00~19:00, 19:30~22:00 (일요일 ~19:00)/월요일 휴무
WALK 교바시역 6번 출구 1분

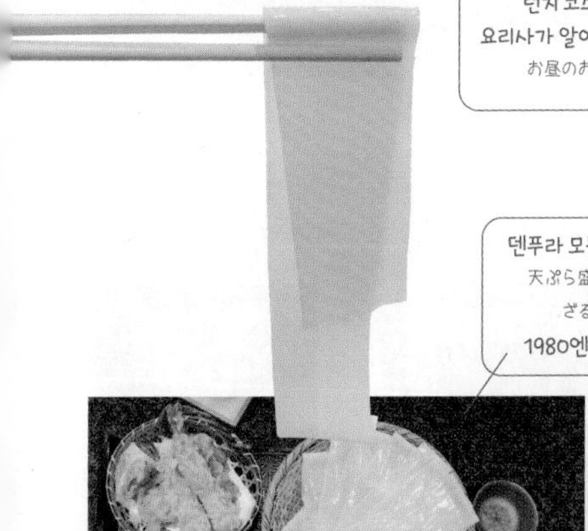

덴푸라 모둠 자루 우동
天ぷら盛り合わせ
ざる二味
1980엔(면 선택)

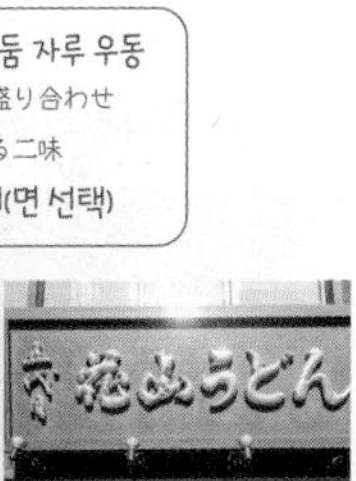
花山うどん

납작 우동으로 인기 역주행 중

고다이메 하나야마 우동

五代目 花山うどん 銀座店

120년 전 군마현에서 시작해 5대째 가업을 이어오고 있는 하나야마 우동의 긴자점. 일본 우동대회에서 3연패를 거둔 우동 명가다. 창업 초기에 판매하던 폭 5cm의 넓적한 면 오니히모카와鬼ひも川를 50년 만에 다시 선보이며 인기 역주행 중. 생김새만큼 쫄깃함도 남다른 면발로 웨이팅은 필수다. 니혼바시에 또 다른 지점이 있다. MAP ⑩-B

GOOGLE MAPS 고다이메 하나야마우동 긴자점
ADD 3-14-13 Ginza, Chuo City
OPEN 11:00~16:00, 18:00~22:00(토·일 ~16:00)
WALK 가부키자 3분
WEB hanayamaudon.co.jp/ginza

닭과 조개로 낸 국물 맛이 깔끔!

무기토 올리브

むぎとオリーブ

닭과 조개 육수로 맛을 낸 라멘 전문점. 평소 라멘을 좋아한다면 색다른 국물 맛에, 평소 라멘과 가깝지 않았다면 부담 없는 깔끔한 국물 맛에 흡족할 곳이다. 미슐랭 빕구르망에 오른 덕에 일본인뿐 아니라 서양인들도 가게 앞에 긴 줄을 선다. 테이블은 많지 않으나 회전율이 좋아 줄은 비교적 빠르게 줄어드는 편. 치킨 소바와 조개Hamaguri 소바가 인기 1, 2위를 다투며, 치킨과 조개, 멸치까지 몽땅 든 트리플 소바가 그 뒤를 잇는다. 테이블마다 놓인 올리브 오일은 이곳에서 직접 샬럿과 양파를 넣어 만든 비밀병기. 라멘에 살짝 넣으면 풍미가 더해진다. 처음엔 라멘 본래 맛을 충분히 즐기고, 변화를 주고 싶을 때 도전해보자. **MAP ⑩-B**

GOOGLE MAPS 무기토 올리브
ADD 6-12-12 Ginza, Chuo City
OPEN 11:00~15:00, 17:30~21:30/수요일 휴무
WALK 긴자 식스 1분

치킨 소바 1300엔

Ginza Noodles

홋카이도 스시가 내민 도전장

회전스시 & 다치구이스시 네무로 하나마루

回転寿司 & 立食い寿司 根室花まる 銀座店

홋카이도의 유명 스시 체인점. 삿포로점은 타베로그 회전초밥 부문 TOP 5 안에 꼽힐 정도로 인기다. 긴자에는 도큐 플라자 지하 2층과 지상 10층에 각각 지점이 있는데, 지하 2층은 서서 먹는(다치구이) 간이식당, 지상 10층은 본격적인 회전초밥집이다. 지하 2층은 서서 먹는 대신 10층보다 더 저렴한 것이 강점. 게다가 주문 즉시 바로 만들기 때문에 맛도 결코 빠지지 않으니 10층이 너무 붐빌 땐 훌륭한 대안이 돼준다. **MAP ⑩-A**

GOOGLE MAPS 네무로하나마루 긴자점
ADD 도큐 플라자 긴자 지상 10층 & 지하 2층
OPEN 11:00~23:00
WEB sushi-hanamaru.com

다치구이스시 159엔~

たらばふんどし
真いわし
根室産
あぶらがれい
時知らず

지하 2층 다치구이스시

10층 회전스시

런치 오므라이스オムライス
1800엔(음료 포함)

부드러운 오므라이스에 반해요

킷사 유

喫茶 YOU

탐스럽게 부풀어 오른 달걀을 반으로 가르면 고슬고슬 잘 볶은 밥 위로 촤르륵 펼쳐진다. 입에 넣으면 고소한 버터향과 부드러운 계란의 식감이 느껴지는 일본 오므라이스의 정석. 런치 세트는 오므라이스, 카레 등 식사 메뉴에 음료가 포함되고, 100엔에 곱빼기大盛り, 치즈 토핑 등을 추가할 수 있다. **MAP ⑩-B**

GOOGLE MAPS 킷사 유
ADD 4-13-17 Ginza, Chuo City
OPEN 11:00~16:00(L.O.)
WALK 가부키자 2분

YOU

髙野ビル

매일 바뀌는 정식 2000엔 안팎.
주로 생선과 고기로 꾸려진다.

일급 셰프가 차린 백반집

긴자 구마사와

銀座 熊さわ

깔끔한 일본식 정식을 먹고 싶을 때 이곳을 기억하자. 가이세키 요리로 유명한 엑시브XIV 호텔의 요리장을 역임한 오너가 연 작은 식당으로, 비교적 저렴한 가격에 달인의 섬세한 손맛을 경험할 수 있다. 모양은 밥과 생선, 반찬 등으로 구성된 평범한 백반이지만, 맛은 고급 리조트에서 먹는 조식 수준. 단, 점심 시간이 2시간뿐이라 서둘러 가야 한다. 저녁 코스 요리는 1만1000엔~. **MAP ⑩-B**

GOOGLE MAPS 긴자 구마사와
ADD 6-12-5 Ginza, Chuo City
OPEN 11:30~13:30, 17:30~22:00(토 ~13:30)/일요일·부정기 휴무
WALK 긴자 식스 1분(이치고 긴자612 빌딩 지하 1층)
WEB ginzakumasawa.com

#Plus

極上
本まぐろ
すし一番
24時間営業 すぐヨコ
人情味溢れる築地で上手なお買物
大野屋
井上

도쿄의 부엌
쓰키지(츠키지) 장외시장 築地場外市場

도쿄의 싱싱한 식재료를 책임지는 80년 역사의 전통시장 탐방에 나서보자. 서민적인 시장의 활기를 느끼며 우리나라와는 또 다른 느낌의 다양한 해산물과 청과물을 엿볼 수 있다. 새벽 경매로 여행자의 시선을 끌었던 장내시장은 2018년 도요스로 이전했지만, 지금도 100개 이상의 가게가 성업중이다. 가볍게 시장을 둘러보며 신선한 스시나 해산물덮밥, 길거리 간식을 먹는 즐거움은 예전 못지않다.

Access

쓰키지시조역 築地市場

- **지하철 도에이 오에도선**: A1번 출구로 나오면 장외시장이 나온다.

쓰키지역 築地

- **지하철 도쿄 메트로 히비야선**: 1번 출구로 나와 조금 걸으면 상점과 식당이 있는 시장가를 지나 장외시장이 나온다.

도쿄역

1 참치 맛 절대 보장!
스시 잔마이 본점
寿司ざんまい 本店

도쿄에만 30개 이상의 지점을 둔 스시 잔마이의 본점. 해마다 새해 첫 경매에서 가장 값나가는 참치를 낙찰받을 만큼 좋은 참치 확보에 열성적이니 참치회 마니아라면 잊지 말고 체크해두자. 본점은 물론 어느 지점이든 후회 없는 평균 이상의 맛을 볼 수 있다. 24시간 연중무휴 운영되어 이른 새벽에도, 늦은 밤에도 열려 있다. MAP ⑩-B

GOOGLE MAPS 스시잔마이 본점
ADD 4-11-9 Tsukiji, Chuo City
OPEN 24시간
WALK 쓰키지역 1번·쓰키지시조역 A1번 출구 3분
WEB www.kiyomura.co.jp

코코로 이키こころ粋 3278엔

2 우니에 꿈뻑 죽는 마니아라면

우니토라 나카도리점
うに虎 中通り店

우니와 참치 뱃살을 넣은
네기토로토우니
ネギトロとうに
6100엔
겐센우니고슈
타베쿠라베동
1만엔대
(시기에 따라 다름)

일본 각지의 우니(성게알)를 취급하는 우니 전문점이다. 엄선한 우니 5종을 한 그릇에 담아 비교해 먹는 겐센우니고슈 타베쿠라베동厳選うに5種食べ比べ丼이 간판 메뉴. 9000엔대 가격이 부담스럽거나 우니만 먹는 것이 질릴 것 같다면 우니의 양과 종류를 달리한 여러 가격대의 우니동과 카이센동(해산물덮밥)도 좋은 선택이다. **MAP ⑩-B**

GOOGLE MAPS 우니토라 나카도오리점
ADD 4-10-5 Tsukiji, Chuo City
OPEN 07:00~15:00
WALK 쓰키지시조역 A1번 출구 3분 / 쓰키지시조역 1번 출구 4분
WEB itadori.co.jp

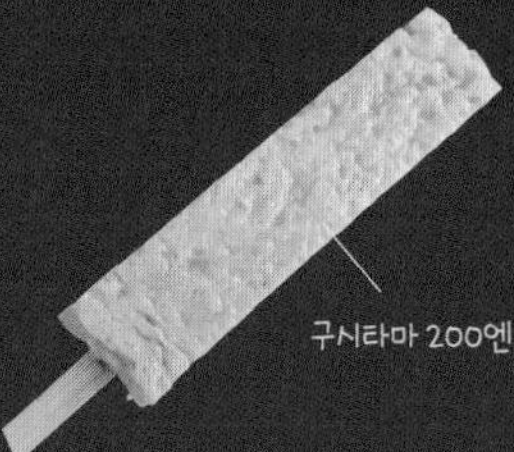
구시타마 200엔

폭신폭신한 달걀말이 꼬치

야마초 山長 ③

스폰지처럼 부풀린 일본식 달걀말이 다마야키玉焼를 맛볼 수 있는 곳. 게살蟹肉, 새우海老, 붕장어穴子, 가리비帆立, 조개あさり 등을 넣은 큼직한 다마야키가 있다. 특히 즉석에서 만들어 꼬치에 꿴 구시타마串玉는 길거리 간식으로 부담 없이 즐기기 좋다. 가다랑어 육수로 맛을 내 달콤한 편. **MAP ⑩-B**

GOOGLE MAPS 야마초 쓰키지
ADD 4-10-10 Tsukiji, Chuo City
OPEN 06:50~15:30
WALK 쓰키지시조역 A1번 출구 2분 / 쓰키지시조역 1번 출구 4분
WEB yamachou-matue.jp

다양한 맛의
딸기 찹쌀떡,
이치고 다이후쿠
400엔~
TSUKIJI
SOLATSUKI

4 입가심은 단연 딸기 찹쌀떡

쓰키지 소라츠키 築地 そらつき

쓰키지에서 바다의 짠내를 즐겼다면 마무리를 장식해줄 디저트는 딸기가 어떨지. 딸기·샤인머스켓 탕후루(후르츠아메), 딸기·바닐라 소프트아이스크림의 자태를 보면 그냥 지나치기 힘들다. 이곳의 원조스타는 쫀쫀한 찹쌀떡 위에 딸기를 살포시 얹은 다이후쿠. **MAP ⑩-B**

GOOGLE MAPS 쓰키지 소라츠키
ADD 4-11-10 Tsukiji, Chuo City
OPEN 08:00~15:00
WALK 쓰키지역 1번 출구 3분 / 쓰키지시조역 A1번 출구 43분

PALETTE
そらつき
SOLATSUKI

#Plus

몬자야키 성지
쓰키시마(츠키시마)月島

오사카에 오코노미야키가 있다면, 도쿄에는 몬자야키가 있다. 인지도로 따지자면 오코노미야키만 못하지만, 도쿄에서만 맛볼 수 있다는 상징성에 도쿄 사람들의 소울 푸드란 영예가 주어졌다. 몬자야키는 화려한 번화가보단 한적한 변두리 골목에서 많이 파는데, 쓰키시마는 몬자야키의 성지로 통한다. 도쿄 소울로 충만한 밤을 보내고 싶다면 쓰키시마로 천천히 밤마실 나가보자. 단정한 분위기에 녹아있는 서민적 정감에 흠뻑 취하게 될지도.

Access

쓰키시마역 月島

- **지하철 도쿄 메트로 유라쿠초선·도에이 오에도선:** 7번 출구로 나오면 몬자야키 거리로 불리는 쓰키시마의 메인 스트리트, 니시나카 거리西中通り다.

1

인기 1위 몬키치 스페셜
もんきちスペシャル 1650엔

맛도 유명세도 제일!

몬키치
もん吉

쓰키시마 몬자야키집 중 유명세로 치자면 다섯 손가락 안에 드는 곳. 일본 유명인들은 물론 송중기와 브래드 피트가 다녀갔다는 소문도 솔솔. 결정장애를 일으킬 만큼 다양한 메뉴와 달짝지근한 소스 조합이 인기의 비결이다. 고르기 힘들다면 재료가 골고루 섞인 몬키치 스페셜을 주문하자.

GOOGLE MAPS 몬키치 쓰키시마
ADD 3-8-10 Tsukishima, Chuo City
OPEN 11:00~22:00/월요일 휴무
WALK 쓰키시마역 7번 출구 5분
WEB monkichi.co.jp

2

사쿠라에비 몬자
桜えびもんじゃ 1452엔

벚꽃 새우가 활짝 피었네

이로하 니시나카점
いろは 西仲

쓰키시마에 터를 잡은 지 어언 60년. 전통을 간직한 본점과 지점인 니시나카점이 50m 정도 거리를 두고 사이 좋게 자리 잡고 있다. 분홍빛 사쿠라에비(벚꽃 새우)를 넣은 몬자야키가 명물로, 새우의 풍미가 한껏 느껴진다. 현지인들의 맛과 서비스 평점은 본점보다는 니시나카점이 더 높다.

GOOGLE MAPS 이로하 니시나카점
ADD 3-8-10 Tsukishima, Chuo City
OPEN 11:00~22:00
WALK 쓰키시마역 7번 출구 5분
WEB tsukishima-iroha.com

SAPPORO

XITMELSA
PLAZA

도쿄의 걷고 싶은 길 #2

대도시의 활기를 좋아하는 도시인이라면 주말에 긴자로 가자.
오직 보행자만 지날 수 있는 주오 거리에서,
차량에 방해받지 않고 도심 한복판을 맘껏 활보할 수 있다.

롯폰기 & 아자부다이

六本木 & 麻布台

도쿄 타워 & 하마마쓰초

東京タワー & 浜松町

오다이바 & 도요스

お台場 & 豊洲

#롯폰기클라쓰 #OdaibaOasis
#도쿄타워파워아워

#Walk

낮의 아트 산책과 밤의 판타지

롯폰기 & 아자부다이 六本木 & 麻布台

도시라는 공간이 관광객에게 주는 거의 모든 매력을 담아낸 지역이다. 2003년 완공 후 지금까지 가장 성공적인 도시 개발 사례로 손꼽히는 롯폰기 힐스와 2023년 새로운 도시를 꿈꾸며 등장한 아자부다이 힐스에서 화려한 시티뷰와 아트 산책을 즐기고, 디자인과 자연이 한데 어우러진 도쿄 미드타운을 거닐며 도시의 미래를 꿈꾼다. 크리스마스 시즌이면 환상적인 일루미네이션에 흠뻑 취하는 곳. 한쪽엔 에도시대(17~19세기)부터 번성한 노포들의 상점가, 아자부주반이 굳건히 자리한다.

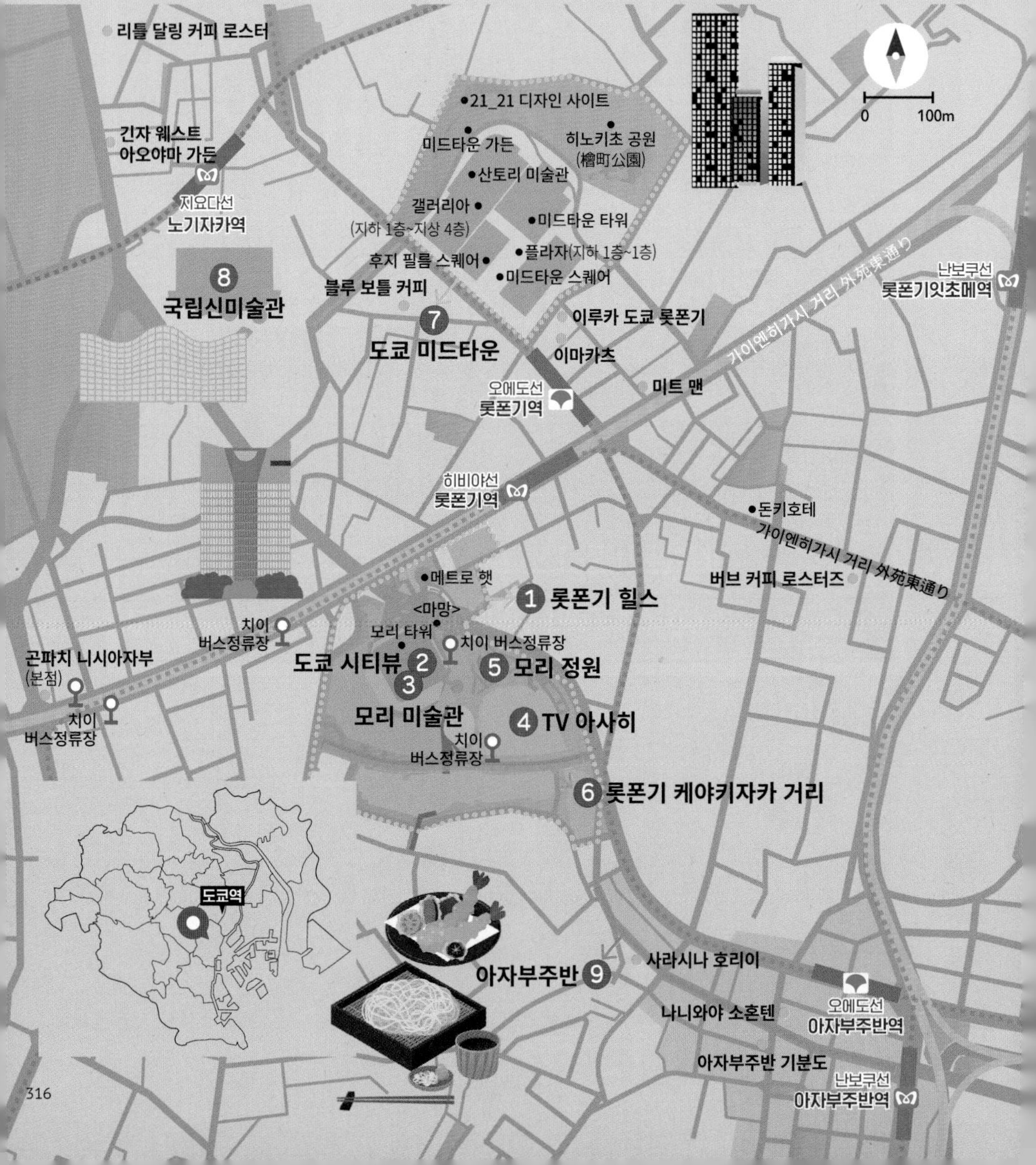

리틀 달링 커피 로스터
21_21 디자인 사이트
0
100m
미드타운 가든
히노키초 공원
(檜町公園)
긴자 웨스트
아오야마 가든
산토리 미술관
지요다선
노기자카역
갤러리아
(지하 1층~지상 4층)
미드타운 타워
후지 필름 스퀘어
플라자(지하 1층~1층)
8
국립신미술관
미드타운 스퀘어
블루 보틀 커피
난보쿠선
롯폰기잇초메역
7
도쿄 미드타운
이루카 도쿄 롯폰기
이마카츠
가이엔히가시 거리 外苑東通り
오에도선
롯폰기역
미트 맨
히비야선
롯폰기역
돈키호테
가이엔히가시 거리 外苑東通り
메트로 햇
버브 커피 로스터즈
1 롯폰기 힐스
<마망>
치이
버스정류장
모리 타워
치이 버스정류장
곤파치 니시아자부
(본점)
도쿄 시티뷰 2
5 모리 정원
3
치이
버스정류장
모리 미술관
4 TV 아사히
치이
버스정류장
6 롯폰기 케야키자카 거리
도쿄역
사라시나 호리이
아자부주반 9
오에도선
아자부주반역
나니와야 소혼텐
아자부주반 기분도
난보쿠선
아자부주반역

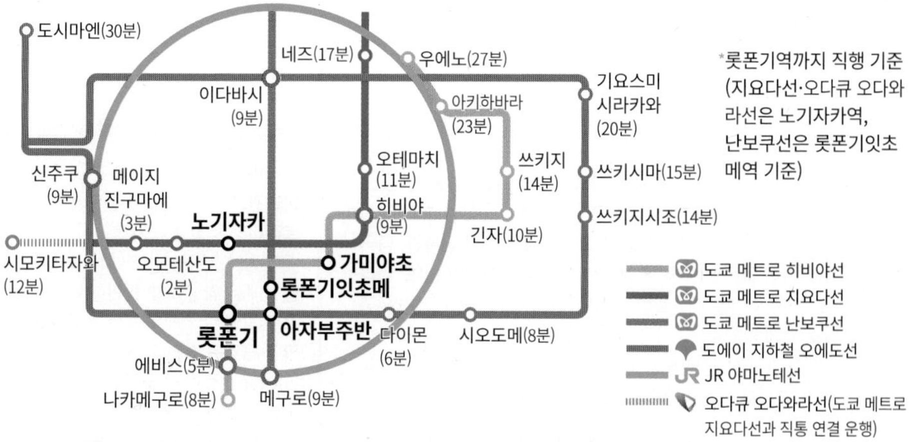
도시마엔(30분)
네즈(17분)
우에노(27분)
이다바시 (9분)
기요스미 시라카와 (20분)
아키하바라 (23분)
신주쿠 (9분)
메이지 진구마에 (3분)
오테마치 (11분)
쓰키지 (14분)
쓰키시마(15분)
히비야 (9분)
노기자카
쓰키지시조(14분)
긴자(10분)
시모키타자와 (12분)
오모테산도 (2분)
가미야초
롯폰기잇초메
롯폰기
아자부주반
다이몬 (6분)
시오도메(8분)
에비스(5분)
나카메구로(8분)
메구로(9분)
*롯폰기역까지 직행 기준 (지요다선·오다큐 오다와라선은 노기자카역, 난보쿠선은 롯폰기잇초메역 기준)
도쿄 메트로 히비야선
도쿄 메트로 지요다선
도쿄 메트로 난보쿠선
도에이 지하철 오에도선
JR 야마노테선
오다큐 오다와라선(도쿄 메트로 지요다선과 직통 연결 운행)

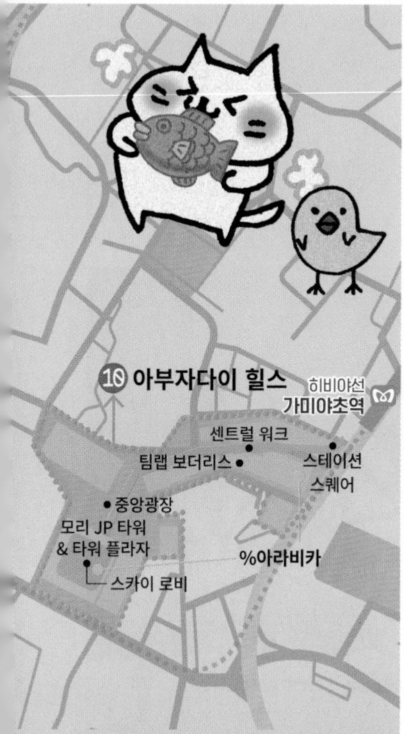
10 아부자다이 힐스
히비야선 가미야초역
센트럴 워크
팀랩 보더리스
스테이션 스퀘어
중앙광장
모리 JP 타워 & 타워 플라자
%아라비카
스카이 로비

Planning

롯폰기의 하이라이트는 해 질 녘 도쿄 시티뷰 전망대다. 오후에 롯폰기 힐스의 미술관과 상업시설을 먼저 둘러본 뒤 해 질 무렵 전망대에 입성하자. 일정에 국립신미술관이나 아자부주반이 포함된다면 역시 이 지역을 먼저 둘러본 뒤 롯폰기 쪽으로 이동하는 것이 좋다.

Access

❶ 지하철

롯폰기역 六本木

- **도쿄 메트로 히비야선·도에이 오에도선**: 도쿄 메트로 1c번 출구가 롯폰기 힐스의 관문인 메트로 햇과 에스컬레이터를 통해 바로 연결된다. 도에이 지하철을 타고 왔다면 3번 출구로 나가 왼쪽으로 3분 정도 가다 메트로 햇 옆 계단으로 올라간다. 도쿄 미드타운은 도쿄 메트로·도에이 지하철 8번 출구와 바로 연결된다.

노기자카역 乃木坂

- **도쿄 메트로 지요다선**: 6번 출구가 국립신미술관과 연결된다.

아자부주반역 麻布十番

- **도쿄 메트로 난보쿠선·도에이 오에도선**: 4번 출구로 나오면 아자부주반 상점가로 이어진다.

가미야초역 神谷町

- **도쿄 메트로 히비야선**: 5번 출구로 나오면 아자부다이 힐스의 지하 상점가 센트럴 워크로 바로 연결된다.

롯폰기잇초메역 六本木一丁目

- **도쿄 메트로 난보쿠선**: 2번 출구가 아자부다이 힐스 진입로와 연결된다. 도보 4분 소요.

❷ 버스

치이 버스 ちぃばす

미나토구의 마을버스. 아오야마 루트青山ルート가 오모테산도와 롯폰기 힐스를 잇는다. 아오야마 거리青山通り에 있는 오모테산도역表参道駅 버스정류장에서 탑승하면 롯폰기 힐스까지 약 20분 소요된다. 요금은 100엔(IC카드 사용 가능). 08:00경~20:30경 20분 간격 운행. 버스에서 내리면 한 층 올라가 건물 밖으로 나간 뒤 목적지를 찾는다.

GOOGLE MAPS MP87+88 미나토구(롯폰기행 오모테산도역 정류장)

WEB www.fujiexpress.co.jp/chiibus/map

도에이 버스 都営バス

RH01번이 시부야역 미야마스자카 출구宮益坂口 앞(시부야 스크램블 스퀘어의 북쪽 앞마당)에 있는 시부야역 앞渋谷駅前 51번 승차장에서 출발해 모리 타워 1층의 롯폰기 힐스를 거쳐 롯폰기 케야키자카까지 운행한다. 요금은 210엔. 08:00경~22:00경 8~30분 간격 운행.

GOOGLE MAPS MP52+PR 시부야구(롯폰기행 시부야역 앞 정류장)

WEB tobus.jp(상단 메뉴에서 언어 설정을 영어로 바꾼 후 운행 정보 확인)

1 우리가 롯폰기를 찾는 이유
롯폰기 힐스
Roppongi Hills 六本木ヒルズ

비즈니스, 상업시설, 호텔, 문화, 예술, 자연을 접목한 고품격 복합 공간. 2003년 문을 연 후 롯폰기의 상징이 되었다. 이곳의 중심인 모리 타워森タワー에는 도쿄 시티뷰·도쿄 스카이 데크 전망대와 모리 미술관, 다국적 기업의 사무실이 입점했고, 이를 둘러싼 웨스트 워크, 할리우드 플라자, 힐 사이드 등에 수많은 레스토랑과 상업시설이 들어섰다. 이를 두고 건축학자 이토 시게루 교수는 "너무 많은 기능을 한꺼번에 담고 있어 방향 감각을 잃어버린 괴물 같은 느낌"이라고 말했을 정도. 반면에 완공 후 20년이 지난 지금까지 가장 성공적인 도시 개발 사례로 손꼽히는 곳이기도 하다.

지하철 롯폰기역에 도착해 가장 먼저 맞아주는 건 롯폰기 힐스의 관문 메트로 햇メトロハット. 이곳에서 에스컬레이터를 타고 야외 광장 66(로쿠로쿠)플라자로 나오면 대형 조형물 <마망Maman>, 전망대가 있는 모리 타워 입구(뮤지엄 콘)가 눈에 들어온다. **MAP ⑪-B**

GOOGLE MAPS 롯폰기 힐스
ADD 6-10-1 Roppongi, Minato City
OPEN 11:00~21:00(레스토랑 ~23:00)/가게마다 다름
WALK Ⓜ 롯폰기역 1c번 출구 1분 / 롯폰기역 3번 출구 4분
WEB roppongihills.com

: WRITER'S PICK :

롯폰기 아트 트라이앵글 할인권

모리 미술관, 국립신미술관, 산토리 미술관으로 이어지는 '롯폰기 아트 트라이앵글(일명 아토로あとろ)'은 한 곳의 입장권을 보여주면 다른 2개 미술관에서 입장료를 할인해주는 아토로 할인あとろ割 제도를 운용한다. 할인 금액은 성인 기준 모리 미술관 200엔, 산토리 미술관 100엔이며, 국립신미술관은 전시마다 다르다.

WHAT I DO
IS ABOUT LIVING
ENJOYING THE
FULLNESS OF LIFE
AROUND YOU
지상 54층, 238m 높이의 모리 타워(왼쪽)와 롯폰기 힐스의 관문인 메트로 햇(오른쪽)

루이스 부르주아의 <마망(엄마)>. 가느다란 다리로 울타리를 쳐서 알을 품는 거미의 모성을 형상화했다. 높이 10m로, 모리 미술관 소장품 중 가장 큰 작품이다.

TOKYO CITY VIEW
도쿄 시티뷰·모리 미술관 입구가 있는 뮤지엄 콘

롯폰기 힐스 요모조모

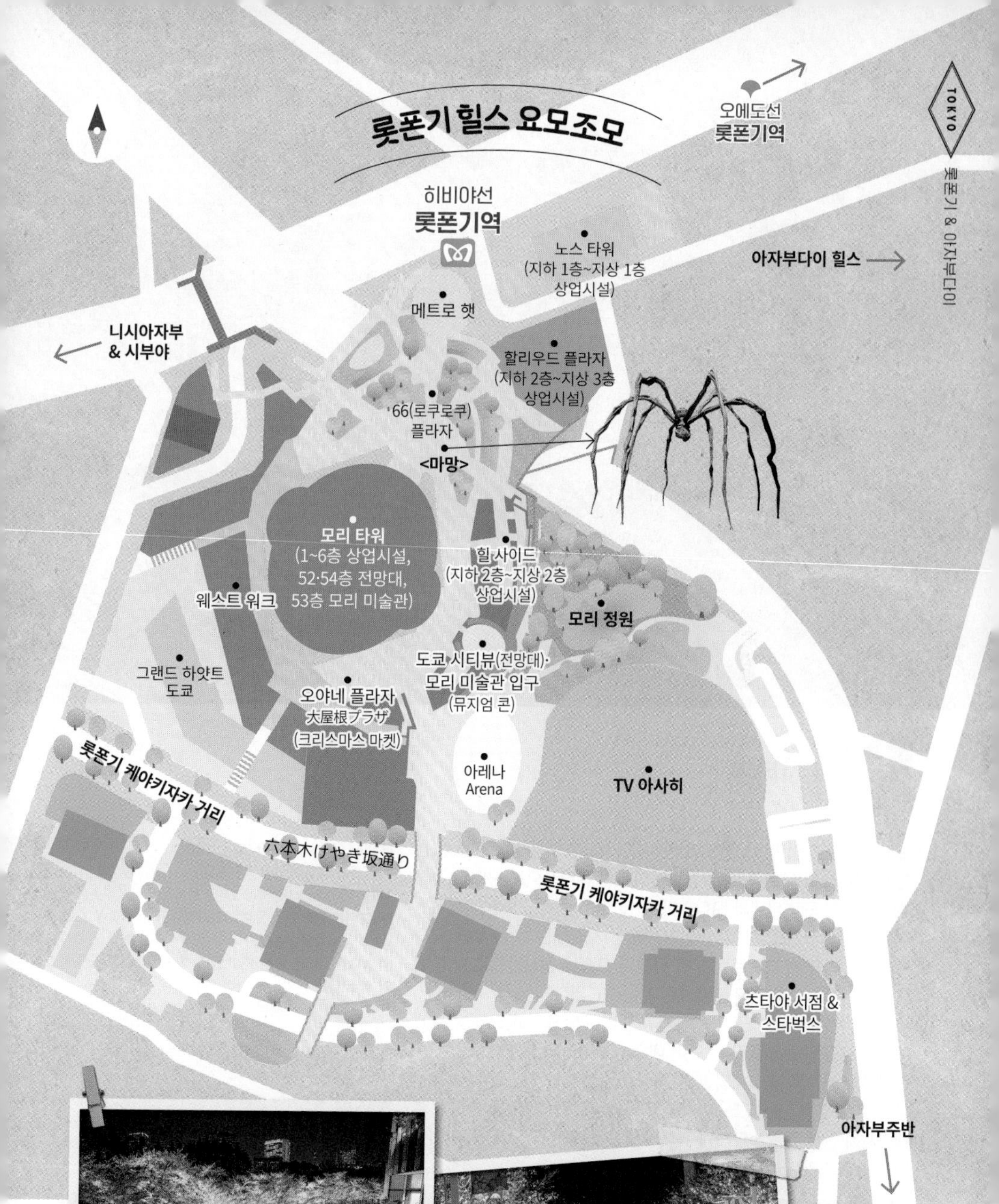
오에도선
롯폰기역
히비야선
롯폰기역
노스 타워
(지하 1층~지상 1층
상업시설)
아자부다이 힐스
메트로 햇
니시아자부
& 시부야
할리우드 플라자
(지하 2층~지상 3층
상업시설)
66(로쿠로쿠)
플라자
<마망>
모리 타워
(1~6층 상업시설,
52·54층 전망대,
53층 모리 미술관)
힐 사이드
(지하 2층~지상 2층
상업시설)
웨스트 워크
모리 정원
그랜드 하얏트
도쿄
도쿄 시티뷰(전망대)·
모리 미술관 입구
(뮤지엄 콘)
오야네 플라자
大屋根プラザ
(크리스마스 마켓)
롯폰기 케야키자카 거리
아레나
Arena
TV 아사히
六本木けやき坂通り
롯폰기 케야키자카 거리
츠타야 서점 &
스타벅스
아자부주반

벚꽃 시즌과 겨울철 롯폰기 풍경

② 이보다 예쁠 수 없는 도쿄 타워 뷰
도쿄 시티뷰
Tokyo City View

도쿄의 많은 야경 명소 중 도쿄 타워를 가장 예쁘게 바라볼 수 있는 전망대다. 모리 타워 52층, 11m 높이의 통유리창으로 꾸며진 전망대에 오르면 도쿄 타워와 오다이바, 요코하마는 물론, 화창한 날에는 후지산까지 바라보인다. 가장 인기가 높은 시간대는 해 질 무렵. 저녁노을과 함께 붉게 타오르는 도쿄 타워의 모습을 실시간으로 담기 위해 일찍부터 창가 앞자리를 지키는 관람객도 있다.

도쿄 시티뷰에서는 최근 예술 전시가 활발하게 열리고 있다. 전망과 예술 관람을 동시에 즐길 수 있어 예술 애호가들의 관심이 뜨겁지만, 전시물이 창가 쪽에 설치되면 전망을 즐길 수 있는 공간과 시야가 상당히 제한되기도 한다. 또 전시에 따라 입장료도 추가될 수 있다. 홈페이지에 전시 일정이 안내돼 있으니 방문 전 확인해 보자. 옥외 전망대인 도쿄 스카이 데크는 임시휴업 중이다. **MAP ⑪-B**

GOOGLE MAPS 도쿄 시티뷰
ADD 롯폰기 힐스 모리 타워 52층
OPEN 10:00~22:00/폐장 1시간 전까지 입장
PRICE 1800엔(토·일·공휴일 2000엔), 고등·대학생 1300엔(토·일·공휴일 1400엔), 4세~중학생 700엔(토·일·공휴일 800엔), 65세 이상 1500엔(토·일·공휴일 1700엔)/예약 필수(당일 예약 잔여분이 있는 경우 현장 구매 가능, 100~200엔 추가)/특별 행사 진행 시 추가 요금 있음
*도쿄 시티뷰와 모리 미술관 중 한 곳의 입장권을 구매하면 다른 한 곳 입장 시 할인 또는 무료(추가 요금은 당일 현장에서 지급)
WALK Ⓜ 롯폰기역 1c번 출구 3분(메트로 햇 2분) / 롯폰기역 3번 출구 6분
WEB tcv.roppongihills.com/jp

3

하늘과 맞닿은 미술관

모리 미술관

森美術館

모리 타워 53층, 일본에서 가장 높은 곳에 자리 잡은 미술관. 전 세계 유명 예술가와 박물관의 소장품 특별전은 물론 실험적인 신진 예술가 지원전, 패션, 건축, 디자인, 사진, 영상 분야 등의 기획전을 연다. 모리 타워 앞의 대형 거미 조형물 <마망>도 이곳 소장품. 밤 10시까지 오픈하니 야경은 덤이다. 전시에 따라 52층의 도쿄 시티뷰까지 전시 공간을 확장하기도 하니 전시 안내를 꼼꼼히 확인한다. **MAP ⑪-B**

GOOGLE MAPS 롯폰기 모리 미술관
ADD 롯폰기 힐스 모리 타워 53층
OPEN 10:00~22:00(화요일 ~17:00)/폐장 30분 전까지 입장
PRICE 평일 온라인 예매 1800엔, 고등·대학생 1300엔, 4세~중학생 700엔, 65세 이상 1500엔/주말 온라인 예매 2000엔, 고등학생 1400엔, 4세~중학생 800엔, 65세 이상 1700엔/예약 필수
WALK Ⓜ 롯폰기역 1c번 출구 3분(메트로 햇 2분) / 롯폰기역 3번 출구 6분
WEB mori.art.museum/jp

MUSEUM SHOP

4

도라에몽과 짱구가 손짓하는 곳

TV 아사히

テレビ朝日

일본 민영 방송사 TV 아사히의 본사. <도라에몽>, <아따맘마>, <짱구는 못 말려> 등 애니메이션에 강세를 보인 방송사답게 1층의 오리지널 캐릭터숍이 관심을 끈다. 해가 질 무렵 도쿄 타워와 함께 반짝이는 유리 빌딩은 건축계의 노벨상이라 불리는 프리츠커상을 수상한 건축가 마키 후미히코의 솜씨다. **MAP ⑪-B**

GOOGLE MAPS tv 아사히
ADD 6-9-1 Roppongi, Minato City
OPEN 캐릭터숍(테레아숍) 10:00~19:00
WALK 모리 타워 5분
WEB tv-asahi.co.jp

tv asahi

5

빌딩 숲속 일본식 정원

모리 정원

毛利庭園

1650년에 지어진 에도시대 모리 가문의 정원. 롯폰기 힐스가 문을 열면서 일반에 개방됐다. 연못을 중심으로 산책로가 빙 둘러 있는 회유식 정원으로, 수령 300년 된 은행나무와 녹나무, 벚나무가 설치 예술 작품과 이질감 없이 어우러지는 국가 지정 명승이다. 롯폰기 힐스 10주년을 기념하여 2013년 세워진 금박의 하트 조형물 <킨노 코코로Kin no Kokoro>를 배경으로 찰칵! **MAP ⑪-B**

GOOGLE MAPS 모리 정원
ADD 6-10-1 Roppongi, Minato City
OPEN 10:00~21:00
WALK TV 아사히 바로 앞(북쪽)

벚꽃 시즌 야간 라이트업 풍경

롯폰기에 찾아온 로맨틱 크리스마스

6 롯폰기 케야키자카 거리

六本木けやき坂通り

루이비통, 몽클레어, 롤렉스 등 명품 매장이 줄지어 늘어선 도쿄의 대표적인 명품 거리 중 하나. 매년 11월 초부터 크리스마스까지 이어지는 환상적인 일루미네이션 축제(17:00~23:00경)가 특히 유명한 곳으로, 이 시기만 되면 수많은 여행자가 이 거리를 찾아와 로맨틱한 연말 분위기를 즐긴다. 츠타야 팬이라면 롯폰기 케야키자카 거리 끝 게이트 타워 1층에 해외 서적과 잡지로 서가를 꽉 채운 츠타야 서점 & 스타벅스 커피도 둘러보자.

MAP ⑪-B

GOOGLE MAPS 록봉기 케야키자카
WALK TV 아사히 바로 뒤(남쪽)/ 롯폰기역 1c번 출구 5분 / 롯폰기역 3번 출구 6분

흰색과 파란색으로 빛나는 스노앤블루Snow & Blue. 눈부신 겨울왕국에 온 기분!

롯폰기역 8번 출구와 바로 연결되는 미드타운 스퀘어

미드타운의 겨울철 일루미네이션

갤러리가 있는 초록빛 작은 도시

7 도쿄 미드타운

Tokyo Midtown 東京ミッドタウン

세련되고 현대적인 건축 디자인에 일본적인 감성을 녹여낸 복합 문화 공간. 유명 건축가와 디자이너가 대거 참여해 지어진 곳으로, 메인 빌딩인 미드타운 타워는 2014년 도라노몬 힐스 모리타워가 완공되기 전까지 도쿄에서 가장 높은 빌딩이었다. 총 부지의 40%에 달하는 녹음이 주변을 둘러싸고, 21_21 디자인 사이트, 산토리 미술관 등 크고 작은 갤러리와 예술 작품이 미드타운의 분위기를 차분히 이끈다. 일본 굿디자인 어워즈 전시 등 각종 전시회가 열리는 디자인 허브(미드타운 타워 5층), 후지 카메라의 갤러리 겸 쇼룸인 후지 필름 스퀘어(미드타운 웨스트 1층) 등은 규모는 작지만 가볍게 둘러보기 좋다. 상업시설인 갤러리아와 플라자엔 무인양품·유니클로를 비롯한 숍과 맛집이 빼곡. 11월 중순부터 크리스마스까지 곳곳이 크리스마스트리와 일루미네이션으로 꾸며진다. **MAP ⑪-A**

GOOGLE MAPS 도쿄 미드타운
ADD 9-7-1 Akasaka, Minato City
OPEN 11:00~21:00(레스토랑 ~24:00)/ 가게마다 다름
TRANS 롯폰기역 8번 출구 바로 / 노기자카역 3번 출구 3분
WEB www.tokyo-midtown.com/kr

구석구석 도쿄 미드타운 탐방

21_21

Point. 1 21_21 디자인 사이트
21_21 Design Sight

패션 디자이너 이세이 미야케, 그래픽 디자이너 사토 다쿠, 산업 디자이너 후카사와 나오토 등이 모여 참신한 프로그램을 기획하고자 오픈한 디자인 리서치 센터. 안도 타다오가 설계를 맡아 이세이 미야케의 컨셉인 'A Piece of Cloth(한 장의 천)'를 한 장의 철판이 구부러진 것처럼 보이는 지붕으로 표현했다. 총 3개의 갤러리 중 1, 2갤러리에서 굵직굵직한 장기 기획전이 연중 2~3회 열리고, 3갤러리에서는 단기 기획전이 수시로 열린다.

GOOGLE MAPS 21 디자인 사이트
OPEN 10:00~19:00/화요일·연말연시·전시 없는 기간 휴무
PRICE 1400엔, 대학생 800엔, 고등학생 500엔, 중학생 이하 무료
WEB www.2121designsight.jp

Point. 2 산토리 미술관
サントリー美術館

狩野元信

일본의 주류 기업 산토리에서 운영하는 미술관. '삶의 아름다움'을 테마로 국보와 중요문화재를 포함해 일본의 전통 회화, 도자기, 칠 공예품 등 3000여 점을 기획 전시한다. 소소한 팬시용품조차 일본적인 느낌이 짙게 묻어나는 기념품숍은 미술관 입장권이 없어도 둘러볼 수 있다. 갤러리아 3~4층에 위치.

GOOGLE MAPS 도쿄 산토리미술관
OPEN 10:00~18:00(금·토 ~20:00)/화요일·전시 교체 기간·연말연시 휴무
PRICE 입장료는 전시마다 다름. 중학생 이하 무료
WEB suntory.co.jp/sma

토시 요로이즈카

Point. 3 갤러리아 & 플라자
Galleria & Plaza

도쿄 미드타운의 메인 쇼핑 지구. 갤러리아는 지하 1층부터 지상 4층까지 약 150m 높이의 천장이 뚫려 있어 개방감이 좋고, 플라자는 미드타운 스퀘어에서 접근 가능한 1층, 갤러리아와 연결된 지하 1층으로 이루어졌다. 추천 매장은 4대째 이어오는 프랑스 제빵 명가 메종 카이저(갤러리아 B1층), 프랑스 거장의 초콜릿 장폴 에뱅(갤러리아 B1층), 500년 전통의 화과자 전문점 토라야(갤러리아 B1층), 겹겹이 쌓아 올린 과일 크레페 케이크가 명물인 하브스(갤러리아 2층), 슬로푸드와 오가닉을 콘셉트로 한 레스토랑 & 불랑제리 르 팽 코티디앵(플라자 1층), 벨기에 3스타 레스토랑의 파티셰로 일한 토시 요로이즈카 디저트숍(플라자 1층), 라이프스타일 편집숍 이데 숍IDÉE SHOP과 테라스 카페 이데 카페 파크(갤러리아 3층) 등이다.

TOKYO
MIDTOWN
AGED
10YEARS
갤러리아

GOOGLE MAPS 미드타운 갤러리아
OPEN 대개 11:00~21:00/가게마다 다름

8 일본 현대 미술의 중심
국립신미술관
国立新美術館 The National Art Center Tokyo

2007년 문을 연 일본 최대급 국립미술관. 상설전 없이 오직 기획력만으로 승부하는 아트센터다. 현대 미술을 중심으로 '안도 타다오전', '이세이 미야케전', '신카이 마코토전' 등 기간마다 막강한 라인업을 선보인다. 건축물은 암스테르담의 반 고흐 미술관 신관을 설계한 쿠로카와 키쇼의 마지막 작품으로, 물결 모양 외관과 원뿔을 뒤집어 놓은 듯한 실내 구조물이 시너지를 발휘해 매우 현대적이다. 3층의 미슐랭 3스타 레스토랑 브라스리 폴 보퀴즈 뮈제Brasserie Paul Bocuse Musée는 애니메이션 <너의 이름은>을 봤다면 눈에 익을지도. 지하 뮤지엄숍의 콜렉션 수준도 예사롭지 않다. MAP ⑪-A

GOOGLE MAPS 도쿄 국립신미술관
ADD 7-22-2 Roppongi, Minato City
OPEN 10:00~18:00(금·토 ~21:00, 아트 라이브러리 11:00~)/전시마다 다름/화요일(공휴일은 다음 날)·연말연시 휴무
PRICE 전시마다 다름
WALK Ⓜ 노기자카역 6번 출구 연결
WEB nact.jp

この歩道上は自転車は降りて
押して歩きましょう

麻布十番
納涼まつり

9 오래도록 머물고 싶은 거리
아자부주반
麻布十番

롯폰기 케야키자카 거리 끝에서 츠타야 서점을 끼고 우회전하면 펼쳐지는 지역. 에도시대부터 번성한 오래된 상점가로, 길바닥에 가지런히 깔린 이시다타미石畳(납작 돌), 주변 경관을 해치지 않도록 비슷한 건물 색과 디자인을 유지한 노포들에서 롯폰기와는 또 다른 차분함이 느껴진다. 8월 마지막 주말에 열리는 '아자부주반 노료 마츠리麻布十番納涼まつり' 때 방문하면 유카타 차림의 현지인과 함께 각종 길거리 음식을 맛보며 축제 분위기를 즐길 수 있다. 롯폰기에 밀집한 각국 대사관에서 저렴하게 내놓는 음식도 꿀맛! **MAP ⑪-B**

GOOGLE MAPS 아자부주반
WALK 아자부주반역 4번 출구로 나와 오른쪽

+MORE+

길거리 간식으로 떠나는 아자부주반 타임슬립 여행

■ 나니와야 소혼텐 浪花家総本店

일본식 붕어빵인 타이야키たいやき의 원조. 1909년 아자부주반에 창업해 지금껏 전통 방식을 고수하며 일일이 손으로 구워낸다. 팥소가 머리부터 꼬리까지 꽉 채워져 있고, 빵은 속이 비칠 정도로 얇고 바삭하다. 1층은 테이크아웃 매장으로, 손님이 많을 경우 주문 후 대기가 필요하다. 2층은 카페로 운영하며, 음료 등 다른 메뉴를 추가로 주문해야 한다. **MAP ⑪-B**

GOOGLE MAPS 나니와야 소혼텐 **ADD** 1-8-14 Azabujuban, Minato City
OPEN 11:00~19:00/화요일·매달 셋째 수요일 휴무
WALK 아자부주반역 7번 출구 1분

たいやき

타이야키 200엔

■ 아자부주반 기분도 麻布十番 紀文堂

생지에 팥소와 달걀을 넣어 부드럽게 구워낸 칠복신 인형구이七福神人形焼き가 명물인 화과자점. 어부와 상인의 신 에비스, 부와 상업 교역의 신 다이코쿠텐, 복과 덕을 내리는 비샤몬텐, 예술과 미의 신 벤자이텐, 행복과 부 그리고 장수의 신 호쿠로쿠주, 풍요와 건강의 신 호테이, 지혜의 신 주로진의 칠복신 얼굴을 모두 재현했다. 아사쿠사에 총본점(1890년 개업)이 있고, 1910년 문을 연 아자부주반점은 커스터드 크림 와플이 간판 상품이다. **MAP ⑪-B**

紀文堂

GOOGLE MAPS 아자부주반 기분도
ADD 2-4-9 Azabujuban, Minato City
OPEN 09:30~18:00/화요일 휴무
WALK 아자부주반역 4번 출구 3분

칠복신 인형구이
(시치후쿠진 닌교야키)

커스터드 크림
와플 250엔

10 일본의 새로운 마천루
아자부다이 힐스
Azabudai Hills

아자부다이 힐스? 왠지 낯설지 않다. 롯폰기 힐스 등 도쿄의 도시 재생 프로젝트를 여럿 주도한 모리 빌딩이 최근 완성한 주상복합단지다. 1989년 도시 활성화 사업으로 시작해 무려 35년 만인 2023년 모습을 드러냈다. 약 2만4000㎡(축구장 약 3.5개 넓이)의 부지에 배치된 5개 건물에 오피스, 레지던스, 호텔, 학교, 병원 등 다양한 커뮤니티가 모여 하나의 작은 도시를 형성했다. 언덕이라는 지형적 특징을 이용해 공원, 과수원 등으로 지루하지 않게 연출한 풍부한 녹지는 아자부다이가 모두의 공간이 되도록 한 공신.

아자부다이 힐스의 중심은 도쿄 타워보다 3m 낮은 330m 높이로 일본에서 가장 높은 빌딩으로 기록된 모리 JP 타워다. 이곳 34층의 카페나 33층의 레스토랑을 이용하면 도쿄 타워를 가장 가까이서 볼 수 있는 전망 공간 스카이 로비Sky Lobby에 입장할 수 있다(입장료 별도/자세한 내용은 328p 참고). 저층부에 자리한 타워 플라자Tower Plaza는 테라스 카페·레스토랑과 함께 더 콘란 숍 도쿄, 니콜라이 버그만 플라워 & 디자인, 오가키 서점 등의 라이프스타일숍이 들어서 도쿄 중산층의 일상을 엿볼 수 있는 공간이다. 지하철역과 바로 연결되는 가든 플라자(A~D)에는 갤러리(가든 플라자 A)와 마켓(가든 플라자 C)을 필두로 다양한 레스토랑과 숍이 입점해 있다.

MAP ⑪-A

GOOGLE MAPS 아자부다이 힐스
ADD 1-3-1 Azabudai, Minato City
OPEN 숍 11:00~20:00, 레스토랑·카페는 가게에 따라 다름
WALK 가미야초역 5번 출구 직결 / 롯폰기잇초메역 2번 출구 4분
WEB www.azabudai-hills.com

아자부다이 힐스의 상징, 아자부다이 힐스 아레나

아자부다이 힐스의 가든 플라자 B

아자부다이 힐스 한눈에 보기
롯폰기 힐스
가이엔히가시 거리 外苑東通り
모리 JP 타워 & 타워 플라자 (33·34층 스카이 로비, 지하 1층~지상 6층 상업 시설)
브리티시 스쿨
중앙광장 Central Green
아자부다이 힐스 아레나
<도쿄 숲의 아이>
아자부다이 힐스 마켓
자누 도쿄 Janu Tokyo
레지던스 A
레지던스 B (공사중)
가이엔히가시 거리
가든 플라자 D Garden Plaza D
가든 플라자 C Garden Plaza C
지하 1층 상점가 (전체 건물 연결)
팀랩 보더리스 (모리빌딩 디지털 아트 뮤지엄)
센트럴 워크 Central Walk(지하 1층)
桜麻通り
사쿠라다사 거리
가든 플라자 B Garden Plaza B
다이요지 大養寺
아자부다이 힐스 갤러리
가든 플라자 A Garden Plaza A
스테이션 스퀘어
히비야선 가미야초역
난보쿠선 롯폰기잇초메역

Point. 1 광활한 맛집 스펙트럼
센트럴 워크 Central Walk

도쿄 메트로 히비야선 가미야초역 5번 출구와 바로 연결되는 가든 플라자 A 지하 1층의 스테이션 스퀘어부터 가든 플라자 B·C를 거쳐 모리 JP 타워 앞 중앙 광장까지 이어지는 지하 공간이다. 고급 과일 디저트 전문점 센비키야 총본점 千疋屋総本店, 우지에서 온 녹차 명가 나카무라 토키치中村藤吉 등 노포부터 일명 '응커피'로 유명한 % 아라비카, 과일과 크림이 층층 쌓인 크레페 케이크 맛집 하브스 등 '핫플'까지 전국에서 내로라하는 50여 개 맛집과 숍을 만날 수 있다. 신선식품, 고급 가공식품, 즉석요리, 와인, 디저트 등 34개 전문점이 들어설 프리미엄 푸드 마켓 아자부다이 힐스 마켓도 주목! 상점들은 대개 20:00에 문을 닫는다.

나카무라 토치키

AZABUDAI HILLS MARKET
아자부다이 힐스 마켓

% 아라비카

Point. 2 도쿄 타워와 눈 맞춤 **스카이 로비** Sky Lobby

도쿄 관광객이라면 열 일 제쳐두고 가야 할 곳. 도쿄 타워를 눈높이에서 볼 수 있는 로비다. 공식적으로 '전망대'라는 명칭을 쓰진 않지만, 멀리 후지산까지 보이는 전경은 어느 전망대와 비교해도 손색이 없을 정도. 아자부다이 힐스 오픈 당시에는 무료로 개방했지만, 현재는 34층의 힐스 하우스 스카이 룸 카페 & 바Hills House Sky Room Cafe & Bar 또는 33층의 레스토랑 다이닝 33Dining 33을 통해서 입장할 수 있다. 음료 및 식사비 외에 별도의 입장료가 부과된다. 센트럴 워크에서 중앙광장으로 나가지 말고 스카이 로비 안내 화살표를 따라가면 지하 1층에서 33층까지 직행하는 엘리베이터가 있다. 행사로 인해 운영 시간이 달라질 수 있으니 홈페이지에서 확인하고 방문하자.

GOOGLE MAPS 아자부다이 스카이로비
WHERE 모리 JP 타워 33층
PRICE 입장료 500엔+음료 및 식사비
OPEN 10:00~21:00(토·일·공휴일 09:00~)

Hills House

Point. 3 아자부다이 힐스의 중심 **중앙광장** Central Green

6000㎡(약 1800평)에 달하는 광장과 그 주위에 공공 예술품을 곳곳에 배치해 야외 미술관을 방불케 하는 곳. 하이라이트는 타워 플라자의 입구인 아자부다이 힐스 아레나Azabudai Hills Arena로, 영국 디자인계의 거장인 테런스 콘란 경이 '우리 시대의 레오나르도 다빈치'라고 극찬한 토마스 헤더윅이 이끄는 헤더윅 스튜디오Heatherwick Studio가 디자인한 '더 클라우드'라는 이름의 큰 지붕이 있다. 높이 약 16m의 지붕 아래 오픈 스페이스에서는 크리스마스 마켓 등 다양한 이벤트가 개최된다.

GOOGLE MAPS MP7R+466 미나토구

요시모토 나라의 <도쿄 숲의 아이>

teamLab★
Borderless

Point. 4 상상 이상을 경험할 수 있는 디지털 아트

팀랩 보더리스 teamLab Borderless

2022년까지 오다이바에서 많은 사랑을 받았던 디지털 아트 팀랩 보더리스가 아자부다이 힐스에서 새 작품을 공개했다. 디지털 기술을 통해 물질로부터 예술을 해방하고, 장르의 벽을 허물고, 인간과 자연 사이의 경계를 초월하는 것이 목표인 팀랩의 이번 타이틀은 '경계 없는 하나의 세계 속에서 방황하고, 탐색하고, 발견하다'로 정해졌다. 거대하고 복잡한 3차원 공간에서 빛과 거울이 만들어 내는 '존재하지 않는 인지의 공간'을 불규칙적으로 이동하면서 방문객들은 자아와 세계 사이의 경계에 대한 인식을 되돌아보게 된다.

GOOGLE MAPS 팀랩 보더리스
WHERE 가든 플라자 B 지하 1층 모리빌딩 디지털 아트 뮤지엄
PRICE 3600~5600엔, 중·고등학생 2800엔, 4세~초등학생 1500엔
WEB www.teamlab.art/ko/e/borderless-azabudai

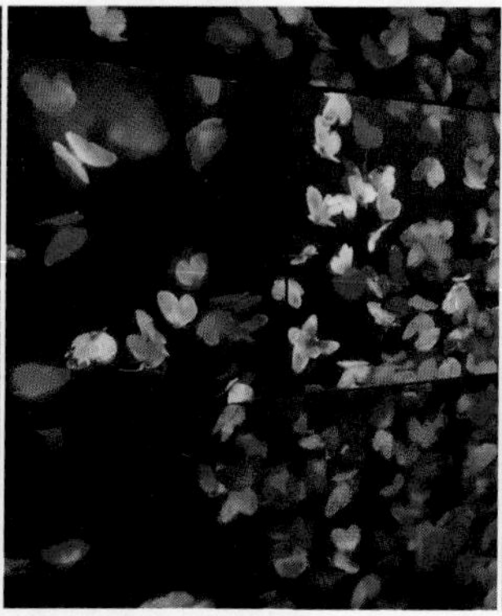

아자부다이 힐스 아레나와
2만 구의 LED로 장식한 크리스마스 마켓 풍경

맛없을 가능성 제로!

롯폰기 맛집 & 주점

처음부터 끝까지 철저히 계획된 미래형 타운 롯폰기에선 먹거리도 예사롭지 않다.
치열한 입점 경쟁을 뚫은 쇼핑몰 맛집부터 고급스러운 아자부주반 거리의 맛집까지 맛없을 가능성은 '없음'이다.

분위기에 먼저 취할지도

곤파치 니시아자부 본점

權八 西麻布

맥주 715엔~
꼬치 1개 275엔~

영화 <킬빌>의 세트장으로 사용되면서 화제가 된 창작 일식 레스토랑. 손님의 반 이상이 외국인이기 때문에 종업원들의 영어 실력이 수준급이고, 한국어 메뉴판까지 완벽히 갖췄다. 대표 메뉴는 일본산 최고급 숯인 비장탄으로 구워낸 20여 종의 꼬치구이. 예약은 선택 아닌 필수이며, 구글맵에서 예약할 수 있다. 롯폰기 힐스에서 시부야 쪽으로 가다 보면 나오는 세련된 분위기의 동네, 니시아자부에 있다. 구글맵에서 예약 가능. **MAP ⑪-B**

GOOGLE MAPS 곤파치 니시아자부
ADD 1-13-11 Nishiazabu, Minato City
OPEN 11:30~다음 날 03:30
WALK 롯폰기역 2번 출구 8분/롯폰기 힐스 메트로 햇 8분
WEB gonpachi.jp/nishi-azabu

入鹿TOKYO
포르치니 쇼유라멘
2200엔
익스트림 유자
시오 라멘
2200엔

入鹿TOKYO

入鹿TOKYO

포르치니와 유자가 빚어낸 새로운 라멘

이루카 도쿄 롯폰기

入鹿 TOKYO 六本木

닭, 해산물, 돼지 뼈 등 온갖 라멘 육수 재료를 넣고 최상의 조합으로 뽑아낸 국물로 현지인과 관광객 모두를 사로잡은 곳. 포르치니 버섯의 풍미를 더한 포르치니 쇼유 라멘이 미슐랭 빕구르망에 선정되면서 한층 유명해졌다. 맑은 소금 베이스에 상큼함을 더한 유자 시오 라멘은 새로운 맛을 탐구하는 사람에게 추천. 식감을 살린 면발과 화려한 플레이팅도 매력이다. **MAP ⑪-A**

GOOGLE MAPS 이루카 도쿄 롯폰기
ADD 4-12-12 Roppongi, Minato City
OPEN 11:00~20:50/월요일 휴무
WALK 롯폰기역 7번 출구 1분

일본 정통 소바 명인의 가게

사라시나 호리이

更科堀井 麻布十番本店

사라시나 소바
更科そば 1000엔
새우튀김
海老天種
2480엔

1789년부터 9대째 이어져 오는 소바의 명가. 80% 이상 정제한 하얀색 메밀가루로 면을 뽑는 '사라시나 소바' 계보를 잇는 대표 주자로, 이 집의 9대손은 우리나라 특급호텔에 소바 명인으로 초청되기도 했다. 사라시나 소바는 소면처럼 가늘고 새하얀 면에 부드러운 식감이 특징이며, 일반 메밀면과 달리 불거나 퍼지는 게 덜해 일본 왕실에서도 즐겨 먹었다. 한국어 메뉴판이 있다. **MAP ⑪-B**

GOOGLE MAPS 사라시나 호리이
ADD 3-11-4 Motoazabu, Minato City
OPEN 11:30~15:00, 17:00~20:00
WALK 아자부주반역 7번 출구 3분
WEB sarashina-horii.com

닭가슴살로 만든 '닭카츠'

이마카츠 본점

イマカツ 六本木本店

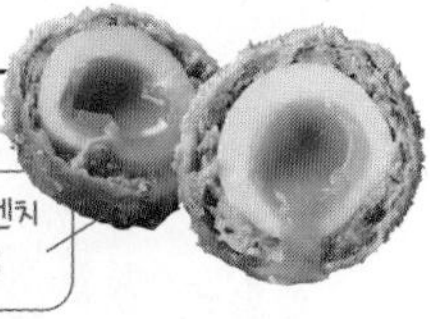
피요피요 멘치
700엔

히레카츠, 로스카츠도 맛있지만, 닭가슴살을 튀긴 가츠로 입소문이 제대로 난 곳. 부드러운 식감과 육즙이 닭가슴살은 퍽퍽하다는 편견을 말끔히 지운다. 또 다른 추천 메뉴는 멘치카츠 스타일의 달걀 튀김 피요피요 멘치ぴよぴよメンチ. 촉촉한 반숙 달걀에 다진 고기와 반죽을 입혀 튀겨낸 '겉바속촉'의 정석으로, 저녁에만 판매한다. 인기가 많아 항상 웨이팅이 필요하다. **MAP ⑪-A**

GOOGLE MAPS 이마카츠 롯폰기 본점
ADD 5-12-5 Roppongi, Minato City
OPEN 11:30~15:30, 18:00~22:00
WALK 롯폰기역 8번 출구 2분
WEB www.grasseeds.jp/imakatsu/

밥과 된장국, 샐러드 등이
포함된 닭가슴살 카츠 세트
사사미카츠젠ささみカツ膳
1700엔
六本木
イマカツ
本店

육식맨에게 추천합니다

미트 맨

Meat Man(肉男) 六本木店

기름진 안주의 느끼함을 스페인식 향신료로 말끔히 없애줘 술이 무한대로 들어간다. 시그니처 메뉴는 치마살 스테이크牛ハラミステーキ. 이 밖에도 타파스와 와인, 사와 니혼슈 등 다양한 장르의 술과 안주가 근처 직장인들을 매일 유혹한다. 자릿세가 따로 붙는다. **MAP ⑪-A**

GOOGLE MAPS 미트맨 롯폰기
ADD 4-8-8 Roppongi, Minato City
OPEN 17:00~22:30(금·토요일 ~다음 날 04:00)
WALK 롯폰기역 6번 출구 1분
WEB teyandei.com/?page_id=11(예약 가능)

상그리아 1잔
600엔
하라미(안창살)
스테이크
100g 1180엔

여유롭게, 다시 가고 싶은

롯폰기 & 아자부다이 카페

미술관, 방송국, 대형 쇼핑몰, 호텔 등 특색 있는 공간들이 밀집한 번화가 롯폰기와 아자부다이에서
오아시스처럼 느긋하게 시간이 흐르는 숨겨진 공간을 찾아 여행을 떠나보자.

편안한 공기를 만드는 카페

긴자 웨스트 아오야마 가든

Ginza West Aoyama Garden

나뭇잎 모양의 역사 깊은 과자(리프 파이)로 유명한 노포 양과자점 긴자 웨스트의 플래그십 카페. 호텔 라운지 같은 넓고 세련된 공간에서 정중한 서비스를 받으며 편안하게 휴식할 수 있는 곳이다. 시그니처 메뉴는 달콤하고 부드러운 핫케이크. 음료는 계속해서 리필해준다. 국립신미술관 북쪽, 조용한 동네에 있다.

MAP ⑪-A

GOOGLE MAPS 긴자 웨스트 아오야마 가든
ADD 1-22-10 Minamiaoyama, Minato City
OPEN 11:00~20:00
WALK Ⓜ 노기자카역 5번 출구 2분 /
Ⓜ 아오야마잇초메역 5번 출구 8분
WEB ginza-west.com

핫케이크(1장)+
음료 1760엔

GINZA WEST

가든 테라스와 실내 라운지 중 원하는 곳을 선택할 수 있다.

VERVE

캘리포니아 해변 감성

버브 커피 로스터즈

Verve Coffee Roasters Roppongi

샌프란시스코 남쪽의 해변도시 산타크루즈에 본사가 있는 개성 만점 캘리포니아 카페. 롯폰기점은 생기 넘치는 모던한 인테리어에 '동네 사람들이 편하게 찾아와 일상을 나누는 공간'이라는 버브의 정체성을 잘 녹였다. 싱글 오리진 원두로 내린 커피가 특징으로, 부드러운 목넘김을 느낄 수 있는 니트로 콜트브루와 크리미한 질감의 우유거품이 기분 좋은 라테가 인기다. 롯폿기역과 아자부다이 힐스 사이, 가이엔히가시 거리外苑東通り에 있다. MAP ⑪-A

GOOGLE MAPS verve 롯폰기
ADD 5-16-8 Roppongi, Minato City
OPEN 07:00~21:00
WALK Ⓜ 롯폰기역 5번 출구 6분
WEB vervecoffee.jp

라테 780엔

AND HAVE A NICE DAY.
YOU ARE MY SWEETEST
WITH THE NICES LIPS.
LOVE YOU.

COFFEE

커피 500엔~

공원 같은 창고형 로스터리 카페

리틀 달링 커피 로스터

Little Darling Coffee Roasters

도쿄 한복판에 이런 곳이 있을 거라고 상상이나 했을까. 옛 창고를 개조한 건물 안에 들어서면 공원처럼 넓은 녹지에 놀라고, 카페에 가까워질수록 진해지는 원두 볶는 냄새에 기대감이 차오른다. 계절마다 선별한 원두는 핸드브루, 아메리칸 프레스 등 원하는 방식으로 추출 가능. 빵이나 햄버거를 곁들이면 공원으로 소풍을 나온 기분이 든다. **MAP ⑪-A**

GOOGLE MAPS 리틀 달링 커피 로스터
ADD 1-12-32 Minamiaoyama, Minato City
OPEN 10:00~19:00
WALK Ⓜ 노기자카역 5번 출구 6분
WEB littledarlingcoffeeroasters.com

드디어 도쿄에 진출한 교토 '응커피'

% 아라비카

% ARABICA Tokyo Azabudai Hills

교토에서 시작된 글로벌 스페셜티 커피 브랜드. 커피 품질을 높이기 위해 하와이에서 직접 커피 콩을 재배한다. 우리나라에서는 퍼센트 모양의 로고(%)가 한글 '응'을 닮아 일명 '응커피'라고 불린다. 대표 메뉴는 교토 라테 싱글 오리진(500엔~). 타워 플라자와 가든 플라자 2개 매장 중 타워 플라자엔 비교적 넓은 테라스석을 갖췄다. **MAP ⑪-A**

GOOGLE MAPS % arabica azabudai
ADD 1-3-1 Azabudai, Minato City
OPEN 가든 플라자: 08:00~20:00(L.O.20:00),
타워 플라자: 11:00~20:00
WALK 아자부다이 힐스 가든 플라자 B 지하 1층, 타워 플라자 4층
WEB arabica.coffee

%

%
% Arabica

%
%

교토 라테 싱글 오리진(S),
550엔

#Walk

붉은 탑과 해변의 낭만을 찾아서

도쿄 타워 & 하마마쓰초

東京タワー & 浜松町

어떤 도시든 그 존재 자체로 가슴 떨리게 하는 상징물이 있다. 도쿄 타워가 특별한 건 1958년에 지어졌고, 30억 엔을 투입했으며, 높이가 333m에 달한다는 이런 백 마디 설명이 전부는 아닐 것이다. 걷고 또 걷다가 무심코 고개 들었을 때, '쿵' 하고 밀려오는 탈脫 일상의 감정들. 언제나 그 자리에 서서 "반갑다"고 여행자들을 토닥여주는, 시간이 지나도 변하지 않을 도쿄의 상징물. 도쿄 타워 동쪽에 자리 잡은 해변 지구 하마마쓰초에는 최신 상업시설, 바닷물이 흘러 들어오는 에도시대 정원 및 수상 버스 선착장 등이 있다. 여행자에겐 하네다공항이나 오다이바로 가는 모노레일이 지나는 곳으로 익숙한 지역이기도 하다.

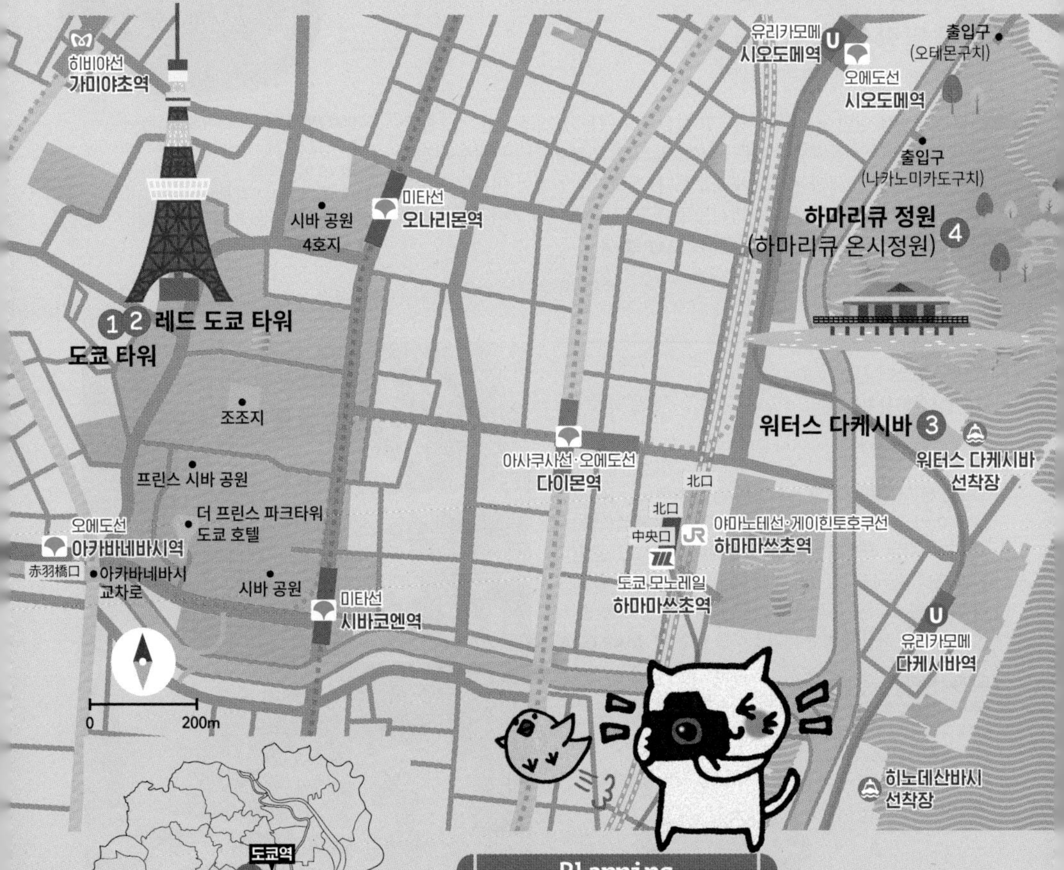

히비야선
가미야초역
1 2 레드 도쿄 타워
도쿄 타워
시바 공원
4호지
미타선
오나리몬역
유리카모메
시오도메역
오에도선
시오도메역
출입구
(오테몬구치)
출입구
(나카노미카도구치)
하마리큐 정원
(하마리큐 온시정원) 4
조조지
프린스 시바 공원
더 프린스 파크타워
도쿄 호텔
오에도선
아카바네바시역
赤羽橋口
아카바네바시
교차로
시바 공원
미타선
시바코엔역
아사쿠사선·오에도선
다이몬역
北口
北口
中央口
야마노테선·게이힌토호쿠선
하마마쓰초역
도쿄 모노레일
하마마쓰초역
워터스 다케시바 3
워터스 다케시바
선착장
유리카모메
다케시바역
히노데산바시
선착장
0
200m

도쿄역

Planning

도쿄 타워. 밑에서 바라볼지 위에서 내려다볼지를 먼저 정하자. 밑에서 사진만 찍을 예정이라면 구도가 잘 나오는 루트를 정하는 것이 포인트. 롯폰기와 묶어서 돌아본다면 낮에 도쿄 타워에 들른 후 롯폰기 힐스에서 도쿄 타워의 야경을 감상하러 가는 코스를 추천한다.

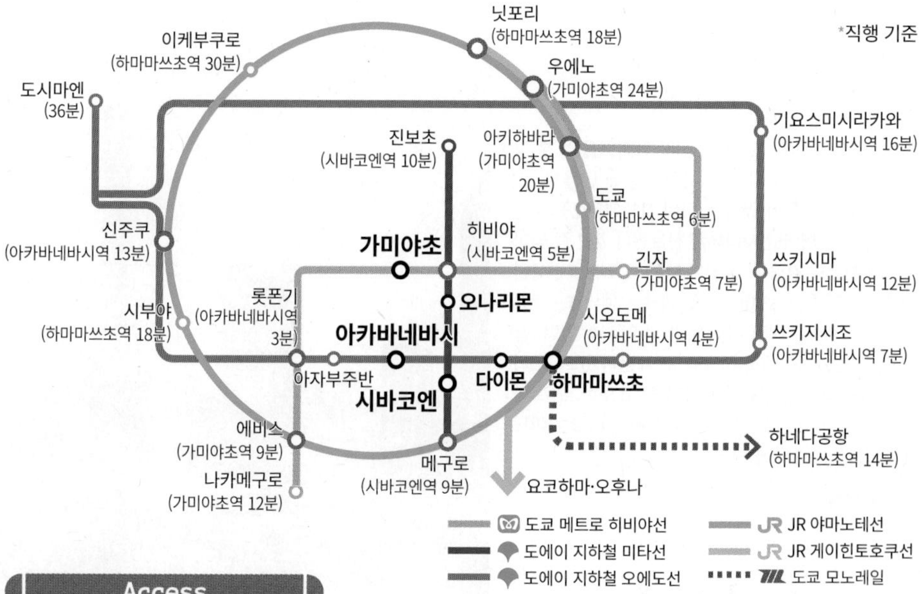
*직행 기준
닛포리 (하마마쓰초역 18분)
이케부쿠로 (하마마쓰초역 30분)
우에노 (가미야초역 24분)
도시마엔 (36분)
기요스미시라카와 (아카바네바시역 16분)
진보초 (시바코엔역 10분)
아키하바라 (가미야초역 20분)
도쿄 (하마마쓰초역 6분)
신주쿠 (아카바네바시역 13분)
가미야초
히비야 (시바코엔역 5분)
긴자 (가미야초역 7분)
쓰키시마 (아카바네바시역 12분)
오나리몬
롯폰기 (아카바네바시역 3분)
시부야 (하마마쓰초역 18분)
아카바네바시
시오도메 (아카바네바시역 4분)
쓰키지시조 (아카바네바시역 7분)
아자부주반
다이몬
하마마쓰초
시바코엔
에비스 (가미야초역 9분)
하네다공항 (하마마쓰초역 14분)
나카메구로 (가미야초역 12분)
메구로 (시바코엔역 9분)
요코하마·오후나
도쿄 메트로 히비야선
도에이 지하철 미타선
도에이 지하철 오에도선
JR 야마노테선
JR 게이힌토호쿠선
도쿄 모노레일

Access

❶ JR·지하철

시바코엔역 芝公園

- **지하철 도에이 미타선**: A4번 출구로 나오면 시바 공원과 조조지에서 도쿄 타워를 바라보며 갈 수 있어 가장 추천한다. 도보 약 10분 소요.

아카바네바시역 赤羽橋

- **지하철 도에이 오에도선**: 아카바네바시 출구赤羽橋口로 나와 아카바네바시 교차로에서 도쿄 타워를 감상한 후 7분 정도 걸어간다.

가미야초역 神谷町

- **지하철 도쿄 메트로 히비야선**: 1번 출구에서 7분 정도 소요된다.

오나리몬역 御成門

- **지하철 도에이 미타선**: A1번 출구에서 6분 정도 소요된다.

다이몬역 大門

- **지하철 도에이 아사쿠사선·오에도선**: A6번 출구에서 조조지를 거쳐 12분 정도 소요된다. 오에도선 승강장은 지하 5층에 있어 이동하는 데 시간이 좀 더 걸린다.

하마마쓰초역 浜松町

- **JR 야마노테선·게이힌토호쿠선 / 사철 도쿄 모노레일**: JR·모노레일 북쪽 출구北口로 나와 조조지를 거쳐 도쿄 타워로 향한다. 약 15분 소요.

❷ 버스

JR 다케시바 수소 셔틀버스(무료) JR 竹芝 水素シャトルバス

도쿄 스테이션 호텔 앞 도쿄역 마루노우치 남쪽 출구丸の内南口 정류장에서 출발해 워터스 다케시바 → 히노데 부두(히노데산바시) → 도쿄 타워를 잇는 무료 버스. 도쿄역에서 도쿄 타워까지 약 50분 소요된다. 평일 11:00~19:30에 7회, 토·일·공휴일 10:50~19:10에 11회 운행.

WEB www.jreast.co.jp/eco/fuelcellbus/

: WRITER'S PICK :

육해공으로 이어지는 교통수단이 모인 하마마쓰초 & 다케시바

하마마쓰초역은 하네다공항으로 가는 도쿄 모노레일의 시발역이다. 하네다로 향하는 또 다른 철도 게이큐 공항선에 비해 요금은 조금 비싸지만, JR로 환승하기 편하고, 바다를 따라 달리는 풍경이 덤으로 얹어져 일부러 모노레일을 선택하는 여행자가 많다. 오다이바와 아사쿠사로 이동하는 수상버스 선창작 히노데산바시日の出桟橋까지 도보로 약 15분 거리다.
다케시바역 북쪽에는 도쿄 수변라인의 수상버스 선착장 워터스 다케시바ウォーターズ竹芝가 있고, 다케시바역에서 남쪽에는 도쿄 크루즈의 선착장 히노데산바시가 있다(각각 도보 5분 거리). 오다이바를 들고나는 유리카모메에도 다케시바와 히노데역에 정차한다.

1 영원불멸한 도쿄의 상징을 꿈꾸며

도쿄 타워

東京タワー Tokyo Tower

등장 이후 한 번도 '도쿄의 심볼' 타이틀을 놓친 적 없는 방송 송출 탑. 주변에 이를 앵글에 담을 수 있는 다양한 포인트가 있지만, 타워 자체에도 2곳의 전망대가 있어 빼어난 시티뷰를 선보인다. 2곳 중 높이 150m 전망을 감상할 수 있는 메인 데크가 일반적인 코스. 한 단계 위 250m의 톱 데크는 예약(또는 현장 발권)을 통한 '톱 데크 투어'로만 입장할 수 있다. 톱 데크 투어는 시간대별 입장객 수 제한이 있으며, 티켓에 메인 데크 입장료도 포함돼 있다. 또한, 도쿄 타워와 도쿄의 역사가 소개되는 한국어 오디오 가이드가 제공된다. **MAP ⑬-A**

GOOGLE MAPS 도쿄 타워
ADD 4-2-8 Shibakoen, Minato City
OPEN 메인 데크 09:00~23:00/
톱 데크 09:00~22:45(15분 간격 입장)
WALK 아카바네바시역 아카바네바시 출구赤羽橋口 7분 / 가미야초역 1번 출구 7분 / 오나리몬역 A1번 출구 6분 / 시바코엔역 A4번 출구 10분
PRICE 메인 데크 1500엔, 고등학생 1200엔, 초등·중학생 900엔, 4세 이상 600엔/톱 데크 투어 3300엔, 고등학생 3100엔, 초등·중학생 2100엔, 4세 이상 1500엔(메인 데크 입장료 포함, 인터넷 사전 예약 기준, 현장 구매 시 200엔 추가)/
도쿄 타워(메인 데크)+레드 도쿄 타워 세트 4000~6200엔, 고등학생 3100~5100엔, 초등·중학생 1,900~3,400엔
WEB tokyotower.co.jp
한국어 예약 tokyotower.co.jp/kr/price/

2 타워 안에 펼쳐진 또 다른 세상

레드 도쿄 타워

Red° Tokyo Tower

2022년 도쿄 타워 3~5층에 들어선 최첨단 e-스포츠 시설. 골프, 야구, 볼더링, 모터사이클과 같은 스포츠 시뮬레이션 게임을 실감 나게 즐길 수 있는 덕분에 도쿄 타워를 찾는 젊은 층이 한층 늘어났다. 주말에는 대기시간이 긴 편이니 시간을 아끼고 싶다면 평일을 노려보자. 1층에는 디지털 콘텐츠를 적극 활용한 체험형 키즈 카페 레드 키즈Red° Kids도 자리 잡고 있다. **MAP ⑬-A**

GOOGLE MAPS 레드도쿄 타워
ADD 도쿄 타워 3~5층(레드 키즈 1층)
OPEN 10:00~22:00(레드 키즈 ~20:00)
PRICE 3200~5400엔, 고등학생 2600~4600엔, 초등·중학생 1700~3200엔/
17:00 이후 2200~4400엔, 고등학생 1700~3700엔, 초등·중학생 1300~ 2700엔
WEB tokyotower.red-brand.jp

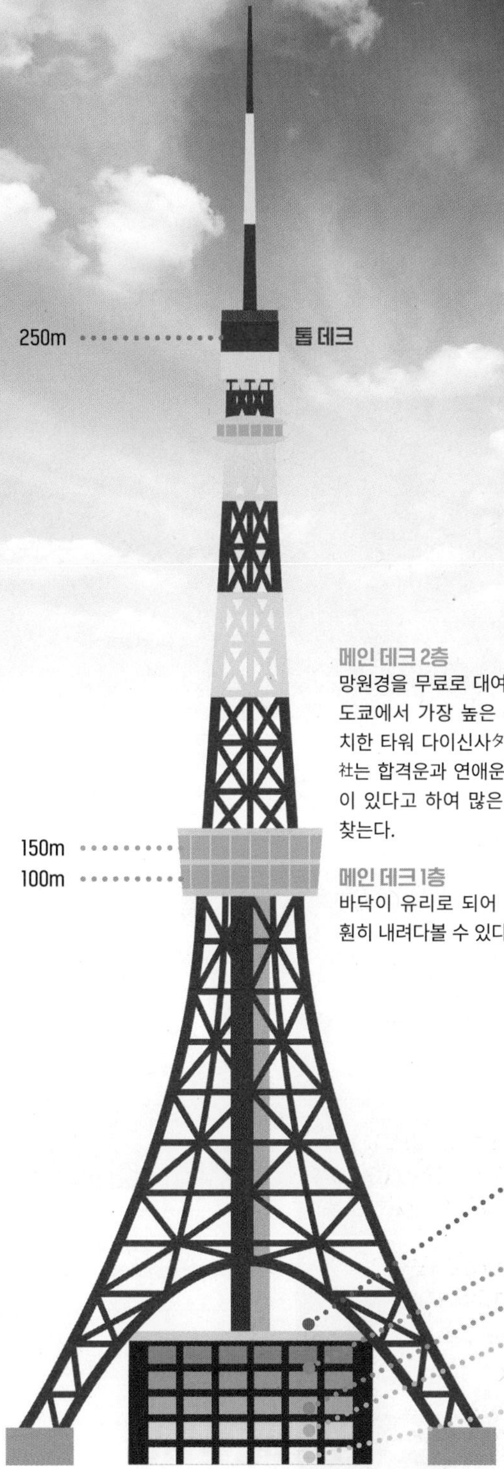
250m
톱 데크
150m
100m

메인 데크 2층
망원경을 무료로 대여해준다. 도쿄에서 가장 높은 곳에 위치한 타워 다이신사タワー大神社는 합격운과 연애운에 효험이 있다고 하여 많은 사람이 찾는다.

메인 데크 1층
바닥이 유리로 되어 있어 아래를 훤히 내려다볼 수 있다.

풋타운

- **RF** 메인 데크 직통 계단 출입구, 야외 비어홀 등의 이벤트 장소
- **4~5F** 레드 도쿄 타워
- **3F** 레드 도쿄 타워 매표소, 도쿄 타워 갤러리
- **2F** 도쿄 타워 기념품숍 & 식당, 초상화 스트리트
- **1F** 톱 데크·메인 데크 티켓 카운터, 레드 키즈 (무료 구역, 레스토랑·카페·기념품숍·사물함)
- **BF** 분실물 보관소

+MORE+

도쿄 타워 라이트업 깨알 팁

타워 전체에 오렌지빛 조명이 들어오는 시각은 일몰 후부터 자정까지다. 매시 정각엔 2분간 조명이 깜빡이고, 월요일 밤이면 매달 바뀌는 12가지 색 조명으로 불을 밝힌다. 또한, 매년 7월 7일과 10월 초에는 각각 여름형과 겨울형 라이트업 색상으로 옷을 갈아입는다.

WEB tokyotower.co.jp/lightup/

도쿄 타워 인생샷 명당 3

어디서 찍느냐에 따라 분위기가 다른 도쿄 타워, 나의 선택은?

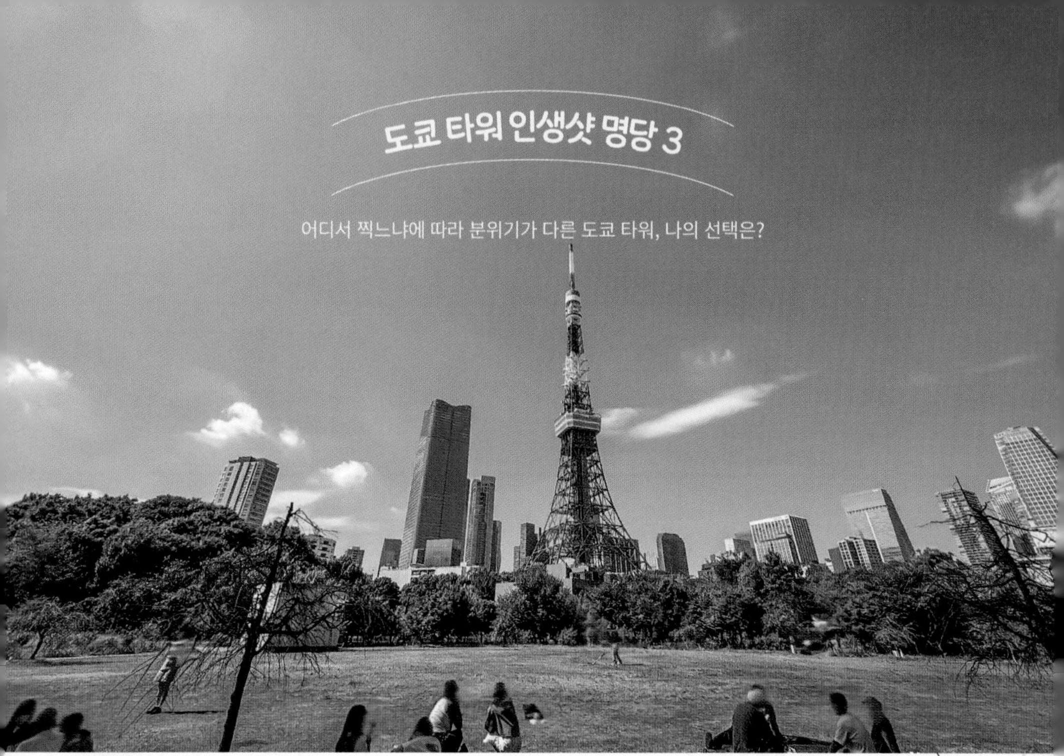

더 프린스 파크타워 도쿄 호텔 뒤쪽의 프린스 시바 공원プリンス芝公園에 앉아서 보는 전망이 베스트!

Point. 1

저스트 라이크 에펠탑

시바 공원 芝公園

도쿄 타워 동쪽에 자리 잡은 넓은 공원. 이곳에서 바라본 도쿄 타워의 모습이 가장 아름다워서 최고의 도쿄 타워 촬영 포인트로 손꼽힌다. 11월 말부터 12월 초에는 단풍이 붉게 물들며, 크리스마스 시즌이면 공원 내 더 프린스 파크타워 도쿄 호텔에서 펼치는 일루미네이션 이벤트도 볼만하다. 본래 조조지 경내에 포함되어 있었는데, 1873년 국가 지정 공원으로 개방됐다. MAP ⑬-A

GOOGLE MAPS 프린스 시바 공원 / 시바 공원 4호지역
OPEN 24시간
WALK 시바코엔역 A4번 출구 바로

드라마 촬영지로 각광받는 시바 공원 4호지芝公園4号地의 풍경

Point. 2 무심한 듯 시크하게 찰칵

아카바네바시 교차로

赤羽橋

아카바네바시역 아카바네바시 출구로 나오자마자 펼쳐지는 5거리도 도쿄 타워 촬영 포인트로 사랑받는다. 도쿄 타워 전망대에서 내려다보이는 '大'자 모양의 거리가 바로 이곳! **MAP ⑬-A**

GOOGLE MAPS akabane bridge
WALK 아카바네바시역 아카바네바시 출구赤羽橋口 바로

전망대에서 내려다본
아카바네바시 교차로

Point. 3 사찰과 타워를 한 프레임에

조조지 增上寺

역사 깊은 사찰 뒤로 높다랗게 솟은 도쿄 타워와 아자부다이 힐스를 한 앵글에 담을 수 있다. 조조지는 에도시대를 연 도쿠가와 이에야스가 귀의한 일본 정토종의 본산으로, 메이지 신궁과 더불어 새해 참배객이 가장 많이 찾는 사찰. 매년 12월 31일 밤에는 타종과 함께 3000개의 풍선을 하늘로 날려 보낸다. 야간에도 경내가 무료로 오픈하므로 자유롭게 들를 수 있다. **MAP ⑬-A**

GOOGLE MAPS 조조지
OPEN 일출~자정(본당 09:00~17:00)
PRICE 무료
WALK 시바코엔역 A4번 출구 4분 / 다이몬역 A6번 출구 5분
WEB zojoji.or.jp

③ 해변 도시에서만 누릴 수 있는 특권
워터스 다케시바
WATERS takeshiba ウォーターズ竹芝

도쿄가 바다에 접한 도시임이 실감 나는 곳이다. 2020년 오픈한 상업시설로, 레스토랑, 카페, 오피스가 들어선 타워 동과 JR 동일본 사계 극장 등 문화시설이 입점한 시어터 동이 나란히 서 있고, 그 사이 바다를 향해 광장과 테라스가 넓게 자리했다. 건물 규모에 비해 입점 매장은 많지 않지만, 오션뷰만큼은 낮의 청량함, 석양, 밤의 라이트업까지 하루 종일 다양한 모습으로 열일 중이다. 한때 도쿄만東京湾에 서식했던 조개류와 갑각류 등 해양생물을 볼 수 있게 조성해둔 작은 개펄도 지나치면 서운한 볼거리. 바다로 나선 기분을 조금 더 내고 싶다면 워터스 다케시바 선착장을 출발하는 배에 올라보자. **MAP ⑬-B**

GOOGLE MAPS waters takeshiba
ADD 1-10-30 Kaigan, Minato City
OPEN 11:00~20:00/가게마다 다름
WALK JR 하마마쓰초역 북쪽 출구北口·(모노레일) 하마마쓰초역 중앙 출구中央口 7분 / (도에이) 다이몬역 B1·B2번 출구 8분 / Ⓤ 다케시바역 1B번 출구 6분
WEB waters-takeshiba.jp

▪ **워터스 다케시바 선착장**
GOOGLE MAPS 워터즈다케시바마에
ADD 1-12-2 Kaigan, Minato City
WALK 워터스 다케시바와 연결

: WRITER'S PICK :
낭만에 몸을 싣고, 워터스 다케시바 선착장

■ **수상 버스**(도쿄 수변라인 운영) 水上バス
관광과 이동을 모두 잡는 꿀템. 다케시바 워터스와 연결된 워터스 다케시바 선착장에서 도쿄 크루즈를 타면 아사쿠사, 오다이바 해변공원으로 갈 수 있다.

PRICE 워터스 다케시바 출발 편도: 오다이바 해변공원 또는 아사쿠사 800엔 / 오다이바 해변공원을 경유해 돌아올 경우: 워터스 다케시바 1400엔, 아사쿠사 2000엔
WEB waters-takeshiba.jp/waterside/#pier

4 바다가 들어온다
하마리큐 정원(하마리큐 온시정원)
浜離宮庭園(浜離宮恩賜庭園)

조경에 진심이었던 에도시대를 대표하는 정원 가운데 하나. 1704년에 조성돼 바쿠후의 사냥터로 이용되다가 수차례의 공사 끝에 지금의 모습이 되었다. 이곳에선 도쿄만으로 흘러 들어가는 조수 연못을 볼 수 있는데, 조수에 따라 수위가 오르내릴 때마다 못 주위의 풍경이 달라진다. 연못 건너편에 자리한 전통 다실 나카노지마 오차야에서 말차와 화과자를 맛보며 풍류를 즐겨보자. 입구는 오테몬구치大手門口와 나카노미카도구치中の御門口 2군데이며, 하마마쓰초나 워터스 다케시바에서 이동한다면 나카노미카도구치가, 신바시·시오도메에서는 오테몬구치가 가깝다. **MAP ⑬-B**

GOOGLE MAPS 하마리큐 정원
ADD 1-1 Hamarikyuteien, Chuo City
OPEN 09:00~17:00/12월 29일~1월 1일 휴무
WALK Ⓤ 시오도메역 동쪽 출구東口·5번 출구 7분 / JR 하마마쓰초역 북쪽 출구北口 15분 / 신바시역 G08·A10번 출구 12분
PRICE 300엔, 초등학생 이하 무료
WEB www.tokyo-park.or.jp/park/format/index028.html

나카노지마 오차야中島の御茶屋에서 즐기는 말차+화과자 세트 850엔

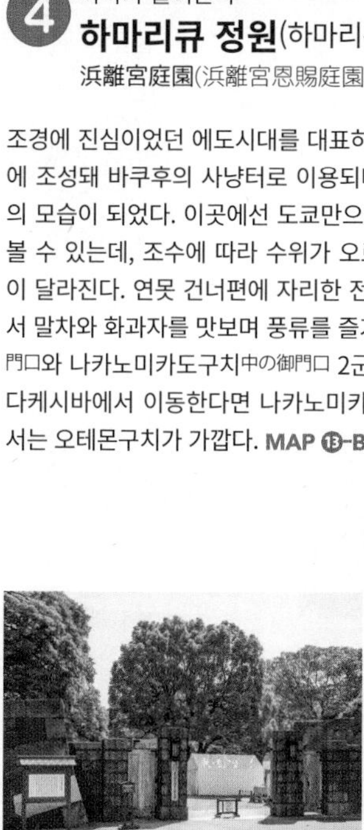
오테몬구치

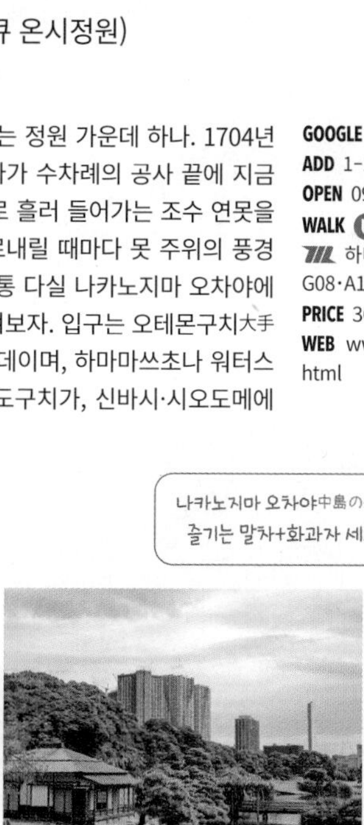

#Plus

지나는 길에 살며시 발도장

신바시 & 시오도메 新橋 & 汐留

북쪽으로 긴자, 남쪽으로 시바다이몬芝大門에 접해 있는 신바시는 마루노우치~시나가와를 잇는 비즈니스·상업 지구이자, 철도 교통의 요지다. 1872년 부설된 일본의 첫 번째 철도 종점으로서 활발하게 개발됐다. 시오도메는 서쪽으로 신바시, 동쪽으로 하마리큐 정원, 북쪽으로 긴자와 맞닿아 있는 면적 25만㎡(축구장 약 35개 규모)의 대규모 복합 상업 지구다. 일부러 찾아갈 만한 곳은 아니지만, 지나는 길에 놓친다면 또 섭섭한 지역이다. 이 지역의 관문인 신바시역과 시오도메역은 오다이바행 모노레일 유리카모메가 출발하는 곳. 아사쿠사~오다이바 히노데산바시 라인의 도쿄 크루즈 일부 노선도 동쪽 하마리큐 선착장浜離宮発着場을 거쳐 간다.

Access

신바시역 新橋

- **JR 야마노테선·게이힌토호쿠선·조반선·도카이도 본선 / 지하철 도쿄 메트로 긴자선·도에이 아사쿠사선**: 카레타 시오도메, 니혼 텔레비전 타워 등 시오도메 방향으로 갈 경우 아사쿠사선 신바시역과 연결된 지하통로를 경유하는 것이 편하다. JR은 시오도메 출구汐留口, 도쿄 메트로 긴자선은 JR 신바시역 방면 개찰구로 나와 도에이 신바시역을 찾아가면 된다.
- **사철 유리카모메**: 시오도메역 방향 2층 연결 데크를 이용하면 니혼 텔레비전 타워로 쉽게 갈 수 있다.

시오도메역 汐留

- **지하철 도에이 오에도선 / 사철 유리카모메**: 유리카모메 서쪽 출구와 오에도선 1·2번 출구가 신바시역과 니혼 텔레비전 타워 방향이다. 카레타 시오도메는 오에도선 6번 출구, 하마리큐 정원은 유리카모메 동쪽 출구 또는 오에도선 10번 출구와 가깝다.

신바시역

신바시역 서쪽 출구 밖 광장에 있는 증기기관차

유리카모메

밤에는 레인보우 브리지가 더 선명하게 보인다.

오다이바로 들어갈 때 신바시역에서 유리카모메를 탔다면 돌아올 땐 시오도메역에서 하차해 대시계 앞으로 돌아가자.

1 무료 전망대가 여기 숨어 있었네!
카레타 시오도메
Caretta Shiodome カレッタ汐留

일본 최대 광고 회사 덴츠電通의 본사 사옥. 총 48층 높이로, 46~47층에 형성된 고급 식당가의 복도와 계단이 무료 전망대 격으로 일반에게 공개되고 있다. 평소 광고와 마케팅에 관심이 있다면 지하 2층에 마련된 광고박물관Ad Museum Tokyo도 흥미로운 공간이다. 일본 광고의 아카이브로, 때때로 기발한 테마의 기획전이 열린다. 입장료는 무료이며, 홈페이지에서 사전 예약제로 운영된다. **MAP ⑩-B**

GOOGLE MAPS 카렛타 시오도메
ADD 1-8-2 Higashishinbashi, Minato City
OPEN 10:00~23:00/광고박물관 화~토 12:00~18:00
WALK 신바시역 1D·2D번 출구 2분 / Ⓤ 신바시역 2층 연결 데크 4분
WEB www.caretta.jp
광고박물관 www.admt.jp

2 미야자키 하야오의 대시계가 째깍째깍
니혼 텔레비전 타워(닛테레 타워)
日本テレビタワー(日テレタワー)

일본의 민영 방송사 니혼 텔레비전(닛폰 테레비, NTV)이 개국 50주년을 기념해 이전해온 곳. 귀퉁이마다 독특한 철골 구조물이 설치된 지상 32층 건물은 카레타 시오도메와 함께 시오도메의 상징과도 같은 존재다. 여행자에게는 미야자키 하야오가 디자인한 대시계가 있어 더욱 반가운 곳. 대시계는 신바시역에서 나와 유리카모메 시오도메역으로 가는 도중, 건물 2층 외벽에 달려 있다. 10:00(토·일요일 한정)·12:00·13:00·15:00·18:00·20:00를 각각 3분 앞둔 시각부터 정시까지 시계 속 부속 장치들이 움직이며 시각을 알려주는 모습이 재미난 볼거리다. 조명이 들어오는 밤도 낮과는 또 다른 분위기. **MAP ⑩-B**

GOOGLE MAPS 니혼 테레비 타워
ADD 1-6-1 Higashishinbashi, Minato City
OPEN 24시간
WALK 신바시역 2D번 출구 1분 / 시오도메역 서쪽 출구西口 2분
WEB ntv.co.jp/shiodome/

3 유럽 정취가 물씬
이탈리아 거리
イタリア街

시오도메 시오사이트 개발 당시 이탈리아를 테마로 조성한 특화 거리. 파스텔톤 빌딩들과 울퉁불퉁한 돌바닥이 어우러져 이국적인 분위기를 물씬 풍기고, 이탈리아, 스페인, 프랑스 등 유럽 요리를 즐길 수 있는 레스토랑도 많다. 매년 11월 23일 근로 감사의 날에는 클래식 카 랠리 이벤트 코파 디 도쿄Coppa di Tokyo가 열린다. 근처(하마리큐 정원 옆)에 이탈리아 공원도 있다. **MAP ⑬-B**

GOOGLE MAPS MQ65+C2 미나토구
ADD 2-9-5 Higashishinbashi, Minato City
WALK 시오도메역 8번 출구 4분 / Ⓤ 시오도메역 서쪽 출구西口 5분

#Walk

즐길 거리로 꽉 찬 인공 섬

오다이바 & 도요스 お台場 & 豊洲

모노레일 유리카모메를 타고 바다를 건너면 인공 섬 오다이바에 입성! "기준!"을 외치는 자유의 여신상 뒤로 무지갯빛 레인보우 브리지와 새빨간 도쿄 타워가 일렬종대로 늘어선다. 대형 쇼핑몰과 실내 엔터테인먼트 시설, 푸른 바다와 반짝이는 야경이 어우러진 이 섬은 마치 거대한 테마파크 같다. 인근 도요스 지역에 도쿄 최대 수산시장과 에도시대 시장 거리를 재현한 관광지, 도시형 온천 등이 들어서며 볼거리가 더 풍성해졌다.

도요스 만요 클럽 14
13 도요스 천객만래
(센캬쿠반라이)
12 도요스 시장
1A 시조마에역
2A
15 팀랩 플래닛 도쿄 DMM
도쿄역
아리아케 테니스노모리역
1 레인보우 브리지
국제전시장역
아리아케역
스몰 월드 도쿄 11
오다이바 해변공원
2
오다이바카이힌코엔역
(오다이바해변공원역)
도쿄 크루즈 선착장
빌즈
5 덱스 도쿄 비치
에그스앤 띵스
자유의 여신상
3
쿠아아이나
4 아쿠아시티 오다이바
도쿄텔레포트역
A
B
6
후지 TV 방송국
수상버스 선착장
2C 2A
다이바역 1A
1C
7 8 유니콘 건담
다이버시티 도쿄 플라자
아오미역
도쿄빅사이트역
10 도쿄 빅사이트
도쿄고쿠사이 크루즈터미널역
일본 과학 미래관
9
0 200m

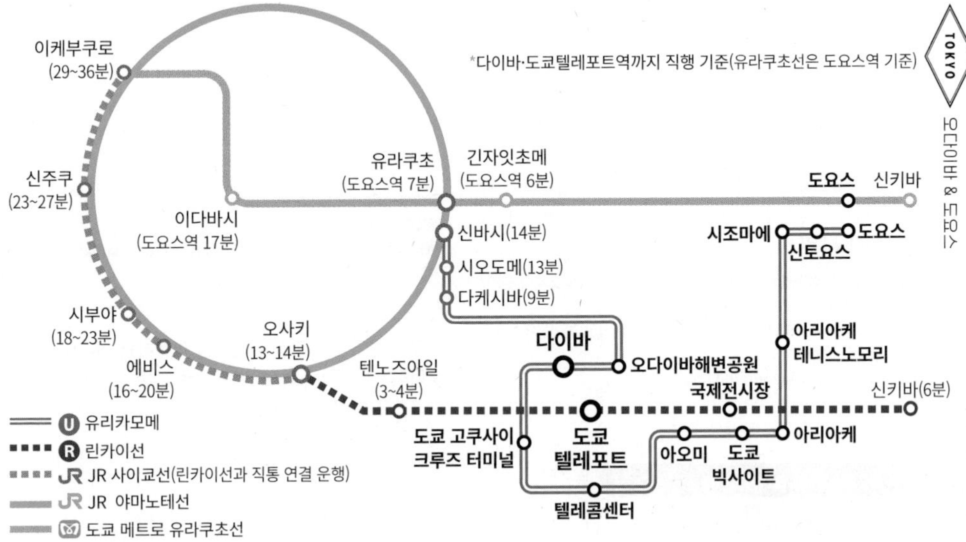
*다이바·도쿄텔레포트역까지 직행 기준(유라쿠초선은 도요스역 기준)
이케부쿠로 (29~36분)
신주쿠 (23~27분)
시부야 (18~23분)
에비스 (16~20분)
오사키 (13~14분)
이다바시 (도요스역 17분)
유라쿠초 (도요스역 7분)
긴자잇초메 (도요스역 6분)
도요스
신키바
신바시(14분)
시오도메(13분)
다케시바(9분)
시조마에
신토요스
도요스
아리아케 테니스노모리
다이바
오다이바해변공원
국제전시장
신키바(6분)
텐노즈아일 (3~4분)
도쿄 고쿠사이 크루즈 터미널
도쿄 텔레포트
아오미
도쿄 빅사이트
아리아케
텔레콤센터
유리카모메
린카이선
JR 사이쿄선(린카이선과 직통 연결 운행)
JR 야마노테선
도쿄 메트로 유라쿠초선

Access

❶ 유리카모메 ゆりかもめ

오다이바와 도요스로 가는 가장 편리한 방법은 신바시역新橋이나 시오도메역汐留, 다케시바역竹芝, 도요스역豊洲 등에서 유리카모메를 타는 것이다. 넓은 창 덕분에 시야가 뻥 뚫린 무인 모노레일이 빌딩 숲을 지나 레인보우 브리지 아래층을 통과할 때면 관광 모노레일을 탄 기분도 든다. 신바시역에서 레인보우 브리지를 건너 오다이바해변공원역까지 약 13분. 운행 시간은 05:45~다음 날 00:30(신바시역 기준).

PRICE 신바시역~오다이바 각 역 330~390엔

오다이바카이힌코엔역(오다이바해변공원역) お台場海浜公園

오다이바 해변공원, 덱스 도쿄 비치와 가깝다.

다이바역 台場

아쿠아시티 오다이바, 후지 TV 방송국, 다이버시티 도쿄 플라자와 가깝다.

신토요스역 新豊洲/**시조마에역** 市場前

팀랩 플래닛 도쿄, 도요스 센캬쿠반라이, 도요스 만요클럽과 가깝다.

❷ 린카이선 りんかい線

배차 간격이 매우 뜸하긴 해도 도쿄 시내 서쪽에서 오다이바를 가는 가장 빠른 방법이다. 이케부쿠로역·신주쿠역·시부야역·에비스역에서 JR 사이쿄선을 타면 오사키역에서 린카이선과 자동 환승(직통 연결 운행) 되어 오다이바까지 한 번에 이동할 수 있다. 도쿄디즈니리조트에서 출발한다면 신키바역에서 내려 린카이선을 이용한다. 단, 린카이선은 도쿄텔레포트역과 국제전시장역(고쿠사이텐지조역)에서만 정차하므로 섬의 구석구석을 돌아보긴 어렵다. 신키바역에서 국제전시장역까지 약 4분, 도쿄텔레포트역까지 약 6분 소요된다. 운행 시간은 05:40~다음 날 00:18(오사키역 기준).

PRICE 신주쿠역~도쿄텔레포트역 520엔, 오사키역~도쿄텔레포트역 340엔/
1일 승차권 730엔, 어린이 370엔

+MORE+

유리카모메를 여러 번 이용한다면?

■유리카모메 1일 승차권
ゆりかもめ 一日乗車券

유리카모메를 3번 이상 타면 이득이다. 도요스 수산시장(시조마에역)에도 유리카모메가 정차하므로 1일 승차권을 이용해 함께 코스를 짜보자. 역 내 자동판매기에서 구매한다.

PRICE 820엔, 어린이 410엔

■오다이바–아리아케 주유패스
お台場一有明快遊パス

발매 당일에 한해 오다이바 8개 역에서 유리카모메를 무제한 이용할 수 있다. 8개 역 내 자동판매기에서 구매한다.

PRICE 500엔, 어린이 250엔

유리카모메

❸ 오다이바 레인보우 버스 お台場レインボーバス

JR 시나가와역 코난 출구港南口(또는 동쪽 출구東口)에서 출발, JR 타마치田町역을 거쳐 레인보우 브리지를 건너는 오다이바 직행 순환버스다. 오다이바 해변공원, 다이바2초메(덱스 도쿄 비치), 후지 TV 등 오다이바 5개 정류장에 정차한 후 다시 시나가와역으로 돌아간다. 차내에서 한국어 안내 방송이 나온다.

HOUR 시나가와역~오다이바 해변공원 약 20분/06:55~22:30 운행/15~20분 간격
PRICE 220엔, 초등학생 100엔(PASMO· Suica 사용 불가)/거스름돈이 없으므로 잔돈 필수
WEB km-bus.tokyo/route/odaiba/

❹ 노선버스

신바시역 긴자 출구銀座口 근처에 있는 1번 정류장에서 시1市1, 시1급행市01急行을 타면 쓰키지 시장을 경유해 도요스 시장까지 간다. 05:02~09:00대에 10~18분 간격, 이후에는 1시간에 2~3대 운행하며, 일요일은 운행 편수가 줄어든다.

PRICE 210엔
WEB www.kotsu.metro.tokyo.jp/bus/noriba/shinbashi.html

❺ 도쿄 크루즈

도쿄 크루즈의 관광용 유람선을 이용하면 아사쿠사에서 오다이바까지 이동과 관광을 모두 잡을 수 있다. 자세한 내용은 370p 참고.

Planning

섬은 넓지만, 주요 볼거리는 유리카모메 오다이바해변공원역과 다이바역 사이에 모여 있다. 일본 미래 과학관이나 스몰 월드, 팀랩 플래닛 도쿄 등 멀리 떨어져 있는 곳까지 방문할 계획이라면 유리카모메 1일 승차권을 이용하는 게 이득이다. 도요스 수산시장이 여행 일정에 있다면 오전에 시장에 들른 후 오다이바로 이동하자. 날씨가 좋은 날은 해변공원을 산책하거나 바다와 야경을 감상하기에 더없이 좋고, 실내 엔터테인먼트 위주로 즐길 계획이라면 궂은날도 의외로 나쁘지 않다.

자유의 여신상 근처에서 멀찍이 바라보는 게 레인보우 브리지 최고의 감상 포인트

레인보우 브리지는 총 2층 구조! 유리카모메를 타면 하층을 통과한다.

① 오다이바의 무지갯빛 상징 레인보우 브리지

レインボーブリッジ

평소엔 하얀빛으로, 연말연시나 이벤트 기간엔 일곱 빛깔 무지개색으로 화려하게 라이트 업되는 다리다. 총길이 3750m에 주탑의 높이가 126m인 초대형 건축물로, 진도 8의 강진에도 거뜬하게 설계되었다. 30분 소요란 말에 엄두가 나진 않지만, 철로 곁에는 보행자 전용 도로(레인보우 프롬나드)도 있다. MAP ⓬-A

GOOGLE MAPS 레인보우 브리지
OPEN 레인보우 프롬나드 09:00~21:00(11~3월 10:00~18:00)/매달 셋째 월요일(공휴일은 다음 날), 연말연시, 불꽃축제·강풍 등 기상 상황에 따라 휴무
WALK Ⓤ 오다이바해변공원역(오다이바카이힌코엔역) 2A번 출구 7분 / Ⓡ 도쿄텔레포트역 A번 출구 10분

낮에도 밤에도 반짝반짝

2 오다이바 해변공원

お台場海浜公園

도쿄 현지인들의 피크닉 장소이자 윈드서퍼들의 놀이터로 사랑받는 오다이바 입구의 인공 해변. 1.2km가량 이어지는 모래사장에서 바라보는 도쿄 타워와 레인보우 브리지의 야경이 아름답다. **MAP ⑫-B**

GOOGLE MAPS 오다이바 해변공원
WALK Ⓤ오다이바해변공원역(오다이바카이힌코엔역) 2A번 출구 3분 / Ⓡ 도쿄텔레포트역 A번 출구 6분

뉴욕, 파리 말고 도쿄에도 있다네

3 자유의 여신상

自由の女神像

뉴욕 자유의 여신상의 8분의 1 축소판. 1998년 프랑스가 일본과의 우호의 상징으로 파리에 있던 자유의 여신상을 도쿄로 옮겨와 전시한 적이 있는데, 임대 기간이 끝나 본국으로 돌려보낸 뒤 프랑스로부터 정식 복제 허가를 받아 동일 크기로 제작해 이 자리에 세웠다. 자유의 여신상-레인보우 브리지-도쿄 타워를 한눈에 담을 수 있는 여신상 앞은 언제나 북적북적. **MAP ⑫-B**

GOOGLE MAPS 오다이바 자유의 여신상
WALK Ⓤ 다이바역 2A번 출구 3분 / Ⓡ 도쿄텔레포트역 B번 출구 13분

: WRITER'S PICK :

자유의 여신상이 왜 파리와 도쿄에?

뉴욕의 상징인 <자유의 여신상>은 프랑스가 미국의 독립 기념 100주년 축하 선물로 제작한 조각상이다. 프랑스 조각가 바르톨디가 머리만 만들어 1878년 파리 만국 박람회 때 전시한 후 모금을 통해 나머지를 완성해 미국으로 보냈다. 그로부터 3년 뒤 프랑스에 거주하는 미국인의 주도로 프랑스 대혁명 100주년을 기념하는 복제품을 만들어 파리의 센강에 세웠고, 이후 도쿄에도 세워졌다.

4
인기 브랜드에 맛집까지! '요주의' 쇼핑몰

아쿠아시티 오다이바

Aqua City Odaiba

도쿄 라멘 국기관

자유의 여신상이 있는 여신의 테라스와 연결돼 항상 북적이는 쇼핑몰. 오니츠카 타이거, 아디다스, 리바이스 등의 브랜드숍과 플라잉 타이거 코펜하겐, 디즈니 스토어, 토이저러스·베이비저러스, 팝 마트 등의 잡화점 및 완구·굿즈 전문 매장, 쿠아아이나, 에그스앤 띵스 등 전망 좋은 음식점이 포진하고 있다. 5층에는 일본 전역에서 엄선한 라멘집 6곳이 한자리에 모인 도쿄 라멘 국기관東京ラーメン国技館이 들어섰다. 후쿠오카(하카타), 삿포로처럼 라멘으로 유명한 지역 출신 가게를 찾거나, 돼지 뼈(돈코츠), 닭 뼈(토리가라) 등 입구에 적힌 육수 등의 설명을 읽고 골라 가는 것이 요령이다. **MAP ⑫-B**

GOOGLE MAPS 아쿠아시티 오다이바
ADD 1-7-1 Daiba, Minato City
OPEN 11:00~21:00(레스토랑 ~23:00)/가게마다 다름
WALK Ⓤ 다이바역 2A번 출구 2분 / Ⓡ 도쿄텔레포트역 B번 출구 9분
WEB aquacity.jp

5
게임도 즐기고, 타코야키도 먹고

덱스 도쿄 비치

Decks Tokyo Beach

쇼핑, 카페, 엔터테인먼트 시설을 갖춘 실내형 멀티 플레이스. 시사이드 몰과 아일랜드 몰 두 동으로 나뉘어져 있고, 3~5층에 두 동을 잇는 연결 데크가 있다. 쇼핑몰보다는 테마파크에 더 잘 어울리는 곳으로, 다이바 잇초메 상점가, 도쿄 조이폴리스, 레고랜드 등 엔터테먼트 시설이 입점했다. 출출해지면 타코야키의 고장 오사카에서 이름을 날린 타코야키 유명 맛집 5곳이 모여 있는 타코야키 뮤지엄(시사이드 몰 4층)을 찾아보자. **MAP ⑫-B**

GOOGLE MAPS 덱스 도쿄 비치
ADD 1-6-1 Daiba, Minato City
OPEN 11:00~21:00
WALK Ⓤ 오다이바해변공원역 2C번 출구 2분 / Ⓡ 도쿄텔레포트역 A번 출구 6분
WEB odaiba-decks.com

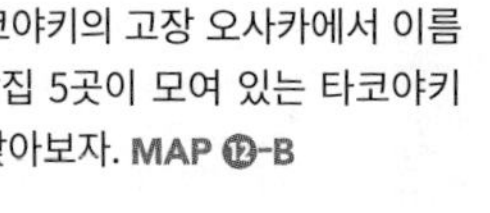

타코야키 뮤지엄

6
전망대를 품은 미래형 건물

후지 TV 방송국

フジテレビ本社ビル

도쿄 도청을 디자인한 겐조가 설계한 미래적인 디자인의 건축물. 맨 위에 놓인 반구형 구조물이 시선을 사로잡는다. 1층 튜브형 에스컬레이터가 전망대 하치타마はちたま 매표소가 있는 7층을 연결하고, 25층에는 도쿄를 270° 내려다볼 수 있는 전망대가 있다. 그 외 여행객이 관람할 수 있는 곳은 24층 후지 TV의 인기 프로그램 '메자마시 테레비'에서 사용했던 스튜디오, 5층 후지 TV 갤러리, 1층 굿즈숍 등이다. 해 질 무렵부터 밤 11시까지 건물 외벽을 비추는 일루미네이션 오로라가 하이라이트. **MAP ⑫-B**

GOOGLE MAPS 후지테레비방송국
ADD 2-4-8 Daiba, Minato City
OPEN 전망대 10:00~18:00(기념품숍·방송 세트장 ~17:00)/월요일(공휴일은 다음 날) 휴무
PRICE 전망대 800엔, 초등·중학생 500엔
WALK Ⓤ 다이바역 1A번 출구 3분 / Ⓡ 도쿄텔레포트역 B번 출구 7분
WEB www.fujitv.co.jp/gotofujitv

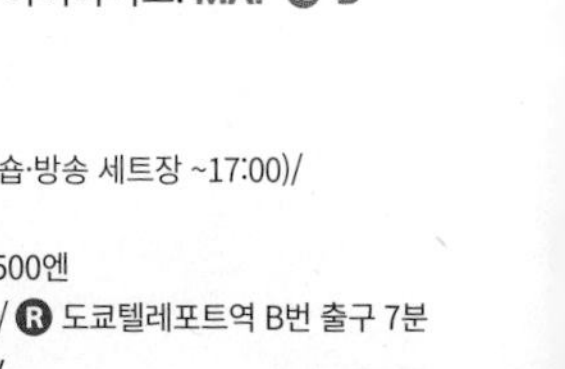
하치타마 전망대에서 내려다본 도쿄 풍경

덱스 도쿄 비치 인기 엔터테인먼트

Build and Test Zone

Point. 1 레고랜드 디스커버리 센터
LEGOLAND Discovery Center 東京

중학생(만 15세) 이하의 일행을 동반해야 입장할 수 있는 키즈 카페 스타일의 레고 체험관. 레고 캐릭터가 등장하는 4D 영화를 보고, 직접 조립한 레고 자동차로 레이싱도 할 수 있다.

GOOGLE MAPS 레고랜드 오다이바
ADD 덱스 도쿄 비치 아일랜드 몰 3층
OPEN 10:00~18:00
PRICE 온라인 예매권 2350~3350엔(현장 구매 불가)
WEB legolanddiscoverycenter.com/tokyo

Point. 2 도쿄 조이폴리스
Tokyo Joypolis

SEGA에서 운영하는 일본 최대 규모의 실내형 테마파크. 게임 회사의 아이디어가 고스란히 녹아 있는 카레이싱·급류타기 버추얼 시뮬레이터, 격류, 고공낙하, 공포 체험관, 후룸라이드 등 다양한 놀이시설이 본전 생각을 잊게 만든다. 패스포트 구매 시 입장료와 20종의 어트랙션 이용이 무제한!

GOOGLE MAPS 도쿄 조이폴리스
ADD 덱스 도쿄 비치 시사이드 몰 3~5층
OPEN 10:00~20:00
PRICE 입장료 1200엔, 초등·중·고등학생 900엔(어트랙션 이용 요금 별도)/1일 패스포트 5000엔, 초등·중·고등학생 4000엔/나이트 패스포트 4000엔, 초등·중·고등학생 3000엔
WEB tokyo-joypolis.com

Point. 3

다이바 잇초메 상점가
台場一丁目商店街

1960~70년대 도쿄의 풍경과 시민들의 생활상을 재현한 공간이다. 툇마루가 있는 가정집, 학교 앞에서 사 먹던 불량식품, 팩맨·슈퍼마리오·스트리트 파이터 게임기가 우리의 추억까지 소환한다.

GOOGLE MAPS 다이바잇쵸메 상점가
ADD 덱스 도쿄 비치 시사이드 몰 4층
OPEN 11:00~21:00

Diver City Tokyo Plaza
ROUND1
UNI QLO
COACH
GU
H&M
adidas

구루메 스타디움

가네코 한노스케의 에도마에 텐동
江戸前天丼 1540엔(구루메 스타디움)

7 건담 마니아가 이곳을 좋아합니다

다이버시티 도쿄 플라자

Divercity Tokyo Plaza

'극장형 도시 공간'이라는 콘셉트로 쇼핑과 오락, 휴식, 감동을 느낄 수 있도록 구성된 복합 쇼핑몰. 하지만 사람들이 이곳을 찾는 절대적인 이유는 건담, 또 건담이다. 유니콘 건담이 서 있는 페스티벌 광장이 쇼핑몰 2층과 연결된다. 쇼핑몰 안에는 건담 베이스 도쿄, 라운드 원 스타디움이 있어 시간 가는 줄 모른다. 2층에는 880석 규모의 대형 푸트코트인 구루메 스타디움이 있다. **MAP ⑫-B**

GOOGLE MAPS 다이바시티 도쿄프라자
ADD 1-1-10 Aomi, Koto City
OPEN 11:00~20:00(토·일 ~21:00)
WALK Ⓤ 다이바역 1A번 출구 6분 / Ⓡ 도쿄텔레포트역 B번 출구 5분
WEB mitsui-shopping-park.com/divercity-tokyo

8 오다이바는 내가 지킨다!

유니콘 건담

Unicorn Gundam

건담 시리즈 방송 30주년을 기념하는 2009년, 오다이바 페스티벌 광장에 실물 크기의 건담이 등장한 데 이어 2017년 9월, RX-78-2 건담이 가고 유니콘 건담이 왔다. 더욱 높아진 21.7m. 유니콘 건담 모형 앞에서 '#오다이바건담'은 필수다. 11:00~17:00에는 2시간 간격, 19:00~21:30에는 30분 간격으로 변신한다. **MAP ⑫-B**

GOOGLE MAPS 실물크기 유니콘 건담
ADD 다이버시티 도쿄 플라자 2층과 연결된 페스티벌 광장
WALK Ⓤ 다이바역 1A번 출구 6분 / Ⓡ 도쿄텔레포트역 B번 출구 8분

다이버시티의 볼거리

Point. 1 건담 베이스 도쿄
The Gundam Base Tokyo

일본 최대 규모의 건프라 종합 시설. 1980년 최초의 건프라부터 신상, 한정판까지 약 2000종의 상품과 1500점의 전시물이 건담 마니아의 가슴을 설레게 한다. 현재 판매 중인 건프라 한정판은 홈페이지에서 확인하자.

GOOGLE MAPS 건담베이스 도쿄 오다이바
ADD 다이버시티 도쿄 플라자 7층
OPEN 11:00~20:00(토·일·공휴일 10:00~21:00)
WEB www.gundam-base.net

Point. 2 라운드 원 스타디움
Round 1 Stadium

원피스, 드래곤볼, 도라에몽, 헬로키티 등 인형뽑기 기계가 가득한 게임 센터. 가라오케, 볼링, 당구, 다트 및 어린이 전용 세그웨이, 밸런스 스쿠터 등의 시설도 갖췄다. 일본 애니메이션 캐릭터를 좋아한다면 탕진 주의!

GOOGLE MAPS 오다이바 round 1 stadium
ADD 다이버시티 도쿄 플라자 6층
OPEN 08:00~다음 날 06:00(토요일 24시간)
WEB www.round1.co.jp

ROUND1

Point. 3 아쿠와리움 가☆쿄
アク和リウムGA☆KYO

수조에 일본 와和풍의 현란한 연출을 더한 아쿠아리움. 물고기가 주인공이고 수조는 배경일 뿐인 일반적인 수족관과 달리 이곳은 분재, 만화경, 용궁으로 꾸며진 수조가 물고기 못지않은 볼거리다. 가장 힘을 실은 테마는 오다이다 바다 속에 있다고 전해지는 전설 속 용궁이라고.

GOOGLE MAPS aquarium gakyo
ADD 다이버시티 도쿄 플라자 3층
OPEN 11:00~20:00(토·일 ~21:00)
PRICE 1500엔, 초등학생 800엔
WEB uws-gakyo.com

GA☆KYO

케파란

9 우주에서 바라본 지구는 이런 모습!

일본 과학 미래관

日本科学未来館

우주비행사 출신의 관장이 우주에서 본 지구를 보여주고 싶어 기획한 지름 6m짜리 지구 모형 '지오 코스모스'가 있는 곳. 1만 개 이상의 LED 패널이 인공위성에서 촬영한 지구를 보여준다. 2023년 11월 공개된 일본 과학 미래관의 마스코트 로봇 케파란은 상설전시장 '헬로! 로봇'에서 만날 수 있다. 기본 입장료는 무료지만, 상설전이나 특별전은 입장권을 구매해야 한다. **MAP ⑫-B**

GOOGLE MAPS 일본 과학 미래관
ADD 2-3-6 Aomi, Koto City
OPEN 10:00~17:00/화요일(공휴일은 오픈)·연말연시 휴무
PRICE 630엔, 18세 이하 210엔(특별전 별도)/
돔 시어터 포함 940엔, 18세 이하 310엔/예약 권장
WALK Ⓤ 텔레콤센터역 1B번 출구 5분
WEB www.miraikan.jst.go.jp

10 일본 최대 국제 전시센터

도쿄 빅사이트

東京ビックサイト

외관이 인상적인 초대형 컨벤션 센터. '도쿄 모터쇼' '코믹마켓' '국제 선물용품전' 등 굵직굵직한 전시나 회의가 열린다. 8층에는 무료 전망 로비와 레스토랑, 카페 등도 있다. 매년 8월과 12월 코믹마켓 기간에는 새벽부터 인산인해를 이룬다. **MAP ⑫-B**

GOOGLE MAPS 도쿄빅사이트
ADD 3-11-1 Ariake, Koto City
OPEN 08:00~20:00
WALK Ⓤ 도쿄빅사이트역 2B번 출구 /
Ⓡ 국제전시장역 7분
WEB bigsight.jp

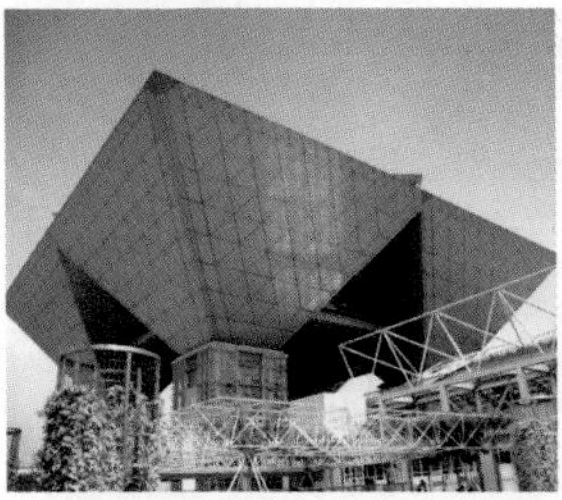

11

커다랗고 커다란 미니어처 세상

스몰 월드 도쿄

Small World Tokyo

이 세상을 80분의 1 크기로 줄인 세계 최대급의 실내형 미니어처 테마파크. 우주센터, 지구촌, 에반게리온 등 6개 테마로 나뉜 미니어처를 축구장 면적과 비슷한 약 8000m^{2}의 공간에 펼쳐놓았다. 정교하게 만들어진 도시는 교통신호에 따라 자동차가 주행하는 등 사실감에 힘을 주었고, 일정 시각마다 조명을 바꿔 낮-저녁-밤을 연출해 풍부한 볼거리를 제공한다. 기념품 코너에서는 나의 모습을 미니어처로 만들 수 있다. **MAP ⑫-A**

GOOGLE MAPS 스몰 월드 도쿄
ADD 1-3-33 Ariake, Koto City(2층)
OPEN 09:00~19:00
WALK Ⓤ 아리아케테니스노모리역 1A번 출구 3분
PRICE 3200엔, 중·고등학생 2100엔, 초등학생 이하 1700엔
WEB www.smallworlds.jp

small worlds
TOKYO

12 도쿄 어시장의 새 얼굴

도요스 시장

豊洲市場

83년간 도쿄 어시장의 대명사로 불렸던 쓰키지 시장의 장내시장이 2018년 10월 도요스로 이전했다. 쓰키지 시장에 있을 때와 다르게 상인과 일반인의 구역 구분이 없어 누구든 자유롭게 경매 장면을 구경할 수 있으며, 한층 위생적이고 쾌적한 실내 환경을 갖췄다. 위치는 예전보다 찾아가기 번거로워졌지만, 쓰키지 시장에서 옮겨간 명물 스시집들만 생각해봐도 새벽차에 몸을 싣고 도요스로 향할 이유는 충분하다. MAP ⑫-A

GOOGLE MAPS 도요스 시장
ADD 6-6-1 Toyosu, Koto City
OPEN 05:00~15:00/일·수요일·공휴일·연말연시 휴무
WALK Ⓤ 시조마에역 1A·2A번 출구와 연결

豊洲市場

+MORE+

도요스 시장의 역대급 초밥 오마카세

한 점씩 스시를 내주는
오마카세 세트
5500엔

오마카세 세트 6600엔

긴 기다림을 보상해줄 맛있는 스시
스시 다이 寿司大

자타공인 도요스 제일의 스시 맛집. 새벽부터 줄을 서기 시작해 거의 오전 중에 그날 판매분이 모두 마감된다. 다행히 마냥 서서 기다려야 하는 건 아니고, 도착한 순서에 따라 직원에게 입장 가능 시각을 안내받은 다음 그 때에만 맞춰서 들어가면 된다. 조금이라도 덜 기다리고 싶다면 오픈 전에 도착해 아침 6시에 시작되는 첫 회전에 입장하는 것이 팁이다. 준비된 메뉴는 단 하나, 오마카세 세트. 계절별로 제일 맛있고 날짜별로 제일 좋은 생선이 재료로 오른다. 그저 주방장에게 내 모든 아침을 맡겨보자.

寿司大
寿司大

GOOGLE MAPS 스시다이 도요스
ADD 6-5-1 Toyosu, Koto City
OPEN 06:00~14:00/일·수요일·공휴일·새해 연휴 휴무
WALK 6블록 3층 식당가

나도 있네! 둘째가라면 서러울 스시
다이와 스시 大和寿司

쓰키지 수산시장 시절부터 스시 다이와 라이벌 구도를 이뤘던 집. 맛과 서비스는 스시 다이가, 회전율에서는 다이와 스시가 우세하다는 평이었는데, 도요스로 옮긴 뒤 회전율이 더욱 높아졌다. 그래도 어느 정도 웨이팅은 필수다. 구글맵과 다이와 스시 인스타그램에 예약 사이트가 링크돼 있지만, 온라인 예약마저도 쉽진 않다. 기본 메뉴는 오마카세 세트로, 그날 들어온 신선한 재료로 즉석에서 스시를 쥔다.

大和寿司
大和寿司

GOOGLE MAPS 다이와 스시
ADD 6-3-2 Toyosu, Koto City
OPEN 06:00~13:00/일·수요일·공휴일·새해 연휴 휴무
WALK 5블록 청과동 건물 밖 작은 식당가 건물 1층
INSTA @daiwazushi

천객만래 어워즈 1등,
Specialty Rice Bowl 2900엔

10층 옥상 족욕장

ⓒ東京 豊洲 万葉倶楽部

13 시장 옆 새로운 명소
도요스 천객만래(센캬쿠반라이)
豊洲 千客万来

에도시대 거리를 재현한 상업시설. '천명의 손님이 만 번 온다'는 뜻으로, 2024년 오픈했다. 1층은 테이크아웃 점포 위주이고 2층은 푸드코트로 돼 있는데, 도요스 시장의 장외시장이라 주메뉴는 해산물이다. 도쿄에서 옛 감성을 느끼기에는 좋은 곳이지만, 음식값은 다소 비싼 편이다. **MAP ⑫-A**

GOOGLE MAPS 천객만래
ADD 6-5-1 Toyosu, Koto City
OPEN 10:00~22:00
WALK Ⓤ 시조마에역 1A번 출구 1분
WEB www.manyo.co.jp/toyosu-leasing230209/

14 도심에서 하코네 온천을 즐겨볼까?
도요스 만요 클럽
東京 豊洲 万葉倶楽部

천객만래에 자리 잡은 도심형 온천. 도쿄만을 바라보며 하코네와 유가와라 온천에서 운반해온 온천수에 몸을 담가보자. 수건, 어메니티, 관내복이 요금에 포함돼 있어 몸만 가면 끝! 암반욕, 릴렉스룸 등 다양한 시설이 있고 돈부리, 라멘, 카레부터 뷔페까지 식사 선택의 폭도 넓다. 옥상 족욕장은 야경 명소이며, 심야 요금을 내면 하룻밤 머물기에도 제격이다. 8층에는 무료 족욕장이 있다. **MAP ⑫-A**

GOOGLE MAPS 도요스 만요 클럽
ADD 6-5-1 Toyosu, Koto City(7층 프론트)
OPEN 24시간
PRICE 3850엔, 초등학생 2000엔, 3세~미취학 아동 1400엔/심야(03:00~) 3000엔(3세~초등학생 1500엔) 추가
WALK Ⓤ 시조마에역 1A번 출구 2분
WEB tokyo-toyosu.manyo.co.jp

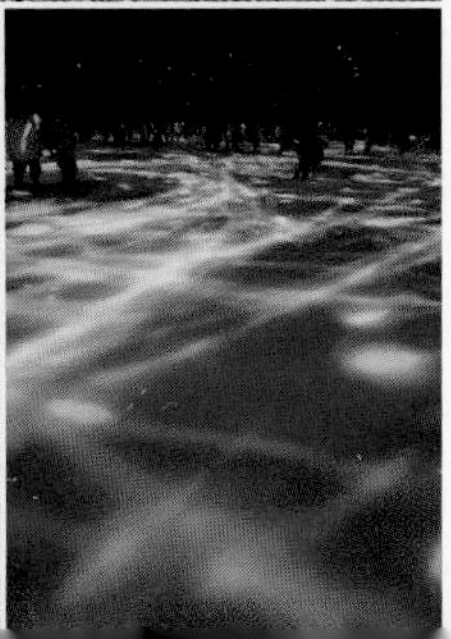

15 나와 예술이 하나 되는 공간
팀랩 플래닛 도쿄 DMM
チームラボプラネッツ TOKYO DMM

관객이 작품 속으로 들어가 걷고 만지는 감각을 통해 예술을 체험하는 디지털 아트 팀랩의 대표작 중 하나. 2018년 한시적으로 오픈한 후, 큰 사랑을 받으며 연장을 거듭해 지금까지 이어지고 있다. 물이 흐르는 공간을 맨발로 걸으면서 다양한 빛의 변화를 감상하다 보면, 나와 작품이 하나가 된 듯한 몰입감에 사로잡힌다. 2024년 7월, 단일 전시로 370만 명이라는 최다 관객 방문 기록을 세우며 기네스북에 등재됐다. **MAP ⑫-A**

GOOGLE MAPS 팀랩플래닛
ADD 6-1-16 Toyosu, Koto City
OPEN 09:00~22:00
PRICE 3600엔~, 중·고등학생 2700엔~, 4~12세 1700엔~/시즌에 따라 다름
WALK Ⓤ 신토요스역 A1번 출구 1분
WEB www.teamlab.art/jp/e/planets/

teamLab
TOKYO
DMM.com

여기가 바로 오다이바 뷰 맛집

바다 전망 레스토랑

식사 내내 눈앞에 새파란 도쿄 앞바다가 펼쳐지는 곳.
이런 뷰와 함께라면 뭘 먹어도 좋지 아니한가!

하와이에서 온 소문난 수제 버거

쿠아아이나

KuaʻAina

문을 열자마자 가장 먼저 할 일! 창가 자리를 스캔할 것. 도쿄 시내 몇 곳의 지점을 두고도 우리는 이곳 뷰를 포기하지 못해 오다이바에 왔다. 하와이에 본점을 둔 햄버거 전문점으로, 하와이에서 직접 공수한 100% 소고기 패티를 용암석에 구워 촉촉함이 남다르다. **MAP ⑫-B**

GOOGLE MAPS 쿠아 아이나 아쿠아 시티
ADD 아쿠아시티 오다이바 4층
OPEN 11:00~22:00
WEB kua-aina.com

아보카도 버거 1170엔
+ 런치 세트 450엔 추가
(감자튀김+음료)

KUA 'AINA

맛도 양도 아메리칸 스타일

에그스앤 띵스

Eggs'n Things

역시 하와이에서 온 캐주얼 레스토랑. 언제 어느 시간에 찾아도 늘 브렉퍼스트 타임이다. 토핑이 듬뿍 담긴 푸짐한 한 접시는 보는 것만으로도 배가 불러온다. 하라주쿠(209p), 긴자, 요코하마 등에도 지점이 있다. 구글맵에서 예약 가능. **MAP ⑫-A**

GOOGLE MAPS 에그스앤 띵스 아쿠아시티
ADD 아쿠아시티 오다이바 3층
OPEN 09:00~22:00
WEB eggsnthingsjapan.com/odaiba

에그 베네딕트 1518엔~

Eggs'n Things
Eggs'n Things

호주 사람들의 최애 팬케이크

빌즈

Bills

호주에서 온 올데이 브런치 레스토랑. 뉴욕타임스는 이곳의 스크램블 에그를 두고 '세계 제일의 달걀 요리'라 극찬했다. 시그니처 메뉴인 리코타 핫케이크(팬케이크)는 머랭과 리코타 치즈를 넣어 폭신폭신하다. 구글맵에서 예약 가능. **MAP ⑫-A**

GOOGLE MAPS 빌스 오다이바
ADD 덱스 도쿄 비치 시사이드 몰 3층
OPEN 09:00~21:00
WEB billsjapan.com/jp

리코타 핫케이크 2000엔

bills

아사쿠사 & 도쿄 스카이트리

浅草 & 東京スカイツリー

우에노

上野

#템플타임 #부에노우에노

#SensationalSkytree

#Walk

도쿄의 어제와 오늘이 만나는 곳

아사쿠사 & 도쿄 스카이트리

浅草 & 東京スカイツリー

메트로폴리탄 도쿄에서 가장 일본적인 색채를 간직하고 있는 곳. 1400년 역사의 사찰 센소지와 시대극의 배경지였을 것만 같은 상점가들, 길거리 음식엔 녹차·당고·모찌가 빠질 수 없고, 어쩌다 마주친 기모노 입은 여성이 자연스럽게 느껴진다. 그러나 이 오래된 풍경 뒤로는 세상에서 가장 높은 타워인 도쿄 스카이트리가 하늘을 향해 뻗어 있나니! 매일이 어제 같기만 했던 아사쿠사에도 조금씩 변화의 새 물결이 밀려오고 있다.

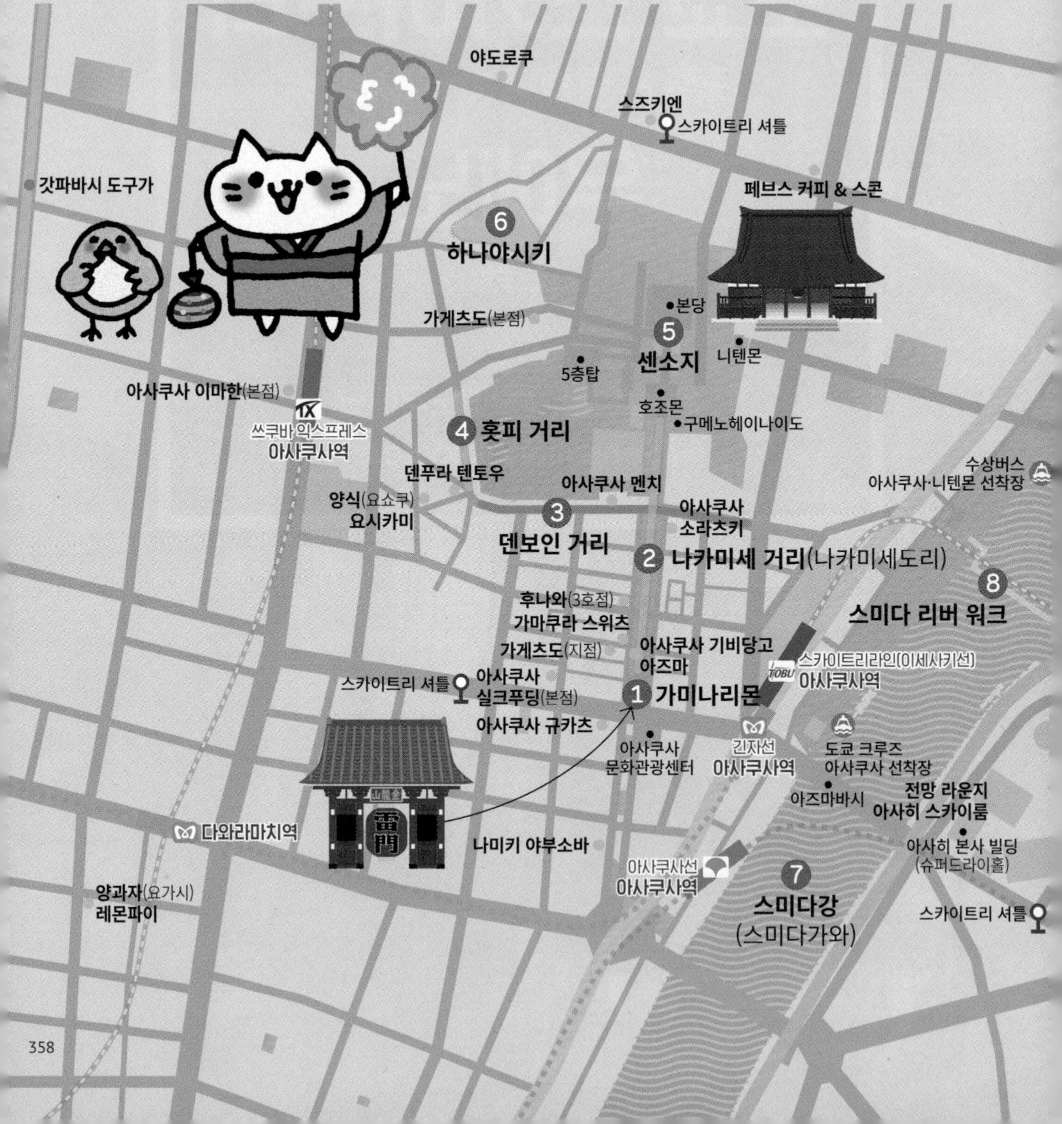

야도로쿠
스즈키엔
스카이트리 셔틀
갓파바시 도구가
페브스 커피 & 스콘
6 하나야시키
본당
가게츠도(본점)
5 센소지
니텐몬
5층탑
아사쿠사 이마한(본점)
호조몬
쓰쿠바 익스프레스 아사쿠사역
4 홋피 거리
구메노헤이나이도
덴푸라 텐토우
수상버스 아사쿠사·니텐몬 선착장
아사쿠사 멘치
양식(요쇼쿠) 요시카미
3 덴보인 거리
아사쿠사 소라츠키
2 나카미세 거리(나카미세도리)
8 스미다 리버 워크
후나와(3호점)
가마쿠라 스위츠
가게츠도(지점)
아사쿠사 기비당고
아즈마
스카이트리라인(이세사키선) 아사쿠사역
스카이트리 셔틀
아사쿠사 실크푸딩(본점)
1 가미나리몬
아사쿠사 규카츠
아사쿠사 문화관광센터
긴자선 아사쿠사역
도쿄 크루즈 아사쿠사 선착장
아즈마바시
전망 라운지 아사히 스카이룸
다와라마치역
나미키 야부소바
아사히 본사 빌딩 (슈퍼드라이홀)
아사쿠사선 아사쿠사역
7 스미다강 (스미다가와)
양과자(요가시) 레몬파이
스카이트리 셔틀

Planning

오직 센소지만 방문할 예정이라면 시간대에 구애받을 필요는 없다. 더러는 한적하게 산책하거나 사진을 담기 위해 붐비지 않는 이른 시간에 찾는 이들도 있는 편이다. 하지만 스카이트리, 그것도 야경 감상이 여행에 포함된다면 이야기가 달라진다. 오후에 아사쿠사 먼저 들러보고 해지기 전 스카이트리로 이동해 석양부터 야무지게 감상하자.

: WRITER'S PICK :

모두의 시선을 한 몸에! 인력거 투어 人力車

젊고 유쾌한 인력거꾼이 끄는 인력거를 타고 아사쿠사를 돌아보자. 가미나리몬과 덴보인 거리 주변을 둘러보는 12분짜리 맛보기 코스부터, 스카이트리를 돌고 오는 2시간 심층 코스까지 다양하게 준비돼 있다. 인력거꾼들은 주로 가미나리몬 근처에 집결해 있으며, 인터넷 예약도 가능하다.

GOOGLE MAPS ebisuya asakusa
OPEN 09:30~일몰
WEB www.ebisuya.com

인력거 타고 아사쿠사 한 바퀴~

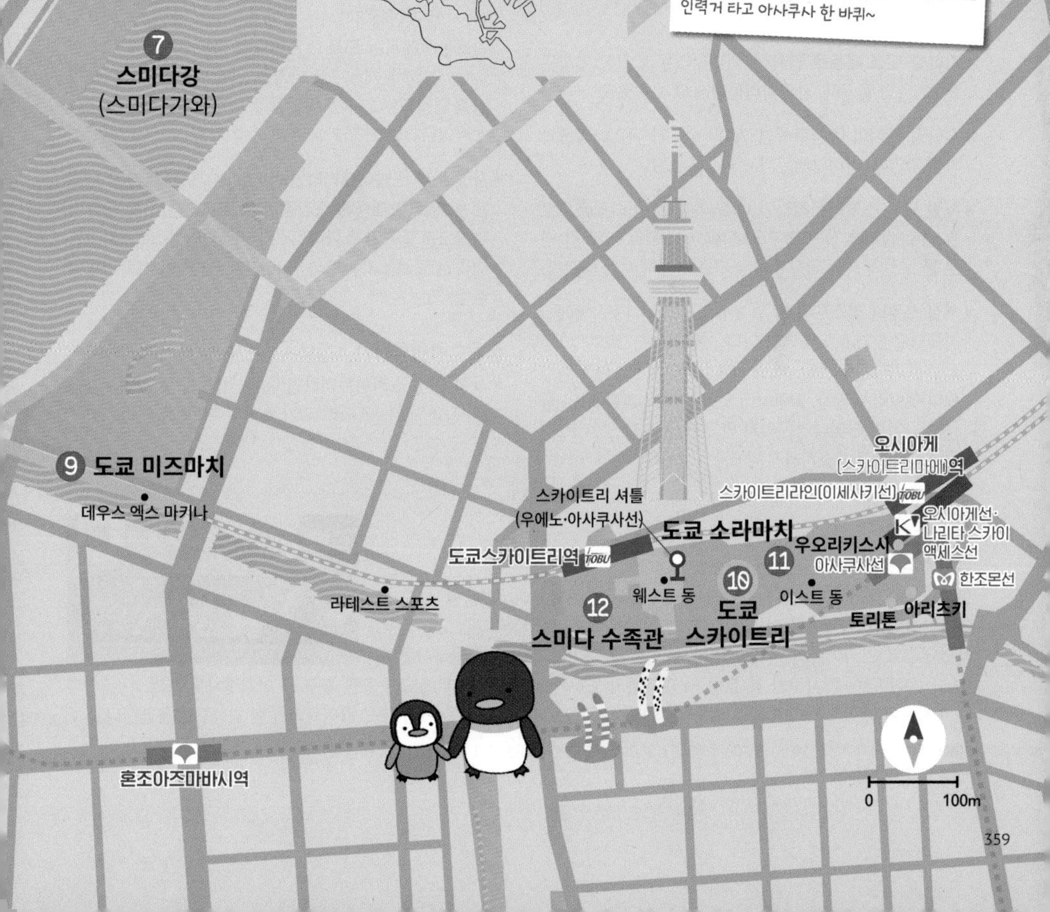
도쿄역
7
스미다강
(스미다가와)
9 도쿄 미즈마치
데우스 엑스 마키나
라테스트 스포츠
스카이트리 셔틀
(우에노·아사쿠사선)
도쿄 소라마치
도쿄스카이트리역
웨스트 동
10 도쿄 스카이트리
11 우오리키스시
이스트 동
12 스미다 수족관
오시아게
(스카이트리마에)역
스카이트리라인(이세사키선)
오시아게선·나리타 스카이 액세스선
아사쿠사선
한조몬선
토리톤
아리츠키
혼조아즈마바시역
0
100m

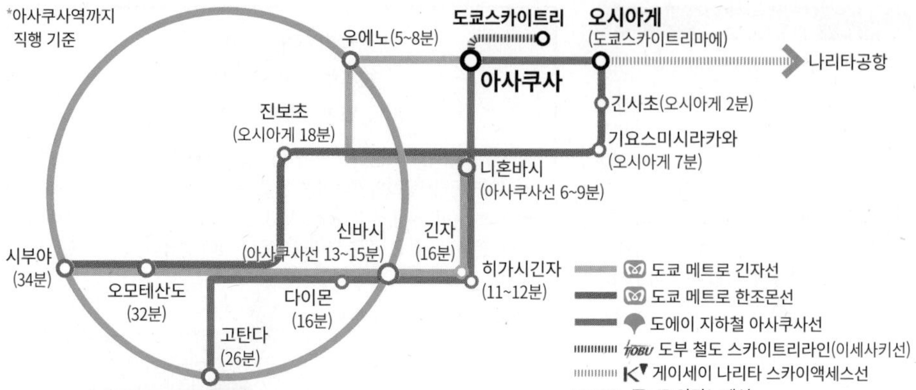
*아사쿠사역까지
직행 기준
도쿄스카이트리
오시아게
(도쿄스카이트리마에)
우에노(5~8분)
아사쿠사
나리타공항
긴시초(오시아게 2분)
진보초
(오시아게 18분)
기요스미시라카와
(오시아게 7분)
니혼바시
(아사쿠사선 6~9분)
신바시
(아사쿠사선 13~15분)
긴자
(16분)
시부야
(34분)
히가시긴자
(11~12분)
오모테산도
(32분)
다이몬
(16분)
고탄다
(26분)
도쿄 메트로 긴자선
도쿄 메트로 한조몬선
도에이 지하철 아사쿠사선
TOBU 도부 철도 스카이트리라인(이세사키선)
게이세이 나리타 스카이액세스선
JR JR 야마노테선

Access

❶ 지하철·사철

아사쿠사역 浅草

도쿄 메트로, 도에이 지하철, 쓰쿠바 익스프레스(수도권 신도시 철도), 도부 철도 4개 회사에서 각기 다른 역사를 운영한다. 따라서 아사쿠사를 오갈 때는 '어떤 열차 회사의 어떤 노선'인지를 함께 기억해야 한다.

- **지하철 도쿄 메트로 긴자선**: 가미나리몬과 가장 가까운 출구는 1번 출구다. 가미나리몬까지 약 1분 소요.
- **지하철 도에이 아사쿠사선**: A4번 출구가 가미나리몬과 가장 가깝다. 가미나리몬까지 약 2분 소요.
- **사철 도부 스카이트리라인**(이세사키선): 가미나리몬으로 갈 경우 긴자선 정면 출구正面口를, 센소지로 바로 갈 경우 본 노선의 북쪽 개찰구北改札口를 이용하는 게 빠르다.
- **사철 쓰쿠바 익스프레스**: 위 3개 노선의 아사쿠사역에서 서쪽으로 600m쯤 떨어져 있다. '浅草EXP', '浅草TX' 등으로 표기하기도 한다. 역 출구에 큼직하게 'TX'라 적혀있으니 헷갈리지 말자. 고쿠사이 도로国際通り 방향 A1번 출구로 나가면 가미나리몬까지 약 7분, 센소지 방향 A1번 출구로 나가면 센소지까지 약 6분 소요된다.

오시아게(스카이트리마에)**역** 押上(スカイツリー前)

- **지하철 도쿄 메트로 한조몬선·도에이 아사쿠사선 / 사철 게이세이 오시아게선·나리타 스카이엑세스선**: 오시아게역과 도쿄 스카이트리는 직결돼 있다. 도에이 아사쿠사선, 사철 게이세이에서는 중앙 출구中央口로, 도쿄 메트로 한조몬선에서는 도쿄 스카이트리 타운 방면東京スカイツリータウン方面 개찰구로 나가면 도쿄 스카이트리 타운과 직결 연결되는 입구를 발견할 수 있다. B3번 출구는 도쿄 스카이트리와 가장 가까운 지상 출구다.
- **사철 도부 스카이트리라인**(이세사키선): 도쿄 메트로 한조몬선 바로 아래층에 승강장이 있으며, 개찰구를 공유한다. B3번 출구가 스카이트리와 연결된다. 도쿄 스카이트리라인 도쿄스카이트리역과는 분선되어 열차로 이동할 수 없다.

도쿄스카이트리역 とうきょうスカイツリー

- **사철 도부 스카이트리라인(이세사키선) & 닛코·키누가와선**: 정면 개찰구正面改札口가 스카이트리 방향이다.

❷ 버스

스카이트리 셔틀 Skytree Shuttle

도쿄 스카이트리 1층 버스터미널에서 우에노·아사쿠사선, 하네다공항선, 도쿄 디즈니리조트선 3개 노선이 출발한다. 그중 이용객이 가장 많은 우에노·아사쿠사선은 도쿄 스카이트리 → 아즈마바시吾妻橋 → 가미나리몬 → 아사쿠사롯쿠(TX 아사쿠사역) → 아사쿠사 뷰 호텔 → 갓파바시 도구가 입구 → JR 우에노역 공원 출구 → 아사쿠사롯쿠(TX 아사쿠사역) → 아사쿠사 뷰 호텔 → 하나야시키 → 센소지(북쪽 코토토이 거리言問通り) → 도쿄 스카이트리를 한 방향으로 운행한다.

HOUR 우에노·아사쿠사선 10:00~19:00(토·일·공휴일 09:00~)/30분~1시간 간격 운행/시즌마다 조금씩 다름
PRICE 230엔, 어린이 120엔
WEB www.tobu-bus.com/pc/skytree_shuttle/

金龍山
雷門

: WRITER'S PICK :

아사쿠사 문화관광센터 浅草文化観光センター

여행자에게 관광 정보를 제공할 목적으로 가미나리몬 앞 큰길 건너편에 세워졌지만, 8층의 무료 전망대 덕분에 도쿄에서 가장 붐비는 관광안내소가 됐다. 가미나리몬과 나카미세 거리가 내려다보이고, 멀리 스카이트리도 보인다. 본격적인 여행에 앞서 건축미도 감상할 겸 들러보자. 절제미와 전통미 표현에 능한 일본 건축가 구마 켄고가 설계한 건물 자체도 하나의 예술이다. **MAP ⑭-C**

GOOGLE MAPS 아사쿠사문화관광센터
ADD 2-18-9 Kaminarimon, Taito City
OPEN 09:00~20:00
WALK 가미나리몬 1분

1 센소지의 현관 가미나리몬 雷門

'천둥의 문'이라는 뜻으로, 센소지로 이어지는 나카미세의 입구다. 정식 명칭은 '풍신과 뇌신의 문'이란 뜻의 '후진·라이진몬風神雷神門', 이름처럼 바람을 관장하는 풍신(왼쪽)과 천둥을 관장하는 뇌신(오른쪽)이 양옆을 든든하게 지키고 섰다. 전체 넓이 69.3m^2(21평), 폭 11.4m, 높이 11.7m. 하지만 무시무시한 수호신의 존재가 무색하게도 가미나리몬은 상당히 많은 풍파를 겪었다. 942년 처음 세워진 후 여러 차례 소실과 재건을 반복했는데, 현재의 문은 1865년 화재로 소실된 것을 1960년에 재건한 것이라고. 중앙에 달린 커다랗고 빨간 초롱은 가미나리몬의 상징으로, 인증샷을 찍는 여행자들로 온종일 북적인다. **MAP ⑭-C**

GOOGLE MAPS 센소지 가미나리몬
WALK Ⓜ 아사쿠사역 1번 출구 1분 / 아사쿠사역 A4번 출구 2분 / TOBU 아사쿠사역 정면 개찰구正面改札口 2분

아사쿠사 문화관광센터 전망대에서
바라본 아사쿠사 풍경

가미나리몬 관람 포인트 4

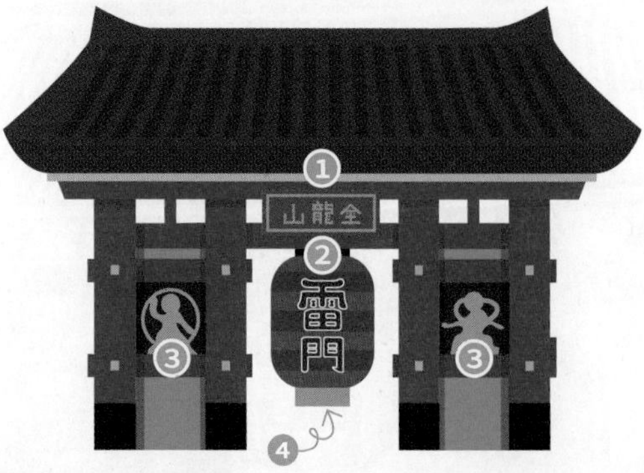

①
金龍山
②
雷門
③
③
④

金龍山

현판과 초롱 앞면

風雷神門

초롱 뒷면

Point. 1 **현판**

센소지의 산호(절 이름 앞에 붙이는 해당 지역 산의 이름)인 '곤류잔金龍山'이 적혀있다.

Point. 2 **초롱**

높이 3.9m, 폭 3.3m, 무게 700kg에 달하는 거대한 붉은 초롱은 아사쿠사의 상징이다. 앞면에는 '가미나리몬雷門(뇌문)', 뒷면에는 '후라이진몬風雷神門(풍뇌신문)'이라고 적혀 있다. 1795년 처음 설치된 이후 총 5번 교체되었다. 현재의 등은 1865년 소실된 후 1960년 마쓰시타 전기(현 파나소닉)의 창업자가 기증해 다시 설치한 것으로, 등 아래에 '松下電器(마쓰시타 전기)'라는 글자가 새겨져 있다.

check!

Point. 3 **후진** 風神[풍신] **& 라이진** 雷神[뇌신]

고리 모양으로 연결된 작은 북을 짊어지고 양손에 북채를 쥔 빨간색 신은 풍신(왼쪽), 바람을 일으키는 큰 보따리를 멘 파란색 신은 뇌신(오른쪽)이다. 높이는 각각 2.09m, 2.18m. 현재의 모습은 1960년에 보수·채색되었다.

Point. 4 **용 조각**

붉은 초롱 금장식 아랫부분에 있다. 용은 바다에 살면서 구름을 부르고 비를 내리게 하는 힘을 가지고 있다고 여겨져, 화재로 여러 번 소실된 가미나리몬을 보호하려는 염원을 담았다.

仲見世

아사쿠사 문화관광센터
전망대에서 내려다본
가미나리몬과 나카미세 거리

2 시대극 주인공처럼 걸어봐요

나카미세 거리(나카미세도리)

仲見世通り

가미나리몬과 센소지 사이, 연간 3000만 명이 찾는 명물 거리다. 130살을 넘긴 일본의 옛 상점가 중 하나로, 길 양옆에는 일본 전통 기념품점과 주전부릿집 90여 곳이 늘어서 있다. 군것질을 좋아하는 타입이라면 250m 거리를 빠져나가는 데 시간이 얼마나 걸릴지 모를 일. 센소지 방문보다 이 거리를 걷기 위해 아사쿠사를 찾는 이도 적지 않다. **MAP ⑭-C**

GOOGLE MAPS 나카미세도리
OPEN 10:00~18:00(가게마다 다름)
WALK 가미나리몬과 연결

3 여유로움이 있는 거리

덴보인 거리

伝法院通り

간판까지 에도시대를 재현한 준비된 관광지. 양장점, 신발가게, 잡화점, 음식점 등 30여 개의 상점이 200m가량 이어진다. 상점은 일찍 문을 닫지만, 내려간 셔터 위에 그려진 그림이 또 다른 재미를 준다. 나카미세 거리에서 한 걸음 물러났을 뿐인데 한결 한적한 분위기다. **MAP ⑭-C**

GOOGLE MAPS denbouin street
OPEN 10:00~18:00(가게마다 다름)
WALK 나카미세 거리의 중간 즈음에서 '伝法院通'라 적힌 문으로 좌회전

伝法院通

4 '낮맥'은 사랑, '밤맥'은 진리

홋피 거리

ホッピー通り

덴보인 거리 서쪽 끝에서 이어지는 서민적인 분위기의 주점 골목이다. 특히 소힘줄조림 등 저렴한 안줏거리가 많은 낮술족의 천국! '홋피'는 일본 소주와 보리 음료를 혼합해 만든 술로, 예부터 서민들이 싼값에 즐겨 마셨다. **MAP ⑭-C**

GOOGLE MAPS hoppy st
OPEN 11:00~22:00(가게마다 다름)
WALK 나카미세 거리에서 덴보인 거리를 통해 2분 / TX 아사쿠사역 A1번 출구 2분

먹는 즐거움이 반, 나카미세 거리

길거리 간식의 천국인 나카미세 거리! 좌판에 깔린 온갖 먹거리로 눈이 휘둥그레진다.
걸으면서 음식을 먹는 건 금지돼 있고, 가게 옆에 마련된 간이 공간이나 표시 구역 내에서만 먹을 수 있다.

Point. 1 아사쿠사 소라츠키
浅草そらつき

몇 년 전부터 나카미세 거리를 딸기가 장악하기 시작했다. 팥소를 떡으로 싼 일본 전통 과자 다이후쿠大福에 딸기를 곁들인 이치고 다이후쿠苺大福(딸기찹쌀떡)가 몇 걸음 간격으로 등장한 것. 그중 소라츠키는 딸기에 당고(경단)와 색색 팥소를 더한 아기자기한 비주얼로 SNS를 타고 인기몰이 중이다. 딸기에 눈길이 가 하나 골랐다가 쫀쫀한 당고알과 달콤한 팥소 맛에 'SNS용 맛집만은 아니구나!' 고개를 끄덕이게 되는 곳. 딸기농장을 보유해 일 년 내내 신선한 딸기 공급이 가능하다고. **MAP ⑭-C**

GOOGLE MAPS 아사쿠사 소라츠키
OPEN 09:00~18:00

이치고 4색 당고いちご四色団子 350엔

Point. 2 가마쿠라 스위츠
甘味処鎌倉 浅草雷門店

고사리 전분으로 만든 교토의 전통 떡 와라비모찌, 고급 말차 등을 맛볼 수 있는 일본 화과자 스위츠 전문점. 와라비모찌를 타피오카 펄 크기로 썰어 넣어 빨대를 꽂아 들고 다니면서 마실 수 있게 개발한 와라비모찌 음료가 인기다. 기본 메뉴인 딸기·말차·커피 맛과 봄 벚꽃, 여름 수국, 겨울 고구마 등 시즌 한정 메뉴가 있다. 본점은 가마쿠라에 있다. **MAP ⑭-C**

GOOGLE MAPS 가마쿠라 스위츠 아사쿠사 가미나리몬
OPEN 10:30~17:00(토·일 ~18:00)
WEB warabimochi-kamakura.com/shops

Point. 3 아사쿠사 실크푸딩
浅草シルクプリン

이름에서 뿜어져 나오는 자신감처럼 푸딩의 부드러운 식감이 일본에서도 손꼽힐 만한 집이다. 생 캐러멜이 든 아사쿠사 실크푸딩을 필두로 딸기, 검은깨, 커피, 녹차, 치즈 등 맛의 종류까지 매우 다양하다. 가미나리몬에서 서쪽으로 한 블록 떨어진 곳에 있다. **MAP ⑭-C**

GOOGLE MAPS 아사쿠사 실크푸딩 본점
OPEN 11:00~21:00
WEB silkpurin.com

아사쿠사 실크푸딩 690엔

Point. 4 가게츠도
花月堂

일본 TV에 자주 등장하는 점보 멜론빵. 갓 구운 빵에 크림을 넣어 겉은 바삭, 속은 폭신한 식감의 정석이다. 간식치고는 큰 편이지만, 식감이 부드러워 입에 넣자마자 사라진다. 1945년부터 한 자리를 지켜온 센소지 서쪽 니시산도 상점가西参道商店街의 본점에는 최근 포토월이 생기며 일부러 찾는 이들이 늘고 있다. **MAP ⑭-C**

GOOGLE MAPS 지점: 카게츠도우 가미나리몬점, 본점: 아사쿠사 화월당
OPEN 10:00~16:00(토,일~17:00. 점보 멜론이 매진되면 종료)
WEB asakusa-kagetudo.com

花月堂
Shaved ice
아이스멜론빵アイスメロンパン 700엔

Point. 5 아사쿠사 멘치
浅草メンチ

한입 베어물면 육즙이 뚝뚝 떨어지는 마성의 맛. 다진 돼지고기와 소고기를 섞어 만든 멘치카츠로 나카미세 거리 일대에서 가장 긴 줄을 만들고 있다. 주문하고 바로 받는 방식이라 줄은 금방 줄어드는 편. 가게 옆에 먹을 수 있는 곳이 마련돼 있다. **MAP ⑭-C**

GOOGLE MAPS 아사쿠사 멘치카츠
OPEN 10:00~19:00
WEB asamen.com

浅草メンチ
아사쿠사 멘치浅草メンチ 350엔

고구마 양갱 스틱과 팥소가 든 도라야키舟月どら焼 380엔

Point. 6 후나와(3호점)
舟和 仲見世 3号店

1902년에 문을 연, 도쿄에서 가장 유명한 고구마 양갱 집이다. 양갱이 아무나 먹을 수 없는 고급 음식이던 시절, 양갱의 대중화를 위해 팥보다 저렴한 고구마를 택한 것이 후나와의 시작이었다. 나카미세 거리에 3개 지점이 각기 다른 콘셉트로 운영되고 있는데, 테이크아웃 메뉴가 풍부한 3호점이 압승! **MAP ⑭-C**

GOOGLE MAPS 후나와 나카미세 3호점
OPEN 10:00~19:00
WEB funawa.jp

고구마 양갱 소프트크림
芋ようかん ソフトクリーム
400엔

기본 기비당고きびだんご 꼬치(5개) 400엔+냉 녹차冷し抹茶 200엔

Point. 7 아사쿠사 기비당고 아즈마
浅草きびだんごあづま

에도시대에 이 거리에서 팔던 수수경단을 재현해 만든 일명 '인절미 당고'를 맛볼 수 있는 곳. 달콤하고 부드러운 당고와 고소한 콩가루가 조화롭다. 여름엔 냉녹차, 겨울엔 식혜를 곁들여 보자. **MAP ⑭-C**

GOOGLE MAPS 아사쿠사 기비당고 아즈마
OPEN 09:00~19:00
WEB aduma.tokyo/kibidango

5층탑과 호조몬

5 센소지

아사쿠사 관광의 꽃

浅草寺

도쿄에서 가장 크고 오랜 역사를 자랑하는 사찰이다. 628년 사찰 근처의 강에서 어부 형제가 발견한 관세음보살상(간논상)을 모시기 위해 건립했다고 전해진다. 가미나리몬과 나카미세 거리를 비롯해 본당과 53m 높이의 5층탑, 중요문화재인 니텐몬二天門 등이 센소지에 속한다. 제2차 세계대전 당시 공습으로 건물 대부분이 소실됐다가, 1950년대에 에도시대 때의 설계를 참고로 재건됐다. **MAP ⑭-C**

GOOGLE MAPS 센소지
ADD 2-3-1 Asakusa, Taito City
OPEN 06:00~17:00(10~3월 06:30~)
WALK 가미나리몬 3분 / TOBU 아사쿠사역 북쪽 개찰구北改札口 4분
WEB www.senso-ji.jp

본당

본당 앞 청동화로인 조코로常香爐.
연기를 쐬면 행운이 온다고~

: WRITER'S PICK :

일 년 중 아사쿠사가 가장 붐비는 날은?

❶ 연말연시(12월 31일~1월 3일)에 센소지는 새해맞이 참배객들로 인산인해를 이룬다. 나흘간의 유동인구가 약 50만 명에 이른다고. 보통 이 기간에 나카미세 거리는 센소지 방향으로 일방통행이 실시된다.

❷ 매년 5월 셋째 금요일부터 일요일까지 열리는 산자마츠리三社祭(에도시대 3대 축제 중 하나) 등 많은 축제와 행사가 열린다. 이때에는 풍성한 볼거리와 함께 인파도 늘어난다.

❸ 7월 10일에 참배를 하면 4600일 동안 참배한 효과가 있다는 속설로 많은 참배객이 몰린다. 매년 7월 9~10일에는 요일에 상관없이 센소지 본당에서 화와 기를 다스리는 데 효험이 있다는 호즈키(꽈리)를 판매하는 호즈키 시장ほおずき市이 열린다.

구석구석 센소지 탐방

니시산도 상점가 西参道商店街
호피 거리 ホッピー通り
아사쿠사역
浅草
덴보인 거리 伝法院通り
우마미치 거리 馬道通り
스카이트리라인
(이세사키선)
TOBU
아사쿠사역
浅草
가미나리몬 거리 雷門通り
아사쿠사
문화관광센터
긴자선
아사쿠사역
浅草
아사쿠사선
아사쿠사역 浅草

❶ **가미나리몬** 雷門

❷ **나카미세 거리** 仲見世通り

❸ **호조몬** 宝蔵門

가미나리몬 초롱과 똑같은 모양의 대형 등이 달려 있다.

❹ **조코로** 常香廊

청동화로에서 피어오르는 연기가 행운을 가져다준다는 속설에 수많은 인파가 몰린다.

❺ **본당** 本堂

관세음보살상(간논상)을 모셔 놓은 곳. 연꽃을 든 선녀를 그린 탱화는 10세기경의 작품이다. 참배객이 동전을 던지고 촛불을 켜는 모습을 볼 수 있는 본전 안 금박 신단이 원래 간논상이 모셔져 있던 자리다.

❻ **5층탑** 五重塔

942년 창건한 탑으로, 1973년에 철골·콘크리트로 재건했다. 높이는 53m. 석가모니 사리가 탑 최상층에 안치돼 있다.

❼ **니텐몬** 二天門

1649년 센소지의 동문으로 건립된 에도시대 초기 건축물. 국가 중요문화재로 지정돼 있다.

❽ **구메노헤이나이도** 久米平内堂

사랑을 이루어주는 신 쿠메노헤이나이를 모신 사당으로, 젊은이들에게 인기가 많다.

6

일본에서 가장 오래된 놀이공원

하나야시키

花やしき

1853년 개원한 일본 최초의 놀이공원. 1953년에 만들어진, 현존하는 가장 오래된 일본제 롤러코스터가 있다. 봄에는 벚꽃 명소로, 가을부터는 야간 조명 축제 루미야시키ルミヤシキ로 유명하다. **MAP ⓮-C**

GOOGLE MAPS 하나야시키
OPEN 10:00~18:00(계절·날씨마다 다름)
PRICE 입장료 1200엔, 초등학생 600엔/프리 패스 2800엔, 초등학생 2400엔
WALK 센소지 본당 2분
WEB hanayashiki.net

+MORE+

갓파바시 도구가

かっぱ橋道具街

제과와 제빵에 뜻이 있거나 소문난 살림꾼이라면 한 걸음 떼는 데도 많은 시간이 필요한 곳. 약 600m에 걸쳐 주방용품 상점이 몰려있다. 기념품 삼기 좋은 음식 모형 액세서리도 다양해 구경하는 재미가 쏠쏠하다. **MAP ⓮-C**

GOOGLE MAPS 캇파바시 주방도구
OPEN 09:00~17:00(가게마다 다름)
WALK 센소지 본당에서 서쪽으로 10분 / Ⓜ 다와라마치역 1번 출구 1분 / TX 아사쿠사역 A2번 출구 4분

7

강물에 띄우는 여행의 여운

스미다강(스미다가와)

隅田川

도쿄의 북동쪽을 가로지르며 아사쿠사 바로 옆을 지나 도쿄만까지 흐르는 하천. 아사히 맥주 본사 건물 옆으로 프랑스 건축가 필립 스탁이 설계한 황금빛 모뉴먼트가 등장한다. 봄에는 벚꽃 명소로, 여름에는 일본에서 가장 큰 불꽃놀이 축제인 스미다가와 하나비 타이카이隅田川花火大会로 이름을 날리는 곳이다. 유람선 선착장이 있는 스미다 공원隅田公園과 잘 정비된 강변 산책로 스미다강 테라스隅田川テラス, 철교 아래 인도교 스미다 리버 워크すみだリバーウォーク를 둘러보며 조금 더 가까이 다가가면 한층 느긋한 강변 여행을 즐길 수 있다. **MAP ⓮-C**

GOOGLE MAPS 스미다강
WALK Ⓜ 아사쿠사역 4·5번 출구 1분 / 가미나리몬 4분

스카이 트리와 함께 가장 눈에 띄는 아사히 맥주 본사 건물

너와 나의 연결 다리

8 스미다 리버 워크

すみだリバーウォーク

2020년 스미다강에 보행자 전용 다리 스미다 리버 워크가 놓이면서 센소지와 스카이트리가 한결 가까워졌다. 1.5km에 달하는 제법 긴 거리이지만, 강바람을 쐬면서 예쁜 숍과 카페가 늘어선 미즈마치를 산책하다 보면 어느덧 스카이트리에 다다른다. 은빛으로 빛나는 교량은 스카이트리와 '깔맞춤'한 것. 밤 10시 이후로는 통행이 금지된다. **MAP ⑭-C**

GOOGLE MAPS 스미다 리버 워크
OPEN 07:00~22:00
WALK TOBU 아사쿠사역 북쪽 출구北口 1분 / 아사쿠사역 5번 출구 5분 / 센소지 본당 8분

SUMIDA RIVER WALK
すみだリバーウォーク

라테스트 스포츠

Deus Ex Machina
데우스 엑스 마키나

도쿄 힙쟁이들이 모이는 철로 아래

9 도쿄 미즈마치

TOKYO mizumachi

요즘 도쿄는 열차가 지나는 동네마다 철로 밑을 활성화하는 프로젝트가 진행 중이다. 도부선 스카이트리와 아사쿠사 사이 수변에 조성된 미즈마치도 그중의 하나. 이스트와 웨스트 2개동으로 나뉘어 700m가량 이어지는 미즈마치에는 세련된 편집숍과 베이커리, 호스텔, 스포츠를 테마로 한 도쿄의 인기 카페들이 늘어섰다. 오모테산도의 로스터리 카페 라테스트가 실내 클라이밍 시설과 사이클숍을 갖춘 라테스트 스포츠Lattest Sports로 문을 연 것을 비롯해 서핑과 자전거 문화를 기반으로 한 라이프스타일숍 & 카페 데우스 엑스 마키나Deus Ex Machina도 하라주쿠에서 이곳으로 옮겨왔다. 여기에 팡토 에스프레소의 자매점 무우야むうや도 합류. 오모테산도에선 기나긴 웨이팅이 필요한 팡토 에스프레소의 프렌치토스트를 비교적 여유로운 분위기에서 맛볼 수 있다. **MAP ⑭-D**

GOOGLE MAPS 도쿄 미즈마치
ADD 1-2 Mukojima, Sumida City
OPEN 10:00~21:00
WALK 혼조아즈마바시역 A3·A4번 출구 4분 / 아사쿠사역 5번 출구 10분 / TOBU 아사쿠사역 북쪽 출구北口 8분 / 스미다 리버 워크 건너 1분
WEB www.tokyo-mizumachi.jp

SPECIAL PAGE

도쿄에서 배 타는 즐거움
스미다강 유람선

스미다강을 따라 도쿄만을 건너 오다이바를 연결하며 쉼 없이 누비는 유람선들. 그중에서도 스미다강변의 12개 다리를 통과하며 파노라마 같은 전경을 감상할 수 있는 아사쿠사~히노데산바시 선착장 구간이 도쿄 유람선 여행의 백미로 꼽힌다.

히미코

힘차게 달려라, 도쿄 크루즈 Tokyo Cruise

수백 년의 역사를 지닌 아사쿠사에서 유람선을 타고 최첨단 신도시 오다이바로 이동하면 마치 시간 여행자가 된 기분이 든다. 아사쿠사와 오다이바를 잇는 많은 유람선 중 추천하고 싶은 것은 직통라인인 도쿄 크루즈 히미코와 호타루나, 에메랄다스! 아사쿠사역 5번 출구와 가까운 아즈마바시吾妻橋 북쪽의아사쿠사 선착장에서 출발해 약 1시간 후에 오다이바에 도착한다. 오다이바 방문 계획이 없다면 히노데산바시日の出桟橋 선착장(약 40분)까지만 타더라도 충분히 기분 낼 수 있다. 대부분 노선이 양방향으로 운항한다. **MAP ⑭-C**

GOOGLE MAPS asakusa tokyo cruise
PRICE 히미코: 아사쿠사~오다이바 2000엔(6~11세 1000엔)/호타루나: 아사쿠사~히노데산바시 1400엔(6~11세 700엔), 아사쿠사~오다이바 해변공원 2000엔(6~11세 1000엔)/에메랄다스: 아사쿠사~오다이바 해변공원 2000엔(6~11세 1000엔)
WALK 아사쿠사역 4·5번 출구 1분(아사쿠사 선착장) / 가미나리몬 4분
WEB 도쿄 크루즈(도쿄도 관광기선) suijobus.co.jp(예약 가능)

도쿄 메트로 아사쿠사역 5번 출구와 가까운 아즈마바시 입구에 도쿄 크루즈 예약 사무실이 있다.

■ 80인승 히미코ヒミコ & 120인승 호타루나ホタルナ

<은하철도 999>의 원작자 마츠모토 레이지가 디자인하고, 애니메이션판의 성우가 출발 사인을 내리는 희한한 생김새의 크루즈. 히미코는 눈물방울이란 뜻. 호타루나는 반딧불이ホタル와 달의 여신 루나Luna(라틴어)의 합성어로, 새로운 항해를 시작하는 희망을 담고 있다.

에메랄다스

■ 120인승 에메랄다스エメラルダス

2019년에 등장한 신형 크루즈. 마츠모토 레이지의 <퀸 에메랄다스>에 등장하는 가상의 우주선을 크루즈로 구현했다.

유람선 호타루나. 뒤편에 우뚝 솟은 건물은 아사히 맥주 본사와 도쿄 스카이트리다.

도쿄 크루즈 노선도

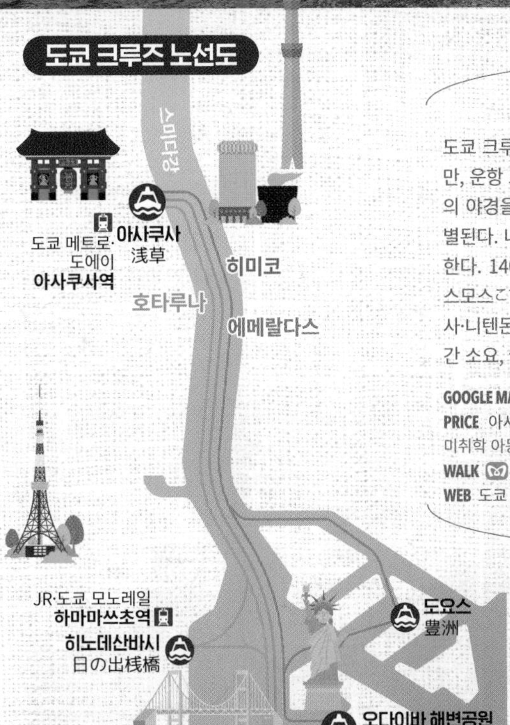
스미다강
아사쿠사
浅草
도쿄 메트로·
도에이
아사쿠사역
히미코
호타루나
에메랄다스
JR·도쿄 모노레일
하마마쓰초역
히노데산바시
日の出桟橋
도요스
豊洲
오다이바 해변공원
お台場海浜公園
도쿄만

+MORE+

수상 버스 水上バス

도쿄 크루즈에 비해 운항 편수나 코스, 선박의 종류가 훨씬 적지만, 운항 코스가 조금 더 길고, 이따금 스미다강·레인보우 브리지의 야경을 즐길 수 있는 나이트 크루즈를 운항한다는 점에서 차별된다. 나이트 크루즈는 홈페이지 이벤트편(한글 지원)에서 공지한다. 140인승 사쿠라·아지사이さくら·あじさい호와 200인승 코스모스こすもす호가 하루 다섯 차례 승객을 실어 나른다. 아사쿠사·니텐몬浅草·二天門 선착장에서 오다이바 해변공원까지 약 1시간 소요, 월요일·악천후 시 운휴. **MAP ⓮-C**

GOOGLE MAPS 센소지니텐몬마에 선착장
PRICE 아사쿠사~오다이바 해변공원 1400엔(초등학생은 반값, 성인 1명당 미취학 아동 1명 무료)
WALK Ⓜ 아사쿠사역 7번 출구 / 센소지 동쪽 니텐몬二天門 5분
WEB 도쿄 수변라인 www.tokyo-park.or.jp/waterbus

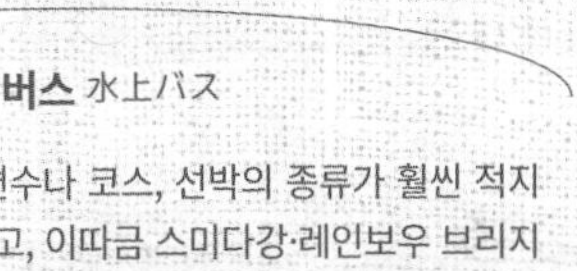

수상 버스

가장 높은 곳에서 바라보는 도쿄 **10**

도쿄 스카이트리

東京スカイツリー Tokyo Skytree

2012년 첫 등장과 함께 '세계에서 가장 높은 타워'란 타이틀을 거머쥔 도쿄 스카이트리. 634m 높이로 도쿄 타워(333m)를 가뿐히 누르면서 도쿄의 새로운 랜드마크로 등극했다. 압도적인 스케일을 체감할 수 있는 장소는 텐보 데크天望デッキ(지상 350m 높이)와 텐보 회랑天望回廊(지상 450m 높이). 발아래로 시원스레 펼쳐지는 도쿄의 스카이라인에 그야말로 입이 떡 벌어진다. 당일 현장 구매 시 텐보 회랑 입장권은 텐보 데크에 올라간 뒤 살 수 있다. 도쿄에서 빼놓을 수 없는 인기 관광지이지만, 사실 본래 용도는 6개 방송사가 사용하는 디지털 방송 전파탑이라고. **MAP ⑭-D**

GOOGLE MAPS 도쿄 스카이트리
ADD 1-1-2 Oshiage, Sumida City
OPEN 08:00~22:00/폐장 1시간 전까지 입장, 티켓 판매는 20:00 종료
WALK 오시아게역 B3번 출구 직결(매표소는 4층)
WEB www.tokyo-skytree.jp
티켓 예매: www.tokyo-skytree.jp/kr/ticket/individual

심장이 쫄깃해지는 텐보 데크.
플로어 340의 유리 바닥도
놓치지 말자!

즛켄 다리十間橋에서 바라본
도쿄 스카이트리

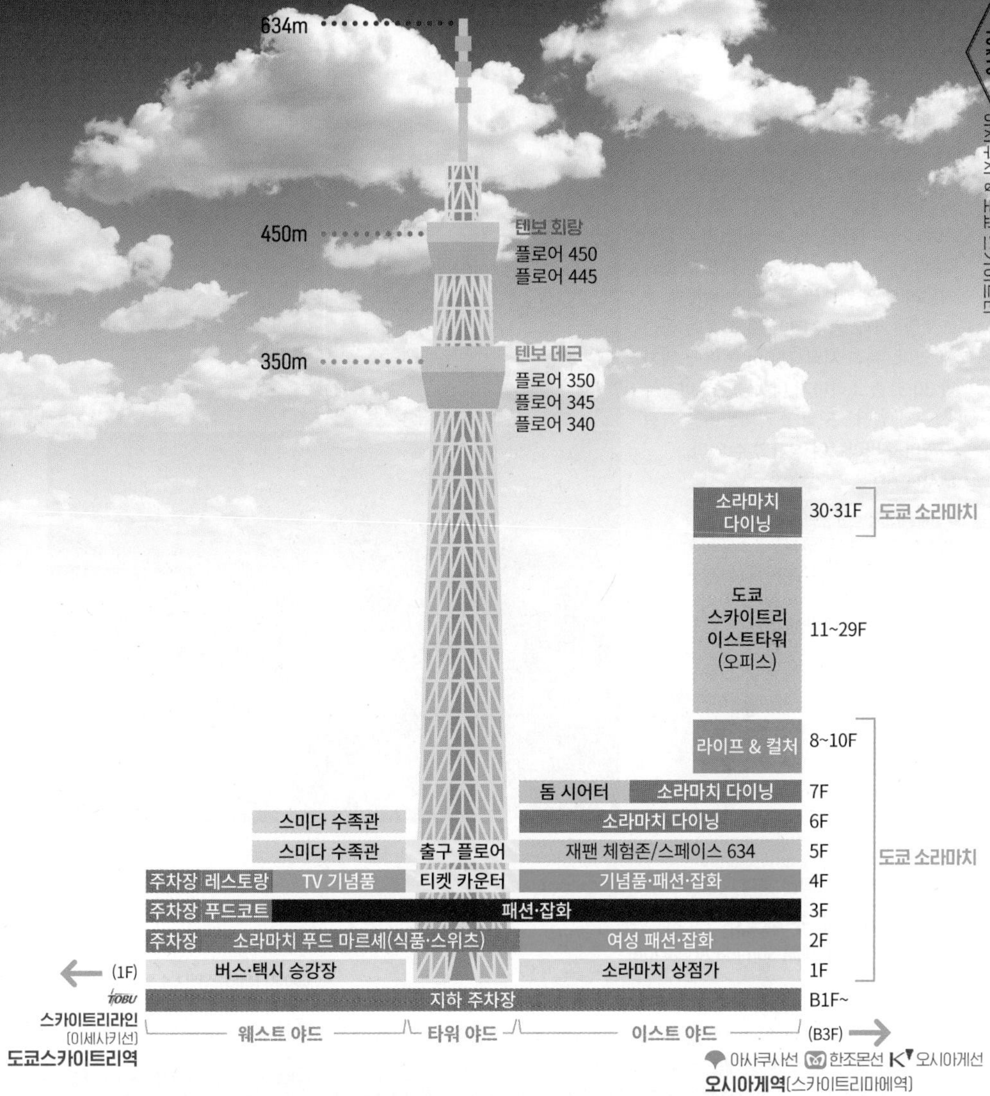
634m
450m
텐보 회랑
플로어 450
플로어 445
350m
텐보 데크
플로어 350
플로어 345
플로어 340
소라마치 다이닝
30·31F
도쿄 소라마치
도쿄 스카이트리 이스트타워 (오피스)
11~29F
라이프 & 컬처
8~10F
돔 시어터
소라마치 다이닝
7F
스미다 수족관
소라마치 다이닝
6F
스미다 수족관
출구 플로어
재팬 체험존/스페이스 634
5F
도쿄 소라마치
주차장
레스토랑
TV 기념품
티켓 카운터
기념품·패션·잡화
4F
주차장
푸드코트
패션·잡화
3F
주차장
소라마치 푸드 마르셰(식품·스위츠)
여성 패션·잡화
2F
(1F)
버스·택시 승강장
소라마치 상점가
1F
TOBU
지하 주차장
B1F~
스카이트리라인
(이세사키선)
도쿄스카이트리역
웨스트 야드
타워 야드
이스트 야드
(B3F)
아사쿠사선
한조몬선
오시아게선
오시아게역(스카이트리마에역)

● **도쿄 스카이트리 전망대 요금**(괄호는 휴일 요금)

구분	입장권 종류	만 18세 이상	중·고등학생	초등학생
당일권	텐보 데크+텐보 회랑	3500엔(3800엔)	2350엔(2550엔)	1450엔(1550엔)
	텐보 데크	2400엔(2600엔)	1550엔(1650엔)	950엔(1000엔)
	텐보 회랑	1100엔(1200엔)	800엔(900엔)	500엔(550엔)
예매권	텐보 데크+텐보 회랑	3100엔(3400엔)	2150엔(2350엔)	1300엔(1400엔)
	텐보 데크	2100엔(2300엔)	1400엔(1500엔)	850엔(900엔)

*예매권 요금은 입장 시각 및 특정일에 따라 변동됨

*텐보 회랑 입장권은 텐보 데크 입장권 구매자만 구매 가능(텐보 회랑 당일권은 텐보 데크에서도 구매 가능)

*예매권이 가격도 저렴하고 입장 시각을 지정할 수 있어 현장에서 대기 시간을 줄일 수 있다. 특히 텐보 데크의 하이라이트인 일몰 감상이 목적이라면 예매 권장

*스미다 수족관, 플라네타륨 텐쿠天空 등과 세트로 판매하는 스카이트리 엔조이팩을 이용하면 요금이 할인된다.

천공에서 즐기는 쇼핑과 식사

11 도쿄 소라마치

東京ソラマチ Tokyo Solamachi

도쿄 스카이트리, 상업시설, 오피스(도쿄 스카이트리 이스트 타워), 수족관, 돔 극장 등으로 이루어진 도쿄 스카이트리 타운東京スカイツリータウン 내 쇼핑몰. 도쿄 스카이트리 한정 캐릭터 굿즈숍을 비롯해 레스토랑, 카페 등 310여 개 상점이 입점해 있다. 특히 지상 150m 높이에 위치한 30·31층 소라마치 다이닝은 그야말로 '천공의 별장'. 도쿄 스카이트리를 가장 가까이서 바라보며 식사할 수 있다.

MAP ⑭-D

GOOGLE MAPS 도쿄 소라마치
WHERE 도쿄 스카이트리 타운 1~8층, 30·31층
OPEN 10:00~21:00(레스토랑 11:00~23:00)/가게마다 다름
WEB tokyo-solamachi.jp

Rilakkuma store
TOKYO SKYTREE TOWN

TOKYO Solamachi
すみだ水族館
SUMIDA AQUARIUM

하늘 위의 작은 바다

12 스미다 수족관

すみだ水族館 Sumida Aquarium

일 년 내내 다양한 이벤트와 체험 행사가 열려 몇 번을 가도 새로움이 느껴지는 실내 수족관. 주목해야 할 건 태평양의 화산섬 오가사와라 제도의 앞바다를 재현한 대형 수조다. 운 좋은 날에는 잠자는 펭귄의 얼굴도 들여다볼 수 있다. '도쿄 섬들의 바다'를 테마로 형형색색의 물고기가 떼 지어 헤엄치는 '도쿄 대수조'와 물개를 코앞에서 볼 수 있는 수조도 놓치지 말자. **MAP ⑭-D**

GOOGLE MAPS 스미다 수족관
WHERE 도쿄 스카이트리 타운 5~6층
OPEN 10:00~20:00(토·일·공휴일 09:00~21:00)
PRICE 2500엔, 고등학생 1800엔, 초등·중학생 1200엔, 3세 이상 800엔
WEB sumida-aquarium.com

슬기로운 현지인 맛집 찾기

노포 맛집

오랜 세월 대를 이어 전통을 지켜나가는 아사쿠사의 노포 맛집들.
오랫동안 사랑받는 비결이 궁금하다면 직접 가보는 수밖에.

말이 필요없는 정통 스키야키 명가

아사쿠사 이마한 본점

浅草今半 国際通り本店

최고급 흑모와규 중에서도 육질이 가장 부드러운 암소만 사용하는 스키야키 맛집이다. 1895년에 문을 연 전통 식당으로, 기모노 차림을 한 종업원의 정갈한 서비스가 품격을 높인다. 최소 9000엔대부터 시작하는 스키야키 가격이 부담스럽다면 2000엔 대의 스키야키동(스키야키 덮밥)을 비롯한 저렴한 런치 세트가 준비된 점심을 추천. 4000엔대의 런치 스키야키에는 고기가 5점뿐이지만, 제법 포만감이 느껴진다. **MAP ⑭-C**

GOOGLE MAPS 아사쿠사 이마한 국제대로본점
ADD 3-1-12 Asakusa, Taito City
OPEN 11:30~21:30
WALK 가미나리몬 6분 / TX 아사쿠사역 A2번 출구 앞
WEB asakusaimahan.co.jp/kokusai

규카츠 정식牛かつ定食
130g 1630엔

취향대로 구워 먹는 규카츠
아사쿠사 규카츠
浅草牛かつ

빵가루를 입혀 레어로 튀겨낸 소고기 커틀릿을 미니 화로에 직접 구워 먹는 규카츠 전문점. 노포가 가득한 아사쿠사에선 신생 가게였지만, 규카츠를 내세우며 가미나리몬 바로 앞에 자리해 금방 입소문이 났다. 메뉴는 규카츠 한 가지뿐이며, 고기의 양을 선택한 뒤 음료와 세트로 주문할 수 있다. 외국인 관광객이 많고, 좌석이 9개뿐이라 웨이팅이 긴 편이다. **MAP ⑭-C**

GOOGLE MAPS 아사쿠사 규카츠
ADD 2-17-10 Kaminarimon, Taito City(지하 1층)
OPEN 11:00~23:00
WALK 가미나리몬 1분

浅草
牛かつ

텐동天丼 2900엔

고소한 참기름에 퐁당~
덴푸라 텐토우
天ぷら 天藤

참기름을 섞어 튀겨내 풍미가 살아 있는 에도시대식 튀김덮밥 '에도마에 텐동' 맛집. 에도마에 텐동의 발상지인 아사쿠사에는 맛도 가격도 천차만별인 텐동집이 100여 곳에 달하는데, 가성비를 따진다면 1902년 창업한 노포 텐토우를 추천한다. 단, 15석뿐이라 점심시간에는 대기가 기본이다. **MAP ⑭-C**

GOOGLE MAPS 덴푸라 텐토우
ADD 1-41-1 Asakusa, Taito City
OPEN 10:30~17:00/월요일 휴무
WALK 가미나리몬 4분

天藤
営業中

차가운 자루소바ざるそば 900엔.
양이 적은 편이다.

YOSHIKAMI
포크소테ポークソテイ,
Sauted Pork 1650엔

천천히 중독되는 야부소바의 맛

나미키 야부소바

並木藪蕎麦

야부소바를 즐길 줄 알아야 진정한 소바 마니아라는 이야기가 있다. 진하고 짭조름한 쯔유에 면을 조금만 적셔 먹는 야부소바를 알아가기엔 이곳이 제격. 처음부터 너무 많이 적시면 짤 수 있으니 조금씩 적시는 양을 늘려보자. 90일간 숙성과 첨가를 반복해 완성한 집념의 쯔유 맛이 100년의 인기 비결이다. **MAP ⑭-C**

GOOGLE MAPS 나미키 야부소바
ADD 2-11-9 Kaminarimon, Taito City
OPEN 11:00~19:30/수·목요일 휴무
WALK 가미나리몬 2분

따뜻한 가케소바
かけそば 900엔

잊지 못할 그 시절 경양식

양식(요쇼쿠) 요시카미

洋食 ヨシカミ

1951년 문을 연 양식집. 서양 요리를 일본인의 입맛에 맞춰 고안한 일본식 스테이크와 파스타, 스튜 등을 창업 초기 레시피 그대로 고수한다. 돼지고기를 간장 베이스로 구운 포크소테, 소스에 소고기를 넣고 3~4시간 푹 끓인 비프스튜가 70년 전통의 스테디셀러다. 주문한 음식을 기다리는 동안 오픈키친을 통해 조리 과정을 지켜볼 수 있다는 점도 흥미롭다. **MAP ⑭-C**

ヨシカミ

GOOGLE MAPS 양식 요시카미
ADD 1-41-4 Asakusa, Taito City
OPEN 11:30~21:00
WALK 가미나리몬 4분
WEB www.yoshikami.co.jp

여기서 오니기리만 3대째!

야도로쿠

浅草 宿六

1951년에 개업해 3대째 운영하고 있는 오니기리 전문점. 미슐랭 빕 구르망에 단골로 오르는 곳이다. 좋은 쌀로 가마솥에서 지은 밥과 최고급 품질의 일본산 김인 에도마에 김, 일본 각지에서 올라온 속 재료로 맛을 낸다. 재료에 따라 1개 319엔부터 시작, 보통은 300엔대지만, 연어알은 770엔까지 가격이 올라간다. 점심에는 오니기리 2개와 미소 된장국을 세트로 제공한다. 영업시간이 길지 않은데, 그마저도 재료가 떨어지면 일찍 문을 닫는다. **MAP ⑭-C**

오니기리 1개 352엔~,
점심 세트昼のセット 오니기리 2개
+된장국 880엔~

GOOGLE MAPS 야도로쿠
ADD 3-9-10 Asakusa, Taito City
OPEN 11:30~15:00, 17:00~21:00/일요일 점심, 화·수·일요일 저녁 휴무
WALK 센소지 본당 6분
WEB onigiriyadoroku.com

도쿄 스카이트리의 맛 스타

소라마치 맛집

스카이트리에 방문한 여행자라면 한 번쯤 들르지 않을 수 없는 소라마치 쇼핑몰.
내로라하는 맛집들이 즐비하니 굳이 다른 데 갈 이유가 없다.

가성비 좋은 홋카이도 회전초밥

회전스시 토리톤

回転寿しトリトン

홋카이도 인기 회전초밥집의 도쿄 1호점. 평일에도 식사 시간 따로 없이 매장 밖으로 긴 줄이 이어진다. 홋카이도에서 직송한 신선한 해산물이 맛의 비결. 도쿄에서 회전초밥으로는 역시 홋카이도에서 온 네무로 하나마루 다음으로 꼽힌다. 접시당 130~990엔+tax. 터치 패드(한국어 지원)를 이용한 주문 시스템이 장점이며, 대기표의 QR코드를 스마트폰으로 스캔하면 대기 현황을 알 수 있어 웨이팅하는 시간을 최소화할 수 있다. **MAP ⑭-D**

GOOGLE MAPS 로쿠린샤 도쿄 소라마치점
WHERE 도쿄 소라마치 6층
OPEN 11:30~23:00(L.O.22:00)

히츠마부시
ひつまぶし
3980엔

반숙 달걀이 든
아지타마 츠케멘
味玉つけめん 1050엔

윤기가 좌르르, 입에서 사르르

히츠마부시 나고야 빈초

ひつまぶし名古屋 備長

센 불에 바삭하게 굽고 나고야 지방의 숙성 간장인 타마리 간장과 미림을 더해 윤기가 좌르르 흐르는 나고야의 히츠마부시를 맛볼 수 있는 곳이다. 식사 후엔 따뜻한 녹차를 밥에 부어 먹는 오차즈케로 마무리한다. 본점은 나고야에 있고, 도쿄에는 마루노우치, 긴자, 스카이트리 등에 지점이 있다. 구글맵에서 예약할 수 있다. **MAP ⑭-D**

GOOGLE MAPS 빈초 도쿄소라마치점
WHERE 도쿄 소라마치 6층
OPEN 11:00~22:00

아사쿠사까지 소문난 그 츠케멘

로쿠린샤

六厘舎

요즘 가장 핫한 츠케멘 맛집 로쿠린샤를 도쿄역에서 놓쳤다면? 이곳에도 있다는 걸 잊지 말자. 진하고 간간하면서도 달달한 국물에 탱탱하고 쫄깃한 면을 푹 적혀 먹는다. 면이 굵어서 양이 많게 느껴진다. **MAP ⑭-D**

GOOGLE MAPS 로쿠린샤 도쿄 소라마치점
WHERE 도쿄 소라마치 6층
OPEN 10:30~23:00

지상 150m 높이의 전망 레스토랑에서 도쿄를 내려다보는 짜릿함이란!

도쿄를 가득 담은 스시

우오리키스시

魚力鮨 東京スカイツリータウン·ソラマチ店

일식은 물론 이탈리안, 프렌치 등 11개의 고급 레스토랑과 바, 카페가 입점한 30~31층 소라마치 다이닝에서 스시를 합리적인 가격으로 즐길 수 있는 곳. 1930년 창업한 생선가게 우오리키의 직영 레스토랑으로, 3000엔대부터 시작하는 런치 메뉴가 인기다. 통유리창 너머 내려다보이는 스미다강과 아라카와강, 도부 이세사키선 풍경이 연신 핸드폰을 꺼내 들게 한다. 구글맵에서 예약 가능. **MAP ⑭-D**

GOOGLE MAPS 우오리키스시 도쿄 스카이트리점
WHERE 도쿄 소라마치 다이닝 30층
OPEN 11:00~16:00(L.O.15:00), 17:00~23:00(L.O.22:00)
WEB uoriki.co.jp

된장 베이스의
시로노 모츠나베
白のもつ鍋, 2178엔
명란달걀말이
明太の玉子焼き
1023엔

시원한 모츠나베 국물로 원기충전

아리츠키

蟻月

전망 좋은 소라마치 다이닝 31층에서 하카타의 명물 요리인 모츠나베를 전문으로 하는 체인 레스토랑. 소곱창에 양배추, 부추, 우엉, 두부, 특제 소스를 넣고 끓여 먹는 이 집의 모츠나베는 담백하고 깊은 맛이 느껴져 한국인 입맛에 잘 맞는다. 미소白, 간장赤, 다시마 육수金, 소금銀, 매운 된장炎 5가지의 국물 베이스 중 하나를 선택할 수 있는데, 뽀얀 국물이 구수하면서도 진한 맛을 내는 미소(된장)가 인기. 건더기를 다 먹고 나면 짬뽕처럼 굵은 면을 추가(594엔)해 넣어 먹고, 마지막 남은 육수에 죽까지 끓여 먹는다. 2인분 이상 주문 가능하며, 홈페이지에서 예약 권장. **MAP ⑭-D**

GOOGLE MAPS 아리츠키 도쿄 스카이트리점
WHERE 도쿄 소라마치 다이닝 31층
OPEN 11:00~16:00(L.O15:00), 17:00~23:00(L.O.22:00)
WEB www.arizuki.com

밥만 먹고 갈 순 없지

아사쿠사·소라마치 디저트

일 년 내내 수많은 여행자가 문턱이 닳도록 방문하는 아사쿠사와 도쿄 스카이트리에는
식당만큼 맛있는 디저트 가게도 풍년이다.

로스티드 그린티+말차 젤라토
프리미엄 더블 No.7 760엔

抹茶ジェラート

대기표를 받고
이름이 불릴 때까지
기다리기!

ジェラート
PASS

진하디 진한 말차 젤라토

스즈키엔

壽々喜園

아사쿠사 여행의 마무리는 말차 젤라토다. 말차 맛의 농도는 1부터 7까지 고를 수 있는데, 우리를 이곳까지 부른 건 단연코 세계에서 가장 진한 말차 젤라토라고 주장하는 프리미엄 넘버 7이다. 프리미엄답게 1~6번보다는 비싸고, 2단 구성도 7번을 포함하면 가격이 올라간다. 센소지 북쪽, 고토토이 거리言問通りに 위치하며, 가게 앞에서 도쿄 스카이트리 셔틀버스를 타면 스카이트리까지 한 정거장! **MAP ⑭-C**

GOOGLE MAPS 아사쿠사 스즈키엔
ADD 3-4-3 Asakusa, Taito City
OPEN 11:00~17:00/매달 셋째 수요일(공휴일은 그다음 날) 휴무
WALK 센소지 본당 5분
WEB www.tocha.co.jp

상큼 짭조름한 노란빛깔 레몬파이

양과자(요가시) 레몬파이

洋菓子レモンパイ

아사쿠사 남쪽 타와라마치 골목에 그림 같이 자리한 레몬파이 전문점. 푹신한 머랭과 새콤달콤한 크림이 일품인 레몬파이는 문을 열기 무섭게 동나버린다. 신맛과 짠맛의 조화가 절묘한 치즈케이크와 각종 과일 타르트도 모두 맛있다. 예약한 케이크를 테이크아웃하는 손님만으로도 줄을 이을 정도라 가급적 이른 시간에 방문하길 권한다. **MAP ⑭-C**

GOOGLE MAPS 요가시 레몬파이
ADD 2-4-6 Kotobuki, Taito City
OPEN 10:00~17:00/일·월요일 휴무
WALK 가미나리몬 12분 / Ⓜ 다와라마치 역 1번 출구 2분
WEB lemonpie-asakusa.com

Lemon pie

솔트 레어 치즈케이크ソルトレアチーズ 500엔

진한 캐러멜 푸딩
焦がしカラメル濃厚プリン 680엔,
아메리카노 500엔

대나무 숯과 참깨 콘
+프리미엄 밀크
소프트아이스크림
460엔
63℃

지금은 카페인 충전이 필요한 때

페브스 커피 & 스콘

Feb's Coffee & Scone フェブズ コーヒー&スコーン

아사쿠사에서 제법 모던한 카페를 운영하는 페브러리February가 스콘을 주 무기로 내세우며 연 작은 카페. 앙버터 스콘, 진한 캐러멜과 생크림을 듬뿍 얹은 푸딩 등 기본템에 독창성을 얹은 메뉴가 인기를 얻고 있다. 시즌에 따라 메뉴가 조금씩 바뀌는 편. 이른 시간에 문을 열어 아사쿠사 아침 산책 시 들르기 좋다. MAP ⑭-C

GOOGLE MAPS 페브스 커피 스콘
ADD 3-1-1 Asakusa, Taito City
OPEN 08:00~17:00
WALK 센소지 본당 5분

우유 맛이 다르다 달라

도모낙농 63℃

東毛酪農 63℃

고소하고 진한 도모낙농의 소프트아이스크림 전문점. 건강한 사료로 키운 젖소에서 짜내 30분간 천천히 저온 살균한 우유로 만들어 맛도 영양도 풍부하다. 콘 종류는 식용 대나무 숯과 참깨를 섞은 콘, 소금 맛 콘, 와플 중에서 고를 수 있다. MAP ⑭-D

GOOGLE MAPS 토모낙농 63
OPEN 도쿄 소라마치 4층
OPEN 10:00~21:00

+MORE+

전망 라운지 아사히 스카이룸

展望ラウンジ アサヒスカイルーム

DRY
아사히 슈퍼드라이 780엔

스미다강 건너 황금빛으로 빛나는 2개의 아사히 맥주 본사 건물 중 왼쪽 아사히 맥주 타워 22층에 조그맣게 마련된 전망 라운지. 스미다강과 아사쿠사를 한눈에 조망할 수 있어 맥덕이라면 사랑하지 않을 수 없는 곳이다. 입장할 때 맥주를 주문하며, 맥주 이외에 간단한 스낵과 다른 음료도 준비돼 있다. 인기 시간대는 웨이팅이 있을 수 있다. 엘리베이터를 타고 21층에서 내린 후 계단을 이용해 한 층 올라간다. MAP ⑭-C

GOOGLE MAPS 아사히 스카이룸
ADD 1-23-1 Azumabashi, Sumida City
OPEN 10:00~22:00(L.O.21:00)
WALK 아사쿠사역 5번 출구 8분 / 혼조아즈마바시역 A3번 출구 5분

도쿄의 걷고 싶은 길 #3

산들산들 강바람을 맞으며 스미다강을 따라 걸어보자.
아사쿠사 남쪽에 자리한 쿠라마에蔵前의 카페로든,
스미다 리버 워크 건너 동쪽에 자리한 도쿄 미즈마치로든,
어느 쪽으로 가도 좋다.

#Walk

여행의 관문이자, 관광의 정석

우에노 上野

우에노. 어쩌면 도쿄를 깊이 알기 전부터 이미 친숙해졌을 이름이다. 나리타공항에서 출발하는 가장 빠른 열차와 가장 경제적인 열차가 동시에 닿는 도쿄 북부의 관문으로, 우리는 숙소를 정하고 비로소 짐을 풀 때까지 이 이름에 신경 쓰게 된다. 그렇다면 정작 우에노는 어떤 모습일까? 도쿄에서 가장 큰 공원과 서민적인 재래시장으로 유명한 지역. 박물관-미술관-동물원으로 떨어지는 라인이 '관광의 정석'과도 같은 곳. 그리고 그 곁에는 일본 최고의 명문대인 도쿄 대학이 자리 잡고 있다.

0 100m
8 도쿄 국립박물관
출구
도쿄도 미술관
2 우에노 동물원 (동원)
스타벅스 우에노 공원점
7 국립 과학박물관
동물원 정문 (입구)
3 도쇼구 (동조궁)
보탄엔
에브리원스 카페 6
국립 서양미술관
1 우에노 온시공원 (우에노 공원)
이즈에이 우메가와테이
公園口
출입구
2 우에노 동물원 (서원)
5 하나조노 이나리 신사
킷사코
JR 우에노역
출입구
보트 대여소
벤텐도
正面玄関口
広小路口
긴자선 우에노역
不忍口
4 시노바즈노이케
게이세이우에노역
11 야마시로야
마루이 백화점
히비야선 우에노역
池の端口
正面口
아메요코 시장 (아메요코초) 9
10 우에노 오카치마치 주오 거리
우에노 야부소바
アメ横
오에도선 우에노오카치마치역
이센(본점)
마츠자카야 백화점
긴자선 우에노히로코지역
JR 오카치마치역
호라이야
지요다선 유시마역
파르코야 우에노
히비야선 나카오카치마치역
우사기야
도쿄역

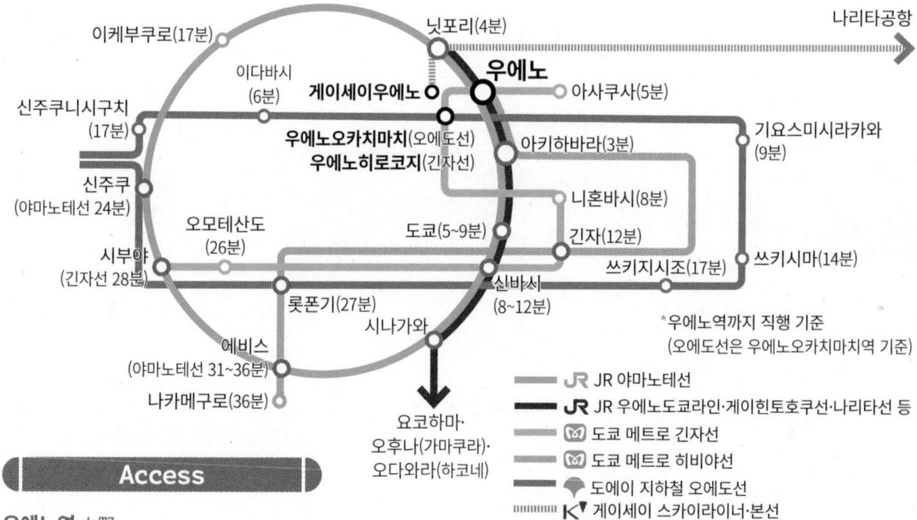
나리타공항
이케부쿠로(17분)
닛포리(4분)
우에노
이다바시
(6분)
게이세이우에노
아사쿠사(5분)
신주쿠니시구치
(17분)
우에노오카치마치(오에도선)
우에노히로코지(긴자선)
기요스미시라카와
(9분)
아키하바라(3분)
신주쿠
(야마노테선 24분)
니혼바시(8분)
오모테산도
(26분)
도쿄(5~9분)
긴자(12분)
시부야
(긴자선 28분)
쓰키지시조(17분)
쓰키시마(14분)
신바시
(8~12분)
롯폰기(27분)
시나가와
*우에노역까지 직행 기준
(오에도선은 우에노오카치마치역 기준)
에비스
(야마노테선 31~36분)
나카메구로(36분)
요코하마·
오후나(가마쿠라)·
오다와라(하코네)
JR 야마노테선
JR 우에노도쿄라인·게이힌토호쿠선·나리타선 등
도쿄 메트로 긴자선
도쿄 메트로 히비야선
도에이 지하철 오에도선
게이세이 스카이라이너·본선

Access

우에노역 上野

재래선 일반 열차 외에도 도호쿠지방과 니가타로 향하는 신칸센, 나리타공항을 오가는 열차가 발착하는 도쿄의 북쪽 관문이다. JR 우에노역과 게이세이우에노역은 상당히 거리가 있으므로 환승 시 유의하자.

- **JR 야마노테선 게이힌토호쿠선·네기시선·타카사키선·우츠노미야선·우에노도쿄라인·조반선 등**: 우에노 공원으로 간다면 3층의 공원 출구公園口, 나리타공항행 열차가 출발하는 게이세이우에노역이나 아메요코 시장으로 가려면 1층의 시노바즈 출구不忍口, 우에노 최대 주점가인 우에노 오카치마치 주오 거리로 가려면 1층의 히로코지 출구広小路口로 나간다.
- **지하철 도쿄 메트로 긴자선·히비야선**: 우에노 공원 방향은 7번 출구이며, JR 시노바즈 출구不忍口와 이어진다. 게이세이우에노역은 6번 출구, 우에노 오카치마치 주오 거리는 5a번 출구로 나간다.

게이세이우에노역 京成上野

- **사철 게이세이 본선·나리타 스카이액세스·스카이라이너**: 나리타행 열차의 발착역이다. JR 역과는 300m가량 떨어져 있다. JR역과 우에노 공원, 주요 박물관·미술관, 아메요코 시장은 정면 출구正面口, 시노바즈노이케와 도쇼구는 이케노하타 출구池の端口로 나간다.

기타 역

- **JR 오카치마치御徒町, 지하철 도쿄 메트로 긴자선 우에노히로코지역上野広小路·도에이 오에도선 우에노오카치마치역上野御徒町**: 목적지가 우에노 남쪽 상업지역이거나 아메요코 시장이라면 이 역들을 이용하는 것도 편리하다.

Planning

박물관이나 미술관 관람을 좋아한다면 우에노에서 머물 시간을 충분히 확보하자. 박물관·미술관도 많거니와 규모도 대단해 꼼꼼히 보려면 시간이 꽤 소요된다. 공원과 재래시장 정도만 가볍게 둘러보고 다른 지역으로 이동한다면 우에노 공원에서 걸어갈 수 있는 야네센이나 긴자선으로 한 번에 갈 수 있는 아사쿠사를 일정에 넣는 것이 효율적이다. 게이세이 전철로 나리타공항을 오갈 계획이라면 도착 첫날이나 귀국 날에 방문하는 것도 좋다.

JR 우에노역 공원 출구公園口

JR 우에노역 히로코지 출구広小路口

APA HOTEL

Photo by Hetarllen Mumriken

1 공원 산책에 미술관과 동물원 구경까지!

우에노 온시공원(우에노 공원)

上野恩賜公園(上野公園)

제대로 보려면 하루도 부족할 정도로 넓다. 1873년 국가가 지정한 일본 최초의 공원으로, 53만㎡(약 16만 평)의 드넓은 부지에 박물관과 미술관, 동물원, 신사 등이 자리 잡고 있다. 벚꽃 명소로 유명해 천여 그루의 벚나무에 꽃이 피는 봄이면 꽃놀이(하나미)를 즐기러 엄청난 인파가 쏟아져 들어오는 곳. 가을에는 낙엽이 물들어 운치를 더한다. **MAP ⑮-A**

GOOGLE MAPS 우에노 공원
OPEN 05:00~23:00
WALK JR 우에노역 공원 출구公園口 1분 / Ⓜ 우에노역 7번 출구 1분
WEB ueno.or.jp(우에노 관광 연맹)

上野恩賜公園

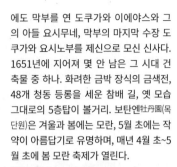

② 귀여운 판다 가족이 살아요
우에노 동물원
上野動物園

UENO ZOO

1882년 문을 연 일본 최초의 동물원. 판다, 북극곰, 수마트라 호랑이, 서부 로랜드 고릴라 등 희귀 동물을 비롯해 약 500종의 동물이 서식한다. 사육 동물 수로는 홋카이도 아사히야마 동물원에 이어 일본 내 2위로, 동물원을 모두 둘러보려면 2시간 이상 예상해야 한다. 우에노에서도 인기 스타는 판다. 2021년에 태어난 쌍둥이 판다 샤오샤오와 레이레이는 단 1분 관람을 위해 평일에도 30~40분 이상 줄을 서야 할 정도로 인기다. 쌍둥이 관람 마감 시간은 오후 3시 30분. 대기 상황에 따라 일찍 마감되기도 한다. **MAP ⑮-A**

GOOGLE MAPS 우에노 동물원
ADD 9-83 Uenokoen, Taito City
OPEN 09:30~17:00/월요일(공휴일은 대체 휴일)·12월 29일~1월 1일 휴무
PRICE 600엔, 중학생 200엔(3월 20일·4월 5일·10월 1일 무료) 여권 제시 시 외국인 20% 할인
WALK JR 우에노역 공원 출구公園口 5분 / Ⓜ 우에노역 7번 출구 10분
WEB www.tokyo-zoo.net/zoo/ueno

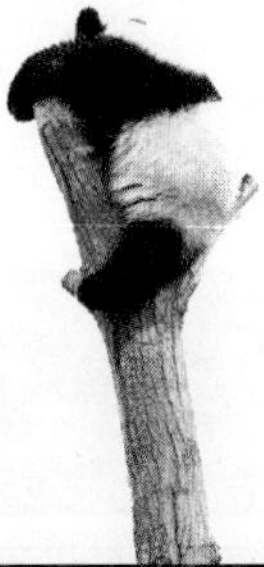

③ 도쿠가와 이에야스의 신사
도쇼구(동조궁)
東照宮

에도 막부를 연 도쿠가와 이에야스와 그의 아들 요시무네, 막부의 마지막 수장 도쿠가와 요시노부를 제신으로 모신 신사다. 1651년에 지어져 몇 안 남은 그 시대 건축물 중 하나. 화려한 금박 장식의 금색전, 48개 청동 등롱을 세운 참배 길, 옛 모습 그대로의 5층탑이 볼거리. 보탄엔牡丹園(목단원)은 겨울과 봄에는 모란, 5월 초에는 작약이 아름답기로 유명하며, 매년 4월 초~5월 초에 봄 모란 축제가 열린다.
MAP ⑮-A

GOOGLE MAPS 우에노 동조궁
OPEN 08:00~17:00(11~3월 ~16:00)
PRICE 500엔
WALK JR 우에노역 공원 출구公園口 5분 / Ⓜ 우에노역 7번 출구 10분
WEB uenotoshogu.com
보탄엔 uenobotanen.com

보탄엔

上野動物園 UENO ZOO

판다 도시락パンだ弁当 700엔

판다 찐빵パンだまん 500엔

4 벚꽃 말고 연꽃 놀이
시노바즈노이케
不忍池

우에노 공원 남단에 자리한 천연 연못. 둘레 2km, 면적 11만m²(약 3만 3000평)에 달하는 큰 규모다. 봄엔 연못 주위가 벚꽃으로 물들고, 여름엔 연꽃으로 뒤덮이며, 겨울엔 철새가 노니는 예쁜 풍경이 펼쳐진다. 팔각형의 벤텐도弁天堂 사당은 장사와 재운에 효험이 있다고. 연인들의 데이트 코스 중 하나인 백조 보트는 30분에 800엔(어른 2명+어린이 2명)이다. **MAP ⑮-B**

GOOGLE MAPS 시노바즈노이케
WALK 도쇼구 3분 / JR 우에노역 시노바즈 출구不忍口 3분 / Ⓜ 우에노역 7번 출구 3분

연꽃이 만발한 연못 뒤로 벤텐도가 보인다.

귀여운 백조 보트는 벤텐도 뒤쪽 다리 건너편에서 빌려 탈 수 있다.

5 연애운 상승에 특효
하나조노 이나리 신사
花園稲荷神社

주홍색의 도리이가 늘어선 참배 길이 인상적인 신사. 우에노 공원과 시노바즈노이케 경계에 자리한다. 풍요와 재물을 가져다준다는 곡물의 신 이나리稲荷를 모시지만, 연애와 중매에도 효험이 있다고 하여 예부터 결혼을 바라는 젊은 여성이 많이 찾는다. **MAP ⑮-A**

GOOGLE MAPS 우에노 하나조노이나리신사
OPEN 06:00~17:00
WALK 도쇼구 5분 / JR 우에노역 공원 출구公園口 5분 / Ⓜ 우에노역 7번 출구 7분

'모더니즘 건축의 아버지'라 불리는 스위스 태생의 프랑스 건축가 르코르뷔지에가 설계한 본관. 2016년 유네스코 세계문화유산으로 지정되었다.

6 도쿄에서 만나는 서양미술
국립 서양미술관
国立西洋美術館

1959년에 개관한 서양미술관. 대표 전시물인 '마츠가타松方 컬렉션'은 일본의 조선업 재벌인 마츠가타 고지로가 1900년대 초 유럽에서 수집한 미술품을 전시한 것이다. 그의 수집품은 제2차 세계대전 중 적국자산으로 프랑스에 귀속되었다가 컬렉션을 전시할 미술관을 짓는 조건으로 반환되어 현재의 미술관이 탄생했다. 중세 시대부터 20세기까지의 유럽 회화 및 조각을 소장하고 있으며, 그중 로댕의 <지옥의 문>, <생각하는 사람>, <칼레의 시민> 등은 앞마당에서 무료로 전시하니 놓치지 말자. **MAP ⑮-A**

GOOGLE MAPS 국립 서양미술관
OPEN 09:30~17:30(금·토 ~20:00)/월요일·12월 28일~1월 1일 휴무
PRICE 500엔, 대학생 250엔, 고등학생 또는 17세 이하·65세 이상 무료, 5월 18일·11월 3일 상설전 무료
WALK JR 우에노역 공원 출구公園口 2분 / Ⓜ 우에노역 7번 출구 7분
WEB nmwa.go.jp

+MORE+

우에노 공원에서 쉬었다 가자

공원 마당을 차지한
스타벅스 우에노 공원점 スターバックス コーヒー 上野恩賜公園店

'자연과 문화 예술'을 콘셉트로 한 스타벅스. 공원 전경과 어우러진 약 70석의 너른 테라스, 인근의 가죽 장인과 도쿄예술대학 학생들이 협업한 실내 인테리어 장식에서 전통과 예술이 살아있는 우에노의 매력을 한껏 발휘한다. **MAP ⑮-A**

GOOGLE MAPS 스타벅스 우에노 공원점
ADD 8-22 Uenokoen, Taito City
OPEN 08:00~21:00
WALK JR 우에노역 공원 출구公園口 5분 /
Ⓜ 우에노역 7번 출구 8분

공원 안의 채식카페
에브리원스 카페(구 파크사이드 카페) EVERYONEs' Cafe

평화로운 우에노 공원을 바라보며 차와 식사를 즐길 수 있는 곳. 고품질의 도쿄산 제철 식재료를 사용한 팬케이크와 카레, 샐러드 등 가벼운 식사 메뉴가 준비돼 있다. 만석일 경우 가게 입구에서 예약권을 뽑고 차례를 기다린 후 입장한다. **MAP ⑮-A**

GOOGLE MAPS everyones cafe ueno
ADD 8-4 Uenokoen, Taito City
OPEN 10:00~21:00(토·일 09:00~)
WALK JR 우에노역 공원 출구公園口 3분 /
Ⓜ 우에노역 7번 출구 7분

카라멜 넛츠
수플레 팬케이크
1700엔~

하루 딱 2시간만 허락된 곳
킷사코 喫茶去

하루에 딱 2시간 차 마실 공간을 내어주는 공원 안 전통 찻집. 점심에는 가이세키 전문점 인쇼테이韻松亭의 식사 공간으로 쓰이고, 오후 3시부터 카페 손님을 맞이한다. 삶은 팥에 떡, 꿀, 아이스크림 등을 얹은 앙미츠가 대표 메뉴. 영업시간이 길지 않고 공간도 넓지 않은 편이라 오후 3시 전에 와서 대기 명단에 이름과 희망 메뉴를 기재하고 산책 후 다시 찾는 것이 좋다. **MAP ⑮-A**

GOOGLE MAPS 킷사코 우에노
ADD 4-59 Uenokoen, Taito City
OPEN 15:00~17:00
WALK 하나조노 이나리 신사 1분

크림 앙미츠
900엔

앞마당에 전시된 대왕고래 모형. 지구에서 가장 큰 동물을 30m 실물 크기로 체감할 수 있다.

생명의 탄생부터 지구의 미래까지

7 국립 과학박물관

国立科学博物館

'인류와 자연이 공존 가능한 미래'를 테마로 내건 자연사 박물관. 건물 옆에 놓인 커다란 대왕고래 모형이 눈길을 끈다. 지하 3층~지상 3층 규모의 지구관과 일본관으로 구성되어, 꼼꼼하게 둘러본다면 시간이 꽤 걸린다. 특히 지구관에서는 생명의 진화부터 지구와 우주의 역사, 지구의 생명체와 환경의 변화가 생명에 미치는 영향 등을 폭넓게 다루고 있다. 지구관 지하 2층의 매머드 화석과 지하 1층의 초대형 공룡 화석이 볼 만하다. **MAP ⑮-A**

GOOGLE MAPS 도쿄 국립과학박물관
OPEN 09:00~17:00(금·토 ~20:00)/월요일(공휴일은 화요일)·12월 28일~1월 1일 휴무
PRICE 630엔, 고등학생 이하 무료
WALK JR 우에노역 공원 출구公園口 6분 / 🚇 우에노역 7번 출구 10분
WEB www.kahaku.go.jp

일본 최대 박물관

8 도쿄 국립박물관

東京国立博物館

일본에서 가장 규모가 큰 박물관. 1872년 첫 전시회를 시작으로 1882년 공식 개관했다. 국보와 중요문화재를 비롯한 각종 전시품 약 11만 점을 소장하고 있다. 전시관과 자료관, 정원이 넓은 부지에 나뉘어 있으며, 본관에는 일본 유물이, 동양관에는 한국·중국·인도에서 가져온 유물이, 호류지 보물관에는 간사이 지방 나라의 호류지 보물을 중심으로 한 불교 미술품이 전시돼 있다. 동양관 한국실에 전시된 물품은 절반 이상이 일제강점기 때 일본에 약탈당한 우리나라 유물들이므로 더욱 주의 깊게 살펴보자. **MAP ⑮-A**

GOOGLE MAPS 도쿄 국립박물관
OPEN 09:30~17:00/월요일·12월 28일~1월 1일 휴무
PRICE 1000엔, 대학생 500엔, 고등학생 이하·70세 이상 무료(5월 18일·7월 20~24일·9월 19일·11월 4일 종합문화전 전체 무료)
WALK JR 우에노역 공원 출구公園口 7분 / 🚇 우에노역 7번 출구 12분
WEB www.tnm.go.jp

본관(왼쪽)과 동양관(오른쪽)

유럽풍의 오모테관表慶館. 특별전이 주로 열린다.

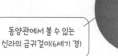

동양관에서 볼 수 있는 신라의 금귀걸이(6세기 경)

우에노를 대표하는 재래시장

9 아메요코 시장(아메요코초)

アメ横市場(アメ横丁)

우에노역에서 오카치마치역까지 JR 고가 철로를 따라 약 400m에 걸쳐 늘어선 시장이다. 제2차 세계대전 이후 미군 부대에서 흘러나온 물건을 사고파는 암시장으로 출발해 '아메리카+골목(요코 또는 요코초)'이란 이름이 붙었다는 설이 있다. 식료품을 비롯해 신발, 구제 의류, 화장품 등을 저렴한 가격에 판매하며, 명품 할인점, 수입 식품점, 길거리 간식 등 구경거리가 많다. 수요일에 휴무인 집이 많다. **MAP ⑮-B**

GOOGLE MAPS 아메요코 상점가
OPEN 10:00~20:00(가게마다 다름)/부정기 휴무
WALK JR 우에노역 시노바즈 출구不忍口 또는 오카치마치역 북쪽 출구北口 1분 / Ⓜ 우에노역 7번 출구 1분 / 우에노오카치마치역 또는 Ⓜ 우에노히로코지역 A5번 출구 1분

アメ横

AMEYAYOKOCHO
1905
アメヤ横丁

アメ横
上中
중간에 우에노 나카도리 상점가와 만난다.

조개구이로 유명한 이소마루 수산

값싸고 맛있는 주점 골목

10 우에노 오카치마치 주오 거리

上野御徒町中央通り

현지인처럼 들큰하게 술 한잔하고 싶을 때, 아메요코 시장 바로 옆(고가철로 동쪽) 주점 골목으로 향하자. 이소마루 수산磯丸水産이나 모츠야키 다이토료もつ焼 大統領 같은 대형 이자카야 체인, 저렴하고 맛있는 멘치카츠(소고기 고로케)로 유명한 정육식당 니쿠노오야마肉の大山 등을 비롯해 서서 간단한 술과 안주를 즐기는 다치노미立ち呑み 스타일의 저렴한 이자카야도 많다. 신주쿠의 오모이데 요코초(150p)와 분위기가 비슷하지만, 이곳이 좀 더 외지인이나 여행자가 적어서 현지 분위기를 느끼기에 좋다. 마루이 백화점 바로 옆 골목에서 JR 오카치마치역까지 400m가량 이어진다. **MAP ⑮-B**

GOOGLE MAPS uenookachimachi central st
WALK JR 우에노역 히로코지 출구広小路口 1분 / Ⓜ 우에노역 5a번 출구 바로 앞

오타쿠부터 키덜트까지 모두 컴온!

11 야마시로야

ヤマシロヤ

웬만한 애니메이션 캐릭터 굿즈는 다 갖춘 장난감 백화점. 지하 1층에서 지상 5층까지 나노 블록 플러스 등 어린이 장난감은 물론, 각종 피규어와 캐릭터 상품, 스마트폰 액세서리와 인기 잡화를 취급하고 있다. 어떤 분야든 오타쿠부터 키덜트까지 덕후 기질이 있다면 뭐라도 하나 득템할 수 있는 곳. 우에노에 온 만큼 판다 코너도 놓치지 말자. **MAP ⑮-B**

GOOGLE MAPS 야마시로야 장난감 가게
ADD 6-14-6 Ueno, Taito City
OPEN 10:00~21:30(겨울철 ~21:00)
WALK JR 우에노역 시노바즈 출구不忍口 1분 / Ⓜ 우에노역 7번 출구 1분
WEB e-yamashiroya.com

Yamashiroya

100년 후에도 있을 예정!

우에노 노포 맛집

매일 같은 자리에서 묵묵히 우에노 사람들의 든든한 한 끼를 책임져온 노포 맛집.
100년 전에도 그랬듯, 100년 후에도 한결같은 모습이지 않을까.

한입 히레카츠+
새우튀김+새우 고로케+
가리비 튀김 모둠 정식
盛り合わせ定食
2600엔

히레 카츠 정식
ひれかつ定食
3500엔
(단품은 2900엔)

돈카츠 샌드위치는 여기가 원조

이센 본점

井泉 本店

1930년 '젓가락으로 잘리는 부드러운 돈카츠'를 고안해 우에노에 처음 간판을 걸었다. 식빵에 돈카츠를 끼운 가츠샌드를 최초 개발한 집으로도 유명하지만, 가츠샌드를 주문하는 사람은 십중팔구 관광객. 나이 지긋한 단골 손님 대부분은 돼지고기 등심을 튀겨낸 로스 카츠ロースかつ로 식사를 한다. 노포이면서도 현대적이고 깔끔한 오픈키친을 채택해 호감도가 상승한다. **MAP ⑮-B**

GOOGLE MAPS 이센 본점
ADD 3-40-3 Yushima, Bunkyo City
OPEN 11:30~20:00/수요일 휴무
WALK 아메요코 시장 남쪽 입구 3분/ JR 오카치마치역 북쪽 출구北口 3분 / 우에노오카치마치역 또는 우에노히로코지역 A4번 출구 1분
WEB isen-honten.jp

심하게 두툼한 고기에 엄청 얇은 튀김옷

호라이야

蓬莱屋

창업은 1912년. 일본 최초로 돼지고기 안심을 사용한 히레 카츠ヒレカツ를 선보였다. 큼직한 고기를 고온에서 먼저 튀긴 후 표면을 굳히고, 저온에서 또 한 번 속까지 튀겨냈기 때문에 부드러운 육질과 얄따란 튀김 옷의 바삭한 식감을 동시에 누릴 수 있다. 정갈한 다다미방과 로컬 손님들이 만드는 분위기에 오래된 맛집 포스가 느껴진다. **MAP ⑮-B**

GOOGLE MAPS 호라이야
ADD 3-28-5 Ueno, Taito City
OPEN 11:30~14:00, 토·일 17:00~19:30
WALK 아메요코 시장 남쪽 입구 1분/ JR 오카치마치역 북쪽 출구北口 2분 / 우에노오카치마치역 또는 우에노히로코지역 A2번 출구 1분
WEB ueno-horaiya.com

가츠샌드かつサンド
6개 1000엔

우나주うな重 3630엔~

일본 왕실이 인정한 장어덮밥

이즈에이 우메가와테이

伊豆榮 梅川亭

제대로 된 장어덮밥을 먹고 싶다면 기억해두어야 할 이름, 이즈에이. 에도시대부터 시작해 역사가 무려 280년이다. 설탕을 넣지 않고 간장과 된장을 이용해 만든 특제 소스를 발라 참숯에 구운 장어를 얹은 장어덮밥은 일본 왕실에도 납품했을 정도. 무엇보다 이곳 마스터들에게 비밀리에 전수되는 장어 굽는 기술이 맛을 가르는 결정타라고 한다. 우에노에 있는 본점과 2개의 지점 중 우에노 공원 안 고즈넉한 분위기의 우메가와테이점이 가장 인기다. MAP ⑮-A

GOOGLE MAPS 이즈에이 우메가와테이
OPEN 11:00~14:30, 17:00~20:00/월요일 휴무
WALK 우에노 도쇼구 1분/ JR 우에노역 공원 출구公園口 8분
WEB izuei.co.jp

도라에몽이 좋아한 도라야키

우사기야

うさぎや

카스텔라처럼 부드러운 빵 사이에 팥소를 넣은 도라야키를 1913년 창업 때부터 줄곧 만들어온 노포 화과자점. 팥 맛 좋기로 유명한 홋카이도 토카치산 팥을 곱게 갈아 지하 공장에서 당일 생산 당일 판매한다. 오후 4시부터는 예약자만 구매 가능. 유통기한은 딱 이틀! 여름엔 홋카이도산 우유와 팥으로 만든 소프트아이스크림도 인기다. MAP ⑮-B

GOOGLE MAPS 우에노 우사기야
ADD 1-10-10 Ueno, Taito City
OPEN 09:00~18:00/수요일 휴무
WALK 아메요코 시장 남쪽 입구 5분/ 우에노오카치마치역 또는 우에노히로코지역 A4번 출구 3분
WEB ueno-usagiya.jp

도라야키どらやき
240엔

쯔유와 메밀향의 완벽한 조화

우에노 야부소바

上野やぶそば

1892년 현재의 우에노 오카치마치 주오 거리에 문을 연 도쿄의 3대 야부소바 명가. 야부소바는 국물이 진하고 짜서 면을 살짝만 찍어 먹는 게 특징이다. 이 집만의 차별점이라면 쯔유 맛은 맛대로 살리면서 정통 수타 소바의 메밀 향까지 고스란히 느껴진다는 점. 다양한 계절 메뉴도 인기 비결이다. 한글과 영어가 병기된 메뉴판이 마련돼 있다. MAP ⑮-B

GOOGLE MAPS 우에노 야부소바
ADD 6-9-16 Ueno, Taito City
OPEN 11:30~15:00(L.O.14:30), 17:30~21:00(L.O.20:30)/1월 1일 제외한 연말연시·공휴일은 브레이크타임 없음
WALK JR 우에노역 히로코지 출구広小路口 3분 / 우에노역 5a번 출구 2분
WEB www.uenoyabusobasouhonten.com

세이로우 소바(일본 메밀국수)せいろう 995엔

나메코(맛버섯) 소바温なめこ 1282엔

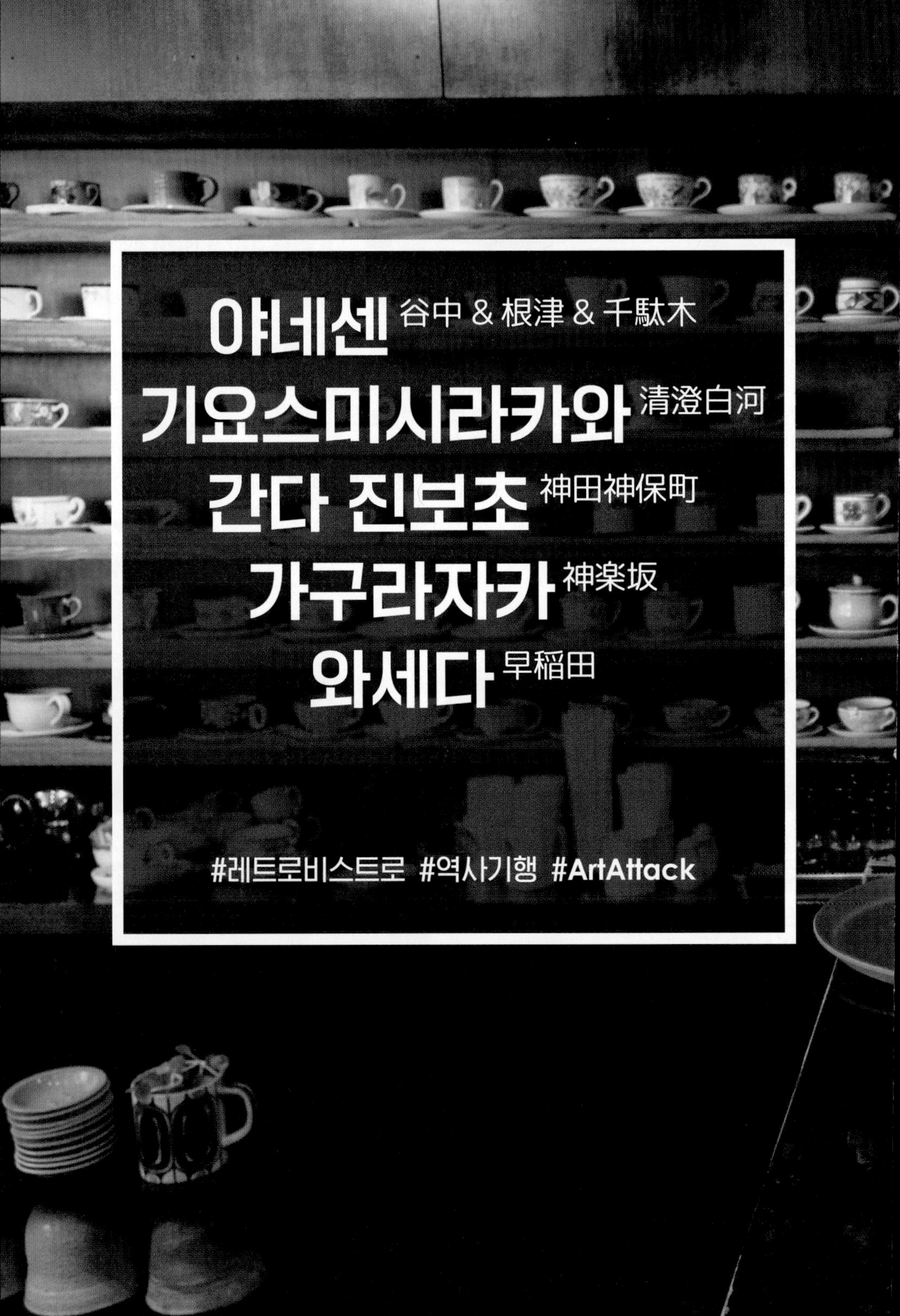

야네센 谷中 & 根津 & 千駄木
기요스미시라카와 清澄白河
간다 진보초 神田神保町
가구라자카 神楽坂
와세다 早稲田

#레트로비스트로 #역사기행 #ArtAttack

#Walk

우리가 바라온 레트로 감성

야네센(야나카 & 네즈 & 센다기)

谷中 & 根津 & 千駄木

야나카, 네즈, 센다기 세 지역에서 한 글자씩 따온 이름, 야.네.센. 레트로 감성으로 충만한 이 지역을 일본인들은 '그리운 풍경'이라 말하지만, 호기심 어린 외국인 여행자들에겐 '미지의 풍경'으로 비춰진다. 예전 그대로의 모습이 남아있는 건 도시 개발이 덜 된 덕(?)도 있지만, 마을 주민과 인근 예술대학 학생들, 민간 단체가 한마음으로 지켜냈기 때문. 왁자지껄한 분위기를 즐기려면 주말, 고즈넉한 분위기가 좋다면 평일 오후에 찾아가 보자.

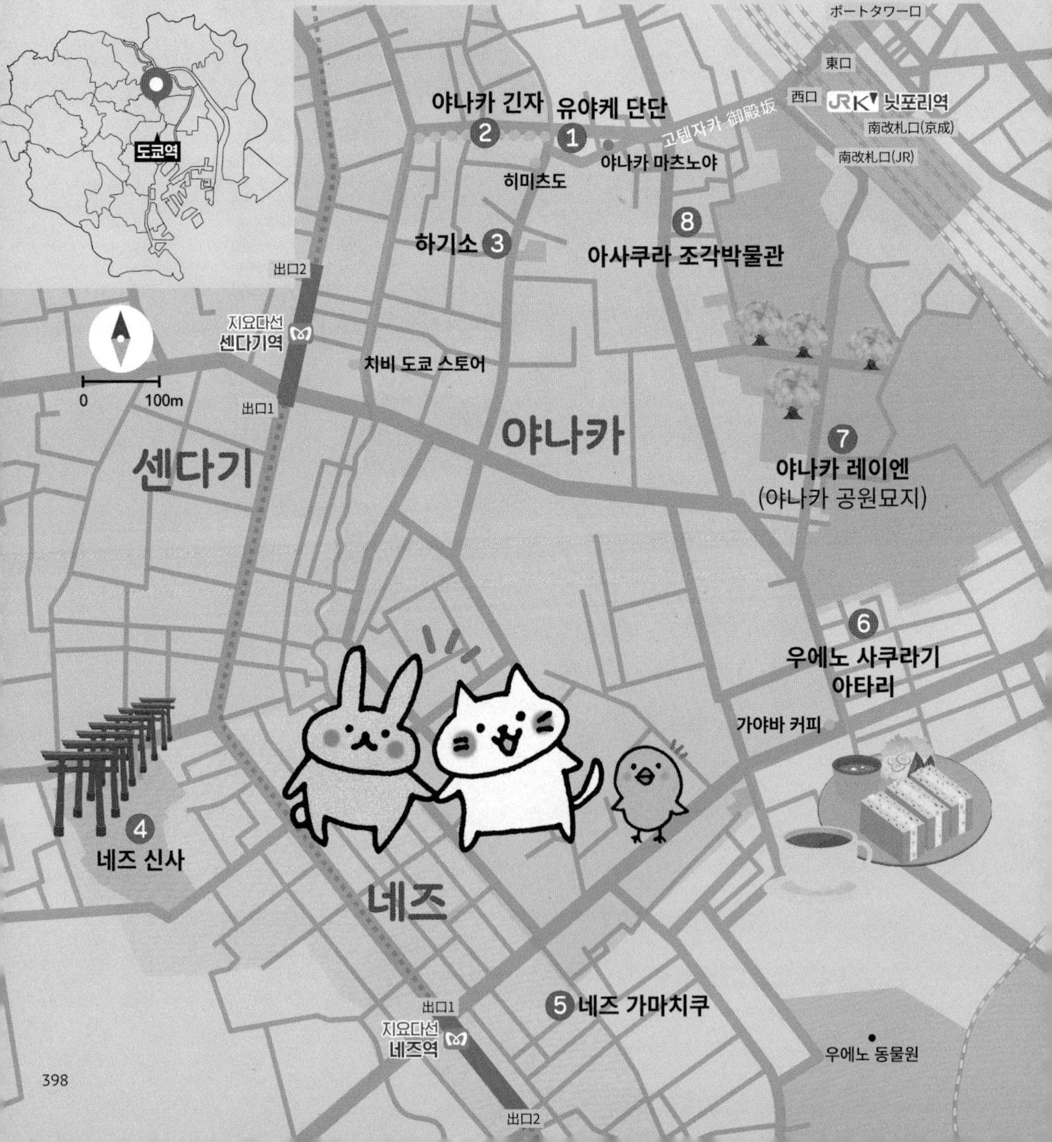
도쿄역
ポートタワー口
東口
西口
JR K 닛포리역
南改札口(京成)
南改札口(JR)
야나카 긴자
2
유야케 단단
1
고텐자카 御殿坂
야나카 마츠노야
히미츠도
8
아사쿠라 조각박물관
하기소 3
出口2
지요다선
센다기역
치비 도쿄 스토어
0
100m
出口1
야나카
7
야나카 레이엔
(야나카 공원묘지)
센다기
6
우에노 사쿠라기
아타리
가야바 커피
4
네즈 신사
네즈
5 네즈 가마치쿠
出口1
지요다선
네즈역
우에노 동물원
出口2

Access

닛포리역 日暮里

- **JR 야마노테선·조반선·게이힌토호쿠선·히타치 도키와선 / 사철 게이세이 본선·나리타 스카이 액세스·스카이라이너 / 경전철**(도쿄도교통국 운영) **닛포리·도네리라이너**: JR 닛포리역 서쪽 출구西口로 나오면 정면에 보이는 큰길 고텐자카 御殿坂를 따라 250m쯤 가다 갈림길에서 오른쪽 길로 가면 야네센 여행의 출발점이 되는 유야케 단단*夕やけだんだん* 계단이 나온다. 게이세이 전철이나 닛포리·도네리라이너로 도착했을 경우에도 JR 닛포리역 서쪽 출구를 찾아서 나가는 것이 빠르다.

센다기역 千駄木·**네즈역** 根津

- **지하철 도쿄 메트로 지요다선**: 야나카, 네즈, 센다기 세 마을을 포함하는 넓은 지역인 만큼 첫 목적지의 위치와 이동 경로에 따라 센다기역이나 네즈역을 이용해보자. 닛포리에서 여행을 시작해 센다기역이나 네즈역에서 끝내거나, 그 반대 경로로 움직이는 방법도 있다.

Planning

우에노역과 JR로 두 정거장, 우에노 공원에서는 걸어서도 이동할 수 있는 거리라 우에노와 함께 묶어 여행하는 것이 좋다. 단, 우에노 공원만큼 야네센 지역도 꽤 넓으니 체력에 맞게 걷기와 휴식을 적절히 조절하자. 닛포리역에 게이세이 본선과 스카이라이너가 정차하므로 나리타공항 이용자라면 여행 첫날이나 마지막 날 일정으로도 추천한다.

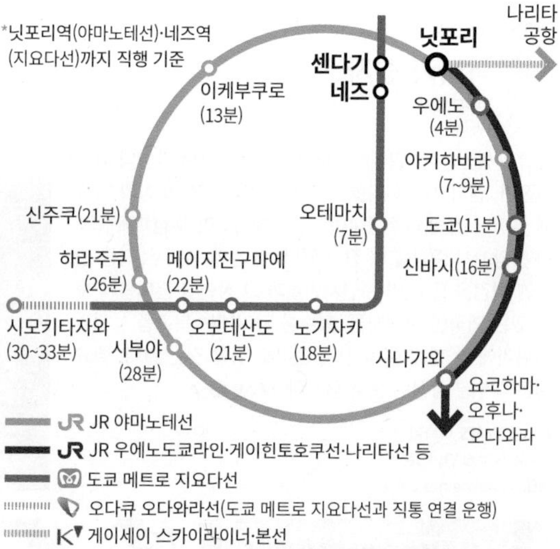
*닛포리역(야마노테선)·네즈역
(지요다선)까지 직행 기준
닛포리
나리타
공항
센다기
네즈
이케부쿠로
(13분)
우에노
(4분)
아키하바라
(7~9분)
신주쿠(21분)
오테마치
(7분)
도쿄(11분)
하라주쿠
(26분)
메이지진구마에
(22분)
신바시(16분)
시모키타자와
(30~33분)
오모테산도
(21분)
노기자카
(18분)
시부야
(28분)
시나가와
요코하마·
오후나·
오다와라
JR 야마노테선
JR 우에노도쿄라인·게이힌토호쿠선·나리타선 등
도쿄 메트로 지요다선
오다큐 오다와라선(도쿄 메트로 지요다선과 직통 연결 운행)
게이세이 스카이라이너·본선

1

이름 그대로 '저녁노을 계단'

유야케 단단

夕やけだんだん

야나카 긴자 상점가 입구에 놓인 짧은 계단. 해 질 녘 계단에 앉아서 바라보는 보랏빛 석양이 매우 아름다운 전망 포인트다. '노을 계단'이라는 뜻의 어여쁜 이름은 일반 공모를 통해 채택된 것이라고. **MAP 16-A**

GOOGLE MAPS 유야케 단단
WALK JR 닛포리역 서쪽 출구西口 3분

② 응답하라 1900s. 도쿄
야나카 긴자
谷中銀座

에치고야 주점.
생맥주는 450엔~
YEBISU

유야케 단단 바로 밑에서부터 시작되는 170m가량의 짧은 상점가. 멘치카츠를 비롯한 각종 길거리 간식이 상가 양쪽에 늘어섰고, 생맥주를 파는 상점 에치고야 주점越後屋酒店이 중앙에서 중심을 딱 잡고 있다. 한 손엔 생맥주, 다른 한 손엔 튀김을 들고 있는 현지인들과 그 장면을 흥미롭게 보고 있는 외국인 여행자들. 향수를 자아내는 복고풍 상점가 분위기에 술 한 방울 마시지 않아도 취할 것만 같다. 월요일은 대부분 상점이 문을 닫는다. **MAP ⑯-A**

GOOGLE MAPS 야나카긴자
WALK 유야케 단단 1분
WEB yanakaginza.com

커피콩 전문점, 야나카 커피점

멘치카츠 맛집, 니쿠노 스스키

+MORE+

잡동사니 속에서 보물 찾기
야나카 마츠노야 谷中 松野屋

일본 각지의 농가에서 만든 수공예품을 모아 내 집 앞마당처럼 풀어놓았다. 빗자루, 쓰레받기, 소쿠리 등 언젠가부터 우리 곁에서 사라져버린 옛 도구들을 찾아 소개하는 도매상 마츠노야의 첫 소매점. 소매점이긴 해도 갖출 건 다 갖췄다. **MAP ⑯-A**

GOOGLE MAPS 야나카 마츠노야
ADD 3-14-14 Nishinippori, Arakawa City
OPEN 11:00~19:00(일 ~18:00) /화요일 휴무
WALK 유야케 단단 1분
WEB yanakamatsunoya.jp

谷中松野屋

한때 고양이가 많아 '고양이 마을'로 유명했던 야네센. 곳곳에서 고양이 장식이나 간판, 상점 등이 보인다.

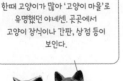

음료와 샐러드(또는 디저트)가 함께 나오는 런치 세트, 반숙 달걀을 올린 돼지고기 키마 카레Keema Curry 1580엔

여행하는 조식旅する朝食 1300엔

3 아침 식사는 여기서 하이소~
하기소
Hagiso

검은색의 세련된 목조 건물이 시선을 사로잡는 공간. 1955년 지어져 도쿄예대 학생들의 아틀리에 겸 셰어하우스로 사용되다가 2012년 카페와 갤러리, 살롱을 겸한 복합 문화공간으로 재단장했다. 1층 하기 카페Hagi Cafe에서는 정갈한 일본식 밥과 반찬으로 구성된 조식 세트 '여행하는 조식'이 인기이며, 오후에는 카레와 파스타를 비롯한 다양한 카페 메뉴를 판매한다. **MAP ⑯-A**

GOOGLE MAPS 하기소
ADD 3-10-25 Yanaka, Taito City
OPEN 08:00~10:30, 12:00~17:00(토·일·공휴일 ~20:00)/부정기 휴무(홈페이지에 미리 공지)
WALK 유야케 단단 2분
WEB hagiso.jp

4 천 개의 도리이 너머로 꽃이 피면
네즈 신사
根津神社

무려 1900년 전 지어진 작은 신사. 도쿄의 10대 신사 중 하나로, 경내에 자리한 7개 동이 중요문화재로 등록돼 있다. 교토의 후시미이나리 신사를 떠오르게 하는 주홍빛 센본토리이千本鳥居(1000개의 도리이)가 이곳의 자랑거리. 북쪽에서 남쪽으로 내려가면 잡념이 사라진단다. 봄이면 진달래 축제로 경내가 한층 화사해지고, 여성의 기도를 특히 잘 들어준다는 속설이 있다. **MAP ⑯-B**

GOOGLE MAPS 네즈 신사
ADD 1-28-9 Nezu, Bunkyo City
OPEN 06:00~18:00
WALK 네즈역 1번 출구 5분/야나카 긴자 15분
WEB www.nedujinja.or.jp

5

운치 있게 호로록, 우동 한 그릇

네즈 가마치쿠

根津 釜竹

일본 현대 건축의 거장 구마 켄고가 우아하게 되살린 1910년대 건물에 오사카의 우동 맛집 가마타케가 도쿄 지점을 열었다. 가마솥에 팔팔 끓여낸 우동을 찬물에 헹구지 않은 채로 특제 간장소스와 함께 내오는 가마아게 우동을 맛볼 수 있다. 여기에 달걀이나 새우튀김 등 원하는 토핑을 추가하면 나만의 메뉴 완성! 우동만큼 술에도 진심인 곳으로, 일본 각지에서 엄선한 전통술을 비롯해 맥주와 와인 등 30여 종의 술이 준비돼 있다. **MAP ⑯-B**

GOOGLE MAPS 네즈 카마치쿠
ADD 2-14-18 Nezu, Bunkyo City
OPEN 11:30~14:00, 17:30~20:30(일 ~14:00)/월요일·부정기 휴무
WALK Ⓜ 네즈역 2번 출구 3분/네즈 신사 또는 야나카 레이엔 10분/우에노 시노바이노이케 12분
WEB kamachiku.com

자루 우동太打ち ざるうどん 990엔

가마아게 우동
釜揚げうどん 990엔

야나카 비어홀Yanaka Beer Hall

6

멋과 낭만이 무르익는 곳

우에노 사쿠라기 아타리

上野桜木あたり

얼핏 교토의 예스러운 골목 같기도 하고, 시대극의 세트장 같기도 한 이곳은 1938년 건축한 3개의 건물을 리모델링한 것이다. 자칫 주차장이 될 뻔한 아찔한 사연을 뒤로하고 다이토 역사 도시 연구회의 노력으로 지금의 모습으로 재탄생했다. 수제 맥주 전문점(야나카 비어홀, 맥주 시음 세트 1400엔), 다양한 올리브오일을 맛보고 구매할 수 있는 소금·올리브오일 전문점 등 재미난 멤버들이 각 건물을 지키고 있다. 고즈넉한 분위기를 좋아한다면 빼먹지 말고 들르자. **MAP ⑯-A**

GOOGLE MAPS 우에노 사쿠라기 아타리
ADD 2-15-6 Uenosakuragi, Taito City
OPEN 가게마다 다름
WALK 야나카 레이엔 1분
WEB uenosakuragiatari.jp

7 묘지이지만 산책 명소입니다
야나카 레이엔(야나카 공원묘지)
谷中霊園

도심 한복판에선 쉽게 보이지 않지만, 일본에선 주택가 옆에 공원묘지가 있는 게 흔한 일. 녹지가 잘 조성돼 있어서 묘지 역할뿐 아니라 동네 주민의 산책 장소로 애용된다. 야나카 레이엔은 도쿄 내 7개 도립 공원묘지 중 하나이자, 숨은 벚꽃 명소. 야나카 여행 중 눈에 띈다면 잠시 쉬어 가보자. **MAP ⑯-A**

GOOGLE MAPS 야나카 묘지
ADD 7-5-24 Yanaka, Taito City
OPEN 24시간
WALK JR 닛포리역 서쪽 출구西口 5분/네즈 신사 15분
WEB www.tokyo-park.or.jp/reien/park/index073.html

8 작가의 아틀리에가 박물관으로
아사쿠라 조각박물관
朝倉彫塑館

일본 근대 조각가 아사쿠라 후미오의 저택 겸 아틀리에를 개조한 박물관. 생전에 그가 남긴 작품과 더불어 전통적인 주거 공간과 서양식 스튜디오가 어우러진 독특한 내부 구조를 감상할 수 있다. 연못과 꽃, 나무로 장식된 일본식 정원도 볼거리다. 실내에서는 신발을 벗어야 하며, 맨발로는 입장할 수 없다. **MAP ⑯-A**

GOOGLE MAPS 아사쿠라 조각박물관
ADD 7-18-10 Yanaka, Taito City
OPEN 09:30~16:30/월·목요일 휴무
PRICE 500엔
WALK JR 닛포리역 서쪽 출구西口 3분/야나카 레이엔 3분
WEB www.taitogeibun.net/asakura

朝倉彫塑館

맛도 분위기도 내 맘에 쏙

야네센 카페 & 디저트

복고적인 분위기에 은글슬쩍 트렌디함을 묻힌 야네센. 카페와 디저트 가게에서도 묘한 매력이 느껴진다.

딸기 시럽을 듬뿍 넣은
우유 빙수
ひみつのいちごみるく
1600엔
그라탕グラタン
(동절기 메뉴) 1500엔
氷

겨울에도 1인 1빙

히미츠도

ひみつ堂

여름은 물론이고 겨울에도 인기가 식을 줄 모르는 팥빙수 가게. 수동 빙삭기를 힘차게 돌려 눈처럼 소복이 얼음을 쌓고, 직접 조린 딸기나 멜론, 살구 등의 제철 과일시럽을 잔뜩 끼얹은 팥빙수가 별미다. 가을엔 호박이나 밤시럽을 올리기도. 부동의 인기 1위는 딸기시럽을 듬뿍 넣은 우유 빙수로, 여름이면 이 맛을 보기 위해 몇 시간씩 기다려야 할 정도다. **MAP ⑯-A**

GOOGLE MAPS 히미츠도
ADD 3-11-18 Yanaka, Taito City
OPEN 09:00~18:00(토·일요일 08:00~)/
시즌별로 휴무일 다름
WALK 유야케 단단 1분
WEB himitsudo.com

타마고 샌드たまごサンド 1400엔+
에스프레소 싱글 550엔

'일드' 속 동네 카페처럼 정감이 가득

가야바 커피

カヤバ珈琲

동네 주민들이 사랑방처럼 드나드는 카페. 1938년 문을 열었다가 2006년 폐업했으나, 이곳을 그리워한 이들과 시민단체의 노력으로 옛 모습 그대로 재오픈했다. 1층 테이블석에는 그때 그 시절 추억이 담긴 의자가 커버만 교체해 자리 잡고 있으며, 2층은 좌식 다다미방으로 돼 있다. 인기 메뉴인 타마고 샌드는 통통한 달걀 샌드위치와 함께 샐러드, 수프가 제공돼 꽤나 든든! 마을의 오랜 심볼이었던 만큼 단골부터 카페 투어족들까지 두루 찾는다. **MAP ⑯-B**

GOOGLE MAPS kayaba coffee
ADD 6-1-29 Yanaka, Taito City
OPEN 08:00~18:00(토·일 ~19:00)/월요일 휴무
WALK 야나카 레이엔 3분
WEB facebook.com/kayabacoffee

플랫 화이트 638엔, 머핀 495엔~

CIBI

CIBI

호주식 커피로 여는 아침

치비 도쿄 스토어

CIBI Tokyo Store

호주 멜버른에서 일본인 부부가 운영하며 인기를 얻은 카페가 도쿄에 지점을 냈다. 넓은 입구와 높은 천장, 무엇보다 조리에 대한 자신감이 느껴지는 오픈 키친이 인상적이다. 이른 아침 문을 여는 호주의 카페 문화를 따라 야네센에서도 오전 8시 30분부터 거리에 커피 향을 풍긴다. 다양한 잡화와 오리지널 굿즈도 함께 취급한다. **MAP ⑯-A**

GOOGLE MAPS cibi bunkyo store
ADD 3-37-11 Sendagi, Bunkyo City
OPEN 08:30~16:30(토·일요일 08:00~17:30)
WALK Ⓜ 센다기역 1·2번 출구 2분/
유야케 단단 6분/네즈 신사 10분
WEB cibi.jp

야네센 풍경

根津神社

도쿄의 걷고 싶은 길 #4

야나카 긴자를 출발해 야나카 공원묘지, 네즈 신사 등을 경유해 마을을 크게 한 바퀴 돌아보자. 체력이 받쳐준다면 우에노 공원까지도 걸어갈 수 있다. 산책에 하루를 몽땅 들여도 충분할 만큼 걷기에 최적화된 동네다.

#Walk

커피 향 머금은 거리
기요스미시라카와 清澄白河

기요스미시라카와가 유명세를 치른 건 이곳에 도쿄 블루 보틀 1호점이 들어선 뒤지만, 그전에도 이미 커피 맛 좀 아는 사람들은 이곳을 주목하고 있었다. 크고 작은 미술관과 갤러리, 정갈한 일본식 정원이 소박한 마을에 품위를 더하고, 자부심으로 똘똘 뭉친 커피 장인들이 조용히 터를 닦고 있던 동네. 블루 보틀은 그저 그 진가를 깨닫고 합류했을 뿐이다.

오에도선
기요스미시라카와역
B2
한조몬선
A3 기요스미시라카와역
크림 오브 더 크롭 커피 10
2 후카가와 카마소
1 기요스미 정원
Cafe
9 도쿄도 현대미술관
치즈노코에 (치즈의 목소리) 3
4 후카다소 카페
5 어라이즈 커피 로스터즈
기바 공원
올프레소 에스프레소 7
6 블루 보틀 커피
8 커피 마메야 카케루
기바 공원 대교
도쿄역
0 100m

Access

기요스미시라카와역 清澄白河

- **지하철 도쿄 메트로 한조몬선·도에이 오에도선**: 한조몬선을 이용하면 스카이트리가 있는 오시아게(스카이트리마에)역까지 접근이 편하다. 여행자들이 즐겨 찾는 대부분 명소는 A3번 출구와 가깝다. B2번 출구는 도쿄 메트로 한조몬선 이용자만 출입 가능.

Planning

도쿄 중심부에서 살짝 벗어난 위치인 데다 카페들이 한 곳에 모여 있지 않고 여기저기 흩어져 있기 때문에 둘러보는 데는 꽤 시간이 필요하다. 쓰키지 시장, 시오도메, 도쿄 스카이트리와 가까우며, 지하철로 한 번에 연결되는 아카바네바시(도쿄 타워), 롯폰기 등과 함께 여행 일정을 짜는 것도 좋다.

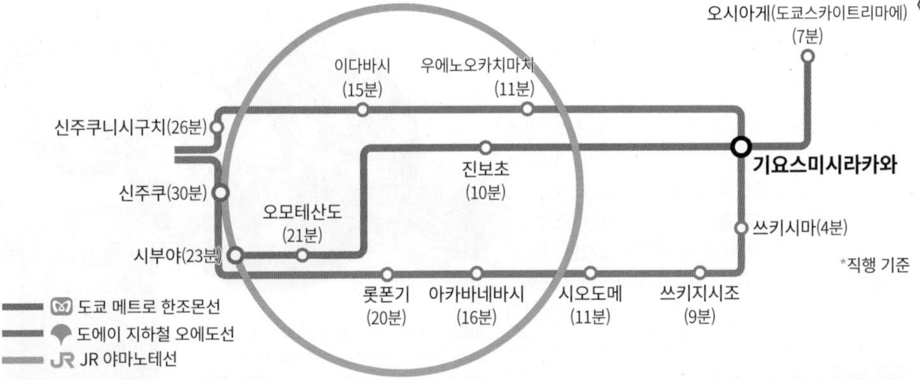
오시아게(도쿄스카이트리마에)
(7분)
이다바시
(15분)
우에노오카치마치
(11분)
신주쿠니시구치(26분)
기요스미시라카와
진보초
(10분)
신주쿠(30분)
오모테산도
(21분)
쓰키시마(4분)
시부야(23분)
롯폰기
(20분)
아카바네바시
(16분)
시오도메
(11분)
쓰키지시조
(9분)
도쿄 메트로 한조몬선
도에이 지하철 오에도선
JR 야마노테선

*직행 기준

1 고즈넉한 연못 거닐기
기요스미 정원
清澄庭園

커피만 마시고 떠나기 아쉬울 때, 그 아쉬움을 달래줄 정원이다. 산책하기 적당한 규모로, 중앙의 연못과 함께 배치한 바위가 감상 포인트. 본래 미쓰비시 그룹 사장인 이와사키 가문의 소유였으나, 1932년 국가에 기증해 일반에 개방됐다.

MAP 17

GOOGLE MAPS 기요스미 정원
ADD 3-3-9 Kiyosumi, Koto City
OPEN 09:00~17:00
PRICE 150엔, 어린이 무료
WALK 기요스미시라카와역 A3번 출구 2분
WEB www.tokyo-park.or.jp/park/format/index033.html

② 감탄이 절로 나오는 조개 듬뿍 덮밥
후카가와 카마소
深川釜匠

후카가와 정식 1290엔

파와 함께 익힌 조개가 듬뿍 올라가는 도쿄의 향토 음식 후카가와 정식深川めし(일명 '바지락밥')를 맛볼 수 있는 곳이다. 예전에는 얕은 바다였던 도쿄 후카가와 지역에서 발달한 음식으로, 도시에서 조개 채취가 어려워진 뒤로는 보기 힘들어졌지만, 후카가와(후카강)와 인접한 기요스미시라카와 주변에서는 아직 명맥을 유지하고 있다. 메뉴는 조갯살이 듬뿍 올라간 덮밥 형태의 후카가와메시, 달걀이 올라간 조개 국밥 형식의 후카가와돈부리深川丼ぶり가 있다. 조개의 양이 상당히 푸짐하다. **MAP ⑰**

GOOGLE MAPS fukagawa kamasho
ADD 2-1-13 Shirakawa, Koto City
OPEN 11:00~20:00(화 ~15:00)/월요일 휴무
WALK 기요스미시라카와역 A3번 출구 4분

③

오늘의 소프트아이스크림
今日のソフトクリーム 440엔

치즈와 아이스크림이 있는 풍경
치즈노코에(치즈의 목소리)
チーズのこえ

일본에서 유제품 하면 최고로 치는 홋카이도. 홋카이도 내 30곳의 치즈 공방에서 공수한 200여 종의 치즈를 모아 놓은 치즈 전문점이다. 치즈 쇼핑뿐 아니라 고소하고 진한 홋카이도산 소프트아이스크림도 맛볼 수 있다. **MAP ⑰**

GOOGLE MAPS 치즈노코에
ADD 1-7-7 Hirano, Tokyo, Koto City
OPEN 11:00~19:00
WALK 기요스미시라카와역 A3번 출구 4분
WEB food-voice.com

커피 500엔 + 스콘 350엔

④ 커피 맛만큼 분위기도 중요하다면
후카다소 카페
Fukadaso Cafe

'후카다소深田荘'라는 오래된 창고를 리모델링한 카페. 한 번 들어가면 나가기 싫을 정도로 편안한 분위기가 매력이다. 그 때문에 종종 웨이팅도 감내해야 하지만, 안락한 분위기에서 여유롭게 보내는 데는 이만한 곳이 없다. **MAP ⑰**

GOOGLE MAPS 후카다소 카페
ADD 1-9-7 Hirano, Koto City
OPEN 13:00~18:00(금 ~21:30)/화·수요일 휴무
WALK 기요스미시라카와역 A3번 출구 5분
WEB fukadaso.com/cafe.htm

카페 옆 1층에 잡화점,
2층에는 와인숍과 구두숍이 있다.

각종 드립커피 500엔~
커피콩 850엔~

나만 알고 싶은 로스터리

어라이즈 커피 로스터즈

ARiSE Coffee Roasters

5

규모는 작지만, 커피 애호가들의 사랑방으로 통하는 카페다. 기요스미시라카와의 인기 카페 크림 오브 더 크롭 커피에서 실력을 쌓은 바리스타가 2014년 오픈했다. 대형 로스터리에서는 찾을 수 없는 친근함에 맛으로도 절대 뒤지지 않는다. **MAP ⑰**

GOOGLE MAPS 아라이즈 커피 로스터즈
ADD 1-13-8 Hirano, Koto City
OPEN 10:00~17:00
WALK 기요스미시라카와역 A3번 출구 6분
WEB arisecoffee.jp

6

콜드브루 634엔

블루 보틀의 해외 진출 1호점

블루 보틀 커피

Blue Bottle Coffee

스페셜티 커피 열풍을 일으킨 블루 보틀의 첫 해외 지점. 미국 오클랜드의 한 차고에서 시작한 블루 보틀은 옛 물류창고 지역이던 기요스미시라카와를 친근하게도 1번 타자로 지목했다. 2015년 문을 연 이래 많은 커피 애호가를 이 동네로 불러들였다. **MAP ⑰**

GOOGLE MAPS 블루 보틀 커피 기요스미
ADD 1-4-8 Hirano, Koto City
OPEN 08:00~19:00
WALK 기요스미시라카와역 A3번 출구 8분
WEB store.bluebottlecoffee.jp/pages/kiyosumi

7

플랫 화이트 540엔

가장 이상적인 에스프레소

올프레소 에스프레소

Allpresso Espresso Tokyo Roastery & Cafe

뉴질랜드에 에스프레소를 처음 선보인 카페. 이후 호주, 영국 등에서 큰 인기를 누리고 도쿄로 당당히 입성했다. 깐깐하게 고른 원두를 숙련된 전문가가 로스팅한다. 에스프레소에 스팀밀크를 부은 플랫 화이트가 인기 메뉴다. **MAP ⑰**

GOOGLE MAPS 올프레소 에스프레소 히라노
ADD 3-7-2 Hirano, Koto City
OPEN 09:00~17:00(토·일요일 ~18:00)
WALK 블루 보틀 커피 6분 /
기요스미시라카와역 A3번 출구 11분
WEB jp.allpressespresso.com

8

커피 공부 제대로 하고 가는 곳

커피 마메야 카케루

KOFFEE MAMEYA Kakeru

고객과 상담한 후 신중하게 원두를 고르고 커피를 내리는 오모테산도의 마메야(220p)에서, 좀 더 제대로 커피를 탐구해보자고 오픈한 곳이다. 느긋하게 앉아서 시음을 통해 다양한 원두와 로스팅의 차이를 체험하고 커피에 대해 알아가는 시간. 바리스타들은 영어로 응대 가능하며, 외국인 손님도 많은 편이다. 완전 예약제로, 일본 레스토랑 예약 사이트인 'tablecheck'(구글맵에서 예약하기에 링크됨)를 통해 예약할 수 있다. **MAP ⑰**

GOOGLE MAPS 커피 마메야 카케루
ADD 2-16-14 Hirano, Koto City
OPEN 11:00~19:00
WALK 기요스미시라카와역 A3번 출구 15분
WEB koffee-mameya.com

9

일본 현대미술을 한눈에

도쿄도 현대미술관

東京都現代美術館(MOT)

일본의 현대미술을 한눈에 볼 수 있는 미술관. 기요스미시라카와 동쪽 기바 공원木場公園 안에 자리 잡고 있다. 우에노의 도쿄 시립미술관에 있던 현대미술품 약 3000점을 이어받아 1995년 개관했다. 현재는 약 5500점의 작품을 보유하며, 분기마다 주제를 정해 시대별 트렌드를 보여주는 작품 100~200개를 전시한다. **MAP ⑰**

GOOGLE MAPS 도쿄도 현대미술관
ADD 4-1-1 Miyoshi, Koto City
OPEN 10:00~18:00/월요일·연말연시 휴무
PRICE 500엔, 대학생 400엔/특별전 요금 별도
WALK 기요스미시라카와역 B2번 출구 10분
WEB www.mot-art-museum.jp

10

기요스미시라카와의 터줏대감

크림 오브 더 크롭 커피

Cream of the Crop Coffee

역에서 가장 멀리 떨어져 있지만, 기요스미시라카와에 가장 먼저 자리를 잡은 로스터리 카페다. 일본에서 20년 동안 벨기에 왕실 초콜릿 피에르 마르콜리니를 다룬 경험으로 엄선한 커피콩의 개성을 살리는 최상의 상태로 로스팅한다. **MAP ⑰**

GOOGLE MAPS cream of the crop coffee
ADD 4-5-4 Shirakawa, Koto City
OPEN 10:00~18:00/월요일 휴무
WALK 도쿄도 현대미술관 5분 / 기요스미시라카와역 B2번 출구 10분
WEB c-c-coffee.com

The Cream of the Crop Coffee

커피 500엔~, 커피콩 1100엔~

Memo.

#Walk

손때 묻은 추억의 고서점 거리

간다 진보초 神田神保町

책을 좋아하는 도쿄 사람이라면 누구나 한 번쯤 거쳐 갔을 고서점 거리다. 이곳에 자리한 170여 곳의 서점들엔 100엔짜리 헌책부터 동서고금의 희귀한 초판본, 따끈따끈한 신간까지 책이라면 그야말로 없는 게 없어서 '도서관엔 없어도 진보초엔 있다'는 말이 나올 정도다. 거리 한 귀퉁이에는 일본식 옛 다방인 킷사텐喫茶店들이 여전히 성업 중인 곳. 오래된 서점가를 누비다가 마시는 향긋한 커피는 도쿄가 주는 소박한 행복이다. 주로 진보초역 주변에 고서점이 밀집해 있어 '진보초 고서점가'라고도 부른다.

1 냥코도 서점(아네가와 서점)
미타선·신주쿠선
진보초역
한조몬선
진보초역
0
50m
8
고세토 커피점
고세토 갤러리
카페점
2
사보루
5 보헤미안스 길드
간다스즈란 거리
神田すずらん通り
3
마그니프
4 도쿄도 서점
6 분포도 간다(본점)
7
난요도 서점
9
글리치 커피 앤 로스터즈
도쿄역

진보초 풍경

Access

진보초역 神保町

- **지하철 도쿄 메트로 한조몬선, 도에이 미타선·신주쿠선**: A7번 출구와 이어지는 골목에서 한 블록 떨어진 간다스즈란 거리神田すずらん通り를 중심으로 서점이 모여 있다.

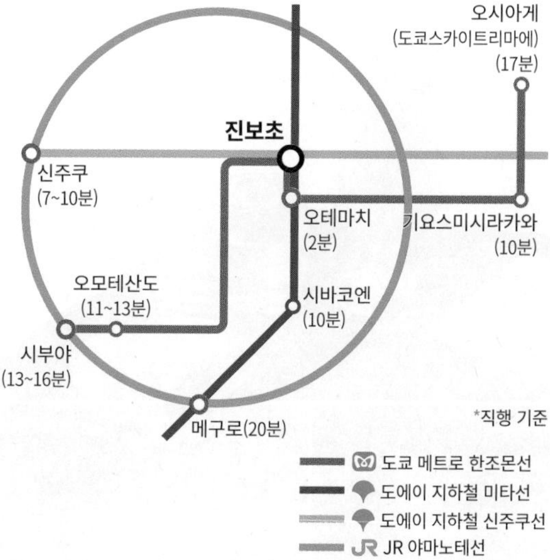
오시아게
(도쿄스카이트리마에)
(17분)
진보초
신주쿠
(7~10분)
오테마치
(2분)
기요스미시라카와
(10분)
오모테산도
(11~13분)
시바코엔
(10분)
시부야
(13~16분)
메구로(20분)
*직행 기준
도쿄 메트로 한조몬선
도에이 지하철 미타선
도에이 지하철 신주쿠선
JR 야마노테선

Planning

서점들이 반경 200~300m 안에 오밀조밀 모여 있어 구경하는 데 많은 시간이 들진 않는다. 가장 가까운 역은 지하철 진보초역이지만, 도쿄돔이 있는 스이도바시역까지 도에이 지하철로 한 정거장, 도보로 10분 거리라 함께 둘러보기 좋다. 진보초역에서 신주쿠, 오모테산도, 시부야, 도쿄 스카이트리까지 환승 없이 갈 수 있다.

1

ねこへの愛が溢れ、
ありがとうの涙が溢れ、
とうにもとまりません」
わたし
げぼく
猫又指南
かくれて、
生きる。

고양이 덕후를 위한 서점

냥코도 서점(아네가와 서점)

にゃんこ堂(姉川書店)

고양이 '라쿠'를 점장으로 모신 고양이 전문 서점. 2000권 이상의 고양이 서적과 고양이 관련 굿즈를 판매한다. 일본 매스컴의 관심을 받으며 애묘인들의 이목을 집중시킨 곳. 책 구매 시 서점의 오리지널 북 커버를 씌워준다.

MAP 18

GOOGLE MAPS nyankodo
ADD 2-2-2 Kanda Jinbocho, Chiyoda City
OPEN 10:00~18:00/일요일 휴무
WALK 진보초역 A4번 출구 앞
WEB nyankodo.jp

猫本
神保町
にゃんこ堂

新刊 姉川書店
姉川書店

딸기주스いちごジュース
800엔

② 진보초의 분위기 담당 킷사텐
사보루
さぼうる

진보초의 고서점들과 1955년부터 세월을 함께 나눈 곳. 음료 위주로 판매하는 킷사텐 사보루 1과 카페 푸드를 즐길 수 있는 사보루 2가 나란히 붙어 있다. 특히 사보루 2의 스테디셀러이자 작은 접시에 면을 산처럼 쌓아주는 나폴리탄ナポリタン(900엔)이 다시 대세 메뉴로 떠오르며 오픈 전부터 긴 줄이 늘어선다. 스파게티 메뉴를 2인이 1개만 주문할 경우 1인 1음료 필수. 음료만 마신다면 사보루 1이 여유롭다. **MAP ⑱**

GOOGLE MAPS 사보루 진보초
ADD 1-11 Kanda Jinbocho, Chiyoda City
OPEN 11:00~19:00/일요일 휴무
WALK 진보초역 A7번 출구 앞
WEB sabor-jimbocho.business.site

③ 책으로 떠나는 시간여행
마그니프
Magnif

다양한 예술·문화 관련 고서를 모아둔 책방이다. 주로 패션 잡지를 중심으로 한 1950~70년대 출간물을 다룬다. 일본어를 몰라도 한 장 한 장 넘기면서 당시 분위기와 유행한 아이템 등을 엿보는 재미가 쏠쏠하다. **MAP ⑱**

GOOGLE MAPS magnif
ADD 1-17 Kanda Jinbocho, Chiyoda City
OPEN 12:00~18:00
WALK 진보초역 A7번 출구 2분
WEB magnif.jp

fabulous
FIFTIES
BOWLING
BIG BOY
LIFE
AN INTERNATIONAL TROUBLEMAKER
NEHRU'S FRIEND, MENON

an·an

magnif

4 백 년 서점이 보여주는 품격
도쿄도 서점 간다 진보초점
東京堂書店 神田神保町店

1890년 개업한 유서 깊은 서점. 소규모 중고 서점 중심의 진보초에서는 제법 큰 규모를 자랑하는 3층짜리 신간 서점이다. '인간의 미래를 내다보고, 활동을 파악하며, 생각을 추적한다'는 철학적인 주제로 다양한 분야의 책을 다루는데, 발행 부수가 적더라도 가치 있는 책을 선별하는 독창성 덕분에 멀리서도 이곳을 찾아오는 애서가들이 많다. **MAP ⑱**

GOOGLE MAPS books tokyodo
ADD 1-17 Kanda Jinbocho, Chiyoda City
OPEN 11:00~20:00(토·일·공휴일 ~19:00)
WALK 진보초역 A7번 출구 1분
WEB tokyodo-web.co.jp

simplicity,

Books Tokyodo

갤러리처럼 꾸민 예술 전문 서점
보헤미안스 길드 5
Bohemian's Guild

4대째 이어오는 예술 전문 중고 서점. 화집과 도록 등 미술 관련 서적을 중심으로 디자인, 건축, 사진, 철학 등 다양한 장르의 책을 구비했다. 공간에서 시각적 즐거움을 느끼도록 추천 서적을 진열하는 방식도 센스가 느껴진다. 2층의 북 갤러리에서는 다양한 이벤트와 전시회가 열린다. **MAP ⑱**

GOOGLE MAPS bohemians guild
ADD 1-1 Kanda Jinbocho, Chiyoda City
OPEN 12:00~18:00
WALK 진보초역 A7번 출구 3분
WEB natsume-books.com

6

문구쟁이, 그림쟁이 대환영!

분포도 간다 본점

文房堂 神田本店

1887년 창업 당시 서양의 화구를 일본에 소개한 주역이다. 이후 오리지널 화구와 문구 등을 생산하기 시작했다. 1·2층에서 자사의 오리지널 제품과 개성 있는 잡화들을 소개하며, 3층은 갤러리 카페로 운영한다. 100년 전에 지어진 건물의 고풍스러운 분위기를 흠뻑 살린 카페를 방문하는 것만으로도 가볼 만한 가치가 충분한 곳이다.

MAP ⑱

GOOGLE MAPS 분포도 간다 본점
ADD 1-21-1 Kanda Jinbocho, Chiyoda City
OPEN 10:00~18:30
WALK 진보초역 A7번 출구 3분
WEB bumpodo.co.jp

오늘의 토스트 세트今日のトーストセット 1100엔

ARTISTS MATERIALS
SINCE 1887

7

건축에 대한 모든 책

난요도 서점

南洋堂書店 Nanyodo Bookshop

NANYODO

건물 디자인부터 범상치 않은 이곳은 1920년부터 운영한 건축 전문 서점이다. 1~2층에선 고서, 3층에선 신간과 과월호 잡지 등을 취급한다. 외국 서적도 잘 갖췄고, 고서의 경우 몇만 엔에 팔리는 일도 왕왕 있다고. 점내 사진 촬영을 엄격히 금한다. 정숙! **MAP** ⑱

GOOGLE MAPS 난요도 서점
ADD 1-21 Kanda Jinbocho, Chiyoda City
OPEN 12:00~18:00/일·공휴일 휴무
WALK 진보초역 A7번 출구 4분
WEB www.nanyodo.co.jp

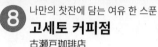

블렌드 커피 600엔,
고세토 오리지널 슈크림 550엔

8 나만의 찻잔에 담는 여유 한 스푼
고세토 커피점
古瀬戸珈琲店

1980년 오픈한 킷사텐. 맛있는 커피와 편안한 분위기 덕에 오랫동안 인기를 끌고 있다. 카운터석에 앉으면 찻잔을 직접 고를 수 있는 특권이 주어지기도. 도보 3분 거리에 도자기와 이상한 나라의 앨리스를 테마로 한 갤러리 커피점 고세토ギャラリー珈琲店古瀬戸도 함께 운영한다. 입구가 좁아서 잘 찾아야 한다. **MAP ⑱**

古瀬戸珈琲店

GOOGLE MAPS 고세토 커피점
ADD 3-10, Kanda Ogawamachi, Chiyoda City
OPEN 11:00~19:30(토·일 12:00~)
WALK 진보초역 A5번 출구 4분

9 은은한 과일 향 품은 스페셜티 커피
글리치 커피 앤 로스터즈
Glitch Coffee and Roasters

진보초 킷사텐의 명맥을 스페셜티 커피로 잇는 로스터리 카페다. 여러가지 과일 향이 미묘하게 어우러지는 원두를 주로 사용한다. 커피를 내린 뒤 컵에 담기 전 햇빛에 빛깔을 확인시켜주기도 하는데, 이때부터 향긋하고도 복잡한 과일 향이 침샘을 자극한다. 커피 가격은 1000엔 이상으로 다소 비싸 편이다. **MAP ⑱**

GOOGLE MAPS 글릿치 커피 & 로스터스
ADD 3-16 Kanda Nishikicho, Chiyoda City
OPEN 08:00~19:00(토·일 09:00~19:00)
WALK 진보초역 A9번 출구 3분
WEB glitch coffee

GLITCH

#Walk

교토의 예스러움을 닮은 골목

가구라자카 神楽坂

신주쿠가 지척인데 거짓말처럼 예스러운 모습이 남아 있는 가구라자카. 메인 도로인 가구라자카 거리에서 한 걸음 들어서면 작은 골목들이 미로처럼 연결돼 있다. 이 골목의 첫 번째 별명은 '도쿄 속 교토'. 단정한 돌길을 따라 늘어선 고급 요정料亭을 곁눈질하다 보면 교토에 온 듯한 기분에 사로잡힌다. 전통 있는 출판사가 모여 있는 문인의 거리이자, 프랑스인 밀집 지역이기도 해서 다채롭고 이국적인 정취도 풍긴다.

7 팡 데 필로소프
카모메 서점
2 6
도자이선
가구라자카역
1a
5 아코메야 도쿄 인 라 카구
도쿄 돔 시티
가구라자카 거리
神楽坂通り
가구라자카 거리
오에도선
이다바시역
C1
B1
유라쿠초선·도자이선·난보쿠선
이다바시역
東口
주오소부선
이다바시역
오에도선
우시고메카구라자카역
4 젠고쿠지
후지야 2
B3
3 벳테이 도리자야
西口
1 캐널 카페
0 100m
도쿄역

Access

이다바시역 飯田橋

- **JR 주오소부선**: 각역정차만 정차한다. 3층 서쪽 출구西口가 가구라자카 방향이다.
- **지하철 도쿄 메트로 난보쿠선·도자이선·유라쿠초선, 도에이 오에도선**: B3번 출구로 나오면 가구라자카 거리와 연결된다.

가구라자카역 神楽坂

- **지하철 도쿄 메트로 도자이선**: 1a번 출구가 가구라자카 거리 방향, 2번 출구가 카모메 서점·아코메야 도쿄 인 라 카구 방향이다.

Planning

가구라자카의 대표적인 볼거리는 가구라자카역보다 이다바시역에서 가는 것이 더 가깝다. 이다바시역에서 300~400m 거리 안에 가구라자카의 주요 골목들이 대부분 모여 있다. 천천히 걸으며 골목 구경만 한다면 1시간 정도로도 충분하고, 식사나 차를 마신다면 그만큼 체류시간이 길어진다.

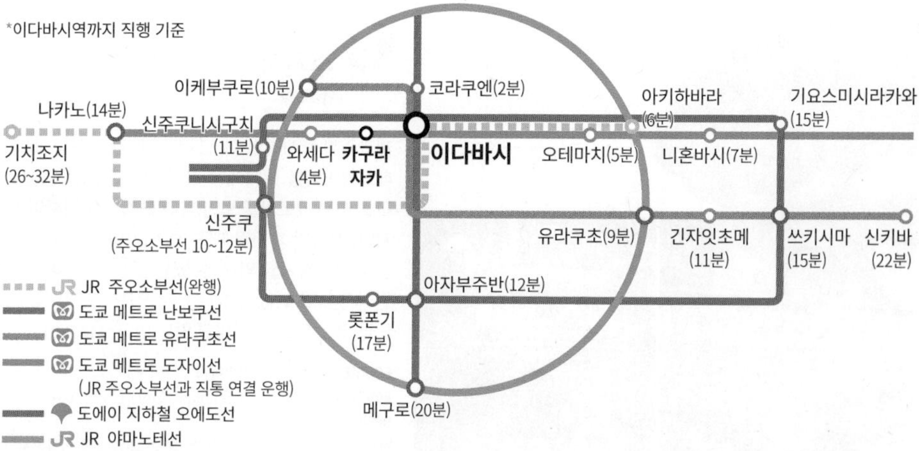
*이다바시역까지 직행 기준
이케부쿠로(10분)
코라쿠엔(2분)
아키하바라
(6분)
기요스미시라카와
(15분)
나카노(14분)
신주쿠니시구치
(11분)
기치조지
(26~32분)
와세다
(4분)
카구라
자카
이다바시
오테마치(5분)
니혼바시(7분)
신주쿠
(주오소부선 10~12분)
유라쿠초(9분)
긴자잇초메
(11분)
쓰키시마
(15분)
신키바
(22분)
아자부주반(12분)
롯폰기
(17분)
메구로(20분)
JR 주오소부선(완행)
도쿄 메트로 난보쿠선
도쿄 메트로 유라쿠초선
도쿄 메트로 도자이선
(JR 주오소부선과 직통 연결 운행)
도에이 지하철 오에도선
JR 야마노테선

CANAL CAFE
EST. 1918 TOKYO SUIYO CLUB

1 강변에서 즐기는 시원한 맥주

캐널 카페

Canal Cafe

무려 1918년부터 카구라자카를 지켜온 카페. 탁 트인 강변이 눈앞에 있고, 건너편엔 JR 열차가 달려 한적한 유원지로 나들이 온 기분도 든다. 정문을 통과해 왼쪽엔 도심 속 리조트가 콘셉트인 레스토랑이, 오른쪽엔 캐주얼한 분위기의 카페 겸 바인 데크사이드가 자리 잡고 있다. 실내에서 차분히 식사하고 싶다면 레스토랑을, 야외 테이블에 앉아 경치를 즐기며 가벼운 식사나 차 한잔을 하고 싶다면 데크사이드를 이용하자. MAP ⑲

GOOGLE MAPS 캐널 카페
ADD 1-9 Kagurazaka, Shinjuku City
OPEN 11:30~22:00
WALK 이다바시역 B2번 출구 1분 / JR 이다바시역 서쪽 출구西口 1분
WEB canalcafe.jp

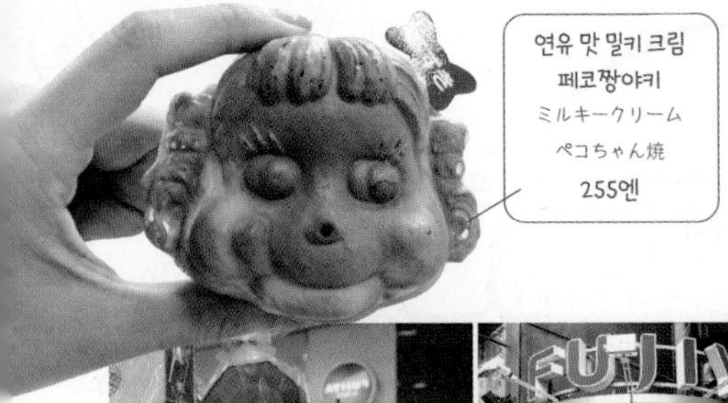
연유 맛 밀키 크림
페코짱야키
ミルキークリーム
ペコちゃん焼
255엔

② 재미로 사고 맛으로 먹는 페코짱야키
후지야
不二家

제과업체 후지야의 마스코트인 페코짱 모양 과자, 페코짱야키를 즉석에서 구워준다. 그을린 얼굴로 미소 짓는 페코짱을 보면 약간 으스스한 기분이 들지만, 전국의 후지야 매장 중 따끈따끈하게 갓 구운 페코짱야키를 먹을 수 있는 곳은 오직 여기뿐! 밀키크림, 초코칩쿠키カントリーマアム(간토리마아무), 단팥, 커스터드 등 다양한 맛이 있다. **MAP ⑲**

GOOGLE MAPS 후지야 이다바시
ADD 1-12 Kagurazaka, Shinjuku City
OPEN 10:00~18:00
WALK Ⓜ 이다바시역 B3번 출구 1분 / JR 이다바시역 서쪽 출구西口 2분
WEB pekochanyaki.jp

ミルキー袋
¥170

FUJIYA
ペコちゃん焼
日本でここだけ!

점심 우동스키うどんすき 1890엔

③ 뜨끈하게 끓여 먹는 명물 우동 전골
벳테이 도리자야
別亭 鳥茶屋

비주얼부터 맛까지 흠잡을 데가 없는 곳. 넓적한 밀가루 면을 닭, 해산물, 어묵, 버섯, 토란 등과 함께 냄비에 보글보글 끓이는 간사이 명물 우동스키를 맛볼 수 있다. 홋카이도의 다시마, 가고시마의 가다랑어 등 국물 맛을 내기 위해 전국의 식재료가 총동원됐고, 잘 숙성된 면발은 쫄깃하다. 닭고기와 달걀을 넣어 만드는 오야코동親子丼(단품 1130엔)도 우동스키 못지않은 인기 메뉴다. 저녁엔 조금 호사스러운 가이세키 요리집으로 변신, 자릿세(오토시)와 서비스 요금이 추가된다. **MAP ⑲**

GOOGLE MAPS 벳테이 도리자야
ADD 3-6 Kagurazaka, Shinjuku City
OPEN 11:30~14:30, 17:00~20:00
WALK Ⓜ 이다바시역 B3번 출구 3분 / 우시고메카구라자카역 A3번 출구 3분 / JR 이다바시역 서쪽 출구西口 5분
WEB torijaya.com

④ 소원을 들어드립니다
젠고쿠지
善國寺

칠복신七福神 중 복과 덕을 내리는 신인 비샤몬텐びしゃもんてん을 모신 절이다. 아침부터 저녁까지 수많은 참배객이 이곳을 찾아와 소원을 빈다. 1595년 니혼바시 바쿠로초馬喰町에 지어졌다가 잦은 화재로 인해 1793년 지금의 자리로 옮겼으며, 현재 신주쿠 지정문화재 중 하나다. 한때 일본 아이돌 그룹 아라시의 멤버 니노미야 카즈나리가 주연한 드라마에 등장해 '아라시의 성지'로 더욱 유명해졌다. **MAP ⑲**

GOOGLE MAPS 젠코쿠지 가구라자카
ADD 5-36 Kagurazaka, Shinjuku City
OPEN 24시간
WALK Ⓜ 이다바시역 B3번 출구 4분 / 우시고메카구라자카역 A3번 출구 3분 / JR 이다바시역 서쪽 출구西口 8분
WEB kagurazaka-bishamonten.com

la kagu
AKOMEYA TOKYO

알파 바게트 280엔

5 밥과 반찬에 진심인 자, 여기를 주목!
아코메야 도쿄 인 라 카구
Akomeya Tokyo in La Kagu

쌀을 테마로 한 레스토랑 겸 라이프스타일 매장이다. 기념일에 작은 쌀을 선물하자는 재미난 발상으로 인기를 얻어 도쿄에 12개 매상을 거느리고 있다. 그중 구마 켄고가 옛 창고를 개조해 오픈한 가구라자카점은 가장 규모가 크고 많은 제품을 갖춘 곳. 예쁜 포장지에 담긴 쌀이나 식료품, 일본 감성이 물씬 풍기는 식기류와 잡화 등은 기념품으로 제격이다. 1층 아코메야 식당에서는 맛있는 쌀과 제철 식재료로 꾸린 식사(980엔~)를 할 수 있다. **MAP ⑲**

GOOGLE MAPS 아코메야 도쿄 인 라 카구
ADD 67 Yaraicho, Shinjuku City
OPEN 11:00~20:00
WALK 가구라자카역 2번 출구 1분
WEB www.akomeya.jp

6 책 만들 듯 꼼꼼한 북 큐레이션
카모메 서점
Kamome Books

BOOK
+COFFEE +GALLERY

서점, 카페, 갤러리가 어우러진 복합공간. 가구라자카에서 책의 교정·교열을 전문으로 하던 회사가 연 서점으로, 센스 있는 큐레이션으로 애서가들 사이에서 칭찬이 자자하다. 일본어를 모르는 외국인도 이 공간에 끌리는 건 멋진 카페와 갤러리가 함께 있기 때문. 카페는 교토의 홈 로스팅 전문점 위켄더스 커피 Weekenders Coffee에서 맡고 있다. 갤러리 전시 일정은 홈페이지를 참고하자. **MAP ⑲**

GOOGLE MAPS kamome books
ADD 123 Yaraicho, Shinjuku City
OPEN 11:00~20:00
WALK 가구라자카역 2번 출구 1분
WEB kamomebooks.jp

7 우리동네에도 있으면 좋겠다
팡 데 필로소프
Pain des Philosophes

'도쿄의 파리'라고 불릴 만큼 이국적이면서도 차분하고 고즈넉한 동네, 가구라자카에서 주민들의 입맛을 사로잡은 작은 베이커리. 아카사카의 인기 베이커리 체인의 총괄 셰프였던 에노모토 테츠가 식사 빵을 중심으로 약 15종의 빵을 100% 수작업으로 장시간 발효해 거의 혼자 매일같이 구워낸다. 3종의 개성 강한 바게트 중 마치 쌀로 만든 것처럼 쫄깃한 모찌 식감과 은은한 단맛이 일품인 알파 바게트는 꼭 먹어보자. **MAP ⑲**

GOOGLE MAPS 팡 데 휘로조후 베이커리
ADD 1-8 Higashigokencho, Shinjuku City
OPEN 10:00~19:00
WALK 가구라자카역 1a번 출구 4분
WEB instagram.com/pain_des_philosophes/

도쿄의 걷고 싶은 길 #5

가구라자카역에서 이다바시역까지 이어지는 가구라자카 거리.
이곳에서 이어지는 골목골목은 걷다가 길을 잃어도 좋을 만큼 매력적이다.

神楽坂

SPECIAL PAGE

하루 종일 즐길 거리로 가득!

도쿄 돔 시티 東京ドーム

TOKYO DOME

일본 최초의 돔형 야구장인 도쿄 돔과 호텔, 놀이공원, 스파 시설로 채워진 레저 쇼핑 타운. 프로야구 경기나 인기 아티스트의 콘서트가 열리는 때면 팬들의 함성과 열기로 가득해진다. 게다가 스릴 만점 어트랙션으로 혼을 쏙 빼놓는 놀이공원과 천연 온천수로 즐기는 스파까지 더해지니 이곳에선 하루 종일 즐길 거리로 쉴 틈이 없다.

GOOGLE MAPS 도쿄돔시티
WALK 마루노우치선·난보쿠선 고라쿠엔역後楽園 1·2번 출구 바로 / 미타선·오에도선 카스가역春日 A1번 출구 1분 / JR 주오선(급행) & 주오소부선(완행) 스이도바시역水道橋 동쪽 출구東口 약 2분 / 미타선 스이도바시역水道橋 A2번 출구 바로
WEB www.tokyo-dome.co.jp

도쿄 돔 시티 풍경

도쿄 돔

東京ドーム

도쿄를 연고지로 한 프로야구팀 요미우리 자이언츠의 홈구장이다. 한 번에 5만 명 이상을 수용할 수 있어서 국내외 인기 아티스트들의 대형 콘서트장으로도 자주 사용된다.

LaQua
도쿄 돔 시티 어트랙션스

LaQua
라쿠아

스파 라쿠아

도쿄 돔 시티 어트랙션스

東京ドームシティアトラクションズ

입장료가 없는 도심형 놀이공원. 도쿄 시내를 천천히 조망할 수 있는 관람차와 거대한 고리 안을 짜릿하게 통과하는 롤러코스터, 후룸라이드, 바이킹 등 아이부터 어른까지 폭넓게 즐길 수 있는 23개의 어트랙션이 있다. 입장료는 무료지만, 어트랙션 이용 시엔 티켓(450~1200엔/어트랙션마다 다름)을 구매해야 한다. 1일 패스나 야간 자유이용권도 있다.

OPEN 10:00~21:00/시즌마다 다름
PRICE 입장료 무료/
원데이 패스포트(1일 패스) 4500~5500엔, 중·고등학생·60세 이상 3900~4900엔, 초등학생 3100~4100엔, 3세~초등학교 입학 전 2200~3200엔/
나이트 패스포트(17:00 이후, 20:00 이전 폐장 시 16:00부터) 3500~4500엔, 중·고등학생·60세 이상 2900~3900엔, 초등학생 2500~3500엔, 3세~초등학교 입학 전 1700~2700엔
WEB at-raku.com

라쿠아

LaQua

지하 1700m에서 끌어올린 천연 온천수에 뜨끈하게 몸을 녹일 수 있는 스파. 노천탕에서는 보습 효과가 뛰어난 노란 빛깔의 천연 온천수를, 히노키 욕조에서는 보글보글 탄산천을 즐길 수 있고, 그 밖에 대욕장, 족욕탕, 좌탕, 천연 암반 사우나를 이용할 수 있다. 목욕시설 외 카페와 레스토랑 등 휴식 공간도 잘 꾸며져 있는 편. 여성 전용 라운지도 있다. 정식 명칭은 도쿄돔 천연온천 스파 라쿠아東京ドーム天然温泉スパ ラクーア다.

OPEN 스파 라쿠아 11:00~다음 날 09:00/5세 이하 입장 불가, 17세 이하는 보호자(6~11세는 동성) 동반 시 18:00까지 이용 가능(입장 접수는 15:00)/스파만 설비 점검·정비 기간 중 휴무
PRICE 3230엔~, 6~17세 500엔 할인(실내복·수건 대여 포함)/심야 할증 요금 2420엔, 토·일·공휴일 및 일부 성수기 할증 요금 660엔 추가
WEB www.laqua.jp

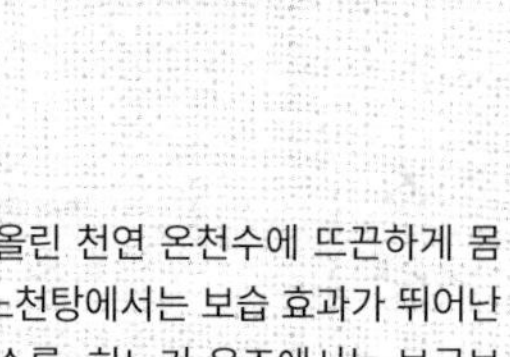

SPECIAL PAGE

가볍게 떠나는

도쿄 시내 온천 여행

온천욕과 일본 여행은 떼려야 뗄 수 없는 관계. 여행의 온도를 따끈하게 높여줄 온천은 그리 멀지 않은 곳에 있다. 참고로 대부분의 일본 온천은 몸에 문신(타투)이 있으면 입장을 제한한다. 도쿄 돔 천연온천 스파 라쿠아 정보는 427p 참고.

살결이 보들보들해지는 온천

도쿄 소메이온센 사쿠라

東京染井温泉 SAKURA

이케부쿠로역에서 4분, 우에노역에서 12분, 닛포리에서 8분 거리인 스가모역 인근에 자리한 온천이다. 스가모역에서 도보권인 데다 셔틀버스를 이용하면 더욱 편하게 갈 수 있다. 온천수는 지하 1800m에서 끌어올린 염화수. 미네랄이 풍부해 보습에 탁월하며, 신경통과 근육통에도 좋다.

GOOGLE MAPS 도쿄 소메이온천 사쿠라
ADD 5-4-24 Komagome, Toshima City
OPEN 10:00~23:00
PRICE 1800엔(토·일·공휴일 2130엔), 3세~초등학생 880엔, 수건 세트 대여 385엔, 실내복 대여 330엔
WALK 미타선 스가모역巣鴨 A4번 출구 5분 / JR 야마노테선 스가모역 남쪽 출구에서 셔틀버스 이용(10:00~22:15, 15~30분 간격 운행)
WEB sakura-2005.com

정원과 바데풀이 있는 온천

도시마엔 니와노유

豊島園庭の湯

일본의 유명 조경가가 조성한 1200평의 정원에 자리 잡고 있다. 암반욕을 즐길 수 있는 노천탕과 실내탕, 사우나 등이 있고 남녀 공용 바데풀이 있어 가족이나 연인이 다녀오기 좋다. 단, 미성년자는 성인 보호자를 동반한 중학생 이상만 입장 가능하며, 이용 시간이 제한돼 있다(중학생 ~20:00, 고등학생 ~21:00). 사우나를 주제로 한 일본 드라마 <사도>의 배경지로 알려졌다. 도쿄 메트로 신주쿠역에서 오에도선으로 약 20분 소요.

GOOGLE MAPS 토시마엔 니와노유
ADD 3-25-1 Koyama, Nerima City
OPEN 10:00~23:00(폐장 1시간 전까지 입장)
PRICE 2520엔(18:00 이후 1750엔), 토·일·공휴일 2970엔(18:00 이후 2100엔)/실내복·수건 대여 포함, 수영복 대여 500엔
WALK 오에도선 도시마엔역豊島園 A2번 출구 5분
WEB www.seibu-leisure.co.jp/niwanoyu/

신주쿠에서 즐기는 달콤한 휴식

신주쿠 천연온천 데루마유

新宿天然温泉 テルマー湯

신주쿠 한복판에 자리한 천연온천탕. 시즈오카현 나카이즈 지역에서 매일 실어 나르는 나트륨 황산염수는 피부질환과 순환장애, 신경통, 근육통 등에 효과가 있다. 노천탕은 없지만 고급스러운 분위기에서 피로를 풀 수 있고, 라운지에 안락한 소파와 담요가 준비돼 있다. 외국인에 한해 문신이 있을 경우 유료 스티커(300엔)로 가리고 입장할 수 있다.

GOOGLE MAPS 데루마 온천
ADD 1-1-2 Kabukicho, Shinjuku City
OPEN 24시간
PRICE 2900엔(18:00 이후 2000엔), 금~일요일·공휴일 3000엔(비회원 기준)/실내복·수건 대여 포함
WALK 신주쿠산초메역 B9번 출구 7분
WEB thermae-yu.jp

한적한 마을에서 유유자적

마에노하라 사야노 유도코로

前野原温泉 さやの湯処

신주쿠에서 열차로 약 40분 거리, 정원이 있는 고민가의 온천에 도착하면 제법 근교 여행 느낌이 난다. 신경통, 근육통에 효과가 좋은 염화나트륨 노천탕, 월풀욕조를 갖춘 실내탕, 사우나 등이 있으며, 추가 금액(1시간 2100엔)을 내면 반노천 프라이빗 온천도 즐길 수 있다. 제철 재료로 만든 정식과 소바, 우동으로도 칭찬이 자자하다.

GOOGLE MAPS 사야노유도코로 온천
ADD 3-41-1 Maenocho, Itabashi City
OPEN 09:00~24:00(입장 마감 23:00)
PRICE 930엔(토·일·공휴일 1300엔), 초등학생 이하 600엔(토·일·공휴일 900엔), 수건 대여 350엔
WALK 미타선 시무라사카우에역志村坂上 A2번 출구 10분
WEB sayanoyudokoro.co.jp

작지만 노천 온천 느낌 제대로

무사시 코야마온센 시미즈유

武蔵小山温泉清水湯

일반 목욕탕 규모의 작은 온천이지만, 노천탕까지 갖춘데다 거리도 멀지 않아 가볍게 다녀오기 좋다. 메구로역에서 단 8분, 신주쿠에서도 30분이면 도착하는 거리. 탄산수 온천으로 자율신경 개선 및 근육통, 신경통에 효과가 있다. 수건 등 목욕용품은 유료로 대여하고 있다는 점을 참고하자. 도쿄 메트로 난보쿠선과 직통 연결 운행하는 도큐 전철 메구로선 무사시코야마역과 가깝다.

GOOGLE MAPS 무사시코야마온천 시미즈유
ADD 3-9-1 Koyama, Shinagawa City
OPEN 12:00~24:00(일 08:00~)/월요일 휴무
PRICE 550엔, 중학생 450엔, 초등학생 200엔, 수건 및 목욕 용품 세트 대여 150엔
WALK 메구로선 무사시코야마역武蔵小山 4분
WEB shimizuyu.com

하네다공항과 가장 가까운 온천

이즈미 텐쿠노유 하네다공항

泉天空の湯 羽田空港

하네다공항 제3 터미널 건너편 호텔 빌라퐁텐Hotel Villa Fontaine에 자리한 고급 온천 시설. 바다를 향한 노천탕이 인기로, 여탕에선 후지산을, 남탕에선 공항을 오가는 비행기를 볼 수 있다. 24시간 운영하는 데다 휴게실에 잠깐 눈을 붙일 수 있는 소파가 있는 것도 장점. 단, 새벽 1~5시에는 심야 요금이 가산된다. 가릴 수 있는 정도의 가벼운 문신은 허용된다.

GOOGLE MAPS 빌라퐁텐 하네다
ADD 2-7-1 Hanedakuko, Ota City
OPEN 24시간(대욕장과 사우나는 10:00~13:00 브레이크타임)
PRICE 4800엔, 어린이 2000엔, 01:00~05:00 심야 요금 4000엔 추가
WALK 하네다공항 제3 터미널 직결
WEB shopping-sumitomo-rd.com/haneda/spa-izumi

#Walk

도쿄의 지성과 만나는 대학가
와세다 早稲田

캠퍼스 산책을 좋아하는 이들에게 무척 매력적인 곳이다. 지하철역을 나와 걷다 보면 담과 정문을 통과하지 않고도 어느 새 캠퍼스 안으로 들어서 100여 년 전 지어진 건물들 사이를 거닐게 된다. 최근에는 소설가 무라카미 하루키나 현대미술가 구사마 야요이 등 일본을 대표하는 문화·예술인들을 기념하는 공간이 들어서며 세계 각국의 여행자들을 부르고 있다.

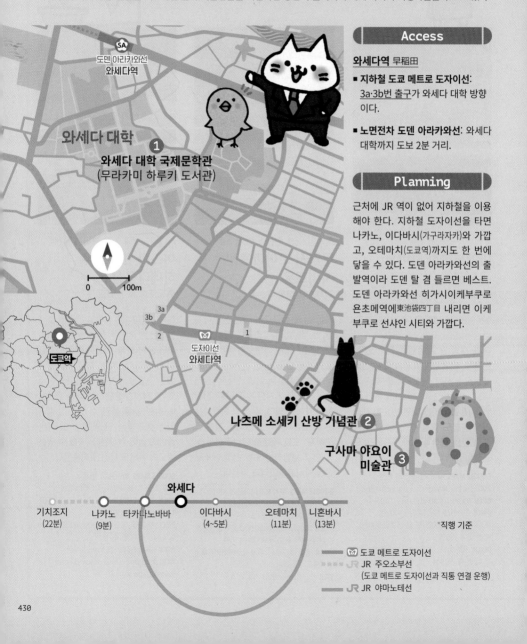

SA
도덴 아라카와선
와세다역
와세다 대학
1
와세다 대학 국제문학관
(무라카미 하루키 도서관)
0
100m
도쿄역
3a
3b
2
1
도자이선
와세다역
나츠메 소세키 산방 기념관 2

Access

와세다역 早稲田

- **지하철 도쿄 메트로 도자이선**: 3a·3b번 출구가 와세다 대학 방향이다.
- **노면전차 도덴 아라카와선**: 와세다 대학까지 도보 2분 거리.

Planning

근처에 JR 역이 없어 지하철을 이용해야 한다. 지하철 도자이선을 타면 나카노, 이다바시(가구라자카)와 가깝고, 오테마치(도쿄역)까지도 한 번에 닿을 수 있다. 도덴 아라카와선의 출발역이라 도덴 탈 겸 들르면 베스트. 도덴 아라카와선 히가시이케부쿠로욘초메역에東池袋四丁目 내리면 이케부쿠로 선샤인 시티와 가깝다.

구사마 야요이 미술관 3

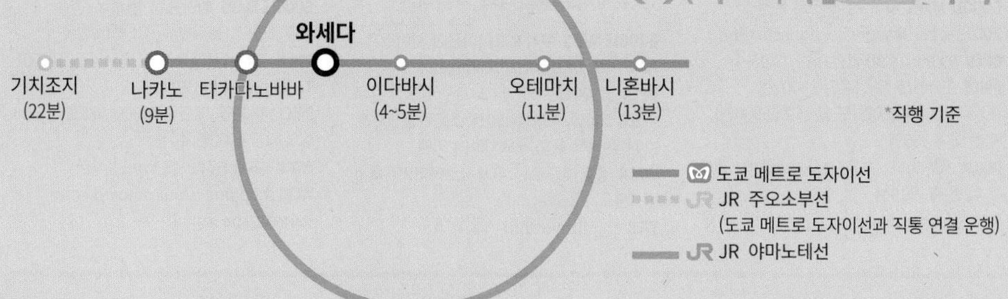

와세다
기치조지 (22분)
나카노 (9분)
타카다노바바
이다바시 (4~5분)
오테마치 (11분)
니혼바시 (13분)
*직행 기준
도쿄 메트로 도자이선
JR 주오소부선
(도쿄 메트로 도자이선과 직통 연결 운행)
JR 야마노테선

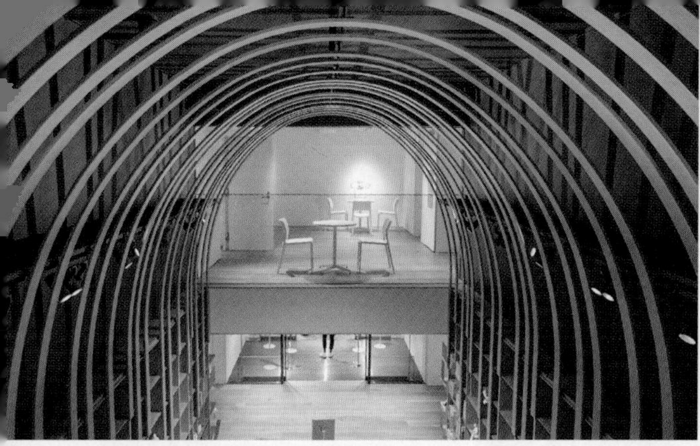

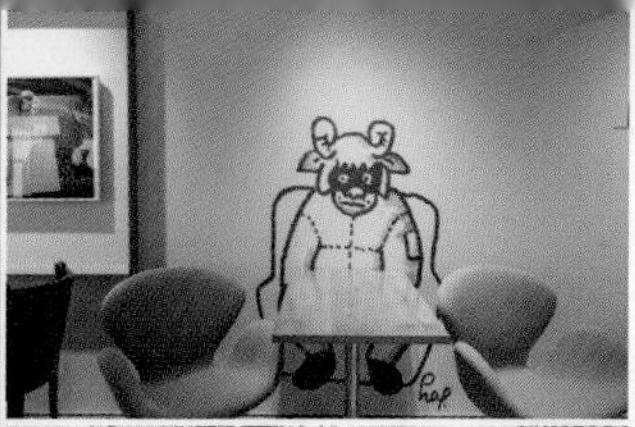

1 무라카미 하루키를 읽는 도서관
와세다 대학 국제문학관(무라카미 하루키 도서관)
早稲田大学国際文学館(村上春樹ライブラリー)

무라카미 하루키와 관련된 책 3000여 권이 모인 공간. 하루키의 작품 초판은 물론 그가 손으로 써 내려간 원고 뭉치들, 하루키의 저술과 관련된 인터뷰, 해외 번역 도서, 그가 수집한 레코드까지 하루키에 대한 거의 모든 자료가 모여 있다. 설계는 건축 거장 구마 켄고가 맡아 그의 트레이드 마크라고 할 수 있는 목조형 디자인에 하루키의 세계관을 충실히 담아냈다. 하루키의 현재 서재를 재현한 공간과 그가 재즈바를 운영할 때 사용한 그랜드 피아노, 의자 등이 놓여있고, 도서관에서는 그가 좋아하던 음악을 틀어 하루키의 팬들에게 행복한 시간을 선물한다. 관람 제한 시간이 있지만, 머무는 동안은 자유롭게 관람할 수 있다. MAP ⑳

GOOGLE MAPS 무라카미 하루키 도서관
ADD 1-6 Nishiwaseda, Shinjuku City
OPEN 10:00~17:00/수요일 및 일부 방학 기간, 행사 진행 시 부정기 휴무
PRICE 무료
WALK 와세다역 2번 출구 8분 / SA 와세다역 3분
WEB www.waseda.jp/culture/wihl

2 일본 근대문학의 아버지
나츠메 소세키 산방 기념관
漱石山房記念館

<나는 고양이로소이다>, <도련님> 등을 쓴 일본의 대문호 나츠메 소세키(1867~1916년)를 기념한 곳. 2004년까지 1000엔 지폐에 등장할 정도로 일본이 사랑했던 그의 작품 세계와 주변인 등을 다양한 테마로 경험할 수 있다. 그의 방과 서재, 손님방을 재현한 공간, 디지털 자료 등 볼거리도 다채롭다. 1층에 있는 북카페에서는 작가가 즐겨 먹던 쿠야(300p)의 모나카를 맛볼 수 있으며, 뮤지엄숍에서는 굿즈도 판매한다. 기념관 뒤편에 조성된 공원에는 작가가 당시 기르던 고양이의 무덤이 있다. MAP ⑳

GOOGLE MAPS 나츠메소세키 산방기념관
ADD 7 Wasedaminamicho, Shinjuku
OPEN 08:00~19:00(10~3월 ~18:00)/월요일·12월 29일~1월 3일 휴무
PRICE 300엔, 초등·중·고등학생 100엔(주말 및 방학 기간에는 학생 무료)
WALK 와세다역 1번 출구 8분
WEB soseki-museum.jp

3 구사마 야요이가 전하는 평화의 메시지
구사마 야요이 미술관
草間彌生美術館

일명 '땡땡이 호박'으로 유명한 구사마 야요이가 설립하고 구사마 야요이 기념 예술 재단이 운영하는 미술관이다. 어린 시절 학대로 인해 환각을 경험하고 편집증과 강박증에 시달려온 그녀는 이를 물방울무늬 모티브로 작품에 투영하여 세계적인 호응을 얻었다. 미술관에서는 주로 '마음속의 시' '사랑에 대한 기도' 등 사랑과 평화에 관한 주제로 연 2회에 걸쳐 구사마 야요이의 새로운 작품과 자료를 전시한다. 현장에서는 티켓을 판매하지 않으므로 반드시 인터넷으로 예약해야 한다. MAP ⑳

GOOGLE MAPS 구사마 야요이 미술관
ADD 107 Bentencho, Shinjuku City
OPEN 전시 기간 중 목~일·공휴일 11:00~17:30
WALK 와세다역 1번 출구 10분
PRICE 1100엔, 초등·중·고등학생 600엔
WEB yayoikusamamuseum.jp

©yayoikusama museum

SPECIAL PAGE

전차 타고 떠나는 레트로 여행

도덴 아라카와선 都電荒川線

'도쿄에도 있었어!' 어쩌면 도쿄에서 만나리라곤 기대하지 못했던 한 량짜리 노면전차. 도쿄 서북지역 와세다에서 동북쪽 미노와바시三ノ輪橋까지, 주요 관광지에서 한 걸음 떨어진 북쪽 마을을 달린다. 전차가 지나는 길엔 그럴듯한 관광지 하나 없지만, 창밖으로 펼쳐지는 야트막한 주택가 풍경이 사뭇 서정적이다. 1911년에 개통돼 1974년부터 지금의 노선을 달리는 중이다. 선로를 따라 여러 곳의 벚꽃 명소가 자리 잡고 있어서 '도쿄 사쿠라 트램'이라는 애칭으로도 불린다.

SA 도덴 아라카와선 정보

HOUR 와세다역 기준 06:00~23:04

PRICE 1회권 170엔, 도덴 1일 승차권都電一日乗車券 400엔(당일 무제한 승차), 도에이 마루고토 킷푸都営まるごときっぷ 700엔(도덴 아라카와선, 도에이 지하철·버스, 닛포리·도네리라이너 당일 무제한 승차)/PASMO·Suica 사용 가능

WEB www.kotsu.metro.tokyo.jp/toden

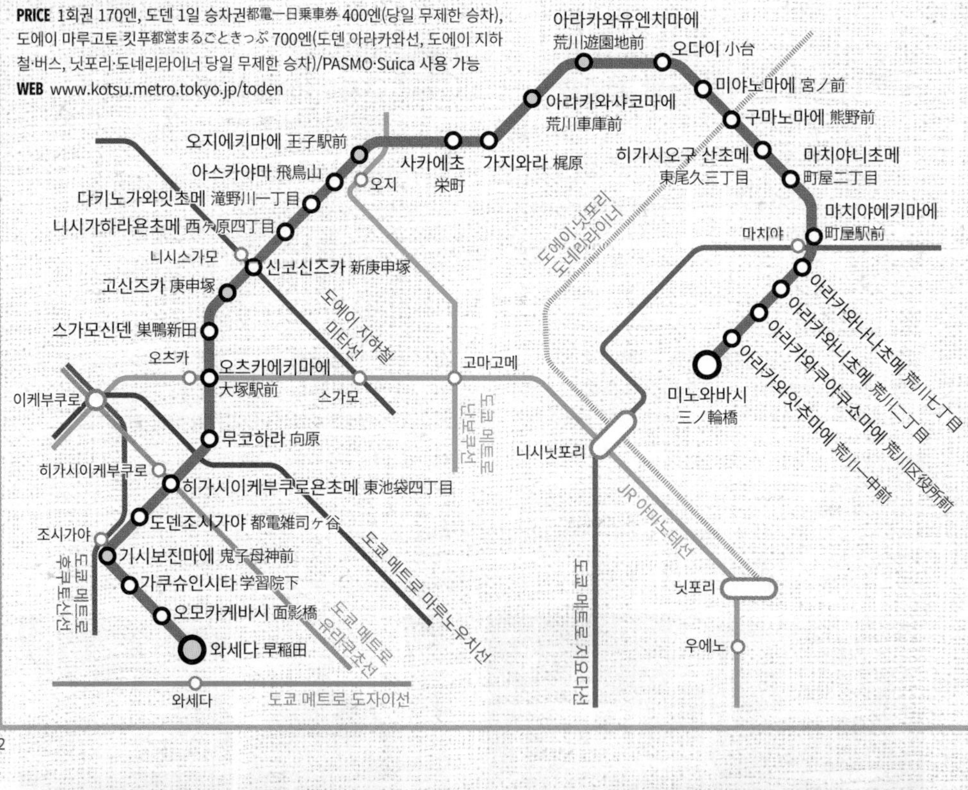

아라카와유엔치마에 荒川遊園地前
오다이 小台
미야노마에 宮ノ前
아라카와샤코마에 荒川車庫前
구마노마에 熊野前
히가시오구 산초메 東尾久三丁目
마치야니초메 町屋二丁目
마치야에키마에 町屋駅前
마치야
오지에키마에 王子駅前
사카에초 栄町
가지와라 梶原
아스카야마 飛鳥山
오지
다키노가와잇초메 滝野川一丁目
니시가하라욘초메 西ケ原四丁目
니시스가모
신코신즈카 新庚申塚
고신즈카 庚申塚
스가모신덴 巣鴨新田
도에이 지하철 미타선
도에이 닛포리 도네리라이너
아라카와나나초메 荒川七丁目
아라카와니초메 荒川二丁目
아라카와쿠야쿠쇼마에 荒川区役所前
아라카와잇추마에 荒川一中前
미노와바시 三ノ輪橋
오츠카
오츠카에키마에 大塚駅前
스가모
고마고메
도쿄 메트로 난보쿠선
이케부쿠로
무코하라 向原
니시닛포리
히가시이케부쿠로
히가시이케부쿠로욘초메 東池袋四丁目
도덴조시가야 都電雑司ヶ谷
조시가야
기시보진마에 鬼子母神前
가쿠슈인시타 学習院下
오모카케바시 面影橋
와세다 早稲田
도쿄 메트로 후쿠토신선
도쿄 메트로 유라쿠초선
도쿄 메트로 마루노우치선
JR 야마노테선
도쿄 메트로 지요다선
닛포리
우에노
와세다
도쿄 메트로 도자이선

와세다역 早稲田

도덴 아라카와 여행의 출발점.

GOOGLE MAPS PP69+PM 신주쿠

上川口屋

기시보진마에역 鬼子母神前

#귀자모신당_鬼子母神堂

아이를 잡아먹는 귀신이었다가 부처님의 가르침으로 어린이와 순산의 수호신으로 개과천선한 귀자모를 모신 신당. 1781년에 문을 연 과자 가게 가미카와구치야上川口屋도 들러보자.

GOOGLE MAPS 키시모신당

고신즈카역 庚申塚

#스가모지조도리상점가_巣鴨地蔵通り商店街

'할머니와 할아버지의 하라주쿠'라 불릴 정도로 활기가 넘치는 옛 상점가. 일본의 정감 있는 로컬 분위기를 제대로 느낄 수 있다.

GOOGLE MAPS 스가모 지조도리 상점가

오지에키마에역 王子駅前

#아스카야마공원_飛鳥山公園

벚꽃, 수국, 단풍 등 철마다 계절색을 뽐내는 작은 산. 앙증맞은 모노레일을 타고 산에 오를 수 있다.

GOOGLE MAPS 아스카야마 공원

山田菓子店

전차 안에 옛 거리를 재현한 디오라마가 전시돼 있다.

아라카와 샤코마에역 荒川車庫前

아라카와차고_荒川車庫

도덴 아라카와선의 차고. 운행하지 않는 전차 내부를 구경할 수 있다.

GOOGLE MAPS toden omoide hiroba

아라카와 유엔치마에역 荒川遊園地前

#아라카와유원지_荒川遊園地

1922년 문을 연 레트로한 분위기의 놀이공원.

GOOGLE MAPS 아라카와 놀이공원

GiGO
Windows
冒険に満ち
原神
ワクワク
GPS
リアルタイム
GPS専門店
next
横浜家系
横浜道
437

아키하바라
秋葉原

이케부쿠로
池袋

#망가마니아 #팝컬처
#코스프레Capital

AKIBA
その刀で、悪夢を断ち斬れ
Blu-ray & DVD
1.26 発売
4F
2F
3F
GiGO
AKKYⅡ Tax-free Shop 愛客Ⅱ
GiGO 3号館
50

#Walk

일본 '오타쿠 문화'의 발신지

아키하바라 秋葉原

아키하바라를 택했다는 건, 제법 취향이 강한 여행자란 뜻이겠다. 세상에 이런 기운이 또 있을까 싶을 만큼 전 세계 게임·만화·애니메이션·피규어·아이돌 덕후들이 오직 '메이드 인 판타지'를 찾아 필연적으로 모여드는 일명 '아키바'. 과거 전자제품 거리의 영광만을 중시하는 이들은 지금의 아키바가 활기를 잃었다고 생각하겠지만, 오직 자신이 애정하는 것에 깊이 몰두하는 이들에게 아키하바라는 여전히, 그리고 앞으로도 영원할 성지다.

0
50m
돈키호테 아키하바라점
AKB48 극장
8 애니메이트 아키하바라
7 보크스 아키하라바
하비 천국 2
만다라케 콤플렉스 6
소프맵 아키바 1호점
(서브컬처 모바일관)
주오 거리 中央通り
아키하바라 UDX
앳홈 카페(본점)
코토부키야
5
돈카츠 마루고
소프맵 아키바 4호점
(어뮤즈먼트 관) 4
아키하바라
게이머즈
(본점)
3
로스트비프 오노
(1호점)
電気街口 北側
JR
아키하바라역
電気街口 南側
9
요도바시 카메라
멀티미디어 아키바
TX
쓰쿠바 익스프레스
아키하바라역
라디오 회관 1
2
메이드 카페 메이도리민
모테나시 쿠로키
케이북스 아키하바라 본관
히비야선
아키하바라역
10 마치 에큐트 간다만세이바시
도쿄역
신주쿠선
이와모토초역

아키하바라의 메인 스트리트, 주오 거리

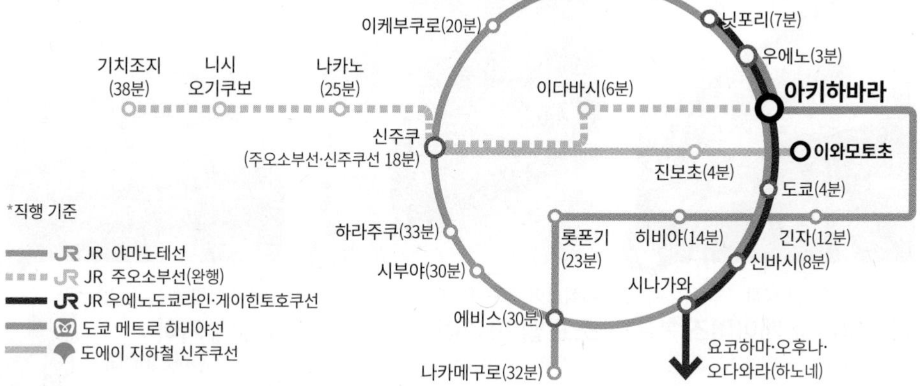
이케부쿠로(20분)
닛포리(7분)
우에노(3분)
아키하바라
기치조지
(38분)
니시
오기쿠보
나카노
(25분)
이다바시(6분)
신주쿠
(주오소부선·신주쿠선 18분)
이와모토초
진보초(4분)
도쿄(4분)
*직행 기준
하라주쿠(33분)
롯폰기
(23분)
히비야(14분)
긴자(12분)
신바시(8분)
시부야(30분)
시나가와
JR 야마노테선
JR 주오소부선(완행)
JR 우에노도쿄라인·게이힌토호쿠선
도쿄 메트로 히비야선
도에이 지하철 신주쿠선
에비스(30분)
나카메구로(32분)
요코하마·오후나·
오다와라(하노네)

Access

아키하바라역 秋葉原

- **JR 야마노테선·게이힌토호쿠선·주오소부선**(완행): 전기상점가 출구電気街口 북측北側은 아키하바라 UDX, 남측南側은 라디오 회관, 보크스와 가깝다. 여기서 조금만 더 가면 아키하바라의 중심, 주오 거리中央通り다.
- **지하철 도쿄 메트로 히비야선**: A1~A3번 출구를 사용하며, A2번 출구가 주오 거리中央通り 방향이다.
- **사철 쓰쿠바 익스프레스**(TX): 아사쿠사역에서 두 정거장, 5분 소요, 요금은 210엔이다.

Planning

누군가에게는 파도 파도 끝이 없는 쇼핑의 성지, 누군가에게는 맛보기로 잠시 둘러보는 것으로 충분한 장소. 쇼핑이 목적이라면 한산한 평일을, 관광이 목적이라면 주오 거리가 보행자 전용 도로가 되는 일요일 오후를 노리자(10~3월 13:00~17:00, 4~9월 13:00~18:00).

1 아키하바라의 축소판

라디오 회관

ラジオ会館

피규어와 프라모델을 중심으로 게임, DVD, 서점, 식당 등이 지하에서부터 9층 건물을 빼곡하게 채우고 있는 곳. 케이북스 아키하바라 본관을 비롯해 저마다 분야별 최고라고 자부하는 브랜드·아이템들이 층마다 즐비하다. 주목해서 둘러봐야 할 곳은 정교한 피규어 제작으로 정평이 난 가이요도 호비로비 도쿄海洋堂ホビーロビー東京(5층), 중고 피규어와 경품용 피규어 전문점 아키바노 엑크스アキバのエックス(5층)다. **MAP ㉑-B**

GOOGLE MAPS 아키하바라 라디오 회관
ADD 1-15-16 Sotokanda, Chiyoda City
OPEN 10:00~20:00/가게마다 다름
WALK JR 아키하바라역 전자상가 출구電気街口 남측南側 1분
WEB akihabara-radiokaikan.co.jp

K-BOOKS
NOW ON AIR.

2 남자 덕후들의 발할라

케이북스 아키하바라 본관

K-BOOKS 秋葉原本館

중고라면 찾지 못할 굿즈, 피규어, 만화책이 없을 정도로 방대한 재고 목록을 자랑한다. 건프라 최신작에서 크레인 게임의 경품 피규어까지 다양한 신·구 피규어를 득템할 수 있는 곳. 맨즈관의 동인지 코너는 무려 30만 점이나 되는 일본 최대 재고량을 자랑한다. **MAP ㉑-B**

GOOGLE MAPS k books 아키하바라 본관
ADD 라디오 회관 3층
OPEN 12:00~20:00 (토·일·공휴일 11:30~)
WEB akihabara-radiokaikan.co.jp/k-bookshonkan/

3

종합 애니메이션 상점

아키하바라 게이머즈 본점

Akihabara ゲーマーズ本店

현란한 입구가 누구를 위한 곳인지 설명해준다. 애니메이션 만화 게임 관련 굿즈와 동인지 전문 숍. 특히 게임에 관련된 동인지, 신간 만화, 소설, 화보 등의 출판물에 대해서는 아키하바라 안에서도 손꼽힌다. 다만 가격이 저렴한 편은 아니다. **MAP ㉑-B**

GOOGLE MAPS 아키하바라 게이머즈 본점
ADD 1-14-7 Sotokanda, Chiyoda City
OPEN 10:00~21:00
WALK JR 아키하바라역 전자상가 출구 남측 1분
WEB gamers.co.jp

4

쾌적함이 돋보이는 대규모 체인점

소프맵 아키바

ソフマップ SOFMAP AKIBA

아키하바라를 중심으로 일본 전역에 지점을 둔 PC 용품 체인점. 아키하바라의 4개 매장 중 게임 마니아가 주로 들르는 곳은 1호관인 서브컬처 모바일관, 4호관인 어뮤즈먼트관이다. 게임 관련 제품은 물론 피규어, 프라모델 등을 대량으로 갖췄고, 진열도 깔끔한 편. 스에히로초역末広町 부근의 U-SHOP은 1~3층 건물 전체가 중고 매장이다. **MAP ㉑-A·B**

GOOGLE MAPS 1호관: 소프맵 서브컬처 모바일관/4호관: 소프맵 아키바 4호점 어뮤즈먼트관
ADD 1호관: 3-13-12 Sotokanda, Chiyoda City/4호관: 1-10-8 Sotokanda, Chiyoda City
OPEN 11:00~20:00
WALK JR 아키하바라역 전자상가 출구 북측 2분
WEB www.sofmap.com

KOTOBUKIYA

5

피규어 하면 빠질 수 없는 곳

코토부키야

Kotobukiya 秋葉原館

한때 업계 최고로 불리던 완성형 피규어 제작업체 코토부키야의 오리지널 피규어를 비롯해 각종 피규어와 프라모델을 판매하는 복합 쇼핑몰. 특히 TV 애니메이션, 마블·DC 코믹스, 지브리, 게임 캐릭터 피규어가 많으며, 진열에도 공을 들여 구경이 더욱 즐겁다. 피규어 수납용 유리 케이스와 관련 서적까지 꼼꼼히 갖췄다. **MAP ㉑-B**

GOOGLE MAPS 코토부키야 아키하바라관
ADD 1-8-8 Sotokanda, Chiyoda City
OPEN 12:00~20:00
WALK JR 아키하바라역 전자상가 출구 북측 5분
WEB www.kotobukiya.co.jp/store/akiba

6

기다렸던 중고 핫템을 잡아라

만다라케 콤플렉스

まんだらけコンプレックス

만화, 애니메이션, 게임 관련 중고 거래의 대명사. 1~8층 전체가 신품 같은 중고 상품으로 가득하다. 사용감 많은 제품은 가격이 착해지니 두 눈 부릅뜨고 골라볼 것! **MAP ㉑-A**

GOOGLE MAPS 만다라케 컴플렉스
ADD 3-11-12 Sotokanda, Chiyoda City
OPEN 12:00~20:00
WALK JR 아키하바라역 전자상가 출구 북측 5분
WEB mandarake.co.jp/dir/cmp

7

프로 취미러라면 눈이 번쩍

보크스 아키하바라 하비 천국 2

ボークス 秋葉原ホビー天国 2

하비 천국 1이 하비 천국 2로 다시 태어났다. 트레이딩 피규어와 경품 피규어, 캐릭터 티셔츠, 인형 등을 풍부하게 보유하고 있다. 3층에서는 세계 각국의 모형 만들기 제품을 판매하며 제작을 도와주는 직원도 상주한다. 1관 시절부터 이어지던 성우 초청 이벤트는 언제나 호평이다. **MAP ㉑-A**

GOOGLE MAPS 보크스 아키하바라
ADD 4-2-10 Sotokanda, Chiyoda City
OPEN 10:00~20:00
WALK JR 아키하바라역 전자상가 출구 남측 4분
WEB hobby.volks.co.jp/shop/hobbytengoku2

8 새로워진 애니메이션 전문관
애니메이트 아키하바라
アニメイト秋葉原

일본 전역에 140여 개 매장을 운영하는 대규모 애니메이션 전문 백화점. 애니메이션에 관한 것이라면 오디오, 서적, 피규어, 굿즈 등 모든 것을 망라한다. 최신작 애니메이션 DVD를 가장 빠르게 구할 수 있어서 마니아들이 제일 먼저 찾는 곳. 애니 송 가수나 성우를 초청한 이벤트도 종종 열린다. 예전에 본관으로 불렸던 애니메이트 아키하바라점을 비롯해 아키바하라 내 모든 지점이 리뉴얼했거나 리뉴얼 중으로 한층 쾌적해지고 있다. **MAP ㉑-A**

GOOGLE MAPS 애니메이트 아키하바라
ADD 4-3-12 Sotokanda, Chiyoda City
OPEN 11:00~21:00(토·일 10:00~20:00)
WALK JR 아키하바라역 전자상가 출구 북측 4분
WEB animate.co.jp/shop/akihabara

9 전자제품부터 피규어까지
요도바시 카메라 멀티미디어 아키바
ヨドバシカメラマルチメディアAkiba

전자제품에 관련해서라면 없는 게 없고, 각종 신제품 론칭 이벤트가 수시로 열려 전자제품 트렌드를 파악하기 좋은 복합 쇼핑몰이다. 문구, 장난감, 캐릭터, 피규어까지 한데 모아 아키바적인 쇼핑을 한 방에 해결할 수 있는 곳이다. 덕후들의 필수 코스는 6층 장난감과 게임 매장. 단, 가격은 소규모 매장들보다 비싼 편이다. **MAP ㉑-B**

GOOGLE MAPS 요도바시카메라 아키하바라
ADD 1-1 Kanda Hanaokacho, Chiyoda City
OPEN 09:30~22:00
WALK JR 아키하바라역 중앙 개찰구中央改札口 1분
WEB www.yodobashi.com/ec/store/0018

10 세련된 숍으로 다시 태어난 기차역
마치 에큐트 간다만세이바시
mAAch ecute 神田万世橋

100년 넘은 옛 기차역을 개조한 공간이다. 만세이바시역万世橋으로 사용되던 레트로풍 건물 안에 세련된 숍과 카페가 자리하고 있다. 건물 옆 유유히 흐르는 간다강이 분위기를 더욱 살린다. **MAP ㉑-B**

GOOGLE MAPS 마치 에큐트 칸다 만세바시
ADD 1-25-4 Sudacho, Chiyoda City
OPEN 11:00~20:00
WALK JR 아키하바라역 전자상가 출구 남측 4분
WEB www.ecute.jp/maach

+MORE+

아키하바라 이색 스폿
메이드 카페 & 아이돌 극장

❶ 오이시쿠나~레! 모에모에 큥 ♡

앳홈 카페(본점) @home cafe 本店

@home cafe

아키하바라 수십 곳의 메이드 카페 중 가장 인기가 높은 곳. 방문 시간에 따라 간단한 공연도 볼 수 있지만, 메이드의 사진을 허락 없이 찍는 건 엄격히 금지돼 있다. 야박하더라도 함께 추억을 남기고 싶다면 촬영 메뉴(750엔~)를 주문하자. 입장료는 별도다. **MAP ㉑-A**

GOOGLE MAPS @홈 카페 본점
ADD 1-11-4 Sotokanda, Chiyoda City(3~7층)
OPEN 10:00~22:00(토·일·공휴일 10:00~)/부정기 휴무
PRICE 입장료 780엔, 대학생 670엔, 고등학생 560엔, 초등·중학생 450엔
WALK JR 아키하바라역 전자상가 출구電気街口 북측北側 4분
WEB cafe-athome.com

maidreamin

❷ 노래하는 아이돌형 메이드 카페

메이드 카페 메이도리밍 아키하바라 라이브 레스토랑 헤븐즈 게이트

めいどりーみん 秋葉原 Live Restaurant Heaven's Gate

작은 무대와 공연이 준비된 공연형 카페. 18개의 체인을 거느린 곳으로, 아키하바라의 많은 메이드 카페 중 문턱이 낮은 편에 속한다. 여자끼리 온 손님과 외국인 관광객도 제법 있는 편. 입장료 이외에 음료나 음식은 따로 주문해야 한다. **MAP ㉑-A**

GOOGLE MAPS 메이도리밍 헤븐즈 게이트
ADD 1-15-9 Sotokanda, Chiyoda City(6층)
OPEN 10:30~23:00
PRICE 880엔, 중·고등학생 550엔, 초등학생 330엔
WALK JR 아키하바라역 전자상가 출구電気街口 남측南側 1분
WEB maidreamin.com

❸ AKB48을 직관하러 가자

AKB48 극장 AKB48劇場

엠넷 오디션 프로그램 '프로듀스48' 방영 이후 우리에게도 친숙해진 그룹 AKB48의 전용 극장. 'TV에서만 보는 아이돌이 아닌 소극장으로 쉽게 만나러 갈 수 있는 아이돌'을 모토로 지금도 거의 매일 공연이 열린다. 한 그룹에 속한 수백 명의 아이돌이 인기 순서대로 출연하는 것이 룰. 홈페이지에서 공연 일정과 출연 멤버를 확인할 수 있다. **MAP ㉑-A**

AKB48
JAPAN'S MOST SOPHISTICATED SHOW
PRESENTED BY THE AKB 48 & 48 GIRLS
Akihabara48Theater

GOOGLE MAPS AKB48 극장
ADD 4-3-3 Sotokanda, Chiyoda City(돈키호테 건물 8층)
OPEN 공연 일정에 따라 변동. 대개 18:00~
WALK JR 아키하바라역 전자상가 출구電気街口 북측北側 4분
WEB www.akb48.co.jp/theater

든든하게 한 그릇 먹고 가세요

아키하바라 맛집

아키하바라에서 시간 가는 줄 모르고 쇼핑하다 급격하게 허기가 밀려오는 순간.
푸짐한 고기 요리와 라멘으로 든든한 한 끼!

로스트비프 덮밥 1210엔(호주산)

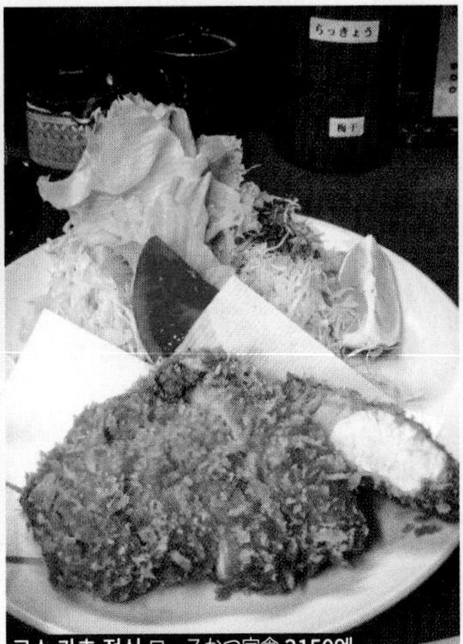
로스 카츠 정식 ロースかつ定食 2150엔

특제 시오 소바特製塩そば 1900엔

산처럼 쌓아 올린 로스트비프

로스트비프 오노

ローストビーフ大野 秋葉原店

오븐에서 천천히 구운 로스트비프를 밥 위에 산처럼 쌓아 올린 로스트동 전문점. 붉은빛의 고기가 자칫 덜 익은 것처럼 보이지만, 속까지 안전하게 구워냈다는 것이 마스터의 설명. 로스트비프동은 와규와 호주산 중 고를 수 있는데, 저렴한 호주산도 충분히 맛있다. 아직 구워지지 않은 고기가 철판 위에 나오는 스테이크 플레이트는 취향껏 직접 구워 먹는다. MAP ㉑-B

GOOGLE MAPS 로스트 비프 오노 아키하바라점
ADD 1-2-3 Sotokanda, Chiyoda City (지하 1층)
OPEN 11:00~23:00(일·공휴일 ~22:00)
WALK JR 아키하바라역 전자상가 출구電気街口 북측北側 2분
WEB roastbeef-ohno.com

2cm의 두툼한 고기와 바삭한 튀김옷

돈카츠 마루고

とんかつ丸五

40년 이상 꾸준히 사랑받아온 아키하바라 최고의 돈카츠 맛집. 시그니처 메뉴인 로스 카츠의 두께와 분홍빛에 가까운 색감이 식욕을 돋운다. 고기와 밀착된 튀김옷의 바삭한 식감도 감동적! 함께 나오는 소금에 찍어 먹으면 고기 맛을 더욱 진하게 느낄 수 있다. MAP ㉑-B

GOOGLE MAPS 돈카츠 마루고
ADD 1-8-14 Sotokanda, Chiyoda City
OPEN 11:30~14:00, 17:00~20:00/월요일, 매달 첫째·셋째 화요일 휴무
WALK JR 아키하바라역 전자상가 출구電気街口 북측北側 5분

특별한 재료로 차별화한 라멘

모테나시 쿠로키

饗くろ㐂

창의적인 라멘으로 미슐랭 빕구르망에 오른 곳. 각지의 유명한 식재료를 공수해 국물과 토핑을 만들어내는데, 토마토, 케이준 향 치킨 등 독특한 식재료를 활용한다. 오픈 키친에서 셰프가 토핑을 올리는 과정을 지켜보다 보면 기대감도 상승! 바깥쪽 줄은 식권을 사기 전에 대기하는 줄, 안쪽 줄은 식권을 산 뒤 입장을 기다리는 줄이다. MAP ㉑-B

GOOGLE MAPS 모테나시 쿠로키
ADD 1-28-9 Asakusabashi, Taito City
OPEN 11:00~15:00/목·일요일 휴무
WALK JR 아사쿠사바시역 동쪽 출구東口 2분 / Ⓜ 아사쿠사바시역 A3번 출구 2분

#Walk

버라이어티한 최대급 번화가

이케부쿠로 池袋

도쿄 북서쪽에 자리 잡은 교통의 요지로, 신주쿠, 시부야와 함께 도쿄 3대 번화가로 꼽히는 이케부쿠로. 일본을 대표하는 대형 백화점과 쇼핑몰의 본점이 자리를 꿰차고 있으며, 아쿠아리움과 포켓몬 센터 등 엔터테인먼트 시설이 밀집한 복합 상업시설 선샤인 시티가 랜드마크다. 아키하바라와 비견되는 서브컬처 발신지로도 유명해서, 아키하바라가 '남덕'의 성지라면 이케부쿠로는 '여덕'의 성지라고 할 수 있다. 도쿄에서 가장 버라이어티한 부도심, 이케부쿠로의 총천연색 여행 법을 탐구해보자.

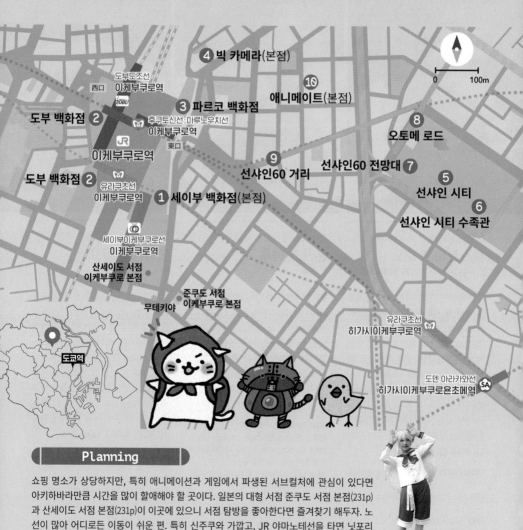

4 빅 카메라(본점)
0
100m
도부도조선
이케부쿠로역
西口
TOBU
10
애니메이트(본점)
3 파르코 백화점
도부 백화점 2
후쿠토신선·마루노우치선
이케부쿠로역
8
오토메 로드
JR
東口
이케부쿠로역
9
선샤인60 거리
선샤인60 전망대 7
도부 백화점 2
유라쿠초선
이케부쿠로역
1 세이부 백화점(본점)
5
선샤인 시티
6
선샤인 시티 수족관
세이부이케부쿠로선
이케부쿠로역
산세이도 서점
이케부쿠로 본점
준쿠도 서점
이케부쿠로 본점
무테키야
유라쿠초선
히가시이케부쿠로역
도쿄역
도덴 아라카와선
SA
히가시이케부쿠로욘초메역

Planning

쇼핑 명소가 상당하지만, 특히 애니메이션과 게임에서 파생된 서브컬처에 관심이 있다면 아키하바라만큼 시간을 많이 할애해야 할 곳이다. 일본의 대형 서점 준쿠도 서점 본점(231p)과 산세이도 서점 본점(231p)이 이곳에 있으니 서점 탐방을 좋아한다면 즐겨찾기 해두자. 노선이 많아 어디로든 이동이 쉬운 편. 특히 신주쿠와 가깝고, JR 야마노테선을 타면 닛포리나 우에노까지도 15~20분 만에 갈 수 있다. 히가시이케부쿠로욘초메역에서 노면전차를 타고 골목 유람을 떠나보는 것도 좋겠다.

*이케부쿠로역까지 직행 기준

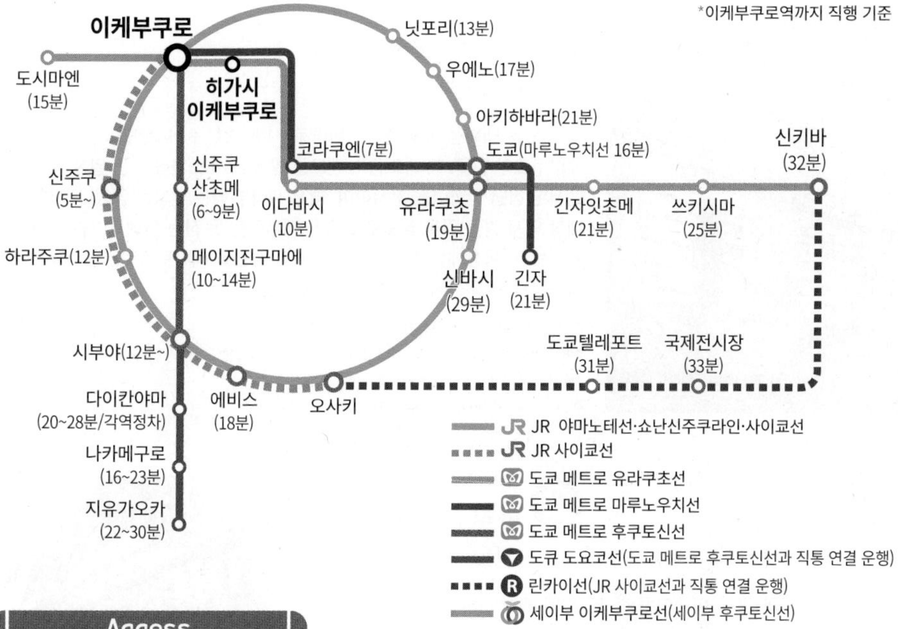
이케부쿠로
도시마엔
(15분)
히가시
이케부쿠로
닛포리(13분)
우에노(17분)
아키하바라(21분)
코라쿠엔(7분)
도쿄(마루노우치선 16분)
신키바
(32분)
신주쿠
(5분~)
신주쿠
산초메
(6~9분)
이다바시
(10분)
유라쿠초
(19분)
긴자잇초메
(21분)
쓰키시마
(25분)
하라주쿠(12분)
메이지진구마에
(10~14분)
신바시
(29분)
긴자
(21분)
시부야(12분~)
도쿄텔레포트
(31분)
국제전시장
(33분)
다이칸야마
(20~28분/각역정차)
에비스
(18분)
오사키
나카메구로
(16~23분)
지유가오카
(22~30분)
JR 야마노테선·쇼난신주쿠라인·사이쿄선
JR 사이쿄선
도쿄 메트로 유라쿠초선
도쿄 메트로 마루노우치선
도쿄 메트로 후쿠토신선
도큐 도요코선(도쿄 메트로 후쿠토신선과 직통 연결 운행)
린카이선(JR 사이쿄선과 직통 연결 운행)
세이부 이케부쿠로선(세이부 후쿠토신선)

Access

이케부쿠로역 池袋

신주쿠, 시부야역에 이어 일본에서 3번째로 붐비는 역이다. 3개의 JR 노선과 3개의 도쿄 메트로 노선이 있고, 사철인 도부 철도와 세이부 철도가 도쿄에서 교외로 나가는 출구 역할을 담당한다. JR 이케부쿠로역의 서쪽 출구는 도부 백화점, 동쪽 출구는 세이부 백화점과 연결돼 있는데, 각 백화점의 한자 뜻과는 반대가 되는 '동쪽 출구東口=세이부西武', '서쪽 출구西口=도부東武' 공식을 꼭 기억해두길 바란다. 동·서 출구는 각각 북쪽·중앙·남쪽 출구 3개로 나뉘어져 있고, 동과 서를 가로지르는 통로도 북쪽·중앙·남쪽 통로로 3개가 뚫려 있어 방향 표시만 잘 보고 가면 목적 출구까지 어렵지 않게 향할 수 있다. 선샤인 시티는 동쪽 출구, 주요 호텔은 서쪽 출구와 가깝다.

- **JR 야마노테선·쇼난신주쿠라인·사이쿄선 / 지하철 도쿄 메트로 마루노우치선·유라쿠초선·후쿠토신선 / 사철 세이부 이케부쿠로선·도부 도조선**: 도부 도조선을 제외하고 지하도로 모두 연결돼 있다. JR 동쪽·서쪽 출구 외에 50여 개의 지하철 출구가 동서남북으로 뚫려 있다.

히가시이케부쿠로역 東池袋

- **지하철 도쿄 메트로 유라쿠초선**: 선샤인 시티와 가장 가까운 역. 노선이 하나뿐인 역이라 덜 복잡하므로 선샤인 시티가 첫 방문지라면 이 역을 이용하는 편이 낫다.

히가시이케부쿠로욘초메역 東池袋四丁目

- **노면전차 도덴 아라카와선**: 아라카와구 미노와바시에서 신주쿠구 와세다까지 연결하는 도쿄도 내 유일한 노면전차. 선샤인 시티까지 7~8분 거리다.

JR 池袋駅
Ikebukuro Station
이케부쿠로역 앞 풍경

SEIBU
동쪽 출구 = 세이부 백화점

東武鉄道 池袋駅
서쪽 출구 = 도부 백화점

SEIBU

1

쇼핑도 먹방도 역시 세이부

세이부 백화점 본점

西武 Seibu 池袋本店

매해 도쿄 백화점 매출 순위 2위(부동의 1위는 신주쿠 이세탄)를 지키고 있는 이케부쿠로의 얼굴. 해외 고급 브랜드를 발 빠르게 소개하는 등 일본 패션 분야에서 엄청난 영향력을 과시하며 '패션 세이부'라는 별칭을 얻었다. 지하 식품 매장 역시 길을 잃을 정도로 넓으니 먹부림을 못 참는 여행자라면 잊지 말고 들러보자. 옥상에는 푸드코트와 모네의 정원을 테마로 꾸민 '음식과 초록의 공중정원食と緑の空中庭園'이 있다. **MAP ㉒**

GOOGLE MAPS 세이부백화점 이케부쿠로
OPEN 10:00~21:00(레스토랑 11:00~ 23:00)/일·공휴일은 1시간씩 단축 운영
WALK JR 이케부쿠로역 동쪽 출구東口 직결
WEB sogo-seibu.jp/ikebukuro

2

도쿄 최대 식품매장 털기

도부 백화점

東武百貨店 池袋本店

세이부 백화점과 함께 이케부쿠로 백화점 전국시대를 이끈 주역. JR 이케부쿠로역 서쪽 출구와 연결돼 있다. 도쿄 백화점 중 최대 크기를 자랑하는 본관 지하 1·2층 식품 매장과 11~15층 식당가의 규모가 압권이다. **MAP ㉒**

GOOGLE MAPS 도부백화점 이케부쿠로점
OPEN 10:00~20:00(4~6·8층 ~19:00, 11~15층 식당가 11:00~22:00)
WALK JR 이케부쿠로역 서쪽 출구西口 직결
WEB www.tobu-dept.jp/ikebukuro/

3

MZ 감각 쇼핑은 여기

파르코 백화점

PARCO 池袋店

20대 초반~30대 초반 여성을 타깃으로 한 중저가 브랜드를 선보인다. 하라주쿠에 있던 에반게리온 공식 숍 '에반게리온 스토어 도쿄-01'이 별관(P'PARCO) 2층으로 이전해오며 방문객이 부쩍 늘었다. **MAP ㉒**

GOOGLE MAPS 이케부쿠로 파르코
OPEN 11:00~21:00(레스토랑 ~23:00)
WALK JR 이케부쿠로역 동쪽 출구(북)東口(北) 직결
WEB ikebukuro.parco.jp

TOBU
도부 백화점

파르코 백화점

본점만이 가질 수 있는 당당함

빅 카메라 본점

ビックカメラ 池袋本店

일본 최대 전자제품 할인 매장 빅 카메라의 본점. 이케부쿠로역 동쪽 출구에 4개, 서쪽 출구에 1개 매장이 자리해 '빅 카메라 에리어'를 이뤘다. 지하 1층~지상 8층으로 이루어진 본점은 주방 기구부터 고가의 전자제품까지 다양한 제품을 비교하고 체험할 수 있고 할인율도 높아서 한 번 빠져들면 시간 가는 줄 모른다. 면세 서비스는 물론, 다음 날 공항 택배 서비스도 제공해 하네다공항이나 나리타공항에서 구매한 상품을 받아볼 수 있다. **MAP ㉒**

GOOGLE MAPS 빅카메라 이케부쿠로 본점
OPEN 10:00~21:00
WALK JR 이케부쿠로역 동쪽 출구(북)東口(北) 3분
WEB www.biccamera.com

4

ビックカメラ
BIC CAMERA

5 이케부쿠로의 랜드마크
선샤인 시티
サンシャインシティ Sunshine City

1978년 일찌감치 등장해 누군가는 '일본 도심 복합 시설의 아버지'라고 한다. 4개 빌딩에 걸쳐 오피스와 전문 상가, 수족관, 테마파크, 극장, 박물관, 전망대, 전시홀, 버스터미널, 호텔, 레스토랑, 카페 등이 들어섰다. 특히 월드 임포트 마트 빌딩 2층에 실내 테마파크 난자타운과 전문 상가 알파 2층에 포켓몬 센터·포켓몬 카페·원피스 무기와라 스토어·키디랜드·스누피타운·리락쿠마 스토어·크레용 신짱·실바니안 패밀리 숲의 집, 알파 지하 1층에 디즈니 스토어·산리오 비비틱스·지브리 동구리공화국·마블 스토어·산리오 카페 등을 갖춰 가족 단위 여행자가 즐겨 찾는다. **MAP ㉒**

GOOGLE MAPS 선샤인시티
ADD 3-1 Higashiikebukuro, Toshima City
OPEN 10:00~20:00/시설마다 다름
WALK JR 이케부쿠로역 동쪽 출구東口 8분 /
히가시이케부쿠로역 6·7번 출구 5분
WEB sunshinecity.jp

포켓몬 센터 메가 도쿄

산리오 카페

바다사자가 하늘을 나네!
선샤인 시티 수족관 6
サンシャイン水族館

2017년 '천공의 오아시스'를 콘셉트로 리뉴얼한 수족관이다. 가장 큰 볼거리는 옥상에 설치된 도넛 모양의 대형 수조 '선샤인 아쿠아링'. 빌딩 숲을 배경으로 바다사자와 펭귄이 유유히 헤엄치는 모습이 마치 하늘을 나는 것처럼 보인다. 실내 수족관에서도 바다, 하천, 호수에 서식하는 다양한 생물을 관람할 수 있다. **MAP ㉒**

GOOGLE MAPS 선샤인 수족관
ADD 선샤인 시티 월드 임포트 마트 빌딩 10층
OPEN 09:00~21:00(11~3월 10:00~18:00)
PRICE 2600~3200엔, 초등·중학생 1300~1400엔, 미취학 아동 800~900엔/입장 시기에 따라 가격 변동
WEB www.sunshinecity.co.jp/aquarium

하늘과 가까운 공원
선샤인60 전망대 7
サンシャイン60展望台

리모델링 후 2023년 새롭게 문을 연 이케부쿠로의 전망대. 지상 60층에 하늘과 이어진 공원을 콘셉트로 잔디도 깔아 놓았다. 낮의 테마는 힐링. 피크닉 기분을 만끽하도록 평일 11:00~14:00 사이에는 외부 도시락 반입도 허용한다. 밤에는 조명과 BGM 등 약간의 연출이 더해져 어른스러운 분위기로 변신한다. **MAP ㉒**

GOOGLE MAPS 선샤인60전망대
ADD 선샤인 시티 선샤인60 빌딩 60층
OPEN 11:00~21:00
PRICE 700엔(토·일·공휴일 900엔), 초등·중학생 500엔(토·일·공휴일 600엔), 미취학 아동 무료
WEB sunshinecity.jp/file/official/observatory

animate

らしんばん
池袋本店
2号館

8

'여덕'의 고장, 오늘도 '텅장'

오토메 로드

乙女ロード

여성 취향의 애니메이션 캐릭터 굿즈와 동인지 전문 숍, 집사 카페, 남장 카페 등이 모인 거리. 선샤인 시티가 시작되는 선샤인마에サンシャイン前 교차로에서 히가시이케부쿠로 산초메東池袋三丁目 교차로로 이어지는 도로 왼편을 따라 200m 남짓 형성됐다. 저렴한 가격에 득템할 수 있는 라신반らしんばん 본점 본관과 2호관, 오토메 로드에만 지점 4곳을 둔 케이북스K-BOOKS, 장엄하게 만화책들이 펼쳐진 만다라케 이케부쿠로점まんだらけ 池袋店이 모두 이 거리에 있다. **MAP ㉒**

GOOGLE MAPS 만다라케 이케부쿠로
WALK 선샤인 시티 1분/
JR 이케부쿠로역 동쪽 출구(북)東口(北) 7분
/ 히가시이케부쿠로역 2번 출구 5분

BOOK·OFF
GiGO

NITORI
NITORI

일본의 이케아, 니토리
이케부쿠로 선샤인 시티점

9

매력이 팡팡 터지는 거리

선샤인60 거리

サンシャイン60通り

이케부쿠로역 동쪽 출구에서 선샤인 시티까지 250m가량 뻗어 있는 보행자 전용 거리. 게임센터 GiGO, 마츠모토키요시, 니토리, 레스토랑, 카페 등이 들어서 있어 항상 붐빈다. 이 길 끝에 오토메 로드가 있다. **MAP ㉒**

GOOGLE MAPS sunshine 60 st
WALK JR 이케부쿠로역 동쪽 출구東口 4분 / 이케부쿠로역 35번 출구 2분

10

여심을 사로잡은 만화 백화점

애니메이트 본점

animate 池袋本店

오토메 로드에서도 BL 만화의 종류가 다양하기로 손꼽히는 곳. 소설, 캐릭터 굿즈, 음악, 영상, 게임 소프트까지 웬만한 것은 다 구할 수 있다. 애니메이션 사운드트랙이나 성우의 음반도 종류가 상당하다. **MAP ㉒**

GOOGLE MAPS 애니메이트 본점
ADD 1-20-7 Higashiikebukuro, Toshima City
OPEN 10:00~21:00(토·일 ~20:00)
WALK JR 이케부쿠로역 동쪽 출구(북)東口(北) 7분
WEB animate.co.jp/shop/ikebukuro

+MORE+

무적의 라멘장군, 무테키야 無敵家

한번 맛보면 누구든 라멘 중독자로 만들어버리는 무적의 돈코츠 라멘 전문점. 돼지 뼈를 푹 고아 만든 진한 국물과 직접 만든 부드럽고 두툼한 차슈에 특별한 비법이 숨어있다. 생마늘을 다져 넣으면 놀라울 정도로 우리 입맛에 맞는다. **MAP ㉒**

GOOGLE MAPS 무테키야 이케부쿠로
ADD 1-17-1 Minamiikebukuro, Toshima City
OPEN 10:30~다음 날 04:00
WALK JR 이케부쿠로역 동쪽 출구(남)東口(南) 4분(세이부이케부쿠로역 방향)
WEB mutekiya.com

WELCOME TO MUTEKIYA

무테키야 라멘無敵家 ラーメン 1400엔

레어템 원정대가 간다

나카노 브로드웨이 中野ブロードウェイ

한 결의 흠도 없는 신상을 고집한다면 아키하바라로, 하루하루가 다른 중고 더미 속에서 의외의 득템을 노려본다면 나카노 브로드웨이로! 넓지 않은 상가지만, 한 번 발을 들이면 남의 집 보물창고를 들여다보는 묘한 기분이 들어 누구라도 3~4시간은 족히 걸리게 마련이다.

나카노 브로드웨이 정보

GOOGLE MAPS 나카노 브로드웨이
ADD 5-52-15 Nakano, Nakano City
OPEN 가게마다 다름
WALK JR 주오선(급행)·주오소부선(완행)·도자이선 나카노역中野 하차 후 북쪽 출구北口 앞 중앙 횡단보도에서 이어지는 나카노썬 몰 아케이드 상점가로 들어가면 곧장 연결된다.
WEB nakano-broadway.com

中野サンモール
BROADWAY
NAKANO BROADWAY
나카노 브로드웨이 풍경

MANDARAKE
만다라케

MANDARAKE
MANDARAKE
만다라케

소프트아이스크림
특대 사이즈 1000엔

데일리 치코

도쿄 오타쿠들의 중고나라

만다라케

まんだらけ 中野店

상가형 건물인 나카노 브로드웨이의 대표주자. 1980년 달랑 2평짜리 매장에서 영업을 시작해, 다양한 장르의 괴짜 경영자들을 이웃 점포로 불러 모으며 오늘날 나카노 브로드웨이를 완성했다. 100만 권 이상의 만화책부터 애니메이션 DVD, 피규어, 프라모델까지 건물 2~4층 곳곳에서 서브 컬처 문화의 이모저모를 소개한다. 퀄리티 높은 중고 레어템을 구할 수 있는 확률이 높은 곳이기도 하다.

ADD 나카노 브로드웨이 2~4층
OPEN 12:00~20:00
WALK JR 나카노역 북쪽 출구北口 5분
WEB mandarake.co.jp

8단까지 한 단계씩 클리어!

데일리 치코

デイリーチコ

희귀함의 집합체인 나카노 브로드웨이에서조차 이 아이스크림을 쥐고 있으면 모두의 이목을 집중시킬 수 있다. 특대 사이즈는 무려 8단 소프트아이스크림. 층층이 맛과 색이 달라 녹기 전에 다 맛봐야 한다는 사명감이 느껴진다.

GOOGLE MAPS daily chiko
ADD 나카노 브로드웨이 지하 1층
OPEN 12:00~20:00
WALK JR 나카노역 북쪽 출구北口 5분

도쿄 디즈니리조트

Tokyo Disney Resort

#디즈니러버 **#Disneygram**
#Happiestplace

Access

*마이하마역까지 직행 기준

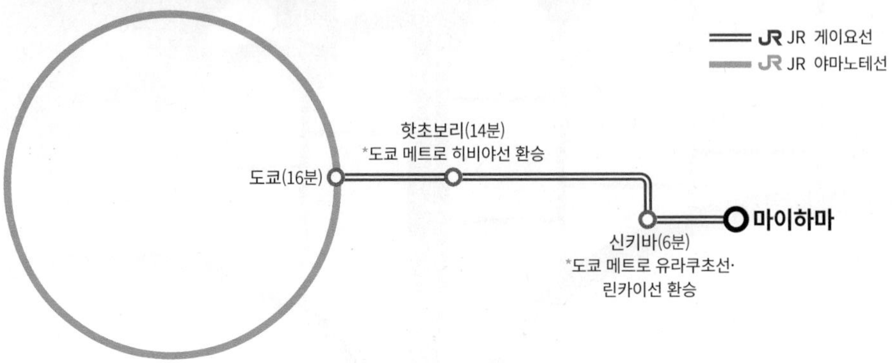
JR 게이요선
JR 야마노테선
핫초보리(14분)
*도쿄 메트로 히비야선 환승
도쿄(16분)
마이하마
신키바(6분)
*도쿄 메트로 유라쿠초선·린카이선 환승

❶ JR

마이하마역 舞浜

도쿄디즈니리조트와 가장 가까운 역은 JR 게이요선京葉線 마이하마역이다. 게이요선을 타는 가장 일반적인 방법은 시발역인 도쿄역에서 환승하는 것. 다만, 도쿄역을 통하는 다른 JR 열차의 플랫폼과 상당히 떨어져 있고, 디즈니씨까지는 모노레일로 갈아타고 가야 하니 여유 있게 움직이는 것이 좋다. 게이요선은 핫초보리역八丁堀에서 도쿄 메트로 히비야선, 신키바역新木場에서 도쿄 메트로 유라쿠초선·린카이선과 만난다. JR 사이쿄선은 린카이선과 자동 환승되므로 신키바역까지 갈아타지 않고 한 번에 닿을 수 있지만, JR-린카이선-JR의 환승을 거치며 요금이 2배로 오르니 참고.

HOUR 도쿄역~마이하마역 약 16분 소요/04:55~00:24(도쿄역 기준)/4~10분 간격 운행
PRICE 도쿄역 출발 220엔, 신주쿠역 출발 400엔

❷ 버스

도쿄디즈니리조트까지 고민 없이 단숨에 가는 방법은 직통버스를 타는 것이다. 도쿄디즈니랜드와 도쿄디즈니씨에 모두 정차하므로 디즈니씨로 곧장 가는 사람은 JR 게이요선보다 더 유용하다. 도쿄 시내 신주쿠역, 도쿄역, 이케부쿠로역, 아키하바라역, 오다이바, 도쿄 스카이트리, 기치조지역 등에서 출발하며, 하네다·나리타공항 등에서도 쉽게 이동할 수 있다. 배차 간격이 길고 요금이 비싸지만, 아이와 함께일 때 가장 요긴하게 이용할 수 있다. 버스에 관한 자세한 내용은 도쿄디즈니리조트 홈페이지(www.tokyodisneyresort.jp/kr/) 참고.

HOUR 신주쿠역~도쿄디즈니랜드 약 50분 소요/07:00~11:00(신주쿠역 기준), 16:10~21:50(도쿄디즈니씨 기준)/20~40분 간격 운행
도쿄역~도쿄디즈니랜드 약 35분 소요/08:20~09:40(도쿄역 기준), 15:15~18:25(디즈니씨 기준)/20~30분 간격 운행
PRICE 신주쿠역 출발 1000엔, 어린이 500엔
WALK JR 신주쿠역 신남쪽 출구新南口로 나와 바스타 신주쿠バスタ新宿 4층 신주쿠 고속버스터미널에서 승차/도쿄역 야에스 남쪽 출구八重洲南口 승차

©Mutimaro_CC 表示-継承 3.0

❸ 모노레일

■ **디즈니리조트라인** ディズニーリゾートライン: 도쿄디즈니랜드는 JR 마이하마역에서 내리면 바로 보이지만, 도쿄디즈니씨까지는 다시 모노레일을 타야 한다. 편리성은 물론이거니와 미키마우스 모양의 창문, 깜찍한 외형 등이 어트랙션만큼이나 아이들의 전폭적인 사랑을 받는다.

HOUR 마이하마역~도쿄디즈니씨 약 9분 소요/06:31~23:30/4~13분 간격 운행
PRICE 300엔, 만 6~11세 150엔, 만 5세 이하는 성인 한 명당 2명까지 무료(PASMO·Suica 사용 가능)

©Disney

©Disney

도쿄디즈니랜드 vs 도쿄디즈니씨 결정장애를 위한 체크 리스트

⇒ 회전목마 이상의 어트랙션은 보기만 해도 심장이 떨린다. ☐ YES ☐ NO

⇒ 토이 스토리, 인디아나 존스보단 신데렐라, 곰돌이 푸, 덤보에 더 끌린다. ☐ YES ☐ NO

⇒ 어린아이와 함께이거나 어린이의 정신연령을 가진 친구와 동행한다. ☐ YES ☐ NO

⇒ 인증사진을 찍기 위해 언제 어디서든 풀착장, 풀메이크업이 돼 있다. ☐ YES ☐ NO

⇒ 평소엔 입에 대지 않아도 놀이공원에선 역시 맥주보다 슬러시다. ☐ YES ☐ NO

⇒ 놀이공원의 꽃은 '퍼레이드'라고 생각한다. ☐ YES ☐ NO

⇒ 이번이 내 생애 처음이자 마지막 디즈니리조트가 될 것 같다. ☐ YES ☐ NO

*그 어떤 결과가 나와도 부디 평일에 방문하길 권장하며, 날짜별 혼잡도를 예측하는 비공식 홈페이지(www15.plala.or.jp/gcap/disney)를 체크하면 방문일 결정에 도움이 된다.

YES가 더 많다면? ⇒ **도쿄디즈니랜드**

NO가 더 많다면? ⇒ **도쿄디즈니씨**

■도쿄디즈니리조트 티켓

티켓 종류	18세 이상	4~17세	설명
원데이 패스포트	7900~ 1만900엔	6600~9000엔	도쿄디즈니랜드나 도쿄디즈니씨 둘 중 한 곳의 입장과 어트랙션을 예약시 지정한 날 하루종일 자유롭게 이용 (양쪽 모두 사용은 불가)
주말·공휴일 얼리 이브닝 패스포트	6500~8700엔	5300~7200엔	토·일·공휴일 15:00 이후 디즈니랜드나 디즈니씨 중 한 곳을 지정한 시간부터 자유롭게 이용
평일 위크 나이트 패스포트	4500~6200엔	4500~6200엔	평일 17:00 이후 디즈니랜드나 디즈니씨 중 한 곳을 지정한 시간부터 자유롭게 이용

*1월 초~3월 중순에는 18세 이상 대학생·대학원생용 할인권(캠퍼스 데이 패스포트)을 판매한다.

■티켓 이용 시 주의할 점

❶ 예약은 이용 예정일 2개월 전 오후 2시부터 할 수 있다.

❷ 도쿄디즈니리조트는 날짜에 따라 변동가격제를 실시하고 있다.

❸ 현장 구매는 불가하며, 앱이나 홈페이지(www.tokyodisneyresort.jp/ kr/ticket)에서 입장 날짜·시간 지정권만 구매할 수 있다.

❹ 홈페이지에서 티켓 구매 시 사용일 전에는 유효기간 내에 방문일을 바꿀 수 있다(남은 일수에 따라수수료 있음).

❺ 티켓은 도쿄디즈니리조트 공식 앱의 입장 코드를 이용한다. 앱을 이용하지 않을 경우 예약 시 이메일로 보내주는 코드로 입장한다.

❻ 기존에 판매하던 2·3·4일권, 패스트패스 등은 판매가 중단된 상태다. 상황에 따라 다시 판매될 수 있으니 예약할 때 꼼꼼히 살펴보자.

: WRITER'S PICK :

공주님 방에서 하룻밤을!
리조트 내 호텔

도쿄디즈니리조트 단지 내 곳곳에는 디즈니 소속 호텔 4곳을 비롯한 다양한 공식 호텔이 들어서 있다. 웅장한 분위기의 외관부터 시작되는 감동은 고급스러움과 동화적인 요소가 가득한 룸까지 이어져 아이들에게 잊지 못할 하룻밤을 선물한다. 호텔 투숙객은 도쿄디즈니리조트 당일 입장권을 컨시어지에서 구매할 수있다.

WEB www.disneyhotels.jp

디즈니리조트 가기 전 앱 다운은 이제 필수

■공식 앱 이용하기

공식 앱을 이용하면 입장부터 어트랙션, 레스토랑, 상점 등을 편리하게 예약할 수 있다.

Help
Park Ticket
Buy Tickets
티켓 구매하기
Display Ticket Purchases
구매한 티켓 보기
Park Information
My Plan
Looks like you haven't made any plans yet.
Standby Pass
Entry Request
Disney Premier Access
1
2
3

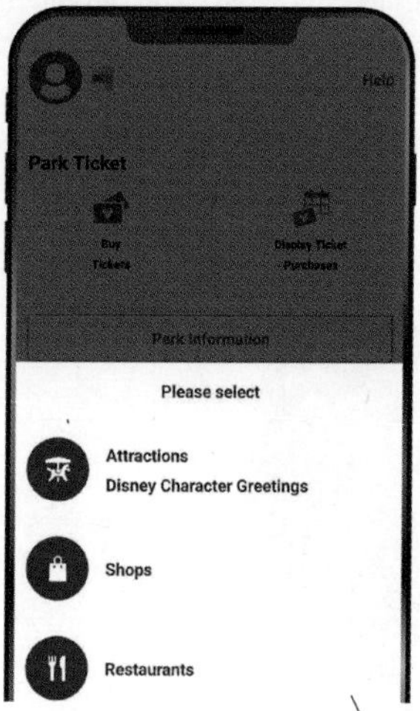
Park Ticket
Park Information
Please select
Attractions
Disney Character Greetings
Shops
Restaurants

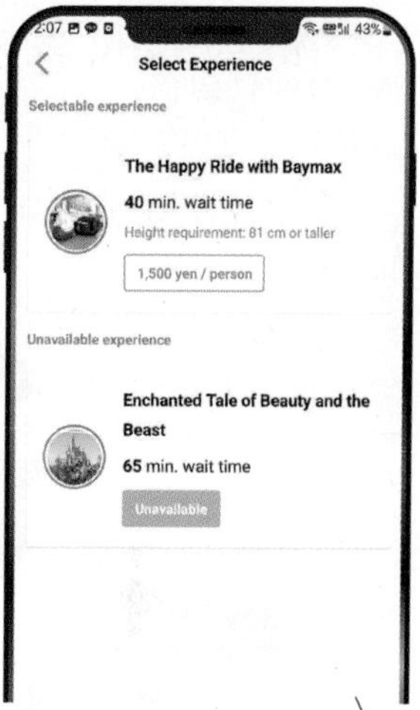
Select Experience
Selectable experience
The Happy Ride with Baymax
40 min. wait time
Height requirement: 81 cm or taller
1,500 yen / person
Unavailable experience
Enchanted Tale of Beauty and the Beast
65 min. wait time
Unavailable

❶ 스탠바이 패스를 선택하면 입장 시각을 지정할 수 있는 시설 목록이 나온다.

❷ 디즈니 프리미어 액세스를 선택하면 구매 가능한 어트랙션 목록이 나온다.

❶ 대신 줄을 서주는 스탠바이 패스 Standby Pass

이용하려는 시설에 선착순 대기를 미리 걸어두는 시스템. 표시되는 시각에 해당 시설 앞에서 줄을 서면 된다(앱을 사용하지 않을 경우 해당 시설 직원에게 문의).

➡ 앱 메인화면 '마이 플랜My Plan'에서 '스탠바이 패스Standby Pass' 선택

❷ 엔트리 접수 Entry Request

클럽 마우스비트 등 일부 엔터테인먼트 시설 입장은 앱으로 접수해야 한다. 접수를 위해서는 디즈니 계정으로 로그인이 필요하니 미리 회원가입을 해둘 것. 접수 후 추첨으로 입장이 결정되어 상황에 따라 이용하지 못할 수도 있다. 당락 여부와 관계없이 접수는 하루 1회만 가능. 앱을 사용하지 않을 경우 해당 시설 직원에게 문의한다.

➡ 앱 메인화면 '마이 플랜My Plan'에서 '엔트리 접수Entry Request' 선택

❸ 앱에서 DPA로 예약한 어트랙션 입구에서 QR코드를 스캔하고 입장한다.

❸ 빠르게 입장할 수 있는 디즈니 프리미어 액세스(DPA)

크리터컨트리의 스플래시 마운틴 등 일부 인기 시설의 이용 시간을 예약할 수 있는 유료 서비스. 요금은 1회당 시설별로 1500~2500엔이다. 예약을 마친 후 디즈니리조트에 입장하면 QR코드 입장권이 생성된다. 스마트폰이나 신용카드가 없는 경우 메인 스트리트 하우스(디즈니랜드)와 게스트 릴레이션(디즈니씨)에서 살 수 있다.

➡ 앱 메인화면 '마이 플랜My Plan'에서 '디즈니 프리미어 액세스DPA(Disney Premier Access)' 선택

#Walk

예쁨에 홀딱 반하는 동화 나라

도쿄디즈니랜드 東京ディズニーランド

어린아이를 둔 가족, 그리고 '해맑은 나'를 주제로 예쁜 사진 찍기 좋아하는 사람들을 위한 테마파크. 7개 테마별로 개성이 뚜렷해 시간과 체력이 여의찮다면 원하는 곳만 콕 골라 가자. 퍼레이드는 디즈니 빅 5(미키·미니마우스, 도널드 덕, 구피, 플루토) 위주로 구성됐지만, 함성은 신데렐라, 미녀와 야수의 벨에게서 더 커지는 걸 보니 캐릭터의 세계에서도 우선 예쁘고 볼 일인가보다.

© Disney

월드 바자 World Bazaar

20세기 초 미국의 작은 마을로 타임슬립. 기념품숍, 레스토랑 마을이라 다이내믹하진 않지만, 사진 찍기엔 더없이 좋은 이국적인 분위기다.

1890
HOME
© Disney

©Disney

어드벤처랜드 Adventure Land

크루즈로 정글 탐험도 하고, 카리브해의 해적도 엿보는 시간. 아이들과 함께 가족 단위로 즐기기 좋은 관람형 어트랙션이 모여 있다.

TOONTOWN
©Disney

툰타운 Toon Town

영유아용 놀이시설 위주인 미키·미니마우스의 유쾌한 마을. '미키의 집'에선 미키마우스가 우리를 기다리고 있다. 미니마우스는 365일 외출 중.

판타지랜드 Fantasyland

미녀와 야수, 피터팬, 백설공주, 피노키오의 이야기 속 주인공이 되어 보는 체험형 어트랙션 구역. 귀여운 공포의 집인 혼티드 맨션에서는 절대 웃지 말아야 한다는 규칙이 있다.

©Disney/Pixar

투머로우랜드 Tomorrow Land

오감을 자극하는 미래형 어트랙션으로 도쿄디즈니랜드 안에서 비명이 가장 난무하는 곳. 10~20대에게 가장 인기가 많으며, 시설물의 회전율도 높다.

©Disney

웨스턴랜드 Western Land

미국 개척 시대로 여행을 떠나자. 다른 구역보다 스펙터클한 어트랙션을 제법 갖췄다. 랜드 안에서도 인기 1, 2위를 다투는 빅 선더 마운틴의 본거지.

©Disney

크리터 컨트리 Critter Country

작은 동물들이 사는 마을. 디즈니 영화 <남부의 노래>가 모델이다. 후룸라이드 격인 스플래시 마운틴의 최고 속도는 62km/h. 랜드 내 모든 어트랙션 중에서 가장 빠른 속도를 자랑한다.

#Walk

스릴 만점, 다이내믹한 모험 나라

도쿄디즈니씨 東京ディズニーシー

타깃을 살짝 바꿔 '어른들을 위한 동화'를 테마로 한 곳. 레스토랑에서 와인과 맥주를 취급하는 것만 봐도 도쿄디즈니랜드보다 더 와일드한 곳임을 짐작할 수 있다. 도쿄의 20대 커플들에게 데이트하고 싶은 장소를 물으면 항상 빠지지 않고 손꼽히는 곳. 이에 화답하듯 크리스마스 시즌의 대형 트리와 일루미네이션 장식이 유독 로맨틱하다. 디즈니의 이름을 건 테마파크 가운데 유일하게 '바다'를 테마로 만들어졌다.

©Disney

+MORE+

판타지 스프링스 입장하기

판타지 스프링스 구역에 입장하려면 구역 내 어트랙션 중 최소 1개를 예약해야 한다. 어트랙션은 스탠바이패스(무료)나 프리미어 액세스(유료)로만 이용할 수 있으니 디즈니씨에 입장하자마자 원하는 어트랙션 예약부터 하는 것이 중요! 구역 내에 있는 디즈니씨 판타지 스프링 호텔에 숙박하면 호텔 전용 입구를 통해 입장할 수 있다. 어트랙션을 빠르게 이용할 수 있는 숙박객 한정 '1데이 패스포트: 판타지 스프링스 매직' 티켓 행사는 2025년 3월 31일 종료된다(성인 2만2900~2만5900엔)

©Disney

메디테러니언 하버
Mediterranean Harbor

베네치아의 곤돌라가 떠다니는 운하를 보고 있으면 이곳이 도쿄가 아니라 이탈리아인가 싶다. 주로 레스토랑과 기념품숍이 모인 곳으로, 훌륭한 포토 포인트가 돼준다.

TOY STORY MANIA!
CARNIVAL
©Disney/Pixar

아메리칸 워터프런트 American Waterfront

20세기 초 세계 최대의 도시가 된 뉴욕과 뉴잉글랜드의 소박한 어촌 풍경으로 꾸며진 구역. <토이 스토리>의 우디, 버즈와 함께 슈팅 게임도 하고, 스릴 넘치는 수직 낙하 어트랙션도 즐겨 보자.

FROZEN

판타지 스프링스 Fantasy Springs

2024년 6월 문을 연 화제의 구역. <겨울왕국>, <라푼젤>, <피터팬>을 테마로 한 3개 구역에서 동화 같은 시간을 즐길 수 있다. 구역마다 레스토랑, 4개의 어트랙션, 기념품점이 다채롭게 자리한다.

©Disney

미스테리어스 아일랜드 Mysterious Island

<80일간의 세계 일주>로 유명한 프랑스 작가 쥘 베른의 SF 소설 세계를 모티브로 한 구역. 최고 속도 75km/h, 도쿄디즈니씨에서 가장 빠른 센터 오브 디 어스 차를 타고 땅속 세계를 질주한다.

©Disney

아라비안 코스트 Arabian Coast

영화 <알라딘>의 감동이 되살아나는 구역. 재스민 공주가 사는 궁전, 활기 넘치는 시장을 지나 마술사와 램프의 요정 지니가 펼치는 환상적인 마술쇼를 관람할 수 있다.

©Disney ©&™ Lucasfilm Ltd.

로스트 리버 델타 Lost River Delta

1930년대 고대 문명의 유적 발굴 현장을 모티브로 한 구역. 영화 <인디아나 존스>에서 모티브를 따와 여기저기에 인디아나 존스 박사의 흔적이 있다.

©Disney

머메이드 라군 Mermaid Lagoon

<인어공주>의 에리얼과 함께 하는 신나는 뮤지컬 쇼! 음악과 영상, 퍼포먼스가 경쾌한 조화를 이룬다. 마치 에리얼이란 슈퍼스타가 연 파티에 초대받은 느낌.

©Disney/Pixar

포트 디스커버리 Port Discovery

SF 영화에 나올 법한 상상 속 미래도시를 실현한 공간. 니모, 도리와 함께 바닷속을 탐험하는 극장형 4D 어트랙션도 즐길 수 있다.

SPECIAL PAGE

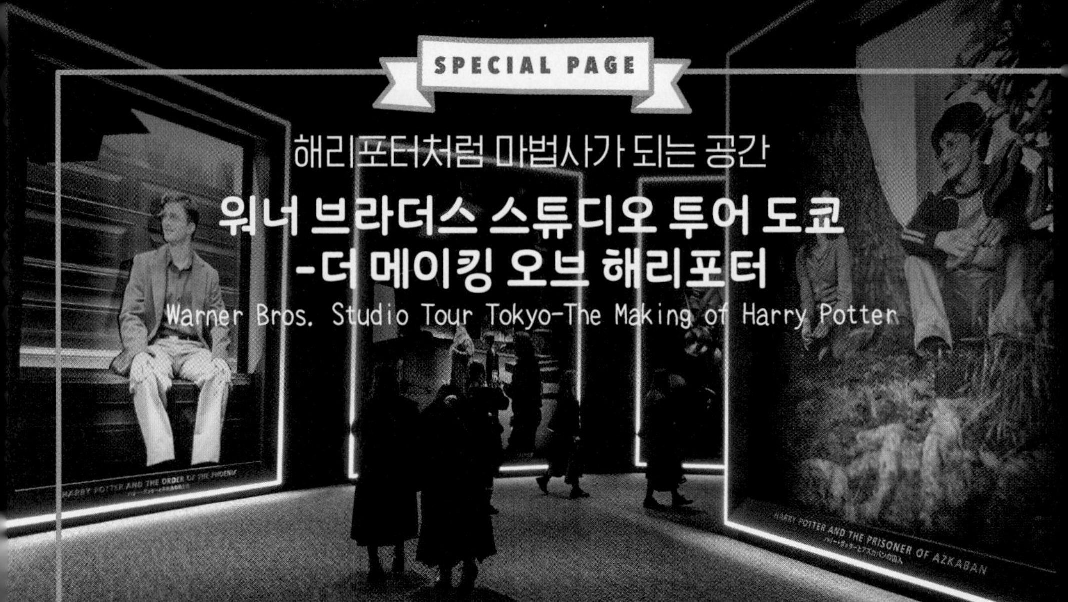
HARRY POTTER AND THE ORDER OF THE PHOENIX
HARRY POTTER AND THE PRISONER OF AZKABAN

해리포터처럼 마법사가 되는 공간

워너 브라더스 스튜디오 투어 도쿄 -더 메이킹 오브 해리포터

Warner Bros. Studio Tour Tokyo-The Making of Harry Potter

영화 <해리포터> 시리즈가 만들어진 과정을 볼 수 있는 곳. 머글에게는 영화의 비하인드를 살펴볼 수 있는 거대한 스튜디오지만, 해리포터 팬들에게는 충분한 설명이 아니다. 실감 나게 구성된 대형 세트장에서 하루 종일 해리포터의 세계관에 빠져들 수 있는 이곳은 팬들에겐 어쩌면 마법학교 그 자체가 아닐까.

*머글: 해리포터에서 마법사가 아닌 보통 사람을 지칭하는 용어다. '덕후'가 아닌 사람을 지칭할 때도 쓰인다.

GOOGLE MAPS 워너 해리포터 스튜디오 도쿄
ADD 1-1-7 Kasugacho, Nerima City
PRICE 6500엔, 중·고등학생 5400엔, 4세~초등학생 3900엔
OPEN 09:00~19:30(최종 입장 15:00, 주말 ~22:00(최종 입장 18:00))
WALK 오에도선 도시마엔역豊島園 A2번 출구 8분 / 세이부 이케부쿠로선·도시마선 도시마엔역豊島園 세이부 출구西武出口 5분
WEB www.wbstudiotour.jp

버터비어 1100엔. 컵을 기념품으로 가져갈 수 있다.

Harry Potter

: WRITER'S PICK :

세이부 이케부쿠로선

주로 도쿄 서북 지역을 연결하는 세이부 전철의 노선 중 세이부 이케부쿠로선의 도시마엔행 열차가 이케부쿠로역과 도시마엔역 사이를 운행한다(네리마역에서 세이부 도시마선과 직통 연결 운행). 기점인 이케부쿠로역은 영화 속 호그와트행 열차가 출발하는 런던 킹스크로스역을, 종점인 도시마엔역은 호그와트 마법학교로 이어지는 호그스미드역을 테마로 꾸몄다. 몇몇 열차는 해리포터 시리즈로 외부를 장식한 '스튜디오 투어 도쿄 익스프레스'로 운행된다.

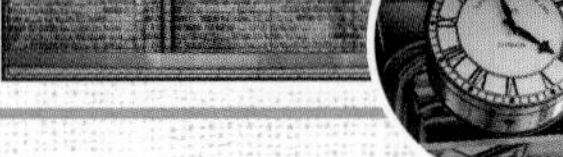

해리포터 무대 그대로 도쿄에

해리포터가 호그와트에서 먹은 첫 저녁 식사를 재현한 로스트비프 3200엔(음료 포함)

런던에 이은 세계 2번째 해리포터 스튜디오. 옛 도시마엔 놀이공원이 있던 자리에 런던보다 큰, 축구장 13개를 합한 규모(9만㎡)로 들어섰다. 모두 둘러보려면 머글이라도 2~3시간은 예상해야 하며, 해리포터 팬들은 반나절 정도 머물다 간다.

'호그와트행 급행열차', '다이애건 앨리' 등을 재현해 놓은 대형 세트장을 비롯해 영화 속 의상, 소품, 영화에 등장하는 생물의 모형 등을 볼 수 있는데, 그 정교함에 장소를 옮길 때마다 감탄사와 환호성이 여기저기서 터진다. 또한 퀴디치 경기(빗자루를 타고 공중을 날아다니며 경기하는 스릴 만점의 경기)를 보는 관중역 등 직접 체험할 수 있는 즐길거리도 다양하게 준비돼 있다.

카페와 레스토랑은 실내외에 총 4곳이 마련돼 있다. 그중 야외 테라스는 버터비어(영화 속 마법사들이 마시던 달콤한 버터향의 맥주를 재현한 논알코올 음료)가 메인 컨셉인 버터비어바로 꾸몄다. 카페와 레스토랑의 메뉴 역시 온통 해리포터에 관한 것들 일색이다.

공식 홈페이지나 여행 예약 사이트를 통한 온라인 예약이 필수이며, 현장에서는 티켓을 판매하지 않는다. 해리포터 팬이라면 입장객이 몰리기 전 이른 오전 시간대에 방문할 것을 추천한다.

스튜디오 투어 숍

주요 공간

■ 그레이트 홀 The Great Hall

호그와트 학생들이 식사하던 장소. 크리스마스 무도회, 호그와트 전투 등 다양한 신에도 등장했다. 16세기에 건축된 영국 옥스퍼드 크라이스트처치 칼리지의 그레이트 홀이 배경이다.

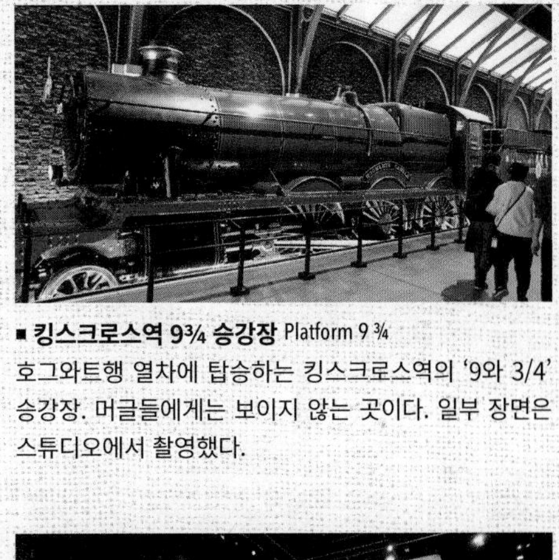

■ 킹스크로스역 9¾ 승강장 Platform 9 ¾

호그와트행 열차에 탑승하는 킹스크로스역의 '9와 3/4' 승강장. 머글들에게는 보이지 않는 곳이다. 일부 장면은 스튜디오에서 촬영했다.

■ 다이애건 앨리 Diagon Alley

호그와트 학생들이 자주 찾는 쇼핑 거리. 실제 존재하는 영국의 어느 골목이 아닌, 실감 나게 제작된 세트장에서 촬영했다. <마법사의 돌>과 후속 작품에도 꾸준히 사용됐다.

■ 런던 마법부(마법 정부) London Ministry of Magic

런던에서 제작됐지만, 이제는 도쿄에서만 볼 수 있는 세트장이다. 연기와 조명을 이용한 특수효과로 영화 속 '플루가루'를 몸에 뿌리는 것 같은 사진과 동영상을 남길 수 있다.

요코하마

横浜

#중식먹방 #블루라이트는어디로

#TryMirai

ANNIVERSAIRE

Access

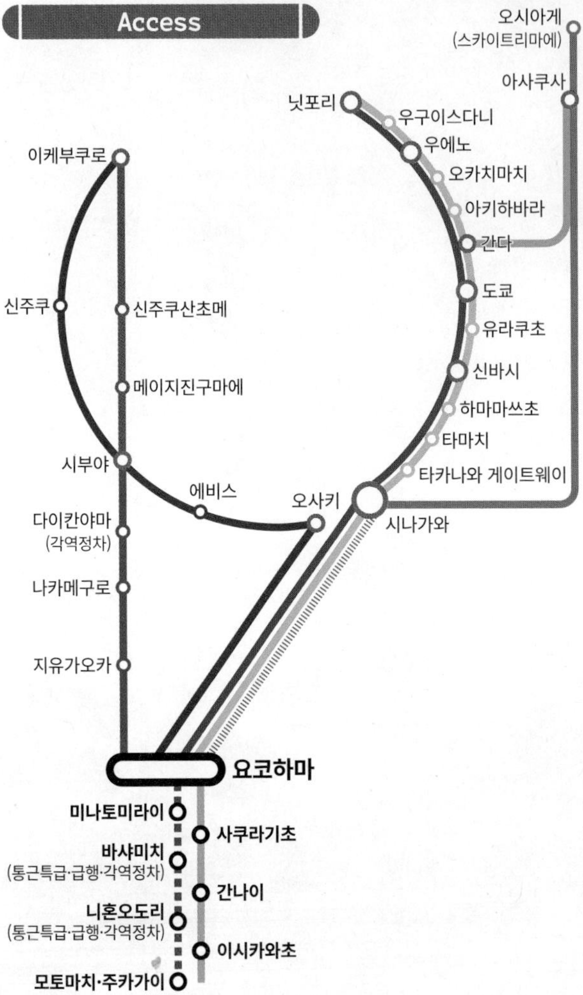

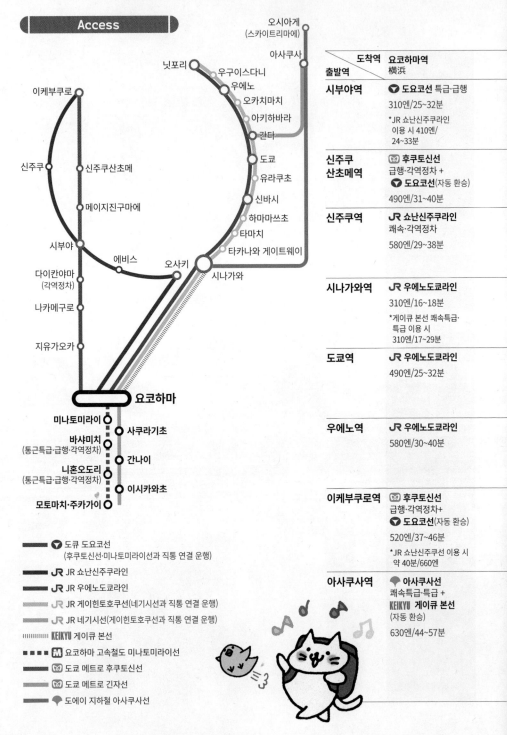

오시아게
(스카이트리마에)
아사쿠사
닛포리
우구이스다니
우에노
오카치마치
아키하바라
간다
도쿄
유라쿠초
신바시
하마마쓰초
타마치
타카나와 게이트웨이
시나가와
이케부쿠로
신주쿠
신주쿠산초메
메이지진구마에
시부야
에비스
오사키
다이칸야마
(각역정차)
나카메구로
지유가오카
요코하마
미나토미라이
바샤미치
(통근특급·급행·각역정차)
니혼오도리
(통근특급·급행·각역정차)
모토마치·주카가이
사쿠라기초
간나이
이시카와초

도큐 도요코선
(후쿠토신선·미나토미라이선과 직통 연결 운행)

JR 쇼난신주쿠라인

JR 우에노도쿄라인

JR 게이힌토호쿠선(네기시선과 직통 연결 운행)

JR 네기시선(게이힌토호쿠선과 직통 연결 운행)

KEIKYU 게이큐 본선

요코하마 고속철도 미나토미라이선

도쿄 메트로 후쿠토신선

도쿄 메트로 긴자선

도에이 지하철 아사쿠사선

출발역 \ 도착역	요코하마역 横浜
시부야역	도요코선 특급·급행 310엔/25~32분 *JR 쇼난신주쿠라인 이용 시 410엔/24~33분
신주쿠 산초메역	후쿠토신선 급행·각역정차 + 도요코선(자동 환승) 490엔/31~40분
신주쿠역	JR 쇼난신주쿠라인 쾌속·각역정차 580엔/29~38분
시나가와역	JR 우에노도쿄라인 310엔/16~18분 *게이큐 본선 쾌속특급·특급 이용 시 310엔/17~29분
도쿄역	JR 우에노도쿄라인 490엔/25~32분
우에노역	JR 우에노도쿄라인 580엔/30~40분
이케부쿠로역	후쿠토신선 급행·각역정차+ 도요코선(자동 환승) 520엔/37~46분 *JR 쇼난신주쿠선 이용 시 약 40분/660엔
아사쿠사역	아사쿠사선 쾌속특급·특급 + KEIKYU 게이큐 본선(자동 환승) 630엔/44~57분

● 도쿄 주요 역에서 요코하마 주요 역까지 추천 교통편

사쿠라기초역 桜木町	미나토미라이역 みなとみらい	모토마치·주카가이역 元町·中華街	이시카와초역 石川町
미나토미라이역 이용 권장	**도요코선** 특급·급행 + **미나토미라이선**(자동 환승) 510엔/32~34분	**도요코선** 특급·급행 + **미나토미라이선**(자동 환승) 540엔/37~43분	모토마치·주카가이역 이용 권장
미나토미라이역 이용 권장	**후쿠토신선** 급행·각역정차 + **도요코선** + **미나토미라이선**(자동 환승) 690엔/36~43분	**후쿠토신선** 급행·각역정차 + **도요코선** + **미나토미라이선**(자동 환승) 720엔/41~50분	모토마치·주카가이역 이용 권장
JR **쇼난신주쿠라인** 쾌속·각역정차 (요코하마역 환승) JR **네기시선** 쾌속·각역정차 580엔/35~45분	사쿠라기초역 이용 권장	이시카와초역 이용 권장	JR **쇼난신주쿠라인** 쾌속·각역정차 (요코하마역 환승) JR **네기시선** 쾌속·각역정차 660엔/42~50분
JR **게이힌토호쿠선** 쾌속·각역정차 + JR **네기시선** 쾌속·각역정차 (자동 환승) 410엔/30~35분	사쿠라기초역 이용 권장	이시카와초역 이용 권장	JR **게이힌토호쿠선** 쾌속·각역정차 + JR **네기시선** 쾌속·각역정차 (자동 환승) 490엔/34~38분
JR **게이힌토호쿠선** 쾌속·각역정차 + JR **네기시선** 쾌속·각역정차 (자동 환승) 580엔/41~49분	사쿠라기초역 이용 권장	이시카와초역 이용 권장	JR **게이힌토호쿠선** 쾌속·각역정차 + JR **네기시선** 쾌속·각역정차 (자동 환승) 580엔/45~53분
JR **게이힌토호쿠선** 쾌속·각역정차 + JR **네기시선** 쾌속·각역정차 (자동 환승) 580엔/49~57분	사쿠라기초역 이용 권장	이시카와초역 이용 권장	JR **게이힌토호쿠선** 쾌속·각역정차 + JR **네기시선** 쾌속·각역정차 (자동 환승) 660엔/53분~1시간
JR **쇼난신주쿠라인** 쾌속·각역정차 (요코하마역 환승) JR **네기시선** 쾌속·각역정차 660엔/42~50분	**후쿠토신선** 급행·각역정차 + **도요코선**(자동 환승) 720엔/42~52분	**후쿠토신선** 급행·각역정차 + **도요코선**(자동 환승) 750엔/47~59분	JR **쇼난신주쿠라인** 쾌속·각역정차 (요코하마역 환승) JR **네기시선** 쾌속·각역정차 740엔/48~57분
아사쿠사선 쾌속특급·특급 + KEIKYU **게이큐 본선**(자동 환승) (요코하마역 환승) + JR **네기시선** 쾌속·각역정차 780엔/51~63분	**아사쿠사선** 쾌속특급·특급 + KEIKYU **게이큐 본선**(자동 환승) (요코하마역 환승) + **미나토미라이선** 특급·직통 특급·급행·각역정차 830엔/57~68분	**아사쿠사선** 쾌속특급·특급 + KEIKYU **게이큐 본선**(자동 환승) (요코하마역 환승) + **미나토미라이선** 특급·직통 특급·급행·각역정차 860엔/1시간 3~15분	**긴자선** 각역정차 (간다역 환승) JR **게이힌토호쿠선** 쾌속·각역 정차 + JR **네기시선** 쾌속·각역정차 (자동 환승) 760엔/1시간 3~11분 *도에이 아사쿠사선+게이큐 본선 (자동 환승)+(요코하마역 환승)+JR 네기시선 이용 시 800엔

*각 역간 최소 환승, 최저 요금으로 이용 가능한 추천 교통편 한 가지만 소개함

도쿄 시내에서 요코하마 가기

시부야·나카메구로·지유가오카에서 출발할 땐

도큐 도요코선 東横 TY

요코하마 여행의 중심지 미나토미라이21, 모토마치 상점가, 차이나타운까지 한 번에 가장 경제적으로 이동할 수 있는 교통수단이다. 시부야에서 모토마치·주카가이행을 타면 요코하마역에서 요코하마 고속철도 미나토미라이선과 자동 환승된다. 즉, 앉은 자리에서 환승 없이 요코하마의 중심지까지 닿을 수 있다는 것. 각역정차 열차만 다니는 다이칸야마역에서 출발할 경우 나카메구로역에서 급행이나 특급 열차로 환승하면 시간을 줄일 수 있다.

F 09 이케부쿠로역

후쿠토신선
모토마치·주카가이행

(신주쿠, 메이지진구마에 등 경유)

시부야역

도큐 도요코선
모토마치·주카가이행
탑승 상태 유지(자동 환승)

(나카메구로, 지유가오카 등 경유)

요코하마역

M 미나토미라이선
모토마치·주카가이행
탑승 상태 유지(자동 환승)

(미나토미라이역 등 경유)

MM 03 모토마치·주카가이역

Check!

도큐 도요코선, 어디까지 이어지는 거니?!

도큐 도요코선은 도쿄 메트로 후쿠토신선·요코하마 고속철도 미나토미라이선과 상호 직통 운행하므로 자동 환승된다. 넓게 보면 이케부쿠로역·신주쿠산초메역·메이지진구마에역부터 요코하마까지 연결되는 셈. 다만 후쿠토신선 각 역에서는 미나토미라이 패스(1일권)를 팔지 않아, 대부분 여행자는 도큐 도요코선의 시발역인 시부야역에서 티켓을 구매한 뒤 새롭게 출발한다.

: WRITER'S PICK :

당일 여행이라면 무조건 이득! 미나토미라이 패스 みなとみらいパス

도쿄 시내~요코하마 도큐 도요코선 왕복권과 요코하마 고속 철도 미나토미라이선 자유이용권이 포함된 1일권. 도큐 도요코선 시부야역, 나카메구로역 등 도큐선 각 역 티켓 자동판매기에서 판매한다. 주의할 점은 자유 승·하차는 미나토미라이선 내에서만 가능하다는 것. 도큐선을 비롯한 이외 구간에서 개찰구를 나가면 효력이 사라진다. 패스 없이 시부야~미나토미라이를 편도권으로 왕복한다면 1020엔으로, 여기에 요코하마 내에서 추가로 이동할 경우 교통비도 추가되므로 패스를 구매하는 게 경제적이다. 그 외 패스로는 미나토미라이 패스 혜택에 차이나타운 지정 음식점 식사권이 포함된 요코하마 중화가 여행 구루메 티켓横浜中華街旅グルメきっぷ이 있으며, 이용 및 구매 방법은 미나토미라이 패스와 같다.

PRICE 시부야 출발 920엔/요코하마 중화가 여행 구루메 티켓 3300엔, 어린이 2200엔

도쿄 동쪽에서 출발할 땐(닛포리·우에노·아키하바라·도쿄·유라쿠초·신바시·하마마쓰초·시나가와 등)

JR 게이힌토호쿠선
京浜東北線(JK)

도큐 도요코선이 미나토미라이선과 연결되는 것처럼 JR 게이힌토호쿠선에게는 짝꿍 JR 네기시선이 있다. 오후나大船행이나 이소고磯子행을 타면 사쿠라기초역, 이시카와초역까지 도쿄에서 한 번에 갈 수 있다.

Check!

출발 시각에 따라 이용 가능한 역과 소요 시간이 달라요

10:20~15:30(우에노역 출발 기준)에는 우에노–하마마쓰초 사이 역 중 우에노, 아키하바라, 간다, 도쿄(역), 하마마쓰초에만 정차하는 쾌속열차가, 그 외 시간은 구간 내 모든 역에 정차하는 각역정차 열차가 운행한다.

JR 우에노도쿄라인 上野東京ライン + JR 도카이도 본선 東海道本線

요코하마역에서 JR 네기시선으로 1회 환승해야 하지만, 정차역이 적어 JR 게이힌토호쿠선보다 소요 시간이 10분 이상(환승 시간 포함) 짧고, 요금은 같다.

Check!

우에노에서 이시카와초까지 소요 시간 비교

- 우에노도쿄라인 + 네기시선(1회 환승) 41분~
- 게이힌토호쿠선 쾌속(네기시선과 자동 환승) 53분~

JR 요코하마역

신주쿠·이케부쿠로·에비스에서 출발할 땐

JR 쇼난신주쿠라인
湘南新宿ライン(JS)

신주쿠·이케부쿠로·에비스에서 요코하마까지 가장 빠르게 가는 방법. 각역정차(보통), 쾌속 어느 열차를 타든 소요 시간은 30분대다. 요코하마역에서 하차한 후 JR 네기시선으로 환승하면 사쿠라기초역이나 이시카와초역까지 이동할 수 있다.

Check!

그밖에 요코하마를 경유하는 JR 열차들

이 외에도 요코스카선横須賀線, 도카이도 본선東海道本線 열차 등이 요코하마역을 거친다. 요코하마역에서 JR 네기시선이나 미나토미라이선으로 환승하면 관광지까지 쉽게 갈 수 있다. 요코스카선은 특급 이용 시 추가 요금이 발생하니 주의한다.

JR 게이힌토호쿠선·네기시선 열차

1 京浜東北線
Keihin-Tohoku Line
田端·赤羽
南浦和·大宮方面
2 山手線(内回り)
Yamanote Line
日暮里·池袋·新宿
渋谷方面
3 山手線(外回り)
Yamanote Line
秋葉原·東京
浜松町·品川方面
JR은 노선이 달라도 열차 디자인이 같거나, 같은 노선에도 여러 디자인의 열차가 운행된다. 승강장과 전광판 안내를 잘 확인하고 이용하자.

아사쿠사, 도쿄 스카이트리에서 환승 없이 요코하마역까지

도에이 아사쿠사선 + KEIKYU 게이큐본선 京急本線

아사쿠사, 오시아게 등에서 도에이 아사쿠사선 미사키구치三崎口행 또는 게이큐쿠리하마京急久里浜행을 타면 센가쿠지에서 게이큐 전철의 게이큐 본선으로 자동 환승되어 요코하마역까지 한 번에 간다. 이후 요코하마역에서 JR 네기시선이나 미나토미라이선으로 환승한다.

横浜
미나토미라이선 요코하마역 승강장

공항에서 요코하마 가기

나리타공항 출발

JR 나리타 익스프레스(넥스)

JR 成田エクスプレス N'EX

나리타공항에서 요코하마로 가는 가장 빠르고 편리한 방법. 여권을 소지한 외국인이라면 요코하마역까지 왕복 5000엔에 오갈 수 있어 편도(4370엔)만 이용해도 왕복 티켓을 구매하는 게 이득이다. 주요 관광지까지는 요코하마역에서 환승해야 하지만, JR 이용 시 추가 요금이 부과되지 않는다. 왕복권은 출국할 때 도쿄에서 사용해도 무방하다(반대의 경우도 가능). 제1 터미널에서 요코하마역까지 약 1시간 30분 소요.

PRICE 4370엔(통상기 보통칸 편도 기준)/PASMO·Suica 사용 불가

JR 나리타선 쾌속 成田(線)快速

요코하마역까지 운행하는 일반 열차다. 가격이 저렴한 대신 1시간 간격으로 드물게 운행하고, 소요 시간도 꽤 오래 걸리는 편이다. 역시 요코하마역에서 주요 관광지까지는 JR 네기시선이나 미나토미라이선으로 갈아타고 간다. 제1 터미널에서 요코하마역까지 약 2시간 10분 소요된다.

PRICE 1980엔

공항 리무진 버스 リムジンバス

나리타공항 리무진 버스 승강장에서 요코하마역 근처 요코하마 YCAT(요코하마 도심 공항터미널)와 미나토미라이까지 이동할 수 있다. 나리타공항에서 출발할 때는 공항 제1·2 터미널에 설치된 자동판매기(PASMO·Suica 사용 가능)에서 티켓을 구매한 뒤 승차하며, 나리타공항으로 갈 때는 홈페이지나 전화, 승강장 창구에서 예약해야 한다. 예약은 한 달 전부터 탑승 전날 오후 5시까지 가능하다. 요코하마 YCAT에서 하차한 경우 안내도를 따라 요코하마역으로 이동, 이후 시내 교통수단을 이용한다. 제3 터미널에서 요코하마 YCAT까지 약 1시간 50분 소요.

PRICE 3700엔
WEB ycat.co.jp
예약 webservice.limousinebus.co.jp/web/(영어 지원)

하네다공항 출발

게이큐 공항선 에어포트

京急空港線エアポート

하네다공항 국제선 터미널과 요코하마역을 한 번에 잇는 열차. 즈시·하야마逗子·葉山行행 또는 가나자와분코金沢文庫행 에어포트 급행을 타야 요코하마까지 한 번에 도착하며, 이외 열차는 게이큐카마타역京急蒲田에서 게이큐 본선으로 환승해야 한다. 요코하마역에 도착 후 시내 교통수단으로 환승한다. 국제선 터미널에서 요코하마역까지 약 30분 소요.

PRICE 370엔

게이큐 버스(게이힌 급행버스)

京急バス(京浜急行バス)

하네다공항 제3 터미널에서 출발해 아카렌가 창고, 야마시타 공원 등 요코하마의 주요 관광지까지 곧장 이동하는 방법. 단, 요코하마행은 요코마하역 근처 요코하마 YCAT(요코하마 도심 공항 터미널)까지만, 운행하므로 관광지까지 곧장 가려면 야마시타 공원·미나토미라이·아카렌가 창고행을 타야 한다. 제3 터미널에서 요코하마 YCAT까지 약 30분, 야마시타 공원까지 약 40분, 미나토미라이까지 약 1시간 소요. 08:40~19:10(하네다공항 제3 터미널 출발 기준), 10~30분 간격 운행.

PRICE 요코하마 YCAT 650엔, 야마시타 공원·아카렌가 창고 800엔
WEB www.keikyu-bus.co.jp/airport/h-yokohama/
www.keikyu-bus.co.jp/airport/h-yamashita/

NEX
JR 나리타 익스프레스

공항 리무진 버스

KEIKYU LIMOUSINE
게이큐 버스

요코하마 시내 교통

미나토미라이선 みなとみらい線(MM)

요코하마역~모토마치·주카가이역 사이를 연결하는 미나토미라이선은 운영 회사만 다를 뿐 도큐 도요코선과 사실상 하나의 노선으로 운행되고 있다. 6개 역 밖에 없는 짧은 구간이지만, 요코하마의 주요 관광지를 빠짐없이 관통해 여행자들에게는 가장 고마운 교통수단이다. 단, 특급은 요코하마와 미나토미라이역, 모토마치·주카가이역에만 정차하고, 그 중간역은 서지 않으니 주의한다. 요코하마역에서 모토마치·주카가이역까지 약 9분 소요.

HOUR 05:10~24:26(요코하마역 기준)
PRICE 200엔/단일 요금, 미나토미라이 패스 사용 가능
WEB mm21railway.co.jp/global/korean/

주요 역

요코하마역横浜 ⇄ 신타카시마역新高島(통근특급·급행·각역정차만 정차) ⇄ 미나토미라이역みなとミライ ⇄ 바샤미치역馬車道(통근특급·급행·각역정차만 정차) ⇄ 니혼오도리역日本大通り(통근특급·급행·각역정차만 정차) ⇄ 모토마치·주카가이역元町·中華街

아카이쿠츠 버스 赤い靴

인기 교통수단이자 관광 수단인 복고풍 빨간 버스. 장점은 주요 관광지를 지하철보다 촘촘히 돌아다닌다는 것이다. 특히 언덕 위의 야마테(미나토노미에루오카코엔마에 정류장)까지 오를 때 유용한 수단이다. 사쿠라기초역~야마테 27분 소요.

HOUR 평일 10:02~17:32, 30분 간격 운행/주말 10:02~18:27, 15분 간격 운행(사쿠라기초역 기준)
PRICE 1회 탑승 220엔/
IC카드, 미나토부라리 티켓, 컨택리스 카드 사용 가능
WEB www.welcome.city.yokohama.jp/transit/akaikutsu/

주요 정류장

사쿠라기초역(3번 승차장) → 아카렌가소코/마린 & 워크(아카렌가 창고/마린 & 워크 요코하마) → 주카가이(중화가) → 미나토노미에루오카코엔마에(항구가 보이는 언덕 공원) → 모토마치이리구치(모토마치·차이나타운) → 마린타워마에(요코하마 마린 타워) → 야마시타코엔마에(야마시타 공원) → 아카렌가소코(아카렌가 창고) → 바샤미치역 → 사쿠라기초역(3번 승차장)

미나토미라이선

桜木町駅
Sakuragichō Station
사쿠라기초역

아카이쿠츠 버스

네기시선 根岸線

요코하마 중심 관광지를 지나는 JR 노선. JR 게이힌토호쿠선과 자동 환승되어 도쿄에서 바로 출발할 때 유용하다. 요코하마 내에서 JR끼리는 무료 환승도 되니 참고. 요코하마역~이시카와초역 6분, 사쿠라기초역~이시카와초역 3분 소요.

PRICE 요코하마역~이시카와초역 170엔,
사쿠라기초역~이시카와초역 150엔

주요 역

요코하마역横浜 ⇄ 사쿠라기초역桜木町(미나토미라이21 인접) ⇄ 간나이역関内(차이나타운 인접) ⇄ 이시카와초역石川町(차이나타운·모토마치 상점가·야마테 인접)

요코하마 시영 지하철 横浜市営地下鉄

요코하마시 교통국이 운영하는 지하철 노선. 블루·그린 2개의 노선이 있으며, 여행자는 주로 블루 라인을 이용하게 된다. 요코마하 중심 관광지 내에서 JR과 루트는 비슷하나, 동일 구간 요금이 좀 더 비싸다. 요코하마역~간나이역 5분 소요.

HOUR 05:20~24:20(요코하마역 기준)
PRICE 요코하마역~간나이역 210엔/
컨택리스 카드 사용 가능
WEB city.yokohama.lg.jp/kotsu/sub

주요 역

요코하마역横浜 ⇄ 타카시마초역高島町 ⇄ 사쿠라기초역桜木町(미나토미라이21 인접) ⇄ 간나이역関内(차이나타운 인접)

유람선

야경 천국 요코하마를 즐기는 방법의 하나. 기본적인 유람선부터 화려한 선상 레스토랑까지 다양하게 준비됐다. 단, 시즌과 요일에 따라 운항 시간이 변동되니 방문 전 홈페이지에서 당일 운항 여부와 시간을 꼭 체크하자.

▪ 가볍게 요코하마 유람, 요코하마항 내 크루즈 横浜港内クルーズ

게이힌 페리 보트가 운항하는 크루즈. 오산바시 근처 코리끼 코 선착장ピア象の鼻 観光船乗り場을 출발해 45분간 미나토미라이 주변을 유람하며 경치를 즐길 수 있다.

GOOGLE MAPS CJXV+GJ 요코하마
OPEN 1일 3~4회 운항/월·화요일 운휴
PRICE 1600엔, 초등학생 800엔, 보호자 동반 초등학생 이하 무료
WEB www.keihinferry.co.jp/teiki/harborcruise

▪ 식사와 함께 즐기는 선상 레스토랑, 마린 루즈 Marine Rouge

출항 시간에 따라 선상 레스토랑에서 런치, 애프터눈, 트와일라이트, 디너를 즐길 수 있다. 아카렌가 창고 앞 두부에서 출발하며, 소요 시간은 1시간 30분(디너는 2시간).

GOOGLE MAPS red brick warehouse pier
OPEN 11:30, 14:00, 17:00, 19:30/시즌에 따라 다름(홈페이지 참고)
PRICE 런치 1만700엔, 애프터눈 3500엔, 트와일라이트 8800엔, 디너 1만9100엔
WEB www.yokohama-cruising.jp(예약 가능)

▪ 주말에 떠나는 야경 크루즈, 요코하마 야경 판타스틱 카페 쉽

横浜夜景ファンタスティックカフェシップ

주말과 공휴일에만 운항하는 크루즈. 아카렌가 창고 앞 두부에서 출발하며, 소요 시간은 약 1시간.

GOOGLE MAPS red brick warehouse pier
OPEN 토·일·공휴일 1일 1회 운항(홈페이지 참고)
PRICE 5000엔, 초등학생 3000엔, 성인 1명당 초등학생 이하 1명 무료
WEB reservedcruise.com/yokohama-cruise/fcafe(예약 가능)

▪ 요코하마역에서 야마시타 공원까지, 수상버스 Sea Bass

요코하마역 동쪽 출구 요코하마 베이쿼터Yokohama Bay Quarter에서 출발해 해머헤드(신항 부두 여객선터미널)를 거쳐 아카렌가 창고(야마시타 공원까지 연장 예정)까지 운항하는 수상버스. 원하는 곳에서 타고 내릴 수 있어 유람과 교통수단 둘 다 잡을 수 있다. 아카렌카 창고까지 약 30분 소요. 주말과 공휴일에는 약 1시간 동안 야경 명소를 둘러보는 일루미네이션 크루즈도 운항한다.

GOOGLE MAPS 요코하마역: 요코하마 베이쿼터, 해머헤드: shinko pier no 9 berth, 아카렌가 창고: red brick warehouse pier
OPEN 10:30~18:10(요코하마역 동쪽 출구 기준)/일루미네이션 크루즈 19:30/운항 일은 홈페이지 참고
PRICE 요코하마역 동쪽 출구~아카렌가 창고 800엔/일루미네이션 크루즈 3000엔
WEB www.yokohama-cruising.jp(일루미네이션 크루즈 예약 가능)

▪ 버스가 바다로 첨벙! 스카이덕 요코하마 Skyduck Yokohama

땅과 바다를 오가며 즐기는 수륙양용 버스. 육상을 달리다가 강물로 첨벙 뛰어들며 하얀 물보라를 일으키는 순간 버스가 물에 빠지는 아찔한 경험을 선사한다. 니혼마루 메모리얼 파크 타워동 D 앞에 매표소와 승차장이 있으며, 소요 시간은 50~60분. 주말에는 트와일라이트 크루즈도 운항한다.

GOOGLE MAPS Skyduck Yokohama
OPEN 1일 약 4회(토·일요일 1일 7회) 운항/수요일 휴무
PRICE 3600엔, 4세~초등학생 1800엔
WEB www.skybus.jp(예약 가능)

요코하마항 내 크루즈

마린 루즈

수상버스

스카이덕 요코하마

Planning

하루를 온전히 투자하지 못할 때는 오전보다 오후부터 밤까지의 여행을 추천한다.
요코하마 여행의 백미는 야경이기 때문이다.

오전 11시 야마테

미나토미라이선 모토마치·주카가이역이나 JR 이시카와초역에서 내려 걸어서 올라가도 되지만, JR 사쿠라기초역에서 아카이쿠츠 버스를 타고 항구가 보이는 언덕 공원까지 올라가면 체력을 조금 더 아낄 수 있다.

↓

오후 1시 모토마치 상점가

언덕 위에서 내리막길을 따라 유유히 걷다 보면 작지만 고급스러운 상점가가 기다린다.

↓

오후 2시 차이나타운

모토마치에서 큰길 하나만 건너면 차이나타운! 늦은 점심으로 푸짐한 중화요리를 추천한다.

↓

오후 3시 야마시타 공원

차이나타운 중심지에서 500m 정도 걸으면 본격적인 바다!

↓

오후 4시 아카렌카 창고

다리가 아파 올 타이밍. 미나토미라이선을 자유로이 이용할 수 있는 티켓이 있다면 열차를 이용하자. 아카이쿠츠 버스를 타고 공원 바로 앞에서 아카렌가 창고 바로 앞까지 이동하는 방법도 추천.

↓

오후 5시~ 미나토미라이21

미나토미라이21 지구는 아카이쿠츠 버스로 둘러봐도 좋지만, 천천히 걸으면서 즐기는 해 질 무렵 석양과 야경이 일품이다. 이후 미나토미라이선 미나토미라이역 또는 JR 사쿠라기초역으로 이동해 도쿄로 출발!

Check!

적게 걷고, 두루 보는 프리티켓 활용 팁

걸음걸음 시공을 넘나들며 다채로운 풍경으로 안내하는 요코하마. 여행의 시작점으로 삼기 좋은 야마테와 끝 지점으로 삼기 좋은 미나토미라이21 사이 거리는 약 3~4km로 걸어 다닐 수 있는 거리지만, 체력 안배를 위해 때때로 시내 대중교통수단을 이용하는 지혜도 필요하다.

■ **요코하마·미나토미라이 패스** ヨコハマ·みなとみらいチパス

JR 요코하마역~신스기타역 구간의 각역정차·쾌속 열차(자유석)와 미나토미라이선을 하루 종일 자유롭게 이용할 수 있는 승차권. 구간 내 열차를 3번 이상 타면 이득이다. JR 게이힌토호쿠선·네기시선 각 역의 요코하마-신스기타 구간 티켓 지정석 발매기와 일부 자동판매기에서 구매할 수 있다.

PRICE 530엔, 6~11세 260엔
WEB www.jreast.co.jp/multi/ko/pass/yokohama_minatomirai.html

■ **미나토부라리 티켓** みなとぶらりチケット

하루 종일 아카이쿠츠 버스와 부라리 버스(관광버스), 요코하마 시영 지하철 블루 라인을 이용할 수 있는 패스. 지하철 블루 라인 각 역, 사쿠라기초역 앞 관광안내소, 신요코하마역 관광안내소, 일부 여행사와 호텔, 편의점 등에서 판매한다. 교통편을 3번 이상 이용해야 이득이다.

PRICE 700엔, 어린이 350엔
(신요코하마역까지 포함된 미나토부라리 티켓 와이드 750엔, 어린이 380엔)
WEB www.city.yokohama.lg.jp/kotsu/bus/unchin/minatoburari.html

#Walk

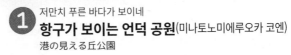

山手 야마테 유럽풍 건축물 기행

1859년 요코하마항이 열린 뒤 들어온 외국인이 모여 살던 언덕 마을. 100년 전 지어진 서양식 주택 내부를 무료로 관람할 수 있다. 모토마치·주카가이역에서 출발한다면 항구가 보이는 언덕 공원 입구까지 약 400m 언덕길을 걸어 올라간다. 미나토미라이21 등 요코하마 내 다른 지역에서 출발한다면 아카이쿠츠 버스를 이용할 것을 추천한다. 야마테 주택은 수요일, 모토마치 상점가는 월요일에 쉬는 곳이 많다. 언덕 위에 늘어선 서양식 주택들 가운데 영국관, 야마테 111번관, 베릭 홀, 에리스만 저택, 야마테 234번관, 외교관의 집, 블러프 18번관 7채를 요코하마 야마테 서양관横浜山手西洋館으로 지정해 관리하고 있다.

1 저만치 푸른 바다가 보이네
항구가 보이는 언덕 공원(미나토노미에루오카 코엔)
港の見える丘公園

이름처럼 언덕께 있는 공원에 서면 항구가 내다보인다. 전망대를 중심으로 남쪽은 영국 구역, 언덕 아래 북쪽은 프랑스 구역으로, 100여 년 전 앙숙이던 두 나라의 군대가 나란히 주둔하며 만들어진 광경이 지금도 남아있다. 전망대 이외의 볼거리는 주로 영국 구역에 있고, 영국관 인근에 가나가와현 출신의 유명 소설가 오사라기 지로 기념관大佛次郎記念館, 가나가와 근대문학관神奈川近代文学館 등이 자리한다. MAP ㉕-B

GOOGLE MAPS 미나토노미에루오카 전망대
ADD 114 Yamatecho, Naka Ward
OPEN 24시간
WALK M 모토마치·주카가이역 5·6번 출구 6분 / 아카이쿠츠 버스 미나토노미에루오카코엔마에港の見える丘公園前 하차 / JR 이시카와초역 남쪽 출구南口 또는 모토마치 출구元町口 15분

요코하마 공원이나 정원에서 종종 보이는 마스코트, 가든 베어

프랑스산 공원

오사라기 지로 기념관

② 장밋빛으로 물든 집
영국관(이기리스칸)
British House イギリス館

1937년에 지어진 옛 영국 총영사 건물. 응접실, 식당 등을 영국계 콜로니얼 스타일(식민지에서 본국의 건축·공예 양식을 모방해 본국과는 또 다른 특색을 나타낸 것)로 지었다. 지금은 콘서트홀 등으로 쓰인다. 주변이 가장 아름다울 때는 건물을 둘러싸고 있는 로즈 가든의 장미가 활짝 피는 여름이다. **MAP ㉕-B**

GOOGLE MAPS yokohama british house
ADD 115-3 Yamatecho, Naka Ward
OPEN 09:30~17:00(금·토 ~18:00)/매달 넷째 수요일 휴무
PRICE 무료
WALK 항구가 보이는 언덕 공원 전망대 1분
WEB www.hama-midorinokyokai.or.jp/yamate-seiyoukan/british-house

③ 여기 설마 스페인인가요
야마테 111번관
Bluff No. 111 山手111番館

영국관 남쪽에 위치한 스페인풍의 저택. 밝고 경쾌한 분위기를 띠는 외관과 달리 실내는 매우 차분하고 고풍스럽다. 5월 중순~6월 초 테라스에 올라서면 장미가 만발한 영국관 앞의 로즈 가든이 내려다보이고, 지하 1층의 카페 더 로즈Café the Rose에서는 사계절 내내 향긋한 차향이 올라온다. 미국인 건축가 J.H. 모건이 설계했다. **MAP ㉕-B**

GOOGLE MAPS yamate 111 yokohama
ADD 111 Yamatecho, Naka Ward
OPEN 09:30~17:00(월 10:00~)
PRICE 무료
WALK 항구가 보이는 언덕 공원 전망대 3분
WEB www.hama-midorinokyokai.or.jp/yamate-seiyoukan/yamate111

④ 야마테를 대표하는 NO.1 저택
베릭 홀
Berrick Hall ベーリックホール

야마테 구역의 건축물 중 딱 한 곳만 봐야 한다면 여기! 1930년 지어진 영국 무역상 B.R. 베릭의 저택이던 곳으로, 규모로 보나 디자인으로 보나 야마테를 대표하는 건축물이다. 600평 정원과 지금 생활해도 불편함이 없을 것 같은 완벽한 퍼니싱이 100년 전 이곳에 머물던 유럽 부유층의 라이프스타일을 짐작게 한다. 2000년까지 가톨릭의 사제 학교로 사용되었다. 야마테 111번관을 지은 J.H. 모건이 스페인풍으로 지었다. **MAP ㉕-B**

GOOGLE MAPS 베릭홀
ADD 72 Yamatecho, Naka Ward
OPEN 09:30~17:00/수요일 휴무
PRICE 무료
WALK 모토마치 공원 2분
WEB www.hama-midorinokyokai.or.jp/yamate-seiyoukan/Berrick-Hall

5 물이 흐르는 벚꽃 공원
모토마치 공원
Motomachi Park 元町公園

모토마치 주택가에서 야마테에 이르기까지 펼쳐진 제법 큰 규모의 공원. 에도시대 말 선박급수업을 한 프랑스 사업가의 집터에 조성됐다. 당시에는 '물의 저택'이라 불릴 정도로 풍부했던 급수 시설은 워터 가든과 수영장으로 변신했다. 베릭 홀과 에리스만 저택이 공원 가까이에 자리하며, 봄에는 공원 전체에 벚꽃이 흐드러지게 핀다. **MAP ㉕-B**

GOOGLE MAPS 요코하마 야마테 서양관
ADD 1-77-5 Motomachi, Naka Ward
OPEN 24시간 **PRICE** 무료
WALK Ⓜ 모토마치·주카가이역 5번 출구 5분 /
JR 이시카와초역 남쪽 출구南口 또는 모토마치 출구元町口 12분
WEB www.hama-midorinokyokai.or.jp/park/motomachi

6 주방에서 따뜻한 커피 한 잔
에리스만 저택
Ehrismann Residence エリスマン邸

일본 현대 건축의 선구자인 체코 건축가 안토닌 레이먼드의 작품이라는 점에서 주목받는 곳. 1926년 완공 후 주변 개발로 철거됐다가 1990년 이곳에 옛 모습 그대로 재건됐다. 실용적인 구조가 돋보이는 내부에는 그가 디자인한 가구도 남아 있다. 집 구경만 하고 가기 아쉽다면 1층 주방을 개조한 카페 에리스만Café Ehrismann에서 쉬었다 가자. **MAP ㉕-B**

GOOGLE MAPS 에리스만 저택
ADD 1-77-4 Motomachi, Naka Ward
OPEN 10:00~16:00/수요일 휴무, 카페 10:00~ 16:00/매달 둘째 수요일 휴무
PRICE 무료
WALK 베릭 홀 1분
WEB www.hama-midorinokyokai.or.jp/yamate-seiyoukan/ehrismann

7 갤러리로 변신한 연립주택
야마테 234번관
Bluff No. 234 山手234番館

1927년에 지어져 4가구가 모여 살던 연립주택. 관동 대지진 후 떠난 외국인을 다시 불러들이기 위해 지어졌다. 실용적이면서도 우아한 내부 구조, 축음기와 같은 소품 등이 꽤 볼 만하다. 2층은 갤러리 등 임대 공간으로 사용된다. **MAP ㉕-B**

GOOGLE MAPS 야마테 234번관
ADD 234-1 Motomachi, Naka Ward
OPEN 09:30~17:00/수요일 휴무
WALK 베릭 홀 2분
WEB www.hama-midorinokyokai.or.jp/yamate-seiyoukan/yamate234

영화 <지금 만나러 갑니다>의 촬영지이기도 하다.

8 영국 시골 마을 감성 그대로
에노키테이 본점
えの木てい本店

1927년에 지어진 빨간 지붕의 카페. 스콘과 홍차로 티타임을 즐기다 보면 영국의 어느 시골집에 와 있는 것만 같다. 메뉴는 스콘과 치즈 케이크를 기본으로 평일 한정 에프터눈티 세트(2475엔), 주말 한정 밀푀유 케이크와 타르트 등이 있다. 주말에는 웨이팅이 꽤 긴 편. 테이크아웃 메뉴 중에는 체리샌드를 추천한다.
MAP ㉕-B

GOOGLE MAPS 에노키테이 본점
ADD 89-6 Yamatecho, Naka Ward
OPEN 12:00~17:30(토·일 11:30~18:00)
WALK 베릭 홀 2분
WEB www.enokitei.co.jp

크림 티 세트 1650엔

9 야마테의 자료가 모두 모인 곳

야마테 자료관

山手資料館

개항기부터 관동대지진에 이르는 요코하마와 야마테의 역사를 살펴볼 수 있는 자료관. 1909년 요코하마 외곽에 지어졌던 건물을 1977년 야마테 10번관 옆으로 이축해왔다. 관동대지진에서 유일하게 살아남은 서양·일본식 병설형 주택이다. MAP ㉕-B

GOOGLE MAPS 야마테자료관
ADD 247-4 Yamatecho, Naka Ward
OPEN 11:00~16:00/월요일 휴무
WALK 베릭 홀 3분
WEB www.welcome.city.yokohama.jp/ja/tourism/spot/details.php?bbid=66

10

앙증맞은 유럽을 걸어보자

야마테 이탈리아산 정원

山手イタリア山庭園

1880~1886년 이탈리아 영사관이 있던 자리로, 항구가 내려다보이는 비탈길에 위치해 '산 정원'이라는 이름이 붙여졌다. 이탈리아의 정원 양식을 본뜬 아기자기한 수로와 화단이 산책의 즐거움을 더해준다.

MAP ㉕-B

GOOGLE MAPS 야마테 이탈리아 산 정원
ADD 16 Yamatecho, Naka Ward
OPEN 09:30~17:00
WALK JR 이시카와초역 남쪽 출구南口 또는 모토마치 출구元町口 3분 /
M 모토마치·주카가이역 5·6번 출구 15분
WEB www.hama-midorinokyokai.or.jp/park/italia

11 옛 외교관의 집 그대로

외교관의 집

外交官の家

1895년 명성황후 시해 사건이 일어날 당시 경성(서울) 주재 일본 일등영사를 지내고 이후 뉴욕, 브라질, 스웨덴 등에서 근무한 외교관 우치다 사다츠지內田定槌가 살던 집. 1910년에 시부야에 지어진 것을 1997년 야마테로 이축했다. 식당, 침실, 서재 등의 실내 가구까지 당시를 충실하게 재현했다. MAP ㉕-B

GOOGLE MAPS 요코하마 외교관의 집
ADD 16 Yamatecho, Naka Ward
OPEN 09:30~17:00
WALK 야마테 이탈리아산 정원 1분
WEB www.hama-midorinokyokai.or.jp/yamate-seiyoukan/gaikoukan

+MORE+

뉴욕 스타일 빵집 블러프 베이커리 본점

Bluff Bakery

모토마치와 야마테 사이 언덕길에 있는 뉴욕 스타일 베이커리. 요코하마에서 4대째 제빵업을 잇는 오너가 문을 열었다. 미국, 이탈리아, 독일, 일본 등 세계 각지의 품질 좋은 밀만 특별히 엄선해 사용한다는 소문이 퍼져 접근성이 썩 좋지 않음에도 빵투어에 나선 방문객이 끊이지 않는다. 주로 딱딱한 빵 종류가 맛있고, 홋카이도산 발효 버터로 만드는 밀크 크림 슈를 바삭한 바게트에 끼워 넣은 밀크 스틱은 입에 넣자마자 사르르 녹는 반전 매력이 있다.

MAP ㉕-B

GOOGLE MAPS 블러프 베이커리 본점 모토마치
OPEN 08:00~17:00
WALK 베릭 홀 3분
WEB bluffbakery.com

BLUFF BAKERY
밀크스틱 264엔

12 소소한 볼거리가 있는 곳
블러프 18번관
Bluff No. 18 ブラフ18番館

호주 상인 바우덴이 거주하던 집으로, 전쟁 후 1991년까지 야마테초 45번지에서 가톨릭 교회의 사제관으로 사용되다가 1993년에 현재 위치로 옮겨져 개축했다. 1900년대 초 모토마치에서 제작된 가구와 생활 잡화를 복원해둔 곳으로, 때때로 다양한 전시나 콘서트를 연다. 건물 앞 마당에 전시된 요코하마 서양관 미니어처들도 놓치지 말고 둘러보자. **MAP ㉕-B**

GOOGLE MAPS 브라프 18호관
ADD 16 Yamatecho, Naka Ward
OPEN 09:30~17:00
WALK 야마테 이탈리아산 정원 2분
WEB www.hama-midorinokyokai.or.jp/yamate-seiyoukan/bluff18

건물의 생김새를 한눈에 볼 수 있는 주택 미니어처

야마테 68번관

테니스 발상기념관

13 일본 최초의 서양식 공원
야마테 공원
山手公園

1870년 외국인에 의해 지어진 일본 최초의 서양식 공원. 일본에서 처음으로 테니스를 즐긴 곳으로도 알려져 있다. 원내의 테니스 발상기념관テニス発祥記念館에서는 당시 사용하던 테니스 도구와 의상 등과 함께 테니스 역사를 살펴볼 수 있다. 공원 내의 야마테 68번관 건물은 1934년 임대 주택으로 건축된 것으로, 공원 관리실로 사용되고 있다. **MAP ㉕-B**

GOOGLE MAPS 야마테 공원
ADD 230 Yamatecho, Naka Ward
OPEN 공원 24시간/테니스 발상기념관 09:30~17:00
WALK 야마테 이탈리아산 정원 6분
WEB www.hama-midorinokyokai.or.jp/park/yamate

14

세련된 로컬 상점가
모토마치 상점가
元町商店街

요코하마의 긴자로 불리는 상점가. 1940년대에는 긴자보다 외국 상품이 먼저 들어올 정도로 트렌디한 곳이었다. 모토마치·주카가이역 5번 출구 부근에서 JR 이시카와초역 방향으로 600m가량 모토마치오도리元町仲通り를 따라 이어지는 길로, 크지 않은 상점가지만 고유의 멋이 풍긴다. 1946년 문을 연 주얼리숍 스타 주얼리Star Jewelry, 가방 전문 브랜드 키타무라Kitamura 등 로컬 브랜드가 거리의 중심을 잡고 있다. 서양의 식문화를 처음 들여온 동네 빵집들은 빵 마니아들의 인기 순례 코스. 다만 월요일은 쉬는 곳이 많으니 피하자. 야마테 언덕 마을을 둘러보기 전 잠시 들러 구경하거나 언덕에서 내려와 간단히 요기하기 좋은 위치다. **MAP ㉕-B**

GOOGLE MAPS 요코하마 모토마치 상점가
WALK Ⓜ 모토마치·주카가이역 5번 출구 1분 /
JR 이시카와초역 남쪽 출구南口 또는 모토마치 출구元町口 3분
WEB www.motomachi.or.jp

고소한 빵 냄새가 점령한 거리

모토마치 상점가 빵집

요코하마는 개항과 함께 일본에 가장 먼저 서양식 빵을 들여온 도시! 요코하마항이 코앞인 모토마치 상점가에는 130년 전통의 빵집부터 트렌디한 요즘 빵집까지 한데 모여 '빵지순례'에 나선 이들을 맞이한다.

잉글랜드イングランド
식빵 450엔

パネトーネ ¥350
チョコレートマフィン ¥170
チョコペストリー ¥190

ウチキパン

요코하마에서 가장 오래된 빵집

우치키 빵

ウチキパン

1888년에 창업한, 일본에서 가장 오래된 베이커리. 간판 메뉴인 잉글랜드 식빵이 나오는 11:30~12:30에는 매장에 손님이 꽉 차서 계산하러 가기에도 버거울 정도다. 오후쯤에는 인기 있는 빵은 대부분 동난다. 탄생 후 130년간 변함없는 인기를 누려온 잉글랜드 식빵은 쫄깃하고 부드러운 식감이 최고다. **MAP ㉕-B**

GOOGLE MAPS 우치키빵
ADD 1-50 Motomachi, Naka Ward
OPEN 09:00~19:00/월요일(공휴일인 경우 화요일) 휴무
WALK 모토마치 상점가 동쪽 입구 1분
WEB uchikipan.co.jp

빵 맛이 궁금해 참을 수 없는

퐁파도르

Pompadour 元町本店

우치키 빵과 함께 모토마치 제빵계의 양대 산맥. 우치키 빵보다 80년이나 늦은 후발 주자지만, 좀 더 화려하고 창의적인 빵을 개발해 정면 승부한다. 전국에 무려 70여 개 점포를 거느린 베이커리 기업으로 성장했지만, 여전히 도전 정신을 잃지 않고 매달 새로운 창작 빵을 선보이는 중. 퀸스 스퀘어 요코하마에도 지점이 있다. **MAP ㉕-B**

GOOGLE MAPS 퐁파도르 모토마치
ADD 4-171 Motomachi, Naka Ward
OPEN 09:00~20:00
WALK 모토마치 상점가 서쪽 입구 2분
WEB pompadour.co.jp

チーズバタール
特別価格販売
창업 때부터 줄곧 판매 1위!
담백한 프랑스빵 안에 4가지 치즈를 넣은 치즈 바타르
チーズバタール

POMPADOUR

찐 닭과 퀴노아 샐러드
蒸し鶏とキヌアのサラダ
1400엔

원조 나마푸딩
元祖NAMAプリン 935엔
(음료 세트 407엔 추가)

케이크야, 보석이야? 너무 예쁜걸!

스타 주얼리 카페 & 쇼콜라티에

Star Jewelry Cafe & Chocolatier

요코하마를 대표하는 주얼리숍 스타 주얼리가 운영하는 카페. 샹들리에와 나선형 계단 등으로 꾸며진 내부는 명품 주얼리숍 같은 분위기를 자아내고, 쇼케이스 안에 진열된 케이크도 마치 보석처럼 어여쁘다. 샐러드, 샌드위치 등 가벼운 런치 메뉴도 즐길 수 있다. **MAP ㉕-B**

GOOGLE MAPS 요코하마 스타 주얼리 카페
ADD 2-97-97 Motomachi, Naka Ward
OPEN 11:00~18:00(금~일·공휴일 ~19:00, L.O.는 폐점 1시간 전까지)/월요일(공휴일인 경우 화요일) 휴무
WALK 모토마치 상점가 동쪽 입구 3분
WEB www.star-jewelry.com/shoplist/cafe.html

신선한 달걀이 푸딩 안으로 쏙!

엘리제 히카루(쇼유카페 모토마치)

Elysee光(しょうゆきゃふぇ元町)

신선한 크림에 생生(나마) 달걀노른자를 섞은 나마푸딩을 처음 고안한 곳. 가나가와현 코토부키 양계농장의 고급 달걀 케이주란恵寿卵과 캐러멜소스가 극강 케미를 이룬다. 마치 닭이 알을 낳는 듯 노른자만 쏙 빠져나오는 달걀 노른자 분리기도 신의 한 수. 비린내가 전혀 없는 신선한 달걀과 농후한 푸딩 맛이 그대로 전해진다. 야마테의 에리스만 저택 1층 카페에서 오랫동안 사랑받다가 모토마치로 자리를 옮겼다. **MAP ㉕-B**

GOOGLE MAPS elysee hikaru
ADD 1-1-30 Motomachi, Naka Ward
OPEN 11:00~17:00/수요일 휴무
WALK 모토마치 상점가 동쪽 입구 도보 1분
WEB elysee-hikaru.com/motomachi/

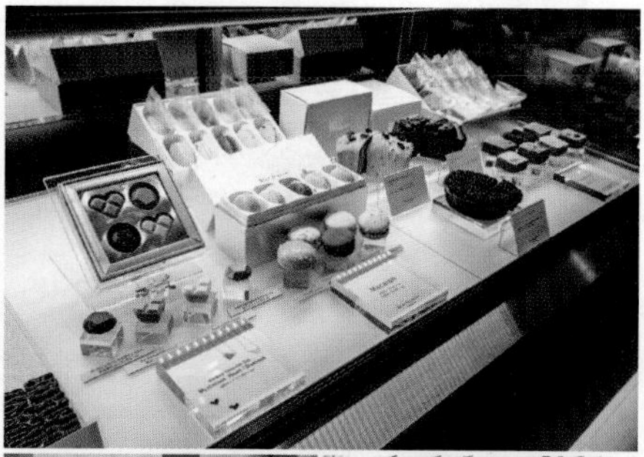

しょうゆきゃふぇ
motomachi

#Walk

일본 속 작은 중국
차이나타운(주카가이)
中華街

1

차이나타운의 정신적 지주

관제묘(간테이보)

關帝廟

세계 어디든 화교가 있는 곳엔 반드시 세워지는 사당. 장사를 관장하는 관우를 모시는 곳으로, 차이나타운 상점들에는 그야말로 정신적 지주다. 붉은 건물과 황금빛 장식은 휘황찬란한 차이나타운 안에서도 남다른 화려함을 뽐낸다. 사당 안에는 언제나 기도하는 사람들로 가득하다.

MAP ㉕-**B**

GOOGLE MAPS yokohama kuan ti miao
ADD 140 Yamashitacho, Naka Ward
OPEN 09:00~19:00
WALK 차이나타운 서쪽 입구 엔페이몬延平門 2분
WEB yokohama-kanteibyo.com

中華街

유럽풍의 모토마치와 강 하나를 마주 보고 자리한 차이나타운. 1866년 형성된 이래 청일전쟁, 관동대지진, 중일전쟁을 겪으며 흥망성쇠를 반복하다가 1950년대 요코하마-상하이 항로가 열리면서 급성장했다. 총 면적 약 0.2km²(약 6만 평)으로, 일본에 있는 차이나타운 중 가장 큰 규모다. 동서남북 사방에 난 10개의 문 안에 들어서면 중국 느낌이 물씬 풍긴다. 1955년 차이나타운 가운데 설치된 젠린몬善隣門이 차이나타운의 상징이다.

GOOGLE MAPS 요코하마 차이나타운
WALK Ⓜ 모토마치·주카가이역 2번 출구 1분 / JR 이시카와초역 북쪽 출구(중화가 출구) 北口(中華街口) 5분 / JR 간나이역 남쪽 출구南口 7분
WEB chinatown.or.jp

中華街

엔페이몬(서쪽)

中華街

스자쿠몬(남쪽)

中華街
みんな ありがとう

젠린몬(중앙)

2 중국판 날씨의 요정
마조묘(마소뵤)
媽祖廟

메이지 시절 청나라 대사관이 있던 자리에 2006년 세워진 사원. 항해의 안전을 책임지는 여신 마조媽祖를 모신다. 마조는 생전에 환자를 돌보고 일기 변화를 예보해주던 인물로, 불가사의한 힘을 발휘해 풍랑에서 사람을 구하기도 했다. 그가 죽자 사람들이 성모로 추모한 것이 마조묘의 시초가 되었으며, 주로 중국 남부 푸젠성과 광둥성의 해안지대, 대만 등지에서 어부·선원들이 숭배하는 신이다. **MAP ㉕-B**

GOOGLE MAPS masobyo temple
ADD 136 Yamashitacho, Naka Ward
OPEN 09:00~19:00
WALK 차이나타운 남쪽 입구 스자쿠몬朱雀門 1분

3

YOKOHAMA STADIUM
©Craig Wyzik

두근두근 야구장 투어
요코하마 스타디움
横浜スタジアム

일본 프로야구팀 요코하마 DeNA 베이스타스의 홈구장으로, 줄여서 '하마스타'라는 애칭으로도 불린다. 2021년 도쿄올림픽 야구·소프트볼의 메인 구장으로도 사용됐다. 일본 최초의 이동식 관람석을 갖춘 다목적 경기장으로, 부산의 사직구장이 이곳을 모델로 지어졌다고 알려졌다. 프로야구 구장으로서는 도쿄 돔보다 저렴한 푯값이 장점. 티켓은 요코하마 베이스타스 공식 홈페이지에서 예매할 수 있다. **MAP ㉓-D**

GOOGLE MAPS 요코하마 스타디움
ADD Yokohamakoen, Naka Ward
WALK 간나이역 남쪽 출구南口 3분 / 니혼오도리역 2번 출구 3분
WEB yokohama-stadium.co.jp/
티켓 구매 baystars.co.jp/ticket/?topnavi=ticket

중화요리 좋아하는 사람 손!

차이나타운 맛집

현지인도 외국인도 너나 할 것 없이 차이나타운을 찾는 가장 큰 이유! 길거리 음식부터 유명 셰프의 레스토랑까지 좁은 지역 안에 옹골차게 들어선 200곳 이상의 중화요리 전문점 때문이다.

1일 30인 한정으로 낮에만 판매하는
히루고젠昼御膳 2800엔

딤섬 2개 460엔~
우롱차 400엔

탄탄멘たんたん麺
1012엔

사천마파두부
四川マーボー豆腐
1320엔
(1인분은 2002엔)

차이나타운 장수 맛집

만친로 본점

萬珍樓 本店

1892년에 문을 열어 130년째 차이나타운 맛집으로 군림하는 광둥요리 전문점. 맘먹고 제대로 된 중화요리를 맛보고 싶을 때 찾아가는 곳이다. 명성 대비 크게 부담스럽지 않은 가격의 런치 코스(3500엔~)나 런치 단품 메뉴(1200엔~)를 공략할 것. 코스 요리는 2인 이상 주문 가능하며, 혼자라면 계절 요리로 꾸려진 1인 세트 히루고젠이 적당하다. 차이나타운에 3개의 매장이 있다. 홈페이지에서 예약 가능. MAP ㉕-A

GOOGLE MAPS 만친로 본점
ADD 153 Yamashitacho, Naka Ward
OPEN 11:00~15:00, 17:00~22:00(토·일·공휴일은 브레이크타임 없음)
WALK 차이나타운 서쪽 입구 엔페이몬延平門 2분
WEB manchinro.com

萬珍樓

홍콩에서 먹어본 육즙 가득 딤섬

사이코신칸

菜香新館

홍콩 출신 셰프가 만드는 광둥요리 전문점. 본고장의 맛을 떠올리게 하는 딤섬을 즐길 수 있다. 5층 건물 전체를 사용하며, 1층은 일반 식당처럼 캐주얼한 분위기, 5인 이상 단체 방문 시 이용할 수 있는 2층부터는 프라이빗 룸을 갖춘 고급스러운 분위기에서 식사할 수 있다. 딤섬은 2개부터 주문 가능, 10종류의 딤섬과 차로 꾸려진 얌차 코스飲茶コース도 있다. 주말에는 어느 정도 웨이팅을 감안해야 한다. MAP ㉕-A

GOOGLE MAPS 사이코 신칸 요코하마
ADD 192 Yamashitacho, Naka Ward
OPEN 11:30~15:30, 17:00~21:30
WALK 차이나타운 동쪽 입구 초요몬朝陽門 2분
WEB saikoh-shinkan.com

이 집 마파두부가 밥도둑

게이토쿠친

景德鎮

정통 사천요리를 맛볼 수 있는 곳. 특히 이곳의 사천 마파두부는 요코하마의 중화요리를 소개할 때 잡지나 미디어에서 빼놓지 않고 다룰 만큼 유명하다. 한국인의 입맛에는 매운맛과 덜 매운맛 중 매운맛을 추천. 그저 맵기만 한 게 아닌, 사천요리 특유의 알싸함이 중독을 부른다. 구글맵에서 예약 가능. MAP ㉕-A

GOOGLE MAPS 게이토쿠친 요코하마
ADD 190 Yamashitacho, Naka Ward
OPEN 11:30~22:00(토·일 10:00~)
WALK 차이나타운 동쪽 입구 초요몬朝陽門, 서쪽 입구 엔페이몬延平門 각각 3분
WEB keitokuchin.co.jp

TSINGTAO

景德鎮

#Walk

야마시타 공원
山下公園

일상 속에 천천히 스며든 여행

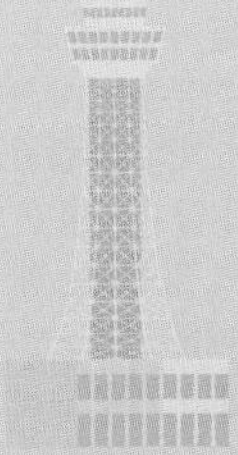

시원한 바닷바람에 몸을 맡기며 해변 공원의 낭만에 푹 빠지고 싶다면 요코하마의 야마시타 공원을 찾아보자. 바다를 따라 산책 즐기는 현지인도, 바쁘게 요코하마를 누비던 여행자도 '쉼'이라는 공통분모로 느긋해진다.

빨간 구두 소녀 상
赤い靴はいてた女の子像

1 항구 도시의 낭만이 출렁이는 해변 공원
야마시타 공원
山下公園

요코하마 앞바다를 따라 700m가량 이어지는 해변 공원. 1923년 관동 대지진 때 무너진 건물들의 잔해를 매립해 1930년 일본 최초의 해변 공원으로 문을 열었다. 푸른 바다를 벗 삼은 넓은 잔디 광장과 쉼터로 꾸며져 요코하마를 대표하는 관광지이자 데이트 코스로 사랑받는다.
공원 서쪽에는 요코하마항과 사연이 깊은 '빨간 구두 소녀 상'이 있다. 요코하마에서 미국인에게 입양된 소녀가 출국 직전 결핵에 걸려 숨지고, 어머니는 이 사실도 모른 채 딸을 그리워한다는 슬픈 내용의 옛 동요가 그 배경이다. 공원 중앙의 부두에는 소녀가 타고 갔어야 할 1만1600t급 여객선 히카와마루氷川丸가 계류 중인데, 선내와 야외 갑판 등을 관람할 수 있다. MAP ㉕-A

GOOGLE MAPS 야마시타 공원
OPEN 공원 24시간, 히카와마루 10:00~17:00/월요일 휴무
PRICE 히카와마루 300엔, 초등·중·고등학생 100엔
WALK Ⓜ 모토마치·주카가이역 1번 출구 2분
WEB hikawamaru.nyk.com

1930년 시애틀 항로용으로 건조되었
1960년 은퇴한 히카와마루

2 핫한 전망대로 돌아온 옛 등대
요코하마 마린 타워
横浜マリンタワー

1961년 요코하마 개항 100주년을 기념해 세운 높이 106m의 타워. 건축 당시 일본에서 가장 높은 등대로 화제를 모으며 요코하마의 상징이 되었다. 2009년 항해 기술의 발달로 등대의 필요성이 점차 사라지면서 전망 타워로 재탄생했다. 전망대에 오르면 요코하마항의 전경과 더불어 '자연과 미래'를 테마로 한 미디어 아트를 감상할 수 있다. MAP ㉕-A

GOOGLE MAPS 요코하마 마린타워
ADD 14-1 Yamashitacho, Naka Ward
OPEN 10:00~22:00
PRICE 1000엔, 초등·중학생 500엔(토·일·공휴일 1200엔, 초등·중학생 600엔)/홈페이지에서 예매 시 100엔 할인
WALK Ⓜ 모토마치·주카가이역 4번 출구 2분
WEB marinetower.yokohama

오산바시에서 바라본 요코하마 풍경

3 백만 불짜리 야경 감상 포인트

오산바시

大さん橋

대형 외국 여객선이 기항하는 요코하마 국제여객선터미널과 전시회장인 오산바시 홀이 있는 부두. 천연 잔디와 선박의 갑판을 형상화한 공원으로 만들어진 옥상광장은 미나토미라이의 전경을 가장 아름답게 바라볼 수 있는 야경 명소다. 고래 형상으로 디자인돼 '고래 등くじらのせなか'이라 이름 붙여진 전망 포인트에 서면 마치 고래를 타고 바다를 보는 느낌도 난다. 부두 입구의 코끼리 코 방파제象の鼻防波堤는 1859년 개항한 요코하마항의 발상지. 요코하마항 개항 150주년을 기념해 신코 지구에서 오산바시로 가는 길목에 조성한 코끼리 코 공원象の鼻パーク은 요코하마의 또 다른 전망 명소다. MAP 25-A

GOOGLE MAPS 오산바시 여객 터미널
ADD 1-1-4 Kaigandori, Naka Ward, Yokohama
OPEN 09:00~19:00
WALK M 니혼오도리역 1번 출구 10분 / 아카이쿠츠 버스 오산바시 여객선터미널大さん橋客船ターミナル 하차
WEB osanbashi.jp/use

전망 포인트 고래 등

#Walk

미나토미라이21

항구가 꿈꾸는 미래도시

みなとみらい21

'항구(미나토)와 미래(미라이)'란 뜻의 지역명을 가진 계획도시. 줄여서 'MM21'라고도 부른다. 150년 역사를 간직한 항구와 미래를 상징하는 고층빌딩이 만든 스카이라인, 낭만 가득한 놀이공원은 요코하마 여행의 얼굴이다. 고층빌딩이 즐비한 중앙 지구(미나토미라이 지구)와 중저층 건물이 늘어선 개항기 거리 풍경을 엿볼 수 있는 신코新港 지구로 크게 나뉜다.

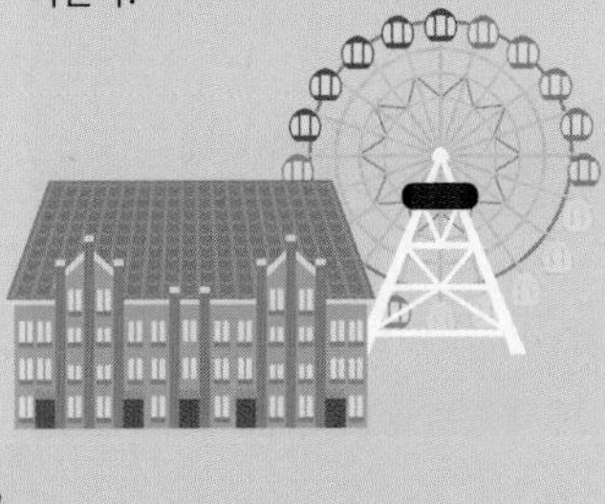

1 바다 위를 나는 케이블카
요코하마 에어 캐빈
Yokohama Air Cabin

JR 사쿠라기초역에서 출발하는 관광 케이블카. 아카렌가 창고와 코스모 월드 등이 자리한 신코 관광지구의 초입, 운가 파크運河パーク까지 연결한다. 운행 구간은 그리 길지 않지만, 관광지에 놀러 온 기분을 내며 미나토미라이의 풍경을 내려다보기엔 적격이다. 참고로 사쿠라기초역에서 운가 파크까지 걸어서 갈 경우 기샤미치汽車道를 지나 약 10분 소요된다. **MAP ㉓-C**

GOOGLE MAPS 사쿠라기초역: 요코하마 에어 캐빈 / 운가파크역: 운가파크
ADD 1-200 Sakuragicho, Naka Ward
OPEN 10:00~21:00
WALK 사쿠라기초역: JR 사쿠라기초역 동쪽 출구東口 1분 / 운가파크역: M 바샤미치역 4번 출구 7분
PRICE 편도 1000엔(왕복 1800엔), 3세~중·고등학생 500엔(왕복 900엔)
WEB yokohama-air-cabin.jp

2 오래된 철길을 걷는 즐거움
기샤미치
汽車道

1911년 항구까지 화물을 수송하기 위해 개통한 약 500m 길이의 철길. 1998년 보행자 전용 산책로로 바꿔 미나토미라이 빌딩군의 스카이라인을 즐길 수 있는 도시의 상징물이자 필수 관광지가 되었다. 사쿠라기초역과 신코 지구를 잇는 지름길이기도 하다. 다리를 건너면 바로 신코 지구의 운가 파크다. **MAP ㉓-C**

GOOGLE MAPS 기샤미치
WALK JR 사쿠라기초역 동쪽 출구東口 4분

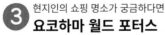

3 현지인의 쇼핑 명소가 궁금하다면
요코하마 월드 포터스
横浜ワールドポーターズ

요코하마 에어 캐빈이 도착하는 운가 파크와 연결된 대형 쇼핑몰. 1999년 수입을 촉진하기 위해 오픈한 곳으로, 수입품 위주의 다양한 상점과 레스토랑, 영화관, 게임센터 등이 들어서 있다. 여행자보다는 현지인이 즐겨 찾는 쇼핑·엔터테인먼트 명소다.
MAP ㉓-A

GOOGLE MAPS 요코하마 월드 포터스
ADD 2-2-1 Shinko, Naka Ward
OPEN 숍 10:30~21:00, 레스토랑 & 카페 11:00~23:00
WALK 운가 파크 1분
WEB yim.co.jp

사쿠라기초역 탑승장

운가 파크역 앞에서 바라본 기샤미치의 야경

에어 캐빈에서 내려다본 기샤미치

Hawaiian Town

HMV

ローストビーフ星

WORLD PORTERS

4 요코하마의 비주얼 담당은 접니다

아카렌가 창고(아카렌가 소코)

赤レンガ倉庫

1911년과 1913년에 세워진 두 채의 건물. 관동대지진도 견뎌냈다는 자부심이 세월이 주는 중후함 속에 녹아있다. 이름 그대로 붉은 벽돌(아카렌가)로 지어져 1990년대까지 창고로 쓰이다가 2002년 개조를 거쳐 일반에 개방됐다. 두 채의 창고는 현재 쇼핑몰과 전시관으로 사용 중. 아카렌가 창고 2호관 1층은 푸드코트와 카페·레스토랑, 3층은 미나토미라이와 요코하마항을 한눈에 볼 수 있는 발코니석을 갖춘 카페와 레스토랑 등 먹을거리가 많고, 2층은 요코하마 오르골당, 베네치아 직수입 유리 액세서리점, 북유럽 잡화점 등 다양한 볼거리가 특징이다. **MAP ㉓-A**

GOOGLE MAPS 아카렌가소코 2호관
ADD 1-1 Shinko, Naka Ward
OPEN 숍 11:00~20:00, 레스토랑 09:00~22:00/가게마다 다름
WALK 운가 파크 6분
WEB www.yokohama-akarenga.jp

1층 푸드코트

2층 요코하마 오르골당

시부야 히카리에와 요코하마에만 있는 디즈니의 신개념 카페 & 숍

3층 디즈니 하비스트 마켓

+MORE+

아카렌가 창고에서 픽한 트렌디 카페 & 레스토랑

■ 차노마 Chano-ma Yokohama

다이칸야마에서 온 좌식 카페 겸 레스토랑. 두 다리 쭉 뻗고 쉬면서 샐러드, 파스타, 라이스 플레이트 등 10여 가지 메뉴와 버터밀크 케이크, 디저트, 음료를 즐길 수 있다. 대기자 명단에 이름을 올릴 때 원하는 좌석의 종류를 체크하자.

ADD 아카렌가 창고 2호관 3층
OPEN 11:00~16:00, 16:00~23:00(L.O.22:00)
WEB dd-holdings.jp/shops/chanoma/yokohama#

맥주 700엔~

그린 샐러드 1280엔

사우어 크림을 곁들인 프라이드 포테이토 880엔

파스타 1780엔~

■ 쇼군 버거 ショーグンバーガー 横浜赤レンガ倉庫店

2022년 재팬 버거 챔피언십 대회에서 1위를 차지한 와규 버거 프랜차이즈. 일본 열도 중앙에 자리한 도야마현의 노포 야키니쿠 전문점에서 개발한 와규 패티가 승리의 비결이라고. 거칠게 다져낸 냉장 와규로 패티를 만들어 식감과 육향을 한층 살리고, 한입에 베어 물기 힘들 정도의 사이즈와 충분히 잘 녹은 치즈가 비주얼로 압도한다. 10여 종의 와규 버거 가격은 1280~3280엔. 양이 적은 하프 버거도 있다.

ADD 아카렌가 창고 2호관 3층
OPEN 11:00~23:00(L.O.22:00)
WEB shogun-burger.com

더블 치즈버거 2380엔(단품).
빵에 새긴 장군(쇼군) 모양의 로고가 포인트!

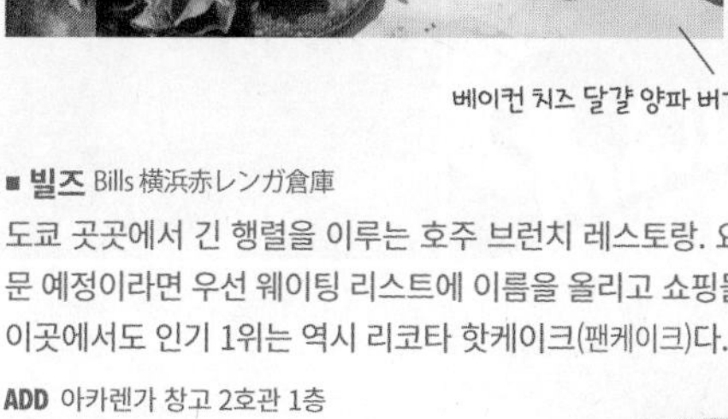

베이컨 치즈 달걀 양파 버거 2280엔(단품)

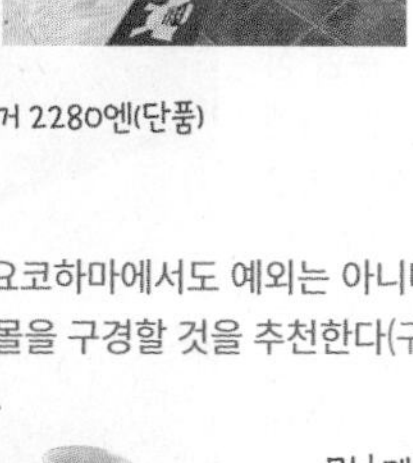

■ 빌즈 Bills 横浜赤レンガ倉庫

도쿄 곳곳에서 긴 행렬을 이루는 호주 브런치 레스토랑. 요코하마에서도 예외는 아니다. 특히 주말에는 몹시 붐비니 방문 예정이라면 우선 웨이팅 리스트에 이름을 올리고 쇼핑몰을 구경할 것을 추천한다(구글맵에서 예약 가능). 이곳에서도 인기 1위는 역시 리코타 핫케이크(팬케이크)다.

ADD 아카렌가 창고 2호관 1층
OPEN 09:00~22:00(일·공휴일 08:00~, 금요일 및 공휴일 전날 ~23:00)
WEB billsjapan.com/jp/

신선한 바나나와 허니콤 버터가 든 리코타 핫케이크 2000엔

모닝 메뉴 과일 보울 1500엔

M&W

Pie Holic

5 요코하마 힙쟁이는 여기 다 모임
마린 & 워크 요코하마
Marine & Walk Yokohama

2016년 오픈한 세련된 분위기의 상업시설. 이국적인 정취를 담은 남부 캘리포니아를 콘셉트로 설계됐으며, 근처에 있는 아카렌가 창고와 자연스레 어우러지도록 건물 외벽을 붉은 벽돌로 장식했다. 건물 사이로 난 거리를 따라 인기 편집숍과 카페, 레스토랑이 늘어서 있다. 야외 테이블에 앉아 해변 풍광을 즐기기에도 그만인 곳. 밤에 조명이 켜지면 더욱 예쁘다. **MAP ㉓-A**

GOOGLE MAPS 마린 워크 요코하마
ADD 1-3-1 Shinko, Naka Ward
OPEN 11:00~21:00
WALK 운가 파크 7분
WEB marineandwalk.jp

+MORE+

본격 라멘 전문 푸드코트, 재팬 라멘 푸드홀
Japan Ramen Food Hall

개성 강한 라멘집 4곳과 라멘에 어울리는 세계 각지의 음료를 선보이는 오션 바를 갖춘 푸드코트. 라멘 본고장인 삿포로, 후쿠오카 등에서 온 맛있는 라멘을 취향대로 골라 먹는다. 250석 규모의 넓은 홀인데도 주말 식사 시간에는 금세 자리가 찬다. **MAP ㉓-B**

GOOGLE MAPS japan ramen food hall
ADD 요코하마 해머헤드 1층
OPEN 11:00~21:00

6 맛집에 야경까지, 더 바랄 게 없네
요코하마 해머헤드
Yokohama Hammerhead

BON VOYAGE

미나토미라이에 2019년 새롭게 오픈한 상업시설. 요코하마에 처음으로 진출한 라멘 가게 4곳이 모인 재팬 라멘 푸드 홀을 비롯해 20개 이상의 음식점과 숍, 호텔, 테라스, 공원 등으로 꾸며져 있다. 요코하마 코스모 월드에서 퀸스 스퀘어 요코하마, 인터콘티넨탈 호텔로 이어지는 야경을 바다 건너 테라스에서 바라볼 수 있다는 점이 가장 큰 매력이다. **MAP ㉓-A**

GOOGLE MAPS 요코하마 해머헤드
ADD 2-14-1 Shinko, Naka Ward
OPEN 11:00~20:00
WALK 마린 & 워크 요코하마 1분
WEB hammerhead.co.jp

18:32

7 대관람차 타고 느긋하게 돌아볼까?
요코하마 코스모월드
よこはまコスモワールド

무료입장해 어트랙션마다 별도 이용료를 내고 즐기는 놀이공원이다. 약 30종의 놀이기구 중 하이라이트는 역시 높이 112.5m의 대관람차. 시계 기능을 탑재한 대관람차 중 세계 최대 규모로 기네스북에 올랐다. 일몰부터 자정까지 100만 구의 LED 조명이 켜지고, 매시 정각, 15분, 30분, 45분에 약 6분간 일루미네이션 쇼가 펼쳐져 요코하마의 밤을 화려하게 수놓는다. 한 바퀴 도는 데 걸리는 시간은 15분이며, 60대 중 4대는 발밑이 투명한 바닥으로 마감된 시스루 곤돌라. 시스루 곤돌라는 일반 곤돌라와 입장하는 줄이 다르다. MAP ㉓-A

GOOGLE MAPS 요코하마 코스모월드
ADD 2-8-1 Shinko, Naka Ward
OPEN 11:00~21:00(토·일·공휴일 ~22:00)/겨울철은 1시간 단축/겨울철 목요일 휴무
PRICE 코스모클락21 대관람차 900엔, 다이빙 코스터 900엔
WALK 운가 파크 3분
WEB cosmoworld.jp

8 아이도 어른도 재밌는 컵라면 체험
요코하마 컵라면 박물관
カップヌードルミュージアム 横浜

인스턴트 라면의 원조 닛신에서 운영하는 박물관. 치킨 라면에서 시작한 인스턴트 라면이 세계로 뻗어가는 모습을 한눈에 볼 수 있다. 밀가루 반죽과 튀김부터 양념까지 직접 인스턴트 라면을 만들어보는 치킨 라면 공장(홈페이지 예약 필수), 용기부터 수프와 토핑의 조합까지 나만의 컵라면을 만들 수 있는 나의 컵라면 공장(약 45분 소요), 컵라면으로 꾸며진 놀이시설 등 다양한 체험을 할 수 있다. MAP ㉓-A

GOOGLE MAPS 요코하마 컵라면박물관
ADD 2-3-4 Shinko, Naka Ward
OPEN 10:00~18:00/폐장 1시간 전까지 입장/화요일·연말연시 휴무
PRICE 500엔, 고등학생 이하 무료
WALK 운가 파크 5분
WEB cupnoodles-museum.jp/ja/yokohama, 나의 컵라면 공장 예약(로손 티켓): l-tike.com/leisure/cupnoodles-museum/

+MORE+

요코하마 미나토미라이 만요 클럽
横浜みなとみらい 万葉倶楽部

예로부터 명탕으로 알려진 아타미 온천과 유가와라 온천의 원천수를 이용한 도심형 온천. 노천탕과 대욕탕, 가족탕 등 뜨끈한 온천탕과 음식점, 기념품점은 물론, 미나토미라이21의 경관을 한눈에 볼 수 있는 전망 족욕탕, 노래방, 게임 코너도 갖췄다. 선점할 수만 있다면 수면실 안락의자에서 하루 묵어가기에도 거뜬! 입장하며 고른 유카타를 입고 온천 단지를 탐험하자. MAP ㉓-A

GOOGLE MAPS 만요 클럽
ADD 2-7-1 Shinko, Naka Ward, Yokohama
OPEN 24시간/홈페이지에서 예약 가능
PRICE 입관료 2950엔, 초등학생 1540엔, 3세~미취학 아동 1040엔(10:00~다음 날 09:00 이용 가능, 입욕료+유카타+샤워 타월+수건+관내 이용 포함)/03:00 이후 심야요금 2100엔(토·공휴일은 2300엔) 추가/입탕세 100엔 별도/객실·암반욕 찜질방은 별도/그 외 다양한 플랜 있음
WALK 요코하마 코스모월드 1분
WEB www.manyo.co.jp/mm21/

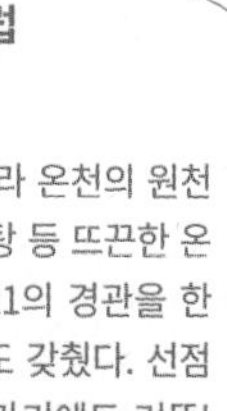
ゆ

요코하마의 야경을 책임지는 쇼핑몰

9

퀸스 스퀘어 요코하마

Queen's Square Yokohama

미나토미라이역에서 바로 연결되는 복합 쇼핑센터. 이곳을 통과하면 랜드마크 타워로도 연결된다. 빔스를 비롯한 일본의 인기 패션 브랜드 매장, 스누피 타운이나 디즈니 스토어와 같은 캐릭터 굿즈숍 등이 입점한 요코하마 쇼핑의 단골 코스로, 멀리서 봤을 때 물결치듯 이어지는 3개의 건물과 요트 모양의 인터콘티넨탈 호텔이 요코하마 야경의 일등 공신이다. 요코하마에서 가장 긴 에스컬레이터와 가장 짧은 에스컬레이터를 동시에 보유하고 있는 곳으로도 유명하다. **MAP ㉓-C**

GOOGLE MAPS 퀸즈 스퀘어 요코하마
ADD 2-3 Minatomirai, Nishi Ward
OPEN 11:00~20:00
WALK 요코하마 코스모월드 5분 /
Ⓜ 미나토미라이역 퀸스 스퀘어 방향 개찰구クイーンズスクエア方向改札口 연결
WEB qsy-tqc.jp

요코하마에서 가장 긴 에스컬레이터. 미나토미라이역 개찰구가 있는 지하 3층부터 지상 1층까지 17.7m를 연결한다.

SNOOPY

10

놓치면 아쉬운 전망대

랜드마크 타워

ランドマークタワー

미나토미라이에서 가장 높은 건물로, 69층에 전망대 스카이 가든スカイガーデン이 있다. 밤에는 야경, 맑은 낮에는 멀리 도쿄 스카이트리와 후지산까지도 내다보인다. 전망대를 제외한 나머지 시설은 대부분 일반 사무실이다. **MAP ㉓-C**

GOOGLE MAPS 요코하마 랜드마크 타워
ADD 2-2-1 Minatomirai, Nishi Ward
OPEN 스카이가든 10:00~21:00(토요일(공휴일인 경우 일요일) 및 특별 기간 ~22:00)
PRICE 스카이 가든 1000엔, 고등학생·65세 이상 800엔, 초등·중학생 500엔, 4세 이상 200엔
WALK 퀸스 스퀘어 요코하마 1분 /
Ⓜ 미나토미라이역 퀸스 스퀘어 방향 개찰구クイーンズスクエア方向改札口 3분 /
JR 사쿠라기초역 5분(무빙워크動く歩道 이용)
WEB yokohama-landmark.jp/skygarden

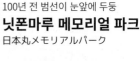

11 100년 전 범선이 눈앞에 두둥

닛폰마루 메모리얼 파크

日本丸メモリアルパーク

크고 날렵한 디자인의 범선 닛폰마루호를 중심으로 조성된 공원. 닛폰마루호는 1930년부터 1984년까지 지구를 45.4바퀴 돌며 1만 1500여 명의 실습생을 배출한 항해 연습용 선박이었다. 입장료를 내면 선내를 둘러볼 수 있는데, 건조된 지 100년이 넘은 배라고는 도저히 믿어지지 않을 정도로 모든 시설이 잘 보존돼 있다. 범선 앞에는 요코하마항의 역사를 다이내믹하게 소개하는 요코하마 항구 박물관이 자리 잡고 있다. **MAP ㉓-C**

GOOGLE MAPS 범선 닛폰마루
ADD 2-1-1 Minatomirai, Nishi Ward
OPEN 10:00~17:00/월요일(공휴일인 경우 화요일) 휴무
PRICE 닛폰마루호 내부 400엔, 초등·중·고등학생 200엔/요코하마 항구 박물관 500엔, 초등·중·고등학생 200엔/닛폰마루호·요코하마 항구 박물관 공통권 800엔, 초등·중·고등학생 300엔/학생은 토요일에 100엔 추가
WALK 기샤미치 입구 / 랜드마크 타워 1분 / JR 사쿠라기초역 동쪽 출구東口 4분
WEB nippon-maru.or.jp

+MORE+

호빵맨과 함께 룰루랄라 ♪

요코하마 앙팡맨(호빵맨) 어린이 뮤지엄 & 몰 横浜アンパンマンこどもミュージアム&モール

아이와 함께 요코하마를 찾을 이유. 호빵맨 친구들의 얼굴이 콕콕 박힌 공간에서 미끄럼틀, 볼풀, 미니 기차 등의 놀이시설을 즐기며 신나는 한때를 보낼 수 있다. 호빵맨 캐릭터들과 반갑게 인사하고 싶다면 캐릭터들이 입구까지 나와 아이들을 맞이해주는 오픈 시간에 맞춰 갈 것. 호빵맨 모양 빵을 비롯한 각종 먹거리와 기념품 쇼핑도 빼놓을 수 없는 즐거움이다. **MAP ㉓-A**

GOOGLE MAPS 요코하마 앙팡맨 박물관
ADD 6-2-9 Minatomirai, Nishi Ward
OPEN 10:00~18:00(겨울철 1시간 단축)/폐장 1시간 전까지 입장
WALK M 신타카시마역新高島 3번 출구 3분 / JR 요코하마역 동쪽 출구東口 14분
PRICE 2200~2600엔(날짜에 따라 다름)
WEB museum.anpanman-acm.co.jp/kr

EER

가마쿠라
鎌倉
에노시마
江の島

#SlamDunk #뜻밖의미식여행
#뒷골목의추억

305
線路内
立入禁止

Access

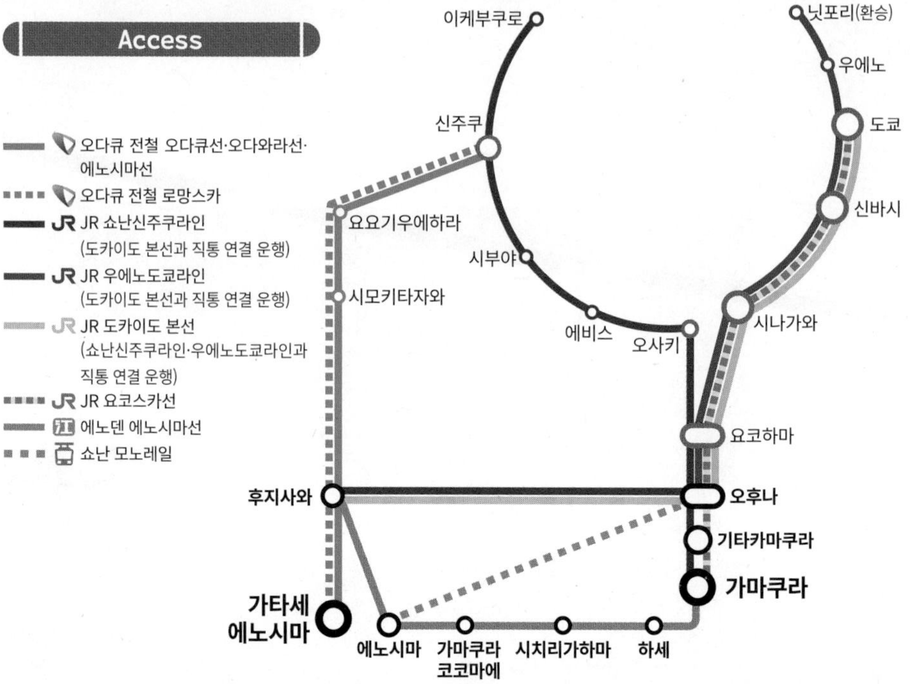

오다큐 전철 오다큐선·오다와라선·에노시마선
오다큐 전철 로망스카
JR JR 쇼난신주쿠라인 (도카이도 본선과 직통 연결 운행)
JR JR 우에노도쿄라인 (도카이도 본선과 직통 연결 운행)
JR JR 도카이도 본선 (쇼난신주쿠라인·우에노도쿄라인과 직통 연결 운행)
JR JR 요코스카선
江 에노덴 에노시마선
쇼난 모노레일
이케부쿠로
닛포리(환승)
우에노
도쿄
신바시
신주쿠
요요기우에하라
시부야
시모키타자와
에비스
오사키
시나가와
요코하마
후지사와
오후나
기타카마쿠라
가마쿠라
가타세 에노시마
에노시마
가마쿠라 코코마에
시치리가하마
하세

● **도쿄 주요 역에서 가마쿠라·에노시마 주요 역까지 추천 교통편**

도착역 / 출발역	후지사와역 藤沢	가타세에노시마역 片瀬江の島	가마쿠라역 鎌倉
신주쿠역	**오다큐선** + **오다와라선** (자동 환승) 쾌속급행 610엔/55분~1시간 3분 또는 JR **쇼난신주쿠라인** 특별쾌속·쾌속 990엔/50~55분	**오다큐선** + **오다와라선** (자동 환승) 쾌속급행 (후지사와역 환승) **에노시마선** 각역정차 650엔/1시간 5~19분	JR **쇼난신주쿠라인** 각역정차 950엔/58분~1시간 5분
시부야역	JR **쇼난신주쿠라인** 특별쾌속·쾌속 990엔/45~55분	후지사와역에서 **에노시마선** 또는 江 **에노덴** 이용	JR **쇼난신주쿠라인** 각역정차 950엔/53분~1시간
이케부쿠로역	JR **쇼난신주쿠라인** 특별쾌속·쾌속 990엔/56분~1시간 5분	후지사와역에서 **에노시마선** 또는 江 **에노덴** 이용	JR **쇼난신주쿠라인** 각역정차 950엔/1시간 4~11분
시나가와역	JR **우에노도쿄라인** + JR **도카이도 본선** (자동 환승) 각역정차 770엔/36~44분	후지사와역에서 **에노시마선** 또는 江 **에노덴** 이용	JR **요코스카선** 각역정차 740엔/46~56분
도쿄역	JR **우에노도쿄라인** + JR **도카이도 본선** (자동 환승) 각역정차 990엔/45~55분	후지사와역에서 **에노시마선** 또는 江 **에노덴** 이용	JR **요코스카선** 각역정차 950엔/55분~1시간 5분
우에노역	JR **우에노도쿄라인** + JR **도카이도 본선** (자동 환승) 각역정차 990엔/52분~1시간	후지사와역에서 **에노시마선** 또는 江 **에노덴** 이용	직행편 없음
후지사와역		**에노시마선** 각역정차 170엔/6분 또는 江 **에노덴** 220엔/10분	

*소요 시간은 열차의 종류, 환승 시간에 따라 조금씩 다름

오다큐 전철 타고 에노시마 가기

가장 경제적으로 신주쿠 출발, 후지사와·가타세에노시마 도착

오다큐 전철 오다큐선 小田急

신주쿠에서 출발해 가마쿠라와 에노시마를 모두 둘러볼 계획이라면 가장 먼저 체크하자. 에노시마까지 가장 저렴하게 갈 수 있는 방법으로, 프리패스를 사용하면 교통비를 더욱 아낄 수 있다. 오다큐 신주쿠역에서 후지사와藤沢행 쾌속급행을 타고 종점(후지사와역)에서 내린 뒤 에노시마선으로 갈아타고 다시 종점(가타세에노시마역)에서 내리면 바로 에노시마 입구다. 후지사와행 오다큐선은 중간에 사가미오노역相模大野에서 에노시마선으로 바뀌지만, 자동 환승되어 갈아타지 않아도 된다. 오다큐 전철과 JR 도카이도 본선, 에노덴이 만나는 후지사와역은 가마쿠라 교통의 요지다.

WEB odakyu.jp

Check!

없으면 손해!
에노시마·가마쿠라 프리패스 江の島·鎌倉フリーパス

신주쿠역~가타세에노시마역 구간의 오다큐 전철 왕복권(쾌속급행 포함) 및 에노덴 자유 승차권이 포함된 1일권이다. 신주쿠역~가타세에노시마역의 왕복 교통비가 1300엔, 에노덴 최단거리 승차요금이 200엔임을 계산하면 에노덴을 2번만 타도 패스를 사용하는 게 이득이다. 오다큐선 각 역의 티켓 자동판매기(신용카드 사용 가능), 오다큐 신주쿠역 서쪽 출구 지하 개찰구 밖 오다큐 여행 서비스센터(08:00~18:00)에서 구매한다. 신주쿠 이외에 오다큐선 각 역에서도 구매·이용할 수 있다.

PRICE 신주쿠역 기준 1640엔
WEB www.odakyu.jp/english/passes/enoshima_kamakura

+MORE+

로망스카 ロマンスカー

약간의 요금을 더해, 이름처럼 낭만적인 뷰와 서비스를 얻을 수 있는 전석 지정석 특급열차. 오다큐선과 같은 오다큐 전철이 운영한다. 단, 평일에는 16:00 이후 출발 편만 하루 6편 있고, 그중 3편은 후지사와역까지만 운행한다. 주말과 공휴일에는 아침 일찍부터 비교적 자주 운행한다. 티켓은 홈페이지에서 예매하거나 오다큐선 각 역의 자동판매기, 오다큐 여행 서비스센터에서 현장 구매할 수 있다.

PRICE 신주쿠~가타세에노시마 1400엔/에노시마·가마쿠라 프리패스 이용자는 특급 요금 750엔 추가
WEB www.odakyu.jp/korean/romancecar/

JR 타고 바로 가마쿠라 가기

요금은 오다큐선보다 비싸고, 도쿄에서부터 이용할 수 있는 교통패스도 없지만, 출발 위치에 따라서는 JR을 이용하는 것이 동선을 줄일 수 있다. 오다큐선의 에노시마·가마쿠라 프리패스는 이용 불가하니 가마쿠라에 도착해 에노덴 1일 자유 승차권 노리오리쿤(496p)을 구매하자.

도쿄·신바시·시나가와 출발, 기타카마쿠라·가마쿠라 도착

JR 요코스카선 横須賀(JO)

도쿄역에서 출발해 신바시역, 시나가와역을 거쳐 환승 없이 1시간 이내로 가마쿠라에 도착한다. 오후나大船행을 타면 중간에 갈아타야 하나 반드시 즈시逗子행이나 요코스카横須賀행, 쿠리하마久里浜행 각역정차(보통)를 타야 한다.

구형과 신형 열차가 같이 운행된다.

이케부쿠로·신주쿠·시부야·에비스·오사키 출발, 기타카마쿠라·가마쿠라·후지사와 도착

JR 쇼난신주쿠라인 湘南新宿ライン(JS)

신주쿠·시부야에서 가마쿠라까지 환승 없이 1시간. 즈시逗子행 각역정차를 타야 가마쿠라에 한 번에 도착한다. 에노시마를 먼저 들른다면 오다와라小田原행이나 히라츠카平塚행, 코우즈国府津행 특별쾌속·쾌속을 타고 후지사와에서 에노덴으로 환승한다.

JR 우에노도쿄라인·쇼난 신주쿠라인에 주로 이용되는 열차

도쿄·신바시·시나가와 출발, 후지사와 도착

JR 우에노도쿄라인 上野東京ライン
+ JR 도카이도 본선 東海道本線

가마쿠라보다 먼저 에노시마 여행을 시작하거나, 가마쿠라 여행 후 마지막 코스로 에노시마를 찍고 도쿄로 나갈 때 후지사와역을 기점으로 주로 이용한다. 아타미熱海행 열차를 이용하며, 중간에 오후나역大船에서 도카이도 본선으로 자동 환승된다. 도쿄로 돌아갈 때는 후지사와역에서 도카이도 본선을 이용한다.

가마쿠라역

요코하마에서 가마쿠라 가기

JR 요코하마역에서 쇼난신주쿠라인이나 요코스카선 즈시逗子행, 요코스카横須賀행, 쿠리하마久里浜행을 탑승한다. 소요 시간은 23분.

기타카마쿠라역

공항에서 가마쿠라 가기

나리타와 하네다를 통틀어 공항에서 가마쿠라·에노시마까지 곧장 이어지는 교통수단은 하네다공항에서 하루 2회 운행하는 공항 리무진 버스가 유일하다. 이는 운에 맡길 일이어서, 오후나大船 또는 요코하마를 거쳐 가마쿠라로 이동하는 것이 일반적이다.

나리타공항 출발, 오후나 도착

JR 나리타 익스프레스(넥스)

JR 成田エクスプレス N'EX

나리타공항에서 가마쿠라로 갈 땐 그나마 이 방법이 가장 빠르고 편리하다. 여권을 소지한 외국인은 편도 요금(4700엔)과 비슷한 5000엔에 오후나역까지 왕복할 수 있다. 오후나역에서는 JR 요코스카선이나 쇼난신주쿠라인을 이용해 가마쿠라로 이동. 외국인 전용 왕복권 구매 시 나리타로 돌아갈 땐 도쿄에서도 출발 가능하며, 물론 반대의 방법도 가능하다. 제1 터미널에서 오후나역까지 약 2시간 5분 소요.

PRICE 제1 터미널~오후나역 편도 4700엔(PASMO·Suica 사용 불가)/외국인 전용 왕복 티켓 5000엔, 어린이 2500엔(유효기간 14일)

하네다공항 출발, 가마쿠라·오후나·후지사와 도착

게이큐 버스(게이힌 급행버스)

京急バス(京浜急行バス)

가마쿠라(1일 2회), 오후나, 후지사와까지 게이큐 버스(정식 명칭은 게이힌큐코버스京浜急行バス)와 에노덴 버스江ノ電バス가 공동 운행하는 버스를 타고 한 번에 갈 수 있다. 제3 터미널에서 30분~1시간 간격으로 출발. 승차권은 2층 도착 로비의 티켓 카운터나 자동판매기, 1층 승차장 내 자동판매기에서 구매한다. 스이카 등 IC 카드로 탑승할 때도 2층 티켓 카운터에서 탑승할 버스 시간을 지정한 뒤 승차해야 한다. 하네다공항 제3 터미널은 정차하는 버스가 한정적이니 시간이 맞지 않을 땐 제2 터미널로 이동해 탑승하자. 제3 터미널에서 오후나역까지 약 1시간 15분 소요, 가마쿠라역·후지사와역까지 약 1시간 35분 소요.

PRICE 제2 터미널~오후나역 1350엔, 제2 터미널~가마쿠라역 1500엔
WEB www.keikyu-bus.co.jp/airport/h-fujisawa/
www.keikyu-bus.co.jp/airport/h-kamakura/

가마쿠라 시내 교통

에노덴 江ノ電

가마쿠라 여행 중 몇 번이고 타게 되는 주요 교통수단이다. 후지사와역과 가마쿠라역 사이에 놓인 가마쿠라의 주요 관광지를 빠짐없이 연결할 뿐 아니라, 해안을 따라 달리는 관광 열차 역할까지 겸하는 기특한 교통수단. 그저 에노덴이 좋아 가마쿠라로 향하는 이들이 있을 정도로 인기가 높다. 하루 종일 에노덴을 자유롭게 이용할 수 있는 1일 승차권 노리오리쿤이 있으니 가마쿠라 곳곳을 돌아볼 계획이라면 손에 꼭 쥐고 탑승하자. 오다큐선 에노시마 가마쿠라 프리패스를 구매했다면 이미 에노덴 1일 승차권이 포함돼 있다. 후지사와역에서 가마쿠라역까지 약 35분 소요된다.

HOUR 06:00~ 21:00/12분 간격 운행
PRICE 1회 최소요금 200엔,
후지사와역~가마쿠라역 310엔/
컨택리스 카드 사용 가능
WEB enoden.co.jp/kr/

タッチ決済 でご乗車OK!
Tap to ride
VISA

Check!

에노덴을 여러 번 이용한다면?

■ 에노덴 1일 승차권 노리오리쿤 のりおりくん

에노덴을 4번 이상 탄다면 이득인 에노덴 1일 무제한 탑승권이다. 신에노시마 수족관·에노시마 씨 캔들 전망대·하세데라 입장권 및 그 외 일부 음식점 등에서 할인 혜택도 제공한다. 발행일 당일에 한해 사용 가능하다.

PRICE 800엔(발행 당일 사용)
WEB www.enoden.co.jp/tourism/ticket/noriorikun/

のりおりくん
2024. -9. -1

이용중의 티켓
江ノ電1日乗車券「のりおりくん」デジタル版
1
2024.11.04 ~ 2024.11.04
현재시간 2024.11.04 10:20:18

쇼난 모노레일 湘南モノレール

JR 오후나역에서 에노시마와 가까운 쇼난에노시마역湘南江の島까지 잇는 모노레일. 레일에 매달려 산과 계곡 사이를 통과하며 보는 뷰가 흥미진진하다. 도쿄에서 JR을 타고 이동해 에노시마를 먼저 둘러볼 계획이라면 고려해보자. 오후나역에서 쇼난에노시마역까지 7~8분 간격으로 운행하며, 약 14분 소요된다.

PRICE 오후나역~쇼난에노시마역 1회 320엔, 1일 승차권 610엔
WEB kamakura-enoshima-monorail.jp/kor/

: WRITER'S PICK :

가마쿠라·에노시마 여행 꿀팁

❶ 에노시마 관광지 입장을 알뜰하게!
에노 패스(에노시마 원 데이 패스포트)
ENO PASS(江の島 1Day パスポート)

江の島 1day パスポート
eno=pass
大人 1,000円

에노시마 에스컬레이터, 에노시마 사무엘 코킹 정원, 에노시마 씨 캔들 전망대, 에노시마 이와야 동굴의 입장권과 신에노시마 수족관 등 에노시마 주변 관광 명소의 할인권이 포함된 패스. 에노시마 에스컬레이터 1층 매표소와 에노시마 입구 관광안내소 등에서 구매할 수 있다.

PRICE 1100엔, 어린이 500엔
WEB discover-fujisawa.jp/kr/getting-here

❷ 가마쿠라의 바닷바람에 몸을 맡기자!

■ 자전거: 자전거를 빌려 가마쿠라와 에노시마 일대에 펼쳐진 쇼난 해안을 달려보자. 가마쿠라역에서 에노시마 입구까지 해안 길을 따라간다면 편도 약 8km, 30분 정도 소요된다.

GOOGLE MAPS 가마쿠라 자전거 대여점
OPEN 08:30~17:00
PRICE 1시간 600엔, 1시간 연장 시 250엔 추가, 1일 1600엔
WALK 가마쿠라역을 등지고 오른쪽 '렌탈 사이클レンタサイクル'이라고 적힌 건물
WEB jrbustech.co.jp/wp/shop_service

■ 인력거: 19세기로 타임슬립. 교통수단이라기보다는 일본 여행의 추억을 만들어줄 하나의 관광 상품이다. 가마쿠라역 서쪽 출구나 쓰루가오카하치만구 앞에서 탈 수 있다.

PRICE 1구간(12분) 코스 2인 4000엔/1인, 1인 5000엔
WEB ebisuya.com/branch/kamakura

❸ 티켓을 스마트폰 속으로, 온라인 티켓 EMot

에노시마·가마쿠라를 비롯해 하코네 등 쇼난 지역의 관광지 티켓·패스 등을 스마트폰에서 편리하게 구매할 수 있다. 앱을 설치하지 않아도 스마트폰에서 홈페이지 접속 후 이용할 수 있다. 홈페이지는 영어가 지원돼 앱보다 이용하기 더 편하다. 자세한 내용은 하코네 519p 참고.

WEB www.emot-tickets.jp

인력거 타고
가마쿠라 한 바퀴~

Planning

바다를 좋아한다면 바다만, 사찰과 문화재 기행을 좋아한다면 해당 스폿에만 집중해도 하루가 빠듯하다. 도쿄에서 어느 열차를 타고 어느 역에 도착하느냐에 따라 여행 루트가 크게 갈리고, 그저 에노덴이 데려다주는 풍경 속을 거닐기만 해도 나만의 루트가 완성된다. 게다가 여기까지 온 김에 가마쿠라에서 8km 떨어진 섬 에노시마도 그냥 지나칠 수 없는 일. 에노덴은 여러 번 타고 내려야 하니 어느 패스든 에노덴 1일 승차권이 포함된 것으로 들고 다니자.

JR로 떠나는 매끄러운 동선의 베이직 코스

추천 패스: 노리오리쿤(에노덴 1일 승차권) 또는 가마쿠라·에노시마 애프터눈 패스

오전 11시 쓰루가오카 하치만구
JR을 타고 가마쿠라역에 도착. 동쪽 출구로 나와 쓰루가오카 하치만구를 향해 직진! 그 일대를 산책한다. JR은 기타카마쿠라역에 먼저 도착하므로 일정에 여유가 있다면 기타카마쿠라를 먼저 둘러본 뒤 다음 일정을 이어가도 좋다.

오후 12시 고마치 거리
쓰루가오카 하치만구를 등지고 오른쪽 길로 진입하면 왼쪽에 고마치 거리로 들어가는 길이 나온다. 고마치 거리를 구경하며 점심을 먹자.

오후 1시 30분 하세데라 & 가마쿠라 대불
에노덴을 타고 하세로 출발! 하세데라와 가마쿠라 대불을 챙겨본 뒤 풍경을 감상하고 싶다면 마을 산책을, 쉬어가고 싶다면 티타임을 가져보자.

오후 3시 가마쿠라 코코마에역
에노덴을 타고 <슬램덩크>의 성지 가마쿠라코코마에역에 잠시 하차. 가슴 벅찬 인증샷 찰칵!

오후 3시 30분 에노시마
에노덴을 다시 타고 에노시마에 입성. 에노시마 에스컬레이터로 쉽고 빠르게 전망대에 오르자.

오후 6시 시치리가하마
석양이 질 때쯤 에노시마 하산. 에노덴을 타고 시치리가하마역에 내린 다음 바닷가 카페에서 아쉬움을 달랜다. 이후 후지사와역으로 가 JR을 타고 도쿄로! 좀 더 즐기고 싶다면 쇼난 모노레일을 타고 오후나역으로 가는 방법도 추천!

오다큐 전철로 떠나는 저비용 고효율 코스

추천 패스: 에노시마·가마쿠라 프리패스

오전 10시 30분 가타세 에노시마역
신주쿠에서 오다큐 전철을 타고 가타세 에노시마역 도착. 직행보다 쾌속급행을 타고 후지사와에서 환승하는 게 더 빨리 도착한다는 점 참고!

오전 11시 에노시마
에노시마 에스컬레이터를 타고 섬 정상까지 한 방에 올라 싱싱한 해산물 런치를 맛보자.

오후 1시 가마쿠라 코코마에역
에노덴을 타고 <슬램덩크>의 성지 가마쿠라코코마에역에 잠시 하차. 가슴 벅찬 인증샷 찰칵!

오후 3시 하세데라 & 가마쿠라 대불
에노덴을 타고 하세로 출발! 하세데라와 가마쿠라 대불을 챙겨본 뒤 풍경을 감상하고 싶다면 마을 산책을, 쉬어가고 싶다면 티타임을 가져보자.

오후 3시 30분 쓰루가오카 하치만구
에노덴을 타고 가마쿠라역으로 이동. 가마쿠라역 동쪽 출구로 나와 쓰루가오카 하치만구를 향해 직진! 그 일대를 산책한다.

오후 4시 30분 고마치 거리
고마치 거리를 구경하며 저녁 식사. 가마쿠라의 멋진 카페에서 쉬다 가거나, 에노덴을 타고 시치리가하마역 주변 바닷가 카페에서 티타임을 갖는다. 이후 후지사와역으로 가 오다큐 전철을 타고 도쿄로!

#Walk

에노시마 江の島

바다 위에 솟은 신비로운 섬

가마쿠라 여행의 한 축을 담당하는 섬. 육로를 통해 들어가 등산하듯 비탈길을 올라간다. 전설에 의하면 바다에서 흙이 용솟음쳐 올라 생겼다는데, 실제로 1923년 관동대지진 이후 지반이 2m가량 솟고 위치도 본토에 붙어 버렸다. 그 신비로움에 이끌려 천 년 전부터 수행하는 승려들은 물론 소설가와 화가, 생물학자까지 몰려들어 섬을 무대로 한 소설과 극을 수도 없이 탄생시켰다. 섬을 오르는 동안 자주 보게 되는 길거리 간식 타코센베이(문어전병)도 빼먹으면 섭섭하다. 일출·일몰 감상 스폿으로 유명하지만, 오후에 상점가가 일찍 문 닫는 편이라는 점은 참고.

1구간 탑승장

江の島
LUMINOUS WAY

1구간 에노시마 루미너스 웨이

1 에노시마를 오르는 가장 쉬운 방법
에노시마 에스컬레이터(에노시마에스카)
江の島エスカー

에노시마 정상까지 빠르고 편안하게 오를 수 있는 에스컬레이터다. 1구간에서 3구간까지 3대의 에스컬레이터가 구간별로 나뉘어져 있으며, 높이는 총 46m, 길이는 총 107m에 달한다. 3대의 에스컬레이터를 차례차례 갈아타며 끝까지 올라가는 데는 5분, 돌계단을 이용하면 20분 정도 걸린다. 1구간에서는 신비로운 바다 세계를 표현한 디지털 영상 에노시마 루미너스 웨이Luminous Way를 감상하며 오르는 재미를 느낄 수 있다.

MAP 26

GOOGLE MAPS enoshima escalator(1구간 승차장)
OPEN 08:50~19:05/이벤트 기간 중 연장 운영
PRICE 전 구간 360엔(초등학생 이하 180엔), 에노시마 씨 캔들 전망대 세트권 700엔/IC카드 이용 가능
WALK 가타세에노시마역 15분 / 江 에노시마역 18분 / 쇼난에노시마역 20분
WEB enoshima-seacandle.com

2 에노시마의 3대 여신을 찾아서
에노시마 신사
江島神社

에스컬레이터로 1구간을 지나면 제일 먼저 보이는 신사. 일본의 조상신 아마테라스오미카미天照大御神가 낳은 세 여신을 헤츠미야辺津宮, 나카츠미야中津宮, 오쿠츠미야奥津宮 3개의 신전에 각각 모시고 있다.

헤츠미야는 바다의 여신을 모신 곳으로, 일본의 3대 벤자이텐 신사(춤의 신을 모신 신사) 중 하나로 꼽힌다. 경내에는 알몸으로 비파를 타는 벤자이텐 상이 있고, 본전 왼쪽에는 돈을 씻으면 재물이 굴러들어온다는 연못이 있어서 연못에 놓인 바구니에 동전을 담아 씻는 참배객을 종종 볼 수 있다. 나카츠미야는 아름다움과 애정운에 강한 스폿. 오쿠츠미야는 세 딸 중 맏딸이자 바다의 평안을 지키는 신을 모신 곳으로, 먼바다를 항해하는 여행자들이 주로 찾아와 참배한다. MAP ㉖

GOOGLE MAPS 에노시마 신사
ADD 2-3-8 Enoshima, Fujisawa
OPEN 24시간
WALK 가타세에노시마역 17분 / 江 에노시마역 20분
WEB www.enoshimajinja.or.jp

나카츠미야에는
예뻐지길 소원하는
에마로 가득하다.

헤츠미야

나카츠미야

돈을 씻으면 재물이 굴러들어온다는 연못

오쿠츠미야

늦가을 저녁의 캔들 라이트 업

크리스마스 시즌의 일루미네이션

3

에노시마에서 가장 높은 곳

에노시마 사무엘 코킹 정원(에노시마 씨 캔들 전망대)

江の島サムエル·コッキング苑

메이지시대인 1882년 영국의 무역상 사무엘 코킹이 만들고, 훗날 에노시마가 속한 후지사와시에서 인수해 꾸준히 가꿔온 정원이다. 사계절 다른 식물을 볼 수 있는 산책 코스로 사랑받으며, 늦가을 저녁엔 캔들로 분위기를 내기도 한다. 우뚝 서 있는 등대 모양의 씨 캔들 전망대는 360° 파노라마 뷰를 통해 날씨 좋은 날 후지산 전망까지 대령해준다. **MAP ㉖**

GOOGLE MAPS 에노시마 사무엘코킹 정원
ADD 2-3-28 Enoshima, Fujisawa
OPEN 전망대 09:00~20:00
PRICE 정원 17:00 이전 무료, 17:00 이후 500엔/전망대 500엔
WALK 에노시마 신사 8분
WEB enoshima-seacandle.com

에노시마판 미녀와 야수

용연의 종

4

龍恋の鐘

못된 짓만 하던 용이 아름다운 천녀 벤자이텐에 첫눈에 반해 끈질기게 구애하며 그녀의 마음을 얻기 위해 착한 용이 되었다는 이야기가 담긴 종. 결국 용은 결혼에 골인했다고 한다. 연인들이 좋아하는 코스로, '연인의 언덕恋人の丘'에 오르면 종 둘레에 처진 울타리 가득 사랑의 자물쇠가 잠겨있는 모습을 볼 수 있다. **MAP ㉖**

GOOGLE MAPS 용연의 종
WALK 에노시마 신사 5분

섬 끝자락, 비밀의 동굴

에노시마 이와야 동굴

江の島岩屋

해안 절벽에 비밀스레 숨은 해식 동굴. 수행의 명소로 소문난 가마쿠라에서도 신앙심의 발원지로 유명한 곳이다. 섬을 끝까지 오른 뒤 다시 반대편으로 내려가야 동굴이 나오므로 돌아갈 땐 다시 오르막을 올라가야 한다.

MAP ㉖

GOOGLE MAPS 에노시마 이와야 동굴
OPEN 09:00~17:00
WALK 에노시마 신사에서 15분
PRICE 500엔
WEB www.fujisawa-kanko.jp/spot/enoshima/17.html

6 바다를 닮은 아쿠아리움

신에노시마 수족관

新江ノ島水族館

©新江ノ島水族館

1954년 문을 연 오래된 수족관이다. 에노시마는 서로 다른 조류가 만나는 지리적 특징으로 해양생물이 풍부해 예부터 많은 해양 연구가가 찾는 곳이었고, 수족관도 일찍이 자리 잡았다. 수족관의 규모는 그리 크지 않지만, 8000여 마리의 정어리가 헤엄치는 대수조를 비롯해 깊은 바닷속에 사는 해양생물을 기르는 모습을 생생하게 지켜볼 수 있는 심해 코너, 해양생물을 손으로 만져 볼 수 있는 체험관 등 체험 코너가 많아 어린이들의 큰 사랑을 받고 있다. 에노시마섬 밖, 가타세에노시마역 근처에 있다. MAP ㉖

GOOGLE MAPS 신에노시마 수족관
ADD 2-19-1 Katasekaigan, Fujisawa
OPEN 09:00~17:00(12~2월 10:00~)
PRICE 2800엔, 고등학생 1800엔, 초등·중학생 1300엔
WALK 가타세에노시마역 4분 / 江 에노시마역 12분
WEB enosui.com

전망만 봐도 배부르네

에노시마 맛집

섬마을에서 맛보는 싱싱한 해산물부터 일본 최초의 프렌치토스트까지,
에노시마 절경과 함께 즐기는 맛있는 점심시간!

일본 최초의 프렌치토스트 전문점

론카페

LONCAFE 湘南江の島本店

두껍게 슬라이스한 바게트 위에 론카페표 특제 소스를 발라 절묘하게 구웠고, 기호에 따라 견과류나 아이스크림도 올려 먹을 수 있다. 사무엘 코킹 정원 안에 있어 오후 5시부터는 입장료를 내고 들어가야 하니 야경을 감상할 목적이 아니라면 그전에 다녀오자. 도쿄에는 나카메구로 코가시타(233p)에 분점이 있다.

MAP ㉖

GOOGLE MAPS loncafe 에노시마
ADD 2-3-38 Enoshima, Fujisawa
OPEN 11:00~20:00(토·일·공휴일 10:00~)
WALK 에노시마 사무엘 코킹 정원 안
WEB loncafe.jp

바다향이 물씬! 짭조름한 멸치덮밥

우오미테이

魚見亭

140년 역사를 지닌 에노시마의 터줏대감. 오랜 명성에 걸맞게 이 일대에서 가장 많은 손님이 이곳을 찾는다. 어느 좌석에 앉아도 탁 트인 태평양이 내려다보이는 전석 오션뷰! 지역 특산물인 흰멸치를 매일 직송해 만드는 시라스동しらす丼, 해산물과 달걀을 넣은 에노시마동江の島丼이 대표 메뉴다. **MAP** ㉖

GOOGLE MAPS 우오미테이
ADD 2-5-7 Enoshima, Fujisawa
OPEN 10:00~18:00
WALK 에노시마 신사 8분
WEB enoshima-uomitei.com

후지산 뷰를 가졌어요

후지미테이

富士見亭

날씨가 아주 맑은 날엔 바다뿐 아니라 저 멀리 후지산까지 바라볼 수 있는 카페 겸 레스토랑. 창업 120년 이상을 뽐내는 노포에서 에노시마 특산품인 흰멸치로 만든 시라스동을 비롯해 다양한 해산물요리를 맛볼 수 있다. 커피나 주류도 골고루 갖추고 있으니 음료 한 잔만 시켜 놓고 전망을 즐기기에도 좋은 곳이다.

MAP ㉖

GOOGLE MAPS 후지미테이
ADD 2-5-5 Enoshima, Fujisawa
OPEN 10:00~17:00
WALK 에노시마 신사 8분

French Toast
LONCAFE
크렘 브륄레 1628엔

가마아게(큰 냄비) 시라스동 정식
釜揚げしらす丼定食 1320엔

감귤 향이 감도는 에노시마 맥주
江の島ビール 850엔

LON CAFE

富士見亭

오늘의 생선 정식Today's Fish Teishoku
2000엔 안팎

일본식 집밥과 구수한 커피의 맛

도우샤 커피 & 정식

島舎 | TO-U-SHA Coffee & Teishoku

1926년 지어진 고민가를 개조한 레스토랑. 정갈하고 맛있는 일본 가정식이 주특기다. 신선한 생선요리를 메인으로 한 식사 메뉴는 그날그날 바뀐다. 식사뿐 아니라 커피와 디저트 등 티타임을 즐길 장소로도 추천하는 곳이다. MAP ㉖

GOOGLE MAPS 도우샤 커피 정식
OPEN 11:30~18:00(금 ~16:00)
ADD 2-6-10 Enoshima, Fujisawa
WALK 에노시마 신사 7분

시간이 머무는 섬의 앤티크 카페

시마 카페 에노마루

しまカフェ 江のまる

지어진 지 100년 이상 된 고민가를 개조한 카페. 레트로한 분위기의 외관에 이끌려 누구나 한 번쯤 발걸음을 멈추고 안을 들여다보는 곳이다. 인기 메뉴는 으깬 바나나 페이스트로 만든 바나나케이크. 아보카도가 든 참치 덮밥(마구로동)과 멸치 덮밥(시라스동)도 맛있다. 일본 애니메이션 <타리타리 TARI TARI>의 배경지로 알려졌다. MAP ㉖

GOOGLE MAPS 시마카페 에노마루
OPEN 11:00~17:30/수요일 휴무
ADD 2-3-37 Enoshima, Fujisawa
WALK 에노시마 신사 7분

+MORE+

여기도 잊지 말고 체크!

영화 <바닷마을 다이어리>에서 자매들이 즐겨 찾던 '우미네코 식당'! 에노시마의 분샤 식당文佐食堂에서 촬영이 이뤄졌다.

분샤 식당

이 동네 명물 간식으로 손꼽히는 타코센베이! 바로 아사히혼텐あさひ本店에서 맛볼 수 있다. 에노시마 초입에 본점이 있고, 에노시마 정상에도 지점(정상점)이 있다

아사히혼텐 정상점

#Streetcar

에노덴 江ノ電
가마쿠라 여행의 시작과 끝

가마쿠라에 도착하면 바다도 가고, 문화유산도 보고, 신선한 해산물도 먹으려고 들떠있는 당신. 멋진 계획이다! 그런데 어쩌면 이 모든 걸 경험하고 난 뒤 가마쿠라에서 가장 좋았던 건 에노덴이라는 고백을 하게 될지도 모른다. 생김부터 범상치 않은 전차와 달리는 동안 한순간도 눈을 떼지 못할 차창 밖 풍경들. 소박하고 사랑스러운 바닷가 마을에 맘을 뺏겨 정신없이 카메라 셔터를 누르다 보면 문득 이런 생각마저 들 것이다. 이대로 여기 머물러 살고 싶다고.

1 <슬램덩크> 팬들의 성지
가마쿠라코코마에역
鎌倉高校前駅

누군가에게는 도쿄에서 가마쿠라까지 오게 한 만든 하나의 장면. 만화 <슬램덩크> 오프닝에 등장했던 건널목이 바로 이곳이다. 열차가 설 때마다 강백호처럼 옷을 맞춰 입은 이들이 인증샷을 찍으려고 우르르 내리는 모습도 재미난 구경거리. 건널목 차단기가 내려오면 열차가 온다는 신호로, 이때가 되면 다들 일제히 긴장하며 카메라를 든다. 인근의 가마쿠라 고등학교도 <슬램덩크>의 배경지다. MAP ㉔-C

GOOGLE MAPS 가마쿠라코코마에역
OPEN 05:14~23:34(역 운영 시간)
WALK 江 가마쿠라코코마에역 1분

에노덴의 또 다른 인기 포토존!
<바닷마을 다이어리>에서
자매들이 이용하던 고쿠라쿠지역極楽寺駅이다.
영화를 좋아했던 사람들은 꼭 한 번 내린다.

極楽寺駅

2 수영은 못하지만 많은 걸 할 수 있지
시치리가하마
七里ヶ浜

수영은 불가. 그렇지만 바다를 바라보며 해변을 걷기엔 더없이 좋은 장소다. 바다를 끼고 3km가량 이어지는 산책길과 멋진 뷰를 놓치지 않으려는 듯 곳곳에 자리 잡은 오션뷰 카페도 여행자를 불러 모은다. 길 건너편에 달리는 에노덴도 훌륭한 풍경이 되고, 하늘이 붉게 물드는 해 질 녘도 좋다. 바닷마을 자매들이 영화 엔딩 쯤 거닐던 바다가 이곳이다. **MAP ㉔-C**

GOOGLE MAPS 시치리가하마 해변
WALK 江 시치리가하마역 2분

+MORE+

시치리가하마의 전망 좋은 카페

하와이를 콘셉트로 한 카페
퍼시픽 드라이브인 Pacific Drive-in

서퍼가 많은 쇼난 바다에서 하와이 뺨치는 여유로운 풍경을 연출하려 인테리어, 디자인, 커피, 푸드 등 각 분야 전문가가 모여 만든 카페다. 갈릭 쉬림프, 밥 위에 햄버그와 달걀을 얹은 로코모코 등 하와이안 플레이트를 비롯해 팬케이크, 오믈렛 같은 20여 가지 메뉴가 준비돼 있다. 음식의 퀄리티가 썩 높은 곳은 아니지만, 뷰 하나만은 끝내준다. **MAP ㉔-C**

GOOGLE MAPS 가마쿠라 pacific drive in
ADD 2 Chome-1-12 Shichirigahamahigashi, Kamakura
OPEN 08:00~20:00(11~2월 목·금 10:00~)
WALK 江 시치리가하마역 5분
WEB pacificdrivein.com

Pacific
DRIVE-IN

바다가 보이는 호주식 브런치 카페
빌즈 Bills 七里ヶ浜

바닷가 건물 2층에 자리한 호주에서 온 브런치 카페. 전 매장 인기 넘버원 리코타 치즈 팬케이크(핫케이크)를 비롯해 샐러드, 오믈렛, 토스트 등 다양한 메뉴가 준비돼 있다. 멋진 바다 전망이 인기를 끌어 올리는데 한몫 하는 곳이라 맑은 날이면 테라스석을 차지하기가 쉽지 않다. 구글맵에서 예약을 지원한다. **MAP ㉔-C**

GOOGLE MAPS 빌즈 시치리가하마
ADD 1-1-1 Shichirigahama, Kamakura
OPEN 07:00~21:00
WALK 江 시치리가하마역 2분(Weekend House Alley 2층)

달걀을 추가 주문한 뒤
머랭을 쳐 밥 위에 얹으면
맛과 비주얼이
업그레이드 된다.

고등어구이 1890엔,
달걀 추가 220엔

3 에노덴이 보이는 가마쿠라 그 카페
요리도코로
カフェ ヨリドコロ

에노덴을 바라보며 식사하기 위해 매일 많은 사람이 찾는 작은 골목식당. '비일상'을 찾아 떠난 여행자들이 누군가의 '일상'을 느꼈으면 좋겠다는 주인장의 바람을 담아 생선구이와 몇 가지 반찬으로 이루어진 평범한 가정식을 차려낸다. 가마쿠라에서는 흔한 일상의 장면을 눈으로 사진으로 담아보자. 단, 기차가 보이는 창가석은 선택할 수 없다. **MAP ㉔-D**

GOOGLE MAPS 요리도코로
ADD 1-12-16 Inamuragasaki, Kamakura
OPEN 07:00~18:00/화요일 휴무
WALK 江 이나무가라사키역 2분
WEB yoridocoro.com

4 큰 불상이 지키는 작은 마을
하세
長谷

가마쿠라 대불이 지키고 선 소박한 마을. 관광지를 벗어나 한적한 데다, 낮은 건물 사이로 바다도 내려다보여 고즈넉한 시골 정취를 즐기기에 제격이다. 요즘엔 고민가를 리노베이션한 카페들이 핫플레이스로 떠오르는 중! **MAP ㉔-D**

GOOGLE MAPS 가마쿠라 하세
WALK 江 하세역 6분

5 초여름에 수국 보러 오세요
하세데라
長谷寺

가마쿠라 막부가 시작되기 전인 8세기경 건립된 고찰이다. 계절에 따라 변화하는 사찰 풍경이 매우 아름다운데, 특히 수국이 만발한 5월 말부터 6월까지가 으뜸으로 손꼽힌다. 경내 주요 건물이 모두 바다를 향해 있어 전망 명소 역할까지 톡톡히 하는 곳. 영화 <바닷마을 다이어리>에 등장해 더욱 유명해졌다. **MAP ㉔-D**

GOOGLE MAPS 가마쿠라 하세데라
ADD 3-11-2 Hase, Kamakura
OPEN 08:00~16:30(4~6월 ~17:00)
PRICE 400엔, 11세 이하 200엔
WALK 江 하세역 6분
WEB www.hasedera.jp/en

6 전쟁도 지진도 이 몸을 막을 순 없다네 가마쿠라 대불(가마쿠라 다이부츠)

鎌倉大仏

사찰 코토쿠인高徳院에 위치한 높이 11.3m, 얼굴 길이만 2m가 넘는 121t의 대불. 13세기에 제작된 일본의 국보다. 숱한 전쟁을 치르며 가마쿠라의 많은 문화재가 소실됐고, 대불이 있던 건물도 15세기에 지진으로 붕괴됐지만, 이 대불만큼은 건립 당시 모습을 지키고 있다. 다만 전신에 덮여있던 금박은 모두 벗겨져 버렸다고. 오른쪽 뺨에 그 흔적이 조금 남아있다. 대불의 정식 명칭은 동조아미타여래좌상銅造阿弥陀如来坐像. 불상을 제외하고 절 자체는 소박한 편이다. **MAP ㉔-D**

GOOGLE MAPS 고토쿠인
ADD 4-2-28 Hase, Kamakura
OPEN 08:00~17:30(10~3월 ~17:00)
PRICE 300엔, 초등학생 150엔
WALK 江 하세역 8분
WEB www.kotoku-in.jp

7 서퍼들의 천국 유이가하마

由比ガ浜

여름에만 100만 명이 찾는 가마쿠라의 대표 해수욕장. 먹거리, 비치 용품 대여 시설, 샤워룸, 보관함 등이 착실히 준비돼 있어 몸만 가도 문제없이 즐길 수 있다. 해수욕 시즌이 아니어도 서핑을 즐기는 이들로 사계절 붐비는 곳. 시리도록 차가운 겨울 바다를 가르는 서퍼들도 의외의 볼거리다. 여름철 해수욕장 개장 시즌에는 09:00~17:00에 서핑이 금지된다. **MAP ㉔-D**

GOOGLE MAPS 유이가하마 해수욕장
ADD 4 Yuigahama, Kamakura
WALK 江 유이가하마역 6분

골목 사이 숨어 있는 맛집들

하세 & 유이가하마 주변 추천 먹거리

오랜 전통을 간직한 레트로 찻집부터 창의적인 오거닉 요리까지. 발견의 즐거움을 더하는 맛집들을 찾아보자.

기분이 산뜻해지는 건강식

마고코로 麻心 Magokoro

가마쿠라 주민에게는 맛있는 오거닉 레스토랑으로, 외지에서 온 여행자들에게는 영화 <바닷마을 다이어리>에 등장한 카페로 유명하다. 마와 유기농 제철 채소로 꾸린 정식, 마 음료와 디저트 등 마를 주제로 한 메뉴 외에도, 영화에 등장한 시라스 갈릭 토스트가 스페셜 메뉴로 준비돼 있다. 마가 함유된 오일과 바디케어 제품도 판매한다.

MAP ㉔-D

GOOGLE MAPS 가마쿠라 마고코로
ADD 2-8-11 Hase, Kamakura
OPEN 11:30~20:00/월요일 휴무
WALK 江 하세역 5분
WEB sites.google.com/site/magokorokamakura

시라스 갈릭 토스트しらすのガーリックトースト 580엔

빵 맛은 확실히 보장

카페 르세트 가마쿠라 Cafe Recette 鎌倉

도쿄에서 '특별한 날에 먹는 최고급 빵' 콘셉트로 인기를 얻은 베이커리 르세트의 직영 카페. 르세트의 빵으로 구운 다양한 토스트가 주메뉴로, 달걀과 우유에 하룻밤 푹 담가 한결 촉촉한 프렌치토스트가 가장 인기다. 평일에는 2200엔에 1시간 20분 동안 빵을 마음껏 먹을 수 있는 뷔페를 운영한다. 100년을 훌쩍 넘은 고민가를 리노베이션하면서 인테리어와 가구 하나까지 꼼꼼히 신경 썼다. **MAP ㉔-D**

GOOGLE MAPS cafe recette
ADD 22-5 Sakanoshita, Kamakura
OPEN 09:30~17:00 (토·일·공휴일 08:00~)
WALK 江 하세역 4분
WEB cafe-recette.com

얼미티트 프렌치토스트 1800엔(음료 세트 2150엔)

가마쿠라에서 만나는 깊고 진한 풍미

우프 커리 Woof Curry

카레 애호가들 사이에서 소문난 맛집. 도쿄 기치조지의 유명 카레점 마메조(263p)에서 수련한 오너가 차린 가게다. 장시간 끓여낸 진한 풍미의 비프카레, 치킨카레, 새우카레 등을 선보이는데, 닭고기, 돼지고기, 소고기를 모두 넣은 스페셜 카레가 가장 인기다. 다른 곳에서 흔히 맛볼 수 없는 양고기 카레도 시그니처 메뉴다. **MAP ㉔-D**

GOOGLE MAPS woof curry
ADD 2-10-39 Hase, Kamakura
OPEN 11:00~21:00/수요일 휴무
WALK 江 하세역 4분
WEB www.woof-curry.com

스페셜 카레 1650엔

에노덴의 낭만을 담은 레트로 찻집

가마쿠라 무신안 鎌倉 無心庵

다이쇼시대에 지어진 스키야数寄屋 양식(다실에서 발전한 전통 건축 양식)의 고택을 개조한 카페. 작은 일본식 정원과 넓은 툇마루를 감상하면서 팥, 아이스크림, 과일을 넣은 크림 앙미츠クリームあんみつ 등 달콤한 전통 디저트를 맛보자. 에노덴 와다즈카역 바로 맞은편이어서 에노덴을 코앞에서 촬영할 수 있다. **MAP ㉔-D**

GOOGLE MAPS mushinan
ADD 3-2-13 Yuigahama, Kamakura
OPEN 10:00~17:00/목요일 휴무(공휴일인 경우 오픈)
WALK 江 와다즈카역 맞은편

크림 앙미츠 850엔

#Walk

가마쿠라역 주변

왁자지껄한 메인 스트리트

鎌倉駅

鎌倉
小町通り
KOMACHI ST.

에노덴이나 JR을 타고 가마쿠라역에 도착한 여행자는 주로 JR 가마쿠라역 동쪽 출구로 나온다. 번화가도, 큰 관광지도, 외곽으로 이동하는 버스정류장도 모두 이쪽에 있기 때문. 가마쿠라의 메인 스트리트격인 고마치 거리를 걸으며 맛집을 탐방하고, 가마쿠라 막부의 역사가 담긴 신사 쓰루가오카 하치만구를 둘러보는 시간. 가마쿠라역 서쪽의 오나리마치 거리御成町通り는 관광객이 잘 찾지 않는 대신 현지인 위주의 느긋한 풍경이 펼쳐져, 한결 여유로운 산책을 즐길 수 있다.

1 작고 소중한 여행자의 거리

고마치 거리

小町通り

일 년 내내 가마쿠라를 찾는 여행자들로 활기 넘치는 거리. 가마쿠라역 동쪽 출구에서 시작돼 350m가량 이어진다. 아이스크림이나 고로케 같은 길거리 간식부터 소장욕을 불러일으키는 기념품들까지 내딛는 걸음마다 여행자를 유혹하는 곳. 평일에는 수학여행 온 학생들, 주말에는 나들이 나온 가족과 연인들로 붐비는 거리 속으로 휩쓸리듯 들어가 보자. 단, 걸으면서 간식을 먹는 행위는 금지돼 있으며, 가게 앞 지정된 장소에서만 먹을 수 있다. 쓰루가오카 하치만구로 통하는 지름길로도 이용된다. MAP 27

GOOGLE MAPS 가마쿠라 고마치도리
WALK JR 가마쿠라역 동쪽 출구東口 1분

2 가마쿠라 막부의 중심
쓰루가오카 하치만구
鶴岡八幡宮

가마쿠라 막부 미나모토 가문의 수호신이던 가마쿠라 하치만鎌倉八幡을 모시는 신사. 막부시대가 막을 내리고 불교 배척 사상에 의해 불상이 파괴되는 등 수난을 겪었지만, 신사를 포함해 이때 살아남은 것 대부분이 국보와 보물로 지정돼 역사적인 가치를 인정받고 있다. 본당으로 향하는 61개의 계단에서 미나모토 가문의 아들이 자객에게 살해당했다는 이야기가 전해진다.

MAP 27

GOOGLE MAPS 쓰루가오카하치만구
ADD 2-1-31 Yukinoshita, Kamakura
OPEN 24시간
WALK JR 가마쿠라역 동쪽 출구東口 10분
WEB www.hachimangu.or.jp

3 사계절 느낌이 다른 사찰
조묘지
浄妙寺

가마쿠라 오산鎌倉五山(가마쿠라 막부가 남긴 5대 중세 사찰) 중 제5 사찰. 크기는 가장 작지만, 풍경은 으뜸이다. 1188년 23개의 탑과 건물을 지닌 대규모 사찰로 창건됐으나, 대부분 소실돼 지금의 형태만 남았다. 매화, 동백, 모란, 백일홍 등 계절별로 만발하는 꽃들과 유독 화려한 단풍 덕분에 영화나 드라마 속 단골 배경으로 등장한다. 근처에는 대나무 숲으로 둘러싸인 호코쿠지報国寺가 있다. 버스를 타고 다녀와야 할 만큼 역에서 멀리 떨어져 있다. **MAP 24-D**

GOOGLE MAPS jomyoji temple
ADD 3-8-31 Jomyoji, Kamakura
OPEN 09:00~16:30
PRICE 100엔
WALK JR 가마쿠라역 동쪽 출구東口 5번 버스정류장에서 하치만구방면八幡宮方面행 버스를 타고 조묘지浄妙寺 하차
WEB trip-kamakura.com/place/183.html

4 수영장이 있는 스타벅스
스타벅스 가마쿠라 오나리마치점
Starbucks 鎌倉御成町店

1930~70년대 인기 만화 <후쿠짱>을 그린 요코야마 류이치의 저택에 지어진 스타벅스 콘셉트 스토어. 작가가 아끼던 정원의 벚나무와 수영장을 그대로 살려 여느 스타벅스와는 다른 느낌이 난다. 많은 만화가와 문인이 모이던 공간에서 향기로운 커피 한 잔과 함께 쉬어가 보자. **MAP 27**

GOOGLE MAPS 8G9X+V3 가마쿠라
ADD 15-11 Onarimachi, Kamakura
OPEN 07:00~21:00
WALK JR 가마쿠라역 서쪽 출구西口 3분

5 화가의 아틀리에에서 즐기는 점심
가든 하우스
Garden House

레몬 & 메이플 팬케이크
1250엔

스타벅스 옆, 만화가 요코야마 류이치의 또 다른 아틀리에를 개조한 레스토랑 겸 바. 가마쿠라의 실제 장소들이 등장하는 소설 <츠바키 문구점>에서 주인공이 점심 식사를 한 곳이기도 하다. 팬케이크, 피자, 토스트 등을 즐길 수 있고, 조명이 켜진 저녁에 마시는 맥주 한 잔도 좋다. 맥주는 오리지널 수제 맥주. 다이칸야마에 지점이 있다. **MAP 27**

GOOGLE MAPS 가든 하우스 가마쿠라
ADD 15-46 Onarimachi, Kamakura
OPEN 09:00~21:00
WALK JR 가마쿠라역 서쪽 출구西口 3분
WEB ghghgh.jp/blogs/shoplist/gardenhouse-kamakura

6 입구까지만 허락된 고요한 절
주후쿠지
寿福寺

가마쿠라 막부시대 초대 권력자인 미나모토노 요리모토의 아내가 1200년 창건한 절. 창건 당시에는 14개의 탑을 가진 거대 사찰이었으나, 몇 번의 화재로 모두 소실됐다가 다시 지어졌다. 번성할 때는 많은 명승이 수행을 했고, 지금도 사찰 뒤쪽 묘지에는 당시 권력자와 지방 유지들이 잠들어 있어 가마쿠라 오산의 제3 사찰로 입지를 굳건히 하고 있다. 입구에서 본당으로 이어지는 길 등은 무료로 열려있지만, 본당 안쪽은 일반에 공개하지 않는다. **MAP 27**

GOOGLE MAPS 8HF2+M3 가마쿠라
ADD 1-17-7 Ogigayatsu, Kamakura
OPEN 24시간
WALK JR 가마쿠라역 서쪽 출구西口 10분

여행자들의 마음을 사로잡은

가마쿠라역 주변 맛집

여행객들로 활기가 넘치는 가마쿠라. 그 속에서 자신만의 색깔로 여행자들의 발길을 멈추게 하는 맛집들이 있다.

이달의 밥 0月のごはん
2000엔 안팎

다마고야키 고젠
玉子焼御膳 1500엔

재료의 맛에 집중하는 채식 레스토랑

나루토야 + 노리자 なると屋 + 典座

식재료 본연의 맛을 최대한 끌어내는 채식 레스토랑. 오직 가마쿠라산 야채만 사용한다. 추천 메뉴는 제철 식재료로 매달 구성을 바꾸는 '이달의 밥'. 칡 우동인 쿠즈토지 우동葛とじうどん(1100엔) 등 우동 메뉴도 맛있다. **MAP ㉗**

GOOGLE MAPS 나루토야 노리자
ADD 1-6-12 Komachi, Kamakura(고마치 거리)
OPEN 11:30~15:00, 18:00~20:00/화요일 휴무
WALK JR 가마쿠라역 동쪽 출구東口 2분
(寿ビル 2층)
WEB narutoya-tenzo.com

2F
なると屋

슈퍼 울트라 달걀말이

다마고야키 오자와 玉子焼おざわ

달걀말이 하나로 주말엔 2~3시간 줄을 세울 정도로 소문난 맛집. 1인분에 무려 달걀 4개가 들어가는 풍성한 양과 입에 넣으면 터지는 달짝지근한 육수. 다른 메뉴도 있지만, 열에 아홉은 달걀말이를 주문한다. 주말 점심시간엔 대기 줄이 너무 길어 오픈 시간에 맞춰가는 걸 추천. 준비된 재료가 떨어지면 그날 영업을 종료한다. **MAP ㉗**

GOOGLE MAPS 다마고야키 오자와
ADD 2-9-6 Komachi, Kamakura(고마치 거리)
OPEN 11:00~14:30(토 ~15:00)/일요일 휴무
WALK JR 가마쿠라역 동쪽 출구東口 4분

おざわ

크림티 세트 1300엔

고민가에서 갖는 영국식 티타임

개러지 블루벨 Garage Blue Bell

JR 철로변의 주택가 사이에서 영국 깃발이 눈에 띄는 작은 카페. 영국인들이 티타임에 즐겨 먹었던 크림티 세트(스콘+클로티드 크림+티)가 인기 메뉴로, 스콘이 특히 맛있다. 창밖의 마당, 작은 숲처럼 우거진 나무, 지저귀는 새들을 바라보며 홍차를 음미할 수 있는 분위기 맛집. 웨이팅이 긴 주말에는 오픈 전에 도착하는 것이 좋다. **MAP ㉗**

GOOGLE MAPS garage blue bell
ADD 2-4-14 Komachi, Kamakura
OPEN 12:00~17:00/수·목요일 휴무
WALK JR 가마쿠라역 서쪽 출구西口 7분
WEB garagebluebell.jimdofree.com

SPECIAL PAGE

산 속으로 떠나는 사찰 기행
기타카마쿠라 北鎌倉

가마쿠라역에서 JR 열차로 한 정거장인 기타카마쿠라역. 두 역 사이에는 앞서 만난 조묘지, 주후쿠지에 이어 가마쿠라 막부가 남긴 가마쿠라 오산의 남은 사찰 3곳이 있다. 잠시 소음을 잊고 산책에 집중하고 싶을 때 찾아보자.

오롯이 가져보는 마음챙김의 시간
엔카쿠지 円覚寺

석가모니를 본존으로 모시고 있는 절. 가마쿠라 막부 집권 시기에 전몰자 추모를 위해 중국 승려를 불러 창건한 이후 권력자의 보호를 받으며 승승장구했다. 쓰루가오카 하치만구의 사자가 흰 사슴으로 분해 사찰의 창시자인 쇼군을 이곳으로 안내했다는 전설이 있어, 절 곳곳에 '흰 사슴白鷺'이란 이름이 붙여졌다. 가마쿠라에서 고요한 사찰을 산책할 마음으로 한 곳만 고른다면 역에서 가깝고 풍경도 수려한 이곳이 적격이다. 뇨이안如意庵의 다실 안네이安寧에서 말차와 화과자를 즐길 수 있다. 가마쿠라 오산 중 제2 사찰이다. MAP ㉔-B

GOOGLE MAPS 엔가쿠지
ADD 409 Yamanouchi, Kamakura
OPEN 08:00~16:30(12~2월 ~16:00)
WALK JR 기타카마쿠라역 1분
PRICE 500엔, 초등·중학생 200엔
WEB engakuji.or.jp

산길을 걷다 문득 마주치는
조치지 浄智寺

한때는 500명 이상의 승려가 머물던 엔카쿠지와 비슷한 규모의 사찰이었으나, 가마쿠라 막부의 쇠퇴와 함께 점점 기울어 버렸다. 본존으로 아미타불, 석가모니, 미륵불을 기리고, 한쪽 동굴에선 칠복신七福神 중 하나인 호테이손布袋尊을 모신다(참고로 가마쿠라에는 일곱 신이 모두 있어 '가마쿠라 칠복신 순례'를 다니기도 한다). 동굴 안에 있는 호테이손 석상의 배를 문지르면 현세에서 무병장수를, 사찰 입구에서 감로수甘露水를 한 바가지 마시면 내세에서 극락을 기원할 수 있다. 가마쿠라 오산 중 제4 사찰이다.
MAP ㉔-B

GOOGLE MAPS jochiji temple
ADD 1402 Yamanouchi, Kamakura
OPEN 09:00~16:40
WALK JR 기타카마쿠라역 8분
PRICE 300엔, 초등·중학생 100엔
WEB jochiji.com

가마쿠라 오산의 첫 번째 절
겐초지 建長寺

일본 선종 불교 겐초지 파의 총본산이자 가마쿠라 오산의 제1 사찰. 절 자체가 사적이고, 많은 보물을 소장하고 있다. 1253년 독실한 불교 신자였던 당시 가마쿠라 쇼군이 중국에서 고승을 초빙해 세웠다. 14세기에 사원 대부분이 불탔을 때 재건 요구가 빗발쳤고, 막부에서 재건 비용을 충당하기 위해 중국에 대규모 무역선을 띄울 정도로 높은 지지를 받는 사찰이었다. 웅장한 경내에는 여전히 많은 승려가 수행하고 있다.
MAP ㉔-B

GOOGLE MAPS 겐초지
ADD 8 Yamanouchi, Kamakura
OPEN 08:30~16:30
WALK JR 기타카마쿠라역 15분
PRICE 500엔, 초등·중학생 200엔
WEB kenchoji.com

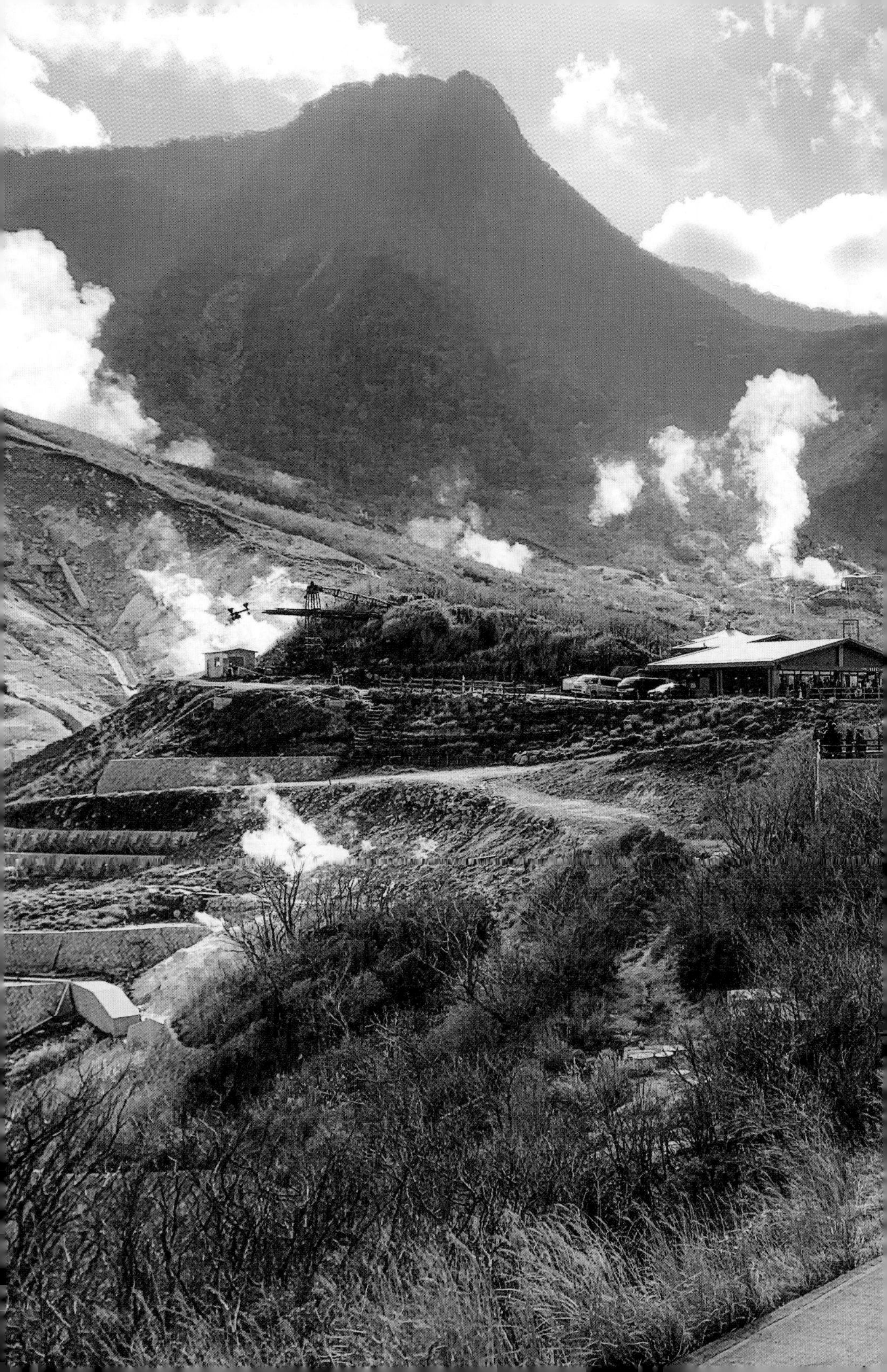

하코네

箱根

#HakoneMagic #힐링료칸

#후지산

Access

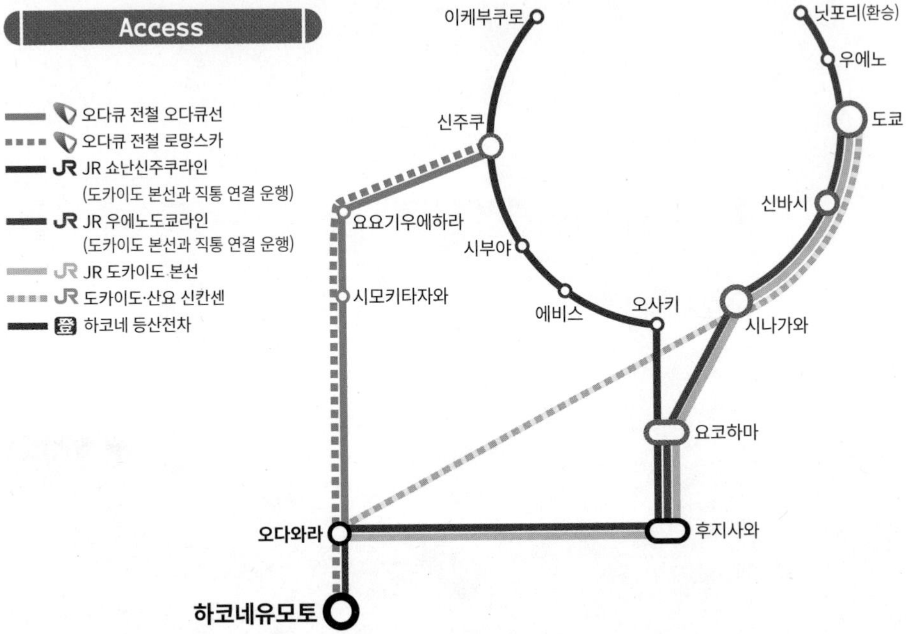

오다큐 전철 오다큐선
오다큐 전철 로망스카
JR JR 쇼난신주쿠라인
(도카이도 본선과 직통 연결 운행)
JR JR 우에노도쿄라인
(도카이도 본선과 직통 연결 운행)
JR JR 도카이도 본선
JR 도카이도·산요 신칸센
登 하코네 등산전차
이케부쿠로
닛포리(환승)
우에노
도쿄
신주쿠
신바시
요요기우에하라
시부야
시모키타자와
에비스
오사키
시나가와
요코하마
오다와라
후지사와
하코네유모토

● 도쿄 주요 역에서 오다와라·하코네까지 추천 교통편

출발역 \ 도착역	오다와라역 小田原	하코네유모토역 箱根湯本
신주쿠역	**오다큐선** 쾌속급행·급행 910엔/1시간 30분 또는 **특급 로망스카** 1910엔/1시간 10분	**오다큐 전철** 로망스카 2470엔/1시간 30분 또는 **오다큐선** 쾌속급행·급행 + 하코네 등산전차 1270엔/1시간 50분
도쿄역	JR **도카이도·산요 신칸센** 3280엔(자유석)/33분 또는 JR **우에노도쿄라인** + JR **도카이도 본선**(자동 환승) 각역정차 1520엔/1시간 20분	-
우에노역	JR **우에노도쿄라인** + JR **도카이도 본선**(자동 환승) 각역정차 1520엔/1시간 30분	-
시나가와역	JR **도카이도·산요 신칸센** 3100엔(자유석)/26분	-
요코하마역	JR **우에노도쿄라인** + JR **도카이도 본선**(자동 환승) 각역정차 또는 JR **쇼난신주쿠라인** 쾌속 990엔/1시간	-
후지사와역	JR **도카이도 본선** 각역정차 또는 JR **쇼난신주쿠라인** 쾌속 590엔/30~40분	-
오다와라역	-	登 하코네 등산전차 360엔/15분

*소요 시간은 열차의 종류, 환승 시간에 따라 조금씩 다름
*구글맵에서는 '오다와라역'을 '오다하라역'으로 표기하니 주의한다.

도쿄 시내에서 하코네 가기

가장 경제적으로 신주쿠 출발, 오다와라 도착

오다큐 전철 오다큐선 小田急 쾌속급행·급행

도쿄 시내에서 하코네까지 가는 방법은 다양하다. 그중 사철 오다큐 신주쿠역에서 1시간에 2~4회 출발하는 쾌속급행이나 급행열차를 타고 하코네의 관문인 오다와라역小田原(종점)까지 간 뒤, 하코네 등산전차(하코네 등산선)로 갈아타고 하코네유모토역箱根湯本으로 가는 방법이 가장 저렴하다. 등산전차는 열차가 오다와라역에 도착하는 시간에 맞춰 운행한다.

오다큐 신주쿠역은 JR 신주쿠역 중앙 서쪽 개찰구中央西改札와 남쪽 개찰구南改札 밖에 바로 붙어 있다. 지상 1층과 지하 1층에 걸쳐 10개의 승강장이 있으므로 탑승 전 안내판을 확인할 것.

*신주쿠에서 고라행 하코네 등산전차 티켓까지 한 번에 구매(환승 필요)하면 오다와라에 도착해 등산전차 티켓을 따로 끊는 것보다 저렴하다(자동판매기에서 구매할 경우 'ODAKYU Line' 옆의 'Transfer Ticket' 선택).

WEB odakyu.jp

하코네 프리패스로 무료 탑승할 수 있고, 예약이 필요 없다.

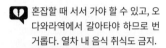

혼잡할 때 서서 가야 할 수 있고, 오다와라역에서 갈아타야 하므로 번거롭다. 열차 내 음식 취식도 금지.

가장 편하게 신주쿠 출발, 하코네유모토 도착

오다큐 전철 특급 로망스카 ロマンスカー

모든 좌석이 지정석으로 쾌적하며, 하코네유모토역까지 환승 없이 한 번에 갈 수 있다. 오다큐 신주쿠역 지상 1층에 위치한 2번·3번 승강장에서 1시간에 1~2대 출발한다. 하코네유모토역에 도착하면 바로 옆 승강장에서 고라強羅행 빨간색 하코네 등산전차를 만나게 된다. 도쿄 메트로 지요다선의 기타센주역北千住, 오테마치역大手町, 오모테산도역表参道에서 출발하는 열차편도 있으니 시간표를 확인한 후 이용하자.

하코네 프리패스로 탈 수 있지만, 특급권을 추가로 구매해야 한다. 특급권 요금은 하코네유모토역까지 1200엔, 오다와라역까지 1000엔. 성수기에는 인터넷 또는 오다큐선 각 역에서 예약해 두는 것이 좋다.

WEB www.web-odakyu.com/e-romancecar

하코네행 열차 중 가장 고급 열차다. 일부 객차는 맨 앞 칸(순방향 좌석)과 맨 뒤 칸(역방향 좌석)의 전·후면부와 천장까지 유리로 되어 전망이 좋다. 하코네 여행 후 피곤함에 지쳤을 때 이보다 편한 교통수단이 없다.

구형 객차는 쾌적성과 편의성이 다소 떨어진다.

2
特急ロマンスカー発車案内
Limited Express Information
3

Check!

하코네 여행의 '만능 치트키', 하코네 프리패스 箱根フリーパス

구매 장소에 따라 패스 디자인이 다양하다.

№ 6771
HAKONE FREE PASS
箱根フリーパス
有効3日
23.10.22
23.10.24
新宿駅

넓은 지역에 다양한 볼거리와 즐길 거리가 있는 하코네를 효율적으로 돌아보려면 하코네 프리패스를 이용하는 게 현명하다. 하코네를 한 바퀴 돌며 유명 명소만 돌아보더라도 최소 5번 이상 다른 교통수단으로 갈아타며 이동해야 하는데, 그때마다 티켓을 끊거나 요금을 따지는 등의 수고를 하지 않아도 된다는 것이 큰 장점. 특히 로프웨이나 케이블카, 해적선은 요금이 비싸므로 당일치기로 다녀온다고 하더라도 이 패스를 구매하는 것이 무조건 이익이다.

PRICE 신주쿠역 기준: 2일권 6100엔(어린이 1100엔), 3일권 6500엔(어린이 1350엔)
오다와라역 기준(하코네 지역 전용 패스): 2일권 5000엔(어린이 1000엔),
3일권 5400엔(어린이 1250엔)/시즌에 따라 20~30% 할인
WEB www.odakyu.jp/english/passes/hakone/

▪ 탑승 가능 열차 & 혜택

신주쿠와 오다와라 구간을 1회 왕복할 수 있고, 하코네 등산전차·등산케이블카·로프웨이·해적선·등산버스 등 하코네 전 지역과 오다와라, 고텐바 프리미엄 아웃렛Gotemba Premium Outlet을 커버하는 8종류의 교통편을 2일 또는 3일간 무제한 탑승할 수 있다(운전기사 또는 승강장 입구의 직원에게 패스를 보여주고 통과한다). 또 하코네 조각의 숲 미술관, 하코네 유리의 숲 미술관, 하코네 고라 공원, 하코네 습생화원, 하코네 고와키엔 유넷산 등 70여 개의 시설에서 각종 할인 혜택도 받을 수 있다.

하코네 로프웨이

▪ 구매처

오다큐 관광 서비스센터, 국내 여행 예약 사이트, EMot, 오다큐선 각 역 및 하코네 등산전차 일부 역의 티켓 자동판매기 등

▪ 주의할 점

❶ 출발역에서 오다와라역까지의 구간은 왕복 1회만 이용할 수 있다.
❷ 출발역에 되돌아오면 패스가 회수되어 더 이상 사용할 수 없다.
❸ 출발역 이외의 곳에서 하차해 추가 요금이 발생하면 별도로 요금을 지불해야 한다.
❹ 국내 여행 예약 사이트에서 구매한 경우 출발 30분 전까지 신주쿠역 오다큐 관광 서비스센터에서 실물 패스로 교환해 사용한다(실물패스 발권 전에도 특급권 구매·예약은 가능).
❺ 하코네의 교통은 오다큐 계열의 하코네 등산철도箱根登山鐵道와 세이부 계열의 이즈하코네 철도伊豆箱根鐵道가 각각 맡아서 운행하는데, 하코네 프리패스는 하코네 등산철도의 교통편에만 통용된다. 이즈하코네 철도의 교통편은 고마가타케 로프웨이, 이즈하코네 철도, 아시노코 유람선(하코네 선박), 이즈하코네 버스 등이 있다.
❻ 오다큐 고속버스(W번)와 도카이 버스(N번)는 지정 구간 내에서만 이용할 수 있다. 오다큐 관광 버스는 이용 불가.

小田急ロマンスカー
ODAKYU ROMANCECAR
小田急線きっぷうりば
오다큐선 전용 자동판매기

小田急 ロマンスカー特急券・定期券うりば
신주쿠역 오다큐 관광 서비스센터

실물 티켓 없이 폰 안에 쏙, 디지털 하코네 프리패스

利用区間
Section
現地用
おとな
Adult
1
利用開始日
Start date of use
利用終了日
End date of use
2024.11.23 ~ 2024.11.24

EMot 모바일 웹에서 하코네 프리패스를 구매하면 실물 교환 없이 바로 모바일 패스를 사용할 수 있다(앱은 일본어만 지원한다). 구매 후 필요할 때마다 EMot에 접속해 QR코드 패스를 활성화한 뒤 각 역의 개찰구에 설치된 QR코드 리더기에 스캔해서 사용한다. QR코드 리더기가 없는 곳에서는 역무원이나 운전기사에게 화면을 보여 주면 된다.

WEB www.emot-tickets.jp

■ **주의할 점**

❶ 1폰 1패스가 원칙. 한 번에 여러 개의 패스를 구매한 경우 'Transfer'기능을 이용해 실사용자의 핸드폰으로 전송해야 한다.
❷ QR코드는 캡처해서 사용할 수 없고, 매번 활성화해야 한다.
❸ 취소 시 수수료(220엔)가 발생한다.
❹ 인터넷 연결이 원활하지 않을 경우를 대비해 구매 영수증을 보관해 둔다.

로망스카 특급권은 온라인 구매 후 발권 없이 가볍게 출발하자

e-Romancecar 인터넷 사이트(한국어 지원) 또는 EMot 모바일 웹(영어 지원)에서 로망스카 특급권을 예약하고 좌석을 지정하면 역에서 실물 티켓으로 교환하지 않고 바로 탑승할 수 있다. 탑승을 위해 필요한 것은 ❶ 특급권 예약 시 결제한 신용카드와 ❷ e-Romancecar 또는 Emot에 접속해 구매 내역을 확인할 수 있는 스마트폰(혹은 구매 내역 페이지 출력물)으로, 열차 탑승 후 검표원이 요구하면 보여준다. 개찰구는 하코네 프리패스, 특급권이 포함되지 않은 오다큐선 일반 승차권만 구매하거나, 스이카·파스모 등 IC카드로 오다큐선 쾌속급행·급행 요금과 같은 일반 요금을 결제하고 통과한다.

*종이 티켓을 발권하고 싶다면 오타큐 신주쿠역 남쪽과 서쪽 지하 출구 근처에 있는 오다큐 관광 서비스센터나 자동판매기에서 가능하다. 자동판매기에서는 'telephone reservation' 메뉴를 선택해 예약 시 기입한 전화번호와 예약번호를 입력한 후 발권한다.

*로망스카 승강장에 설치된 자동판매기에서도 가장 빨리 오는 열차의 특급권을 구매할 수 있다.

WEB 예약 및 구매 확인: www.web-odakyu.com/e-romancecar

Limited Express Tickets
승강장의 특급권 전용 자동판매기

오다큐 관광 서비스센터 小田急旅行センター Odakyu Sightseeing Service Center

하코네 프리패스, 오다큐선 로망스카 특급권 및 승차권을 판매·발권·교환하며, 수하물 보관(최대 3일), 관광 안내 서비스를 제공한다. 무인 환전기도 있다. 수하물 보관 요금은 짐 1개당 1일 1000엔으로 비싸지만, 코인 로커에 빈자리가 없을 때 요긴하게 이용할 수 있다. 하코네유모토역에서는 역과 하코네 각 숙소 간 수하물 배송 서비스도 제공한다(900~1600엔, 오후 12시 30분까지 접수). 한국어가 가능한 직원이 있지만, 상주하는 것은 아니다.

WEB www.odakyu-travel.co.jp/departure/travel_center.html

観光案内
Entrance
入口
하코네유모토역 관광 서비스센터

■ **신주쿠역(2곳)**

WHERE 서쪽 출구점: 오다큐 신주쿠역 지하 1층 서쪽 출구 지하 개찰구 밖(JR 중앙 서쪽 개찰구 근처)/남쪽 출구점: 오다큐 신주쿠역 지상 2층 남쪽 출구 개찰구 밖(JR 남쪽 개찰구 근처)

OPEN 07:30~20:00/로망스카 특급권·승차권, 프리패스 판매 08:00~16:00/외국인 여행자용 오다큐선 승차권 판매·관광 안내 08:00~19:00/수하물 보관 08:00~18:30(수취 ~19:00)

■ **오다와라역**

WHERE 오다와라역 내 동서 통로

OPEN 08:30~16:30/수하물 보관 08:30~16:00(수취 ~16:30)

■ **하코네유모토역**

WHERE 하코네유모토역 개찰구 바로 앞

OPEN 09:00~19:00(토·공휴일 08:00~)/수하물 보관 09:00~17:30(수취 ~18:00)

도쿄 동쪽에서 출발, 오다와라 도착

JR 우에노도쿄라인 上野東京ライン
+ JR 도카이도 본선 東海道本線

우에노·아키하바라·도쿄·유라쿠초·신바시·하마마쓰초·시나가와 등 도쿄 동쪽 지역에서 오다와라까지 한 번에 간다. 우에노도쿄라인은 오후나역大船에서 도카이도 본선으로 바뀌지만, 자동 환승되므로 갈아타지 않아도 된다.

WEB westjr.co.jp/global/kr/timetable/

신주쿠역에서 환승할 필요가 없어 오다큐선보다 편하고 빠르다.

오다큐선 급행열차보다 비싸다. 하코네 프리패스 적용 불가.

가장 빠르게 도쿄·시나가와 출발, 오다와라 도착

JR 도카이도·산요 신칸센 東海道新幹線

비용보다 시간을 아끼고 싶다면 일본 고속열차인 JR 신칸센을 이용해 보자. 도쿄역과 시나가와역에서 신칸센 고다마こだま와 히카리ひかり가 오다와라역까지 1시간에 2~3회 출발한다. 오다와라역에서 하코네유모토역까지는 하코네 등산전차 또는 버스를 이용한다.

WEB westjr.co.jp/global/kr/timetable/

가장 빠르게 이동할 수 있고, 신칸센을 타보는 경험도 해볼 수 있다.

비싸다. 오다와라까지 한국 돈으로 약 3만 원을 쓰고 시작.

도쿄 서쪽에서 출발, 오다와라 도착

JR 쇼난신주쿠라인 湘南新宿ライン(JS)

이케부쿠로·신주쿠·시부야·에비스·오사키 등 도쿄 서쪽 지역에서 오다와라까지 한 번에 간다. 1시간 간격으로 운행하며, 신주쿠역 기준 소요 시간은 약 1시간 15분, 요금은 1518엔.

WEB westjr.co.jp/global/kr/timetable/

신주쿠 외 역에서 출발할 경우 환승할 필요가 없어 편하다.

배차간격이 길고 요금이 비싸다. 비슷한 수준의 열차인 오다큐선 쾌속급행·급행과 비교해 장점이 거의 없다.

+MORE+

하코네의 관문, 오다와라역

로망스카를 제외한 오다큐선, JR을 타고 하코네에 간다면 가장 먼저 오다와라역에 하차한다. 이곳에서 하코네 등산전차로 환승해 하코네유모토역(15분, 4정류장)으로 가거나 동쪽 출구東口로 나가 하코네 등산버스를 탄다. 오다와라역은 미야노시타, 조코쿠노모리, 센고쿠하라, 모토하코네 등을 연결하는 하코네 등산버스의 출발점이므로 시작부터 앉아서 간다는 장점이 있다.
오다와라역은 신칸센이 정차하는 큰 역으로, 쇼핑몰과 곧장 연결되고, 주변에 저렴한 비즈니스호텔도 있다.

1495년 오다와라호조小田原北條의 거성이 되어 한때는 오사카성에 필적할 만한 거대한 규모를 자랑한 오다와라성小田原城까지 도보 5분 거리다.

한 번에 신주쿠 출발, 하코네 센고쿠하라·도겐다이·하코네엔 도착

오다큐 고속버스(하이웨이버스) 小田急ハイウェイバス

센고쿠하라, 하코네엔 등 버스로만 접근할 수 있는 지역을 방문할 예정이라면 오다큐 고속버스 왕복권(3300엔 고정 요금)을 구매해 한 번에 가는 것도 좋은 방법이다. JR 신주쿠역 신남 구역 4층에 있는 바스타 신주쿠バスタ新宿 고속버스 터미널에서 30분~1시간 간격으로 출발하는 버스는 고텐바역御殿場(일본 최대 규모의 아웃렛인 고텐바 프리미엄 아웃렛행 셔틀버스 환승역)을 거쳐 센고쿠하라, 도겐다이, 하코네엔, 하코네 오다큐야마노 호텔箱根小田急山のホテル(하코네 신사 근처) 등에 선다. 소요 시간은 2시간~2시간 30분. 차내에서 요금을 지불하거나 바스타 신주쿠 영업소 창구, 일본 고속버스 예약 사이트 등에서 예약한다.

WEB odakyu-highway.jp/express/hakone/, 일본 고속버스 예약 japanbusonline.com/ko

전석 지정제라 붐비지 않으며, 원하는 목적지까지 환승 없이 편하게 갈 수 있다.

주말, 성수기 등 여러 가지 이유로 차가 막힐 땐 소요 시간이 대책 없이 늘어난다.

요코하마에서 하코네 가기

요코하마역 출발, 오다와라 도착

JR 우에노도쿄라인 上野東京ライン·
JR 쇼난신주쿠라인 湘南新宿ライン(JS)
+ JR 도카이도 본선 東海道本線

요코하마역에서 우에노도쿄라인 또는 쇼난신주쿠라인을 타면 오후나역大船에서 도카이도 본선과 자동 환승되어 오다와라역小田原까지 한 번에 간다.

WEB westjr.co.jp/global/kr/timetable/

가마쿠라에서 하코네 가기

오후나·후지사와 출발, 오다와라 도착

JR 도카이도 본선 東海道本線

가마쿠라역에서 오다와라역小田原까지 한 번에 가는 열차는 없고, 오후나역大船이나 후지사와역藤沢에서 도카이도 본선을 타고 오다와라역까지 간다.

WEB westjr.co.jp/global/kr/timetable

하네다공항에서 하코네 가기

하네다공항 출발, 오다와라 도착

공항버스

게이큐 버스京急バス와 오다큐 고속버스가 고텐바, 센고쿠하라를 지나 도겐다이까지 간다. 제3 터미널 2층 버스 승차권 판매 카운터에서 티켓을 구매한 후 건물 밖 7번 정류장에서 탑승한다. 소요 시간은 1시간 30~40분.

HOUR 제3 터미널 출발 기준 센고쿠 안내소 도착 07:50~19:45/하루 7회, 도겐다이 도착 07:50~15:00/하루 4회
PRICE 센고쿠 안내소 2500엔, 도겐다이 2600엔
WEB 게이큐 버스 kr.hnd-bus.com/airport/h-gotenba
오다큐 고속버스 odakyu-highway.jp/express/hakone

Check!

가마쿠라와 하코네를 함께 여행한다면 하코네 가마쿠라 패스도 고려해 보자

하코네와 가마쿠라를 모두 둘러볼 경우 3일간 이용할 수 있는 하코네 가마쿠라 패스도 고려해 보자. 하코네 프리패스와 달리 신주쿠-오다와라 간 오다큐선을 무제한 탑승할 수 있어 도쿄에 숙박하며 왕복하는 것도 가능하다. 단, 외국인 여행자 전용 상품이므로 일반 매표소와 발권기에서는 구매할 수 없다. 여권을 지참하고 신주쿠역 등 오다큐선 관광 서비스센터에서 구매하거나 국내 여행 예약 사이트에서 예약 후 오다큐선 관광 서비스센터에서 실물 패스로 교환해 사용한다. 로망스카 이용 시 특급권을 추가로 구매해야 한다.

PRICE 3일권 7520엔(어린이 1840엔)
WEB www.odakyu.jp/english/passes/hakone_kamakura

■ 탑승 가능 열차 & 혜택
신주쿠-오다와라 간 오다큐선, 하코네 지역의 8가지 교통수단(하코네 프리패스와 동일), 오다큐 에노시마선·에노덴(에노시마·가마쿠라 패스와 동일)을 무제한 탑승할 수 있고, 그 외 관광지 할인 혜택이 있다.

■ 구매처
신주쿠 오다큐 신주쿠역 오다큐 관광 서비스센터
가마쿠라 오다큐 가타세에노시마역 근처 가타세에노시마 투어리스트 인포메이션 센터, 후지사와 시티 투어리스트 센터
하코네 오다와라역, 하코네유모토역, 도겐다이역(로프웨이) 오다큐 관광 서비스센터

■ 주의할 점
하코네 가마쿠라 패스를 이용해 오다와라-가마쿠라를 오가려면 오다큐선(오다와라역)-사가미오노역相模大野 환승-오다큐 에노시마선(후지사와역) 코스를 따라야 하므로 JR을 이용하는 것보다 시간이 더 오래 걸린다(총 1시간 20~30분 소요).

하코네 시내 교통

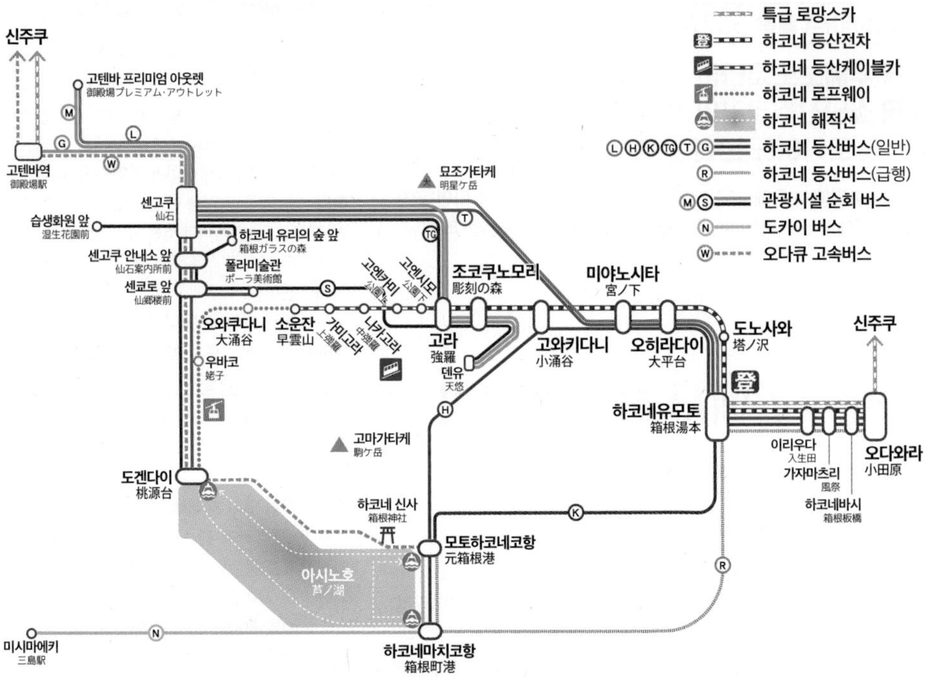

특급 로망스카
하코네 등산전차
하코네 등산케이블카
하코네 로프웨이
하코네 해적선
하코네 등산버스(일반)
하코네 등산버스(급행)
관광시설 순회 버스
도카이 버스
오다큐 고속버스
신주쿠
고텐바 프리미엄 아웃렛
御殿場プレミアム·アウトレット
고텐바역
御殿場駅
센고쿠
仙石
습생화원 앞
湿生花園前
하코네 유리의 숲 앞
箱根ガラスの森
센고쿠 안내소 앞
仙石案内所前
폴라미술관
ポーラ美術館
센쿄로 앞
仙郷楼前
묘조가타케
明星ケ岳
고엔카미
公園上
고엔시모
公園下
조코쿠노모리
彫刻の森
미야노시타
宮ノ下
오와쿠다니
大涌谷
소운잔
早雲山
가미고라
上強羅
나카고라
中強羅
고라
強羅
고와키다니
小涌谷
오히라다이
大平台
도노사와
塔ノ沢
우바코
姥子
덴유
天悠
하코네유모토
箱根湯本
신주쿠
고마가타케
駒ケ岳
이리우다
入生田
가자마츠리
風祭
하코네바시
箱根板橋
오다와라
小田原
도겐다이
桃源台
하코네 신사
箱根神社
모토하코네코항
元箱根港
아시노호
芦ノ湖
미시마에키
三島駅
하코네마치코항
箱根町港

하코네 등산전차(하코네 등산선) 箱根登山電車(箱根登山線)

1919년에 개통한 일본 유일의 산악열차. 오다와라역(해발 14m)에서 출발해 하코네유모토역(해발 96m)에서 열차를 바꾼 뒤 고라역(해발 541m)까지 약 15km를 달린다. 레일과 바퀴의 마찰력에 의존하는 열차로는 일본에서 가장 가파른 경사(최대 약 4.6°)를 오르내리며 급커브 구간을 안전하게 통과하기 위해 2량 열차로만 운행한다. 외길철로를 따라 급경사 산길을 지그재그로 오르내리는 스위치백 구간에 도착하면 열차를 잠시 멈추고 운전사와 차장이 서로 위치를 바꾸는 모습이나, 상·하행 열차가 서로 만나는 지점에서 상대 열차를 먼저 보내주기 위해 비켜주는 장면도 등산전차의 묘미 중 하나다.

箱根湯本

하코네유모토역에 정차 중인 등산전차

2005

6월 중순경 수국이 개화하기 시기에는 '수국 전차'라는 애칭으로 불린다.

HOUR 05:52~22:59(오다와라역 기준), 09:00~17:00에는 1시간에 4회, 그 외 시간에는 1시간에 2~3회 운행
PRICE 기본요금 160엔/ **하코네 프리패스**
WEB www.hakonenavi.jp/hakone-tozan/

하코네 등산전차 노선

오다와라역小田原 → … → 15분, 360엔 → 하코노유모토역箱根湯本 → 4분, 420엔 → 도노사와역塔ノ沢 → 11~13분, 510엔 → 오히라다이역大平台 → 10~14분, 670엔 → 미야노시타역宮ノ下 → 5~9분, 710엔 → 고와키다니역小涌谷 → 3분, 770엔 → 조코쿠노모리역彫刻の森 → 3분, 770엔 → 고라역強羅

*요금은 오다와라역 출발 기준

하코네 등산케이블카 箱根登山ケーブルカー

동력 장치 없이 케이블을 끌어당겨 운행하는 2량 열차. 지형의 경사도와 열차의 기울기가 같아서 좌석이 계단식으로 배열돼 있다. 고라역(해발 541m)에서 종착역인 소운잔역(750m)까지 10분 거리지만, 객차 내부가 좁고 배차 간격이 길어서 성수기나 주말에는 차량을 몇 대 보내야 겨우 탈 수 있다.

등산전차와 케이블카가 정차하는 고라역

1921년 스위스의 기술과 장비를 들여와 개통했다.

HOUR 08:25~18:20(고라역 기준), 1시간에 3~4회 운행
PRICE 기본요금 90엔/ 하코네 프리패스
WEB www.hakonenavi.jp/hakone-tozan/

하코네 등산케이블카 노선

고라역強羅 → 2분, 90엔 → 고엔시모역公園下 → 2분, 170엔 → 고엔카미역公園上 → 2분, 250엔 → 나카고라역中強羅 → 2분, 340엔 → 가미고라역上強羅 → 2분, 430엔 → 소운잔역早雲山

*요금은 고라역 출발 기준

하코네 로프웨이 箱根ロープウェイ

소운잔에서 도겐다이까지 약 4km 길이를 잇는 하코네의 명물. 유황 온천수와 가스가 지표면에 솟구치는 온천 계곡이 장관인 소운잔~오와쿠다니 구간, 날씨가 좋으면 멀리 눈 덮인 후지산이 바라다보이는 오와쿠다니~우바코 구간, 울창한 숲 너머로 아시노호 풍광이 펼쳐지는 우바코~도겐다이 구간으로 나뉜다. 1분 간격으로 자주 운행하지만, 성수기나 주말에는 줄을 한참 서야 한다. 케이블카 탑승 시 되도록 앞쪽에 자리를 잡자. 바람이 강하게 부는 날이나 정기 점검 및 보수공사 시 운행이 중단될 수 있으니 홈페이지에서 확인하자.

HOUR 09:00~17:00(12~1월 ~16:15), 1분 간격 운행
PRICE 전 구간 편도 1500엔, 왕복 2500엔/ 하코네 프리패스
WEB www.hakonenavi.jp/hakone-ropeway/

하코네 로프웨이 노선

소운잔역早雲山 → 15분 → 오와쿠다니역大涌谷 → 15분 → 우바코역姥子 → 15분 → 도겐다이역桃源台

*로프웨이가 운행 중지된 경우엔 버스로 대체해 이동한다. 로프웨이 운행 여부는 홈페이지에서 확인한다.

하코네 해적선 箱根海賊船

멋들어진 관광선을 타고 아시노호 주변의 경관을 음미할 수 있는 하코네의 상징. 배가 정박해 있을 때 육지 쪽에 자리를 잡아야 경치가 좋으며, 갑판 맨 위로 올라가면 멋진 정경을 즐길 수 있다. 600엔을 추가하면 고급스러운 특별 선실과 전용 갑판을 이용할 수 있다. 바닥부터 천장까지 목재로 클래식하게 꾸민 퀸 아시노코호, 18세기 프랑스 함대의 기함을 모델로 제작한 로얄II호, 18세기 영국에서 건조돼 수많은 해전에서 활약한 전함을 모델로 제작한 빅토리호 3척이 운행 중이다.

해적선에서 바라본 하코네 신사의 도리이

HOUR 09:30~16:15(도겐다이항 기준)/1시간에 1~2회 운항(시즌마다 다름, 홈페이지 확인)
PRICE 왕복권 2220엔/ 하코네 프리패스
WEB www.hakonenavi.jp/hakone-kankosen

하코네 해적선 노선

도겐다이항桃源台港 → 25분, 1200엔 → 하코네마치항箱根町港 → 10분, 420엔 → 모토하코네항元箱根港 → 25분, 1200엔 → 도겐다이항

하코네 등산버스 箱根登山バス

10개 노선이 하코네 전 지역과 동쪽의 오다와라, 북서쪽의 고텐바까지 커버한다. 특히 여행자가 많이 찾는 하코네마치, 모토하코네, 센고쿠하라 지역은 버스가 유일한 대중교통수단이라 꼭 한 번은 이용하게 된다. 이즈하코네 버스와 정류장을 함께 사용하므로 프리패스 사용 시 주의한다.

PRICE 기본요금 200엔, 하코네유모토~조코쿠노모리 560엔, 하코네유모토~센고쿠하라 840~940엔, 하코네유모토~모토하코네·하코네마치 1080엔, 하코네유모토~도겐다이 1180엔/ **하코네 프리패스**

WEB www.hakonenavi.jp/hakone-tozanbus/

'하코네 등산버스'라고 적힌 빨간색 버스인지 확인 후 탑승할 것

IC카드 리더기와 정리권 발권기, 요금함

110
早川口
1170 1120 1070 1000 930 880
830 800 750 710 620 460
400 360 290 220 200
모니터에서 정리권 번호와 일치하는 구간의 요금을 준비한다.

Check!

이즈하코네 버스와 구별하는 법

이즈하코네 버스

하코네 북쪽의 미야기노宮城野와 센고쿠하라 지역을 제외한 하코네 전 지역을 커버하는 이즈하코네 버스伊豆箱根バス는 하코네 프리패스로 탑승할 수 없다. J·Z·U·P번 노선이 있는데, 구글맵에는 대개 노선 번호 없이 일본어 노선명만 적혀 나온다. 경로 검색 시 '小田原~大涌谷~湖尻~箱根園'와 같이 일본어만 적혀 있으면 이즈하코네 버스, G, H, T 등의 알파벳이 적혀 있으면 하코네 등산버스라고 생각하면 된다. 하코네 등산버스는 빨간색, 이즈하코네 버스는 초록색이 상징색이라는 것도 알아두자.

WEB www.izuhakone.co.jp/bus

하코네에서 버스 타는 법

하코네 등산버스와 이즈하코네 버스 모두 앞으로 타고 내린다. 프리패스가 없다면 버스를 탈 때 '세이리켄(정리권)整理券'이라고 적힌 발권기에서 정리권(번호표)을 뽑거나 정리권 옆의 리더기에 IC카드를 태그하고, 내릴 때 버스 앞창문 위쪽에 있는 모니터에서 정리권 번호와 일치하는 구간의 요금만큼 정리권과 함께 현금을 요금함에 넣거나 IC카드를 리더기에 태그한다. 버스 기사는 잔돈을 거슬러주지 않으므로 잔돈이 부족한 경우 내릴 때 동전 또는 1000엔짜리 지폐를 동전·지폐 교환기에 넣고 10·50·100·500엔짜리 동전으로 교환하여 지급한다.

하코네유모토 료칸(여관) 송영버스 箱根湯本温泉旅館送迎バス

역에서 멀리 떨어진 료칸과 온천 호텔을 촘촘하게 이어주는 일종의 마을버스. 하코네유모토역에서 하코네 방면 버스 출구箱根方面バス口로 나와 에스컬레이터를 타고 내려오면 오렌지색 버스가 보인다. A코스滝通り線, B코스早雲通り線, C코스塔之澤線 3개 코스가 있으며, A코스는 1시간에 2~4회, B코스는 1시간에 1~3회, C코스는 하루 3회 정도 운행한다. 오후 5~6시 전에 버스가 끊기므로 목적지에 도착했을 때 막차 시간을 꼭 확인해두자.

HOUR 09:00경부터 17:00~18:00 전까지/홈페이지 확인

PRICE 200엔, 초등학생 100엔

WEB www.hakonenavi.jp/hakone-tozanbus/kanko/yumoto/

하코네유모토 료칸(여관) 송영버스

하코네유모토역

箱根登山バス湯本案内所
箱根町総合観光案内所
Information
하코네 등산버스 안내소와 하코네마치 종합관광안내소

Planning

보통 하루 일정이면 주요 명소를 다 둘러볼 수 있지만, 사람이 많아 교통편을 갈아타는 데 시간이 오래 걸리는 주말이나 성수기, 해가 일찍 지는 겨울철에는 늦어도 오전 9시 전까지 도착하는 것이 좋다. 1박 할 예정이라면 온천 호텔이나 료칸에서 온천욕과 가이세키 요리를 즐겨보자. 하코네 대부분의 상점과 음식점은 오후 6시경에 문을 닫는다.

하루 만에 즐기는 하코네 골든 코스

오전 9시 하코네유모토역
하코네는 유명 관광지라 조금만 지체해도 사람이 몰리고 길이 막혀서 예상보다 늘 시간이 많이 소요된다. 따라서 하코네유모토역에 도착하면 바로 등산전차로 갈아타고 산으로 올라가자.

↓

오전 10시 하코네 조각의 숲 미술관
하코네의 많은 미술관 중 하코네의 자연 풍광과 미술 작품을 함께 즐길 수 있는 조각의 숲 미술관을 선택.

↓

오전 11시 30분 고라역
본격적인 관광에 앞서 점심을 든든하게!

↓

오후 1시 오와쿠다니
고라역에서 케이블카로 10분, 소운잔에서 로프웨이로 갈아타고 간다. 유황천에서 삶은 검은 달걀을 맛보고 후지산을 감상하자.

↓

오후 2시 30분 하코네 해적선
오와쿠다니에서 로프웨이를 타고 종점에서 내린 후 해적선을 타고 아시노호를 건너자. 선착장에서 1시간 이상 기다릴 수도 있으니 도겐다이항 배 출발 시각을 확인하고 움직이자.

↓

오후 3시 30분 모토하코네 & 하코네 신사
호반 산책로를 따라 하코네 신사를 둘러본 후 다시 모토하코네로 돌아와 하코네유모토행 버스를 타자. 30~40분 소요.

↓

오후 6시 하코네 유료
하코네유모토역에서 셔틀버스로 3분. 하루의 피로를 풀어줄 노천온천이 기다리고 있다.

프리패스로 알차게 즐기는 1박 2일 코스

첫째 날
하루 만에 즐기는 하코네 골든 코스와 동일. 하코네에서 숙박한 경우 수하물 배송 서비스를 이용해 짐을 먼저 하코네유모토역으로 보내고 가볍게 출발하자(519p 참고).

↓

둘째 날 오전 10시 미야노시타
와타나베 베이커리에서 가벼운 아침 식사.

↓

오전 11시 하코네 유리의 숲 미술관
천천히 걸으며 자연과 하나 된 작품들을 즐기자.

↓

오후 12시 30분 라릭미술관 or 폴라미술관
미술관 카페에서 티타임과 스위츠를 즐기자.

↓

오후 3시 센고쿠하라 고원
봄에는 초록, 가을에는 황금빛으로 물드는 초원에서 산책의 시간을 보내자.

↓

오후 4시 30분 하코네유모토
오후 6시가 되면 대부분의 식당과 상점이 문을 닫으므로 기념품 쇼핑 후 조금 이른 저녁 식사를 하자.

*첫째 날 코스를 반대 방향으로 짜는 것도 가능하다. 특히 로프웨이 운행이 중단된 경우엔 버스로 사람이 몰리면서 극심한 혼잡이 빚어지는데, 도겐다이에서 오와쿠다니(로프웨이 대체버스 이용)·하코네유모토·오다와라로 향하는 버스가 조금 덜 붐벼 더 여유롭게 이동할 수 있다.

#Walk

하코네 여행은 이곳에서부터
하코네유모토
箱根湯本

도쿄 시내에서 출발한 로망스카와 오다와라에서 출발한 등산전차가 도착하는 하코네유모토역에서 하코네 여행이 시작된다. 숙박을 하지 않고도 당일치기로 즐길 수 있는 온천 시설, 화과자점, 기념품점, 노포 식당 등이 즐비한 이곳에는 하코네에서 가장 오래되고 큰 온천인 유모토 온천湯本溫泉이 에도시대부터 '하코네 7탕'의 중심지로 번영을 누려왔다. 잘 정비된 료칸이 골짜기를 따라 어깨를 맞대고 있으며, 12월에도 단풍의 절경을 즐길 수 있다.

스쿠모강須雲川과 하야강早川 골짜기를 따라 료칸과 온천 호텔들이 늘어서 있다.

건물 처마 밑으로 길게 나 있어 비가 올 때도 둘러보기 좋다.

폭신하고 부드러운 기쿠가와 상점菊川商店의 하코네 만주

① 하코네 제일의 번화가
하코네유모토역 앞 상점가 箱根湯本駅前商店街

하코네유모토역 앞에서 시작해 1번 국도를 따라 서쪽으로 뻗어 있는 하코네 최대의 상점가. 총길이 약 350m이며, 하코네 명물 만주, 어묵바, 꼬치 등 간단한 간식거리 및 지역 특산품을 판매하는 곳과 잡화점, 선물 가게 등이 늘어서 있다. 상점들은 대개 17:00~18:00에 문을 닫는다. **MAP ㉘**

WALK 하코네유모토역 온천 거리 출구温泉街口 바로

② 고요한 사찰에서 소박한 아침 산책
소운지 早雲寺

일본 전국시대의 명장 호조 소운北条早雲의 유언으로 1521년에 건립된 사찰. 물을 사용하지 않고 돌과 모래만으로 산수를 표현한 가레산스이 정원이 운치를 더한다. 하코네유모토에서 숙박한 경우 경내가 고요한 이른 아침에 짧은 산책을 즐기기 좋다. **MAP ㉘**

GOOGLE MAPS sounji hakone
ADD 405 Yumoto, Hakone
OPEN 05:00~17:00(겨울 06:00~16:00)
WALK 하코네유모토역 하코네 방면 버스 출구箱根方面バス口 15분

3 오랜 시간이 침식된 사찰
쇼겐지 正眼寺

료칸들을 지나 주택가에서 만나는 오래된 사찰. 이곳 지장보살 입상의 뱃속에서 '1256년'이 새겨진 불상이 발견됐으니, 사찰의 건립연도는 그보다 더 앞설 것으로 추정된다. 다만 지장보살을 모신 승가당 등 일부 건축물은 1868년경 일본의 내전인 보신 전쟁으로 소실된 것을 복원한 형태다. 경내에는 에도시대에 일본의 시조 하이쿠로 이름을 날린 거장 마츠오 바쇼의 글귀가 새겨진 비석이 있어 세월의 깊이를 더한다. MAP 28

GOOGLE MAPS shoganji yumoto
ADD 562 Yumoto, Hakone
OPEN 08:00~16:00
WALK 하코네유모토역 동쪽 온천 거리 출구温泉街口 18분/소운지 5분

4 가볍게 다녀올 수 있는 당일치기 온천 여행
하코네 유료 箱根湯寮

남녀 각각 너댓 종류의 노천탕을 이용할 수 있는 제법 규모가 큰 온천시설이다. 숙박을 하지 않아도 온천만 즐길 수 있고, 전세 개인실(총 19실)을 예약하면 프라이빗하게도 온천을 즐길 수 있다. 하코네유모토역 온천 거리 출구温泉街口로 나와 바로 보이는 계단을 따라 내려가면 이곳으로 출발하는 셔틀버스 정류장이 보인다. 매일 09:00부터 10~15분 간격으로 운행하는 셔틀버스를 타고 3분이면 온천 앞에 도착한다. 하코네를 돌아보고 나서 마지막 코스로 딱 좋은데, 저녁에 이용할 생각이라면 출발 전 하코네유모토역 정류장이나 홈페이지에서 하코네유모토역으로 돌아오는 막차 시간을 미리 확인하자. MAP 28

GOOGLE MAPS hakone yuryo
ADD 4 Tonosawa, Hakone
OPEN 10:00~20:00(토·일 ~21:00)
PRICE 1700엔(토·일·공휴일 2000엔), 초등학생 1000엔/전세 노천탕 탕별로 9400~1만4400엔(2시간)
WALK 하코네 등산전차 도노사와역 6분/하코네유모토역에서 셔틀버스 이용(막차 시간: 하코네유모토 출발 평일 18:50, 주말·공휴일 19:50/온천 출발 평일 20:05, 주말·공휴일 21:05, 2025년 1월 기준)
WEB www.hakoneyuryo.jp

5 자연 속에서 느긋한 온천 여행
텐잔 온천(텐잔토지쿄) 天山湯治郷

하코네 유료와 함께 숙박 없이 즐기는 당일치기 온천 코스로 가장 사랑받는 곳이다. 하코네 유료에 비해 접근성은 떨어지지만, 매일 500톤의 온천수를 쏟아붓는 8000여 평 대규모 시설로, 휴식 공간, 카페, 레스토랑 시설 또한 잘 갖추고 있어 느긋한 온천 여행을 즐기고 싶은 사람에게 추천한다. 하코네 온천 지역의 셔틀버스인 료칸(여관) 송영버스를 이용하면 가장 편한데, 버스 시간이 맞지 않을 때는 일반 버스를 이용해야 한다. 인근 강의 수질 오염을 막기 위해 합성 화학물질이 든 목욕용품은 사용할 수 없으니 주의할 것. MAP 28

GOOGLE MAPS 텐잔온천
ADD 208 Yumotochaya, Hakone
OPEN 09:00~23:00
PRICE 1450엔, 초등학생 700엔
WALK 하코네유모토 료칸 송영버스 B코스 텐잔토지쿄天山湯治郷 바로/하코네 등산버스 K번 오쿠유모토이리구치奥湯本入口 5분
WEB tenzan.jp

온천욕도 식후경

하코네유모토 명물 맛집

하코네에서 가장 북적북적한 하코네유모토. 하코네에서만 먹을 수 있는 이른바 하코네 명물이 여행자를 환영한다.

하코네에서 맛보는 소바의 신세계

하츠하나소바 본점

はつ花そば 本店

줄을 오래 서기로 유명한 노포 소바집. 산속에서 캔 자연산 참마를 갈아 넣은 메밀가루를 물 대신 달걀로 반죽해 직접 면을 뽑는다. 메밀 본래의 향과 참마의 단맛, 쫄깃하고 탄력 있는 면발이 지금껏 경험해 본 적 없는 소바 맛의 신세계를 선사한다. 기본 소바인 세이로 소바(자루소바)せいろそば, 바삭한 새우 튀김을 올린 덴푸라 소바, 걸쭉하게 간 참마를 올린 냉소바(데이조소바貞女そば)·온소바(야마가케소바) 등 다양한 메뉴가 있다. 줄이 길면 도보 2분 거리의 신관도 들러볼 것. **MAP ㉘**

GOOGLE MAPS 하츠하나소바 본점
ADD 635-635 Yumoto, Hakone
OPEN 10:00~19:00
WALK 하코네유모토역 온천 거리 출구温泉街口 5분
WEB hatsuhana.co.jp

덴푸라 소바天ぷらそば
1800엔
야마가케소바山かけそば
1300엔
튀김+자루소바,
텐자루天ざる
2000엔

대접받으며 즐기는 도미밥 한 상

도미고항 카이세키 유라쿠

鯛ごはん懐石 瓔珞

다시마 우린 물로 쌀을 안쳐서 천일염으로 최소한의 간을 한 최상급 참돔을 올린 도미밥에 한 번, 제철 재료를 활용해 재료 본연의 맛을 살린 교토식 가이세키京懐石에 또 한 번 놀라는 정성 가득 맛집이다. 코스 요리인 요우라쿠 도미고항을 주문하면 하나하나 음식이 나올 때마다 영어로 설명도 곁들여준다. 좌석이 많지 않으니 홈페이지에서 예약하고 방문하기를 권한다. 도시락을 구매해 테라스에서 즐기는 것도 좋은 방법이다. **MAP ㉘**

요우라쿠 도미고항瓔珞(ようらく)
鯛ごはん 4780엔

GOOGLE MAPS youraku
ADD 84 Tonosawa, Hakone
OPEN 11:00~14:30
WALK 하코네 등산전차 도노사와역 5분/하코네유모토역 온천 거리 출구温泉街口 12분/하코네 등산버스 H·L·T·TP번 도노사와塔ノ沢 바로
WEB www.youraku.co.jp

유바동+유바사시+유바두부 세트 1800엔.
따뜻한 유바를 밥 위에서 얹어서 먹는다.

일본에서도 귀한 유바동 명물

유바동 나오키치

湯葉丼 直吉

두유에 콩가루를 넣고 끓이다 보면 표면에 껍질처럼 엉겨 붙는 건더기가 생기는데, 이를 말린 것을 '유바'라고 한다. 이 집은 밥 위에 유바를 올려 내오는 일본에서도 흔치 않은 유바동 맛집으로, 일본인들도 하코네에 간 김에 들렀다 오는 필수 코스로 손꼽힌다. 특히나 이곳의 유바는 '공주의 물'이라 불리는 '히메노미즈姫の水'를 사용한다고. 고급 콩을 주재료로 모양도 두부와 닮아 '아는 맛'을 상상할 테지만, 처음 맛보는 낯선 식감이 독특한 재미를 선사한다. 세트 메뉴를 주문하면 유바와 두부를 함께 곁들일 수 있다. 웨이팅이 있으니 도착하면 대기표부터 발권하자. **MAP ㉘**

GOOGLE MAPS 유바동 나오키치
ADD 696 Yumoto, Hakone
OPEN 11:00~18:00/화요일 휴무
WALK 하코네유모토역 하코네 방면 버스 출구箱根方面バス口 3분
WEB www.hakoneyumoto.com/eat/47

온센만주温泉まんじゅう
10개입 980엔, 16개입 1550엔

원조 하코네 온센만주

마루시마 본점

丸嶋本店

흑설탕을 섞어서 갈색빛이 도는 카스테라풍 반죽에 팥앙금으로 맛을 낸 온센만주는 하코네의 전통 빵이다. 그중에서도 네모난 만주 표면에 '하코네', '마루시마'라는 한자와 온천 마크를 나란히 박은 이 집의 만주는 120년 이상 사랑받아 온 하코네의 명물. 장인이 직접 만주를 굽는 모습도 볼 수 있다. **MAP ㉘**

GOOGLE MAPS marushima honten
ADD 706-14 Yumoto, Hakone
OPEN 08:30~18:00
WALK 하코네유모토역 정면 온천 거리 출구温泉街口 1분
WEB marushima-honten.com

温泉まんじゅう
丸嶋本店
元祖箱根温泉

도뉴쿄닌도후
豆乳杏仁豆腐
380엔
다마다레도후
玉だれ豆腐
280엔
히토구치간모
一口がんも 450엔

출출할 때 간식으로 두부 한 입

도후도코로 하기

豆腐処 萩野

물맛 좋기로 소문난 하코네에서 빼놓을 수 없는 간식거리가 바로 두부다. 자그마한 공장 겸 상점에서 맑은 물과 천연 간수, 엄선한 대두를 주원료로 그날그날 두부를 만드는데, 그 맛이 매우 부드럽고 진해서 여행 중 허기를 달랠 간식으로 그만이다. 순수한 맛의 고소한 두부를 숟가락으로 떠먹는 다마다레도후, 두유와 살구씨의 은은한 단맛이 일품인 도후쿄닌도후, 카놀라유로 두 번 튀긴 동그란 모양의 히토구치간모를 추천. **MAP ㉘**

GOOGLE MAPS hagino tofu
ADD 607 Yumoto, Hakone
OPEN 09:00~18:00
WALK 하코네유모토역 온천 거리 출구温泉街口 7분
WEB hagino-tofu.com

가게 앞 작은 벤치에서 먹고 가거나 테이크아웃한다.

#Walk

등산전차 따라 즐기는 하코네 산책 미야노시타~고라 宮ノ下~強羅

예부터 일본의 고급 피서지로 이름을 알린 미야노시타. 1878년 개장한 일본 최초의 서양식 리조트호텔인 후지야 호텔富士屋ホテル을 비롯해 고급 호텔들이 이국적인 분위기를 자아내고, 격조 높은 료칸과 노포 상섬들이 이에 질세라 동양미를 뽐낸다.

고라는 하코네유모토 다음으로 규모가 큰 온천마을이다. 소운잔早雲山의 동쪽 능선 해발 540m에 위치하며, 눈앞으로 펼쳐지는 묘진明神, 묘조가타케明星ケ岳의 웅대한 전망이 압권이다. 하코네 등산철도와 케이블카를 연결하는 교통의 요지이면서 미술관과 공원도 많아 하코네 관광의 거점이 되고 있다.

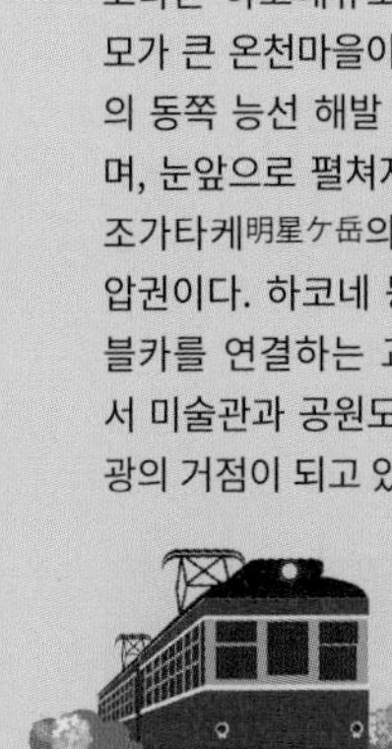

1 온 가족이 즐기는 온천 테마파크 하코네 고와키엔 유넷산

箱根小涌園ユネッサン

2023년 7월 리뉴얼 오픈한 온천 테마파크. 수영복을 입고 입장하는 유넷산과 일반 온천 구역인 모리노유森り湯 등으로 공간을 꾸몄다. 유넷산에는 워터 슬라이드, 어린이를 위한 놀이시설, 지중해를 모티브로 한 대형 스파와 유스풀, 이색 온천탕이 있고, 모리노유엔 노천탕과 옥내 목욕탕, 콜라겐 목욕탕(여탕 한정) 등을 갖췄다. 홈페이지를 통한 사전 예약제로 운영하며, 입장 시각이 늦을수록 요금이 저렴하다. MAP ㉘

GOOGLE MAPS 유넷산
ADD 1297 Ninotaira, Hakone
OPEN 10:00~18:00(토 09:00~19:00)
PRICE 유넷산+모리노유 종일권 3500엔, 3세~초등학생 1800엔, 수영복 대여 1200엔~
WALK 하코네 등산버스 H번 고와키엔小涌園 바로/하코네 등산전차 고와키다니역 20분(또는 H번 버스로 4분)
WEB www.yunessun.com

2 계절의 옷을 갈아입는 야외 미술관 하코네 조각의 숲(조코쿠노모리) 미술관

箱根 彫刻の森美術館

1969년 개관한 일본 최초의 야외 미술관. 20세기를 대표하는 세계적인 거장 로댕과 미로, 부르델, 헨리 무어의 작품부터 일본 유명 작가의 야외 조각 300여 점을 계절의 변화와 함께 감상할 수 있다. 그중 하이라이트는 프랑스 스테인드글라스 예술가의 작품 '행복을 부르는 심포니 조각' 탑. 높이 18m 나선형 계단을 오르내리며 햇빛이 투과해 환상적인 분위기를 자아내는 스테인드글라스를 감상할 수 있다. 피카소의 장녀가 수집한 200여 점의 피카소 작품이 전시된 피카소관도 놓치지 말 것. 내부에 카페, 레스토랑이 있지만, 도시락 반입도 가능하다. 관람 소요 시간은 2시간 내외. MAP ㉘

GOOGLE MAPS 조각의 숲 미술관
ADD 1121 Ninotaira, Hakone
OPEN 09:00~17:00/가이드 투어 토요일 11:00, 13:30(30~40분 소요)
PRICE 2000엔, 고등·대학생 1600엔, 초등·중학생 800엔/홈페이지에서 예약 시 200엔 할인/매주 토요일(패밀리 우대일)은 성인 1명당 초등·중학생 5명까지 무료
WALK 하코네 등산전차 조코쿠노모리역 2분
WEB hakone-oam.or.jp

③ 일본 최초 프랑스식 공원
하코네 고라 공원 箱根強羅公園

1914년 오픈한 일본 최초의 프랑스식 공원이다. 원내에는 분수 연못, 로즈 가든, 열대 식물관, 테라스 카페, 체험 공방 등 다양한 볼거리와 즐길 거리가 있다. 일본 유형 문화재로 지정된 하쿠운도 다원白雲洞茶苑에서는 말차와 화과자를 700엔에 맛볼 수 있다. 공원의 중심인 분수 연못에 서면 아래로 다채로운 빛깔의 꽃과 녹음이 내려다보이며, 뒤로는 오와쿠다니 계곡에서 스멀스멀 내뿜는 화산 가스가 보인다. MAP ㉘

GOOGLE MAPS 하코네 고라공원
ADD 1300 Gora, Hakone
OPEN 09:00~17:00/폐장 30분 전까지 입장, 하쿠운도 다원 10:00~12:00, 13:00~16:00
PRICE 650엔, 초등학생 이하 무료/
하코네 프리패스 소지자 무료
WALK 하코네 등산전차 고라역 8분/
하코네 등산케이블카 고엔시모역 2분
WEB hakone-tozan.co.jp/gorapark/

④ 동양 예술품 같은 정원이 있는 미술관
하코네미술관 箱根美術館

1952년에 개관한 하코네에서 가장 오래된 미술관. '예술은 인간에게 평화를 사랑하는 마음을 준다'는 신념 아래 제2차 세계대전 후 동양 미술 작품을 수집해 하코네의 빼어난 경치 안에 담았다. 주로 도자기 등 일본 예술품을 소장하고 있으며, 외부의 조경과 어울리도록 전시돼 있다. 특히 이곳의 진가는 일본 국가 명승으로 지정된 이끼 정원 신센쿄神仙郷에서 발휘된다. 녹색 카펫처럼 깔린 약 130종의 이끼와 단풍나무 220그루가 어우러져 일본 정원의 진수를 보여주는데, 가을이면 하코네 최고의 단풍 명소가 된다. 신센쿄 안의 다실 신와테이真和亭에 앉아 차를 마시고 있노라면 교토 어딘가에 온 듯한 착각마저 든다. MAP ㉘

GOOGLE MAPS 하코네 미술관 고라
ADD 1300 Gora, Hakone
OPEN 09:30~16:30(12~3월 ~16:00)/폐장 30분 전까지 입장/
수요일·연말연시 휴무
PRICE 1430엔, 중·고등학생 660엔, 65세 이상 1210엔
WALK 하코네 등산전차 고라역 14분/하코네 등산케이블카 고엔카미역 1분
WEB moaart.or.jp/hakone

'행복을 부르는 심포니 조각'

PICASSO

피카소관

이 맛을 보려고 여기까지 왔지

고라·미야노시타의 숨은 맛집들

하코네를 자주 찾는 여행자에게 오랫동안 사랑받아 온 강한 맛의 고수들.

가츠동과 비슷한 맛과 모양+
두부의 담백함과 부드러움,
도후카츠니 정식豆腐カツ煮定食 1793엔

도후카츠니 고젠
豆腐カツ煮御膳 2805엔

가츠동과 두부의 진한 만남

다무라 킨카츠테이

田むら銀かつ亭

도후가츠니腐カツ煮를 맛보기 위해 가게 문을 열기 전부터 대기표를 뽑아 기다리는 사람들로 장사진을 이루는 곳. 도후카츠니는 생강으로 잡내를 잡아 곱게 간 고기를 특제 두부에 끼워 넣고, 그 위에 튀김옷을 입혀서 튀겨낸 뒤 맛국물로 조려 달걀을 풀어낸 일본의 명물 요리다. 냄비에서 보글보글 끓인 도후카츠니 정식이 대표 메뉴며, 미니 화로에서 적당하게 졸여 먹는 도후카츠니 고젠과 특제 소스를 끼얹어 먹는 로스카츠 고젠(ロースかつ御膳 3080엔~)도 인기 메뉴다. MAP 28

GOOGLE MAPS 타무라 긴카츠테이 본점
ADD 1300-739 Gora, Hakone
OPEN 11:00~16:00(L.O.14:30), 17:00~21:00(L.O.19:00/화요일 저녁 및 수요일 휴무
WALK 하코네 등산전차 고라역 2분
WEB ginkatsutei.jp

5대째 빵 굽는 집

와타나베 베이커리

Watanabe Bakery 渡邉ベーカリ

1891년에 문을 연 빵집. 가장 인기 있는 건 둥근 프랑스 빵에 스튜를 넣은 온천 스튜다. 창업 당시부터 만들어온 온천 스튜는 빵 안에 소고기, 감자, 당근 등으로 맛을 낸 뜨거운 비프스튜를 부어 가벼운 아침 식사로도 손색이 없다. 테이크아웃용 메뉴로는 소금에 매실을 절인 우메보시 빵이 인기. 하코네산의 이름을 붙인 작은 사이즈의 앙빵도 쉬지 않고 팔린다. 테이블이 4개뿐이라 붐비는 시간에는 웨이팅을 해야 하지만, 금방 자리가 나는 편이다. MAP 28

GOOGLE MAPS 와타나베 베이커리
ADD 343-3 Miyanoshita, Hakone
OPEN 09:30~17:00
WALK 하코네 등산전차 미야노시타역 9분/
하코네 등산버스 H·L·T·TP번 호테루마에ホテル前(구글맵: Hotel Zen) 1분
WEB watanabebakery.jp

온천 스튜와
음료 세트 1199엔

뜨끈한 온천수에 발 담그고 물멍 타임

나라야 카페

Naraya Cafe

오늘의 세트(빵+수프)
750엔
모나카와 음료가
함께 나오는
나라야세트
850엔~

미야노시타역 앞에 자리한 카페. 일부러 찾아가는 사람도 많지만, 무심코 역 앞을 지나는 사람도 이 앞을 그냥 지나치긴 쉽지 않을 것 같다. 지은 지 50년 이상 된 고민가의 분위기와 창 너머 보이는 풍경이 예사롭지 않고, 테라스석에 앉으면 족욕탕에 발을 담그고 이 좋은 풍경을 감상할 수 있다. 다만 자리가 쉽게 나지 않는 것이 흠. 음료 외에도 피자나 조롱박 모양의 모나카, 빵과 수프 등 식사와 디저트가 제공되며, 겨울에는 군고구마가 별미다. 여행을 마치고 오후에 들러 발의 피로를 풀면 좋을 듯. **MAP ㉘**

GOOGLE MAPS naraya cafe
ADD 404-13 Miyanoshita, Hakone
OPEN 10:30~17:00/수요일 휴무
WALK 하코네 등산전차 미야노시타역 앞
WEB www.naraya-cafe.com

후지야 호텔 직영 베이커리

베이커리 & 스위츠 피콧

Bakery & Sweets Picot

클래식 카레빵 400엔
사과 모양의
애플파이 500엔

후지야 호텔 직영 베이커리. 빵이 나오기 시작하는 오전 9시부터 손님들이 쉬지 않고 들어온다. 그중에서도 가장 인기 메뉴는 후지야 호텔의 오랜 시그니처 빵인 카레빵과 구운 애플파이. 철마다 달라지는 계절 한정 빵도 팬들은 놓치지 않는다. 선물용으로 대량 구매하는 손님도 많다. **MAP ㉘**

PICOT

PICOT

GOOGLE MAPS bakery sweet picot
ADD 359 Miyanoshita, Hakone
OPEN 09:00~17:00
WALK 하코네 등산전차 미야노시타역 6분/하코네 등산버스 H·L·T·TP번 호테루마에ホテル前(구글맵: Hotel Zen) 1분
WEB www.fujiyahotel.jp/meal/picot/index.html
WEB watanabebakery.jp

#Walk

소운잔·오와쿠다니

케이블카·로프웨이 타고 즐기는 하코네의 절경

早雲山·大涌谷

大涌谷

소운잔에서는 해적선 선착장 도겐다이항까지 이어지는 스릴 만점의 하코네 로프웨이가 출발한다. 소운잔, 오와쿠다니, 우바코, 도겐다이 4개 역을 연결하는 로프웨이는 초여름이나 단풍철, 눈이 내린 겨울에 가장 아름다운 하코네의 자연을 감상할 수 있다. 오와쿠다니는 땅을 뚫고 올라오는 수증기와 매캐한 유황 냄새가 진동하는 하코네 온천 발원지로, 에도시대까지만 해도 대지옥이라 불렸던 곳이다.

2층 테라스

HAKONE

1 등산케이블카와 로프웨이가 만나는 소운잔역

早雲山駅

고라에서 출발하는 등산케이블카의 종점이자 로프웨이의 출발점. 고라에서 등산케이블카로 10분 정도 걸리며, 이곳에서 오와쿠다니를 거쳐 도겐다이에 이르는 로프웨이 코스를 타고 하코네의 대자연을 만끽할 수 있다. 등산케이블카 승강장은 지하 1층에 있고, 로프웨이 승강장 입구가 있는 2층에는 매점과 전망 테라스, 족욕탕이 마련돼 있어 잠시 쉬어가기 좋다. **MAP 28**

GOOGLE MAPS 소운잔
WALK 하코네 등산케이블카·로프웨이 소운잔역 바로
WEB hakone-tozan.co.jp

2 하코네 온천의 발원지 오와쿠다니

大涌谷

약 3000년 전 하코네 화산의 마지막 분화로 생겨난 분화구의 흔적을 볼 수 있다. 곳곳에서 뿜어져 나오는 연기와 코를 찌르는 유황 냄새에서 화산 활동의 잔재를 느낄 수 있는 곳. 고온의 증기와 산성천酸性泉으로 인해 주변의 나무와 풀들이 모두 말라 죽었으며, 이 황폐한 모습 때문에 '지옥 계곡'이란 뜻의 '지고쿠다니地獄谷'라는 별칭도 있다. 지옥 계곡을 직접 걷는 맛도 좋지만, 로프웨이에서 내려다보는 아슬아슬한 광경도 인상적이다.
로프웨이 역 바깥의 상점에서는 먹으면 수명이 7년씩 늘어난다는 검은 달걀과 검은 달걀로 만든 소프트아이스크림, 검은 달걀이 들어간 어묵 등 재미난 음식과 온천 만주, 따끈한 음료 등을 판매한다. **MAP 28**

GOOGLE MAPS 오와쿠다니 인포
WALK 하코네 로프웨이 오와쿠다니역 바로
WEB owakudani.com

3 대자연의 흔적 속으로
오와쿠다니 자연 연구로
大涌谷自然研究路

오와쿠다니 주차장에서 분연지 근처까지 연결하는 길이 약 700m의 산책로다. 매캐한 유황 냄새로 덮인 언덕 곳곳에서 하얀 증기가 뿜어져 나오는 모습을 볼 수 있다. 산책로를 한 바퀴 도는 데는 30분 정도 걸리며, 날씨가 좋은 날에는 멀리 후지산이 선명하게 보인다. 2015년 화산 활동이 활발해지면서 폐쇄됐으나 2022년부터 매일 4회 30명씩 40분간 헬멧을 착용하고 가이드와 함께 들어갈 수 있게 됐다. 홈페이지를 통한 사전 예약제로 운영되며, 예약이 다 차지 않은 날에는 오와쿠다니 지오 뮤지엄(오와쿠다니 구로타마고관大涌谷くろたまご館 1층) 입구에 있는 오와쿠다니 인포메이션 센터에서 투어 시간 20분 전까지 접수한 후 입장할 수 있다. MAP 28

GOOGLE MAPS kamiyama mountain climbing course
OPEN 10:00, 11:30, 13:00, 14:30/당일 상황에 따라 예고 없이 투어 취소 가능
PRICE 인터넷 예약 시 무료, 당일 현장 접수 시 500엔
WALK 하코네 로프웨이 오와쿠다니역 3분
WEB 예약: hakone.or.jp/od-booking/

大涌谷

구로타마고를 삶는 유황천. 멀리 후지산이 보인다.

1100년 전에 만들었다는 지장보살상이 있는 작은 사당. 바로 앞에 입구가 있다.

투어 접수처가 있는 오와쿠다니 지오 뮤지엄

HAKONE

大涌谷
大涌谷くろたまご館
검은 달걀 4개 500엔

+MORE+

하코네의 명물 검은 달걀, 구로타마고 黒たまご

오와쿠다니를 거쳐 가는 여행자들이 기념 촬영과 함께 빠뜨리지 않는 것이 바로 검은 달걀, 구로타마고를 맛보는 일이다. 85°C의 유황천에서 1차로 삶은 뒤 90°C의 증기로 15분간 익혀서 마침내 검은색이 도는데, 이 달걀을 1개 먹을 때마다 수명이 7년씩 연장된다는 설이 있다. 그런 이유로 검은 달걀을 파는 상점 앞에는 날씨가 춥건 덥건 여행자들이 달걀을 까먹는 진풍경이 연출된다. 달걀이 검은 빛을 띠는 건 온천수의 황화수소 성분과 철분이 결합하면서 황화철로 변해 벌어지는 현상인데, 비가 오는 날에는 잿빛이 된다고.

#Walk

역사, 자연, 낭만이 한곳에

아시노호 주변

芦ノ湖

멀리서 우뚝 솟은 후지산을 바라볼 수 있는 아시노호. 아시노호의 북쪽에는 로프웨이와 해적선, 등산버스가 만나는 교통의 거점 도겐다이가 있고, 남쪽에는 휴양지이자 역사의 흔적이 남아 있는 하코네마치와 모토하코네가 있다. 하코네마치에서 모토하코네까지는 길이 약 1km에 달하는 가로수길이 이어진다. 에도 시대에 도쿄까지 이르던 이 길에는 수령이 400년도 더 된 울창한 삼나무가 길가에 빼곡히 심어져 장관을 이룬다.

+MORE+

갓잡은 물고기로 만든 요리
아미모토 오오바 網元 おおば

점심시간에만 문을 여는 식당. 아시노호에서 잡은 민물고기 튀김요리가 주메뉴인데, 와카사기 런치는 주인이 호수에서 직접 잡은 물고기로 요리한다. 그날의 어획량에 따라 한정 수량 판매하며, 재료가 소진되면 일찍 문을 닫는다. 튀김 요리 외에도 가츠동, 덴푸라 소바 등 다양한 메뉴가 있어 취향껏 고를 수 있다. 호수뷰 풍광에 밥맛이 더 좋아진다. **MAP 28**

GOOGLE MAPS amimoto ooba
ADD 162-18 Motohakone, Hakone
OPEN 11:00~14:00
WALK 해적선 도겐다이항에서 9분
WEB amimoto-ooba.gorp.jp

해적선을 타고 후지산을 조망할 수 있는 아시노호

1 후지산이 거꾸로 비치는 신비한 호수

아시노호(아시노코)

芦ノ湖

약 40만 년 전 화산 활동으로 생겨난 칼데라호. 오와쿠다니와 더불어 하코네 관광의 중심이 되는 곳이다. 해발 723m에 위치하며, 둘레는 21.1km, 최대 수심은 43.5m에 이른다. 맑은 날이면 눈 덮인 후지산을 직접 조망할 수 있고, 바람 한 점 없는 날엔 잔잔한 수면 위로 후지산과 물가에 세워놓은 붉은 도리이가 비치는 모습이 장관이다. 호숫가에서는 보트를 타고 수영과 낚시를 즐기는 사람도 흔히 볼 수 있다. 하코네 로프웨이의 종점인 아시노호의 도겐다이항에서 유람선을 타면 모토하코네나 하코네마치 항구로 갈 수 있다(하코네 프리패스 소지자는 오다큐 계열에서 운영하는 하코네 해적선 무료). **MAP ㉘**

GOOGLE MAPS 6XQV+5WP 하코네마치
WALK 하코네 로프웨이 도겐다이역 바로/하코네 해적선 도겐다이항 바로/하코네 등산버스 T·TG번 도겐다이桃源台 바로

2 에도시대 검문소

하코네 세키쇼·하코네 세키쇼 자료관

箱根關所·箱根關所資料館

1619년 징세와 검문을 목적으로 설치한 검문소이자 세관원. 지금의 도쿄인 에도로 수도를 옮겨 에도시대를 연 도쿠가와 이에야스는 전국 53개소에 검문소를 설치했는데, 그중에서도 에도와 가장 가까운 하코네에는 총 6곳의 검문소를 설치해 무기 반입과 에도에 있던 다이묘大名(지방 영주)의 가족들이 도망가는 것을 막았다. 당시 이 길에서 정식 검문을 받지 않고 다른 길로 빠져나가는 사람은 모두 처형당했다고. 하코네 세키쇼에서는 당시의 모습을 재현한 인형과 에도로 향하는 문인 에도구치고몬江戶口御門 등을 관람할 수 있다. 근처의 하코네 세키쇼 자료관에는 세키쇼 허가증과 무기 등 약 1000점의 자료가 전시돼 있다. **MAP ㉘**

GOOGLE MAPS 하코네 세키쇼
ADD 6-3 Hakone
OPEN 09:00~17:00(12~2월 ~16:30)/폐장 30분 전까지 입장
PRICE 2관 공통 500엔(하코네 프리패스 소지 시 400엔), 초등학생 250엔(하코네 프리패스 소지 시 150엔)
WALK 하코네 해적선 하코네마치항 8분
WEB hakonesekisyo.jp

: WRITER'S PICK :

하코네 다이묘 행렬 箱根大名行列

하코네가 단풍으로 물드는 가을, 매년 11월 3일에는 에도시대 다이묘 행렬을 재현한 축제가 열린다. 도요토미 히데요시에 이어 일본의 최고 권력자가 된 도쿠가와 이에야스는 지방 권력을 약화시킬 목적으로 다이묘의 아내와 자식들을 지금의 도쿄인 에도에 인질로 잡아두고 정기적으로 다이묘들을 에도로 불러들였다. 이때 다이묘들은 자신들의 행차가 더 화려하게 보이도록 막대한 비용을 들여가며 경쟁했다고. 축제는 1935년부터 시작해 하코네의 3대 축제 중 하나로 자리매김했다.

③ 후지산을 보며 걷는 숲길
온시하코네 공원 恩賜箱根公園

하코네마치와 모토하코네 사이에 아시노호를 따라 길게 뻗어 있는 약 16만㎡ 도게시마塔ヶ島 반도 전체에 조성된 공원이다. 1886년 메이지 일왕의 별장인 하코네 별궁으로 지었으나 지진으로 무너진 뒤 1946년에 재건해 지금껏 일반에 개방되고 있다. 공원의 중심은 하코네 별궁의 서양관을 모방해 지은 2층짜리 호반전망관湖畔展望館이다. 이곳에서 바라보는 아시노호와 후지산의 풍경이 무척 아름답다. 공원에는 걷기 좋은 산책로가 많으며, 5월에는 철쭉, 6월부터 가을까지는 백합꽃이 아름답게 핀다. 하코네 세키쇼 자료관을 나와 주차장 북쪽의 중앙문에서 돌계단을 오르면 별궁터函根離宮跡가 나오고, 호반전망관 뒤쪽에 있는 니햐쿠계단二百階段을 내려가 아시카와교芦川橋를 건너면 하코네 큐카이도의 삼나무 가로수길로 곧장 연결된다. **MAP ㉘**

GOOGLE MAPS onshi hakone park/중앙문: 52VG+QM 하코네마치
OPEN 호반전망관 09:00~16:30/12월 29일~1월 3일 휴무
PRICE 무료
WALK 하코네 세키쇼 동쪽 입구 1분/하코네 해적선 모토하코네항 10분
WEB kanagawa-park.or.jp/onsisite/

호반전망관에서 바라본 아시노호

호반전망관

④ 400년 된 삼나무 가로수길
하코네 큐카이도 箱根旧街道

에도시대 오다와라에서 시즈오카현을 잇는 하코네하치리箱根八里는 옛날 도쿄와 도쿄 서쪽의 주변 지역을 잇는 주요 길목이었다. 오늘날에는 산책로로 각광받고 있으며, 특히 하코네 세키쇼부터 모토하코네까지 이어지는 500m의 삼나무 가로수길은 누구나 부담 없이 자연을 느끼며 걸을 수 있는 코스다. 하코네 세키쇼 동쪽 입구로 나와 주차장을 지나면 곧 수령 400년이 넘은 400여 그루의 삼나무 가로수길이 나타난다. 오후 4시가 넘으면 어두워지므로 너무 늦지 않게 도착하자. **MAP ㉘**

GOOGLE MAPS 하코네마치 쪽 입구: 하코네 구가도,
모토하코네 쪽 입구: 52XH+HW 하코네마치
WALK 하코네 세키쇼 동쪽 입구 3분/하코네 해적선 모토하코네항 4분

3층에서 바라본 아시노호

1층 베이커리

2층 카페

3층. 계절 스프를 곁들인 런치 세트 1870엔~

카레와 삶은 달걀 슬라이스를 가득 넣은 카레 도넛(카레빵) 440엔

5 맛있는 빵과 아름다운 호수 풍경을 테이블에
베이커리 앤드 테이블 하코네
Bakery & Table 箱根

드넓은 호수를 바라보며 즐기는 카페 타임이 이번 여행 계획에 있다면 이곳을 기억해 두자. 1층은 베이커리, 2층은 카페, 3층은 레스토랑으로, 2·3층에서 호수 쪽으로 난 창을 통해 시원한 아시노호 뷰를 감상할 수 있다. 1층에서 산 빵을 2층에서 먹을 수도 있는데, 창 쪽으로 난 바 테이블에 자리를 잡을 수 있다면 더없이 좋겠다. 1층에는 족욕을 즐기며 호수를 감상할 수 있는 테라스도 있다. 하코네 해적선 모토하코네항 선착장 바로 근처인 데다 맛과 뷰까지 좋아서 아침부터 붐비는 편이다. MAP 28

GOOGLE MAPS 베이커리 앤드 테이블
ADD 9-1 Motohakone, Hakone
OPEN 1층 베이커리·족욕탕 10:00~17:00, 2층 카페 09:00~17:00(L.O. 16:30), 3층 레스토랑 11:00~18:00(L.O. 17:00)
WALK 하코네 해적선 모토하코네항 2분
WEB bthjapan.com

무료 전망 라운지

成川美術館

6 아시노호 전망을 갖춘 일본 현대 미술관
하코네 아시노코 나루카와미술관
箱根芦ノ湖 成川美術館

현대 일본화 4000여 점을 소장하고 있는 미술관이다. 소장품은 계절에 따라 1년에 3~4번씩 교체·전시되며, 특별전도 자주 열린다. <실크로드>란 작품으로 우리나라에도 제법 팬을 거느린 히라야마 이쿠오平山郁夫의 작품이 대표작. 미술관의 무료 전망 라운지나 티 라운지 기세츠季節風에서 바라보는 아시노호와 후지산의 절경이 미술품만큼이나 인상적이다. MAP 28

GOOGLE MAPS 나루카와미술관
ADD 570 Motohakone, Hakone
OPEN 09:00~17:00
PRICE 1500엔, 고등·대학생 1000엔, 초등·중학생 500엔
WALK 하코네 해적선 모토하코네항 5분
WEB narukawamuseum.co.jp

7 관동을 지키는 신사
하코네 신사 箱根神社

나라시대인 757년에 창건된 아주 오래된 신사. 아시노호에 떠 있는 듯이 보이는 붉은색 헤이와도리이平和鳥 부근의 산속에 있다. 도쿄를 중심으로 한 관동 지방을 수호하는 신사로, 교통안전과 소원 성취, 액운 막이 기원 명소로 오랫동안 추앙받았다. 가마쿠라시대에는 미나모토 요리토모 장군을 비롯해 정부 요인들의 깊은 숭배를 받으며 번창했다. 보물관에는 중요 문화재인 만권상인 좌상을 비롯해 고문서와 회화, 공예품 등 다양한 문화재가 보관돼 있다. 매년 7월 31일에 열리는 고스이 마츠리湖水祭 때는 약 3000개의 등롱이 호반을 장식하고 3500발의 불꽃놀이가 펼쳐져 장관을 이룬다. MAP ㉘

GOOGLE MAPS 하코네신사
ADD 80-1 Motohakone, Hakone
OPEN 08:30~16:00/보물관 09:00~16:00
PRICE 무료/보물관 500엔, 초등학생 300엔
WALK 하코네 해적선 모토하코네항 15분
WEB hakonejinja.or.jp

헤이와도리이

: WRITER'S PICK :

모토하코네와 하코네마치에서 하코네유모토로 돌아갈 때 주의!

❶ 하코네 등산버스와 이즈하코네 버스의 모토하코네항元箱根港 정류장은 이름은 같지만, 서로 멀리 떨어져 있으므로 주의해야 한다. 하코네 프리패스 소지자가 이용할 수 있는 하코네 등산버스 정류장은 하코네 해적선 모토하코네항 선착장 바로 앞에 있다. 이즈하코네 버스 정류장은 여기서 하코네마치쪽(남쪽)으로 약 100m 떨어진 곳에 있다.

❷ 모토하코네나 하코네마치에서 하코네유모토역 방향으로 갈 때 종점이 아닌 곳에서 버스를 타면 버스가 만차인 상태로 그냥 지나쳐 보내거나 서서 갈 확률이 높다. 모토하코네에서 여행이 끝났다면 모토하코네항元箱根港 정류장에서 R번과 K번을, 하코네마치에서 끝났다면 하코네마치항箱根町港 정류장에서 H번을 이용하자.

R번(급행) 모토하코네항 → 3분 → 하코네마치항 → 26분 → 하코네유모토역/13:10~17:45, 10분~1시간 간격 운행/1일 2회 오다와라역까지 운행

K번 모토하코네항 → 26분 → 하코네유모토역/10:35~16:35, 30분~1시간 간격 운행/텐잔 온천 경유

H번 하코네마치항 → 3분 → 모토하코네항 → 31분 → 하코네유모토역 → 14분 → 오다와라역/06:20~20:00, 20~40분(토·일·공휴일은 10~30분) 간격 운행/고와키다니, 미야노시타 등 경유

붉은색 도리이 바로 옆에 하코네 등산버스 모토하코네항 정류장이 있다.

駒ヶ岳

8 고마가타케 정상행 로프웨이의 출발지
하코네엔 箱根園

프린스 하코네 아시노코The Prince Hakone Ashinoko 호텔을 중심으로 아시노호의 동쪽에 조성된 복합 리조트 시설이다. 약 3만2000평의 드넓은 부지에 수족관, 식물원, 쇼핑몰, 캠핑장, 각종 스포츠 시설 등을 갖췄고, 고마가타케 정상으로 가는 로프웨이도 이곳에서 출발한다. 이즈하코네 철도가 개발한 곳이라 이즈하코네 버스가 주로 운행하며, 하코네 프리 패스로 가는 방법은 도겐다이항에서 하루 5회 운행하는 오다큐 고속버스뿐이라 시간을 맞추기가 영 쉽지 않다. **MAP ㉘**

GOOGLE MAPS 하코네원
ADD 139 Motohakone, Hakone
OPEN 09:00~14:50/시설마다 다름
WALK 오다큐 고속버스 W번 하코네엔箱根園 바로/
하코네 신사 30분(하코네엔 방향 오르막길)
WEB princehotels.co.jp/amuse/hakone-en/

+MORE+

절경 당일치기 온천, 용궁전(류큐덴) 본관 龍宮殿本館

아시노호 뷰를 품은 온천. 남녀 각각 입장해 실내탕과 노천탕을 즐길 수 있다. 규모는 작은 편이지만 날씨에 따라 후지산도 보이는 입지가 무척 빼어나고, 2017년 리모델링한 덕분에 깔끔하다. 온천수에는 칼슘, 황산나트륨, 염화물 등이 포함돼 있어 신경통, 근육통, 관절통, 피로회복 등에 효과적이다. 여탕에는 스팀 사우나, 남탕에는 핀란드식 사우나가 있다. **MAP ㉘**

GOOGLE MAPS 하코네 ryuguden honkan
ADD 139 Motohakone, Hakone
OPEN 09:00~20:00
PRICE 2200엔, 초등학생 1200엔,
3세 이상 600엔
WALK 하코네엔 5분
WEB www.princehotels.co.jp/ryuguden/honkan

하코네모토미야

9 로프웨이 타고 하코네 전망 감상
고마가타케 駒ヶ岳

해발 1356m, 하코네에서 세 번째로 높은 전망 좋은 산이다. 맑은 날이면 아시노호에 비친 후지산은 물론이고 이즈반도의 서북단, 스루가만駿河湾의 아름다운 경관이 한눈에 들어온다. 고마가타케 정상에는 하코네 신사의 전신인 하코네모토미야箱根元宮와 산책로, 전망대가 있다. 정상까지는 하코네엔에서 출발하는 로프웨이로 올라간다. 약 1.8km의 거리를 7분 만에 닿는다. 로프웨이 창밖으로 보이는 후지산과 발아래로 펼쳐지는 하코네의 전망을 눈에 담아보자. **MAP ㉘**

GOOGLE MAPS hakone-en station(하코네엔 로프웨이 탑승장)
OPEN 09:00~16:30(하행 ~16:40)
PRICE 1800엔, 초등학생 900엔/
하코네 프리패스 사용 불가
ROPEWAY 하코네엔에서 로프웨이 7분
WEB princehotels.co.jp/amuse/hakone-en/ropeway

#Walk

센고쿠하라(센고쿠바라) 仙石原

자연과 예술의 콜라보

산으로 둘러싸인 고원지대. 다습한 초원에서 다양한 식물이 자라고, 가을이면 초원의 억새가 은빛으로 물든다. 하코네에는 유독 미술관이 많은데, 특히 센고쿠하라에는 개성 있는 미술관과 미술관에서 운영하는 이름난 카페, 레스토랑이 많다. 자연과 예술이 만들어 놓은 특별한 공간에서 도시와는 또 다른 감각을 느껴 보자.

1 하코네 속 작은 유럽
하코네 유리의 숲(가라스노모리) 미술관
箱根ガラスの森美術館

중세 유럽의 귀족들이 열광한 베네치안 글라스를 약 700점 소장한 미술관이다. 입장하면 가장 먼저 보이는 유럽식 정원에 높이 9m, 길이 10m로 설치된 크리스털 아치가 1차 포토존. 이 아치를 통과하면 100여 점의 작품이 전시된 베네치아 유리 박물관으로 이어진다. 15~18세기에 만들어져 오랜 세월 용케 살아남은 베네치안 글라스도 매력 넘치지만, 19세기 후반에 제작된 현대 글라스 전시도 눈길을 끈다. 직수입한 유리 제품을 파는 뮤지엄 숍과 체험 공방, 카페, 레스토랑 등이 2만6000㎡ 넓이의 연못 정원을 중심으로 여유롭게 자리한다. MAP ㉘

GOOGLE MAPS 하코네 유리의 숲 미술관
ADD 940-48 Sengokuhara, Hakone
OPEN 10:00~17:30
PRICE 1800엔, 중·고등학생 1300엔, 초등학생 600엔
WALK 하코네 등산버스 T·TP·TG·L·M번 표석·하코네 유리의 숲 앞(효세키·하코네가라스노모리마에)俵石·箱根ガラスの森前 바로/하코네 등산버스 S번 하코네 유리의 숲 앞(하코네가라스노모리마에)ガラスの森前 바로
WEB www.hakone-garasunomori.jp

: WRITER'S PICK :

센고쿠하라 가는 길

센고쿠하라 지역은 등산전차가 닿지 않아 버스를 타고 가야 한다. 하코네 등산버스 T·TP·TG·W·V·S번을 통해 오다와라, 하코네유모토, 고라, 도겐다이, 고텐바 등에서 한 번에 닿을 수 있다. 그중 고와키다니, 조고쿠노모리, 고라를 지나 센고쿠하라로 향하는 S번 버스는 센고쿠하라의 주요 명소를 촘촘하게 연결해 '관광시설 메구리버스観光施設めぐりバス'라고도 불린다. 폴라미술관, 하코네 습생화원 등 다소 외진 장소를 방문할 때 유용하다.

2 보석과 유리공예, 그리고 진짜 주인공은?
하코네 라릭미술관
箱根ラリック美術館

아르누보와 아르데코라는 두 양식을 넘나들며 활동한 르네 랄리크René Lalique를 기념하는 미술관이다. 1860년 프랑스에서 태어난 랄리크는 16세에 보석세공사의 길을 걷기 시작해 20세 때부터 일류 보석상으로부터 주얼리 디자인을 의뢰받을 정도로 천부적인 재능을 지닌 세계 최고의 주얼리 디자이너였다. 미술관은 약 1500점의 랄리크 작품을 소장하고 있으며, 통상 230여 점을 상설전이나 기획전을 통해 선보인다. 무엇보다 카페와 레스토랑, 뮤지엄 숍이 미술관만큼이나 주목받는다. 특히 프렌치 세미 뷔페 레스토랑, 하코네 에모아 테라스Hakone Emoa Terrace에서 랄리크 작품의 반짝임과 색을 모티브로 한 '주얼리 스위트 뷔페'를 예술 작품처럼 즐길 수 있다. MAP 28

GOOGLE MAPS 라릭미술관
ADD 186-1 Sengokuhara, Hakone
OPEN 09:00~16:00(미술관 입장마감 15:30)
PRICE 1500엔, 고등·대학생 1300엔, 초등·중학생 800엔
WALK 하코네 등산버스 S번 라릭미술관 앞(라리쿠비주츠칸마에)ラリック美術館前 1분 / 하코네 등산버스 T·TP번 센고쿠 안내소 앞(센고쿠안나이쇼마에)仙石案内所前 1분
WEB www.lalique-museum.com

+MORE+

미술관 옆 시간을 달리는 레스토랑
오리엔트 익스프레스 Orient Express

미술관에서 운영하는 카페, 레스토랑이 많은 하코네에서도 이곳만큼은 놓칠 수 없다. 라릭미술관 본관으로 들어가기에 앞서 먼저 만나는 카페. 프랑스 파리와 남부를 오가던 1928년산 오리엔트 특급열차를 그대로 옮겨와 티 살롱으로 꾸몄다. 당일 리셉션을 통해 현장에서 예약한 사람만 입장할 수 있는데, 예약이 일찍 마감될 수 있으니 가급적 이른 시간에 방문하는 것이 좋다. 티 세트를 주문하면 원하는 차와 준비된 스위츠가 나온다. 이용 제한 시간(약 40분)이 있어 마냥 여유를 부릴 순 없지만, 머무는 동안만큼은 기차를 타고 시간을 거슬러 간 듯 고요한 낭만을 즐길 수 있다. MAP 28

GOOGLE MAPS orient express hakone
OPEN 11:00~16:00
WEB www.hakone-retreat.com/emoa-terrace/orient-express

티 세트 2750엔

Train de Luxe
PULLMAN 1ère CLASSE
Nº 4158

3 숲속에서 반짝! 유리로 만든 미술관
폴라미술관
Pola Museum of Art

화장품회사 폴라 오비스POLA ORBIS에서 '하코네 자연과 예술의 공생'이란 콘셉트로 운영하는 미술관. 센고쿠하라 고원 숲속에 콘크리트와 유리를 이용해 미술관을 지었고, 주 공간을 지하에 배치해 숲의 경관을 거스르지 않게 했다. 설립자가 수집한 1000여 점의 소장품 중 모네, 샤갈, 피카소 등 서양화가의 작품도 400여 점에 이른다. 함께 운영하는 카페 튠Café Tune은 미술관 입장권을 구매해야만 이용할 수 있다. 바쁘지 않다면 미술관 내부에 정비된 산책로까지 여유롭게 둘러보자. 숲속에 있어 인터넷 사용이 원활하지 않을 수 있다. MAP ㉘

GOOGLE MAPS 폴라미술관
ADD 1285 kozukayama Sengokuhara, Hakone
OPEN 09:00~17:00
PRICE 2200엔, 고등·대학생 1700엔, 초등·중학생 무료
WALK 하코네 등산버스 S번 폴라미술관(포라비주츠칸)ポーラ美術館 바로
WEB www.polamuseum.or.jp

튠チューン 650엔(드링크 세트 +500엔)

4 계절의 꽃을 만끽하는 곳
하코네 습생화원
箱根湿生花園

해발 700m 고원지대에 조성된 화원이다. 일본 각지에서 서식하는 식물 약 200종, 초원이나 숲에 서식하는 식물과 고산식물 약 1100종이 계절마다 돌아가면서 꽃을 피운다. 외국의 희귀식물까지 포함하면 약 1700종이라고. 식물원에는 예전에 아시노호의 바닥이었음을 보여주는 습원의 흔적도 있다. 예상 관람 시간은 식물원 40분, 센고쿠하라 습원이 형성되기까지의 발전 과정을 기록해 놓은 전시실 20분 정도다. 11월부터는 식물이 시들해져서 대부분 볼 수 없고, 12월부터 3월까지 휴관에 들어간다. MAP ㉘

GOOGLE MAPS hakone wetlands
ADD 817 Sengokuhara, Hakone
OPEN 09:00~17:00/12월~3월 중순 휴관
PRICE 700엔, 초등학생 400엔
WALK 하코네 등산버스 S번 습생화원 앞(싯쇼오하나조노마에)湿生花園前 1분
WEB hakone-shisseikaen.com

5 홀린 듯 걷게 되는 가을의 억새밭
센고쿠하라 고원
仙石原高原

센고쿠하라 지역 남쪽에 솟은 산 다이가다케台ヶ岳 경사면 한쪽에는 드넓은 억새밭이 있다. 봄에는 주변의 꽃과 억새가 조화를 이루고, 여름엔 초록빛 청량미를 뽐내지만, 이 고원이 가장 아름다운 시기는 억새가 무르익는 가을이다. 9~10월에 은빛으로 물들기 시작하면서, 11월이면 단풍과 함께 즐길 수 있어 더욱 아름답다. 억새밭 중앙에 산책로가 있어 가벼운 산책만으로도 은빛 가을을 온몸으로 느낄 수 있다. MAP ㉘

GOOGLE MAPS sengoku plateau
ADD Sengokuhara, Hakone
WALK 하코네 등산버스 T·TP번 센고쿠고원(센고쿠코겐)仙石高原 1분

SPECIAL PAGE

하코네에서 잊지 못할 하룻밤

온천 호텔 & 료칸

여행의 피로를 풀어주는 따뜻한 온천욕과 정성으로 손님을 대접하는 일본의 서비스 정신이 빛나는 료칸과 온천 호텔에서의 숙박은 일본 온천 여행의 꽃이다. 하코네에는 약 300여 개의 료칸, 호텔 등 숙박업소가 있다. 대부분 온천탕 이용과 식사(1박 2식)를 제공하며, 여행 계획과 예산에 따라 각자에게 맞는 플랜을 선택할 수 있다. 온천 호텔과 료칸 요금의 서비스와 시설, 만족도는 철저히 가격에 비례한다는 것도 참고.

*숙박 요금은 2인 1실 1인 요금

끝없이 이어지는 17m의 노천탕

텐세이엔

天成園

옥상에 있는 길이 약 17m 노천탕 덕분에 하코네의 많은 온천 호텔 중 인기 상위권을 놓치지 않는다. 대욕장과 대형 노천탕 이외에도 12개의 전세 개인탕이 있어 취향에 따라 탕을 선택할 수 있다. 투숙객뿐만 아니라 당일치기로 온천을 이용하려는 사람들에게도 열린 공간이다. 객실은 스탠다드 일본식과 서양식 객실 외에도 단체 여행에 적합한 커넥팅 룸, 개별 온천탕이 딸린 객실 등 다양하다. 하코네유모토역에서 도보로 15분. **MAP 28**

GOOGLE MAPS 텐세이엔
ADD 682 Yumoto, Hakone
OPEN 당일치기 온천 10:00~다음 날 09:00
PRICE 숙박 1만4000엔~/당일치기 온천 2730엔, 초등학생 1320엔, 3세 이상 990엔/전세 개인탕 2200엔(60분)
WALK 하코네유모토역 온천 거리 출구温泉街口 15분/하코네유모토 료칸 송영버스 A코스 텐세이엔天成園 바로
WEB www.tenseien.co.jp

원천에서 솟는 풍부한 온천수

호텔 오카다

ホテル おかだ

5개의 원천에서 분당 270L씩 솟는 풍부한 온천수를 자랑하는 곳. 산으로 둘러싸인 온전한 자연 한가운데서 온천을 즐기는 것도 매력적이다. 13개 탕 중 호텔 투숙객만 이용하는 탕은 3개. 나머지 10개 탕은 당일치기 온천시설인 유노사토 오카다湯の里 おかだ에 있다. 객실은 합리적인 가격의 일본식·서양식 객실부터 개인 노천탕이 있는 객실까지 5가지 타입이 있다. 저녁 식사는 식당에서 즐기는 뷔페, 객실에서 즐기는 가이세키 중 선택할 수 있다. **MAP 28**

GOOGLE MAPS 하코네노모리 오카다
ADD 191 Yumotochaya, Hakone
OPEN 당일치기 온천 06:00~09:00, 11:00~23:00
PRICE 숙박 1만1000~/당일치기 온천 중학생 이상 1450엔, 3세 이상 600엔
WALK 하코네유모토역 온천 거리 출구温泉街口 25분/하코네유모토 료칸 송영버스 A코스 호텔 오카다ホテルおかだ 바로
WEB www.hotel-okada.co.jp

일본 최초의 서양식 호텔

후지야 호텔

富士屋ホテル

1878년 일본 최초 서양식 호텔로 문을 열었다. 오픈 당시 외국인들을 유치할 목적으로 지어졌으며, 이 호텔이 등장한 이후 찰리 채플린, 헬렌 켈러 등이 다녀가면서 하코네가 국제적인 관광지로 발돋움했다. 2020년 대대적인 리모델링을 했지만, 외관은 처음 오픈했을 당시의 클래식한 모습을 유지하고 있다. 7600평의 부지에는 본관, 서관, 꽃의 궁전, 숲의 날개 등 4개의 숙박관이 있다. 최근에 지은 숲의 날개 최상층에서 하코네의 경치를 즐기며 온천을 즐길 수 있다. **MAP 28**

GOOGLE MAPS 후지야호텔 하코네
ADD 359 Miyanoshita, Hakone
WALK 하코네 등산전차 미야노시타역 6분/하코네 등산버스 H·L·T·TP번 호테루마에ホテル前(구글맵: Hotel Zen) 1분
PRICE 숙박 3만1900엔~
WEB www.fujiyahotel.jp

: WRITER'S PICK :

료칸과 온천 호텔, 뭐가 다를까?

료칸旅館은 온천이 딸린 전통가옥 형태의 숙소로, 가격이 높을수록 더 좋은 경치와 음식을 즐길 수 있다. 저녁 식사는 전통 코스 요리인 가이세키 요리가 대부분이며, 식사를 방으로 가져다주는 곳도 있다. 온천 호텔은 료칸의 온천과 서비스를 제공하면서 현대식 건물로 편리함을 높인 숙박시설로, 식사는 주로 식당에서 제공한다. 료칸과 온천 호텔 모두 오후 6시쯤 저녁 식사가 준비되므로 늦어도 5시까지는 체크인하는 것이 좋다. 예약은 다양한 숙박 플랜(숙박 패키지 상품)을 갖춘 각 호텔의 공식 홈페이지나 일본 여행 예약 플랫폼을 이용할 것을 추천한다.

WEB 라쿠텐 트래블 travel.rakuten.com/kor/ko-kr, 자란넷 www.jalan.net, 잇큐 ikyu.com

가성비 좋은 3성급 호텔

메르베유

メルヴェール箱根強羅

보습과 피부미용에 효과가 좋은 온천수로 여성들에게 인기가 많은 호텔. 식사는 미각, 시각을 모두 고려한 모던한 창작 일식 가이세키 요리로 제공한다. 객실은 스탠다드한 서양식 객실부터 노천탕이 있는 객실까지 다양하다. 15:00~18:00 사이에는 매시 정각과 20분, 40분에 고라역에서 호텔까지 무료 송영 서비스를 운영한다. **MAP ㉘**

GOOGLE MAPS 메르베유 하코네 고라
ADD 1300-70 Gora, Hakone
OPEN 당일치기 온천 13:00~18:00/주말 등 일부 이용에 제한이 있을 수 있음
PRICE 숙박 7700엔~/당일치기 온천 중학생 이상 1550엔, 3세~초등학생 750엔
WALK 하코네 등산케이블카 고엔시모역 3분/하코네 등산전차·등산케이블카 고라역 8분
WEB www.merveille-hakone.jp

전 객실 노천탕! 프라이빗 온천 호텔

도키노유 세츠게츠카 (공립 리조트)

季の湯 雪月花(共立リゾート)

모든 객실에 편백나무(히노키) 노천탕, 반노천탕을 갖춘 4성급 호텔이다. 2개의 원천에서 온천수가 솟아나며, 객실 내 온천 외에도 실내 목욕탕과 노천탕이 있는 대욕장, 3개의 전세 노천탕을 갖추고 있다. 저녁 식사는 레스토랑에서 계절마다 바뀌는 가이세키나 소고기 샤부샤부, 스시를 즐길 수 있다. 위치는 고라역에서 도보 1분. **MAP ㉘**

GOOGLE MAPS tokinoyu setsugetsuka
ADD 1300-34 Gora, Hakone
PRICE 숙박 2만1000엔~
WALK 하코네 등산전차 고라역 1분
WEB www.hotespa.net/hotels/setsugetsuka/

전통 료칸과 세련된 현대미의 조화

하나오리 (오릭스 호텔 & 리조트)

はなをり(Orix Hotels & Resorts)

아시노호가 내려다보이는 대형 탕을 갖춘 리조트. 아시노호 뷰와 정원 뷰를 갖춘 2개의 공용탕과 프라이빗한 온천을 즐기는 전세 개인탕이 있고, 호수를 바라보는 개인탕을 갖춘 객실도 있다. 모토하코네에서 끌어올린 칼슘, 마그네슘, 황산나트륨, 중탄산염 온천수라 신경통, 근육통, 관절통, 오십견, 타박상, 염좌, 만성 소화기질환 등에 탁월하다고. 입욕 후 유카타를 입고 나른해진 마음으로 일본식 정원을 산책하는 것도 좋다. **MAP ㉘**

GOOGLE MAPS 하코네 아시노코 하나오리
ADD 160 Togendai, Motohakone, Hakone
PRICE 숙박 2만5000엔~
WALK 해적선 도겐다이 선착장 2분
WEB hanaori.jp/ashinoko

가와구치코

河口湖

#후지산과함께 #후지큐하이랜드
#일본호수여행

Access

가장 편하게 신주쿠 출발, 가와구치코 도착

고속버스 高速バス

신주쿠역 남쪽 출구에 있는 신주쿠 고속버스터미널, 바스타 신주쿠バスタ新宿에서 버스를 타면 가장 쉽게 가와구치코역 앞까지 갈 수 있다. 소요 시간은 약 2시간. 인기 시간대인 오전에는 10분 간격으로 운행하지만, 일찍 매진되니 서둘러 예약하는 것이 좋다. 한달 전부터 예약 가능. 버스에 따라 후지큐하이랜드, 후지산역 등에도 정차한다. 그 외 도쿄역에서 하루 12편, 시부야(마크시티)에서 하루 9편, 이케부쿠로, 아키하바라, 요코하마, 후지사와, 나리타공항 등에서도 하루 1~2편 운행한다.

HOUR 06:45~22:25/10분~1시간 간격
PRICE 편도 2000엔(온라인 예약 결제 시)
WEB bus.fujikyu.co.jp

ETC専用
ETC専用
버스 안에서 본 후지산

특급열차로 빠르게 신주쿠 출발, 가와구치코 도착

JR·후지급행직통특급 후지카이유 富士回遊

JR과 후지급행선이 직통 연결 운행해 가와구치코까지 환승 없이 갈 수 있는 특급열차다. 소요 시간은 약 2시간. 특급열차여서 요금이 비싼 게 단점이다.

HOUR 07:30~10:30/1일 4회
PRICE 편도 4130엔
WEB www.fujikyu-railway.jp/fujikaiyuu/

사철로 저렴하게 신주쿠 출발, 가와구치코 도착

후지급행선 富士急行線

가와구치코 일대를 운행하는 사철 노선이다. 후지산, 토마스 등 랜덤으로 운행하는 다양한 테마가 여행자들의 기대감을 불러일으킨다. 도쿄에서 출발해 JR 오쓰키역上大月까지 간 후, 후지급행선으로 갈아탄다. 다만 버스보다 시간이 더 들고 요금도 비싸기 때문에 추천하는 방법은 아니다. 도쿄역에서 하루 2회, 다카오역에서 하루 1회 가와구치코행 직통열차가 있으나, 소요 시간은 비슷하다.

HOUR 05:16~22:10(가와구치코역 기준)
PRICE 신주쿠-오쓰키 1340엔(특급열차는 요금 추가), 오쓰키-가와구치코 1170엔
WEB www.fujikyu-railway.jp

가와구치코역

패스 자동판매기

역 근처 코인 로커

가와구치코 시내 교통

가와구치코 주유버스 河口湖周遊バス

여행자들이 가장 많이 이용하는 버스는 가와구치코 호수 주변을 운행하는 레드라인으로, 가와구치코역 앞 버스터미널 1번 정류장에서 탑승한다. 1일권은 가와구치코역 버스 티켓 카운터, 온라인에서 구매한다.

ROUTE 레드라인(가와구치코 호수 순환선)
가와구치코역 ⇄ 오이시 공원 등 가와구치코 호수 주변 주요 관광지
HOUR 09:00~17:45(가와구치코역 기준)/15분 간격
PRICE 1회 최소 탑승 180엔/
거리에 따라 다름(가와구치코-오이시 공원 570엔)/
1일권 1500엔, 어린이 750엔
WEB www.fujikyubus.co.jp

OMNIBUS

가와구치코 주유버스 레드라인

: WRITER'S PICK :

후지산의 눈은 언제 쌓일까?

후지산의 첫눈은 보통 10월 초부터 정상 부근에 내리기 시작한다. 12월쯤 되면 정상이 눈으로 뒤덮이며, 맑은 하늘과 차가운 공기가 더해지는 12~2월은 후지산을 가장 아름답게 볼 수 있는 때다. 3월이 되면 눈이 녹기 시작하지만, 4월에 벚꽃이 피면 가와구치코의 최대 성수기가 찾아온다. 여름엔 후지산의 눈이 대부분 녹고, 7~9월엔 등산로와 산장을 개방하며 후지산 공식 등반을 할 수 있다.

Planning

당일치기로 가와구치코를 여행한다면 아침 일찍 출발하자. 주말보다는 평일이 덜 붐비며, 후지산을 보고 싶다면 무조건 맑은 날에 가야 한다. 1박 이상 머문다면 역과의 접근성, 호수나 후지산 전망, 온천 등 여러 조건 중에서 우선순위를 정해 숙소를 고른다. 가와구치코 내 버스는 항상 이용객이 많아서 캐리어를 들고 타기 힘든데, 역에서 다소 거리가 있는 숙박시설 중에서는 무료 셔틀버스 서비스를 제공하는 곳도 있다.

당일치기 코스

오전 8시 15~30분 **신주쿠 출발**	신주쿠에서 가와구치코로 출발
오전 10시 20분 **시모요시다 도착**	버스 이용 시 후지산역, 열차 이용 시 시모요시다역 하차. 시모요시다 혼초 거리에서 인증샷 찍고 산책
오전 11시 30분 **가와구치코역 도착**	후지산역 → 가와구치코역 (후지급행선 5분) 시모요시다역 → 가와구치코역 (후지급행선 15분) 주변을 산책하며 인근에서 점심 식사
오후 12시 30분 **로프웨이 타러 출발**	가와구치코역 → 로프웨이 탑승장 (도보 15분) 덴조산 정상에서 가와구치코 감상하기
오후 2시 30분 **오이시 공원으로 출발**	로프웨이 탑승장 → 오이시 공원 (레드라인 16분) 오이시 공원을 산책하며 후지산과 인증샷 찍기
오후 5시 **음악과 숲의 미술관**	오이시 공원 → 음악과 숲의 미술관 (레드라인 7분) 미술관 근처 호숫가를 산책하며 석양 감상(동절기엔 해가 일찍 지므로 생략)
오후 6시 **도쿄로 출발**	저녁 식사 후 도쿄로 출발

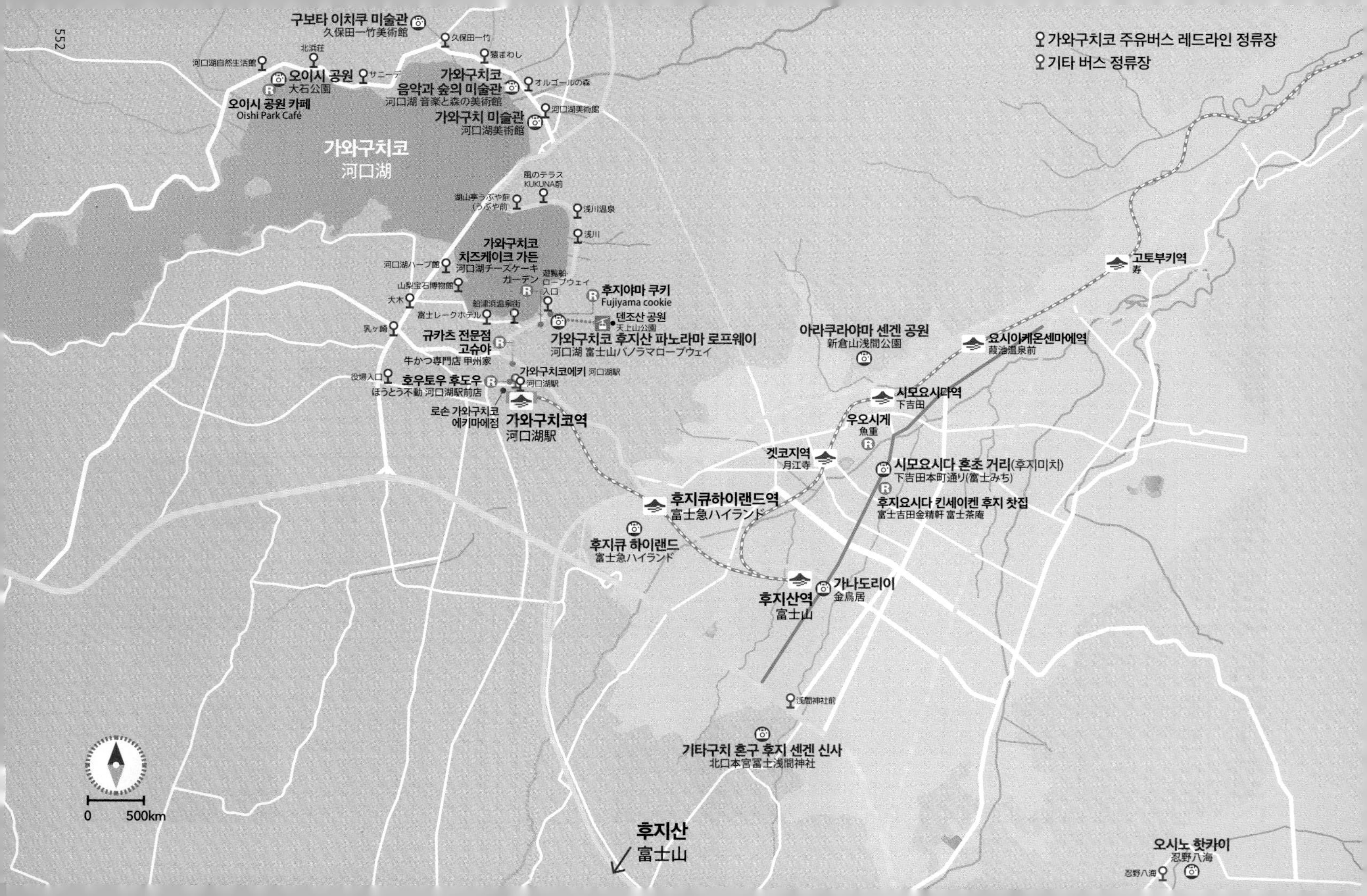
가와구치코 주유버스 레드라인 정류장
기타 버스 정류장
구보타 이치쿠 미술관
久保田一竹美術館
久保田一竹
北浜荘
河口湖自然生活館
오이시 공원
大石公園
サニーデ
오이시 공원 카페
Oishi Park Café
猿まわし
가와구치코
음악과 숲의 미술관
河口湖 音楽と森の美術館
オルゴールの森
河口湖美術館
가와구치 미술관
河口湖美術館
가와구치코
河口湖
風のテラス
KUKUNA前
湖山亭うぶや前
(うぶや前)
浅川温泉
浅川
가와구치코
치즈케이크 가든
河口湖チーズケーキ
ガーデン
河口湖ハーブ館
山梨宝石博物館
大木
富士レークホテル
船津浜温泉街
遊覧船
ロープウェイ
入口
후지야마 쿠키
Fujiyama cookie
덴조산 공원
天上山公園
乳ヶ崎
가와구치코 후지산 파노라마 로프웨이
河口湖 富士山パノラマロープウェイ
규카츠 전문점
고슈야
牛かつ専門店 甲州家
役場入口
호우토우 후도우
ほうとう不動 河口湖駅前店
가와구치코에키 河口湖駅
河口湖駅
로손 가와구치코
에키마에점
가와구치코역
河口湖駅
아라쿠라야마 센겐 공원
新倉山浅間公園
고토부키역
寿
요시이케온센마에역
葭池温泉前
시모요시다역
下吉田
우오시게
魚重
겟코지역
月江寺
시모요시다 혼초 거리(후지미치)
下吉田本町通り(富士みち)
후지요시다 킨세이켄 후지 찻집
富士吉田金精軒 富士茶庵
후지큐하이랜드역
富士急ハイランド
후지큐 하이랜드
富士急ハイランド
가나도리이
金鳥居
후지산역
富士山
浅間神社前
기타구치 혼구 후지 센겐 신사
北口本宮冨士浅間神社
0
500km
후지산
富士山
오시노 핫카이
忍野八海
忍野八海

#Walk

가장 드라마틱한 후지산 풍경
가와구치코 주변
河口湖

일본 하면 떠오르는 풍경에서 후지산을 빼놓을 수 없다. 일본인들이 예부터 신성하게 여겼던 이 크고 멋진 산은 오늘날 여행자들이 가장 카메라에 담고 싶어 하는 장면이다. 후지산은 야마나시현과 시즈오카현의 사이에 걸쳐 있는데, 그중 야마나시현의 가와구치코는 후지산 기슭의 호수 5곳을 일컫는 후지 5호(Fuji Five Lakes) 중 두 번째로 큰 호수다. 사계절 다채로운 자연의 변화로 후지산의 아름다움을 돋보이게 하며, 도쿄에서 2시간이면 갈 수 있어서 인기 여행지로 꼽힌다.

1 가와구치코 여행의 시작점 **가와구치코역**
河口湖駅

후지급행선 가와구치코역과 버스정류장이 자리한 가와구치코 여행의 시작점. 여행객을 가득 태운 고속버스와 가와구치코 지역 버스가 쉬지 않고 드나드는 분주한 곳이지만, 오래된 목조 건물 역 뒤에 우뚝 선 후지산 풍경이 보는 이를 압도한다. 가와구치코역과 주변 상점 등에 코인 로커가 넉넉히 있으므로, 도착하자마자 짐을 보관하고 여행을 시작할 수 있다. 인근의 자전거 대여점에서 자전거를 빌려 호수 주변을 여행하는 방법도 있다. **MAP 552p**

GOOGLE MAPS 가와구치코역

+MORE+

후지산 인증샷 명소, 로손 편의점

파란 간판과 후지산이 찰떡같이 어우러지는 포토 포인트. SNS에서 화제로 떠오르면서 많은 여행자가 방문한다. 본격적인 호수 여행을 떠나기 전 가볍게 사진을 남기기 좋은 곳이다. **MAP 552p**

GOOGLE MAPS 로손 가와구치코에키마에점
ADD 3495-2 Funatsu, Fujikawaguchiko
OPEN 24시간 **WALK** 가와구치코역 1분

LAWSON

규가츠 1.5장 2360엔

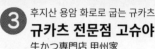

② 후지산이 키운 맛
호우토우 후도우 가와구치코역점
ほうとう不動 河口湖駅前店

쌀 재배가 쉽지 않은 후지산 주변에서는 두꺼운 면을 호박, 버섯 등의 제철 야채와 함께 된장을 푼 국물에 끓인 향토 요리 '호우토우'가 발달했다. 이곳은 가와구치코의 유명 호우토우 전문점 중 하나로, 뜨겁게 달군 커다란 냄비에 야채를 듬뿍 넣은 호우토우로 인기가 높다. 가와구치코 곳곳에 지점이 있고, 그중 역 바로 앞에 있는 가와구치코역점의 접근성이 가장 뛰어나다. **MAP 552p**

GOOGLE MAPS 호우토우 코사쿠 가와구치코점
ADD 3631-2 Funatsu, Fujikawaguchiko
OPEN 11:00~17:00
WALK 가와구치코역 앞
WEB www.houtou-fudou.jp

③ 후지산 용암 화로로 굽는 규카츠
규카츠 전문점 고슈야
牛かつ専門店 甲州家

빵가루를 입혀 미디엄 레어로 튀긴 소고기 커틀릿을 작은 화로에 구워 먹는 규카츠 전문점. 후지산 용암으로 만든 화로를 사용하는 점이 특별하다. 메인 메뉴는 규카츠 한 가지여서 양만 선택하면 되며, 사이드 메뉴로 명란젓, 토로로(마) 등을 추가할 수 있다. 밥은 1회 무료 리필. 충분히 익혀 먹는 것이 좋다. **MAP 552p**

GOOGLE MAPS Beef Cutlet Restaurant koushuya
ADD 3753-1 FFunatsu, Fujikawaguchiko
OPEN 10:30~20:00
WALK 가와구치코역 5분
WEB koushuya.com

④ 로프웨이 타고 만나는 3분의 감동
가와구치코 후지산 파노라마 로프웨이
河口湖 富士山パノラマロープウェイ

후지산과 가와구치코를 함께 감상할 수 있는 덴조산(天上山)행 로프웨이. 덴조산은 다자이 오사무가 쓴 전래동화 <카치카치산かちかち山>의 배경지로, 로프웨이를 타고 3분 만에 정상에 오르면 탁 트인 전망과 전래동화 테마 조형물을 볼 수 있다. 특히 그네 '카치카치 절경 스윙(500엔)'을 타면 후지산을 향해 날아오르는 듯한 순간을 포착할 수 있다. 매표소에서 한참 떨어진 곳부터 탑승 대기 줄이 시작될 정도로 방문객이 많으니, 가능하면 온라인 사전 예약을 권장. 로프웨이 탑승장 아래 호수에서 출발해 가와구치코를 한 바퀴 도는 관광선 세트권도 판매한다. **MAP 552p**

GOOGLE MAPS 카와구치코 후지산 파노라마 로프웨이
ADD 1163-1 Azagawa, Fujikawaguchiko
OPEN 08:30~18:00
PRICE 왕복 1000엔, 편도 500엔, 관광선 세트권 V쿠폰 1700엔
WALK 가와구치코역 15분
WEB www.mtfujiropeway.jp

5 후지산의 신선함을 한입에
가와구치코 치즈케이크 가든
河口湖チーズケーキガーデン

후지산 지역의 신선한 우유와 크림치즈로 만든 치즈케이크 전문점. 후지산표 유제품이라는 기대에 맛이 못 미친다는 평도 있지만, 케이크 구매 시 커피가 무료여서 쉬어가기 좋다. **MAP 552p**

GOOGLE MAPS 가와구치코 치즈케익 가든
ADD 1173-1 Azagawa, Fujikawaguchiko
OPEN 09:00~17:00
WALK 가와구치코역 15분/가와구치코 로프웨이 1분
WEB www.kawaguchiko-cheesecakegarden.com

UCC
COFFEE
인기 No.1 하드 치즈케이크 600엔

6 후지산을 쿠키에 담았지
후지야마 쿠키
Fujiyama cookie

후지산 모양 프리미엄 수제 쿠키를 파는 곳. 주변에 많은 기념품 가게가 있지만, 로프웨이 탑승장 근처인 덕분에 많은 이들이 찾는다. 하나씩 개별 포장돼 있어서 선물용으로도 좋다. **MAP 552p**

GOOGLE MAPS 후지야마 쿠키
ADD 1165-1 Azagawa, Fujikawaguchiko
OPEN 10:00~17:00
WALK 가와구치코역 15분/가와구치코 로프웨이 1분
WEB www.fujiyamacookie.jp

쿠키 180엔

7 작품 너머로 만나는 후지산
가와구치코 미술관
河口湖美術館

1991년에 개관한 미술관으로, 후지산을 주제로 한 사진과 회화 등을 전시한다. 내부는 소박하지만, 창문 너머 펼쳐지는 후지산의 풍경이 작품 속 후지산과 어우러져 미술관 자체가 커다란 작품처럼 느껴진다. **MAP 552p**

GOOGLE MAPS 가와구치코미술관
ADD 3170 Kawaguchi, Fujikawaguchiko
OPEN 09:30~17:00/화요일·전시 준비 기간·연말 휴관
PRICE 기획전 800엔, 중·고등학생 500엔/
상설전 500엔, 중·고등학생 300엔
WALK 가와구치코역 17분
BUS 레드라인 가와구치코 미술관 하차
WEB kgmuse.com

8

눈과 귀가 즐거운 특별한 미술관

가와구치코 음악과 숲의 미술관

河口湖 音楽と森の美術館

유럽풍의 건축물, 조경과 함께 오래되고 희귀한 자동 악기 연주까지 감상할 수 있는 복합 문화 공간. 오르간홀, 콘서트홀, 오페라 홀 등으로 나뉜 공연장에서 100여 년 전 만들어진 자동 오르간, 자동 피아노, 자동 바이올린이 연주하는 오케스트라를 감상할 수 있고, 오페라 가수와 자동 연주 악기의 협업 콘서트도 열린다. 그 외 레스토랑, 기념품숍이 있다. **MAP 552p**

GOOGLE MAPS 가와구치코 음악과 숲의 미술관
ADD 3077-20 Kawaguchi, Fujikawaguchiko
OPEN 10:00~17:30/화·수요일 휴무
PRICE 1800엔, 중·고등학생 1300엔, 초등학생 1000엔/토·일·공휴일 200엔 인상, 오후 4시 이후 이브닝권 1000엔
WALK 가와구치코역 19분
BUS 레드라인 음악과 숲의 미술관 하차
WEB kawaguchikomusicforest.jp

9

사라진 전통을 다시 빛낸 공간

구보타 이치쿠 미술관

久保田一竹美術館

일본 전통 염색 기법 쓰지가하나(辻が花)를 부활시킨 구보타 이치쿠의 작품 전시관. 14~17세기에 유행했던 쓰지가하나는 고급 기모노에 사용된 염색 기법으로, 현대에 이르러 사라졌다가 구보타 이치쿠의 손길로 다시 빛을 보게 되었다. 100점 이상의 기모노 소장품 중 4분의 1 정도를 교체 전시하는데, 모두 사계절을 주제로 한 대작들이다. 편백으로 지은 본관, 가우디의 작품을 모티브로 오키나와의 산호와 석회암을 사용해 지은 신관, 다채로운 색감의 정원도 작품만큼 감탄을 자아낸다. 내부 촬영은 금지. **MAP 552p**

GOOGLE MAPS 구보다 이치쿠 미술관
ADD 2255 Kawaguchi, Fujikawaguchiko
OPEN 10:00~17:00(12~3월 16:30)/폐장 30분 전까지 입장/휴무일은 매월 다르므로 홈페이지 확인
PRICE 1500엔, 고등·대학생 900엔, 초등·중학생 400엔
WALK 가와구치코역 20분
BUS 레드라인 구보타 이치쿠 미술관 하차
WEB www.itchiku-museum.com

10

후지산을 마주하는 최고의 시간

오이시 공원

大石公園

가와구치코 호수 주변에서 후지산 감상 명소를 딱 한 군데만 고른다면 이곳이다. 정면에 우뚝 솟은 후지산의 웅장함과 호수의 여유로움이 완벽하게 조화를 이룬다. 하늘이 맑고 바람이 불지 않는 날엔 잔잔한 호수에 비친 후지산逆さ富士(사카사후지)을 감상할 수 있는데, 겨울철 해가 막 뜬 이른 아침에 볼 확률이 높아진다. 4월의 벚꽃과 수선화를 시작으로, 여름엔 라벤더, 가을엔 코키아(댑싸리) 등 90여 종의 꽃이 350m의 꽃길을 따라 이어진다. 여름엔 라벤더를 주인공으로 한 허브 축제가 열리고, 꽃이 진 11월 이후에는 설경이 장엄한 풍경을 만들어낸다. **MAP 552p**

GOOGLE MAPS 오이시공원
ADD 2525-11 Oishi, Fujikawaguchiko
OPEN 24시간
WALK 가와구치코역 30분
BUS 레드라인 종점 하차

+MORE+

후지산이 보이는 매점, 오이시 공원 카페 Oishi Park Café

오이시 공원의 매점 겸 테라스 카페. 1층에는 지역 특산물과 기념품, 아이스크림 등을 판매하고, 2층에는 후지산을 바라볼 수 있는 테라스가 있다. 특히 이곳 아이스크림은 라벤더, 샤인머스캣, 벚꽃 등 공원에 피는 꽃처럼 다채로운 색감을 자랑해 가와구치코 인증샷에서 빠지지 않는다. **MAP 552p**

GOOGLE MAPS 오이시 공원 카페
OPEN 09:30~16:15
WALK 오이시 공원 안

후지산 아래, 스릴 만점 테마파크

후지큐 하이랜드

1

富士急ハイランド

후지산을 배경으로 모험과 낭만을 동시에 즐길 수 있는 테마파크. 1996년 개장 당시 '세계에서 가장 높은 롤러코스터'라는 기록을 세운 후지야마, 2011년 121° 낙하로 '세계에서 가장 가파른 롤러코스터'라는 타이틀로 데뷔한 다카비샤 등 신규 어트랙션을 선보일 때마다 테마파크 애호가들을 설레게 한다. 후지큐하이랜드역에 내리면 바로 테마파크 입구. 입장은 무료이며(무료 입장권 발급 필수), 대부분의 어트랙션 이용이 포함된 1일권이나 어트랙션 개별 티켓은 입장 전후에 구매할 수 있다. 무료 입장권을 포함한 모든 티켓은 구매 시 등록하는 얼굴 인증으로 대신한다.

MAP 552p

GOOGLE MAPS 후지큐 하이랜드
ADD 5-6-1 Shinnishihara, Fujiyoshida
OPEN 09:00~18:00(토요일 ~19:00)
PRICE 무료입장/어트랙션 개당 500~8000엔/
1일권 6000~7800엔(일부 어트랙션 제외), 중·고등학생 5500~7300엔,
초등학생 4400~5000엔, 1세~미취학 아동 및 65세 이상 2100~2500엔
WALK 후지큐하이랜드역 앞
WEB www.fujiq.jp/ja

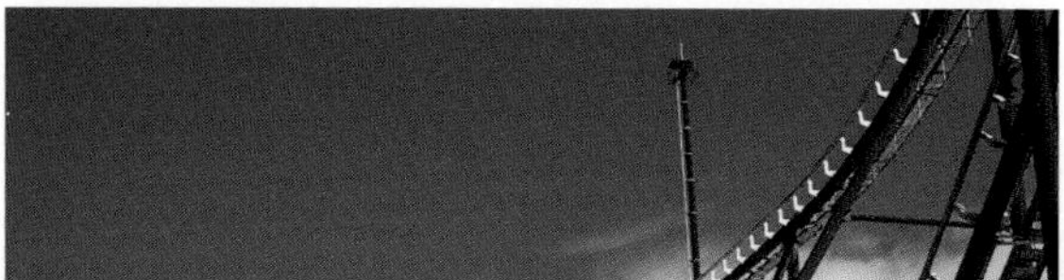

#Walk

후지요시다

富士吉田

후지산을 두른 다채로운 매력

후지산 북쪽 마을 후지요시다는 후지산을 가장 가까이에서 다양하게 즐길 수 있는 곳이다. 오래된 상점들에는 옛 일본 감성이 깃들여 있고, 웅장하고 아름다운 신사들은 자연과 전통의 조화를 보여준다. 여기에 짜릿한 어트랙션을 즐길 수 있는 현대적인 놀이시설까지. 후지산의 품 안에서 다채로운 매력을 두루 즐겨보자.

2 일본을 담은 풍경 하나
아라쿠라야마 센겐 공원
新倉山浅間公園

일본을 대표하는 이미지인 후지산과 붉은 탑을 한 화면에 담을 수 있는 공원. 약 200m 길이의 등산로나 돌계단 398개를 오르는 수고가 필요하지만, 아름다운 전망이 힘들었던 기분을 말끔히 잊게 해준다. 단, 흐린 날엔 후지산이 보이지 않으니 맑은 날 방문하는 게 관건. 여행객이 가장 많은 벚꽃 시즌에는 입장 인원을 통제하기도 해 기다리는 시간이 길어질 수 있다. **MAP 552p**

GOOGLE MAPS 아라쿠라야마 센겐공원
ADD 2-4-1 Asama, Fujiyoshida
OPEN 24시간
WALK 시모요시다역 20분
WEB www.yamanashi-kankou.jp/kankou/spot/p1_4919.html

3 후지산이 지키는 전통 상점가
시모요시다 혼초 거리(후지미치)
下吉田本町通り(富士みち)

후지산행 참배객들을 맞이하며 형성됐던 옛 상점가. 지금도 전통적인 목조 건물 양식을 그대로 보존하고 있어 시간이 멈춘 듯한 분위기가 매력이다. 이곳의 하이라이트는 상점가 끝자락에 당당하게 서 있는 후지산. 맑은 날이면 많은 여행객이 이 특별한 장면을 카메라에 담기 위해 찾아온다. 골목마다 자리한 소박하지만 정겨운 상점도 여행의 아기자기한 즐거움을 더한다. **MAP 552p**

GOOGLE MAPS shimoyoshida honcho street
ADD 1-4-25 Shimoyoshida, Fujiyoshida
WALK 시모요시다역 9분/후지산역 10분

月江寺大門商店街

4 MZ도 반한 전통찻집
후지요시다 킨세이켄 후지 찻집
富士吉田金精軒 富士茶庵

120여 년 전통의 화과자 전문점 킨세이켄에서 젊은 층을 겨냥해 오픈한 찻집. 맑은 날 2층 창을 가득 채우는 후지산 뷰가 SNS를 타고 MZ 여행자들을 불러 모았다. 대표 메뉴는 쫄깃한 떡에 콩가루와 흑설탕 시럽을 더한 전통 디저트 신겐모치信玄餅. 여름철에만 한정 판매하는 물방울 모양의 미즈신겐모치水信玄餅도 수많은 유사 제품을 탄생시키면서 인기를 끌고 있다. 1층은 화과자숍, 2층은 간단한 주먹밥 조식 메뉴와 차, 디저트 등을 선보이는 카페다. 구글맵 예약 가능. **MAP 552p**

GOOGLE MAPS 후지요시다킨세이켄 후지찻집
ADD 2-4-28 Shimoyoshida, Fujiyoshida
OPEN 09:00~17:00
WALK 겟코지역 8분/후지산역 15분
WEB kinseiken.co.jp

미즈신겐모치

스페셜 카이센동 2750엔

5 해산물이 맛있는 골목식당
우오시게
魚重

마을 안쪽 골목에 자리 잡은 해산물 전문 식당. 합리적인 가격에 맛있는 요리를 맛볼 수 있는 데다, 민가를 개조한 정감 있는 분위기와 친절한 서비스까지 더해져 현지인과 관광객 모두에게 사랑받는다. 인기 메뉴는 해산물덮밥과 장어덮밥. '바다가 없는 현'이라고 불리는 야마나시지만, 도쿄 도요스 시장에서 신선한 해산물을 공수해온다. 영업 시간은 재료 상황이나 예약 여부에 따라 달라지며, 특별한 경우 인스타그램에 공지한다. **MAP 552p**

GOOGLE MAPS 우오시게
ADD 3 Chome-31-1 Shimoyoshida, Fujiyoshida
OPEN 11:00~재료 소진 시 마감
WALK 시모요시다역 8분
WEB www.instagram.com/uoshige.yamanashi

6 후지산이라는 세계로 들어가는 문
가나도이리
金鳥居

후지산으로 향하는 길 한복판에 서 있는 도리이. 일본인들에게 도리이는 세속과 영적인 세계를 구분하는 문으로 여겨지는데, 이 도리이 역시 후지산이라는 신성한 세계로 들어가는 문을 상징한다. **MAP 552p**

GOOGLE MAPS 카나도리
ADD 2-1-15 Kamiyoshida, Fujiyoshida
WALK 후지산역 3분

7 후지산 아래 펼쳐진 신비로운 숲

기타구치 혼구 후지 센겐 신사

北口本宮冨士浅間神社

옛 일본인들은 후지산처럼 높고 아름다운 산을 신으로 여겼다. 이 신사는 일본 전역에 1300곳이 넘게 자리한 센겐 신사(후지산을 숭배하는 신사)의 중심지다. 후지산 바로 아래, 빽빽한 삼나무 숲에 둘러싸인 신사의 모습이 무척 장엄하다. 후지산 등산로 중 하나로 유명한 '요시다 루트'의 시작점이기도 하다. **MAP 552p**

GOOGLE MAPS 기타구치 혼구 후지 센겐 신사
ADD 5558 Kamiyoshida, Fujiyoshida
OPEN 08:30~17:00
BUS 센겐진자마에浅間神社前 정류장 하차 후 바로
WEB sengenjinja.jp

8 후지산이 만든 8개의 연못

오시노 핫카이

忍野八海

옛날이야기 속에서 튀어나온 듯한 아름다운 마을. 투명한 연못에 비친 후지산과 눈 쌓인 전통 주택이 빚어낸 풍경이 환상적인 사진 촬영 명소다. 오시노 핫카이는 '오시노 마을에 있는 8개의 연못'이라는 뜻. 후지산의 용암층을 뚫고 깊숙이 스며든 눈과 비가 오랜 시간 여과된 후, 다시 솟아올라 연못이 만들어졌다. 옛 후지산 참배객들은 이 연못에서 손발을 씻으며 몸과 마음을 정화했다고. 하노키바야시榛の木林 민속자료관에는 후지산 뷰 전망대와 마을에서 가장 오래된 주택, 소코나시이케底抜池 연못 등이 있어 조금 더 차분한 분위기에서 산책과 촬영을 즐길 수 있다. **MAP 552p**

GOOGLE MAPS 오시노 핫카이
ADD Shibokusa, Oshino, Minamitsuru District
PRICE 무료입장/민속자료관 300엔
BUS 오시노핫카이忍野八海 정류장 하차 후 도보 4분
WEB www.oshino.jp

자

차

별별 일본어 회화

일본은 전 세계에서 한글 표지판, 한국어 안내 방송, 한국어 대응 직원이 가장 많은 곳이다. 그래도 불안하다면, 만에 하나의 응급 상황이 닥쳤을 때를 대비해 최소한의 일본어 정보를 습득하고 가자.

*★☆은 일본어 필요도를 표시한 것입니다.

*외래어 표기법을 따르는 대신 최대한 일본어 발음에 가깝게 표기했습니다. 어중에 붙은 '-'는 장음 표시입니다.

Step1 공항에서 ☆☆☆

나리타·하네다공항의 중요 표지판은 모두 한국어와 영어가 병기돼 있다. 표지판만 잘 보고 따라가면 일본어를 사용할 일이 전혀 없다. 체크인하거나 출입국 심사 때 간혹 일본에 온 목적을 묻기도 하는데, 간단히 '투어', '비즈니스' 등 영어로 대답하면 된다.

Step 2 전철 안에서 ☆☆☆

공항에서 숙소로 가는 길. 열차 안 안내 방송과 모니터는 영어는 물론 한국어를 지원하는 것도 많다. 두 눈과 귀만 활짝 열면 근심은 뚝!

Step 3 길을 물을 때 ★★☆

역을 빠져 나와 숙소로 향할 때 지도를 아무리 봐도 못 찾겠다면 일본인에게 길을 물을 수밖에 없다. 아무나 붙잡고 갑자기 말을 걸면 이상한 사람으로 오인당할 수 있으니, 최대한 정중하게 도움을 요청하자. 이때 일본어 몇 마디는 필요하다. 상대가 아무리 친절하게 응답한다고 해도 일본어로 답하면 알아듣기 힘드니, 스마트폰이나 종이 지도를 보여주면서 일본인에게 손으로 직접 가리켜 달라고 하거나 번역 앱을 활용하자. 근처에 'KOBAN'이라고 쓰인 파출소가 있다면 더욱 확실한 도움을 받을 수 있다.

Step 4 상점에서 ★☆☆

간단한 영어나 손가락으로 물건을 가리키는 것만으로도 상품을 사는 데 지장이 없다. 옷을 직접 입어보고 싶거나, 별도로 포장하고 싶다면 일본어를 익혀두는 게 좋다.

+MORE+

실용 단어

오른쪽 미기(右) / **왼쪽** 히다리(左)
똑바로 맛스구(まっすぐ)
버스 정류장 바스 노리바(バス乗り場)

이것만 있으면 고민 끝! 스마트폰 번역 앱 파파고 Papago

네이버에서 지원하는 번역 앱이다. 설치 후 일본어 ⋯› 한국어(또는 한국어 ⋯› 일본어)로 설정하면 자판에 입력한 문장 또는 녹음한 음성을 번역할 수 있다. 표지판이나 메뉴판에 적힌 일본어를 카메라로 촬영해도 자동 번역해주는 기특한 앱이다.

실례합니다. 말씀 좀 묻겠습니다.
스미마셍. 쇼-쇼 오타즈네시마스.
(すみません。少々お尋ねします。)

길을 잃었습니다. 이 지도에서 여기는 어디입니까?
미치니 마요이마시타.
고노 치즈다또, 고코와 도코데스까?
(道に迷いました。この地図だと、ここはどこですか。)

입어봐도 될까요?
시챠쿠 시떼모 이이데스까?
(試着してもいいですか。)

좀 더 큰 사이즈 있을까요?
못또 오-키이 사이즈와 아리마스까?
(もっと大きいサイズはありますか。)

이거 주세요.
고레 구다사이
(これください。)

좀 더 작은 사이즈 있을까요?
못또 치-사이 사이즈와 아리마스까?
(もっと小さいサイズはありますか。)

따로따로 포장해주세요.
베츠베츠니 츠츤데구다사이
(別々に包んでください。)

Step 5 호텔에서 ★☆☆

호텔 서비스 카운터의 직원은 모두 영어가 가능하고, 요즘은 한국어를 잘 하는 직원도 많다. 특별히 일본어를 해야 할 필요는 없으나, 체크인 전 보다 살갑게 카운터에 짐을 먼저 맡기고 싶다면 다음과 같이 말해보자.

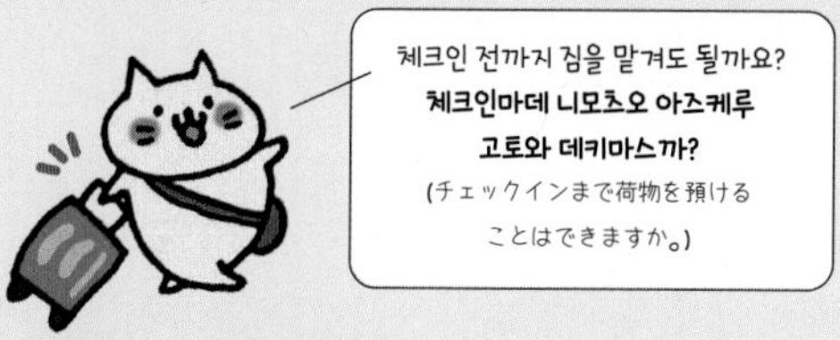
체크인 전까지 짐을 맡겨도 될까요?
체크인마데 니모츠오 아즈케루 고토와 데키마스까?
(チェックインまで荷物を預けることはできますか。)

Step 6 식당에서 ★☆☆

자, 이제 밥을 먹을 시간이다. 번화가의 식당이라면 대부분 한국어 메뉴판이 있거나, 메뉴마다 사진이 첨부돼 있어 손가락으로 가리키기만 하면 된다. 다만, 변두리에 있는 식당이라면 약간의 일본어가 필요하다. 입장할 때 대부분 식당 점원은 좌석 배정을 위해 '몇 분 오셨나요?'라는 뜻의 '난메이(난닌) 사마 데스까(何名(何人)さまですか)'라고 묻는다. 이때 손가락으로 간단히 인원수를 표시하면 된다.

한국어 메뉴판 있나요?
칸코쿠고 메뉴 아리마스까?
(韓国語メニューありますか。)
계산해주세요.
오칸죠 오네가이시마스.
(お勘定お願いします。)
잘 먹었습니다.
고치소-사마데시따.
(ご馳走様でした。)
제일 인기 많은 메뉴가 무엇입니까?
베스토 메뉴와 난데스까?
(ベストメニューは何ですか。)
이치방 오스스메와 난데스까?
(一番お勧めは何ですか。)

+MORE+

메뉴판 볼 때

단품 탄삐(単品)
정식 테-쇼쿠(定食, 메인 요리 외 밥, 국, 반찬이 곁들여진 메뉴)
밥 고항(ご飯) / **국** 시루(汁)
덮밥 동(丼), 쥬(重)
음료 포함 노미모노츠키(飲み物つき)
런치 란치(ランチ)
디너 디나(ディナー)
세트 셋또(セット)
디저트 데자-토(デザート)
세금 포함 제-코미(税込み)
세금 별도 제-베츠(税別)
오늘의 메뉴 히가와리(日替わり, 1~2주 또는 한 달 단위로 바뀌는 메뉴)
OO플레이트 프레-토(プレート, 큰 접시에 밥과 반찬이 한꺼번에 담긴 메뉴)

계산할 때

신용카드 크레짓또 카-도(クレジットカード)
현금 겡킨(現金)
거스름돈 오츠리(おつり)
영수증 레시-토(レシート)
*수기로 작성하는 영수증은 '료-슈-쇼(領収書)'라고 한다.

Step 7 약국에서 ★☆☆

현지에서 몸 상태가 좋지 않을 때 간단한 의약품은 약국이나 드럭스토어에서 살 수 있다.

+MORE+

약국에서 알아두면 좋은 단어

증상
콧물 하나미즈(鼻水)
기침 세키(咳)
발열 하츠네츠(発熱)
두통 즈츠(頭痛)
복통 하라츠(腹通)
치통 시츠(歯通)
생리통 세-리츠(生理通)
소화불량 쇼-카후료(消化不良)

물품
밴드 반도에이도(バンドエイド)
연고 난코(軟膏)
감기약 카제쿠스리(風邪薬)
해열제 게네츠자이(解熱剤)
소화제 쇼카자이(消化剤)
진통제 이타미도메(痛み止め)
생리대 나프킨(ナプキン)
렌즈 세척액 콘타쿠토 센죠-에키(コンタクト洗浄液)

THIS IS
디스이즈도쿄
TOKYO